549

PRÉPARATION AU CERTIFICAT D'ÉTUDES PRIMAIRES

L'ARITHMÉTIQUE

DES

ÉCOLES PRIMAIRES

OUVRAGE CONFORME AUX PROGRAMMES OFFICIELS

ET CONTENANT

DEUX MILLE CINQ CENT QUATRE-VINGTS EXERCICES PRATIQUES

PAR

M. Désiré ANDRÉ

Ancien élève de l'Ecole normale supérieure,
Agrégé de l'Université, docteur ès sciences, lauréat du ministère de l'Instruction
publique, professeur de mathématiques à l'Ecole préparatoire de Sainte-Barbe.

COURS MOYEN

LIVRE DU MAITRE

PARIS

LIBRAIRIE CLASSIQUE EUGÈNE BELIN

Vᵛᵉ EUGÈNE BELIN ET FILS

RUE DE VAUGIRARD, N° 52

1886

Tout exemplaire de cet ouvrage non revêtu de ma griffe sera réputé contrefait.

PRÉFACE

Ce *livre du maître* contient, en entier, le *livre de l'élève*, partie théorique et partie pratique.

Il reproduit toute la *partie théorique*, en faisant précéder chaque *alinéa* de la **question** dont cet alinéa forme la réponse.

Il reproduit toute la *partie pratique*, en faisant suivre chaque exercice de sa **solution,** *raisonnée* toutes les fois qu'elle doit l'être.

Il présente, en outre, sous la forme de **notes** se rapportant aux différents chapitres, une multitude de *développements*, d'*éclaircissements*, de *conseils*, de *remarques* et de *leçons de choses*.

L'ARITHMÉTIQUE
DES ÉCOLES PRIMAIRES

LIVRE PREMIER

LA NUMÉRATION

CHAPITRE PREMIER

LES NOMBRES D'UN CHIFFRE

---

1. — Les premiers nombres.

Question. Qu'est-ce que *un*? — **Réponse. Un** est le plus simple des **nombres.** On le nomme encore l'**unité** [a].

Q. Comment *forme*-t-on les nombres qui suivent *un*? — R. On *forme* les *nombres* qui suivent *un* en disant :

Un et *un*	font	**deux**;
Deux et *un*	—	**trois**;
Trois et *un*	—	**quatre**;
Quatre et *un*	—	**cinq** [b];
Cinq et *un*	—	**six**;
Six et *un*	—	**sept**;
Sept et *un*	—	**huit**;
Huit et *un*	—	**neuf**.

Q. Pourrait-on ajouter *un* à *neuf*? — R. On pourrait encore ajouter *un* à *neuf*. La *suite* des nombres ne s'arrête pas à

---

[a] Dans les jeux, on remplace souvent le mot *un* par le mot *as*.
[b] Tout nombre est une réunion d'*unités*, aussi dit-on indifféremment *cinq* par exemple, ou *cinq unités*.

neuf; cette suite ne s'arrête jamais : il y a une **infinité** de nombres.

Q. Que sont les nombres qui précèdent? — R. Les nombres qui précèdent sont les *neuf* premiers nombres [a].

Q. Comment les représente-t-on? — R. En écrivant, on représente les neuf premiers nombres tantôt par les **mots** *un, deux, trois, quatre, cinq, six, sept, huit, neuf;* tantôt par les **chiffres** 1, 2, 3, 4, 5, 6, 7, 8, 9.

p. 2   Exercice. 1. Combien font 2 et 1. — Solution. 3.
     E. 2. Écrivez en toutes *lettres* : 1, 4, 7. — S. *Un, quatre, sept.*
     E. 3. Écrivez en *chiffres* : *trois, six, neuf.* — S. 3, 6, 9.
     E. 4. Écrivez de même : *deux, cinq, huit.* — S. 2, 5, 8.
     E. 5. Dites le *nombre* qui précède 7. — S. 6.
     E. 6. Dites le *nombre* qui suit 4. — S. 5.
     E. 7. Que trouve-t-on en *ôtant* 1 de 8? — S. 7.
     E. 8. Combien de lettres dans le mot *éléphant* [b]? — S. 8.
     E. 9. J'ai 3 œillets et 1 rose. Combien de fleurs? — S. 3 plus 1, c-à-d 4 [c].
     E. 10. J'avais 6 plumes; j'en perds 1. Combien en ai-je? — S. 6 moins 1, c-à-d 5.

[a] Il sera bon de donner des exemples de chacun de ces nombres : le *Cours élémentaire* (livre du maître) en contient une foule. Il sera bon aussi, pour intéresser les élèves, de leur faire compter tous les objets de la classe, dont le nombre ne dépasse pas 9. On leur adressera pour cela des questions analogues à celle-ci : *Combien y a-t-il d'horloges dans cette classe? Combien y a-t-il de cheminées? Combien y a-t-il de portes? de fenêtres? de tables?* etc., etc.

[b] L'*éléphant* est un fort gros et fort intelligent quadrupède, qui vit en Asie et en Afrique. Il se distingue de tous les autres animaux par une *trompe* très développée.

[c] En résolvant cette question, l'élève, sans le savoir, fait sa première *addition*. Il ne faut point lui laisser répondre simplement « 4 » : il faut qu'il dise « 3 plus 1, c-à-d 4 », parce qu'il est nécessaire de lui inculquer de bonne heure l'habitude d'analyser et de raisonner. — Cette dernière remarque s'applique aussi à l'exercice suivant, où l'élève fait sa première *soustraction*.

2. — Les chiffres.

Question. Que sont les *chiffres?* — **Réponse.** Les **chiffres** sont les *signes* ou *caractères* spéciaux qui servent à écrire les *nombres*[a].

Q. Comment s'écrivent les premiers nombres? — R. Depuis *un* jusqu'à *neuf*, les nombres s'écrivent chacun avec *un* seul *chiffre :* ce sont les nombres *d'un chiffre*. Les nombres qui suivent *neuf* s'écrivent chacun avec *plusieurs chiffres*.

Q. Quels *chiffres* connaissons-nous déjà? — R. Les chiffres que nous connaissons déjà sont 1, 2, 3, 4, 5, 6, 7, 8, 9. Il en existe encore un autre mais un seul : c'est le chiffre 0, qui se nomme **zéro**.

Q. Que représente le zéro? — R. Le *zéro* ne représente *rien*. Justement parce qu'il ne représente rien, il prend parfois le sens des mots *nul, aucun*.

Q. Comment se nomme souvent le *zéro?* — R. Le *zéro* se nomme souvent chiffre *non significatif*[b]. Les autres chiffres se nomment alors chiffres *significatifs*.

Q. Le *zéro* sert-il pour écrire les premiers nombres? — R. Le *zéro* ne sert pas pour écrire les *neuf* premiers nombres ; mais il est *indispensable* pour écrire certains des suivants.

> **Exercice.** 1. Combien y a-t-il de *nombres d'un chiffre?*
> — **Solution.** 9.
> E. 2. Dites en langage ordinaire : 0 *homme*. — S. Aucun homme.
> E. 3. Ecrivez à l'aide du zéro : *aucun enfant*. — S. 0 enfant.

(a) Il faut s'exercer à former très bien les *chiffres :* des chiffres mal formés causent beaucoup d'erreurs. Les meilleurs chiffres sont ceux qui diffèrent le plus les uns des autres. Il ne faut point que deux chiffres aient jamais assez de ressemblance pour risquer d'être confondus. — Le chiffre 9 n'est autre chose que le chiffre 6 retourné. Quand ces deux chiffres sont écrits sur des cartons séparés, on peut les confondre. Pour empêcher cette confusion, on met un point au-dessous d'eux : 6, 9.

(b) C'est justement parce que le *zéro* ne représente *rien*, qu'on le nomme chiffre *non significatif*.

LA NUMÉRATION.

E. **4.** Comptez de 1 à 9. — S. 1, 2, 3, 4, ..., 9 [a].

E. **5.** Comptez à rebours de 9 à 1. — S. 9, 8, 7, 6, ..., 1.

E. **6.** Dites le nombre compris entre 6 et 8. — S. 7.

E. **7.** Dites les deux nombres qui comprennent 4. — S. 3 et 5.

E. **8.** J'avais six sous; j'en gagne 1. Combien en ai-je? — S. 6 plus 1, c-à-d 7 [b].

E. **9.** Sur 5 œufs, on en casse 1. Combien en a-t-on? — S. 5 moins 1, c-à-d 4.

E. **10.** Combien de lettres dans le mot *baleine* [c]? — S. 7.

CHAPITRE II

LES NOMBRES DE DEUX CHIFFRES

3. — De dix à dix-neuf.

p. 3   **Question.** Récitez 9 et 1 font *dix*, etc.
Réponse. *Neuf* et *un*   font **dix**;
Dix et *un*   — *onze*;
Onze et *un*   — *douze*;
Douze et *un*   — *treize*;
Treize et *un*   — *quatorze*;
Quatorze et *un*   — *quinze*;
Quinze et *un*   — *seize*;
Seize et *un*   — *dix-sept*;

[a] Les exercices 4, 5, 6, ..., 10 sont marqués d'un chiffre *gras* parce qu'ils portent, non pas sur le paragraphe où ils se trouvent, mais sur le paragraphe précédent. Ce sont des exercices de *revision* et de *récapitulation*. Comme on l'a dit dans la préface, il en est ainsi, d'un bout à l'autre de cet ouvrage, pour tous les exercices marqués d'un chiffre *gras*.

[b] Ne permettez pas qu'on réponde simplement « 7 ». Il faut qu'on dise « 6 plus 1, c-à-d 7 ». — Même remarque pour l'exercice suivant, et, en général, pour tous les exercices dont nous donnons la solution raisonnée.

[c] La *baleine* est un énorme animal, qui vit dans la *mer*, mais qui n'est pas un *poisson* : il est obligé, pour respirer, de venir de temps en temps à la surface de l'eau.

LES NOMBRES DE DEUX CHIFFRES.

Dix-sept et *un* font *dix-huit;*
Dix-huit et *un* — *dix-neuf.*

Q. Comment se nomme aussi *dix?* — **R.** *Dix* se nomme aussi une **dizaine**.

Q. Comment s'écrivent *dix, onze, douze, …?*

R. *Dix,* c'est-à-dire $1^{\text{dizaine}}\ 0^{\text{unité}}$, s'écrit 10 ;
Onze, — $1^{\text{dizaine}}\ 1^{\text{unité}}$, — 11 ;
Douze, — $1^{\text{dizaine}}\ 2^{\text{unités}}$, — $12^{(a)}$;
. . . .
Dix-neuf, — $1^{\text{dizaine}}\ 9^{\text{unités}}$, — $19^{(b)}$.

Exercice. 1. Comptez de 9 à 19. — **Solution.** 9, 10, 11, 12, …, 19.

E. 2. Comptez à rebours de 19 à 9. — **S.** 19, 18, 17, 16, …, 9.

E. 3. Que reste-t-il quand on ôte 5 de 15 ? — **S.** 15 vaut $1^{\text{diz.}}\ 5^{\text{un.}}$. Si l'on ôte $5^{\text{un.}}$, il reste $1^{\text{diz.}}$, c-à-d 10.

E. 4. Dites le nombre qui suit 16. — **S.** 17.

E. 5. Que trouve-t-on si l'on oublie le 0 de 10 ? — **S.** $1^{(c)}$.

E. 6. Dites les 2 nombres qui comprennent 12. — **S.** 11 et 13.

E. 7. Ecrivez en *toutes lettres :* 11, 13, 16. — **S.** *Onze, treize, seize.*

E. 8. Jean avait 10 billes ; il en gagne 4. Combien en a-t-il ? — **S.** Il en a $1^{\text{diz.}}$ et $4^{\text{un.}}$, c-à-d 14.

E. 9. Combien de lettres dans le mot *rhinocéros?*[d] — **S.** 10.

(a) Pour abréger, nous omettons les nombres compris entre 12 et 19. On fera bien d'exiger que les élèves écrivent, sans aucune omission, la suite entière, depuis 10 jusqu'à 19.

(b) Dans les mots *onze, douze, treize, quatorze, quinze, seize,* la première partie rappelle nettement *un, deux, trois, quatre, cinq, six.* La finale *ze* signifierait donc *dix?* — Si notre nomenclature des nombres était faite régulièrement, nous devrions dire *dix-un, dix-deux, dix-trois, dix-quatre, dix-cinq, dix-six,* comme nous disons *dix-sept, dix-huit, dix-neuf.*

(c) Cet exemple est le premier où l'on voie bien l'importance du *zéro :* il ne faudra pas manquer d'y insister. — On reconnaîtra plus tard que la vraie fonction du zéro est d'occuper certaines *places,* pour en *exclure* les autres chiffres.

(d) Le *rhinocéros* est un gros, stupide et féroce animal, qui vit en

10   LA NUMÉRATION.

E. 10. Sur 17 poires, 10 sont gâtées. Combien sont bonnes ? — S. 17 moins 10. Or 17 vaut $1^{\text{diz.}} 7^{\text{un.}}$, si l'on ôte $1^{\text{diz.}}$, il reste 7.

---

4. — De vingt à trente-neuf [a].

p. 4 **Question.** Récitez 19 et 1 font *vingt*, etc.

Réponse. *Dix-neuf* et *un* font **vingt** ;
Vingt et *un* — *vingt-un* ;
Vingt-un et *un* — *vingt-deux* [b] ;
. . . . ;

Vingt-neuf et *un* font **trente** ;
Trente et *un* — *trente-un* ;
Trente-un et *un* — *trente-deux* ; etc.

Q. Que valent *vingt* et *trente* ? — **R.** *Vingt* vaut 2 dizaines ; *trente* en vaut 3.

Q. Comment s'écrivent *vingt*, *vingt-un*, etc. ?

R. *Vingt*,   c-à-d $2^{\text{dizaines}} 0^{\text{unité}}$, s'écrit 20 ;
Vingt-un,   — $2^{\text{dizaines}} 1^{\text{unité}}$,   — 21 ;
Vingt-deux, — $2^{\text{dizaines}} 2^{\text{unités}}$, — 22 [c] ;
. . . . ;

Trente,   c-à-d $3^{\text{dizaines}} 0^{\text{unité}}$, s'écrit 30 ;
Trente-un,   — $3^{\text{dizaines}} 1^{\text{unité}}$,   — 31 ;
Trente-deux, — $3^{\text{dizaines}} 2^{\text{unités}}$, — 32 ; etc.

Asie et en Afrique, et qui porte, comme son nom l'indique, une ou deux *cornes* sur le *nez*.

[a] C'est pour abréger que nous avons réuni, dans un même paragraphe, ce qui regarde 20 et ce qui regarde 30 : dans notre *numération*, tout se compte de *dix* en *dix*, tout se groupe par *dix*.

[b] Faute de place, nous avons omis beaucoup des nombres qui vont de *vingt* à *trente-neuf*. Il faudra faire réciter aux élèves cette suite entière, bien complètement.

[c] Faute de place encore, nous n'avons enseigné à écrire que quelques-uns des nombres qui figurent dans ce paragraphe. Il faudra les faire écrire tous. — Cette observation et la précédente s'étendent au paragraphe suivant, et, en général, à tous les paragraphes qui présentent des omissions.

LES NOMBRES DE DEUX CHIFFRES.

Exercice. 1. Comptez de 19 à 39. — **Solution.** 19, 20, 21, 22,..., 39.

E. 2. Comptez à rebours de 39 à 19. — **S.** 39, 38, 37, 36, ..., 19.

E. 3. Combien de chiffres *significatifs* dans 30 ? — **S.** 1.

E. 4. Dites le nombre qui précède 30. — **S.** 29.

E. 5. Combien font 25 et 10 ?[a] — **S.** 25 vaut $2^{\text{diz.}} 5^{\text{un.}}$; et 10 vaut $1^{\text{diz.}}$. En ajoutant ces deux nombres, on a donc $3^{\text{diz.}} 5^{\text{un.}}$, c-à-d 35.

E. 6. Ecrivez en *toutes lettres* : 21, 27, 34. — **S.** *Vingt-un, vingt-sept, trente-quatre.*

E. 7. Dites le nombre compris entre 19 et 21. — **S.** 20.

E. 8. Que valent ensemble 3 pièces de 10 sous ? — **S.** 3 *dizaines de sous,* c-à-d 30 sous.[b]

E. 9. Je vois 20 chaises et 7 tables. Combien de meubles ? — **S.** 20 plus 7. Or 20 vaut $2^{\text{diz.}}$. Donc le nombre cherché vaut $2^{\text{diz.}} 7^{\text{un.}}$, c-à-d 27.

E. 10. Combien de lettres dans le mot *hippopotame*[c] ? — **S.** 11.

---

5. — De quarante à cinquante-neuf[d].

Question. Récitez 39 et 1 font *quarante,* etc.

Rép. *Trente-neuf* et *un* font **quarante** ;
Quarante et *un* — *quarante-un ;*
Quarante-un et *un* — *quarante-deux ;*
. . . . ;
Quarante-neuf et *un* font **cinquante** ;

---

[a] Comme pour toutes les *opérations* que nous donnons à faire dans notre *livre premier*, il suffit, pour effectuer la présente *addition,* de s'appuyer uniquement sur les principes de la *numération*.

[b] En résolvant cette question, l'élève fait, sans le savoir, sa première *multiplication*. La solution que nous indiquons ne s'appuie que sur la valeur connue du nombre *trente*.

[c] L'*hippopotame* est un gros et féroce quadrupède, qui vit dans les fleuves de l'Afrique. Son nom, dérivé du grec, signifie *cheval de fleuve.*

[d] C'est encore pour abréger que nous avons rassemblé, dans la présente leçon, ce qui regarde *quarante* et ce qui regarde *cinquante.* Comme nous l'avons dit déjà, dans notre numération, tout se groupe par *dix*.

LA NUMÉRATION.

Cinquante et *un*   font *cinquante-un*;
Cinquante-un et *un* — *cinquante-deux*; etc.

Q. Que valent *quarante* et *cinquante*? — **R.** *Quarante* vaut 4 *dizaines*; *cinquante* en vaut 5 [a].

Q. Comment s'écrivent *quarante*, *quarante-un*, etc.?

R. *Quarante*,   c-à-d $4^{\text{dizaines}} 0^{\text{unité}}$, s'écrit 40;
Quarante-un, — $4^{\text{dizaines}} 1^{\text{unité}}$, — 41;
Quarante-deux, — $4^{\text{dizaines}} 2^{\text{unités}}$, — 42;
. . . . ;

p. 5 *Cinquante*,   c-à-d $5^{\text{dizaines}} 0^{\text{unité}}$, s'écrit 50;
Cinquante-un, — $5^{\text{dizaines}} 1^{\text{unité}}$, — 51;
Cinquante-deux, — $5^{\text{dizaines}} 2^{\text{unités}}$, — 52; etc [b].

Exercice. 1. Comptez de 39 à 59. — **Solution.** 39, 40, 41, 42, ..., 59.

E. 2. Comptez à rebours de 59 à 39. — **S.** 59, 58, 57, 56, ..., 39.

E. 3. Qu'obtient-on en ôtant 10 de 56? — **S.** 46.

E. 4. Dites le nombre qui suit 49. — **S.** 50.

E. 5. Qu'arrive-t-il si l'on oublie le 0 de 50? — **S.** On trouve 5 [c].

E. 6. A 50 on ajoute 2 et on ôte 10. Que trouve-t-on? — **S.** 50 plus 2 moins 10, c-à-d 52 moins 10 ou 42 [d].

E. 7. Dites les 2 nombres qui comprennent 50. — **S.** 49 et 51.

E. 8. Sur 46 verres, on en casse 6. Combien en reste-t-il? — **S.** 46 moins 6, c-à-d 40.

---

[a] *Trente* veut dire 3 dizaines; *quarante*, 4 dizaines; et *cinquante*, 5 dizaines. Il semble que, dans tous ces mots, la terminaison *ente* ou *ante*, signifie *dizaine*. On a proposé, sans succès, de dire *unante* pour 1 *dizaine*, c-à-d pour *dix*, et *duante* pour 2 dizaines, c-à-d pour *vingt*.

[b] On voit que les nombres s'écrivent tantôt en *chiffres*, tantôt en toutes *lettres*. Les nombres écrits en *chiffres* sont bien préférables aux nombres écrits en toutes *lettres* : ils tiennent beaucoup moins de place; ils se prêtent admirablement au calcul à quoi les autres se refusent; ils restent les mêmes dans tous les pays, tandis que les nombres écrits en toutes lettres varient, comme leurs noms parlés, d'un pays à un autre.

[c] Cet exemple montre encore la nécessité du *zéro*. On ne manquera pas de le faire remarquer.

[d] Cet exercice exige à la fois une *addition* et une *soustraction*. Une foule d'autres exercices exigeront ainsi *plusieurs opérations*.

LES NOMBRES DE DEUX CHIFFRES.

E. 9. Que valent ensemble 4 pièces de 10 francs? — **S.** 4 dizaines de francs, c-à-d 40 francs[a].

E. 10. Dans une classe, il y a 40 bons élèves et 9 mauvais. Combien en tout? — **S.** 40 plus 9, c-à-d 49.

---

6. De soixante à soixante-dix-neuf.

Question. Récitez 59 et 1 font *soixante*, etc.

Rép. *Cinquante-neuf* et *un* font **soixante**;
 Soixante et *un*   — *soixante-un*;
 Soixante-un et *un*   — *soixante-deux*;
 . . . . ;
 Soixante-neuf et *un* font **soixante-dix**;
 Soixante-dix et *un*   — *soixante-onze*;
 Soixante-onze et *un*   — *soixante-douze*; etc.

Q. Que valent *soixante* et *soixante-dix*? — **R.** *Soixante* vaut 6 *dizaines*; *soixante-dix* en vaut 7 [b].

Q. Comment s'écrivent *soixante*, *soixante-un*, etc.?
R. *Soixante*,   c-à-d   6 dizaines 0 unité, s'écrit 60;
 Soixante-un,   —   6 dizaines 1 unité,   — 61;
 Soixante-deux,   —   6 dizaines 2 unités,   — 62;
 . . . . ;
 Soixante-dix,   c-à-d   7 dizaines 0 unité, s'écrit 70;
 Soixante-onze,   —   7 dizaines 1 unité,   — 71;
 Soixante-douze,   —   7 dizaines 2 unités,   — 72; etc.[c]

p. 6

Q. Quels mots emploie-t-on parfois pour *soixante-dix*, *soixante-onze*, etc.? — **R.** Dans plusieurs provinces, on dit:

---

[a] Voilà encore une *multiplication*. Il suffit, pour l'effectuer, de se rappeler la valeur connue du nombre *quarante*.

[b] *Soixante* signifiant 6 dizaines est tout à fait analogue à *trente*, *quarante*, *cinquante*. Au contraire, *soixante-dix*, signifiant 7 dizaines, ne présente avec eux aucune analogie. *Soixante-dix*, *soixante-onze*, *soixante-douze*,…, sont des mots mal faits, que l'usage a malheureusement consacrés.

[c] Il faut bien faire remarquer aux élèves que *soixante-dix*, *soixante-onze*, *soixante-douze*,…, quoique commençant tous, dans le langage, par le mot *soixante* qui rappelle le nombre *six*, ont tous, dans l'écriture, pour premier chiffre un 7.

septante pour *soixante-dix*; *septante-un* pour *soixante-onze*; *septante-deux* pour *soixante-douze*; etc. [a]

>   **Exercice. 1.** Comptez [b] de 59 à 79. — **Solution.** 59, 60, 61, 62, ..., 79.
>   **E. 2.** Comptez à rebours de 79 à 59. — **S.** 79, 78, 77, 76, ..., 59.
>   **E. 3.** Ecrivez en chiffres : *septante, septante-six.* — **S.** 70, 76.
>   **E. 4.** Dites les 2 nombres qui comprennent *septante-trois*. — **S.** 72, 74.
>   **E. 5.** Combien font 6 fois 10; 7 fois 10? — **S.** 60, 70 [c].
>   **E. 6.** Ecrivez en *toutes lettres :* 64, 69, 77. — **S.** *Soixante-quatre, soixante-neuf, soixante-dix-sept.*
>   **E. 7.** Dites le nombre qui précède 70. — **S.** 69.
>   **E. 8.** Sur 70 ouvriers, il en part 10. Combien en reste-t-il? — **S.** 70 moins 10, c-à-d 60.
>   **E. 9.** On avait 63 bœufs : on en achète 10 et on en vend 1. Combien en a-t-on? — **S.** 63 plus 10 moins 1, c-à-d 73 moins 1, c-à-d 72.
>   **E. 10.** Combien de lettres dans 6 mots de 10 lettres? — **S.** 6 fois 10, c-à-d 60 [d].

7. — De quatre-vingts à quatre-vingt-dix-neuf.

Question. Récitez 79 et 1 font *quatre-vingts*, etc.
Réponse.
Soixante-dix-neuf et *un* font **quatre-vingts** [e];

[a] Il en est de même dans quelques pays étrangers où l'on parle français, par exemple, en *Suisse* et en *Belgique*.
[b] *Compter* a deux sens. *Compter*, absolument, c'est réciter la suite naturelle des nombres; *compter* des objets, c'est prendre ou montrer ces objets successivement, un à un, en disant *un, deux, trois*, etc...
[c] Cet exercice, comme le précédent, peut, à la volonté du maître, être regardé comme un exercice *écrit* ou comme un exercice *oral*. Il en est de même, soit dans les paragraphes qui précèdent, soit dans ceux qui suivent, d'une multitude d'autres exercices.
[d] Ne laissez pas l'élève répondre simplement « *soixante* ». Il faut qu'il dise « 6 fois 10, c-à-d 60 ».
[e] Dans *quatre-vingts*, le mot *vingt* prend un *s*. En général, il en prend un, lorsqu'il est répété plusieurs fois, sans être suivi d'un autre nombre.

LES NOMBRES DE DEUX CHIFFRES.

Quatre-vingts et un font quatre-vingt-un;
Quatre-vingt-un et un — quatre-vingt-deux;
. . . . ;
Quatre-vingt-neuf et un — **quatre-vingt-dix**;
Quatre-vingt-dix et un — quatre-vingt-onze;
Quatre-vingt-onze et un — quatre-vingt-douze; etc.

Q. Que valent quatre-vingts et quatre-vingt-dix? —
R. Quatre-vingts vaut 8 dizaines; quatre-vingt-dix en vaut 9.

Q. Comment s'écrivent quatre-vingts, quatre-vingt-un, etc.?
R. Quatre-vingts, c-à-d $8^{\text{dizaines}}\ 0^{\text{unité}}$, s'écrit 80;
Quatre-vingt-un, — $8^{\text{dizaines}}\ 1^{\text{unité}}$, — 81;
Quatre-vingt-deux, — $8^{\text{dizaines}}\ 2^{\text{unités}}$, — 82;
. . . . ;
Quatre-vingt-dix, c-à-d $9^{\text{diz.}}\ 0^{\text{unité}}$, s'écrit 90;
Quatre-vingt-onze, — $9^{\text{diz.}}\ 1^{\text{unité}}$, — 91;
Quatre-vingt-douze, — $9^{\text{diz.}}\ 2^{\text{unités}}$, — 92; etc.[a]

Q. Quels mots emploie-t-on parfois pour quatre-vingts, quatre-vingt-un, etc.? — **R.** Dans plusieurs provinces, on dit : octante pour quatre-vingts; octante-un pour quatre-vingt-un; octante-deux pour quatre-vingt-deux; etc.

Q. Quels mots emploie-t-on parfois pour quatre-vingt-dix, quatre-vingt-onze; etc.? — **R.** On dit aussi nonante pour quatre-vingt-dix; nonante-un pour quatre-vingt-onze; nonante-deux pour quatre-vingt-douze; etc.[b]

Exercice. 1. Comptez de 79 à 99. — **Solution.** 79, 80, 81, 82, ..., 99 [c].

---

[a] Les nombres quatre-vingts, quatre-vingt-un ,..., quatre-vingt-dix, quatre-vingt-onze ,..., ont tous des noms commençant par le mot quatre. Il faut faire remarquer que, écrits en chiffres, ils commencent tous par le chiffre 8 ou le chiffre 9.

[b] Soixante-dix, quatre-vingts, quatre-vingt-dix, sont des irrégularités. Au contraire, septante, octante, nonante sont tout à fait réguliers. Ce sont les dénominations dont nous devrions nous servir. Il est fâcheux que l'usage, en beaucoup de lieux, s'oppose à leur emploi.

[c] Il sera bon, en faisant nommer ces nombres, de demander, tantôt qu'on emploie les locutions irrégulières soixante-dix-neuf, quatre-vingts, quatre-vingt-un,..., tantôt qu'on emploie les locutions régulières septante-neuf, octante, octante-un,... Il importe de familiariser les élèves avec ces deux façons de parler.

LA NUMÉRATION.

E. 2. Comptez à rebours de 99 à 79. — **S.** 99, 98, 97, 96, ..., 79.

E. 3. Ecrivez en chiffres : *octante-un, octante-trois.* — **S.** 81, 83.

E. 4. Ecrivez de même : *nonante, nonante-sept.* — **S.** 90, 97 [a].

E. 5. Dites le nombre qui précède 94. — **S.** 93.

E. 6. Combien font 80 et 12 ? — **S.** 92.

E. 7. Dites le nombre compris entre 89 et 91. — **S.** 90.

E. 8. Je vois 82 écoliers et 10 maîtres. Combien de personnes? — **S.** 82 plus 10, c-à-d 92.

E. 9. Jules avait 93 billes; il en perd 10. Combien en a-t-il? — **S.** 93 moins 10, c-à-d 83.

E. 10. Que coûtent 8 chaises à 10 francs la chaise ? — **S.** 8 fois 10 francs, c-à-d 80 francs [b].

---

8. — Les dizaines.

Question. — Comment s'écrivent les nombres depuis 10 jusqu'à 99 ? — **Réponse.** Depuis 10 jusqu'à 99, les nombres s'écrivent chacun avec *deux* chiffres : ce sont les *nombres de deux chiffres* [c].

Q. Qu'exprime le chiffre de *gauche?* — **R.** Le chiffre de *gauche* exprime les *dizaines* du nombre ; le chiffre de *droite,* en exprime les *unités* [d].

[a] On peut faire remarquer qu'il suffit de 2 *chiffres* pour écrire le nombre *quatre-vingt-dix-sept,* lequel, en toutes lettres, sous sa forme usuelle, exige 18 caractères.

[b] *Quatre-vingts* signifie littéralement 4 fois 20. En formant cette locution, on a compté par *vingtaines* et non pas par *dizaines.*

[c] Pour savoir nommer très bien les nombres de 2 *chiffres*, il suffit de se rappeler très bien : 1° la signification des mots *onze, douze, treize, quatorze, quinze, seize;* 2° celle des mots *trente, quarante, cinquante, soixante, septante, octante, nonante ;* 3° celle des locutions irrégulières *soixante-dix, quatre-vingts, quatre-vingt-dix.*

[d] Les nombres de 2 chiffres s'écrivent, en toutes lettres, tantôt en *un* mot, tantôt en *plusieurs.* Toutes les fois qu'un nombre, non supérieur à 99, s'écrit, en toutes lettres, à l'aide de *plusieurs* mots, il faut que tous ces mots soient *réunis* par des *traits d'union.*

LES NOMBRES DE DEUX CHIFFRES.

Q. Donnez-en un exemple. — **R.** Soit le nombre 37 écrit ci-dessous

(gauche)   37   (droite) [a]

Le chiffre 3, qui est à *gauche*, représente 3 *dizaines;* le chiffre 7, qui est à *droite*, représente 7 *unités*.

Q. A quoi les dizaines sont-elles analogues? — **R.** Les *dizaines* sont analogues aux *unités*, car on dit 1, 2, 3,... *dizaines* comme on dit 1, 2, 3,... *unités*.

Q. Que convient-on de dire touchant les *dizaines*? — **R.** On convient de dire que les *dizaines* sont les *unités du 2e ordre*. Les *unités* proprement dites se nomment alors les *unités du 1er ordre*.

Exercice. 1. Combien y a-t-il de *nombres de 2 chiffres*? — **Solution.** Il y en a 99 moins 9, c-à-d 90 [b].

E. 2. Qu'exprime le chiffre de *gauche* dans 38, 47, 56? — **S.** $3^{diz.}$, $4^{diz.}$, $5^{diz.}$.

E. 3. Qu'exprime le chiffre de *droite* dans 76, 67, 58? — **S.** $6^{un.}$, $7^{un.}$, $8^{un.}$. [c]

E. 4. Que trouve-t-on en ôtant 10 de 87? — **S.** 77.   p. 8

E. 5. Comptez à rebours de 90 à 70. — **S.** 90, 89, 88, 87, ..., 70.

E. 6. Dites le nombre qui suit 69. — **S.** 70.

E. 7. On a 42 pins et 10 sapins [d]. Combien d'arbres? — **S.** 42 plus 10, c-à-d 52.

E. 8. Combien de lettres dans *arithmétique élémentaire?* — **S.** 23.

E. 9. Sur 66 moutons, il en meurt 10. Combien en reste-t-il? — **S.** 66 moins 10, c-à-d 56.

E. 10. Combien de lignes dans la présente page? — **S.** 36, si l'on compte le titre du haut et les deux traits.

[a] Il faut faire remarquer aux élèves que la *droite* ou la *gauche* d'un nombre, c'est la *droite* ou la *gauche* de la personne qui lit ou écrit ce nombre.

[b] Il faut bien comprendre ce fait. Le plus grand nombre de deux chiffres est 99; si l'on ôte, des 99 premiers nombres, les 9 premiers, qui n'ont qu'un seul chiffre, il reste tous les nombres de *deux chiffres*, et il en reste 90.

[c] Lorsqu'on rencontre un nombre de 2 chiffres, ou, plus généralement, de plusieurs chiffres, il est toujours bon de demander aux commençants ce que représente chaque chiffre de ce nombre.

[d] Les *pins* et les *sapins* sont des arbres résineux, toujours verts, dont le bois est très employé dans la charpente et la menuiserie.

9. — Les unités des deux premiers ordres.

Question. Quelles sont les unités des deux premiers ordres ? — **Réponse.** Les *unités* des deux premiers *ordres* sont : les **unités simples** ou *unités* du 1er *ordre* ; — les **dizaines** ou *unités* du 2e *ordre*.

Q. Où se met chaque chiffre ? — R. En tout nombre, *à partir de la droite*[a] : le chiffre des unités du 1er *ordre* se met au 1er *rang* ; — le chiffre des unités du 2e *ordre* se met au 2e *rang*[b].

Q. Montrez ce fait sur le nombre 48. — R. Lisons le nombre ci-dessous, à partir de la droite.

(gauche)   48   (droite)

Le premier chiffre, 8, représente 8 *unités du premier ordre* ou *unités simples* ; — le second chiffre, 4, représente 4 *unités du second ordre* ou *dizaines*.

Q. Pourquoi dans 10, 20, 30, ..., ne peut-on pas supprimer le zéro ? — R. C'est parce que le chiffre des *dizaines* doit toujours être au 2e *rang* à partir de la *droite*, qu'on ne peut jamais supprimer le *zéro* dans 10, 20, 30, etc.[c]

Exercice. 1. Combien d'unités du 1er ordre dans 18, 37, 53 ? — **Solution.** 8, 7, 3.

E. 2. Combien d'unités du 2e ordre dans 45, 62, 90 ? — S. 4, 6, 9.

E. 3. Décomposez 39, 52, 91 en unités des 2 *premiers ordres*. — S. 3 $^{diz.}$ 9 $^{un.}$, 5 $^{diz.}$ 2 $^{un.}$, 9 $^{diz.}$ 1 $^{un.}$[d].

E. 4. Écrivez tous les nombres formés de 2 chiffres pareils. — S. 11, 22, 33, 44, 55, 66, 77, 88, 99.

---

[a] On insistera beaucoup sur ce fait important, que les différents ordres d'unités se comptent à partir de la *droite*.

[b] On fera bien remarquer que le 1er *ordre* correspond au 1er *rang*, et le 2me *ordre* au 2me *rang*.

[c] Le *zéro* est tellement nécessaire que, dans certaines langues, on le regarde comme *le chiffre* par excellence. Si l'on cessait d'employer le zéro, le système de nos chiffres, qui est un système de signes *parfait*, perdrait toute sa perfection et deviendrait *détestable*.

[d] Cette *décomposition* des nombres en leurs *unités* des différents *ordres* est de la plus haute importance. C'est le fond même de la *numération*. Nos élèves y ont été, dès notre troisième leçon, si continuellement exercés, qu'ils l'effectuent sans peine, comme une chose toute naturelle.

LES NOMBRES DE TROIS CHIFFRES. 19

E. **5.** A 69 on ôte 10 et on ajoute 1. Que trouve-t-on? —
S. 69 moins 10 plus 1, c-à-d 59 plus 1, ou 60.

E. **6.** Comptez de 10 en 10, de 12 à 92. — S. 12, 22,
32, 42, ..., 92 [a].

E. **7.** Comptez à rebours de 10 en 10, de 95 à 15. —
S. 95, 85, 75, 65, ..., 15.

E. **8.** Combien de bouteilles dans 7 paniers de 10 bouteilles? — S. 7 fois 10, c-à-d 70.

E. **9.** Je vois 20 bœufs et 7 moutons. Combien de bêtes?
— S. 20 plus 7, c-à-d 27.

E. **10.** Je devais 38 *francs*; j'en donne 8. Que redois-je? — S. 38^f moins 8^f, c-à-d 30^{f} [b].

CHAPITRE III

LES NOMBRES DE TROIS CHIFFRES

10. — A partir de cent.

p. 9

Question. Que font 99 et 1? — Réponse. 99 et 1 font **cent**. *Cent* se nomme aussi une **centaine** et vaut 10 *dizaines*.

Q. Récitez *cent et un* font *cent un*, etc.

R. *Cent et un*   font *cent un;*
   Cent un et un   — *cent deux;*
   Cent deux et un   — *cent trois;* etc. [c]

---

[a] Cet exercice exige une série d'*additions*, le suivant une série de *soustractions*; mais ces *additions* et *soustractions*, d'une *dizaine* à chaque fois, ne supposent pas d'autres connaissances que celle de la partie déjà apprise de la *numération*.

[b] On peut remarquer, dans tout le présent *premier livre*, combien sont *simples* les *exercices* proposés et les *théories* qui les précèdent. Aussi, dans le cas où l'on manquerait de temps, et où les élèves seraient déjà suffisamment exercés, on pourrait, sans inconvénient, pendant toute l'étude de la *numération*, leur faire voir *deux paragraphes* par jour.

[c] Faute de place, nous nous arrêtons à « *cent deux et un* font *cent trois.* » Il faudra, dans sa réponse, que l'élève aille un peu plus loin. Il en sera de même plus bas, lorsqu'on verra comment ces mêmes nombres s'écrivent en *chiffres*.

LA NUMÉRATION.

Q. Jusqu'où arrive-t-on en continuant ainsi ? — R. En continuant ainsi, on arrive à *deux cents*; puis à *trois cents*;...; puis finalement à *neuf cent quatre-vingt-dix-neuf*.

Q. Comment s'écrivent *cent, cent un*, etc.?

R. *Cent,*   c-à-d $1^{\text{cent.}}$ $0^{\text{diz.}}$ $0^{\text{un.}}$, s'écrit 100 ;
   Cent un,   — $1^{\text{cent.}}$ $0^{\text{diz.}}$ $1^{\text{un.}}$,   —   101 ;
   Cent deux, — $1^{\text{cent.}}$ $0^{\text{diz.}}$ $2^{\text{un.}}$,   —   102 ;
   . . . .

Q. Comment s'écrivent *deux cents, deux cent un*, etc.?

R. *Deux cents*[a],   c-à-d $2^{\text{cent.}}$ $0^{\text{diz.}}$ $0^{\text{un.}}$, s'écrit 200 ;
   Deux cent un,   — $2^{\text{cent.}}$ $0^{\text{diz.}}$ $1^{\text{un.}}$,   —   201 ;
   . . . .

Q. Comment s'écrit *neuf cent quatre-vingt-dix-neuf?* — R. *Neuf cent quatre-vingt-dix-neuf*, c-à-d $9^{\text{cent.}}$ $9^{\text{diz.}}$ $9^{\text{un.}}$, s'écrit 999[b].

Exercice. 1. Comptez de 278 à 305. — **Solution.** 278, 279, 280, ..., 305.

E. 2. Comptez à rebours de 809 à 789. — S. 809, 808, 807, ..., 789.

E. 3. Dites les 2 nombres qui comprennent 599. — S. 598 et 600.

E. 4. Combien font 2 fois 100 ; 3 fois 100 ? — S. 200, 300.

E. 5. Écrivez en toutes lettres : 308, 409, 501. — S. *Trois cent huit, quatre cent neuf, cinq cent un.*

E. 6. Combien de *chiffres significatifs* dans 703 ? — S. 2[c].

E. 7. Dites le nombre qui précède 800 ? — S. 799.

E. 8. Un commerçant avait 758 *francs* dans sa caisse, il en reçoit 100 et en donne 10. Combien a-t-il ? — S. 758 plus 100 moins 10, c-à-d 858 moins 10, ou 848.

---

[a] Le mot *cent* prend parfois la marque du pluriel ; il suit, à cet égard, la même règle que le mot *vingt;* il prend un *s* quand il est répété plusieurs fois, et qu'il n'est suivi d'aucun autre nombre.

[b] Le nombre 999 s'écrit avec 3 *chiffres* seulement ; il demande 26 *lettres!*

[c] On prendra occasion du présent exercice pour rappeler ou demander aux élèves ce qu'on appelle chiffres *significatifs* et chiffres *non significatifs.*

E. 9. Que valent 5 billets de 100 *francs?* — **S.** 5 fois 100 francs, c-à-d 500 francs [a].

E. 10. Sur 25 enfants, 5 ont plus de 12 ans. Combien ont moins? — **S.** 25 moins 5, c-à-d 20.

---

11. — Les centaines. p. 10

Question. De 100 à 999 comment s'écrivent les nombres? — **Réponse.** De 100 à 999, les nombres s'écrivent chacun avec *trois* chiffres : ce sont les *nombres de trois chiffres*.

Q. Qu'exprime le chiffre de *gauche?* — **R.** Le chiffre de gauche exprime les *centaines* du nombre ; — le suivant en exprime les *dizaines;* — le dernier, les *unités*.

Q. Qu'exprime chaque chiffre de 478? — **R.** Soit 478. Le chiffre 4, qui est à gauche, exprime 4 *centaines* ; — le suivant exprime 7 *dizaines;* — le dernier, 8 *unités* [b].

Q. A quoi les *centaines* sont-elles analogues? — **R.** Les *centaines* sont analogues aux *unités*, car on dit 1, 2, 3,... *centaines*, comme on dit 1, 2, 3,... *unités*.

Q. Que sont les *centaines?* — **R.** Les *centaines* sont les *unités du 3e ordre* [c].

Exercice. 1. Combien y a-t-il de nombres de 3 chiffres? —**Solution.** 999 moins 99, c-à-d 900 [d].

[a] On pourra dire aux élèves ce qu'on appelle *billets de banque*. On les familiarisera ainsi avec ces *billets*, dont on doit leur parler plus tard. — Dire quelques mots, incidemment, des choses dont on s'occupera par la suite, c'est en cela que consiste la *méthode prénotionnelle*, l'une des plus fécondes de l'enseignement.

[b] Bien qu'on dise, en comptant, *deux cents, trois cents, quatre cents*, etc., on ne dit pas *un cent*. On dit cependant *une centaine*. Ces faits rappellent ce qui se passe pour les mots *dix* et *dizaine;* on dit *une dizaine*, mais non pas *un dix*. — Il est un cas, mais un seul, où l'on emploie le mot *cent* précédé du mot *un :* c'est lorsque *cent* désigne une collection qu'on a coutume de considérer dans les marchés : « Combien avez-vous acheté de noix? j'en ai acheté *un cent*. »

[c] Redemander à ce propos aux élèves quelles sont les *unités* des *deux premiers ordres*.

[d] Le plus grand nombre de 3 chiffres est 999. Pour avoir tous les nombres de 3 chiffres, il suffit, dans la suite des 999 premiers nombres,

E. 2. Qu'exprime le chiffre de *gauche* dans 308, 715, 922? — **S.** 3 cent., 7 cent., 9 cent.

E. 3. Qu'exprime le chiffre du *milieu* dans 411, 507, 840? — **S.** 1 diz., 0 diz., 4 diz.

E. 4. Qu'exprime le chiffre de *droite* dans 321, 458, 980? — **S.** 1 un., 8 un., 0 un.

E. 5. Ajoutez 700, 40 et 8. — **S.** 748.

E. 6. Ecrivez en chiffres : *six cents, six cent trois.* — **S.** 600, 603.

E. 7. Dites le nombre compris entre 598 et 600. — **S.** 599.

E. 8. Un collège a 715 élèves. Combien en resterait-il s'il en partait 100? — **S.** 715 moins 100, c-à-d 615.

E. 9. Un sac contenait 843 grains de blé. On en sort 40 et on en met 100. Combien en contient-il? — **S.** 843 moins 40 plus 100, c-à-d 803 plus 100, ou 903 [a].

E. 10. Que coûtent 7 tonneaux de vin à 100 francs? — **S.** 7 fois 100 francs, c-à-d 700 francs.

---

12. — La classe des unités.

Question. Quelles sont les *unités* des 3 premiers *ordres?* — **Réponse.** Les *unités* des *trois premiers ordres* sont : les **unités simples** ou *unités du 1er ordre;* — les **dizaines** ou *unités du 2e ordre;* — les **centaines** ou *unités du 3e ordre* [b].

Q. Où se met le chiffre des *unités* de chaque *ordre?* — **R.** En

---

de supprimer les 99 nombres placés au commencement, et qui ont chacun moins de 3 chiffres. Il reste seulement alors les nombres de 3 chiffres, et il en reste 900.

[a] Cet exercice contient encore une *addition* et une *soustraction;* mais c'est la soustraction qui s'y présente d'abord. — Ce changement dans l'ordre des opérations a son importance, les élèves ne faisant de véritables progrès qu'en résolvant des problèmes *très variés.*

[b] Si l'on compare notre *Cours élémentaire* au présent *Cours moyen,* on voit immédiatement que, dans celui-ci, nous marchons beaucoup moins lentement que dans celui-là. Toutefois, la lenteur de notre exposition est encore telle que des élèves intelligents, qui n'auraient point suivi le *Cours élémentaire,* pourraient, à la rigueur, aborder directement l'étude du *Cours moyen.*

LES NOMBRES DE TROIS CHIFFRES.

tout nombre, *à partir de la droite :* le chiffre des unités du 1ᵉʳ ordre se met au premier rang ; — le chiffre des unités du 2ᵉ ordre se met au 2ᵉ rang ; — le chiffre des unités du 3ᵉ ordre se met au 3ᵉ rang.

Q. Montrez ce fait sur 654. — R. Lisons 654, *à partir de la droite.* Le *premier* chiffre, 4, représente 4 unités du *premier* ordre ou unités simples ; — le *deuxième* représente 5 unités du *deuxième* ordre ou dizaines ; — le *troisième,* 6 unités du *troisième* ordre ou centaines. p. 11

Q. Que forment les *unités* des trois premiers *ordres ?* — R. Les unités des *trois premiers ordres* forment la **classe des unités**[a].

Q. Que comprend la *classe* des *unités ?* — R. La *classe des unités* comprend : les *unités simples,* les *dizaines* et les *centaines,* comme on le voit sur le tableau ci-contre[b] :

UNITÉS		
centaines	dizaines	unités simples

Exercice. 1. Combien d'unités du 2ᵉ *ordre* dans 324, 435, 706 ? — **Solution.** 2, 3, 0.

E. **2.** Combien d'unités du 3ᵉ *ordre* dans 128, 741, 23 ? — S. 1, 7, 0.

E. **3.** Qu'exprime chaque chiffre de 345 ? — S. 3 ᶜᵉⁿᵗ·, 4 ᵈⁱᶻ·, 5 ᵘⁿ·.

E. **4.** Retranchez 50 de 857. — S. 807.

E. **5.** Comptez à rebours de 100 en 100, de 947 à 147. — S. 947, 847, 747, ..., 147.

E. **6.** Qu'arrive-t-il si l'on oublie le 0 de 907 ? — S. On trouve 97 [c].

---

[a] On peut remarquer que c'est l'*ordre* des unités simples, c-à-d l'*ordre* le moins élevé, qui donne son nom à la *classe.*

[b] Il importe de bien distinguer les *classes* des *ordres.* Comme nous le verrons, chaque *classe* contient 3 *ordres ;* dans un nombre écrit en chiffres, les *ordres* correspondent aux *chiffres,* et les *classes* aux *tranches* de 3 chiffres que nous apprendrons à former.

[c] On le voit bien, sur cet exemple, l'unique effet du *zéro* du nombre 907, c'est de forcer le chiffre 9 à rester au *troisième* rang à partir de la *droite,* c'est d'empêcher ce chiffre 9 de venir occuper la place des dizaines qui manquent. Tenir la *place* de ce qui manque, en d'autres termes occuper une certaine *place,* voilà tout le rôle du *zéro.* Aussi, primitivement, les Indous, c-à-d les inventeurs de nos chiffres, désignaient-ils le *zéro* par un mot qui, dans leur langue, signifiait, à volonté, l'*espace* ou le *vide.*

E. **7**. Combien d'hommes dans 2 troupes, l'une de 203[b], l'autre de 140? — **S.** 203 plus 140, c-à-d 343.

E. **8**. Combien de lettres dans *école primaire?* — **S.** 13.

E. **9**. Une boîte contenait 144 plumes. On en ôte 30. Combien en reste-t-il? — **S.** 144 moins 30, c-à-d 114 [a].

E. **10**. Jean avait 78 billes; il en perd 10, puis 8. Combien en a-t-il? — **S.** 78 moins 10 moins 8, c-à-d 68 moins 8, ou 60.

CHAPITRE IV

LES NOMBRES DE **4, 5, 6** CHIFFRES

13. — A partir de mille.

Question. Combien font 999 et 1? — Réponse. 999 et 1 font **mille**. *Mille* vaut 10 *centaines* [b].

Q. Récitez *mille et un* font *mille un*, etc.

R. *Mille et un*   font *mille un;*
   Mille un et un   — *mille deux;*
   Mille deux et un   — *mille trois;* etc.

p. 12   Q. Jusqu'où peut-on aller ainsi? — R. On peut aller jusqu'à *neuf mille neuf cent quatre-vingt-dix-neuf* [c].

Q. Comment s'écrivent *mille, mille un,* etc.?

R. *Mille,*   c-à-d $1^{mil.} 0^{cent.} 0^{diz.} 0^{un.}$, s'écrit 1 000;
Mille un,   — $1^{mil.} 0^{cent.} 0^{diz.} 1^{un.}$,   —   1 001;
Mille deux,   — $1^{mil.} 0^{cent.} 0^{diz.} 2^{un.}$,   —   1 002; etc.

---

[a] Ce nombre 144 est égal à 12 *douzaines;* on le nomme parfois une *grosse*. — Les *plumes métalliques* dont nous nous servons à présent ont été inventées, au siècle passé, par le mécanicien français Arnoux. Les meilleures se fabriquent en France et en Angleterre. Il n'y a guère plus de 40 ans que l'usage en est devenu commun. Auparavant, on se servait de *plumes d'oie.*

[b] Bien qu'on dise *deux mille, trois mille,...*, on ne dit pas *un mille*. En cela, le mot *mille* se rapproche du mot *cent.*

[c] Au lieu de *mille cent, mille deux cents, mille trois cents,...*, on dit souvent *onze cents, douze cents, treize cents,...* Ces façons de parler se comprennent immédiatement.

LES NOMBRES DE 4, 5, 6 CHIFFRES.

Q. Comment s'écrit *neuf mille neuf cent quatre-vingt-dix-neuf?* — **R.** *Neuf mille neuf cent quatre-vingt-dix-neuf,* c-à-d 9^{mil.} 9^{cent.} 9^{diz.} 9^{un.}, s'écrit 9 999.

Q. De 1 000 à 9 999 comment s'écrivent les nombres? — **R.** De 1 000 à 9 999, les nombres s'écrivent chacun avec quatre chiffres : ce sont les *nombres de 4 chiffres.*

Q. Qu'exprime chaque *chiffre?* — **R.** Le chiffre de gauche exprime des *mille;* le suivant, des *centaines;* le suivant, des *dizaines;* le dernier, des *unités.*

Q. Montrez cela sur 3 548. — **R.** Soit 3 548. Le chiffre de gauche exprime 3 *mille;* — le suivant exprime 5 *centaines;* — le suivant, 4 *dizaines;* — le dernier 8 *unités.*[a]

Exercice. 1. Comptez de 3 989 à 4 010. — **Solution.** 3 989, 3 990, 3 991, ..., 4 010.

E. 2. Comptez de 10 en 10, de 5 922 à 6 022. — **S.** 5 922, 5 932, 5 942, ..., 6 022.

E. 3. Comptez de 100 en 100, de 2 317 à 3 317. — **S.** 2 317, 2 417, 2 517, ..., 3 317[b].

E. 4. Combien existe-t-il de *nombres de 4 chiffres?* — **S.** 9 999 moins 999, c-à-d 9 000[c].

E. 5. Qu'exprime chaque chiffre de 8 702? — **S.** 8^{mil.} 7^{cent.} 0^{diz.} 2^{un.}.

E. 6. Dites les deux nombres qui comprennent 9 000. — **S.** 8 999, 9 001.

E. 7. Combien valent ensemble 2 mobiliers, l'un de 2 000^f, l'autre de 1 523? — **S.** 2 000 plus 1 523, c-à-d 3 523.

E. 8. On avait 2 359 arbres. On en arrache 300 et on en plante 1 000. Combien en aura-t-on ? — **S.** 2 359 moins 300 plus 1 000, c-à-d 2 059 plus 1 000, ou 3 059.

---

[a] Le mot *mille,* signifiant un *nombre,* est toujours *invariable;* il ne prend jamais la marque *s* du pluriel. On écrit, sans *s, deux mille, trois mille,* etc.

[b] Au point où nous en sommes dans la *numération,* nous savons, par la numération elle-même, *ajouter* ou *retrancher,* non seulement 1, mais 10, mais 100, mais 1000. Nous pouvons donc faire *compter* de 10 en 10, de 100 en 100, de 1000 en 1000.

[c] Parmi les nombres de 4 *chiffres,* le *plus petit* est 1000, le *plus grand* 9 999. — Comme on l'a vu déjà, il existe 9 nombres d'un chiffre, 90 de 2 chiffres, 900 de 3 chiffres ; et, comme on vient de le voir, 9 000 de 4 chiffres. La *loi* est évidente, et se continue indéfiniment.

LA NUMÉRATION.

E. 9. Que valent 3 billets de 1 000^f ? — **S.** 3 fois 1 000 francs, c-à-d 3 000 francs.

E. 10. Sur 3 827 pommes, on en perd 1 000, puis 100. Combien en conserve-t-on ? — **S.** 3 827 moins 1 000 moins 100, c-à-d 2 827 moins 100, ou 2 727 [a].

---

14. — A partir de dix mille.

Question. Récitez 9 999 et 1 font *dix mille*.

Réponse. 9 999 et *un* font **dix mille** ;
    Dix mille et *un*   — *dix mille un* ;
    Dix mille un et *un* — *dix mille deux* ; etc.

Q. Jusqu'où peut-on aller ainsi ? — **R.** On peut aller ainsi jusqu'à *quatre-vingt-dix-neuf mille neuf cent quatre-vingt-dix-neuf*.

Q. Comment s'écrivent *dix mille, dix mille un*, etc. ? —
p. 13   **R.** *Dix mille*, c-à-d 1$^{\text{diz. de mille}}$ 0^{mille} 0$^{\text{cent.}}$ 0$^{\text{diz.}}$ 0$^{\text{un.}}$, s'écrit 10 000 ;

Dix mille un, c-à-d 1$^{\text{diz. de mille}}$ 0^{mille} 0$^{\text{cent.}}$ 0$^{\text{diz.}}$ 1^{un}. s'écrit 10 001 ;

Dix mille deux, c.-à-d. 1$^{\text{diz. de mille}}$ 0^{mille} 0$^{\text{cent.}}$ 0$^{\text{diz.}}$ 2^{un}, s'écrit 10 002 ; etc.

Q. Comment s'écrit *quatre-vingt-dix-neuf mille neuf cent quatre-vingt-dix-neuf* ? — **R.** *Quatre-vingt-dix-neuf mille neuf cent quatre-vingt-dix-neuf*, c-à-d 9$^{\text{diz. de mil.}}$ 9$^{\text{mil.}}$ 9$^{\text{cent.}}$ 9$^{\text{diz.}}$ 9$^{\text{un.}}$, s'écrit 99 999 [b].

Q. De 10 000 à 99 999, avec combien de *chiffres* s'écrit chaque nombre ? — **R.** De 10 000 à 99 999, les nombres s'écrivent chacun avec 5 chiffres : ce sont les *nombres de 5 chiffres* [c].

Q. Qu'exprime chaque *chiffre* ? — **R.** Le chiffre de

---

[a] Ce dernier exercice présente deux soustractions consécutives. Au lieu de retrancher successivement 1 000, puis 100, on pourrait retrancher, d'un seul coup, la somme 1 100.
[b] Pour écrire en *chiffres* le nombre 99 999, il suffit de 5 *caractères*. Pour l'écrire en toutes *lettres*, il en faut 49. Quelle différence !
[c] Parmi les nombres de 5 chiffres, le *plus petit* est 10 000, le *plus grand* est 99 999.

LES NOMBRES DE 4, 5, 6 CHIFFRES.

gauche exprime des *dizaines de mille;* le suivant, des *mille;* le suivant, des *centaines;* le suivant des *dizaines;* le dernier, des *unités.*

Q. Montrez cela sur 74 236. — **R.** Soit 74 236. Le chiffre de gauche exprime 7 *dizaines de mille;* — le suivant, 4 *mille;* — le suivant 2 *centaines;* — le suivant, 3 *dizaines;* — le dernier, 6 *unités* (a).

Exercice. 1. Ecrivez en toutes lettres 30 720. — **Solution.** *Trente mille sept cent vingt* (b).

E. 2. Ecrivez en chiffres : *soixante mille dix.* — **S.** 60 010.

E. 3. Combien existe-t-il de nombres de 5 chiffres ? — **S.** 99 999 moins 9 999, c-à-d 90 000 (c).

E. 4. Qu'exprime chaque chiffre de 23 456 ? — **S.** 2 diz. de mille 3 mille 4 cent. 5 diz. 6 un.

E. 5. Combien de chiffres *significatifs* dans 40 080 ? — **S.** 2 (d).

E. 6. Dites le nombre qui précède 40 000 ? — **S.** 39 999.

E. 7. Ajoutez 60 000, 800, 40 et 7. — **S.** 60 847.

E. 8. Un réservoir contenait 80 637 litres d'eau. Il s'en perd 507 litres. Combien en reste-t-il ? — **S.** 80 637 moins 507, c-à-d 80 130.

E. 9. Combien de mots dans la présente ligne ? — **S.** 7.

E. 10. On achète 3 bouteilles, 10 verres et 20 assiettes. Combien d'objets en tout ? — **S.** 3 plus 10 plus 20, c-à-d 13 plus 20, ou 33.

(a) Considérons ce nombre 74 236. Il n'est autre chose que 70 000 plus 4 236. Or, 70 000, qui a 5 chiffres, est *plus grand* que 4 236 qui n'en a que 4. Donc, dans 74 236, le chiffre 7, qui est à *gauche*, et qui représente 7 *dizaines de mille*, est *plus important*, à lui seul, que tout ce qui vient à sa suite. — Ce fait est général : dans tout nombre écrit en *chiffres*, le *chiffre de gauche* représente, à lui seul, *plus d'unités simples* que n'en représentent, ensemble, tous les chiffres suivants.

(b) Dans cet exercice, comme dans le suivant, il faudra insister sur la *nécessité* du *zéro*.

(c) La *loi* déjà indiquée se continue parfaitement. Il y avait 9 nombres d'un chiffre, 90 de 2 chiffres, 900 de 3 chiffres, 9 000 de 4 chiffres : il y en a 90 000 de 5 chiffres.

(d) Faites redire la définition des chiffres *significatifs* et du chiffre *non significatif*.

LA NUMÉRATION.

15. — A partir de cent mille.

Question. Récitez 99 999 et 1 font *cent mille*, etc. —
Réponse. 99 999 et *un*   font **cent mille** ;
  Cent mille et *un*   — *cent mille un* ;
  Cent mille un et *un*   — *cent mille deux* ; etc.

Q. Jusqu'où peut-on aller ainsi ? — **R.** On peut aller ainsi jusqu'à *neuf cent quatre-vingt-dix-neuf mille neuf cent quatre-vingt-dix-neuf*.

Q. Comment s'écrivent *cent mille, cent mille un*, etc. ? —
p. 14 **R.** *Cent mille*, c-à-d $1^{\text{cent. de mille}}$ $0^{\text{diz. de mille}}$ 0^{mille} $0^{\text{cent.}}$ $0^{\text{diz.}}$ $0^{\text{un.}}$, s'écrit 100 000 ;
  Cent mille un, c-à-d $1^{\text{cent. de mille}}$ $0^{\text{diz. de mille}}$ 0^{mille} $0^{\text{cent.}}$ $0^{\text{diz.}}$ $1^{\text{un.}}$, s'écrit 100 001 ;
  Cent mille deux, c-à-d $1^{\text{cent de mille}}$ $0^{\text{diz. de mille}}$ 0^{mille} $0^{\text{cent.}}$ $0^{\text{diz.}}$ $2^{\text{un.}}$, s'écrit 100 002 ; etc.

Q. Comment s'écrit *neuf cent quatre-vingt-dix-neuf mille neuf cent quatre-vingt-dix-neuf* ? — **R.** *Neuf cent quatre-vingt-dix-neuf mille neuf cent quatre-vingt-dix-neuf* s'écrit 999 999.

Q. De 100 000 à 999 999 avec combien de *chiffres* s'écrit chaque nombre ? — **R.** De 100 000 à 999 999, les nombres s'écrivent chacun avec 6 chiffres, ce sont les *nombres de 6 chiffres*[a].

Q. Qu'exprime chaque *chiffre* ? — **R.** Le chiffre de gauche exprime des *centaines de mille* ; le suivant, des *dizaines de mille* ; le suivant, des *mille* ; etc.

Q. Montrez cela sur 538 604. — **R.** Soit 538 604. Le chiffre de gauche exprime 5 *centaines de mille* ; le suivant 3 *dizaines de mille* ; le suivant, 8 *mille* ; etc. [b].

---

[a] Parmi les nombres de 6 *chiffres*, le *plus petit* est 100 000, le *plus grand* est 999 999.
[b] Les *lettres* sont des *caractères* qui ont été inventés pour écrire les *mots* ; les *chiffres* sont des *caractères* qui ont été inventés pour écrire les *nombres*. Il y a des *mots d'une lettre* comme *à*, et des *mots de plusieurs lettres* comme *arbre* ; il y a de même des *nombres d'un chiffre* comme 7, et des *nombres de plusieurs chiffres* comme 35 469. — Lorsqu'on écrit un nombre de plusieurs chiffres, on place ces chiffres les uns à côté des autres. Il faut que tous ces chiffres soient bien *formés* ; qu'ils soient bien *alignés* ; et surtout qu'ils soient bien *distincts*. Deux chiffres voisins ne doivent jamais être *liés* l'un à l'autre. Ce serait une

LES NOMBRES DE 4, 5, 6 CHIFFRES.

Exercice. 1. Otez 10 000 de 527 813. — **Solution.** 517 813.
E. 2. Qu'exprime chaque chiffre de 243 676? — **S.** 2 cent. de mille 4 diz. de mille 3 mille 6 cent. 7 diz. 6 un. (a).
E. 3. Combien y a-t-il de *nombres de 6 chiffres*? — **S.** 999 999 moins 99 999, c-à-d 900 000.
E. 4. Comptez à rebours de 1 000 en 1 000, de 305 428 à 291 428. — **S.** 304 428, 303 428, ..., 291 428.
E. 5. Dites le nombre qui suit 599 999. — **S.** 600 000.
E. 6. A quoi sert le 0 de 302 647? — **S.** A maintenir le chiffre 3 au rang des centaines de mille (b).
E. 7. On réunit 2 troupeaux, l'un de 206 chèvres, l'autre de 70. En tout combien de chèvres? — **S.** 206 plus 70, c-à-d 276.
E. 8. Une société de 200 membres en admet 15 nouveaux et en perd 10 anciens. Combien en a-t-elle? — **S.** 200 plus 15 moins 10, c-à-d 215 moins 10, ou 205.
E. 9. Que valent 4 timbres-poste de 10 centimes? — **S.** 4 fois 10 centimes, c-à-d 40 centimes (c).
E. 10. Un fabricant avait chez lui 973 sièges. Il vend 102 chaises et 60 fauteuils. Que lui reste-t-il? — **S.** 973 moins 102 moins 60, c-à-d 871 moins 60, ou 811 sièges.

---

16. — La classe des mille.

Question. Que sont les *mille*, les *dizaines de mille*, etc.?
— **Réponse.** Les **mille** sont les unités du 4ᵉ *ordre*;
— les **dizaines de mille** sont les unités du 5ᵉ *ordre*;

---

habitude très mauvaise, et qui causerait beaucoup d'erreurs, que de lier entre eux les *chiffres* d'un *nombre* comme on lie entre elles les *lettres* d'un *mot*.
(a) Les nombres de 4, 5, 6 *chiffres* sont assurément de *grands nombres*; mais les élèves peuvent se faire facilement l'idée de nombres *plus grands* encore. Combien y a-t-il d'*étoiles* dans le ciel? de *brins d'herbe* dans la prairie? de *gouttes d'eau* dans la mer?
(b) Comme on l'a déjà dit, la vraie fonction du *zéro*, c'est de maintenir, à la place qui lui convient, chacun des *chiffres* placés à sa gauche.
(c) Les *timbres-poste* sont de petites images qu'on colle sur les lettres pour les *affranchir*. Un *timbre-poste* ne peut servir qu'une fois.

— les **centaines de mille** sont les unités du 6° *ordre*[a].

Q. Où se met le *chiffre* des *unités* de chaque *ordre?* — R. En tout nombre, à partir de la droite : le chiffre des unités du 4° ordre se met au 4° rang ; — le chiffre des unités du 5° ordre se met au 5° rang ; — le chiffre des unités du 6° ordre se met au 6° rang.

Q. Montrez cela sur 328 097. — R. Soit 328 097. Le chiffre 8 est au *quatrième* rang à partir de la droite : il représente 8 unités du *quatrième* ordre, c-à-d 8 mille ; — le chiffre 2 est au *cinquième* rang : il représente 2 unités du *cinquième* ordre, c-à-d 2 dizaines de mille ; — le chiffre 3 est au *sixième* rang : il représente 3 unités du *sixième* ordre, c-à-d 3 centaines de mille.

Q. Que forment les *unités* des 4°, 5°, 6° *ordres?* — R. Les *unités* des 4°, 5°, 6° *ordres* forment la **classe des mille**[b].

Q. Que comprend la *classe* des *mille?* — R. La *classe des mille* comprend *trois ordres* ; elle est tout à fait analogue à celle des unités, comme on le voit sur le tableau ci-contre[c].

MILLE			UNITÉS		
cent. de mille	diz. de mille	mille	cent. d'unités	diz. d'unités	unités simples

Exercice. 1. Combien d'unités du 4° *ordre* dans 326 712 ? — **Solution.** 6.

E. 2. Combien d'unités du 5° *ordre* dans 407 825 ? — S. 0.

E. 3. Combien d'unités du 6° *ordre* dans 980 338 ? — S. 9.

E. 4. Ecrivez les nombres composés de 6 chiffres pareils. — S. 111 111, 222 222, ..., 999 999[d].

---

[a] Il serait bon de redemander aux élèves quelles sont les *unités* des *trois premiers ordres.*

[b] Dans les noms de ces 3 *ordres* d'unités, *mille*, *dizaines de mille*, *centaines de mille*, il n'y a qu'un seul *mot nouveau*, le mot *mille*. Ainsi toute la *classe des mille* n'exige pour être nommée *qu'un seul mot nouveau.*

[c] Si l'on compare la *classe des mille* et celle des *unités*, on constate que chacune d'elles comprend 3 *ordres* d'unités : il en sera ainsi dans toutes les *classes* que nous rencontrerons.

[d] Exigez que, pour cet exercice, la réponse écrite soit disposée en forme de tableau.

LES NOMBRES DE 4, 5, 6 CHIFFRES.

E. 5. A 300 000, ajoutez 57 000 et ôtez 40 000? — **S.** En ajoutant 57 000, on trouve 357 000. En retranchant 40 000, on obtient 317 000.

E. 6. Comptez, de 1000 en 1000, de 690 903 à 702 903. — **S.** 690 903, 691 903, ..., 702 903[a].

E. 7. Dites le nombre qui précède 500 000. — **S.** 499 999.

E. 8. Sur 95 rosiers, il en gèle 15. Combien d'intacts? — **S.** 95 moins 15, c-à-d 80.

E. 9. On a mis, dans un sac, 320 000, puis 602, puis 1 030 grains de riz[b]. Combien en tout? — **S.** 320 000 plus 602 plus 1 030, c-à-d 320 602 plus 1 030, ou 321 632.

E. 10. On ajoute 47 litres d'eau à 201 litres de vin. Combien a-t-on de litres? — **S.** 201 plus 47, c-à-d 248.

---

17. — Les nombres qui ont des mille.

Question. Que fait-on quand on écrit les nombres qui ont des mille? — **Réponse.** Quand on écrit les nombres qui ont des *mille*, on laisse un petit **vide** à la droite du chiffre des mille.

Q. Comment écrit-on 12810? — **R.** On écrit, non pas 12810, mais 12 810[c].

Q. Comment le vide qu'on laisse partage-t-il le nombre?

---

[a] Maintenant que l'on connait les *mille*, les *dizaines de mille* et les *centaines de mille*, on peut proposer aux élèves de nouvelles *additions* et de *nouvelles soustractions*. On peut leur faire *ajouter* 1 000, 10 000, 100 000, et on peut leur faire *retrancher* ces mêmes nombres. On peut aussi faire *compter* les élèves, à partir d'un nombre quelconque, de 1 000 en 1 000, de 10 000 en 10 000, de 100 000 en 100 000.

[b] Le *riz* est l'une des plantes les plus précieuses que l'on puisse cultiver. La race jaune presque tout entière s'en nourrit : il est pour elle ce qu'est pour nous le *blé*.

[c] Le *vide* qu'on doit laisser entre la *tranche* des mille et celle des *unités* facilite beaucoup la lecture des nombres qui ont des *mille*, à la condition surtout qu'on ne place absolument rien dans ce *vide*, ni trait, ni *point*, ni *virgule*. Certaines personnes y placent une *virgule* : c'est une grosse *faute*. La *virgule*, nous le verrons, doit toujours figurer dans les nombres *fractionnaires décimaux* : on ne doit jamais l'introduire dans les *nombres entiers*.

— R. Ce vide partage le nombre en deux **tranches** : celle des *mille*, celle des *unités*.

Q. Comment écrit-on un nombre qui a des mille? — R. Pour écrire un nombre qui a des *mille*, on écrit, en une *première tranche*, combien ce nombre a de *mille*; en une *seconde*, combien il a d'*unités*.

p. 16

Q. Donnez un exemple. — R. Le nombre *trente-quatre mille six cent vingt-sept*, contient 34 *mille* et 627 *unités* : il s'écrit 34 627 [a].

Q. Combien y a-t-il de chiffres dans la tranche des mille ? — R. Dans la *tranche des mille*, il y a tantôt 1 chiffre, tantôt 2, tantôt 3. Il faut que, dans la *tranche des unités*, il y en ait toujours 3.

Q. Comment met-on 3 chiffres à la tranche des unités ? — R. Pour mettre 3 chiffres à la *tranche des unités*, on en met 1 pour les *centaines*, 1 pour les *dizaines*, 1 pour les *unités*.

Q. Donnez un exemple. — R. Soit à écrire *vingt-cinq mille quarante huit*. Il n'y a pas de *centaines*. La *tranche des unités* s'écrira 048, et le nombre lui-même, 25 048. — Le *zéro* introduit occupe juste la *place* des *centaines* qui manquent [b].

Exercice. 1. Ecrivez en chiffres *trente mille un ?* — **Solution.** 30 001.

E. 2. Ecrivez de même : *cent mille un.* — S. 100 001.

E. 3. Ecrivez de même : *trois cent six mille.* — S. 306 000.

E. 4. Ecrivez en *toutes lettres* 928 794. — S. *Neuf cent vingt-huit mille sept cent quatre-vingt-quatorze.*

E. 5. Combien de chiffres *significatifs* dans 200 304 ? — S. 3.

E. 6. Dites le nombre qui précède 900 000. — S. 899 999.

(a) Grâce à la considération de la *classe* des *mille*, les nombres qui ont des *mille* deviennent plus faciles à *nommer* et à *écrire*. Il faut que les élèves s'habituent de bonne heure à regarder tout nombre, soit parlé, soit écrit, qui possède des *mille*, comme partagé en ces deux parties : les *mille*, les *unités*.

(b) Lorsque le nombre à écrire ne contient que des *mille*, c-à-d ne renferme aucun *ordre* de la *classe des unités*, la *tranche des unités*, qui doit toujours avoir 3 chiffres, s'écrit 000 : le nombre *trente-sept mille*, s'écrit 37 000.

RÉSUMÉ DE LA NUMÉRATION. 33

E. **7.** On achète 25 assiettes; on en casse 11; on en avait auparavant 200. Combien en a-t-on? — S. 200 plus 25 moins 11, c-à-d 225 moins 11, c-à-d 214.

E. **8.** Combien de porcs dans 5 écuries contenant 10 porcs chacune? — S. 5 fois 10, c-à-d 50[a].

E. **9.** Ayant levé mes 10 doigts, j'en abaisse 1 à chaque main. Combien restent levés? — S. 10 moins 1 moins 1, c-à-d 8.

E. **10.** Combien faut-il de chiffres pour écrire tous les nombres de 104 à 113? — S. De 104 inclusivement à 113 inclusivement[b] aussi, il y a 10 nombres; chacun d'eux contient 3 chiffres; si l'on écrit ces 10 nombres les uns sous les autres, on obtient donc 3 colonnes de 10 chiffres; il faut donc pour écrire tous ces nombres 3 fois 10 chiffres, c-à-d 30 chiffres[c].

CHAPITRE V

RÉSUMÉ DE LA NUMÉRATION

---

18. — **Les unités des différents ordres.**

Question. Quelles sont les unités des 6 premiers ordres? p. 17 — **Réponse.** Les *unités* des 6 premiers *ordres* sont : les **unités simples** ou unités du 1er *ordre;* — les

---

[a] A proprement parler, le mot *écurie* désigne le lieu où l'on enferme les chevaux, les mulets, les ânes; on appelle *étable*, celui où l'on enferme les bœufs et les moutons; *porcherie*, celui qu'on réserve aux porcs.

[b] On profitera de cette occasion pour faire connaître aux élèves, d'une manière bien exacte, le sens des deux mots *inclusivement* et *exclusivement*. Ces deux adverbes s'emploient souvent en mathématiques et toujours avec cet avantage d'y rendre le discours plus *précis*.

[c] Le raisonnement le plus naturel et le meilleur consisterait à dire ceci : chacun de ces 10 nombres exige 3 chiffres; donc, pour les écrire tous, il faut 10 fois 3 chiffres, c-à-d 30 chiffres. Mais, au point où nous en sommes, ce raisonnement ne peut se faire. Nous ne pouvons, en effet, nous appuyer encore que sur la *numération;* or, si la numération nous apprend que 3 fois 10 font 30, elle ne nous enseigne rien sur ce que font 10 fois 3.

dizaines ou unités du 2ᵉ *ordre;* — les **centaines** ou unités du 3ᵉ *ordre;* — les **mille** ou unités du 4ᵉ *ordre;* — les **dizaines de mille** ou unités du 5ᵉ *ordre;* — les **centaines de mille** ou unités du 6ᵉ *ordre.*

Q. Quelles sont les unités des ordres suivants ? — R. Les *unités* des *ordres* suivants sont les **millions** ou unités du 7ᵉ *ordre;* — les **dizaines de millions** ou unités du 8ᵉ *ordre;* — les **centaines de millions** ou unités du 9ᵉ *ordre;* — les **billions** ou **milliards,** ou unités du 10ᵉ *ordre;* etc. ⁽ᵃ⁾

Q. Que vaut 1 unité d'un ordre quelconque? — R. Une *unité* d'un *ordre* quelconque vaut toujours 10 *unités* de l'*ordre* immédiatement inférieur.

Q. Donnez des exemples de ce fait. — R. 1 *dizaine* vaut 10 *unités simples;* — 1 *centaine* vaut 10 *dizaines;* — 1 *mille* vaut 10 *centaines;* etc. ⁽ᵇ⁾

Exercice. 1. Combien de *centaines de mille* dans 1 *million.* — Solution. 10.

E. 2. Combien de *centaines de millions* dans 1 *milliard?* — S. 10⁽ᶜ⁾.

E. 3. Ajoutez 237 815 à 10 160. — S. 247 975 ⁽ᵈ⁾.

E. 4. Écrivez en chiffres : *cent mille vingt.* — S. 100 020.

E. 5. Écrivez de même : *deux cent mille dix.* — S. 200 010 ⁽ᵉ⁾.

(ᵃ) Les mots *billion* et *milliard* signifient exactement la même chose : ce sont des *synonymes parfaits. Milliard* s'emploie surtout dans la finance. — Il ne faut pas confondre le mot *billion,* qui représente un nombre, avec le mot *billon,* qui désigne certains alliages d'argent et de cuivre. Le mot *billion,* représentant un nombre, prend un *i* après les deux *l :* il en est de même de *milliard,* de *million,* et de tous les mots analogues.

(ᵇ) Il n'y a jamais, dans aucun nombre, plus de 9 *unités* d'un certain *ordre,* par exemple plus de 9 *centaines.* Si, en effet, il y en avait seulement 10, ces 10 unités en formeraient *une de l'ordre supérieur.* Voilà pourquoi on n'a besoin que de 9 *chiffres significatifs.*

(ᶜ) Pour résoudre ces deux premiers problèmes, il suffit de se rappeler qu'une *unité* d'un *ordre* quelconque en vaut 10 de l'*ordre* immédiatement *inférieur.*

(ᵈ) On peut maintenant faire *ajouter* ou *retrancher* 1 *million,* 10 *millions,* etc. On peut aussi faire *compter de million* en *million,* de 10 *millions* en 10 *millions.* etc.

(ᵉ) Cet exercice, comme le précédent, montre très bien la *nécessité*

RÉSUMÉ DE LA NUMÉRATION.   35

E. **6.** Qu'exprime chaque chiffre de 329 541 ? —
S. 3 cent. de mille 2 diz. de mille 9 mille 5 cent. 4 diz. 1 un.

E. **7.** Sur 912 enfants, 801 savent lire. Combien ne le savent pas ? — S. 912 moins 801, c-à-d 111.

E. **8.** J'achète 15 crayons, puis 10, puis 1. Combien en tout ? — S. 15 plus 10 plus 1, c-à-d 25 plus 1, ou 26.

E. **9.** Un domino présente 6 et 1. Combien de points ? — S. 6 plus 1, c-à-d 7.

E. **10.** Un horloger avait 93 montres. Il en achète 11 et en vend 10. Combien en a-t-il ? — S. 93 plus 11 moins 10, c-à-d 104 moins 10, ou 94.

---

19. — Les chiffres de rangs différents.   p. 18

Question. A quoi correspondent les chiffres de rangs différents ? — **Réponse.** Les *chiffres* de *rangs* différents correspondent aux *unités* des différents *ordres*.

Q. Où se placent les chiffres des unités des différents ordres ? — R. En tout nombre, *à partir de la droite :* le chiffre des unités de 1er ordre se met au 1er rang ; — le chiffre des unités de 2e ordre se met au 2e rang ; — le chiffre des unités de 3e ordre se met au 3e rang ; etc. [a]

Q. Donnez un exemple. — R. Dans le nombre ci-contre, chaque chiffre représente les unités marquées au-dessous de lui.

  3 2 8 2 5 9 4 7 6 2 8
  diz. de billions / billions / cent. de millions / diz. de millions / millions / cent. de mille / diz. de mille / mille / centaines / dizaines / unités

Q. Que représente un chiffre placé à la gauche d'un autre ?

du *zéro*, et l'*obligation* où l'on est de mettre toujours 3 *chiffres* à la *tranche* des *unités*.

[a] Dans un nombre écrit en *chiffres*, et bien écrit, tous les *ordres d'unités*, depuis celui des *unités simples* jusqu'à celui des *unités les plus élevées*, doivent être représentés chacun par un *chiffre*. Le *zéro* permet, dans tous les cas, de satisfaire à cette condition. Soit à écrire le nombre *quatre mille trois*, on mettra, entre le chiffre 3 des *unités simples* et le chiffre 4 des *mille*, un 0 pour les *dizaines* et un 0 pour les *centaines* : on écrira 4 003.

LA NUMÉRATION.

— **R.** Tout chiffre placé à la *gauche* d'un autre représente des unités **10** fois *plus grandes* [a].

Q. Donnez un exemple. — **R.** Dans 3 256, le 5 représente des *dizaines*; le 2, qui est à sa gauche, représente des *centaines*, c-à-d des unités 10 fois *plus grandes*.

Q. Combien un chiffre a-t-il de valeurs? — **R.** En tout nombre écrit en chiffres, chaque chiffre a deux *valeurs:* sa **valeur absolue**, sa **valeur relative**.

Q. Qu'est-ce que la valeur absolue? qu'est-ce que la valeur relative? — **R.** La *valeur absolue* d'un chiffre, c'est celle qu'il doit à sa *forme*, celle qu'il aurait s'il était *seul*. La *valeur relative*, c'est celle qu'il doit à sa *position* dans le nombre.

Q. Dans 3 827, quelles sont les deux valeurs du 8 ? — **R.** Dans 3 827, le chiffre 8 a : pour *valeur absolue*, 8 unités; pour *valeur relative*, 8 centaines [b].

Exercice. 1. Tel chiffre exprime des *centaines*. Qu'exprime le chiffre placé à sa *gauche*? — **Solution.** Des mille.

E. 2. Tel chiffre exprime des *centaines de mille*. Qu'exprime le chiffre placé à sa *gauche*? — **S.** Des millions [c].

E. 3. Dites les *valeurs absolues* des chiffres de 32 549. — **S.** 3, 2, 5, 4 et 9.

E. 4. Dites les *valeurs relatives* des chiffres de 49 083. — **S.** 4 diz. de mille 9 mille 0 cent. 8 diz. 3 un.

E. 5. Qu'exprime chaque chiffre de 4 325 061 789 ? — **S.** 4 milliards 3 cent. de millions 2 diz. de millions 5 millions 0 cent. de mille 6 diz. de mille 1 mille 7 cent. 8 diz. 9 un. [d].

E. 6. Otez 102 615 de 2 513 786. — **S.** 2 411 171.

---

[a] Ce fait est d'une importance capitale : il sert en quelque sorte de fondement au procédé que nous employons pour écrire les nombres.

[b] Pour le *dernier* chiffre à *droite*, la valeur *absolue* et la valeur *relative* se confondent : le 5 de 4 825 a pour valeur *absolue* 5 *unités* et pour valeur *relative* 5 *unités* aussi.

[c] Pour résoudre ce problème, comme pour résoudre le précédent, il suffit de se rappeler ce que représente un *chiffre* placé à la *gauche* d'un autre.

[d] Il serait bon de faire écrire la signification de chaque *chiffre* au-dessous de ce chiffre lui-même, comme on l'a fait dans l'exemple donné ci-dessus.

RÉSUMÉ DE LA NUMÉRATION. 37

E. 7. Nous sommes 3 et possédons 1 000 francs chacun. p. 19 Combien ensemble ? — **S.** 3 fois 1 000 francs, c-à-d 3 000 francs.

E. 8. Un pommier avait 248 pommes. On en perd 101, puis 40. Combien en reste-t-il ? — **S.** 248 moins 101 moins 40, c-à-d 147 moins 40, ou 107.

E. 9. Combien de lettres dans le mot *dromadaire*. — **S.** 10 [a].

E. 10. Un tonneau contenait 228 litres de vin. Il s'en perd 111. Combien en reste-t-il ? — **S.** 228 moins 111, c-à-d 117.

---

20. — Les unités des différentes classes [b].

Question. Quelles sont les unités des différentes classes ? — **Réponse.** Les *unités* des différentes *classes* sont : les **unités simples** ou unités de la 1re *classe ;* — les **mille** ou unités de la 2e *classe ;* — les **millions** ou unités de la 3e *classe ;* — les **billions** ou **milliards** ou unités de la 4e *classe ;* — les **trillions** ou unités de la 5e *classe ;* etc.

Q. Que vaut une unité d'une classe quelconque ? — **R.** Une unité d'une classe quelconque vaut toujours **1 000** unités de la classe immédiatement *inférieure* [c].

[a] Le *dromadaire* est une bête de somme qui ressemble beaucoup au *chameau*, mais qui n'a qu'une *bosse* tandis que le chameau en a deux. Dromadaires et chameaux sont très communs et très employés au nord de l'Afrique et au sud-ouest de l'Asie.

[b] L'usage des *classes* diminue le nombre des mots nécessaires pour nommer les nombres : grâce à cet usage, pour nommer tous les nombres depuis 1 000 jusqu'à 999 999, il suffit d'*un seul* mot nouveau, le mot *mille ;* pour nommer tous les nombres depuis 1 000 000 jusqu'à 999 999 999, il suffit d'*un seul* mot nouveau, le mot *million ;* etc. — Les classes présentent encore cet avantage de partager en plusieurs parties les noms des grands nombres : le nom du nombre 9 827 015 est ainsi partagé en 3 parties, correspondant aux 3 *classes* des *millions*, des *mille* et des *unités*.

[c] Il n'y a jamais plus de 999 *unités* d'une certaine *classe*. S'il y en avait seulement 1 000, ces 1 000 *unités* formeraient, en effet, *une unité* de la classe immédiatement *supérieure*. Voilà pourquoi, pour écrire le nombre des unités de chaque *classe*, il ne faut jamais plus de 3 chiffres.

LA NUMÉRATION.

Q. Donnez-en des exemples. — **R.** 1 *mille* vaut 1 000 *unités simples*; — 1 *million* vaut 1 000 *mille*; — 1 *billion* vaut 1 000 *millions*; etc.

Q. Que comprend chaque classe? — **R.** Chaque *classe* comprend 3 *ordres d'unités*.

Q. Faites le tableau des ordres et des classes. — **R.** Voici le tableau des *ordres* et des *classes*.

MILLIARDS	MILLIONS	MILLE	UNITÉS
cent. de milliards / diz. de milliards / milliards	cent. de millions / diz. de millions / millions	cent. de mille / diz. de mille / mille	cent. d'unités / diz. d'unités / unités simples

Exercice. 1. Combien d'unités de la 1re *classe* dans 32 916? — **Solution.** 916.

E. 2. Combien d'unités de la 2e *classe* dans 3 457 815? — **S.** 457.

E. 3. Combien d'unités de la 3e *classe* dans 49 653 498? — **S.** 49 [a].

E. 4. Comptez de million en million, de 23 428 542 à 33 428 542. — **S.** 23 428 542, 24 428 542, 25 428 542, ..., 33 428 542.

E. 5. Dites les *valeurs absolues* des chiffres de 37 785. — **S.** 3, 7, 7, 8, 5.

E. 6. Dites le nombre qui suit 999 999 999. — **S.** 1 000 000 000, c-à-d un milliard.

p. 20   **E. 7.** Un tiroir contient 102 cuillers, 110 fourchettes et 41 couteaux. Combien d'objets? — **S.** 102 plus 110 plus 41, c-à-d 212 plus 41, ou 253.

E. 8. Une ménagerie renferme 97 animaux. Combien en renfermerait-elle s'il y en avait 11 de plus? — **S.** 97 plus 11, c-à-d 108 [b].

E. 9. A une corde de 45^m, on ôte 4^m, puis on en

---

[a] Il faut faire remarquer que les *rangs* des différentes *classes* se comptent comme ceux des différents ordres, c-à-d de *droite à gauche*.

[b] Une *ménagerie* est une réunion d'animaux qu'on a rassemblés pour les montrer. Il existe à Paris deux ménageries célèbres, l'une au *jardin des plantes*, l'autre au *jardin d'acclimatation*.

ajoute 7. Dites la longueur finale. — **S.** 45^m moins 4^m plus 7^m, c-à-d 41 plus 7, ou 48.

E. 10. Combien de soldats dans 8 compagnies de 100 hommes ? — **S.** 8 fois 100, c-à-d 800 [a].

---

21. — Les différentes tranches.

Question. A quoi correspondent les différentes tranches ? — **Réponse.** Les différentes *tranches* de chiffres correspondent aux différentes *classes* d'unités.

Q. Où se mettent les différentes tranches ? — **R.** En tout nombre, *à partir de la droite*, la tranche des unités de la 1re classe se met au 1er rang ; — la tranche des unités de la 2e classe se met au 2e rang ; — la tranche des unités de la 3e classe se met au 3e rang ; etc.

Q. Donnez un exemple. — **R.** Dans 32 827 905 908, la *première* tranche, à partir de la droite, 908, est celle des unités simples ou unités de la *première* classe ; — la *deuxième* tranche, 905, est celle des mille ou unités de la *deuxième* classe ; — la *troisième* tranche, 827, est celle des millions ou unités de la *troisième* classe ; — la *quatrième* tranche, 32, est celle des milliards ou unités de la *quatrième* classe [b].

Q. Combien y a-t-il de chiffres dans chaque tranche ? — **R.** Dans la *tranche de gauche*, il y a tantôt 1, tantôt 2, tantôt 3 chiffres. Dans *chacune* des suivantes, il y en a toujours 3 [c].

---

[a] On nomme *compagnie* une troupe de soldats. L'effectif des compagnies a beaucoup varié. Plusieurs *compagnies* forment un *bataillon* ; plusieurs *bataillons*, un *régiment*.

[b] Il n'est pas nécessaire que l'élève donne pour exemple le nombre même qui figure dans la leçon. On peut lui demander d'en donner un autre, et même plusieurs autres.

[c] En tout nombre écrit en chiffres, chaque *tranche* a deux *valeurs* : sa *valeur absolue*, sa *valeur relative*. Sa valeur *absolue*, c'est la valeur que cette tranche doit à sa *composition* même, celle qu'elle aurait si elle était *isolée*. La valeur *relative*, c'est celle que la tranche doit à sa *position* dans le nombre, au *rang* qu'elle y occupe à partir de la *droite*. — Pour la *dernière* tranche à droite, la valeur *absolue* et la valeur *relative* se confondent.

40 LA NUMÉRATION.

Exercice. 1. Dites la tranche des *mille* de 3 526 401 ? — **Solution.** 526.

E. 2. Dites la tranche des *millions* de 47 856 903. — **S.** 47.

E. 3. Dites la tranche des *unités* de 32 811. — **S.** 811.

E. 4. Combien d'unités de chaque *ordre* dans 47 857 ? — **S.** 4 diz. de mille 7 mille 8 cent. 5 diz. 7 un.

E. 5. Écrivez tous les nombres formés de 7 chiffres pareils. — **S.** 1 111 111, 2 222 222,..., 9 999 999 [a].

E. 6. A 1 000 000 on ajoute 350 000 et l'on ôte 10 000. Qu'obtient-on ? — **S.** 1 000 000 plus 350 000 moins 10 000, c-à-d 1 350 000 moins 10 000, ou 1 340 000.

E. 7. Sur 37 lignes, j'en barre 11, puis 5. Combien en reste-t-il ? — **S.** 37 moins 11 moins 5, c-à-d 26 moins 5, ou 21.

E. 8. Combien de lettres dans *enseignement primaire* ? — **S.** 20 [b].

p. 21   **E. 9.** Une fenêtre avait 12 carreaux. La grêle en casse 10. Combien en reste-t-il ? — **S.** 12 moins 10, c-à-d 2 [c].

E. 10. On achète 23 chaises, 10 tabourets et 1 fauteuil. Combien de sièges ? — **S.** 23 plus 10 plus 1, c-à-d 33 plus 1, c-à-d 34.

---

22. — Les nombres inférieurs à mille.

Question. Comment lit-on un nombre inférieur à mille ? — **Réponse.** Pour lire un nombre *inférieur* à *mille*, c-à-d un nombre n'ayant pas plus de trois chiffres, on dit, en commençant par la *gauche*, combien ce nombre contient de *centaines*, de *dizaines* et d'*unités* [d].

---

[a] Il y a 9 nombres s'écrivant avec 7 chiffres pareils. Il faudra que les élèves disposent ces 9 nombres en un petit *tableau*, formé de 3 colonnes contenant chacune 3 nombres.

[b] Au lieu de *compter* d'un seul coup ces 20 lettres, on pourrait *compter* les lettres du mot *enseignement*, puis celles du mot *primaire*, et faire la *somme* des deux nombres obtenus.

[c] Il faut que l'élève réponde, non point « 2 », mais « 12 moins 10, c-à-d 2 » — Même remarque pour tous ceux de nos exercices qui comportent un raisonnement.

[d] Les nombres *inférieurs* à *mille* s'écrivent tous avec moins de 4 chiffres. Il en existe 999. Les 9 premiers s'écrivent avec *un seul* chiffre, les 90 suivants avec 2 chiffres, les 900 derniers avec 3 chiffres.

RÉSUMÉ DE LA NUMÉRATION.   41

Q. Donnez un exemple. — **R.** Soit à lire 429. On dit *4 centaines, 2 dizaines, 9 unités,* ou bien, suivant l'usage, *quatre cent vingt-neuf* [a].

Q. Comment écrit-on un nombre inférieur à mille? — **R.** Pour écrire un nombre *inférieur à mille*, on écrit, en commençant par la *gauche*, combien ce nombre contient de *centaines*, de *dizaines* et d'*unités*.

Q. Donnez un exemple. — **R.** Soit à écrire *six cent trente-quatre*. Ce nombre contient 6 *centaines*, 3 *dizaines,* 4 *unités* : il s'écrit 634 [b].

Q. Et s'il manque les unités ou les dizaines? — **R.** Si, dans le nombre énoncé, il manque les *unités* ou les *dizaines*, on met un *zéro* à la place.

Q. Ecrivez cinq cent huit. — **R.** Soit à écrire *cinq cent huit*. Ce nombre n'a pas de *dizaines*; on l'écrit 508.

Exercice. 1. Que font 10 fois 100 000 ? — **Solution.** 1 000 000.

E. 2. Dites les *valeurs relatives* des chiffres de 3 908 504. — **S.** 3 ^{millions} 9 $^{cent.\ de\ mille}$ 0 $^{diz.\ de\ mille}$ 8 ^{mille} 5 $^{cent.}$ 0 $^{diz.}$ 4 $^{un.}$.

E. 3. Ecrivez en toutes lettres : 5 906 011. — **S.** Cinq millions neuf cent six mille onze.

E. 4. Combien de *chiffres significatifs* dans 2 070 900 ? — **S.** 3.

E. 5. Dites le nombre qui précède 1 000 000. — **S.** 999 999 [c].

E. 6. Ajoutez 4 050 030 et 10 700. — **S.** 4 060 730.

E. 7. Voici 21 pivoines et 17 tulipes. Combien de fleurs? — **S.** 21 plus 17, c-à-d 38.

E. 8. J'avais 117 noix. On m'en donne 20 et j'en mange 6. Combien en ai-je ? — **S.** 117 plus 20 moins 6, c-à-d 137 moins 6, ou 131.

---

[a] C'est à la *lecture* des nombres de 1, 2 et 3 chiffres que l'on doit consacrer le plus d'attention et de temps. Ces nombres sont les plus importants à connaître; c'est à eux, pour la *lecture*, que tous les autres, si grands qu'ils soient, se ramènent toujours.

[b] Pour *écrire* un nombre quelconque, on n'a jamais à écrire que des tranches de 3 chiffres au plus, c-à-d que des nombres *inférieurs à mille*. Il faut donc qu'à force d'exercice les élèves, même les moins intelligents, arrivent à *écrire*, dès qu'ils les entendent énoncer, tous les nombres *inférieurs à mille*.

[c] 999 999 est le plus *grand* des nombres de 6 chiffres ; 1 000 000 est le plus *petit* des nombres de 7 chiffres.

E. 9. Combien d'acide dans 4 bonbonnes[a] de 10 litres?
— **S.** 4 fois 10 litres, c-à-d 40 litres.

E. 10. On casse 11 assiettes, puis 12. On en avait 54. Combien en reste-t-il ? — **S.** 54 moins 11 moins 12, c-à-d 43 moins 12, ou 31 [b].

---

p. 22 **23. — Les nombres égaux ou supérieurs à mille.**

Question. Comment lit-on un nombre égal ou supérieur à mille? — **Réponse.** Pour lire un nombre *égal* ou *supérieur* à *mille*, c-à-d un nombre de plus de 3 chiffres, on le partage d'abord en *tranches de trois chiffres, à partir de la droite;* ensuite, à partir de la *gauche,* on énonce chaque *tranche* comme si elle était isolée, et, aussitôt qu'on l'a énoncée, on dit son nom.

Q. Donnez un exemple. — **R.** Soit à lire 37428936. On écrit ce nombre 37 428 936, et on lit 37 *millions* 428 *mille* 936 *unités*[c].

Q. Comment un nombre énoncé, au moins égal à mille, est-il partagé? — **R.** Un nombre énoncé, au moins égal à *mille*, est toujours partagé en *classes;* pour l'écrire, on écrit *tranche par tranche,* à partir de la *gauche,* combien il contient d'*unités* de chaque *classe.*

Q. Donnez un exemple. — **R.** Soit à écrire *trois millions cinq cent vingt-six mille sept cent trente-huit.* Ce nombre est partagé en *millions, mille* et *unités*; on l'écrit 3 526 738[d].

Q. Quelles sont les précautions à prendre? — **R.** Il faut

(a) Une *bonbonne* est une grosse bouteille, souvent contenue dans une enveloppe d'osier.

(b) Les exercices du présent paragraphe sont tous marqués d'un chiffre gras; c'est que tous sont des exercices de *revision:* ce paragraphe n'en comporte pas d'autres. On rencontrera, dans la suite, beaucoup de paragraphes qui ne présenteront ainsi que des exercices de *revision.*

(c) On peut remarquer, à mesure que l'on considère des nombres de plus en plus *grands,* qu'il faut, pour les *nommer,* introduire de temps en temps des *mots nouveaux.*

(d) Il faut que les élèves s'habituent, en entendant énoncer un nombre, à voir ce nombre partagé en *unités* des différentes *classes.* Pour les y accoutumer, on peut leur nommer des nombres un peu grands, en leur demandant, pour chaque nombre: « Comment ce nombre est-il partagé? »

RÉSUMÉ DE LA NUMÉRATION. 43

avoir grand soin : d'abord de laisser des *vides*[a] entre les différentes tranches ; ensuite de mettre, à toutes les *tranches* qui suivent celle de gauche, 3 *chiffres* ni plus ni moins.

Exercice. 1. Otez 100 000 de 1 000 000. — Solution. 900 000.

E. 2. Ecrivez en chiffres : *un milliard mille*. — **S.** 1 000 001 000 [b].

E. 3. Dites les nombres compris entre 999 998 et 1 000 005. — **S.** 999 999, 1 000 000,..., 1 000 004.

E. 4. Qu'exprime chaque chiffre de 4 802 000 000 ? — **S.** $4^{\text{milliards}} 8^{\text{cent. de millions}} 0^{\text{diz. de millions}} 2^{\text{millions}} 0^{\text{cent. de mille}} 0^{\text{diz. de mille}} 0^{\text{mille}} 0^{\text{cent.}} 0^{\text{diz.}} 0^{\text{un.}}$.

E. 5. Combien existe-t-il de nombres de 8 chiffres ? — **S.** 90 000 000 [c].

E. 6. Combien d'unités de chaque *classe* dans 32 624 004 ? **S.** $32^{\text{millions}} 624^{\text{mille}} 4^{\text{un.}}$.

E. 7. Combien de lettres dans *troupeau de moutons* ? — — **S.** 17.

E. 8. Un enfant a perdu 2 doigts. Combien en a-t-il ? — **S.** 10 moins 1 moins 1, c-à-d 8 [d].

E. 9. Un maître avait 10 élèves avec lui. Il en arrive 6. Combien de personnes dans la classe ? — **S.** 17.

E. 10. Voici 11 porte-plume et 14 plumes. Combien d'objets ? — **S.** 11 plus 14, c-à-d 25.

(a) Comme on l'a déjà dit, les *vides* qu'il faut laisser entre les différentes *tranches* rendent les nombres beaucoup plus faciles à lire. C'est surtout pour la lecture des très grands nombres qu'ils sont avantageux. Nous devons répéter qu'il ne faut jamais mettre, dans ces vides, ni virgule, ni point, ni rien.

(b) Lorsque, dans un nombre, il n'y a aucune *unité* d'une certaine *classe*, on doit représenter cette *classe* par une *tranche* de 3 *zéros*. C'est ce qu'on a fait dans le présent exercice, pour la *classe des millions* et pour celle des *unités*.

(c) Le plus grand nombre de 8 chiffres est 99 999 999. Le plus grand nombre de 7 chiffres est 9 999 999.

(d) Nous disons 10 moins 1 moins 1, parce que nous ne savons pas encore retrancher 2 de 10.

24. — La numération.

p. 23 Question. Que constitue ce que nous avons étudié ? — Réponse. Ce que nous avons étudié jusqu'à présent constitue la **numération** (a).

Q. Qu'est-ce que la numération ? — R. La *numération* est l'ensemble des *règles* établies pour **former** les nombres, pour les **nommer** et pour les **écrire**.

Q. Que constituent les règles établies pour nommer ou écrire les nombres ? — R. Les *règles* établies pour *nommer* les nombres constituent la **numération parlée**. Les *règles* établies pour les *écrire* constituent la **numération écrite**.

Q. Sur quoi reposent la numération parlée et la numération écrite ? — R. La *numération parlée* repose sur la considération des unités des différents *ordres*. La *numération écrite* repose sur l'emploi des *chiffres* 1, 2, 3, 4, 5, 6, 7, 8, 9, 0.

Q. Quel est le principe fondamental de chaque numération ? — R. Le **principe fondamental** de la *numération parlée*, c'est qu'une *unité* d'un certain *ordre* vaut toujours **10** unités de l'*ordre* immédiatement *inférieur*. Le **principe fondamental** de la *numération écrite*, c'est que tout *chiffre*, placé à la *gauche* d'un autre, représente des unités **10** fois *plus grandes*.

Q. Quelle est la base de notre système de numération ? — R. Notre système de numération est **décimal** : il a pour **base** le nombre **10** (b).

(a) On n'a pas employé plus tôt le mot de *numération*, parce que ce mot, employé avant que les élèves fussent familiarisés avec les *nombres*, n'aurait eu pour eux aucun sens.

(b) Dans notre numération, les *unités* des différents *ordres* sont de 10 en 10 fois *plus grandes :* voilà pourquoi on dit que notre *numération* est *décimale* et qu'elle a *dix* pour *base*. — Si les *unités* des différents *ordres* eussent été de 12 en 12 fois *plus grandes*, notre *numération* eût été *duodécimale*, et sa *base* eût été le nombre 12. — La *numération décimale* est la seule en usage. Le nombre 10 a été choisi pour *base*, probablement parce que les hommes ont d'abord compté sur leurs doigts, qui sont au nombre de 10.

RÉSUMÉ DE LA NUMÉRATION.

Exercice. 1. Combien de *tranches* dans 11 *millions*? — **Solution.** 3.

E. 2. Dites les *valeurs absolues* des chiffres de 34 678. — **S.** 3, 4, 6, 7 et 8.

E. 3. Dites le nombre qui suit 3 695 499. — **S.** 3 695 500 [a].

E. 4. Combien de *zéros* pour écrire 1 *milliard*? — **S.** 9.

E. 5. Combien d'unités de chaque *ordre* dans 5 641 020? — **S.** 5 millions 6 cent. de mille 4 diz. de mille 1 mille 0 cent. 2 diz. 0 un.

E. 6. A 1 milliard on ajoute 43 millions et on en ôte 10. Qu'obtient-on [b]? — **S.** 1 milliard plus 43 millions moins 10 millions, c-à-d 1 043 000 000 moins 10 000 000, ou 1 033 000 000.

E. 7. Jean gagne 37 billes, puis en perd 40. Il en avait d'abord 10. Combien en a-t-il? — **S.** 10 plus 37 moins 40, c-à-d 47 moins 40, ou 7.

E. 8. Combien de vitres pour garnir 9 fenêtres de 10 carreaux? — **S.** 9 fois 10, c-à-d 90.

E. 9. Dans une salle, il n'y a que 15 sièges. Il vient 14 personnes, puis 11. Combien devront rester debout? — **S.** 14 plus 11 moins 15, c-à-d 25 moins 15, ou 10.

E. 10. Sur 37 rosiers, 16 sont gelés et 10 sont tués par les vers [c]. Combien sont intacts? — **S.** 37 moins 16 moins 10, c-à-d 21 moins 10, ou 11.

---

[a] Les *chiffres arabes*, employés comme nous le faisons pour écrire les nombres, constituent un système parfait. On ne saurait citer, dans les sciences du moins, aucun autre système de signes qui puisse leur être comparé.

[b] Quelque *grands* que soient des nombres, il n'est jamais nécessaire, pour les *écrire* en chiffres, d'inventer des *caractères nouveaux*. Pour les nommer, il faut, au contraire, inventer successivement de *nouveaux mots*.

[c] Les *vers* et les *insectes* sont les plus grands ennemis de nos récoltes. Les *petits oiseaux* en détruisent une infinité. Voilà pourquoi il est si avantageux de protéger les petits oiseaux.

LIVRE II

LE CALCUL

CHAPITRE PREMIER

L'USAGE DES NOMBRES

p. 24 **25. — Préliminaires** [a].

Question. Comment fait-on connaître une collection d'objets ? — **Réponse.** Pour faire connaître une **collection d'objets,** on dit *combien* cette *collection* contient d'objets.

Q. Comment fait-on connaître une longueur ? — R. Pour faire connaître une **longueur,** on dit *combien* cette *longueur* contient de **mètres** (m).

Q. Comment se nomme l'étendue d'un champ, d'un pré, d'un jardin ? — R. L'*étendue* d'un champ, d'un pré, d'un jardin, se nomme **aire** ou **superficie.** Pour faire connaître la *superficie* d'un champ, on dit *combien* il contient d'**ares** (a).

Q. Comment se nomme la contenance d'un réservoir, d'un tonneau, d'un vase ? — R. La *contenance* d'un réservoir, d'un tonneau, d'un vase se nomme **volume** ou **capacité.** Pour faire connaître la *capacité* d'un vase, on dit *combien* il contient de **litres** (l).

Q. Comment fait-on connaître le poids d'un corps ? — R. Pour faire connaître le **poids** d'un corps, on dit *combien* ce corps pèse de **kilogrammes** (Kg).

---

[a] Ce paragraphe constitue, non point un exposé du *système métrique*, mais un simple *aperçu* des *mesures* les plus usuelles. — Nous donnons cet *aperçu* dès à présent, afin de pouvoir introduire, dans la plupart de nos calculs, des nombres représentant des quantités *réelles*.

L'USAGE DES NOMBRES.

Q. Comment fait-on connaître la valeur d'un objet? — **R.** Pour faire connaître la **valeur** d'un objet, on dit *combien* cet objet vaut de **francs** (*f*).

Q. Comment fait-on connaître une durée? — **R.** Pour faire connaître une **durée,** on dit *combien* cette *durée* contient d'**heures** (h)[a].

Exercice. 1. Ecrivez en chiffres : *un pré de dix ares.* — p. 25
Solution. Un pré de 10^a [b].

E. 2. Ecrivez de même : *une corde de seize mètres.* —
S. Une corde de 16^m.

E. 3. Ecrivez de même : *une bouteille de cinq litres.* —
S. Une bouteille de 5^l [c].

E. 4. Ecrivez de même : *un poids de cent kilogrammes.* —
S. Un poids de 100^{kg} [d].

E. 5. Ecrivez de même : *une somme de mille francs.* —
S. Une somme de $1\,000^f$.

E. 6. Ecrivez de même : *une classe de quatre heures.* —
S. Une classe de 4^h.

E. 7. Combien de lettres dans *une collection d'objets?* —
S. 20.

E. 8. Sur un arbre, il y avait 198 coings. Il en tombe 17. Combien en reste-t-il? — **S.** 198 moins 17, c-à-d 181.

E. 9. Un train comprend la locomotive, son tender et 18 wagons. Combien de voitures? — **S.** 1 plus 1 plus 18, c-à-d 20.

E. 10. On a 315^l de vin en fûts et 81^l en bouteilles. Combien en tout? — **S.** 315 plus 81, c-à-d 396.

[a] Ces abréviations *m, a, l, Kg, f, h,* doivent se mettre à la *droite* du nombre qu'elles accompagnent, non point sur la même ligne, mais un peu *au-dessus.*
[b] Pour leur donner une idée de l'*are*, on dira aux élèves, sans y mêler aucune fraction, la valeur en *ares* de quelque surface qui leur soit bien connue : de telle *cour*, de tel *jardin*, de telle *place*.
[c] Il faudra montrer aux élèves des vases de formes et de contenances diverses, en leur disant combien chacun d'eux contient de *litres*. Avant tout, on leur montrera un *litre* en étain et une bouteille d'*un litre*. On leur dira aussi la *capacité*, évaluée en *litres*, des *fûts* communément employés dans le pays.
[d] Il faudra *montrer* un *kilogramme* aux enfants et le leur faire *soupeser*. Puis on leur fera *soupeser* des objets divers, dont on leur dira les *poids* en *kilogrammes*; sans employer aucune fraction.

48 LE CALCUL.

26. — L'usage des nombres.

Question. Qu'appelle-t-on grandeur ou quantité? — **Réponse.** On appelle **grandeur** ou **quantité,** tout ce qui peut être *augmenté* ou *diminué*[a].

Q. Une longueur est-elle une quantité? — **R.** Une *longueur*[b] est une *quantité;* un *poids* est une *quantité;* etc.

Q. Comment se fait-on une idée juste d'une quantité? — **R.** Pour se faire une idée juste d'une *quantité*, on la **mesure.**

Q. Qu'est-ce que mesurer une quantité? — **R.** *Mesurer* une *quantité*, c'est chercher combien de fois cette *quantité* contient une autre *quantité* de même *nature* qu'on appelle **unité.**

Q. Dans une collection d'objets, quelle est l'unité? — **R.** L'*unité*, dans une collection d'objets, c'est l'un quelconque des *objets;* — l'*unité de longueur* est le *mètre;* — l'*unité de superficie* est l'*are;* — l'*unité de capacité* est le *litre;* — l'*unité de poids* est le *kilogramme;* — l'*unité de monnaie* est le *franc;* — l'*unité de durée* est l'*heure.*

Q. A quoi servent les nombres? — **R.** Les *nombres* servent à exprimer **combien** une *quantité* contient de fois son *unité.*

Q. Donnez un exemple. — **R.** Dans cette phrase : « une *longueur* de 6^m », le nombre 6 exprime *combien* la *longueur* considérée contient de fois son *unité*[c].

---

[a] Si simple qu'elle paraisse, cette définition est fort abstraite. Au point où nous sommes arrivés, et après tout ce qui précède, nous pensons qu'elle peut être comprise. Donnée plus tôt, elle eût été très difficile à saisir.

[b] Une *quantité*, telle qu'une *longueur*, qui peut s'accroître d'aussi peu qu'on veut, est une *quantité continue.* Une *quantité*, telle qu'un *troupeau* de moutons, qui ne peut pas s'augmenter de moins d'un mouton, est une *quantité discontinue.*

[c] On emploie souvent les dénominations de nombres *abstraits* et de nombres *concrets.* Enoncé sans aucune indication d'unité, le nombre est *abstrait;* suivi de l'indication d'une certaine unité, il est *concret :* 15 est un nombre *abstrait;* 15^l un nombre *concret.* Ces dénominations

Exercice. 1. Dites le nombre qui précède 70 000. — **Solution.** 69 999.

E. 2. Dites les 2 nombres qui comprennent 1 020. — p. 26 **S.** 1 019 et 1 021.

E. 3. Dites les *valeurs relatives* des chiffres de 35 964. — **S.** 3$^{\text{diz. de mille}}$ 5^{mille} 9$^{\text{cent.}}$ 6$^{\text{diz.}}$ 4$^{\text{un.(a)}}$.

E. 4. Ecrivez en toutes lettres 3 000 070. — **S.** Trois millions soixante-dix.

E. 5. Combien de *chiffres significatifs* dans 4 020 103 ? — **S.** 4.

E. 6. Ajoutez *un milliard vingt* et *deux millions six*. — **S.** 1 002 000 026.

E. 7. J'achète 2 vases, l'un de 11^f, l'autre de 4. Dites ma dépense. — **S.** 11^f plus 4^f, c-à-d 15^f.

E. 8. On avait 10^{kg} de pain et 7 de viande. On a consommé 6^{kg}. Que reste-t-il ? — **S.** 10 plus 7 moins 6, c-à-d 17 moins 6, ou 11.

E. 9. Dites l'étendue totale de 6 prés de 10^a. — **S.** 6 fois 10, c-à-d 60^a.

E. 10. Sur 37 bœufs, on en vend 10 et on en tue 6. Combien en reste-t-il ? — **S.** 37 moins 10 moins 6, c-à-d 27 moins 6, ou 21[b].

---

27. — L'arithmétique.

Question. Faut-il savoir bien calculer ? — **Réponse.** Il faut savoir **calculer**[c] très bien.

sont consacrées par l'usage ; mais, à proprement parler, 15^l n'est pas un *nombre*, c'est une *quantité*.

[a] Redemandez souvent aux élèves ce qu'on appelle valeur *absolue* et valeur *relative*, soit d'un *chiffre*, soit d'une *tranche* de chiffres.

[b] Conformément aux *programmes officiels*, il faut surtout faire compter les enfants sur des nombres *concrets*. De cette façon, leur esprit se fixe plus facilement et ils comprennent mieux. — Il ne faut point, d'ailleurs, que les nombres *concrets* qui figurent dans les exercices soient pris au hasard. On devra les choisir dans la réalité des choses. Les notes des fournisseurs, les prospectus des commerçants, les mercuriales des marchés sont d'excellents recueils de nombres concrets s'appliquant à des objets réels. Pour ce qui est de la population des villes et des Etats, de la longueur des fleuves, de la hauteur des montagnes, des données statistiques relatives à la ville de Paris, le recueil le plus exact est l'*Annuaire* du *Bureau des longitudes*.

[c] Les Romains, n'ayant que de mauvais signes pour représenter les

LE CALCUL.

Q. Qu'est-ce que calculer? — R. *Calculer*, c'est effectuer diverses **opérations** sur des *nombres donnés* pour en tirer d'*autres nombres*.

Q. Quelles sont les quatre opérations fondamentales? — R. Les *quatre opérations fondamentales* sont : l'**addition**, la **soustraction**, la **multiplication**, la **division**.

Q. Quelle est la science qui nous apprend à calculer? — R. La science qui nous apprend à calculer est l'**arithmétique**[a].

Q. Que nous enseigne l'arithmétique? — R. L'*arithmétique* nous enseigne, en général, tout ce qui concerne les *nombres*.

Q. Qu'est-ce que l'arithmétique? — R. L'*arithmétique* est la *science* des *nombres*[b].

Exercice. 1. Otez 125 000 de 3 836 000. — **Solution.** 3 711 000 [c].

E. **2.** Ecrivez en chiffres : *trois millions mille deux*. — S. 3 001 002.

E. **3.** Tel chiffre exprime des *millions*. Qu'exprime le chiffre placé à sa *gauche* ? — S. Des dizaines de millions.

E. **4.** Qu'exprime chaque chiffre de 3 265 407 ? — S. $3^{\text{millions}}\ 2^{\text{cent. de mille}}\ 6^{\text{diz. de mille}}\ 5^{\text{mille}}\ 4^{\text{cent.}}\ 0^{\text{diz.}}\ 7^{\text{un.}}$.

E. **5.** Combien d'unités de chaque *classe* dans 7 093 006 ? — S. 7 millions, 93 mille, 6 unités.

E. **6.** Comptez à rebours, de 100 en 100, de 1 321 à 321. — S. 1 321, 1 221, 1 121,..., 321 [d].

---

nombres, ne pouvaient pas *calculer*, comme nous le faisons, sur les nombres *écrits*. Pour se tirer des opérations qu'ils étaient forcés d'effectuer, ils se servaient de *petites pierres* ou *cailloux*. *Petite pierre*, en latin, se dit *calculus :* telle est l'origine de notre mot *calcul*.

[a] Au point où nous sommes arrivés, le mot *calcul* et le mot *arithmétique* peuvent être compris. Plus tôt, ils auraient risqué d'être inintelligibles.

[b] C'est pour nous conformer à l'usage que nous disons : « L'*arithmétique* est la *science* des nombres. » Elle n'en est, en réalité, que la partie la plus *élémentaire*, que le *commencement*.

[c] Pour retrancher 125 000, il suffit de retrancher successivement 100 000, puis 20 000, puis 5 000. C'est ce qu'il faudra avoir soin de faire remarquer aux élèves.

[d] Compter *à rebours*, de 100 en 100, c'est faire une suite de *soustractions* où, à chaque fois, on retranche 100.

L'ADDITION. 51

E. 7. Un bassin contenait 826^l d'eau. Il s'en écoule 105. Combien en reste-t-il ? — **S.** 826 moins 105, c-à-d 721.

E. 8. On noue bout à bout 3 cordes de 56^m, 10^m, 11^m. Dites la longueur totale. — **S.** 56^m plus 10^m plus 11^m, c-à-d 66^m plus 11^m, ou 77$^{m\,(a)}$.

E. 9. Il faut, en chemin de fer, 11^h de Paris à Lyon et 7 p. 27 de Lyon à Marseille. Combien de Paris à Marseille ? — **S.** 11 plus 7, c-à-d 18.

E. 10. J'avais 20^f en or et 7^f en argent. Je dépense 16^f. Que me reste-t-il ? — **S.** 20 plus 7 moins 16, c-à-d 27 moins 16, ou 11.

CHAPITRE II

L'ADDITION

28. — Définition et usage.

Question. Qu'est-ce que *additionner*? — Réponse. **Additionner** ou **ajouter** plusieurs nombres, c'est former un *nombre nouveau*, contenant, *à lui seul*, autant d'unités que tous les *nombres donnés ensemble*[b].

Q. Donnez un exemple. — R. *Additionner* 42 et 118, c'est former un nombre contenant, *à lui seul*, autant d'unités qu'en contiennent *ensemble* 42 et 118.

Q. Quel est le signe de l'addition? — R. Le *signe* de l'addition est $+$ qui s'énonce **plus**.

Q. Donnez un exemple. — R. $5 + 3$ s'énonce 5 *plus* 3, et indique l'*addition* des deux nombres 5 et 3.

Q. Comment se nomme le résultat de l'addition. — R. Le

---

[a] En réalité, à cause des nœuds, la longueur totale sera un peu moindre que la somme trouvée.
[b] Cette *définition* de l'addition est plutôt une *explication* qu'une *définition* véritable. *Additionner* et *ajouter* sont des *idées premières*, c-à-d des idées qui ne peuvent se ramener à aucune idée plus simple. — C'est justement parce que *ajouter* est une *idée première*, que nous avons pu, dès la première page de ce livre, employer le verbe *ajouter*.

résultat de l'*addition* se nomme **somme** ou **total**[a].

Q. Dites un problème se résolvant par l'addition. — R. « Une école a trois classes : dans la première, il y a 15 élèves ; dans la deuxième, 23 ; dans la troisième, 38. Combien cette école a-t-elle d'élèves ? » — Ce *problème* se résout par l'*addition*.

Q. Comment résout-on ce problème ? — R. Pour trouver le nombre des élèves de toute l'école, on *additionne* les trois nombres 15, 23 et 38.

> **Exercice. 1.** Ecrivez en *toutes lettres* : 17 + 29. — **Solution.** Dix-sept plus vingt-neuf.
>
> **E. 2.** Ecrivez de même : 38 + 54. — **S.** Trente-huit plus cinquante-quatre.
>
> **E. 3.** Ecrivez en chiffres : *mille plus cent*. — **S.** 1 000 + 100.
>
> **E. 4.** Ecrivez de même : *deux millions plus trois mille*. — **S.** 2 000 000 + 3 000.
>
> **E. 5.** Dites le nombre qui suit 3 299. — **S.** 3 300.
>
> **E. 6.** Combien d'unités de chaque *ordre* dans 16 003 ? — **S.** 1$^{\text{diz. de mille}}$ 6^{mille} 0$^{\text{cent.}}$ 0$^{\text{diz.}}$ 3$^{\text{un.}}$.
>
> **E. 7.** J'achète deux abat-jour valant chacun 11 sous. On me diminue deux sous sur le tout. Combien ai-je à payer ? — **S.** 11 plus 11 moins 2, c-à-d 22 moins 2, ou 20[b].
>
> **E. 8.** Combien pèsent ensemble 6 veaux de 100^{Kg} ? — **S.** 6 fois 100, c-à-d 600^{Kg}.
>
> **E. 9.** Un étang avait 3 445^{a}. On en dessèche 2 300^{a}. Que reste-t-il ? — **S.** 3 445^{a} moins 2 300^{a}, c-à-d 1 145^{a}.
>
> **E. 10.** Combien de lettres dans le mot *additionner* ? — **S.** 11[c].

(a) Pour donner aux élèves l'habitude de la *précision*, on exigera qu'ils prononcent toujours, en parlant du *résultat* de l'*addition*, l'un des mots *somme* ou *total*. Le mot *résultat* sera pour ainsi dire exclu, comme *mot* trop *vague*, s'appliquant non seulement à toutes les opérations, mais à tous les calculs.

(b) Il faut résoudre ce problème comme nous le faisons, par l'*addition* et non point par la *multiplication*, puisque nous ne savons pas encore *multiplier* 11 par 2.

(c) Dans la pratique, on ajoute toujours des nombres *concrets*, tous de la *même* espèce, c-à-d représentant tous des *mètres*, tous des *litres*, etc. Le *total* est un nombre *concret*, encore de la *même* espèce. — Le *total* d'une *addition* est toujours *plus grand* que chacun des nombres additionnés. L'idée d'*addition* entraîne forcément avec elle l'idée d'*augmentation*.

L'ADDITION.

29. — Procédés pour additionner.

Question. Dites le procédé le plus naturel pour additionner. — **Réponse.** Le *procédé* le plus naturel pour *ajouter* un nombre à un autre, c'est d'*ajouter* à ce second nombre, *une à une*, toutes les unités du premier.

Q. Ajoutez ainsi 3 à 8. — R. Pour *ajouter* 3 à 8, on dirait 8 et 1 font 9; 9 et 1 font 10; 10 et 1 font 11. On a *ajouté* 3 unités. Le *total* est 11.

Q. Opère-t-on souvent ainsi? — R. On n'opère jamais ainsi : ce serait trop long [a].

Q. Que faut-il apprendre pour bien additionner ? — R. Pour arriver à *additionner* vite, il faut apprendre par cœur tous les résultats qu'on obtient en ajoutant *deux* nombres d'*un seul* chiffre [b].

Q. Où ces résultats sont-ils contenus ? — R. Ces *résultats* sont contenus dans la **table d'addition** [c].

Q. Le zéro figure-t-il dans cette table? — R. Dans cette table, toutefois, le *zéro* ne figure pas parmi les nombres à additionner; il serait inutile qu'il y figurât.

Q. Que donne $0+5$? — R. $0+5$ donne 5; $3+0$ donne 3.

Exercice. 1. Ajoutez 4 et 5. — **Solution.** 9.
E. 2. Ajoutez 2 à 9; 5 à 5. — S. 11, 10.
E. 3. Un acacia a 6^m de haut. Un autre a 3^m de plus. Dites sa hauteur. — S. $6+3$, c-à-d 9.
E. 4. Ecrivez en toutes lettres $13+19$. — S. Treize plus dix-neuf.
E. 5. Ecrivez en chiffres : *vingt plus trente*. — S. $20+30$.

[a] Nous n'exposons ce *procédé naturel* que pour bien faire comprendre ce que c'est que l'*addition*. Il suffirait, d'ailleurs, de l'appliquer à des nombres un peu *grands* pour montrer combien il est *long* et *pénible*.
[b] Ces *premiers résultats* sont les seuls qu'il soit nécessaire, lorsqu'on les ignore, de calculer par le *procédé naturel* qu'on vient d'indiquer.
[c] Il n'y a qu'une manière d'arriver à additionner vite et sans peine, c'est d'apprendre *par cœur*, admirablement, la *table d'addition*; et cette *table* ne peut s'apprendre que par la *mémoire* : aucun raisonnement, aucune remarque, aucun procédé n'y peut suppléer.

E. 6. Dites les *valeurs relatives* des chiffres de 3 958. — **S.** 3^{mille} 9$^{\text{cent.}}$ 5$^{\text{diz.}}$ 8$^{\text{un.}}$ (a).

E. 7. Que font 8 fois 101 ? — **S.** 8 fois 100 font 800 ; 8 fois 1 font 8 ; donc 8 fois 101 font 808 (b).

E. 8. Sur 34 bœufs, 11 iront à l'abattoir. Combien en restera-t-il ? — **S.** 34 moins 11, c-à-d 23.

E. 9. Un abreuvoir contenait 4 000^l d'eau. Cette quantité augmente de 500^l, puis de 182^l. Que contient-il ? — **S.** 4 000 + 500 + 182, c-à-d 4 500 + 182, ou 4 682.

E. 10. Parti à midi pour faire un voyage de 7^h, je serai arrivé dans 1^h. Quelle heure est-il ? — **S.** 7^h moins 1^h, c-à-d 6^h (c).

---

p. 29   **30. — La table d'addition.**

Question. Récitez la table d'addition.
Réponse :

1 et 1 font 2		1 et 2 font 3		1 et 3 font 4	
2 et 1 — 3		2 et 2 — 4		2 et 3 —(d) 5	
3 et 1 — 4		3 et 2 — 5		3 et 3 — 6	
4 et 1 — 5		4 et 2 — 6		4 et 3 — 7	
5 et 1 — 6		5 et 2 — 7		5 et 3 — 8	
6 et 1 — 7		6 et 2 — 8		6 et 3 — 9	
7 et 1 — 8		7 et 2 — 9		7 et 3 — 10	
8 et 1 — 9		8 et 2 — 10		8 et 3 — 11	
9 et 1 — 10		9 et 2 — 11		9 et 3 — 12	

(a) Un nombre quelconque n'est que la *somme des valeurs relatives de tous ses chiffres*.

(b) Comme nous ne savons pas encore *multiplier*, il est nécessaire que nous fassions tout ce raisonnement.

(c) En effet, puisque je suis parti à *midi* et que mon voyage dure 7^h, je dois arriver à 7^h. Il est donc présentement 7^h moins 1^h, c-à-d 6^h.

(d) 2 et 3 donnant la même somme que 3 et 2, il semblerait, maintenant que les élèves savent la somme 3 + 2, qu'on pût se dispenser de leur apprendre la somme 2 + 3. On ne doit point faire cette apparente simplification. Pour additionner *régulièrement*, en effet, il faut ajouter les chiffres dans l'ordre même où ils se présentent ; or, les nombres 2 et 3 se présentent aussi fréquemment dans l'ordre 2 et 3 que dans l'ordre 3 et 2.

L'ADDITION.

1 et 4	font	5	1 et 5	font	6	1 et 6	font	7
2 et 4	—	6	2 et 5	—	7	2 et 6	—	8
3 et 4	—	7	3 et 5	—	8	3 et 6	—	9
4 et 4	—	8	4 et 5	—	9	4 et 6	—	10
5 et 4	—	9	5 et 5	—	10	5 et 6	—	11
6 et 4	—	10	6 et 5	—	11	6 et 6	—	12
7 et 4	—	11	7 et 5	—	12	7 et 6	—	13
8 et 4	—	12	8 et 5	—	13	8 et 6	—	14
9 et 4	—	13	9 et 5	—	14	9 et 6	—	15
1 et 7	font	8	1 et 8	font	9	1 et 9	font	10
2 et 7	—	9	2 et 8	—	10	2 et 9	—	11
3 et 7	—	10	3 et 8	—	11	3 et 9	—	12
4 et 7	—	11	4 et 8	—	12	4 et 9	—	13
5 et 7	—	12	5 et 8	—	13	5 et 9	—	14
6 et 7	—	13	6 et 8	—	14	6 et 9	—	15
7 et 7	—	14	7 et 8	—	15	7 et 9	—	16
8 et 7	—	15	8 et 8	—	16	8 et 9	—	17
9 et 7 [a]	—	16	9 et 8	—	17	9 et 9	—	18

Exercice. 1. Additionnez 2 et 3 ; 5 et 4. — **Solution.** 5, 9.

E. 2. Additionnez 3 et 5 ; 80 et 50. — S. 8, 130 [b].

E. 3. Additionnez 5 et 7 ; 70 et 40. — S. 12, 110.

E. 4. Additionnez 6 et 7 ; 800 et 900. — S. 13, 1700.

E. 5. Comptez de 2 en 2, de 5 à 25. — S. 5, 7, 9, ..., 25.

E. 6. Comptez de 3 en 3, de 9 à 39. — S. 9, 12, 15, ..., 39 [c].

E. 7. Un champ contient 8^a plantés en blé, et 5^a en

---

[a] Comme la *semaine* a 7 jours, on est conduit fort souvent à ajouter le nombre 7. *C'est aujourd'hui vendredi 9 octobre 1885. Quel quantième sera-ce vendredi prochain ?* Pour répondre à cette question, il suffit d'ajouter 7 à 9 : ce sera le 16. — Il en est de même pour tous les jours de la semaine.

[b] Pour additionner 80 et 50, on peut dire qu'il s'agit d'additionner $8^{diz.}$ et $5^{diz.}$. La somme est donc $13^{diz.}$, c-à-d 130.

[c] *Les nombres qu'on obtient en comptant de 2 en 2, de 3 en 3, etc., constituent ce qu'on appelle des progressions arithmétiques.* — On peut faire vérifier aux élèves que, dans toute *progression*, la *somme* de deux termes *équidistants des extrêmes* est égale à la *somme des extrêmes*.

p. 30   pommes de terre. Dites son étendue totale. — **S.** $8^a + 5^a$, c-à-d 13^a.

E. 8. Le tribunal a condamné 7 accusés et en a acquitté 9. Combien en a-t-il jugé? — **S.** $7 + 9$, c-à-d 16.

E. 9. Que coûtent 3 accordéons de 10^f? — **S.** 3 fois 10, c-à-d 30^f.

E. 10. Un taureau pesait 386^{Kg}. Il a maigri de 5^{Kg}, puis de 10. Combien pèse-t-il? — **S.** 386 moins 5 moins 10, c-à-d 381 moins 10, ou 371.

---

31. — Addition de nombres d'un chiffre.

Question. Que faut-il savoir pour ajouter un nombre d'un chiffre? — **Réponse.** Il suffit de savoir la *table d'addition* pour ajouter un nombre d'*un chiffre* à un nombre *quelconque*.

Q. Ajoutez 5 à 28. — **R.** Soit à *ajouter* 5 à 28. On sait que 8 et 5 font 13. Donc 28 et 5 font 20 et 13, c-à-d 33 [a].

Q. Comment additionne-t-on plusieurs nombres d'un chiffre? — **R.** Pour *additionner* plusieurs nombres d'*un chiffre*, au *premier* de ces nombres, on ajoute le *deuxième*; à la *somme* obtenue, on ajoute le *troisième*; et ainsi de suite.

Q. Additionnez 3, 7, 8 et 5. — **R.** Soient à *additionner* 3, 7, 8 et 5. On dit : 3 et 7... 10 ; 10 et 8... 18 ; 18 et 5... 23. La *somme* est 23.

Q. Ce nombre 23 est-il la somme cherchée? — **R.** Ce nombre 23 est bien la *somme* cherchée; car il contient évidemment *toutes* les unités des nombres donnés [b].

---

[a] Arrivé ici, on peut faire connaître aux élèves le signe $=$ qui se prononce *égale*, et qui indique l'égalité des nombres entre lesquels on le place. $5 + 3 = 8$ s'énonce 5 *plus* 3 *égale* 8 et signifie que la *somme* $5 + 3$ est *égale* à 8. — Deux expressions numériques, séparées par le signe $=$, constituent une *égalité*. L'expression qui est à *gauche* du signe est le *premier membre* de l'égalité; celle qui est à *droite* en est le *second*. Dans l'égalité $5 + 3 = 8$, le premier membre est $5 + 3$, le second est 8.

[b] On peut, dès à présent, faire remarquer que la *somme* de plusieurs nombres ne change pas, quand on change l'*ordre* où on les ajoute.

L'ADDITION.

Exercice. 1. Ajoutez 9 à 128. — **Solution.** 137 [a].

E. 2. Additionnez 3 654 et 7. — **S.** 3 661.

E. 3. Additionnez 139, 6 et 5. — **S.** 150.

E. 4. Additionnez 278, 7 et 9. — **S.** 294.

E. 5. Comptez, de 4 en 4, depuis 6 jusqu'à 46. — **S.** 6, 10, 14,..., 46.

E. 6. Comptez, de 5 en 5, depuis 3 jusqu'à 43. — **S.** 3, 8, 13,..., 43.

E. 7. Un mur avait 15^m de long. On l'allonge de 8^m. Quelle sera sa longueur ? — **S.** $15^m + 8^m$, c-à-d 23^m.

E. 8. Trois bonbonnes contiennent 11^l, 9^l, 8^l d'acide. Combien en contiennent-elles ensemble ? — **S.** $11^l + 9^l + 8^l$, c-à-d 28^l.

E. 9. Un tiroir contient 900^f en billets, 80^f en or et 13^f en argent. Combien en tout ? — **S.** $900^f + 80^f + 13^f$, ou 993^f [b].

E. 10. Je devais travailler 16^h. J'en ai perdu 5. Combien d'heures ai-je travaillé ? — **S.** 16^h moins 5^h, c-à-d 11^h.

---

32. — Addition de nombres quelconques. p. 31

Question. Comment place-t-on les nombres à additionner ? — **Réponse.** Pour *additionner* plusieurs nombres, on les place les uns sous les autres, de façon que les *unités* soient sous les *unités*, les *dizaines* sous les *dizaines*, etc. [c].

Q. Que fait-on ensuite ? — **R.** Les nombres ainsi placés, on *ajoute* les chiffres de la colonne des *unités*, puis

---

[a] L'élève devra dire 8 et 9 font 17, donc 128 et 9 font 137. — Remarque analogue pour l'exercice suivant.

[b] C'est un fait d'expérience, bien connu de tous ceux qui se sont exercés au *calcul mental*, que, quand on fait, de tête, l'addition de plusieurs nombres, il est commode de commencer par les nombres les *plus grands*.

[c] Il faut exiger que les *nombres* à *additionner* soient placés les uns sous les autres avec beaucoup d'*ordre* et de *régularité*. Il faut que les chiffres des *unités*, que ceux des *dizaines*, que ceux des *centaines*, etc., forment des *colonnes* bien *droites*. Si les nombres ont plus de 3 chiffres, il faut que les *vides* qui en séparent les *tranches* soient exactement les uns sous les autres, de manière à former une *colonne* de *vides*. — On devra éviter d'allonger trop la queue du chiffre 7, celle du chiffre 9, ainsi que le trait supérieur du chiffre 6. En les allongeant

ceux de la colonne des *dizaines*, puis ceux de la colonne des *centaines*, etc.

Q. Donnez un exemple. — R. Soient à *additionner* les nombres ci-contre. La colonne des *unités* a pour somme 8 : on écrit 8 au-dessous d'elle. La colonne des *dizaines* a pour somme 5 : on écrit 5. La colonne des *centaines* a pour somme 7 : on écrit 7. Le *total* est 758.

$$\begin{array}{r} 321 \\ 402 \\ 35 \\ \hline 758 \end{array}$$

Q. Ce nombre est-il le total cherché ? — R. Ce nombre 758 est bien le *total* cherché, car on l'a obtenu en réunissant ensemble *toutes* les parties des nombres donnés [a].

Exercice. 1. Additionnez 123, 204, 530. — **Solution.** 857.

E. 2. Additionnez 1111, 2222, 3333. — **S.** 6666.

E. 3. Additionnez 4231, 5604, 163. — **S.** 9998.

E. 4. Que pèsent ensemble 3 colis de 105^{Kg}, 62^{Kg}, 320^{Kg} ? — **S.** $105^{Kg} + 62^{Kg} + 320^{Kg}$, c-à-d 487^{Kg}.

E. 5. Trois vignes contiguës couvrent 225^a, 171^a, 303^a. Combien d'ares en tout ? — **S.** $225^a + 171^a + 303^a$, c-à-d 699^a.

E. 6. Comptez, de 6 en 6, depuis 3 jusqu'à 63. — **S.** 3, 9, 15,..., 63.

E. 7. Comptez, de 7 en 7, depuis 4 jusqu'à 74. — **S.** 4, 11, 18,..., 74 [b].

E. 8. Dites les *valeurs relatives* des chiffres de 6305000 ? — **S** $6^{millions}$ $3^{cent.\ de\ mille}$ $0^{diz.\ de\ mille}$ 5^{mille} $0^{cent.}$ $0^{diz.}$ $0^{un.}$.

E. 9. On pêche 32 carpes et 9 tanches. On rejette 11 poissons à l'eau. Combien en garde-t-on ? — **S.** 32 plus 9 moins 11, c-à-d 41 moins 11, ou 30.

---

outre mesure, on formerait des chiffres *dégingandés*, et les nombres à additionner *empiéteraient* les uns sur les autres.

[a] On peut à présent poser beaucoup de problèmes sur l'*addition*. Toutefois, avant d'avoir vu le paragraphe suivant, on ne devra poser que des problèmes où l'addition n'exige aucune *retenue*.

[b] Si, à partir du *quantième* d'un certain jour du mois, on compte de 7 en 7, on obtient les *quantièmes* des autres jours du mois qui portent le *même nom*. C'est aujourd'hui le *vendredi 4 mai*; en comptant de 7 en 7, on trouve les nombres 11, 18, 25 : ce sont les *quantièmes* des autres *vendredis* du mois. — Dans un mois quelconque, le 8, le 15, le 22 et le 29 portent le même nom que le 1er : si le 1er est un *dimanche*, le 8, le 15, le 22 et le 29 sont aussi des *dimanches*.

L'ADDITION.   59

E. 10. Que contiennent ensemble 7 foudres de 10 000^l?
— **S.** 7 fois 10 000^l, ou 70 000^l [a].

---

33. — Des retenues dans l'addition.

Question. Si une colonne dépasse 9, qu'écrit-on? — **Réponse.** Si une *colonne* a un *total supérieur* à 9, on écrit sous cette colonne, non pas ce total lui-même, mais seulement le *chiffre* de ses *unités* : on en **retient** les *dizaines* pour les *ajouter* à la *colonne* suivante.

Q. Donnez un exemple. — **R.** Soient à *additionner* les nombres ci-contre. La colonne des unités a pour somme 8 : on écrit 8 sous cette somme. La colonne des dizaines a pour somme 14 : on écrit 4 et on *retient* 1. Ajoutant ce 1 à la colonne suivante, on trouve 23 : on écrit 3 et on *retient* 2. La colonne des mille ne donnant rien, on écrit simplement, au rang des mille, le 2 qu'on a *retenu*. La *somme* est 2 348 [b].

```
  895
  230
  321
  902
 ----
 2348
```
p. 32

Q. Justifiez la règle que vous avez suivie. — **R.** Quand le total d'une colonne dépasse 10, on le partage, d'après la présente règle, en dizaines et en unités, et l'on n'écrit d'abord que ses unités. Mais, comme les dizaines *retenues* s'ajoutent à la colonne suivante, on obtient bien, finalement, la *somme* de tous les nombres donnés [c].

Exercice. 1. Ajoutez 3 281 à 4 539. — **Solution.** 7 820.
E. 2. Additionnez 4 957, 4 958, 4 959. — **S.** 14 874.
E. 3. Additionnez 13 823, 9 712, 5 061. — **S.** 28 596.
E. 4. Additionnez 38 427, 1 000 928, 327 615. — **S.** 1 366 970.

---

[a] Dans plusieurs pays vignobles, on donne le nom de *foudres* à de très grands tonneaux. Pris dans ce sens, le mot *foudre* est du genre masculin.

[b] Quand les élèves additionnent, ils peuvent, pour *abréger*, supprimer certains mots : il faut les engager à supprimer le mot *font* qui revient constamment dans la table d'addition. — On peut même permettre, à ceux qui calculent très bien, de n'énoncer que les résultats : un bon calculateur, additionnant la colonne ci-contre, pourra se borner à dire 7, 15, 20, 23, 32.

```
  7
  8
  5
  3
  9
 --
 32
```

[c] Une bonne habitude, lorsque l'on additionne, c'est de marquer les *retenues* à part. Grâce à cette précaution, on peut reprendre, où on les a laissées, les additions interrompues.

LE CALCUL.

E. 5. En 3 jours, j'ai travaillé 8^h, 9^h, 11^h. Combien en tout? — S. $8^h + 9^h + 11^h$, c-à-d 28^h.

E. 6. Les tours de Notre-Dame ont 66^m de haut. Dites la hauteur de la flèche des Invalides qui a 39^m de plus [a]. — S. $66^m + 39^m$, c-à-d 105^m.

E. 7. Combien pèsent ensemble 3 bœufs de 350^{Kg}? — S. $350^{Kg} + 350^{Kg} + 350^{Kg}$, c-à-d $1\,050^{Kg}$ [b].

E. 8. A combien revient un habit dont le drap a coûté 32^f, la doublure 7^f, et la façon 11^f? — S. A $32^f + 7^f + 11^f$, c-à-d à 50^f.

E. 9. Comptez, de 8 en 8, depuis 7 jusqu'à 87. — S. 7, 15, 23,..., 87.

E. 10. Comptez, de 9 en 9, depuis 1 jusqu'à 91. — S. 1, 10, 19,..., 91 [c].

---

34. — Preuve.

Question. Qu'est-ce que la preuve d'une opération? — **Réponse.** La **preuve** d'une *opération* est une seconde *opération* que l'on fait pour **vérifier** la première.

Q. Comment fait-on la preuve de l'addition? — R. Pour faire la *preuve* de l'*addition*, on *additionne* de nouveau, dans un autre *ordre*: on doit trouver le *même total*.

Q. Donnez un exemple — R. Si, par exemple, on a *additionné* de haut en bas, on *additionne* de bas en haut [d].

---

[a] Certains mots, certaines locutions indiquent d'elles-mêmes qu'il faut effectuer une *addition*: telle est la locution *de plus*.
[b] Ce problème conduit, en réalité, à une *multiplication*. Nous le résolvons par l'*addition*, vu que nous ne savons pas encore multiplier.
[c] Comme nous l'avons déjà dit, les *suites* de nombres que l'on obtient en comptant de 8 en 8, de 9 en 9,..., à partir d'un nombre quelconque, se nomment des *progressions arithmétiques*.
[d] Lorsque la preuve *réussit*, c-à-d lorsque la nouvelle addition donne le même *total* que l'ancienne, il est probable que l'ancienne addition est exacte. Nous disons *probable* et non pas *certain*, parce qu'il se pourrait faire qu'on se fût trompé juste du même nombre dans les deux additions. Lorsque la preuve *ne réussit pas*, c-à-d lorsque les deux additions ne donnent pas le même *total*, il est *certain* que, de ces deux additions, l'une au moins est fausse.

L'ADDITION.

Q. Sur quoi repose cette preuve? — **R.** Cette preuve repose sur ce **principe** évident[a] : *la somme de plusieurs nombres ne change pas quand on change l'ordre où on les ajoute*[b].

Exercice. 1. Additionnez 8 028, 1 028, et faites la preuve de cette addition. — **Solution.** 9 056.

E. 2. Ajoutez 325, 2 254, 2 452; et vérifiez l'opération. p 33 — **S.** 5 031.

E. 3. Ajoutez 2 243, 2 587, 2 295 ; et vérifiez l'opération. — **S.** 7 125.

E. 4. Ajoutez 944, 1 846, 116, 64; et vérifiez l'opération. — **S.** 2 970[c].

E. 5. Trois mares couvrent 7^a, 11^a, 29^a. Combien d'ares ? — **S.** $7^a + 11^a + 29^a$, c-à-d 47^a.

E. 6. Quatre cruches contiennent 7^l, 8^l, 9^l, 10^l. Combien de litres en tout ? — **S.** $7^l + 8^l + 9^l + 10^l$, c-à-d 34^l.

E. 7. Combien de points sur un dé à jouer[d]? — **S.** $1 + 2 + 3 + 4 + 5 + 6$, c-à-d 21.

E. 8. Comptez de 11 en 11 depuis 3 jusqu'à 113. — **S.** 3, 14, 25,..., 113.

E. 9. A 87 649, on ajoute 9 999 et l'on ôte 10 003. Que trouve-t-on ? — **S.** 87 649 plus 9 999 moins 10 003, c-à-d 97 648 moins 10 003, ou 87 645.

E. 10. Une boîte contenait 42 sardines. On en tire 11, puis 10. Combien en reste-t-il ? — **S.** 42 moins 11 moins 10, c-à-d 31 moins 10, ou 21.

[a] Un principe évident est un principe dont la vérité saute aux yeux et qui, par conséquent, n'a besoin ni d'explication ni de démonstration.

[b] Il s'ensuit qu'on peut effectuer l'addition de plusieurs nombres en allant soit de *haut en bas*, soit de *bas en haut*. Plusieurs personnes, et nous sommes du nombre, trouvent qu'il est plus commode de commencer par le *bas*.

[c] Un conseil, bon à suivre dans tous les calculs possibles, c'est de calculer *lentement, méthodiquement*. Il n'y a que ce moyen d'éviter les erreurs et de s'épargner l'ennui de recommencer. — Maintenant qu'on sait faire la *preuve* de l'*addition*, on fera celles de toutes les additions qu'on rencontrera. Un bon calculateur n'effectue jamais, sans la *vérifier*, la moindre opération.

[d] Un *dé à jouer* présente 6 faces, portant 1, 2, 3, 4, 5, 6 points. La somme des points de 2 faces opposées est toujours égale à 7. On fera bien, à ce propos, de montrer un *dé* aux élèves. On les familiarisera ainsi avec la forme du *cube*, dont on leur parlera plus tard.

CHAPITRE III

LA SOUSTRACTION

35. — Définition et usage.

Question. Qu'est-ce que *soustraire?* — **Réponse.** **Soustraire** ou **retrancher** un nombre d'un autre, c'est chercher ce qu'il *reste* quand on *ôte*, du second de ces nombres, *toutes* les unités qui composent le premier.

Q. Donnez un exemple. — R. *Soustraire* 8 de 15, c'est chercher ce qu'il *reste* quand on *ôte* du nombre 15 *toutes* les unités du nombre 8 [a].

Q. Quel est le signe de la soustraction ? — R. Le *signe de la soustraction* est — qui s'énonce **moins**.

Q. Donnez un exemple. — R. 15 — 8 s'énonce 15 *moins* 8, et indique qu'il faut *retrancher* 8 de 15.

Q. Comment se nomme le résultat de la soustraction ? — R. Le *résultat* de la soustraction se nomme **reste, excès** ou **différence** [b].

Q. Dites un problème se résolvant par la soustraction ? — R. « Il y avait 23 moutons dans un troupeau ; on en a vendu 7 : combien en reste-t-il ? » — Ce *problème* se résout par la *soustraction*.

p. 34 Q. Comment résout-on ce problème ? — R. On dit : il y avait 23 moutons ; on en a vendu 7 : il en *reste* 23 — 7. Il faut donc *soustraire* 7 de 23 [c].

(a) Cette *définition* est plutôt une *explication* qu'une *définition* véritable. De même qu'*ajouter*, *retrancher* est une *idée première*. Toutefois, ces deux idées premières *ajouter*, *retrancher*, sont corrélatives : chacune d'elles entraîne l'autre.

(b) Pour désigner le résultat de la soustraction, les élèves devront se servir, non point du mot *résultat*, qui est trop vague, mais de l'un de ces mots précis : *reste, excès, différence*.

(c) Dans la pratique, les nombres sur lesquels on effectue la soustraction sont toujours des nombres *concrets* de la *même* espèce : deux nombres d'élèves, deux nombres de lignes, deux nombres de boules. Le *résultat* de la soustraction est un nombre *concret* encore de la *même* espèce. Ce *résultat* est toujours *moindre* que le *plus grand* des deux

LA SOUSTRACTION.

Exercice. 1. Enoncez 14 — 3. — **Solution.** 14 moins 3.
E. 2. Enoncez 99 — 28. — **S.** 99 moins 28.
E. 3. Ecrivez en chiffres : *mille moins trente*. — **S.** 1 000 — 30.
E. 4. Ecrivez de même : *un million moins deux*. — **S.** 1 000 000 — 2.
E. 5. Ecrivez en chiffres : *trois milliards cent*. — **S.** 3 000 000 100.
E. 6. Que font 6 fois 10 000 ? — **S.** 60 000.
E. 7. Trois lingots [a] valent 3 257^f, 8 997^f, 2 738^f. Combien en tout ? — **S.** 3 257^f + 8 997^f + 2 738^f, c-à-d 14 992^f.
E. 8. Trois moutons pèsent 22^{Kg}, 23^{Kg}, 26^{Kg}. Dites le poids total. — **S.** 22^{Kg} + 23^{Kg} + 26^{Kg}, c-à-d 71^{Kg}.
E. 9. D'un câble [b] de 48^m, on coupe 10^m, puis 7^m. Qu'en reste-t-il ? — **S.** 48^m — 10^m — 7^m, c-à-d 31^m.
E. 10. Il faut 12^h pour lire un livre. On lit depuis 10^h. Dans combien d'heures aura-t-on fini [c] ? — **S.** Dans 12^h — 10^h, c-à-d dans 2^h.

---

36. — Procédés pour soustraire.

Question. Quel est le procédé le plus naturel pour soustraire ? — **Réponse.** Le *procédé* le plus *naturel* pour *soustraire* un nombre d'un autre, c'est de *retrancher* de ce second nombre, *une à une*, *toutes* les unités du premier.

Q. Retranchez ainsi 3 de 8. — **R.** Pour *soustraire* 3 de 8, on dirait : 1 ôté de 8, il reste 7 ; 1 ôté de 7, il reste 6 ; 1 ôté de de 6, il reste 5. On a *retranché* 3 unités : le *reste* cherché est 5.

Q. Opère-t-on souvent ainsi ? — **R.** On n'opère jamais ainsi : ce serait trop long [d].

nombres donnés : on ne saurait séparer les deux idées de *soustraction* et de *diminution*.
(a) On donne le nom de *lingot* à un morceau de métal fondu. Ce mot s'emploie surtout, comme dans le présent exercice, lorsqu'il s'agit de métaux précieux.
(b) *Câble* est un terme de marine, qui désigne un gros cordage.
(c) Il faut donner aux élèves des exemples de soustraction portant sur les objets les plus variés.
(d) Pour montrer combien ce serait *pénible et long*, il suffirait de sous-

Q. Que faut-il savoir pour soustraire rapidement? — **R.** Pour arriver à *soustraire* rapidement, il suffit de savoir *retrancher* un nombre d'un *seul chiffre* d'un autre nombre, qui ne le dépasse pas de 10 unités.

Q. Sait-on faire les soustractions de cette sorte? — **R.** On sait faire toutes les *soustractions* de cette sorte, dès qu'on possède bien la *table d'addition*.

Q. Donnez un exemple. — **R.** On sait, par exemple, que 12 *moins* 3 donne 9, dès que l'on sait que 9 et 3 font 12.

Q. Existe-t-il une table de soustraction? — **R.** Il n'y a pas de *table de soustraction*[a].

Q. Existe-t-il des soustractions très faciles? — **R.** Certaines *soustractions* se font immédiatement.

Q. Que donnent 5 — 5, 6 — 0 ? — **R.** 5 — 5 donne 0 ; 6 — 0 donne 6.

p. 35

Exercice. 1. Otez 7 de 13 ; 6 de 14. — **Solution.** 6 ; 8.

E. 2. Otez 8 de 15 ; 9 de 17. — **S.** 7 ; 8.

E. 3. Comptez à rebours, de 2 en 2, de 23 à 3. — **S.** 23, 21, 19,..., 3.

E. 4. Comptez à rebours, de 4 en 4, de 34 à 2. — **S.** 34, 30, 26,..., 2[b].

E. 5. Une chemise coûte 7^f. Une autre 4^f. Dites la différence. — **S.** 7^f — 4^f, c-à-d 3^f[c].

E. 6. Sur 2 935 balles de coton, on en a vendu 1 100, puis 800. Combien en reste-t-il ? — **S.** 2 935 — 1 100 — 800, c-à-d 1 835 — 800, ou 1 035.

E. 7. Ajoutez 3 624, 4 625, 6 738. — **S.** 14 987.

E. 8. Trois tonneaux contiennent 102^{kg}, 99^{kg}, 87^{kg}

---

traire de cette façon, par exemple 31 de 49. — Cette manière d'opérer n'a été indiquée que pour faire mieux comprendre ce que c'est que la *soustraction*.

[a] Ce fait résulte de ce que toute *soustraction* s'appuie sur la *table d'addition*.

[b] Pour compter *à rebours*, de 2 en 2, de 4 en 4, etc., à partir d'un nombre quelconque, il faut faire une série de *soustractions*. — Les suites de nombres qu'on obtient ainsi sont des *progressions arithmétiques décroissantes*.

[c] Certains mots, certaines locutions indiquent d'elles-mêmes qu'on doit faire une *soustraction*: telle est la locution *de moins*. « J'avais 15^f dans ma bourse ; maintenant j'ai 7^f *de moins* ; combien ai-je ? » J'ai 15^f — 7^f, c-à-d 8^f.

LA SOUSTRACTION.

d'huile. Combien en tout ? — **S.** $102^{\text{kg}} + 99^{\text{kg}} + 87^{\text{kg}}$, c-à-d 288^{kg}.

E. **9.** Une place avait 136^{a}. On l'agrandit d'un côté de 59^{a}. On la diminue de l'autre de 41^{a}. Quelle est son étendue finale ? — **S.** $136^{\text{a}} + 59^{\text{a}} - 41^{\text{a}}$, c-à-d $195^{\text{a}} - 41^{\text{a}}$, ou 154^{a}.

E. **10.** Combien de pages dans 7 volumes de 100 pages ? — **S.** 7 fois 100, c-à-d 700.

37. — Soustraction de deux nombres quelconques.

Question. Comment place-t-on les nombres donnés ? — **Réponse.** Pour faire la *soustraction* de deux nombres quelconques, on place le *petit nombre* sous le *grand*, de façon que les *unités* soient sous les *unités*, les *dizaines* sous les *dizaines*, etc.[a].

Q. Que fait-on ensuite ? — R. On *retranche* ensuite, en commençant par la *droite*, chaque chiffre du petit nombre du chiffre qui est placé au-dessus.

Q. Donnez un exemple. — R. Soit à effectuer la soustraction ci-contre. On dit, en commençant par la droite : 2 ôtés de 5, il reste 3 : on écrit 3. Puis, 4 ôtés de 9, il reste 5 : on écrit 5. Puis, 6 ôtés de 7, il reste 1 : on écrit 1. La *différence* est 153[b].

$$\begin{array}{r} 795 \\ 642 \\ \hline 153 \end{array}$$

Q. Le nombre trouvé est-il la différence cherchée ? — R. Ce nombre 153 est bien la *différence* cherchée, car on a *retranché* du grand nombre, les *unités*, puis les *dizaines*, puis les *centaines* du petit, c-à-d le petit nombre tout entier[c].

Exercice. 1. Retranchez 154 de 364. — **Solution.** 210.
E. **2.** Retranchez 328 de 429. — **S.** 101.

---

[a] Dans la *soustraction*, comme dans l'*addition*, les nombres placés les uns sous les autres doivent être disposés avec beaucoup d'*ordre* et de *régularité*.
[b] Quand les élèves font la *soustraction*, ils peuvent abréger un peu le langage. Dans l'exemple ci-dessus, au lieu de dire 2 *ôtés de* 5, *il reste* 3, ils peuvent dire simplement : 2 *de* 5...3 ; et, de même, 4 *de* 9...5 ; 6 *de* 7...1.
[c] On peut, à présent, poser beaucoup de problèmes sur la *soustrac-*

E. 3. Retranchez 222 de 444. — **S.** 222 (a).
E. 4. Calculez 138 — 16 — 21. — **S.** 101 (b).
E. 5. Deux pièces d'étoffe ont pour longueurs 38^m et 17^m. Dites la différence. — **S.** $38^m - 17^m$, c-à-d 21^m.

p. 36
E. 6. Deux poutres pèsent 437^{Kg} et 321^{Kg}. Dites la différence. — **S.** $437^{Kg} - 321^{Kg}$, c-à-d 116^{Kg}.
E. 7. Comptez à rebours, de 4 en 4, de 49 à 9. — **S.** 49, 45, 41,..., 9.
E. 8. Comptez à rebours, de 5 en 5, de 58 à 8. — **S.** 58, 53, 48,..., 8 (c).
E. 9. Il faut 3^h pour mettre du vin en bouteille. On y travaille depuis 1^h. Dans combien d'heures aura-t-on fini ? — **S.** Dans $3^h - 1^h$, c-à-d dans 2^h.
E. 10. Une malle coûte 29^f, une valise 18^f et une sacoche 12^f. Combien ces 3 objets ensemble ? — **S.** $29^f + 18^f + 12^f$, c-à-d 59^f.

38. — Des retenues dans la soustraction.

Question. Que fait-on si un chiffre du bas dépasse le chiffre qui est au-dessus ? — **Réponse.** Si un chiffre du bas *dépasse* le chiffre qui est au-dessus, on *ajoute* 10 à celui-ci ; on *retranche* le chiffre du bas ; puis on **retient** 1, qu'on *ajoute* au chiffre inférieur suivant.

Q. Retranchez 436 de 725. — R. Soit à effectuer la soustraction ci-contre. On commence par la droite, et l'on dit : 6 ôtés, non pas de 5, mais de 15, il reste 9 : on écrit 9 et on *retient* 1. Puis, 1 et 3 font 4 ;

$$\begin{array}{r} 725 \\ 436 \\ \hline 289 \end{array}$$

tion. Il faudra, comme toujours, qu'ils portent sur des nombres *concrets*, d'espèces très variées, et relatifs seulement à des objets familiers aux élèves. Il faudra aussi, tant qu'on n'aura pas vu le *paragraphe* suivant, choisir les nombres de telle façon qu'aucun chiffre du petit nombre ne *dépasse* le chiffre correspondant du grand.

(a) En retranchant 222 de 444 on trouve 222. Donc 444 est juste le *double* de 222.

(b) Pour effectuer ce calcul, on peut opérer de deux façons : ou bien retrancher 16 de 138, puis, du reste 122 retrancher 21 ; ou bien retrancher de 138 la somme 37 de 16 et de 21.

(c) Dans cette suite 58, 53, 48,...., les nombres, pris de 2 en 2, sont terminés par le même chiffre. Cela tient à ce que ces nombres, pris de 2 en 2, ont leurs différences égales à 10.

LA SOUSTRACTION.

4 ôtés, non pas de 2, mais de 12, il reste 8 : on écrit 8 et on *retient* 1. Enfin, 1 et 4 font 5; 5 ôtés de 7, il reste 2 : on écrit 2. La *différence* est 289.

Q. Montrez, sur cet exemple, qu'on a augmenté également les 2 nombres donnés. — R. Dans cet exemple, pour *retrancher* 6, on a *ajouté* 10 unités au *nombre supérieur*. Celui-ci a donc été, à ce moment, *augmenté de* 10 *unités*. Mais, en *ajoutant* 1, qu'on avait *retenu*, au chiffre 3 du *nombre inférieur*, on a *augmenté* ce dernier d'une *dizaine*. Il y a *compensation*.

Q. Comment se nomme cette méthode? — R. Cette *méthode* d'effectuer la *soustraction* se nomme **méthode de compensation**[a].

Q. Sur quoi est-elle fondée? — R. Elle est fondée sur ce **principe** évident : *la différence de deux nombres ne change pas quand on les augmente tous les deux d'un même troisième nombre*[b].

Exercice. 1. Otez 599 de 613. — **Solution.** 14.
E. 2. Otez 38 759 de 42 328. — S. 3 569.
E. 3. Calculez $327 + 218 - 436$. — S. 109[c].
E. 4. Calculez $452 - 103 - 238$. — S. 111[d].
E. 5. Un champ avait 230^a. On le diminue de 128 et on l'augmente de 219. Quelle est son étendue? — S. $230^a - 128^a + 219^a$, c-à-d 102^a.
E. 6. Un bataillon est de 820 hommes; mais 82 sont en congé et 37 sont malades. Dites son effectif[e]. — S. $820 - 82 - 37$, c-à-d 701 hommes.

---

[a] Le procédé de soustraction par *compensation* est le meilleur qui existe; c'est le seul qu'indiquent les *programmes officiels*; c'est le seul qu'il faille enseigner.

[b] On pourra demander aux élèves, dès qu'ils sauront bien ce paragraphe, non seulement de résoudre tous les problèmes qui n'exigent qu'une *soustraction*, mais de résoudre tous ceux qui n'exigent que des *additions* et des *soustractions*. — Les exercices du présent ouvrage présentent, d'ailleurs, toutes les combinaisons qu'on peut obtenir en prenant 2 à 2 les opérations fondamentales du calcul.

[c] Au lieu d'ajouter 218 puis de retrancher 436, on pourrait retrancher simplement l'excès de 436 sur 218, lequel est précisément égal à 218.

[d] Au lieu de retrancher 103 puis 238, on pourrait, comme on l'a déjà fait remarquer, retrancher, d'un seul coup, la somme 341 de ces deux nombres.

[e] On appelle *effectif* d'un régiment ou d'un bataillon, le nombre réel des hommes disponibles, c-à-d des hommes présents et bien portants.

p. 37   **E. 7.** On a tiré 89¹ de vin d'un tonneau qui en contenait 228. Que contient-il encore ? — **S.** 228¹ — 89¹, c-à-d 139¹.

E. 8. Comptez à rebours, de 6 en 6, de 61 à 1. — **S.** 61, 55, 49,..., 1.

E. 9. Comptez à rebours, de 7 en 7, de 72 à 2. — **S.** 72, 65, 58, 51,..., 2.

E. 10. Combien de bêtes dans un village où il y a 2 307 moutons, 638 bœufs et 75 porcs ? — **S.** 2 307 + 638 + 75, c-à-d 3 020.

---

39. Preuve.

Question. Comment fait-on la *preuve* de la *soustraction* ? — **Réponse.** Pour faire la *preuve de la soustraction*, on *ajoute* le *reste* au *petit nombre :* on doit retrouver le *grand* [a].

Q. Sur quoi repose cette manière de faire la *preuve* ? — **R.** Cette manière de faire la preuve repose sur cette remarque : puisque le *reste* n'est que l'*excès* du *grand nombre* sur le *petit*, en *ajoutant* le *reste* au *petit nombre* on doit retrouver le *grand* [b].

Exercice. 1. Otez 1 777 de 3 404, et vérifiez l'opération. — **Solution.** 1 627.

E. 2. Otez 2 678 de 3 352, et vérifiez l'opération. — **S.** 678.

E. 3. Calculez 1 748 + 1 608 — 847. — **S.** 2 509 [c].

E. 4. Calculez 1 515 — 567 + 657. — **S.** 1 605.

---

[a] Comme dans l'*addition*, quand la preuve *réussit*, il est *probable*, mais seulement probable, que la *soustraction* à vérifier est exacte. Quand la preuve *ne réussit pas*, il est *certain* que l'une, au moins, des deux opérations est *fausse*, et il faut recommencer les calculs.

[b] Cette *preuve* de la *soustraction* est la plus simple qu'on connaisse : elle a le grand avantage de montrer l'étroite relation qui existe entre la *soustraction* et l'*addition*. — Ces deux opérations sont *inverses* l'une de l'autre. On dit parfois que la soustraction a pour objet de résoudre ce problème : « *Etant donnés la somme de deux nombres et l'un de ces nombres, trouver l'autre.* »

[c] Au lieu d'ajouter 1 608 puis de retrancher 847, on pourrait ajouter, d'un seul coup, l'excès 761 de 1 608 sur 847.

E. **5.** Comptez à rebours, de 8 en 8, de 87 à 7. — S. 87, 79, 71, ..., 7.

E. **6.** Comptez à rebours, de 9 en 9, de 99 à 9. — S. 99, 90, 81, ..., 9.

E. **7.** Un chemin a 3 627^m. Dites la longueur d'un autre qui a 999^m de moins. — S. 3 627^m — 999^m, c-à-d 2 628^m.

E. **8.** Un copiste met 45^h pour faire un travail. Un autre n'en met que 29. Combien de moins ? — S. 45 — 29, c-à-d 16.

E. **9.** Un paletot coûte 43^f et un pantalon 22. On me fait un rabais de 5^f sur le tout. Qu'ai-je à payer ? — S. 43^f + 22^f — 5^f, c-à-d 60^f.

E. **10.** Un vase vide pèse 3^{Kg} [a]. On y met 6^{Kg} de saindoux [b]. Que pèse-t-il ? — S. 3^{Kg} + 6^{Kg}, c-à-d 9^{Kg}.

CHAPITRE IV

LA MULTIPLICATION

40. — Définition.

Question. Qu'est-ce que *multiplier* ? — **Réponse.** **Multiplier** un nombre par un autre, c'est prendre *autant de fois* le premier qu'il y a d'*unités* dans le second.

Q. Donnez un exemple. — R. *Multiplier* 7 par 3, c'est prendre 3 *fois* 7, c'est faire la *somme* de 3 nombres égaux à 7 [c].

Q. Quel est le signe de la multiplication ? — R. Le *signe*

---

[a] Le poids du vase vide forme ce qu'on appelle la *tare*.
[b] Le *saindoux* n'est autre chose que la graisse de porc fondue. On le désigne aussi sous le nom d'*axonge*.
[c] D'après cette définition, la *multiplication* n'est qu'un *cas particulier* de l'*addition :* le cas particulier où tous les nombres à additionner sont égaux. — Il faudra demander souvent aux élèves, sur des exemples numériques, la définition de la multiplication : *Qu'est-ce que multiplier* 7 *par* 4? *Qu'est-ce que multiplier* 26 *par* 3; etc., etc. — On rappellera aux élèves qu'ils ont déjà fait des multiplications. Quand on dit 3 fois 10 font 30, on fait une multiplication.

de la multiplication est × qui s'énonce **multiplié par**.

Q. Donnez un exemple. — R. 6 × 4 s'énonce 6 *multiplié par* 4 et indique qu'il faut *multiplier* 6 par 4.

Q. Comment se nomment les nombres donnés ? — R. Les nombres qu'on *multiplie* l'un par l'autre sont les deux **facteurs** de la *multiplication*. Celui qu'on multiplie est le **multiplicande** ; celui par lequel on multiplie est le **multiplicateur**.

Q. Donnez un exemple. — R. Dans 6 × 4, les nombres 6 et 4 sont les deux *facteurs* : 6 est le *multiplicande ;* 4 est le *multiplicateur*.

Q. Comment se nomme le résultat de la multiplication ? — R. Le *résultat* de la *multiplication* se nomme **produit**.

> Exercice. 1. Enoncez 13 × 8. — **Solution**. Treize multiplié par huit.
> E. 2. Ecrivez en chiffres : *onze multiplié par seize* [a]. — S. 11 × 16.
> E. 3. Dans 36 × 25, quels sont les deux *facteurs ?* — S. 36 et 25.
> E. 4. Dans 48 × 7, quel est le *multiplicande ?* — S. 48.
> E. 5. Dans 56 × 8, quel est le *multiplicateur ?* — S. 8 [b].
> E. 6. Calculez 2305 — 663 + 2346. — S. 3988.
> E. 7. Trois cours ont 7ª, 8ª, 9ª. Dites l'étendue totale. — S. 7ª + 8ª + 9ª, c-à-d 24ª.
> E. 8. Une forêt contenait 21 642 arbres. On en a coupé 3 624, puis 5 459. Combien en reste-t-il ? — S. 21 642 — 3 624 — 5 459, c-à-d 12 559.
> E. 9. Une laitière vend, par an, 6 215¹ de lait. Une autre en vend 1 316 de moins. Combien celle-ci en vend-elle ? — S. 6 215 — 1 316, c-à-d 4 899.

[a] Pour familiariser les élèves avec le signe ×, on le leur fera employer constamment. Il est bon, dans l'écriture, que ce signe soit *assez petit*. Parfois, on le remplace par un *point ;* parfois même, on le *supprime :* ces usages, excellents dans les mathématiques élevées, ne sauraient être introduits dans les éléments.

[b] Il faut exiger que les élèves appellent toujours *produit* le résultat de la *multiplication* et qu'ils ne désignent point ce nombre par le mot vague de *résultat*. — On rencontre des élèves qui donnent, au contraire, le nom de *produit* au résultat d'un calcul quelconque.

E. 10. Un cheval a parcouru 14171^m, puis 2662^m; il a parcouru, en revenant sur ses pas, 8190^m. A quelle distance est-il de son point de départ ? — **S.** A 14171^m + 2662^m — 8190^m, c-à-d à 8643^m.

---

41. — Usage de la multiplication.

Question. Dites un problème se résolvant par la multiplication. — **Réponse.** « Dans une classe, il y a 4 tables ; à chacune de ces tables, il y a 6 élèves : combien cette classe contient-elle d'élèves ? » — Ce *problème* se résout par la *multiplication*.

Q. Comment résout-on ce problème ? — **R.** Pour le *résoudre*, il suffit de prendre 4 fois 6 élèves, c-à-d de *multiplier* 6 par 4.

Q. Peut-on raisonner autrement ? — **R.** On peut dire aussi : si à une table il y a 6 élèves, à 4 tables il y en a 4 *fois plus*, c-à-d 6×4 [a].

Q. Que faut-il faire pour rendre un nombre 2, 3, 4,... fois plus grand ? — **R.** Pour rendre un nombre 2 fois *plus grand*, on le *multiplie* par 2 ; — pour rendre un nombre 3 fois *plus grand*, on le *multiplie* par 3 ; — pour rendre un nombre 4 fois *plus grand*, on le *multiplie* par 4 ; — et ainsi de suite.

Q. Qu'est-ce que le double, le triple, le quadruple,..., d'un nombre ? — **R.** Le **double**, le **triple**, le **quadruple**,..., d'un *nombre*, c'est le *produit* qu'on obtient en *multipliant* ce nombre par **2, 3, 4**[b],...

---

[a] Il est bon de donner aux élèves de nombreux exemples de *multiplications* relatifs aux objets qu'ils ont sous les yeux. *Ces 4 fenêtres ont chacune 6 vitres ; combien en ont-elles ensemble ? Ces 8 élèves mangent chacun 3 noix ; combien en mangent-ils ensemble ?* — Dans la pratique, le *multiplicande* est toujours un nombre *concret* ; le *multiplicateur* un nombre *abstrait* ; et le *produit* un nombre *concret* de même *nature* que le *multiplicande*. Tout cela résulte immédiatement de ce que la *multiplication* n'est qu'un cas particulier de l'*addition*.

[b] *Doubler, tripler, quadrupler*,..., un nombre, c'est multiplier ce nombre par 2, par 3, par 4,...

Exercice. 1. Enoncez 27×512. — **Solution.** Vingt-sept multiplié par cinq cent douze.

E. 2. Ecrivez en chiffres : *mille multiplié par cent.* — **S.** $1\,000 \times 100$.

E. 3. Dans 38×39, quels sont les deux *facteurs* ? — **S.** 38 et 39.

E. 4. Dans 56×55, quel est le *multiplicande* ? — **S.** 56.

E. 5. Dans 69×81, quel est le *multiplicateur* ? — **S.** 81.

E. 6. Calculez $32\,981 - 3\,554 + 3\,472$. — **S.** $32\,899$.

E. 7. Une personne a vécu 73 ans. Elle est morte en $1881^{(a)}$. Dites l'année de sa naissance. — **S.** $1881 - 73$, c-à-d 1808.

E. 8. Deux pièces de vin coûtaient 155^f et 119^f. On les a vendues ensemble 256^f. Combien a-t-on perdu ? — **S.** $155 + 119 - 256$, c-à-d 18^f.

E. 9. Un tombereau contient 329^{kg} de moellons et 538^{kg} de sable. Dites le poids total. — **S.** $329^{kg} + 538^{kg}$, c-à-d 867^{kg}.

E. 10. Un terrain a $2\,328^a$. On en couvre 417 de constructions. Que reste-t-il à découvert ? — **S.** $2\,328^a - 417^a$, c-à-d $1\,911^a$.

---

42. — Procédés pour multiplier.

Question. Dites le procédé le plus naturel pour multiplier. — **Réponse.** Le *procédé* le plus *naturel* pour *multiplier*, c'est de faire la *somme* d'autant de nombres égaux au multiplicande qu'il y a d'unités dans le multiplicateur.

(a) On appelle *ère* l'époque à partir de laquelle on *compte* les *années*. L'*ère chrétienne*, dont nous nous servons, est l'époque de la naissance de Jésus-Christ. L'année qui a suivi immédiatement cette époque a été l'*an* 1, la suivante l'*an* 2, etc. J'écris ce passage en l'*an* 1885. — Ces nombres 1, 2, 3 ...., 1885, qui sont comme les *numéros* des années, se nomment les *millésimes*. Les *millésimes* des années que nous traversons présentement sont tous des nombres de 4 chiffres. Quand on les écrit en *toutes lettres*, ils commencent tous par le mot *mille* ; mais, dans les *millésimes*, le mot *mille* s'écrit simplement *mil*. On écrit ainsi l'an *mil huit cent six*. — Dans le 1er *siècle* de notre ère, la *première* année a été l'an 1, la *dernière* l'an 100 ; dans le 2e *siècle*, la *première* année a été l'an 101, la *dernière* l'an 200 ; et ainsi de suite. Le 19e siècle, où nous vivons, a commencé le 1er *janvier* 1801 et finira le 31 *décembre* 1900

LA MULTIPLICATION.

Q. Multipliez ainsi 564 par 3. — **R.** Soit à *multi- plier* 564 par 3. On écrirait, les uns sous les autres, comme ci-contre, 3 nombres égaux à 564. En les *additionnant*, on trouverait 1 692, qui est le *produit* cherché [a].

564 p. 40
564
564
―――
1 692

Q. Opère-t-on souvent ainsi? — **R.** On n'opère jamais ainsi : ce serait trop long [b].

Q. Que faut-il savoir pour multiplier rapidement? — **R.** Pour *multiplier* rapidement, il faut savoir par cœur tous les *produits* qu'on obtient en *multipliant* un nombre d'*un seul chiffre* par un nombre d'*un seul chiffre*.

Q. Où ces produits sont-ils contenus? — **R.** Ces *produits* sont contenus dans la **table de multiplication.**

Q. Le zéro figure-t-il dans cette table? — **R.** Dans cette table, toutefois, le *zéro* ne figure pas parmi les nombres à multiplier; il serait inutile qu'il y figurât.

Q. Que font 5 fois 0? — **R.** 5 fois 0 font 0 ; 0 fois 4 font 0.

Exercice. 1. Otez 958 647 de 1 000 000. — **Solution.** 41 353.

E. 2. Ecrivez en chiffres : *un billion* [c] *mille*. — **S.** 1 000 001 000.

E. 3. Ecrivez en toutes lettres : 1 020 304. — **S.** Un million vingt mille trois cent quatre.

E. 4. Calculez 15 692 + 4 970 — 2 719. — **S.** 17 943.

E. 5. Calculez 3 405 — 2 889 + 12 139. — **S.** 12 655.

E. 6. Calculez 21 774 — 3 102 — 5 568. — **S.** 13 104.

E. 7. Il y a, dans un magasin, 220 paletots, 347 gilets, 299 pantalons. Combien de vêtements? — **S.** 220 + 347 + 299, c-à-d 866.

E. 8. Combien de litres d'alcool [d] dans 3 bonbonnes de 10^l — **S.** 3 fois 10^l, c-à-d 30^l.

---

[a] Ce *procédé naturel* a cet avantage *théorique* de se déduire immédiatement de la *définition* de la *multiplication*, et de faire voir très bien que la *multiplication* n'est qu'un *cas particulier* de l'*addition*.

[b] Pour montrer que ce serait *impraticable*, il suffirait de calculer de cette façon le produit de 548 par 32. — On ne doit jamais permettre que des élèves, suivant le *Cours moyen*, *multiplient* par ce procédé.

[c] Il faut bien se rappeler qu'un *billion* n'est autre chose qu'un *milliard*, c-à-d qu'une unité de la 4ᵐᵉ classe.

[d] L'*alcool* s'extrait du vin, du blé, de la pomme de terre. On appelle *boissons alcooliques* les liquides, tels que l'eau-de-vie et les liqueurs,

E. 9. Un tapis a 3^m de long et 2^m de large. Combien de mètres de franges pour le border entièrement ? — **S.** $3^m + 2^m + 3^m + 2^{m\,(a)}$, c-à-d 10^m.

E. 10. Une plante fleurit le 21 mai. Une autre a fleuri le 12. Combien de jours plus tôt? — **S.** $21 - 12$, c-à-d 9^j.

---

43. — La table de multiplication [b].

Question. Récitez la table de multiplication.

Réponse.

1 fois 1 fait 1	2 fois 1 font 2	3 fois 1 font 3
1 fois 2 — 2	2 fois 2 — 4	3 fois 2 — 6
1 fois 3 — 3	2 fois 3 — 6	3 fois 3 — 9
1 fois 4 — 4	2 fois 4 — 8	3 fois 4 — 12
1 fois 5 — 5	2 fois 5 — 10	3 fois 5 — 15
1 fois 6 — 6	2 fois 6 — 12	3 fois 6 — 18
1 fois 7 — 7	2 fois 7 — 14	3 fois 7 — 21
1 fois 8 — 8	2 fois 8 — 16	3 fois 8 — 24
1 fois 9 — 9	2 fois 9 — 18	3 fois 9 — 27
4 fois 1 font 4	5 fois 1 font 5	6 fois 1 font 6
4 fois 2 — 8	5 fois 2 — 10	6 fois 2 — 12
4 fois 3 — 12	5 fois 3 — 15	6 fois 3 — 18
4 fois 4 — 16	5 fois 4 — 20	6 fois 4 — 24
4 fois 5 — 20	5 fois 5 — 25	6 fois 5 — 30
4 fois 6 — 24	5 fois 6 — 30	6 fois 6 — 36
4 fois 7 — 28	5 fois 7 — 35	6 fois 7 — 42
4 fois 8 — 32	5 fois 8 — 40	6 fois 8 — 48
4 fois 9 — 36	5 fois 9 — 45	6 fois 9 — 54

p. 41

qui renferment beaucoup d'alcool. Rien de plus pernicieux, pour l'esprit et pour le corps, que l'usage de ces boissons.

[a] Ce sont les nombres qu'on trouve en faisant le tour de ce tapis.
[b] Tout ce que nous avons dit à propos de la *table d'addition* peut se répéter pour la *table de multiplication.* Le seul moyen de *multiplier* très bien, c'est de savoir cette table *par cœur, admirablement.* — La table de multiplication se nomme parfois *livret.* On lui donne aussi le nom de table de *Pythagore,* parce que c'est à Pythagore, célèbre philosophe de l'antiquité, qu'on en attribue communément l'invention.

7 fois 1 font 7	8 fois 1 font 8	9 fois 1 font 9
7 fois 2 — 14	8 fois 2 — 16	9 fois 2 — 18
7 fois 3 — 21	8 fois 3 — 24	9 fois 3 — 27
7 fois 4 — 28	8 fois 4 — 32	9 fois 4 — 36
7 fois 5 — 35	8 fois 5 — 40	9 fois 5 — 45
7 fois 6 — 42	8 fois 6 — 48	9 fois 6 — 54
7 fois 7 — 49	8 fois 7 — 56	9 fois 7 — 63
7 fois 8 — 56	8 fois 8 — 64	9 fois 8 — 72
7 fois 9 — 63	8 fois 9 — 72	9 fois 9 —[a]81

Exercice. 1. Multipliez : 7 par 3 ; 8 par 5. — **Solution.** 21 ; 40.

E. 2. Multipliez : 9 par 5 ; 2 par 4. — **S.** 45 ; 8.

E. 3. Rendez 7 fois plus grand le nombre 9. — **S.** 63[b].

E. 4. Dites le *double* de 7. — **S.** 14.

E. 5. Dites le *triple* de 8. — **S.** 24.

E. 6. Dites le *quadruple* de 9. — **S.** 36.

E. 7. Que coûtent 7^{Kg} de chocolat à 4^f le kilog? — **S.** 7 fois 4^f, c-à-d 4×7, ou 28^{f}[c].

E. 8. Que pèsent ensemble 3 dindons de 4^{Kg}? — **S.** 3 fois 4^{Kg}, c-à-d $4^{Kg} \times 3$, ou 12^{Kg}.

E. 9. Un propriétaire partage son champ en 5 parties égales. Chacune a 6^a. Dites l'étendue du champ. — **S.** 5 fois 6^a, c-à-d $6^a \times 5$, ou 30^a.

E. 10. Combien de bouteilles dans 8 paniers de 9 bouteilles? — **S.** 8 fois 9, c-à-d 9×8, ou 72.

---

[a] S'il s'agissait de former la *table de multiplication*, tous les produits qui y figurent s'obtiendraient par le *procédé naturel* de *multiplication*, c-à-d par l'*addition*.

[b] Le *produit* qu'on obtient en *multipliant* un nombre par 7 se nomme parfois le *septuple* de ce nombre. — Les substantifs *septuple, octuple, nonuple*, et les verbes correspondants *septupler, octupler, nonupler*, existent en français et figurent dans nos dictionnaires ; mais ils sont, pour ainsi dire, *inusités*.

[c] L'expression *fois plus* indique d'elle-même la *multiplication*. Cet ouvrier fait 8^m d'ouvrage en 1^h ; combien en fait-il en 3^h? Il en fait 3 *fois plus*, c-à-d $8^m \times 3$, c-à-d 24^m. Toutes les questions qui conduisent à des *multiplications* donnent lieu à des raisonnements analogues.

44. — Cas où le multiplicateur n'a qu'un chiffre.

Question. Où place-t-on le multiplicateur? — **Réponse.** On écrit le *multiplicateur* sous le *multiplicande*, puis on *multiplie* par le chiffre unique du *multiplicateur*, et en commençant par la *droite*, tous les chiffres du *multiplicande* [a].

p. 42 **Q.** Donnez un exemple. — **R.** Soit à *multiplier* 341 par 2. On dit : 2 fois 1... 2 ; on écrit 2. Puis 2 fois 4... 8 ; on écrit 8. Puis 2 fois 3... 6 : on écrit 6. Le *produit* est 682 [b].

$$\begin{array}{r} 341 \\ 2 \\ \hline 682 \end{array}$$

Q. Si un produit dépasse 9, l'écrit-on ? — **R.** Si, en multipliant un chiffre du multiplicande, on trouve un produit *supérieur* à 9, on n'écrit que ses *unités*, *retenant* ses *dizaines* pour les *ajouter* au *produit* suivant.

Q. Multipliez 247 par 3. — **R.** Soit à *multiplier* 247 par 3. On dit : 3 fois 7... 21 ; on écrit 1 et on retient 2. Puis, 3 fois 4... 12 ; 12 et 2 qu'on a *retenus* ...14 ; on écrit 4 et on *retient* 1. Enfin, 3 fois 2... 6 ; 6 et 1 qu'on a *retenu*... 7 ; on écrit 7. Le *produit* est 741.

$$\begin{array}{r} 247 \\ 3 \\ \hline 741 \end{array}$$

Q. Cette règle diffère-t-elle beaucoup du procédé naturel ? — **R.** Cette règle n'est au fond que le procédé naturel, car, si l'on additionnait 3 nombres égaux à 247, on referait précisément les calculs qu'on vient d'effectuer.

Exercice. 1. Multipliez 227 par 2. — **Solution.** 454.
E. 2. Multipliez : 278 par 4 ; 872 par 7. — **S.** 1112 ; 6104.
E. 3. Multipliez : 647 par 6 ; 746 par 9. — **S.** 3882 ; 6714.

---

[a] Pour les calculs *écrits*, il est inutile que la table de multiplication se prolonge au delà de 9 fois 9, car, en *écrivant*, on n'opère jamais que sur des nombres inférieurs à 9. Mais, pour les calculs oraux, à cause de l'importance du nombre 12 dans les transactions commerciales, il est bon d'étendre cette table jusqu'à 12 fois 12. — On peut remarquer que les produits de 11 par les 9 premiers nombres s'écrivent chacun à l'aide de 2 *chiffres pareils* : 2 fois 11 font 22 ; 3 fois 11 font 33 ; etc.

[b] En calculant à haute voix, on fera bien, pour *abréger*, de supprimer le mot *font* ; de dire, par exemple, 3 fois 7... 21, au lieu de 3 fois 7 font 21. C'est ce que nous faisons dans le présent paragraphe.

E. 4. Multipliez : 258 par 8; 852 par 5 [a]. — **S.** 2 064; 4 260.

E. 5. Dites le *quadruple* de 18 067. — **S.** 72 268.

E. 6. Rendez 8 fois plus grand [b] le nombre 777. — **S.** 6 216.

E. 7. Que coûtent 9ᵃ de terrain à 36^f l'are? — **S.** 9 fois 36^f, c-à-d 36$^f \times 9$, ou 324^f.

E. 8. Que coûtent 7^m de taffetas à 3^f le mètre? — **S.** 7 fois 3^f, c-à-d 3$^f \times 7$, ou 21^f.

E. 9. Une tailleuse met 8^h pour faire une robe. Combien pour en faire 4? — **S.** 4 fois plus, c-à-d 8×4, ou 32.

E. 10. J'achète une soupière de 3^f et un saladier de 2^f. Je donne une pièce de 20^f. Que doit-on me rendre? — **S.** $20 - 3 - 2$, c-à-d 15^f.

---

45. — Multiplication par 10, 100, 1 000.

Question. Comment multiplie-t-on par 10? — **Réponse.** Pour *multiplier* un nombre par **10**, on écrit **un 0** à la *droite* de ce nombre [c].

Q. Multipliez 349 par 10. — **R.** Soit à *multiplier* 349 par 10. On écrit *un* 0 à la *droite* de 349 : on trouve 3 490.

Q. Comment multiplie-t-on par 100? — **R.** Pour *multi-*

---

[a] Lorsque, dans de pareilles multiplications, le multiplicateur n'est pas trop compliqué, le *produit* peut s'effectuer *de tête*. La manière la plus simple de le calculer ainsi, c'est de commencer la multiplication par les *plus hautes* unités du *multiplicande*. Reprenons la multiplication ci-dessus de 852 par 5. Pour l'effectuer *de tête*, on dira : 5 fois 800... 4000; puis 5 fois 50... 250 qui, ajoutés aux 4 000 déjà trouvés, donnent 4 250; enfin 5 fois 2... 10 qui, ajoutés à 4 250, donnent 4 260.

[b] Il ne faut pas dire rendre un nombre 1 *fois plus grand*, car rendre un nombre 1 *fois plus grand*, ce serait le multiplier par 1, ce qui ne le *changerait pas*. — Il ne faut pas dire rendre un nombre 2, 3, 4,... *fois aussi grand*, mais bien rendre un nombre 2, 3, 4,... *fois plus grand* : toutes les fois qu'on multiplie par un nombre *plus grand* que 1, on obtient un produit *plus grand* que le multiplicande.

[c] *Décupler* un nombre, c'est le rendre 10 fois *plus grand*, c'est le *multiplier* par 10. Le *décuple* d'un nombre, c'est le *produit* qu'on obtient en multipliant ce nombre par 10. — *Centupler* un nombre, c'est le rendre 100 fois *plus grand*, c'est le *multiplier* par 100. Le *centuple* d'un nombre, c'est le *produit* qu'on obtient en multipliant ce nombre par 100.

78　　　　　　　　LE CALCUL.

plier un nombre par **100**, on écrit **deux 0** à la *droite* de ce nombre.

p. 43　　Q. Multipliez 237 par 100. — R. Soit à *multiplier* 237 par 100. On écrit *deux* 0 à la *droite* de 237 : on trouve 23 700.

Q. Comment multiplie-t-on par 1 000? — R. Pour *multiplier* un nombre par **1 000**, on écrit **trois 0** à sa *droite*; et ainsi de suite.

Q. Démontrez cette règle. — R. Pour *démontrer* cette *règle*, supposons qu'on ait à multiplier 36 par 100. En écrivant *deux* 0 à la *droite* de 36, on trouve 3 600. Or, 36 se composait de deux parties : 3 *dizaines* et 6 *unités*. La première de ces parties est devenue 3 *mille*; la seconde est devenue 6 *centaines*. Ces deux parties sont devenues chacune 100 *fois plus grandes*. Le nombre lui-même est donc devenu 100 *fois plus grand*[a].

Exercice. 1. Multipliez 454 528 par 10. — **Solution.** 4 545 280.

E. 2. Multipliez 46 209 par 100. — **S.** 4 620 900.

E. 3. Multipliez 3 219 par 1 000. — **S.** 3 219 000.

E. 4. Rendez 100 fois plus grand le nombre 25 328. — **S.** 2 532 800.

E. 5. Rendez 1 000 fois plus grand le nombre 279. — **S.** 279 000.

E. 6. Combien d'œufs dans 100 *douzaines*? — **S.** 100 fois 12, c-à-d 12 $\times$ 100, ou 1 200.

E. 7. Dites l'étendue d'un pré 100 fois plus grand qu'une vigne de 17^a. — **S.** 17$^a \times$ 100, c-à-d 1 700^a.

E. 8. Que coûtent 10 flambeaux de cuivre à 3^f? — **S.** 10 fois 3^f, c-à-d 3$^f \times$ 10, ou 30^f.

E. 9. Une machine bat[b] 43 gerbes en 1^h. Combien en 100^h? — **S.** 100 fois plus, c-à-d 43 $\times$ 100, ou 4 300.

E. **10.** Sur 1 269^l d'avoine, des chevaux en ont déjà consommé 674. Combien en reste-t-il? — **S.** 1 269 — 674, c-à-d 595[c].

(a) Ce raisonnement s'appuie sur ce principe évident : *quand on rend un certain nombre de fois plus grandes toutes les parties d'une somme, on rend cette somme le même nombre de fois plus grande.*

(b) Il n'y a pas très longtemps qu'on se sert des *machines à battre*. Leur introduction a été un véritable progrès. — En général, le grand avantage des machines, c'est de produire beaucoup de travail à fort peu de frais.

(c) On voit sur cet exercice que certains grains, par exemple l'*avoine*, se mesurent au *litre*, comme les liquides.

LA MULTIPLICATION. 79

46. — Multiplication par 700, 4000...

Question. Comment multiplie-t-on par 700 ? — **Réponse.** Pour *multiplier* par **700,** on multiplie par **7,** puis on écrit **deux O** à la *droite* du *produit* obtenu.

Q. Multipliez 5 928 par 700. — R. Soit à *multiplier* 5 928 par 700. Le *produit* cherché est la *somme* de 700 nombres égaux à 5 928. Supposons ces 700 nombres écrits les uns sous les autres. La longue colonne qu'ils forment peut être partagée en 100 *tronçons* contenant chacun 7 de ces nombres [a]. L'un de ces tronçons vaudra 5 928 × 7 ; les 100 tronçons ensemble vaudront 100 *fois plus*. Ainsi, on *multipliera* 5 928 par 7, puis le *produit* obtenu par 100, en écrivant *deux* 0 à sa droite.

Q. Comment multiplie-t-on par 4 000 ? — **R.** Pour *multiplier* par 4 000, on *multiplie* par 4, puis on écrit *trois* 0 à la *droite* du *produit* obtenu. p. 44

Q. La règle est-elle générale ? — R. La *règle* est générale : lorsque le *multiplicateur* présente un *chiffre unique* suivi de *zéros,* on multiplie par ce *chiffre unique*, puis on écrit, à la *droite* du *produit* obtenu, *autant de* 0 qu'il y en a au *multiplicateur* [b].

Exercice. 1. Multipliez 495 055 par 60. — **Solution.** 29 703 300.
E. 2. Multipliez 492 253 par 80. — **S.** 39 380 240.
E. 3. Multipliez 5 713 par 300. — **S.** 1 713 900.
E. 4. Multipliez 5 918 par 7 000. — **S.** 41 426 000.
E. 5. Une source donne 385¹ par jour. Combien en 30 jours ? — **S.** 30 fois plus, c-à-d 385 × 30, ou 11 550¹ [c].

[a] Il est bien évident, d'ailleurs, que l'on peut remplacer une *très longue addition* par un certain nombre d'*additions partielles*.
[b] On veillera à ce que les élèves donnent à leurs *calculs écrits* l'aspect de *tableaux* bien *réguliers*. C'est ainsi qu'on arrivera peu à peu à leur faire bien disposer un compte, une facture, etc., etc. — De cette manière, on leur donnera des *habitudes d'ordre* qui leur profiteront toute leur vie.
[c] Ne laissez pas dire qu'on multiplie par 30 *jours :* d'après la définition de la multiplication, le *multiplicateur* est toujours un nombre *abstrait*. — Même remarque pour les deux exercices suivants.

LE CALCUL.

E. 6. Un piéton [a] fait $4\,852^m$ en 1^h. Combien en 70^h ?
— S. 70 fois plus, c-à-d $4\,852 \times 70$, ou $339\,640^m$.

E. 7. Que coûte un terrain de 900^a à 27^f l'arc ? — S. 900 fois 27^f, c-à-d $27^f \times 900$, ou $24\,300^f$.

E. 8. Calculez $10\,489 - 49 - 82$. — S. $10\,358$.

E. 9. Multipliez $463\,359$ par 9. — S. $4\,170\,231$.

E. 10. Des épingles coûtent 329^f les 100^{Ks} et d'autres 541^f. Faites la différence. — S. 212^f.

47. — Cas où le multiplicateur a plusieurs chiffres.

Question. Comment multiplie-t-on quand le multiplicateur a plusieurs chiffres ? — **Réponse.** Quand le *multiplicateur* a *plusieurs* chiffres, on *multiplie* le *multiplicande* successivement par tous les *chiffres* du *multiplicateur*; — on place les *produits partiels* ainsi obtenus les uns *sous* les autres, en commençant à écrire chacun d'eux *sous* le *chiffre correspondant* du multiplicateur; — enfin, on *ajoute* tous ces *produits partiels*.

Q. Multipliez $3\,467$ par 285. — R. Soit à *multiplier* $3\,467$ par 285. Multipliant $3\,467$ par 5, on trouve $17\,335$ qu'on commence à écrire *sous* le 5 du multiplicateur. Multipliant $3\,467$ par 8, on trouve $27\,736$, qu'on commence à écrire *sous* le 8. Multipliant par 2, on trouve $6\,934$, qu'on commence à écrire *sous* le 2. On additionne. Le *produit* est $988\,095$ [b].

```
   3467
    285
  -----
  17335
  27736
   6934
  -----
 988095
```

[a] Un *piéton* est un homme qui va à pied. On donne parfois le nom de *piétons* aux facteurs ruraux. Les soldats qui vont à pied sont des *fantassins*; ceux qui vont à cheval, des *cavaliers*.
[b] Dans l'exemple choisi, le *multiplicande* a 4 chiffres, le *multiplicateur* en a 3, le *produit* en a 6. — En général, le nombre des chiffres du produit est égal au nombre des chiffres du *multiplicande* plus le nombre des chiffres du *multiplicateur*, ou bien, comme dans notre exemple, à cette somme diminuée de 1.

LA MULTIPLICATION.

Q. Ce nombre est-il le produit ? — **R.** Ce nombre est bien le *produit* cherché. Il n'est autre chose, en effet, que le *total* de l'*addition* ci-contre. Or, 17 335 vaut 5 fois le multiplicande ; 277 360 le vaut 80 fois ; et 693 400 le vaut 200 fois. Le total vaut donc 285 fois le multiplicande [a].

```
  17335
 277360
 693400
————————
```

Exercice. 1. Multipliez 4 661 par 5 946. — **Solution.** p. 45 27 714 306.
E. 2. Multipliez 461 458 par 5 143. — **S.** 2 373 278 494.
E. 3. Multipliez 462 714 par 789. — **S.** 365 081 346.
E. 4. Dites l'étendue [b] totale de 39 prés de 85^a — **S.** 39 fois 85^a, c-à-d $85^a \times 39$, ou $3\,315^a$.
E. 5. Combien de boutons à 36 gilets ayant 6 boutons chacun ? — **S.** 36 fois 6, c-à-d 6×36, ou 216.
E. 6. Combien peut-on mettre d'eau dans 43 seaux de 13^l [c] ? — **S.** 43 fois 13^l, c-à-d $13^l \times 43$, ou 559^l.
E. 7. Calculez $44\,532 + 35\,359 - 618$. — **S.** 79 273.
E. 8. Calculez $442\,315 - 4\,199 + 1\,133$. — **S.** 439 249.
E. 9. Dites le *triple* de 56 489. — **S.** $56\,489 \times 3$, c-à-d 169 467.
E. 10. Combien de mousseline pour faire 8 rideaux de 2^m ? — **S.** 8 fois 2^m, c-à-d $2^m \times 8$, ou 16^m [d].

---

48. — Des zéros dans la multiplication.

Question. S'occupe-t-on des zéros intermédiaires ? — **Réponse.** Quand le multiplicateur a des *zéros intermédiaires*, on ne s'en occupe pas ; mais on a grand soin de *placer* convenablement les *produits partiels*.

---

[a] La pratique de la multiplication est à présent entièrement connue. On peut donc proposer aux élèves tous les problèmes possibles qui se résolvent par la *multiplication*.
[b] Redemandez aux élèves comment se nomme l'*étendue* d'un champ, d'un pré, d'un jardin.
[c] Redemandez aux élèves comment se nomme la *contenance* d'un réservoir, d'un tonneau, d'un vase.
[d] La *mousseline* est un tissu de coton très clair et très léger, qu'on ne fabriquait autrefois qu'en Orient. Il tire son nom de *Mossoul*, ville de la Turquie d'Asie.

82   LE CALCUL.

Q. Multipliez 2 387 par 504. — **R.** Soit à *multiplier* 2 387 par 504. On multiplie 2 387 par 4, en commençant à écrire le produit 9 548 *sous* le 4 du multiplicateur. On multiplie ensuite par 5, en commençant à écrire le produit 11 935 *sous* le 5. Enfin, on additionne et l'on trouve 1 203 048 [a].

```
  2387
   504
  ————
  9548
 11935
 ————
1203048
```

Q. Comment multiplie-t-on quand les facteurs finissent par des zéros? — **R.** Quand les facteurs *finissent* par des 0, on multiplie d'abord sans s'occuper de ces 0; ensuite on écrit, à la *droite* du *produit* obtenu, *autant* de 0 qu'il y en a à la *fin* des *deux facteurs* [b].

Q. Multipliez 247 000 par 3 400. — **R.** Soit à *multiplier* 247 000 par 3 400. On multiplie 247 par 34, ce qui donne 8 398; et on écrit 5 *zéros* à la *droite* de ce résultat. On trouve ainsi 839 800 000.

```
  247000
    3400
  ——————
     988
     741
  ——————
839800000
```

Q. Ce nombre est-il bien le produit? — **R.** Ce nombre est bien le *produit* cherché. En effet, pour multiplier 247 000 par 3 400, il suffit de multiplier par 34, puis d'écrire 2 zéros à la droite du résultat. Or, 34 fois 247 unités donnant 8 398 unités, 34 fois 247 mille donneront 8 398 mille, c-à-d 8 398 000. Écrivant deux 0 à la droite de ce nombre, on trouve bien 839 800 000.

p. 46   **Exercice. 1.** Multipliez 10 497 par 1 032. — **Solution.** 10 832 904.

E. 2. Multipliez 35 685 par 14 039. — **S.** 500 981 715.

E. 3. Multipliez 22 250 par 870. — **S.** 19 357 500.

E. 4. Que coûtent 209^{kg} de jambon à 3^f le kilog? — **S.** 209 fois 3^f, c-à-d 3$^f \times$ 209, ou 627^f.

([a]) D'après la présente *règle*, on n'a pas à s'occuper des *zéros intermédiaires :* quand on en rencontre, on les passe; seulement on doit placer très exactement chaque *produit partiel* sous le *chiffre correspondant* du multiplicateur, c-à-d sous le chiffre du multiplicateur qui l'a fourni. — Toutes les fois qu'ils multiplient par un multiplicateur de plusieurs chiffres, et lors même que ce multiplicateur ne contiendrait aucun zéro, les élèves doivent s'appliquer à placer très bien tous les *produits partiels*.

([b]) Cette règle nous montre que, quand l'un des facteurs finit par un ou plusieurs *zéros*, il y a toujours, à la fin du produit, un nombre de *zéros* au moins *égal*.

LA MULTIPLICATION. 83

E. 5. Que pèsent ensemble 27 bœufs de 350^{Kg} [a] ? — **S.** 27 fois 350^{Kg}, c-à-d $350^{Kg} \times 27$, ou $9\,450^{Kg}$.

E. 6. Quelle est l'étendue de Paris, qui contient 20 arrondissements [b] d'une surface moyenne de $39\,010^a$? — **S.** 20 fois $39\,010^a$, c-à-d $39\,010^a \times 20$, ou $780\,200^a$.

E. 7. Additionnez 9 355, 4 100, 2 845. — **S.** 16 300.

E. 8. Calculez $19\,000 - 2\,700 - 1\,927$. — **S.** 14 373.

E. 9. Retranchez 98 293 de 211 000. — **S.** 112 707.

E. 10. Un arbre a 97 ans. Dites l'âge d'un autre, qui est 4 fois plus vieux. — **S.** 4 fois 97 ans, ou 97×4, ou 388 ans [c].

---

49. — Principe et preuve.

Question. Que savez-vous sur le produit de deux facteurs ? — **Réponse.** *Le produit de deux facteurs ne change pas quand on change l'***ordre** *où on les multiplie.*

Q. Donnez un exemple. — **R.** 3×4 et 4×3 donnent le *même* produit.

Q. Démontrez-le. — **R.** Considérons, en effet, le tableau ci-contre. Il nous présente 3 *lignes* allant de gauche à droite ; chacune de ces *lignes* contient 4 *points* : les 3 *lignes* ensemble en contiennent 3 fois plus, c-à-d 4×3. Ce même tableau nous présente 4 *colonnes* allant de haut en bas ; chacune de ces *colonnes* contient 3 *points* : les 4 *colonnes* ensemble en contiennent 4 fois plus, c-à-d 3×4. On trouve donc, pour le nombre des *points* du tableau, tantôt 4×3, tantôt 3×4. Comme ce nombre de points est toujours le même, ces deux *produits* sont *égaux*.

Q. Quel nombre prend-on pour multiplicateur ? — **R.** Dans la *multiplication* de deux nombres, on peut prendre

---

[a] Ce poids de 350^{Kg} est le poids moyen des bœufs que l'on tue aux abattoirs de Paris.

[b] *Paris,* qui est la capitale de la France, se partage en 20 *arrondissements,* et chacun de ces arrondissements, à son tour, se partage en 4 *quartiers.*

[c] Il existe, dit-on, des arbres qui sont âgés de plus de 1 000 ans.

celui qu'on veut pour *multiplicateur*. On prend d'ordinaire le plus petit[a].

Q. Comment fait-on la preuve de la multiplication? — R. Pour faire la *preuve* de la *multiplication*, on recommence cette opération, en changeant l'*ordre* des *facteurs* : on doit retrouver le *même produit*[b].

Exercice. 1. *Quadruplez* 308 557. — **Solution.** 1 234 228.

E. **2.** Calculez 27 351 + 48 751 — 27 954. — S. 48 148.

E. **3.** Calculez 329 609 — 49 510 + 2 817. — S. 282 916.

E. **4.** Ecrivez en toutes lettres 1 100 010. — S. Un million cent mille dix.

E. **5.** Multipliez 1 796 par 2 086. — S. 3 746 456.

E. **6.** Multipliez 28 409 par 17 097. — S. 485 708 673.

E. **7.** Deux prés ont 3 627^a et 1 709^a. Combien ensemble? — S. 3 627^a + 1 709^a, c-à-d 5 336^a.

E. **8.** Combien de pétrole[c] dans 37 barils de 115^l? — S. 37 fois 115^l, c-à-d 115 × 37, ou 4 255^l [d].

E. **9.** Pour lire 3 récits de voyages, j'ai employé 32^h, 29^h et 18^h. Combien en tout? — S. 32^h + 29^h + 18^h, c-à-d 79^h.

([a]) En opérant ainsi, on abrège un peu le calcul. Il y a des cas, toutefois, où il est plus avantageux de prendre le *grand* nombre pour *multiplicateur* : c'est lorsque ce grand nombre présente soit plusieurs *zéros* comme 200 030, soit plusieurs *chiffres pareils* comme 33 323. — Lorsque, dans le cours d'une multiplication, on trouve au multiplicateur un *chiffre* qu'on y a *déjà trouvé*, on ne multiplie pas par ce chiffre : on écrit simplement, à la nouvelle place qui lui convient, le *produit partiel* déjà calculé.

([b]) Cette *preuve* a les avantages et les inconvénients communs à toutes les preuves. Si elle réussit, il est *probable* que la multiplication qu'on vérifie est *exacte*. Si elle échoue, il est *certain* qu'il y a *erreur*, soit dans la multiplication, soit dans la preuve, soit dans l'une et l'autre de ces opérations.

([c]) Le *pétrole* est une huile minérale qu'on trouve en grande abondance aux Etats-Unis de l'Amérique du Nord. et dans certaines parties de l'Asie. Elle donne, à bon marché, un brillant éclairage, mais sa facilité à s'enflammer cause beaucoup d'accidents.

([d]) Si l'on peut, dans le *calcul*, changer l'ordre des facteurs d'un produit, on ne le peut pas dans le *raisonnement*. Nous venons de dire 37 fois 115^l, c-à-d 115 × 37. Ce serait une *très grosse faute* de dire 115 fois 37 et d'écrire 37 × 115.

LA MULTIPLICATION.   85

E. 10. J'ai parcouru 23 648^m. Pour revenir, j'ai fait 8 425^m, puis 7 639. Quel chemin ai-je encore à faire? — **S.** 23 648^m — 8 425^m — 7 639^m, c-à-d 7 584^m [a].

---

50. — Produits de plusieurs facteurs.

Question. Qu'est-ce qu'un produit de plusieurs facteurs ? — **Réponse.** Un **produit de plusieurs facteurs** est un ensemble de *facteurs* réunis par des *signes* $\times$.

Q. Donnez un exemple? — **R.** $5 \times 7 \times 2 \times 11$ est un *produit de plusieurs facteurs*.

Q. Comment s'y prend-on pour effectuer un tel produit ? — **R.** Pour effectuer un *produit de plusieurs facteurs*, on *multiplie* le 1er facteur par le 2e ; — le produit obtenu par le 3e facteur ; — le nouveau produit par le 4e facteur ; — et ainsi de suite.

Q. Donnez un exemple. — **R.** Soit $5 \times 7 \times 2 \times 11$. En multipliant 5 par 7, on trouve 35 ; — en multipliant 35 par 2, on trouve 70 ; — en multipliant 70 par 11, on trouve 770. Le *produit* cherché est 770.

Q. Un produit de plusieurs facteurs dépend-il de l'ordre de ces facteurs ? — **R.** Un *produit de plusieurs facteurs* ne change pas quand on change l'*ordre* de ses *facteurs* [b].

Q. Donnez un exemple. — **R.** Ainsi $7 \times 3 \times 5$ est égal à $5 \times 7 \times 3$.

Q. Comment multiplie-t-on un produit par un nombre ? — **R.** Pour *multiplier* un *produit* par un *nombre*, il suffit de multiplier par ce *nombre* l'*un* des *facteurs* de ce *produit*.

Q. Donnez un exemple. — **R.** Pour *multiplier* $7 \times 3 \times 5$ par 2, il suffit de *multiplier* le 3 par 2. Le *produit* est $7 \times 6 \times 5$ [c].

Q. Comment multiplie-t-on un nombre par un produit ? —

---

[a] On aurait pu ajouter d'abord les deux nombres 8 425 et 7 639, puis retrancher leur somme de 23 648.
[b] Ce n'est là qu'une *généralisation* de ce qu'on a déjà vu pour un produit de *deux* facteurs.
[c] On aurait pu multiplier le facteur 5 par 2 : on eût trouvé ainsi $7 \times 3 \times 10$, c-à-d 210.

LE CALCUL.

R. Pour *multiplier* un *nombre* par un *produit*, il suffit de le multiplier par les *facteurs* de ce *produit*.

Q. Donnez un exemple. — **R.** Pour *multiplier* un *nombre* par 30, c-à-d par le produit 6×5, il suffit de *multiplier* ce *nombre* par 6, puis le produit obtenu par 5 [a].

> **Exercice. 1.** Faites le *produit* : $2 \times 3 \times 4 \times 5$. — **Solution.** 120.
>
> **E. 2.** Multipliez par 5 le *produit* $12 \times 7 \times 9$. — **S.** 3 780 [b].
>
> **E. 3.** Multipliez 32 par le *produit* $4 \times 6 \times 11$. — **S.** 8 448.
>
> **E. 4.** Multipliez 43 725 par 54 027. — **S.** 2 362 330 575.
>
> **E. 5.** Rendez 29 fois plus grand le nombre 83 236. — **S.** 2 413 844.
>
> **E. 6.** Ecrivez en chiffres : *trois millions trois cent trois*. — **S.** 3 000 303.
>
> **E. 7.** J'achète 3 volumes, de 4^f, 7^f, 5^f. On me fait sur le tout un rabais de 2^f. Combien dois-je ? — **S.** $4^f + 7^f + 5^f - 2^f$, c-à-d 14^f.
>
> **E. 8.** Que pèsent ensemble 7 moutons de 23^{Kg} ? — **S.** 7 fois 23^{Kg}, c-à-d $23^{Kg} \times 7$, ou 161.
>
> **E. 9.** A Paris, l'arrondissement de la Bourse couvre $9\,750^a$ et celui de Reuilly $56\,800$. De combien s'en faut-il que ce dernier soit le *sextuple* du premier [c] ? — **S.** De $9\,750^a \times 6 - 56\,800^a$, c-à-d de $58\,500^a - 56\,800^a$, ou de $1\,700^a$.
>
> **E. 10.** Il y avait sur un bateau 45 hommes et 32 femmes ; 13 passagers descendent. Combien en reste-t-il ? — **S.** $45 + 32 - 13$, c-à-d $77 - 13$, ou 64.

[a] De même, pour multiplier un nombre par 24, c-à-d par le produit $2 \times 3 \times 4$, il suffit de multiplier ce nombre par 2, puis le produit obtenu par 3, puis le nouveau produit par 4.

[b] Pour obtenir ce résultat, on peut opérer de deux façons : ou bien, effectuer d'abord le produit $12 \times 7 \times 9$, puis multiplier 5 par le nombre obtenu ; ou bien, conformément au présent *paragraphe*, multiplier 5 d'abord par 12, puis le produit obtenu par 7, enfin le nouveau produit par 9. — Même remarque pour l'exercice suivant.

[c] L'arrondissement de la *Bourse* est au centre de Paris ; celui de *Reuilly* est à la limite extrême de cette ville, du côté de l'est.

CHAPITRE V

LA DIVISION

51. — Définition de la division.

Question. Qu'est-ce que diviser un nombre par un autre ? — **Réponse. Diviser** un nombre par un autre, c'est chercher *combien* le premier de ces nombres *contient* de fois le second.

Q. Qu'est-ce que diviser 37 par 8 ? — R. *Diviser* 37 par 8, c'est chercher *combien* 37 *contient* de fois 8 [a].

Q. Quel est le signe de la division ? — R. Le *signe* de la *division* est : qui s'énonce **divisé par**.

Q. Donnez un exemple. — R. 43 : 9 s'énonce 43 *divisé par* 9, et indique qu'il faut *diviser* 43 par 9 [b].

Q. Comment se nomme le nombre qu'on divise ? — R. Le nombre qu'on divise est le **dividende** ; celui par lequel on divise est le **diviseur**.

Q. Donnez un exemple. — R. Dans la division de 43 par 9, le nombre 43 est le *dividende* ; le nombre 9 est le *diviseur*.

Q. Comment se nomme le résultat de la division ? — R. Le *résultat* de la *division* se nomme **quotient** [c].

Exercice. 1. Enoncez 37 : 8. — **Solution.** 37 divisé par 8.
E. 2. Ecrivez en chiffres : *mille divisé par vingt*. — p. 49
S. 1 000 : 20.
E. 3. Dans 896 : 9, quel est le *dividende ?* — S. 896.
E. 4. Dans 734 : 8, quel est le *diviseur ?* — S. 8 [d].

---

[a] Cette *définition* de la division n'est point la seule ; mais c'est la plus simple. Voilà pourquoi nous la donnons en *commençant*.
[b] Ce *signe* de la division s'emploie très peu ; comme nous le verrons plus tard, on lui substitue, presque toujours, le signe des *rapports*.
[c] Les élèves doivent très bien retenir ce mot *quotient*. On ne leur permettra jamais d'en employer aucun autre pour désigner le *résultat* d'aucune *division*.
[d] Pour que les élèves se rappellent bien les mots *dividende, divi-*

E. 5. Ecrivez en toutes lettres 11 004 000. — **S.** Onze millions quatre mille.

E. 6. Calculez 43 216 — 25 617 — 13 241. — **S.** 4 358.

E. 7. Un terrain clos a 4 côtés de 326^m, 327^m, 328^m, 329^m. Quelle est la longueur du mur de clôture? — **S.** 326^m + 327^m + 328^m + 329^m, c-à-d 1 310^m.

E. 8. Un pot plein de graisse pèse 9^{Kg}. Vide, il en pèse 2 $^{(a)}$. Dites le poids de la graisse. — **S.** 9^{Kg} — 2^{Kg}, c-à-d 7^{Kg}.

E. 9. Que coûtent 2 douzaines de chemises à 3^f la chemise? — **S.** 3^f × 12 × 2, c-à-d 72$^{f\,(b)}$.

E. 10. Un employé passe 8^h par jour à son bureau. Combien d'heures en 324 j ? — **S.** 324 fois 8^h, c-à-d 8^h × 324, ou 2 592^h.

---

52. — Usages de la division.

Question. Citez un problème se résolvant par la division? — **Réponse.** « Ces chaises coûtent 4^f pièce; j'ai 21^f; combien puis-je en acheter? » — Ce *problème* se résout par la *division*.

Q. Résolvez ce problème. — **R.** Une chaise coûte 4^f; avec 21^f, je puis acheter autant de chaises qu'il y a de fois 4 dans 21. Je dois donc chercher combien il y a de fois 4 dans 21, c-à-d *diviser* 21 par 4 $^{(c)}$.

Q. Citez un autre problème. — **R.** « Cet employé gagne 1740^f en un an, c-à-d en 12 mois; combien gagne-t-il par mois? » — Ce *problème* se résout par la *division*.

Q. Résolvez ce problème. — **R.** Si cet employé gagnait 12^f par an, il gagnerait 1^f par mois; il gagnera donc par mois

---

seur, on leur fera souvent des questions de cette sorte : *Dans la division de 13 par 4, quel est le dividende? quel est le diviseur?*

(a) Comme on l'a déjà dit, le poids du pot vide est ce qu'on nomme la *tare*.

(b) On peut raisonner ainsi : « 1 chemise coûte 3^f; 1 douzaine coûte 12 fois plus, c-à-d 3^f × 12 ; 2 douzaines coûtent 2 fois plus qu'une seule, c-à-d 3^f × 12 × 2.

(c) Dans la pratique, le *dividende* est toujours *concret*; le *diviseur* tantôt *concret*, tantôt *abstrait*. Pour ce qui est du *quotient*, il n'est jamais de même espèce que le *diviseur* : si le *diviseur* est *concret*, le *quotient* est *abstrait*; et réciproquement.

LA DIVISION.

autant de fois 1^f qu'il y a de fois 12 dans 1 740. Je dois donc chercher combien il y a de fois 12 dans 1 740, c-à-d diviser 1 740 par 12 [a].

Q. Peut-on raisonner autrement? — **R.** On peut dire aussi : si en un an cet employé gagne 1 740^f, en un *mois* il gagne 12 *fois moins*, c-à-d 1 740 : 12.

Q. Que fait-on pour rendre un nombre 2, 3, 4, ... fois plus petit? — **R.** Pour rendre un nombre 2 fois *plus petit*, on le *divise* par 2 ; — pour rendre un nombre 3 fois *plus petit*, on le *divise* par 3 ; — pour rendre un nombre 4 fois *plus petit*, on le *divise* par 4 ; — et ainsi de suite.

Q. Qu'est ce que la moitié, le tiers, ..., d'un nombre? — **R.** La **moitié**, le **tiers**, le **quart**, le **cinquième**, ... d'un nombre, c'est le *quotient* qu'on obtient en *divisant* ce nombre par **2, 3, 4, 5,** ... [b].

Exercice. 1. Enoncez 317 : 108. — **Solution.** 317 p. 50 divisé par 108.

E. 2. Ecrivez en chiffres : *cent divisé par treize*. — **S.** 100 : 13.

E. 3. Dans 135 : 14, quel est le *dividende*? — **S.** 135.

E. 4. Dans 288 : 24, quel est le *diviseur*? — **S.** 24.

E. 5. Comptez, en *doublant*, de 2 à 1 024. — **S.** 2, 4, 8, 16, ..., 1 024 [c].

E. 6. Calculez 867 × 755 — 595. — **S.** 653 990.

E. 7. Un bois occupe 26^a. Dites une étendue *triple*. — **S.** 26^a × 3, c-à-d 78^a.

E. 8. Sur 815 saucissons, 598 sont gâtés. Combien sont bons? — **S.** 815 — 598, c-à-d 217.

(a) Les *problèmes* conduisant à la division sont de deux sortes : les uns, comme le problème de la *chaise*, se ramènent *directement* à la *définition* de la *division*; les autres, comme celui de *l'employé*, s'y ramènent par la voie *détournée* que nous venons de prendre.

(b) On peut dire aussi, en parlant, non plus des nombres, mais des quantités *concrètes* : Quand une *quantité* est partagée en 2 *parties égales*, chacune de ces parties est une *moitié* ; quand une *quantité* est partagée en 3 *parties égales*, chacune de ces parties est un *tiers* ; et ainsi de suite.

(c) Cet exercice exige une série de *multiplications* dont le *multiplicateur* est toujours 2. — Les suites de nombres qu'on obtient par une série de multiplications dont le multiplicateur est toujours le même sont ce qu'on appelle des *progressions géométriques*.

90   LE CALCUL.

E. 9. Un tonneau de vinaigre en contenait 241^1. On en tire 28, puis 39. Combien en reste-t-il? — **S.** 241^1 — 28^1 — 39^1, c-à-d 174.

E. 10. Il faut 4^m de drap pour faire un vêtement. Combien en faudra-t-il pour 13 vêtements pareils? — **S.** 13 fois plus, c-à-d 4$^m \times$ 13, ou 52^m [a].

---

53. — Procédés pour diviser.

Question. Dites le procédé naturel pour diviser. — **Réponse.** Le *procédé naturel* pour *diviser*, c'est de *retrancher* autant de fois que possible le *diviseur* du *dividende*.

Q. Divisez ainsi 125 par 37. — **R.** Soit à *diviser* 125 par 37. *Retranchant* 37 de 125, on trouve 88. *Retranchant* 37 de 88, on trouve 51. *Retranchant* 37 de 51, on trouve 14. On peut *retrancher* 3 fois *au plus* le nombre 37. Donc 125 contient 3 fois 37. Le *quotient* est 3.

Q. Qu'est-ce que le reste de la division? — **R.** Le *reste* de la dernière *soustraction* est le **reste** de la *division*. Il est toujours *moindre* que le *diviseur* [b].

Q. Emploie-t-on souvent le procédé naturel? — **R.** On n'emploie jamais le procédé naturel : il est trop long [c].

Q. Que faut-il savoir pour diviser rapidement? — **R.** Pour *diviser* rapidement, il faut savoir trouver le *quotient* toutes les fois que le *diviseur* n'a qu'*un chiffre* et que le *dividende* ne contient pas 10 *fois* le *diviseur*.

---

[a] Dans le *calcul*, on multipliera 13 par 4 ; mais, dans le *raisonnement*, ce serait une faute grave de dire 4 fois 13 et d'écrire 13 $\times$ 4.

[b] Pour définir le *reste* de la division, nous nous appuyons sur le *procédé naturel*. C'est la manière la plus élémentaire de faire comprendre ce que c'est que ce *reste*. Elle a, en outre, l'avantage de montrer qu'il est toujours *moindre* que le *diviseur*. Si, en effet, il lui était égal ou supérieur, le diviseur pourrait s'en retrancher encore, au moins *une fois*.

[c] Pour le bien montrer aux élèves, il suffirait de leur faire chercher de cette manière un quotient un peu grand, celui, par exemple, de la division de 187 par 9. — D'ailleurs, l'indication du *procédé naturel* a pour nous un double avantage : elle rend tout à fait claire notre *définition* de la division, et elle montre que toute division revient à une suite de soustractions.

LA DIVISION.

Q. Combien le quotient a-t-il alors de chiffres? — **R.** Alors le *quotient* n'a qu'*un chiffre* : on le trouve à l'aide de la *table de multiplication*.

Q. Donnez un exemple. — **R.** Soit à *diviser* 36 par 8. On sait que 4 fois 8 font 32, et que 5 fois 8 font 40. Donc 36 contient 4 fois 8, mais ne le contient pas 5 fois : le *quotient* est 4.

Q. Existe-t-il une table de division? — **R.** Il n'y a pas de *table de division*.

Exercice. 1. Divisez 28 par 6. — **Solution. 4.**
E. 2. Divisez 32 par 8; 31 par 7. — **S.** 4; 4 [a].
E. 3. Divisez 45 par 5; 48 par 9. — **S.** 9; 5.
E. 4. Prenez la *moitié* de 14. — **S.** 7.   p. 51
E. 5. Prenez le *tiers* de 15. — **S.** 5.
E. 6. Prenez le *quart* de 28. — **S.** 7.
E. 7. Un tapissier met 8^h pour réparer 4 fauteuils. Combien d'heures par fauteuil ? — **S.** 4 fois moins [b], c-à-d le quotient de 8^h : 4, ou 2^h.
E. 8. Cinq petits arbres coûtent 20^f. Combien l'arbre ? — **S.** 5 fois moins, c-à-d 20^f : 5, ou 4^f.
E. 9. Six kilogrammes de saucisson coûtent 18^f. Que coûte 1^{kg}? — **S.** 6 fois moins, c-à-d 18^f : 6, ou 3^f.
E. 10. Il faut 225^a de pré pour nourrir un troupeau. Combien en faut-il pour un troupeau *quadruple* [c] ? — **S.** 4 fois plus, c-à-d $225^a \times 4$, ou 900^a.

---

54. — Manière de commencer la division.

Question. Comment place-t-on les nombres à diviser ? — **Réponse.** On écrit le *diviseur* à la *droite* du *dividende;* on tire, entre ces nombres, une *barre* de haut en bas, puis, sous le diviseur, une *barre* de gauche à

---

[a] On peut dire dès à présent aux élèves que la division est *exacte*, ou se fait *exactement*, lorsque son *reste* est *nul*.
[b] Ces locutions 4 *fois moins*, 5 *fois moins*, ..., indiquent qu'il faut faire une *division*, comme les locutions 4 *fois plus*, 5 *fois plus*, ..., indiquaient qu'il fallait faire une *multiplication*.
[c] *Double* est l'opposé de *moitié*, *triple* de *tiers*, *quadruple* de *quart*.

droite. C'est sous cette dernière qu'on écrira le *quotient*.

Q. Donnez un exemple. — R. Soit à *diviser* 428 par 53. On dispose ces deux nombres comme on le voit ci-contre [a].

428 | 53

Q. Que fait-on ensuite? — R. Les nombres donnés ainsi disposés, on cherche si le *quotient* a *un* ou *plusieurs chiffres*, en écrivant un *zéro* à la *droite* du *diviseur*.

Q. Combien le quotient a-t-il de chiffres? — R. Si le nombre formé *dépasse* le dividende, c'est que celui-ci ne contient pas 10 fois le diviseur : le quotient n'a qu'*un chiffre*. — Si le nombre formé ne *dépasse pas* le dividende, c'est que celui-ci contient le diviseur au moins 10 fois : le quotient a *plusieurs chiffres*.

Q. Donnez des exemples. — R. Soit 428 : 53. Le nombre 530 dépasse 428 : le quotient n'a qu'*un chiffre*. — Soit 428 : 35. Le nombre 350 ne dépasse pas 428 : le quotient a *plusieurs chiffres* [b].

Exercice. 1. Combien de chiffres au *quotient* de 101 par 12. — **Solution. 1.**

E. **2.** Combien de chiffres au *quotient* de 134 par 11. — S. Plusieurs [c].

E. **3.** Prenez le *tiers* de 27. — S. 9.

E. **4.** Prenez le *quart* de 32. — S. 8 [d].

E. **5.** Divisez 55 par 7. — S. 7.

(a) Il faut que les élèves s'habituent à disposer très bien, non seulement les nombres donnés, mais tout le détail de la division. — Toutefois, comme nous le verrons plus tard, il est inutile de placer les données de la manière qu'on vient d'indiquer, lorsque le diviseur est un nombre d'*un seul* chiffre.

(b) Avec un peu d'habitude, on arrive à appliquer cette règle à première vue, sans rien écrire.

(c) Dans le cas où le quotient a plusieurs chiffres, on peut donner une *règle* simple pour trouver juste le *nombre* de ces chiffres. Ce nombre est égal à celui des zéros qu'il suffit d'écrire à la droite du diviseur pour le rendre *plus grand* que le dividende. — Dans la division de 134 par 11, il suffit d'écrire 2 *zéros* à la droite de 11 pour le rendre plus grand que 134. Donc le quotient a 2 *chiffres*.

(d) Dans cet exercice, comme dans le précédent, le *reste* de la division est *nul*. Donc 9 est exactement le *tiers* de 27 ; et 8 est exactement le *quart* de 32.

LA DIVISION.

E. 6. Divisez 47 par 6. — **S.** 7.
E. 7. Avec 28 soldats, combien peut-on faire de groupes de 4 soldats ? — **S.** Autant qu'il y a de fois 4 dans 28, c-à-d 28 : 4, ou 7.
E. 8. On distribue 63 prunes à 9 enfants. Combien à chacun ? — **S.** 9 fois moins, c-à-d 63 : 9, ou 7.
E. 9. On a 2 tonneaux contenant chacun 228^l de vin. Combien en restera-t-il quand on aura tiré 319^l ? — **S.** $228 \times 2 - 319$, c-à-d 137.
E. 10. Il faut 16 jours pour faire le cinquième d'un voyage. Combien pour le faire tout entier ? — **S.** 5 fois plus, c-à-d 16×5, ou 80.

---

55. — Cas où le quotient n'a qu'un chiffre.

Question. Que sépare-t-on sur la gauche du dividende ? — **Réponse.** Le diviseur étant placé comme on l'a dit, on sépare sur la *gauche* du *dividende* autant de *chiffres* qu'il en faut pour *contenir* le *premier chiffre* du *diviseur* au moins une fois, mais pas plus de neuf[a].

Q. Par quoi divise-t-on cette partie séparée ? — **R.** On *divise* cette *partie séparée* par le *premier chiffre* du diviseur : on obtient ainsi un certain *chiffre*.

Q. Que fait-on ensuite ? — **R.** On *multiplie* le *diviseur* par ce *chiffre* et on *retranche* le *produit* obtenu du *dividende*.

Q. Que savez-vous sur le chiffre trouvé ? — **R.** Le chiffre trouvé est le *quotient* cherché ; le résultat de la soustraction est le *reste* de la division.

Q. Divisez 2 599 par 728. — **R.** Soit à diviser 2 599 par 728. Je *sépare* 25 sur la gauche du dividende. *Divisant* 25 par 7, je trouve 3. Je *multiplie* 728 par 3, et je re-

$$\begin{array}{r|l} 2\,599 & 728 \\ 2\,184 & 3 \\ \hline 415 & \end{array}$$

---

[a] Lorsque le dividende commence par un chiffre *égal* ou *supérieur* au premier chiffre du diviseur, il suffit de séparer 1 chiffre sur la gauche du dividende. Lorsque le *dividende* commence par un chiffre *inférieur* au premier chiffre du diviseur, il en faut séparer 2.

tranche du dividende le produit obtenu 2184. Le chiffre 3 est le *quotient* cherché; 415 est le *reste* de la division [a].

Q. 3 est-il bien le quotient? — R. 3 est bien le *quotient*. En effet: 1° le dividende contient au moins 3 fois le diviseur, puisque le produit du diviseur par 3 peut se retrancher du dividende; — 2° le dividende ne contient pas 4 fois le diviseur, car, 3 étant le quotient de 25 par 7, le produit de 7 par 4 serait au moins 26; celui de 700 par 4 serait au moins 2600; il dépasserait le dividende; et il en serait ainsi, à plus forte raison, du produit de 728 par 4.

Exercice. 1. Divisez 423 par 207. — **Solution.** 2.
E. 2. Divisez 628 par 91. — S. 6.
E. 3. Divisez 49395 par 24637. — S. 2.
E. 4. Divisez 73089 par 24318. — S. 3.
E. 5. Divisez 90546 par 44532. — S. 2.
E. 6. Divisez 321354 par 79654. — S. 4.
E. 7. Vingt-quatre prés égaux occupent ensemble 72^a. Dites l'étendue de chacun d'eux. — S. 24 fois moindre, c-à-d $72^a : 24$, ou 3^a [b].
E. 8. Avec 35^{kg} de poudre, combien peut-on faire de paquets de 5^{kg}? — S. Autant qu'il y a de fois 5 dans 35, c-à-d $35 : 5$, ou 7 [c].
E. 9. On a 3 plumes pour 1 sou. Combien pour 8 sous. — S. 8 fois plus, c-à-d 3×8, ou 24 [d].
E. 10. Il y a au marché 32 bœufs, 45 veaux et 318 moutons. Combien d'animaux? — S. $32 + 45 + 318$, c-à-d 395.

(a) Rappelez bien aux élèves que le reste doit toujours être *moindre* que le diviseur. — Si l'on trouvait un reste *égal* ou *supérieur* au diviseur, c'est qu'on se serait trompé. Le chiffre trouvé au quotient serait trop faible : il faudrait l'augmenter d'une unité, au moins.

(b) Arrivé à ce point du cours, on peut proposer aux élèves une foule de *divisions* et de *problèmes* conduisant à des divisions. Ces problèmes devront être choisis, comme toujours, parmi les plus usuels, parmi ceux qui portent sur les objets le mieux connus des élèves.

(c) Cet exercice et le précédent conduisent tous les deux à une *division*; mais ils y conduisent par des *raisonnements* différents.

(d) Il ne faut pas que l'élève réponde simplement 24. Il faut qu'il réponde tout ce que nous disons dans la solution ci-dessus. Ce n'est qu'à cette condition qu'il prendra l'habitude de *l'analyse* et du *raisonnement*.

LA DIVISION.

56. — Quand la soustraction est impossible.

Question. — Que suppose la règle précédente ? —
Réponse. La *règle* précédente *suppose* que la *soustraction* soit *possible*, c-à-d que le produit du diviseur par le chiffre trouvé ne *dépasse pas* le dividende.

Q. Pourquoi la soustraction est-elle impossible ? — R. Si la *soustraction* est *impossible*, c'est que le chiffre trouvé est *trop fort*: on diminue ce chiffre d'une unité à chaque fois, jusqu'à ce que la *soustraction puisse* s'effectuer.

Q. Divisez 811 par 235. — R. Soit à diviser 811 par 235. On sépare 8 qu'on divise par 2 : on trouve 4. On multiplie le diviseur 235 par 4; le produit 940 *dépasse* le dividende 811 ;

```
811 | 235
705 |‾‾‾
106   3
```

donc 4 est *trop fort* : on le remplace par 3. Le produit de 235 par 3 est 705; il ne *dépasse pas* 811[a]. On retranche 705 de 811; on trouve 106. Le *quotient* de la division est 3 ; le *reste* est 106.

Q. 3 est-il bien le quotient ? — R. 3 est bien le *quotient*. En effet : 1° le dividende contient au moins 3 fois le diviseur, puisqu'on en peut retrancher 3 fois ce diviseur ; — 2° le dividende ne contient pas 4 fois le diviseur, puisque le produit du diviseur par 4 dépasse le dividende[b].

Exercice. 1. Divisez 3 136 par 1 981. — **Solution** 1[c].
E. 2. Divisez 6 185 par 1 272. — **S.** 4.
E. 3. Divisez 8 000 par 4 566. — **S.** 1[d].

---

[a] Si le produit de 235 par 3 eût dépassé 811, le nombre 3 eût été encore trop fort : on l'eût diminué d'une unité et remplacé par 2. — Il ne faut jamais, d'ailleurs, diminuer le chiffre *trop fort* que d'*une seule* unité à chaque fois. En le diminuant de plus d'une unité, on pourrait tomber sur un chiffre *trop faible*.
[b] Ce paragraphe appris, les élèves savent faire toutes les *divisions* où le quotient n'a qu'*un chiffre*; on peut leur proposer tous les *problèmes* conduisant à des *divisions* de cette sorte, sans avoir besoin d'en choisir aucunement les données.
[c] On pouvait, jusqu'à un certain point, prévoir que le quotient serait *moindre* que 2. En effet, 1981 est voisin de 2 000; son double est voisin de 4 000, et, par conséquent, supérieur à 3138.
[d] Dans ce nouvel exercice, ou pouvait affirmer, sans calcul, que le

E. 4. Divisez 36 896 par 12 927. — **S.** 2.
E. 5. Un train fait un chemin en 45ʰ. En combien d'heures en fait-il le *quinzième*? — **S.** En 15 fois moins de temps, c-à-d en 45ʰ : 15, ou 3ʰ.
E. 6. En 100 mouchoirs, combien de *douzaines*[a]? — **S.** 8.
E. 7. Calculez 11 628 — 3 213 — 4 085. — **S.** 4 330.

p. 54   **E. 8.** Calculez 1 000 000 — 854 $\times$ 783. — **S.** 671 031.
E. 9. J'achète 12^l d'alcool à 4^f. On me fait un rabais de 3^f. Qu'ai-je à payer? — **S.** 4$^f \times$ 12 — 3^f, c-à-d 48^f — 3^f, ou 45^f.
E. 10. Que coûtent 47^m de velours à 7^f le mètre? — **S.** 7$^f \times$ 47, c-à-d 329^f.

---

57. — Simplification.

Question. D'après la règle, que fait-on? — **Réponse.** D'après la règle, on *multiplie* le diviseur par le chiffre trouvé, et l'on *retranche* le produit du dividende.

Q. Comment simplifie-t-on le calcul? — **R.** On *simplifie* le calcul en faisant *à la fois* cette *multiplication* et cette *soustraction*[b].

Q. Divisez 2 599 par 728. — **R.** Soit à diviser 2 599 par 728. En divisant 25 par 7, je trouve 3. Je dis : 3 fois 8...24 ; 24 ôtés

$$\begin{array}{r|l} 2\,599 & 728 \\ 415 & \overline{3} \end{array}$$

de 29, il reste 5 et je retiens 2. Puis 3 fois 2...6 ; 6 et 2 que j'ai retenus...8 ; 8 ôtés de 9, il reste 1. Enfin, 3 fois 7...21 ; 21 ôtés de 25, il reste 4. Le quotient est 3 ; le reste est 415[c].

---

quotient était *moindre* que 2. En effet, 8 000 est juste le *double* de 4 000 ; donc il est *moindre* que le *double* de 4 566.

[a] Les *mouchoirs*, comme les serviettes et beaucoup d'autres objets, se vendent à la *douzaine*.

[b] Cette manière *simplifiée* de diviser ne doit pas être confondue avec ce qu'on appelle la *division abrégée*. La *division abrégée* est une opération d'un usage restreint, dont la théorie est difficile, et dont on ne doit parler ni dans le *Cours élémentaire*, ni dans le *Cours moyen*.

[c] Ce procédé *simplifié* d'effectuer la division est, en réalité, lorsque le quotient a plusieurs chiffres, beaucoup moins *avantageux* qu'il ne semble l'être. En n'écrivant jamais les *produits* du diviseur par les différents chiffres du quotient, on se met dans la nécessité de refaire souvent des *multiplications* déjà faites.

LA DIVISION.

Q. A quoi est analogue cette façon d'opérer? — R. Cette façon d'opérer est tout à fait analogue à celle qu'on emploie dans la *soustraction*; c'est une méthode de *compensation* : on *retient*, pour l'*ajouter* au nombre qu'on retranche, tout ce qu'on a été forcé d'*ajouter* à l'autre nombre [a].

Exercice. 1. Divisez 4 815 par 1293. — **Solution. 3.**
E. **2.** Divisez 3 359 par 1 159. — S. 2.
E. **3.** Divisez 188 111 par 67 968. — S. 2.
E. **4.** Des porcs pèsent chacun 86^{Kg} [b]. Combien en faut-il pour faire un poids de 344^{Kg} ? — S. Autant qu'il y a de fois 86 dans 344, c-à-d 344 : 86, ou 4.
E. **5.** On partage 456 noix entre 57 enfants. Dites la part de chacun. — S. 57 fois moins, c-à-d 456 : 57, ou 8.
E. **6.** Effectuez ce *produit* $12 \times 23 \times 37$. — S. 10212.
E. **7.** Calculez $42\,329 + 693 \times 628$. — S. $42\,329 + 435\,204$, c-à-d 477 533 [c].
E. **8.** Calculez $278\,370 - 19\,049 + 25\,993$. — S. 285 314.
E. **9.** On achète 6 portefeuilles à 2^f et 1 porte-monnaie à 3^f. Combien doit-on? — S. $2^f \times 6 + 3^f$, c-à-d 15^f.
E. **10.** Les 4 quartiers composant l'arrondissement [d] du Louvre ont pour superficies $9\,355^a$, $4\,100^a$, $2\,845^a$, $2\,700^a$. Dites la superficie totale. — S. $9\,355^a + 4\,100^a + 2\,845^a + 2\,700^a$, c-à-d $19\,000^a$.

---

58. — Cas où le quotient a plusieurs chiffres.

Question. Comment forme-t-on le premier dividende partiel? — **Réponse.** Quand le *quotient* a *plusieurs* p. 55

---

[a] Chose curieuse, ceux même qui font la soustraction ordinaire par la *méthode d'emprunt* font les soustractions que la division présente par la *méthode de compensation*.
[b] Ce poids de 86^{Kg} est le *poids moyen* des porcs que l'on tue à Paris.
[c] Pour calculer cette expression, il faut d'abord effectuer le produit de 693 par 628, puis ajouter le nombre trouvé à 42 329. Ce serait une *grosse faute* que d'ajouter 693 à 42 329 et de multiplier la somme obtenue par 628.
[d] Cet arrondissement est le premier de Paris. Il doit son nom au palais du Louvre. Ce palais et les musées qu'il renferme sont de véritables merveilles, que la France doit être fière de posséder.

ARITH. C. MOY. M.

chiffres, on forme le *premier dividende partiel* en séparant, sur la *gauche* du *dividende* donné, juste assez de *chiffres* pour *contenir* le *diviseur*.

Q. Comment obtient-on le premier chiffre du quotient? — R. On fait la division de ce *premier dividende partiel* par le *diviseur* comme une division isolée : on obtient ainsi le *premier chiffre* du *quotient*.

Q. Comment forme-t-on le second dividende partiel? — R. A la *droite* du *reste* de cette *division*, on *abaisse* le *chiffre* suivant du *dividende* donné : on forme ainsi le *second dividende partiel*.

Q. Comment obtient-on le second chiffre du quotient? — R. On divise ce *second dividende partiel* par le *diviseur*, ce qui donne le *second chiffre* du *quotient;* et ainsi de suite.

Q. Divisez 38 627 par 49. — R. Soit à diviser 38 627 par 49. Le premier *dividende partiel* est 386. Divisant 386 par 49, je trouve pour *quotient* 7 et pour *reste* 43. J'*abaisse* le chiffre 2 à la droite de 43, et je forme ainsi le *second dividende partiel* qui est 432. Divisant 432 par 49, je trouve pour *quotient* 8 et pour *reste* 40. J'*abaisse* 7 à la droite de 40, et je forme ainsi le *troisième dividende partiel* qui est 407. Divisant 407 par 49, je trouve pour *quotient* 8 et pour *reste* 15. Finalement, le *quotient* est 788 ; le *reste* de la division est 15 [a].

$$\begin{array}{r|l} 38\,627 & 49 \\ 432 & \overline{788} \\ 407 & \\ 15 & \end{array}$$

Q. 788 est-il bien le quotient? — R. 788 est bien le *quotient* cherché. En effet, 1° le *dividende* contient au moins 788 fois le *diviseur*, puisqu'on a pu en retrancher ce diviseur 700 fois, puis 80 fois, puis 8 fois, c-à-d 788 fois ; — 2° le *dividende* ne contient pas 789 fois le *diviseur*, car, pour qu'il le contînt 789 fois, il faudrait que le *reste* de la *division* fût au moins égal à 49 ; or, d'après la méthode suivie, chacun des *restes*

---

[a] En toute division, il faut placer les divers *dividendes partiels* très exactement les uns sous les autres. Ce n'est que quand ces dividendes partiels sont très bien disposés qu'on distingue nettement, au dividende donné, les chiffres déjà abaissés de ceux qui ne le sont pas encore. Quelques personnes, pour faciliter cette distinction, mettent un point au-dessus de chaque chiffre *abaissé*, à l'instant même où elles l'abaissent. C'est là une bonne précaution, qui prévient beaucoup d'erreurs.

LA DIVISION.

successifs est moindre que 49, et il en est ainsi du dernier d'entre eux, c-à-d du *reste de la division*[a].

Exercice. 1. Divisez 8 957 par 319. — **Solution. 28.**
E. 2. Divisez 14 000 par 378. — **S.** 37 [b].
E. 3. Divisez 17 278 par 72. — **S.** 239.
E. 4. Divisez 348 759 par 27. — **S.** 12 917.
E. 5. Un cheval parcourt 73 512^m en 8^h. Combien en 1^h ? — **S.** 8 fois moins, c-à-d 73 512^m : 8, ou 9 189^m.
E. 6. Trente-deux sacs de coke[c] coûtent 64^f. Combien le sac ? — **S.** 32 fois moins, ou 64^f : 32, ou 2^f.
E. 7. Multipliez 31 549 par 238. — **S.** 7 508 662.
E. 8. Calculez $466 \times 446 - 104\,373$. — **S.** 207 836 $- 104\,373$, ou 103 463.
E. 9. On achète 37^m de satin à 3^f le mètre, et on obtient un rabais de 11^f sur le tout. Que paye-t-on ? — **S.** $3^f \times 37 - 11^f$, c-à-d 100^f [d].
E. 10. On a vendu, au Havre, 14 623 sacs de café à 54^f le sac. Dites le montant de cette vente. — **S.** 14 623 fois 54^f, c-à-d $54^f \times 14\,623$, ou 789 642^f.

---

59. — Quand il faut mettre des zéros au quotient.

p. 56

Question. Quand met-on un zéro au quotient ? — **Réponse.** Quand un *dividende partiel* est *inférieur* au *diviseur*, on met un *zéro* au *quotient*.

---

[a] Il faut bien remarquer la marche que nous suivons dans notre enseignement des opérations : 1° nous donnons la règle à suivre ; 2° nous démontrons que le *résultat* auquel conduit cette règle est bien le résultat cherché. — Dans l'*enseignement primaire*, cette marche est la seule bonne à suivre, vu qu'il faut y viser, avant tout, à la *pratique* et à la *simplicité*.

[b] Pour *essayer* les chiffres du quotient, on peut opérer ainsi : *multiplier*, en commençant par la *gauche*, le diviseur par le chiffre qu'on essaye, puis retrancher, en commençant toujours par la *gauche*, les résultats obtenus du dividende partiel correspondant. Si l'on trouve une soustraction *impossible*, le chiffre essayé est *trop fort*. Si l'on trouve un reste *égal* ou *supérieur* à ce chiffre, ce chiffre est *exact*.

[c] Le *coke* est un combustible qu'on obtient en calcinant la houille en vases clos. On le fabrique surtout dans les usines à gaz.

[d] On peut remarquer que 3 fois 37 font 111. De même 6 fois 37 font 222 ; 9 fois 37 font 333 ; et ainsi de suite.

Q. Que fait-on ensuite? — R. Ensuite, à la *droite* de ce même *dividende partiel*, on *abaisse* le chiffre suivant du *dividende donné* ; et l'on continue la *division* à l'ordinaire.

Q. Divisez 316 639 par 628. — R. Soit la *division* ci-contre. Le *premier dividende partiel* est 3 166. En le divisant par 628, on trouve pour *quotient* 5 et pour *reste* 26.

$$\begin{array}{r|l} 316\,639 & 628 \\ 2\,639 & \overline{504} \\ 127 & \end{array}$$

Le *second dividende partiel* est 263 : il est *inférieur* au *diviseur*. On met 0 au *quotient* et l'on *abaisse* le 9 à la droite de 263. Le *troisième dividende partiel* est 2 639. Divisé par 628, il donne pour *quotient* 4 et pour *reste* 127. Le *quotient* cherché est 504 ; le *reste de la division* est 127 [a].

Exercice. 1. Divisez 194 780 par 388 [b]. — **Solution.** 502.

E. 2. Divisez 249 687 par 324. — S. 770.

E. 3. Divisez 562 536 par 936. — S. 601.

E. 4. Divisez 2 007 885 par 3 999. — S. 502.

E. 5. Calculez 24 967 + 107 754 − 21 288. — S. 111 433.

E. 6. Calculez 288 021 + 736 × 681. — S. 288 021 + 501 216, c-à-d 789 237.

E. 7. En 1878, on a fabriqué à la Monnaie de Paris pour 185 318 100^f de pièces d'or. Pour combien par mois ? — S. Pour 12 fois moins, c-à-d pour 185 318 100^f : 12, ou bien pour 15 443 175^f.

E. 8. Une caisse pèse 157^{Kg}. Elle contient 118^{Kg} de bougies et 23^{Kg} de cire [c]. Dites son poids vide. — S. 157^{Kg} − 118^{Kg} − 23^{Kg}, c-à-d 16^{Kg}.

E. 9. Un champ de 16 233^a est partagé entre 7 héritiers. Qu'aura chacun d'eux ? — S. 7 fois moins, c-à-d 16 233^a : 7, ou 2 319^a.

[a] Nous avons indiqué, plus haut, le moyen de trouver le nombre exact des chiffres du quotient d'une division quelconque. — Il est toujours bon de déterminer ce nombre à l'avance. — Si l'on oubliait de mettre, quand il convient, des *zéros* au quotient, et que l'on eût déterminé, à l'avance, le nombre des chiffres de ce quotient, on serait averti de cet oubli, puisque l'on trouverait, au quotient, moins de chiffres qu'il n'y en doit avoir.

[b] Dans cet exercice, comme dans les 3 suivants, on fera bien de calculer à part le *nombre* des chiffres du quotient.

[c] La *cire* est une substance produite par les abeilles, et dont on fabrique des bougies et des cierges.

E. 10. Un fermier apporte au marché 38 paires[a] de poulets, plus 19 canards. Combien de bêtes? — **S.** $2\times 38 + 19$, c-à-d $76+19$, ou 95.

---

60. — Divisions à remarquer.

Question. Qu'arrive-t-il quand le *dividende* est *moindre* que le *diviseur?* — **Réponse.** Quand le *dividende* est *moindre* que le *diviseur*, le quotient est 0, et le reste est égal au dividende.

p. 57

Q. Divisez 35 par 68. — **R.** Soit 35 : 68. Le quotient est 0; le reste est 35.

Q. Qu'arrive-t-il quand le *dividende* est *égal* au *diviseur?* — **R.** Quand le *dividende* est *égal* au *diviseur*, le quotient est 1, et le reste est 0.

Q. Divisez 43 par 43. — **R.** Soit 43 : 43. Le quotient est 1; le reste est 0.

Q. Et quand le *diviseur* est 1? — **R.** Quand le *diviseur* est 1, le quotient est égal au dividende, et le reste est 0[b].

Q. Divisez 728 par 1. — **R.** Soit 728 : 1. Le quotient est 728; le reste est 0.

Q. Que remarque-t-on quand le *diviseur* n'a qu'*un chiffre?* — **R.** Quand le *diviseur* n'a qu'*un chiffre*, on peut faire la division d'une manière très simple.

Q. Divisez 584 par 3. — **R.** Soit à diviser 584 par 3. 584
On dit : le *tiers* de 5 est 1 pour 3 et il reste 2 : on écrit 1   194
sous le 5 et l'on retient 2 dizaines qui, avec le 8 suivant,
font 28; — le *tiers* de 28 est 9 pour 27 et il reste 1 : on écrit 9 sous le 8, et l'on retient une dizaine qui, avec le 4 suivant, fait 14; — le *tiers* de 14 est 4 pour 12, et il reste 2 : on

---

[a] Les mots *couple* et *paire* désignent chacun un ensemble de *deux* objets : une *paire* de gants, une *couple* de pigeons.
[b] Bien qu'on dise *rendre* un nombre 2, 3, 4 ,..., fois *plus petit*, on ne peut pas dire *rendre* un nombre 1 fois *plus petit*, car rendre un nombre 1 fois *plus petit*, ce serait diviser ce nombre par 1, ce qui ne le changerait pas. — Quand d'un nombre on retranche 0, on ne change pas ce nombre; quand on divise un nombre par 1, on ne le change pas non plus : il y a analogie entre la *soustraction* du 0 et la *division* par 1.

écrit 4 sous le 4 : le reste 2 est le reste final de la division ; le quotient est 194 [a].

Exercice. 1. Prenez le *tiers* de 19 615. — Solution. 6 538.
E. 2. Prenez le *quart* [b] de 21 595. — S. 5 398.
E. 3. Prenez le *cinquième* de 34 518. — S. 6 903 [c].
E. 4. Combien de bouteilles de 6^l pour contenir 648^l ? — S. Autant qu'il y a de fois 6 dans 648, c-à-d 648 : 6, ou 108.
E. 5. Divisez 95 931 par 455. — S. 210.
E. 6. Divisez 97 631 par 463. — S. 210.
E. 7. Divisez 16 156 par 474. — S. 34.
E. 8. Le Mont-Blanc a 4810^m de haut, et le Mezenc 1754^m [d]. Trouvez la différence. — S. $4810^m - 1754^m$, c-à-d 3056^m.
E. 9. Sur les 24^h du jour, un paresseux en passe 9 à dormir et 8 à jouer. Combien en emploie-t-il ? — S. 24 — 9 — 8, c-à-d 7.
E. 10. Un commis gagne 180^f dans un mois de 30 jours. Combien par jour ? — S. 30 fois moins, c-à-d 180^f : 30, ou 6^f.

p. 58   **61. — Preuve de la division.**

Question. Comment fait-on la *preuve* de la *division* ? — **Réponse.** Pour faire la *preuve* de la *division*, on multiplie le diviseur par le quotient ; au produit obtenu, on ajoute le reste : on doit retrouver le *dividende* [e].

(a) Cette manière rapide de faire les divisions où le *diviseur* n'a qu'*un chiffre* ne saurait être trop recommandée. Elle figure dans plusieurs arithmétiques anglaises sous le nom de *the short division*, la courte division. La division où le diviseur a plusieurs chiffres se nomme alors *the long division*, la longue division.
(b) En cherchant le *quart* de 100, on trouve exactement 25 : voilà pourquoi, dans les objets qui se vendent au *cent*, une collection de 25 objets se nomme un *quarteron*.
(c) Dans les trois exercices qu'on vient de résoudre, on n'a pu trouver exactement le *tiers*, ni le *quart*, ni le *cinquième* demandés. C'est que ce *tiers*, ce *quart*, ce *cinquième* ne sont pas des nombres *entiers*.
(d) Le *Mont-Blanc* est la plus haute montagne de la chaîne des Alpes. Le *Mezenc* est la plus haute des Cévennes.
(e) Si cette preuve *réussit*, il est *probable* qu'on ne s'est *pas trompé*.

Q. Sur quoi s'appuie cette *preuve?* — **R.** Cette *preuve* s'appuie uniquement sur la *définition* du reste de la division [a].

Q. Que faut-il vérifier avant de faire la *preuve?* — **R.** Il faut toujours, avant de faire la preuve de la division, vérifier que le *reste* est *inférieur* au *diviseur* [b].

Exercice. 1. Divisez 613 516 par 813; et vérifiez l'opération. — **Solution.** 754 [c].

E. 2. Divisez 512 593 par 85; et vérifiez l'opération. — **S.** 6 030.

E. 3. Divisez 608 448 par 192; et vérifiez l'opération. — **S.** 3 168.

E. 4. Calculez 584 636 — 249 × 84. — **S.** 584 636 — 20 916, c-à-d 563 720.

E. 5. Multipliez 304 417 par 4 093. — **S.** 1 245 978 781.

E. 6. Calculez 365 × 337 — 1 434. — **S.** 123 005 — 1 434, c-à-d 121 571.

E. 7. Dites le poids de 43 sacs de farine de 159^{kg}. — **S.** 43 fois 159^{kg}, c-à-d 159^{kg} × 43, ou 6 837^{kg} [d].

E. 8. Vingt-neuf pardessus coûtent ensemble 1 073^f. Que coûte chacun d'eux? — **S.** 29 fois moins, c-à-d 1 073^f : 29, ou 37^f.

E. 9. Un coutelier avait 23 douzaines de couteaux. Il vend 36 couteaux. Combien lui en reste-t-il? — **S.** 12 × 23 — 36, c-à-d 240 [e].

Si elle *échoue*, il est *certain* qu'il y a *erreur*, soit dans la division, soit dans la preuve, soit dans ces 2 opérations.

[a] Il existe, pour les 4 opérations fondamentales, d'autres preuves que celles que nous avons données. Les principales sont les preuves dites *preuves par* 9. Nous les exposerons dans le chapitre suivant.

[b] Si l'on négligeait cette précaution, il pourrait se faire que la preuve réussît sans que la division fût juste.

[c] La preuve que nous avons donnée pour la *division* se fait par la *multiplication*. Elle montre bien l'étroite *relation* qui existe entre ces deux opérations. Nous reviendrons bientôt sur cette relation, en y insistant comme il convient.

[d] On peut remarquer que, dans ceux de nos exercices qui sont des *problèmes*, les nombres employés par nous sont toujours *assez faibles*. Des nombres très grands y seraient déplacés : ils troubleraient les élèves, dont l'attention doit se porter tout entière, dans chacun de ces exercices, non sur le *calcul*, mais sur le *raisonnement*.

[e] On pourrait dire aussi : 36 couteaux font 3 *douzaines* de couteaux; le coutelier en avait 23 douzaines; il en vend 3; il lui en reste 20, c-à-d 240 couteaux.

E. **10.** Trois barriques contiennent ensemble 855^l. Dites la capacité de chacune d'elles. — **S.** Le tiers de 855^l, c-à-d 855^l : 3, ou 285^l.

---

62. — Nouvelle définition de la division.

Question. Quelle est la meilleure *définition* de la *division*? — Réponse. La meilleure définition de la division est celle-ci : *Etant donnés deux nombres, appelés l'un dividende, l'autre diviseur, la division a pour but d'en trouver un troisième, appelé quotient, qui, multiplié par le diviseur, reproduise exactement le dividende*[a].

Q. Que savez-vous sur le *quotient* ainsi *défini?* — R. Dans la plupart des cas, le quotient ainsi défini ne peut pas s'exprimer à l'aide des nombres que nous connaissons déjà, c-à-d à l'aide des nombres *entiers*[b].

Q. Donnez un exemple. — R. Soit à diviser 21 par 4. Le dividende 21 est compris entre 4×5 et 4×6; le quotient *exact* devrait donc être compris entre 5 et 6 : il ne saurait donc être un nombre *entier*.

Q. Qu'arrive-t-il quand la *division* se fait exactement? — R. Quand la division se fait *exactement*, c-à-d sans reste, le quotient que nous obtenons est le quotient *exact*.

Q. Et quand la *division* a un *reste?* — R. Quand la division a un reste, le quotient que nous obtenons n'est

---

[a] En réalité, la *division* est l'*inverse* de la *multiplication*. On peut faire, entre ces deux opérations, divers rapprochements : 1° la *multiplication* peut s'effectuer par une suite d'*additions;* la *division* par une suite de *soustractions;* 2° rendre un nombre 2, 3, 4, ..., fois *plus grand*, c'est le *multiplier* par 2, 3, 4, ..., ; rendre un nombre 2, 3, 4, ..., fois *plus petit*, c'est le *diviser* par 2, 3, 4, ..., ; 3° on ne *change pas* un nombre quand on le *multiplie* par 1 ; on ne *change pas* un nombre quand on le *divise* par 1.

[b] Les nombres *entiers* ne sont autres choses que des *collections d'unités*. Ils forment la *suite indéfinie* 1, 2, 3, 4, ..., qui est une *progression arithmétique*. — Les nombres qui ne sont *pas entiers* sont *fractionnaires* ou *incommensurables*. Chacun d'eux est toujours, ou bien *plus petit* que 1, ou bien *compris* entre deux nombres *entiers consécutifs*.

LA DIVISION.

pas le quotient exact : c'est seulement le quotient *approché* à moins d'une unité.

Q. Que savez-vous sur le *quotient approché?* — **R.** Le quotient *approché* à moins d'une unité est le plus grand nombre *entier* dont le produit par le diviseur soit contenu dans le dividende.

Exercice. 1. Divisez 27 693 788 par 365. — **Solution.** 75 873.
E. 2. Divisez 38 612 628 par 1 754. — **S.** 22 014.
E. 3. Divisez 25 272 087 par 577. — **S.** 43 799.
E. 4. Retranchez 580 779 de 10 000 000. — **S.** 9 419 221 [a].
E. 5. Calculez $19 \times 29 \times 39$. — **S.** 21 489.
E. 6. Calculez $42\,442 + 54\,328 - 44\,034$. — **S.** 52 736.
E. 7. Une source donne 720^l d'eau en 1^h, c-à-d en 60 minutes [b]. Combien par minute? — **S.** 60 fois moins, c-à-d $720^l : 60$, ou 12^l.
E. 8. Combien de francs pour payer un manteau de 58^f, et 6^m de peluche à 7^f le mètre? — **S.** $58 + 7 \times 6$, c-à-d $58 + 42$, ou 100.
E. 9. Un ouvrier met 52^h pour faire 13^m d'ouvrage. Combien d'heures pour 1^m? — **S.** 13 fois moins, c-à-d $52^h : 13$, ou 4^h.
E. 10. En 1878, la Monnaie de Paris a fabriqué pour $5\,770^f$ de pièces d'argent, et celle de Bordeaux pour $1\,815\,650^f$. Dites la différence? — **S.** $1\,809\,880^f$ [c].

---

[a] Les opérations indiquées dans ces 4 premiers exercices portent sur d'*assez grands* nombres. Il est bon de faire effectuer beaucoup d'opérations pareilles ; mais il serait inutile d'en faire effectuer sur des nombres *très grands*, les nombres qui dépassent 1 *milliard* étant fort rares dans la *pratique*.

[b] Les *minutes*, qui sont des fractions de l'heure, s'indiquent en abrégé par la lettre m. On écrit ainsi : 1^h *vaut* 60^m.

[c] Les pièces de monnaie frappées à *Paris* portent la lettre distinctive A. Celles qui sont frappées à *Bordeaux* portent la lettre K.

63. — Propriétés de la division [a].

Question. Comment *divise-t-on* un *produit* par un nombre?
— **Réponse.** Pour diviser, *exactement*, un *produit* par un nombre, il suffit de diviser *exactement* par ce nombre l'*un* des *facteurs* de ce *produit*.

Q. Donnez un exemple. — **R.** Pour diviser $5 \times 12 \times 7$ par 3, il suffit de diviser 12 par 3.

Q. Comment *divise-t-on* un nombre par un produit? — **R.** Pour diviser, *exactement ou non*, un nombre par un *produit*, il suffit de diviser *successivement* par les *facteurs* de ce *produit*.

Q. Donnez un exemple. — **R.** Soit à diviser 347 par 5×6. Divisant 347 par 5, je trouve 69. Divisant 69 par 6, je trouve 11. Le quotient cherché est 11 [b].

p. 60

Q. Que savez-vous sur le *quotient* de deux nombres? — **R.** *Le quotient de deux nombres ne change pas lorsqu'on les multiplie ou divise exactement tous les deux par un même nombre.*

Q. Donnez un exemple. — **R.** Le quotient de 74 par 8 est le même que celui de 74×3 par 8×3 [c].

Exercice. 1. Divisez par 4 le *produit* $3 \times 16 \times 7$. —
Solution. $3 \times 4 \times 7$.
E. 2. Divisez par 5 le *produit* $11 \times 50 \times 8$. —
S. $11 \times 10 \times 8$.
E. 3. Divisez 348 627 par le *produit* 6×6. — **S.** 9 684 [d].
E. 4. Divisez 13 245 650 par le *produit* 5×3. —
S. 883 043.

(a) Les propriétés de la division exposées dans ce paragraphe sont de la plus haute importance : elles permettent de *simplifier* un grand nombre de calculs.
(b) Grâce à cette règle, beaucoup de divisions où le diviseur a *plusieurs* chiffres peuvent se ramener à des divisions dans chacune desquelles le diviseur n'a qu'*un* chiffre. Ainsi, pour diviser par 72, qui est le produit de 8 par 9, il suffit de diviser par 8, puis par 9.
(c) Cette remarque permet de simplifier beaucoup certaines divisions. Soit à diviser 578 000 par 4 200. On peut diviser ces 2 nombres par 100; et la division proposée se réduit alors à celle de 5 780 par 42.
(d) D'après ce qui précède, on divise deux fois de suite par 6. On peut, comme vérification, diviser ensuite par 36. On doit trouver le même résultat. — Même remarque pour l'exercice suivant.

DIVISIBILITÉ. 107

E. 5. Une *grosse* vaut 12 *douzaines*. Combien de grosses de plumes dans 32 627 plumes ? — **S.** Autant qu'il y a de fois 144 dans 32 627, c-à-d 32 627 : 144, ou 226 [a].

E. 6. Calculez 309 333 — 3 437 + 2 062. — **S.** 307 958.

E. 7. Calculez 325 × 746 + 134 628. — **S.** 14 930 + 134 628, c-à-d 149 558.

E. 8. On a 1 075^{Kg} de charbon de bois, contenus dans 43 sacs. Que contient chaque sac ? — **S.** 43 fois moins, c-à-d 1 075^{Kg} : 43, ou 25^{Kg}.

E. 9. Une prairie avait 3 275^a. Le torrent qui la longe en a emporté 57^a, puis 119^a. Que reste-t-il ? — **S.** 3 275^a — 57^a — 119^a, c-à-d 3 099^a.

E. 10. Dix-sept pièces de vin contiennent ensemble 3 808^l. Combien de litres par pièce ? — **S.** 17 fois moins, c-à-d 3 808^l : 17, ou 224^l.

CHAPITRE VI

DIVISIBILITÉ

64. — Divisibilité par 2, 5, 10.

Question. Dans quel cas un nombre est-il *divisible* par un autre ? — **Réponse.** Un nombre est **divisible** par un autre, lorsque la *division* du premier par le second se fait *exactement*.

Q. Donnez un exemple. — R. 35 est *divisible* par 7.

Q. Que faut-il pour qu'un nombre soit *divisible* par 2. — R. Pour qu'un nombre soit *divisible* par **2**, il faut et il suffit que son *dernier chiffre* soit 2, 4, 6, 8 ou 0.

Q. Donnez des exemples. — R. 28 est *divisible* par 2 ; 39 ne l'est pas [b].

---

[a] 144 = 12 × 12. Pour diviser par 144, il suffit donc de diviser deux fois de suite par 12.

[b] Un nombre est *divisible* par 4, lorsque ses *deux* derniers chiffres forment un nombre divisible par 4. Ainsi 532 est divisible par 4, parce que 32 est divisible par 4.

p. 61 **Q.** Qu'appelle-t-on nombre *pair*, nombre *impair?* — **R.** Un nombre est **pair,** s'il est *divisible* par 2 ; **impair,** s'il ne l'est pas.

Q. Que faut-il pour qu'un nombre soit *divisible* par 5 ? — **R.** Pour qu'un nombre soit *divisible* par **5,** il faut et suffit que son *dernier chiffre* soit 5 ou 0.

Q. Donnez des exemples. — **R.** 15 est *divisible* par 5 ; 24 ne l'est pas [a].

Q. Que faut-il pour qu'un nombre soit *divisible* par 10 ? — **R.** Pour qu'un nombre soit *divisible* par **10,** il faut et suffit qu'il soit *terminé* par un 0.

Q. Donnez des exemples. — **R.** 40 est *divisible* par 10 ; 38 ne l'est pas [b].

Exercice. 1. Le nombre 791 est-il *divisible* par 13 ? — **Solution.** Non.

E. 2. Le nombre 1739 est-il *divisible* par 13 ? — S. Non.

E. 3. Parmi 3, 4, 6, 7, quels sont les nombres *pairs?* — S. 4 et 6 [c].

E. 4. Parmi 8, 9, 16, 23, quels sont les nombres *impairs?* — S. 9 et 23 [d].

E. 5. De 1 à 30, combien de nombres *divisibles* par 5 ? — S. 6, si l'on compte 30 lui-même.

E. 6. Trouvez, sans calcul, le *reste* de la division de 129 par 10. — S. $129 = 120 + 9$. Donc 129 contient 12 fois 10 plus 9 ; le reste est 9.

E. 7. Il y a $32\,634^m$ d'un village à un autre. J'ai parcouru le *tiers* de cette distance. Combien de mètres ? — S. $32\,634^m : 3$, c-à-d $10\,878^m$.

E. 8. Sept ouvrages demanderaient 18^h chacun. En les faisant tous et se dépêchant, on peut gagner 13^h sur

---

[a] Un nombre est *divisible* par 25, quand il est terminé par 00, 25, 50 ou 75. Les nombres 300, 425, 650, 775 sont tous *divisibles* par 25.

[b] Un nombre est *divisible* par 100, quand il est terminé par 2 *zéros*; par 1 000, quand il est terminé par 3 zéros ; et ainsi de suite.

[c] Les nombres *pairs* sont les nombres qu'on obtient en comptant de 2 en 2, à partir de 2. Ils forment la suite indéfinie 2, 4, 6, 8, ..., qui est une *progression arithmétique*.

[d] Les nombres *impairs* sont les nombres qu'on obtient en comptant de 2 en 2 à partir de 1. Ils forment la suite indéfinie 1, 3, 5, 7, ..., qui est une *progression arithmétique*.

DIVISIBILITÉ.   109

le tout. Combien y passera-t-on d'heures? — **S.** $18^h \times 7 - 13^h$, c-à-d $126^h - 13^h$, ou 113^h.

E. 9. Pour faire 13 fois le voyage d'Elbeuf à Dreux, ou *vice versa*, je dépense 91^f. Combien par voyage? — **S.** 13 fois moins, c-à-d $91^f : 13$, ou 7^f.

E. 10. On a vendu à New-York 3 520 000 mesures [a] de blé, et à Chicago 1 030 000. Combien en tout? — **S.** 3 520 000 + 1 030 000, c-à-d 4 550 000.

---

65. — Divisibilité par 3 et par 9.

Question. Que faut-il pour qu'un nombre soit *divisible* par 3? — **Réponse.** Pour qu'un nombre soit *divisible* par **3**, il faut et suffit que la *somme* de ses chiffres soit *divisible* par 3.

Q. Donnez un exemple. — **R.** 4 725 est *divisible* par 3, parce que la *somme* 4 + 7 + 2 + 5 est divisible par 3 [b].

Q. Que faut-il pour qu'un nombre soit *divisible* par 9? — **R.** Pour qu'un nombre soit *divisible* par **9**, il faut et suffit que la *somme* de ses chiffres soit *divisible* par 9.

Q. Donnez un exemple. — **R.** 1 836 est *divisible* par 9, parce que la *somme* 1 + 8 + 3 + 6 est divisible par 9 [c].

Q. Comment peut-on trouver le *reste* de la division d'un nombre par 9? — **R.** On peut, sans faire la division, trouver le **reste** de la *division* d'un nombre par **9**. p. 62 Pour cela, on fait la *somme* de tous les *chiffres* du dividende, en ôtant 9 chaque fois qu'on le peut.

Q. Donnez un exemple. — **R.** Soit à trouver le reste de la division de 588 973 par 9. Considérant le dividende 588 973, je dis : 5 et 8... 13; 13 moins 9... 4; — 4 et 8... 12; 12 moins 9... 3; — je passe le chiffre 9, et je continue :

---

[a] Ces mesures sont des *bushels* ou boisseaux. Le *bushel* usité en Angleterre et en Amérique vaut un peu plus de 36^l.
[b] Pour qu'un nombre soit *divisible* par 6, il faut et il suffit qu'il soit divisible, séparément, par 2 et par 3. — Pour qu'un nombre soit *divisible* par 15, il faut et il suffit qu'il soit divisible, séparément, par 5 et par 3.
[c] Pour qu'un nombre soit *divisible* par 18, il faut et il suffit qu'il soit divisible, séparément, par 2 et par 9.

3 et 7... 10 ; 10 moins 9... 1 ; — 1 et 3... 4. Le reste cherché est 4.

Exercice. 1. Le nombre 361 est-il *divisible* par 3 ? — **Solution.** Non.
E. 2. Le nombre 429 154 est-il *divisible* par 3 ? — S. Non.[a]
E. 3. Le nombre 3 645 225 est-il *divisible* par 9 ? — S. Oui.[b]
E. 4. Le nombre 3 427 608 est-il *divisible* par 9 ? — S. Non.
E. 5. Dites le *reste* de la division de 365 par 9 ? — S. 5.
E. 6. Dites le *reste* de la division de 6 243 par 9. — S. 6.[c]
E. 7. Que coûtent 126^{kg} de tapioca à 3^f le kilog. ? — S. 126 fois 3^f, c-à-d 3$^f \times$ 126, c-à-d 378^f.
E. 8. Une place occupe 138^a. Qu'occupe son *tiers*? — S. 3 fois moins, c-à-d 138 : 3, c-à-d 46^a.
E. 9. On peut, dans une écurie, loger 37 ânes. Combien dans 6 écuries pareilles ? — S. 6 fois plus, c-à-d 37 $\times$ 6, ou 222.
E. 10. Une laitière vend 266^l de lait par semaine. Combien par jour ? — S. 7 fois moins, c-à-d 266 : 7, ou 38^l.

---

66. — Preuves par 9 de l'addition et de la soustraction.

Question. Comment fait-on la *preuve* par 9 de l'*addition* ? — **Réponse.** Pour effectuer la **preuve par 9** de l'*addition*, on fait, d'une part, la *somme* de tous les *chiffres* des nombres *donnés*, en ôtant 9 chaque fois qu'on le peut ; de l'autre, la *somme* des *chiffres* du *total*, en ôtant aussi les 9. Ces calculs conduisent à

---

[a] Car, dans ce nombre, non plus que dans le précédent, la *somme des chiffres* n'est pas *divisible* par 3.
[b] Car, dans ce nombre, la somme 27 de tous les chiffres est *exactement* divisible par 9.
[c] Il est très important de s'exercer, sur beaucoup de nombres, à la recherche du *reste* de la division par 9.

DIVISIBILITÉ.

deux nombres *inférieurs* à 9 : ces deux nombres doivent être *égaux*[a].

Q. Donnez un exemple. — R. Soit l'*addition* ci-contre. En ajoutant les chiffres des nombres donnés et ôtant les 9, je trouve 4. En ajoutant les chiffres du total et ôtant les 9, je trouve aussi 4. La preuve réussit[b].

$$\begin{array}{r} 428 \\ 647 \\ 513 \\ \hline 1588 \end{array}$$

Q. Comment fait-on la *preuve* par 9 de la *soustraction*? — R. Une *soustraction* effectuée peut être regardée comme une *addition* dont le *total* est en haut. On fait la preuve par 9 de cette addition-là.

Q. Donnez un exemple. — R. Soit la *soustraction* ci-contre. On fait la preuve par 9 pour vérifier que 4 527 est bien égal à 3 281 + 1 246[c].

$$\begin{array}{r} 4527 \\ 3281 \\ \hline 1246 \end{array}$$ p. 63

Exercice. 1. Faites la preuve par 9 de 965 + 87. — **Solution.** Le *total* est 1 052[d].

E. 2. Faites la preuve par 9 de 3 624 + 6 243 + 2 436. — **S.** Le *total* est 12 303.

E. 3. Faites la preuve par 9 de 28 911 — 3 983. — **S.** La *différence* est 24 928.

E. 4. Calculez 856 826 + 665 158 — 482 842. — **S.** 1 521 984 — 482 842, c-à-d 1 039 142.

E. 5. Calculez 783 + 967 × 943. — **S.** 783 + 911 881, ou 912 664e.

E. 6. Calculez 285 983 — 97 842 + 977 792. — **S.** 188 141 + 977 792, ou 1 165 933.

E. 7. Une corde est formée de 13 cordes de 18^m et d'une de 19^m. Ces cordes sont nouées bout à bout. Dites la longueur totale. — **S.** 13 fois 18^m plus 19^m, c-à-d 18 × 13 + 19, ou 234 + 19, ou 253^m.

E. 8. Un cheval met 58^h pour faire un chemin. Un autre

---

[a] Que ces deux nombres soient toujours *égaux*, c'est un fait très remarquable : dans le *Cours supérieur* on en donnera la démonstration.

[b] Cette *preuve* de l'addition est la plus *rapide* qui existe. Les élèves feront bien de s'y exercer beaucoup.

[c] La *preuve* par 9 de la *soustraction* ne diffère pas de celle de l'*addition*. Cela tient à ce que, comme on l'a dit, ces deux *opérations* sont *inverses* l'une de l'autre.

[d] Il faudra, dans cet exercice comme dans les deux suivants, après avoir effectué l'opération, en faire la *preuve par* 9, bien soigneusement.

[e] Ce serait une grosse faute d'ajouter 783 + 967 avant de multiplier.

112   LE CALCUL.

met la moitié de ce temps plus 12ʰ. Combien met-il ?
— **S.** La moitié de 58ʰ est de 29ʰ. Donc l'autre cheval met 29ʰ + 12ʰ, ou 41ʰ.

E. 9. Dix-huit voyageurs payent chacun 41ᶠ pour leur place et 4ᶠ pour leurs bagages. Que donnent-ils tous ensemble ?
— **S.** Chacun donne 41ᶠ + 4ᶠ. Tous ensemble donnent (41 + 4) × 18, c-à-d 45 × 18, ou 810ᶠ ⁽ᵃ⁾.

E. 10. On a 70 760ᴷᵍ de sable. On en charge 12 tombereaux. Quel poids par tombereau ? — **S.** Le *douzième* de 70 260ᴷᵍ, c-à-d 70 260ᴷᵍ : 12, ou 5 855ᴷᵍ.

---

67. — Preuves par 9 de la multiplication et de la division.

Question. Comment fait-on la *preuve* par 9 de la *multiplication* ? — **Réponse.** Pour faire la *preuve par* 9 de la *multiplication,* on cherche les *restes* de la division des deux *facteurs* par 9 ; on *multiplie* ces deux restes et on prend le *reste* de leur *produit :* il doit être le *même* que celui du *produit* à vérifier⁽ᵇ⁾.

Q. Donnez un exemple. — **R.** Soit la *multiplication* ci-contre. Le multiplicande donne pour reste 3 ; le multiplicateur donne pour reste 5 : le produit 15 de ces deux nombres donne pour reste 6. Le produit à vérifier 4 568 190 donne aussi pour reste 6. La preuve réussit⁽ᶜ⁾.

```
    7194
     635
   -----
   35970
   21582
   43164
   -------
  4568190
```

Q. Comment fait-on la *preuve* par 9 de la *division* ? — **R.** La *preuve par* 9 de la *division* se ramène à celle de la *multiplication*. En retranchant le reste du dividende, on obtient un nombre qui est juste le produit du

---

⁽ᵃ⁾ Dans l'expression (41 + 4) × 18, il faut additionner avant de multiplier. Toute somme, différence, produit ou quotient, placé entre *parenthèses*, doit être regardé comme *effectué.* Si l'on eût écrit, sans parenthèses, 41 + 4 × 18, le nombre 4 eût seul dû être multiplié par 18.

⁽ᵇ⁾ Que ces deux restes soient *égaux*, c'est un fait très remarquable, qui sera démontré dans le *Cours supérieur.*

⁽ᶜ⁾ La *preuve par* 9 de la multiplication est la plus *rapide* qui existe. C'est celle qu'il faut préférer.

DIVISIBILITÉ.

diviseur par le quotient. On fait la *preuve par* 9 de cette multiplication-là.

Q. Donnez un exemple. — **R.** Soit la *division* ci-contre. En retranchant le reste du dividende, on trouve 83 468. On fait la preuve par 9 pour vérifier que 83 468 est bien égal à 542×154 [a].

```
83927  | 542   p. 64
 2972  | 154
 2627
  459
-----
83468
```

Exercice. 1. — Faites la preuve par 9 de 328×17. — **Solution.** Le *produit est* 5 576 [b].

E. 2. Faites la preuve par 9 de $382\,657 \times 4\,982$. — **S.** 1 906 397 174.

E. 3. Faites la preuve par 9 de $382\,657 : 4\,982$. — **S.** 76 [c].

E. 4. Calculez $1\,495 - 1\,416 + 1\,243$. — **S.** $79 + 1\,243$, ou 1 322.

E. 5. Calculez $117\,288 : 362 + 1\,014$. — **S.** $324 + 1\,014$, ou 1 338.

E. 6. Calculez $478 \times 491 + 1\,015$. — **S.** $234\,698 + 1\,015$, ou 235 713 [d].

E. 7. Deux terrains ont l'un 13 628^a, l'autre 17 527^a. Combien d'ares ensemble? — **S.** $13\,628 + 17\,527$, ou 31 155.

E. 8. Une ville a 236 864 habitants. Quel est le *quart* du *quart* de sa population? — **S.** Le *quart* de 236 864 est 59 216. Le *quart* de 59 216 est 14 804. Tel est le nombre cherché.

(a) C'est parce que la multiplication et la division sont, comme nous l'avons dit, deux *opérations inverses* l'une de l'autre, que la *preuve* de la *division* se ramène à celle de la *multiplication*.

(b) On peut disposer de bien des manières la *preuve par* 9 de la *multiplication*. Le mieux, selon nous, est d'écrire, à la droite de chaque *facteur*, le *reste* correspondant, puis, à la droite du produit, le *chiffre* qui se déduit de ces *restes*. Le *produit* de la multiplication doit conduire à ce même *chiffre*.

(c) La *preuve par* 9 d'une opération quelconque est comme toute autre preuve. Si elle ne *réussit pas*, il est *certain* qu'on s'est *trompé* quelque part. Si elle *réussit*, il est *probable* que l'opération est *exacte*. Il n'existe *aucune* preuve qui, dans ce dernier cas, donne une *certitude* au lieu d'une *probabilité*.

(d) Ce serait une très *grosse faute*, dans cet exercice, d'*ajouter* d'abord 491 et 1 015; mais c'est ce qu'il faudrait faire si l'expression à calculer renfermait une parenthèse et était écrite $478 \times (491 + 1\,015)$.

E. 9. En 1878, il est entré dans Paris 26 813 029^l de bière. Combien par mois, en moyenne ? — S. 12 fois moins, c-à-d 26 813 029 : 12, ou 2 234 419.

E. 10. Une pièce d'étoffe était de 47^m. On en a vendu 12^m, puis 23^m. Dites la longueur du coupon restant ? — S. 47 — 12 — 23, c-à-d 12^m.

LIVRE III

LES FRACTIONS

CHAPITRE PREMIER

NUMÉRATION DES NOMBRES DÉCIMAUX

p. 65

68. — Les nombres décimaux.

Question. Que nomme-t-on *dixième, centième,…?* — **Réponse.** Lorsque l'unité est partagée en *dix* parties égales, chacune de ces parties se nomme un **dixième**; — lorsque l'unité est partagée en *cent* parties égales, chacune de ces parties se nomme un **centième**; — lorsque l'unité est partagée en *mille* parties égales, chacune de ces parties se nomme un **millième**; — et ainsi de suite.

Q. Quel est le nom commun des *dixièmes, centièmes,…?* — R. Les *dixièmes*, les *centièmes*, les *millièmes*,… se nomment des **fractions décimales**[a].

Q. Qu'est-ce qu'un *nombre décimal?* — Un nombre qui contient des *fractions décimales* est un nombre *fractionnaire décimal*, ou, plus simplement, un **nombre décimal**.

---

[a] Les *fractions* qu'on obtient en partageant l'unité en plusieurs parties égales sont des *fractions décimales*, lorsque le nombre des parties est 10, 100, 1 000, …, c-à-d lorsque ce nombre représente, dans notre numération, une *unité* d'un certain *ordre*. — Pour familiariser les élèves avec les *dixièmes* et les *centièmes*, il sera bon de leur montrer une certaine quantité, une longueur, par exemple, partagée en 10 ou en 100 parties égales.

Q. Citez un *nombre décimal* inférieur à l'unité. — **R.** 4 *centièmes* est un *nombre décimal* inférieur à l'unité.

Q. Citez un *nombre décimal* supérieur à l'unité. — **R.** 3 *unités* 2 *dixièmes* est un *nombre décimal* supérieur à l'unité [a].

Exercice. 1. Qu'est-ce que un *dix-millième?* — **Solution.** L'une des parties d'une *unité* partagée en 10 000 parties égales.

E. 2. Qu'est-ce que un *cent-millième?* — **S.** L'une des parties d'une *unité* partagée en 100 000 parties égales.

E. 3. Qu'est-ce que un *millionième?* — L'une des parties d'une *unité* partagée en 1 000 000 de parties égales.

E. 4. Divisez par 319 l'excès de 15 078 sur 987. — **S.** (15 078 — 987) : 319, c-à-d [b] 14 091 : 319, ou 44.

E. 5. Calculez 1 854 + 326 — 531. — **S.** 2 180 — 531, ou 1 649.

E. 6. Calculez 14 632 — 8 339 + 22 771. — **S.** 6 293 + 22 771, ou 29 064.

E. 7. Combien de jours en 3 années de 365 jours? — **S.** 365 × 3, ou 1 095 jours.

E. 8. Dites le *tiers* de la somme formée par 84 pièces de 5^f? — **S.** Cette somme est de 420^f. Son tiers est de 140^f [c].

E. 9. Que pèsent ensemble 123 colis de 26^{Kg} et un ballot de 87^{Kg}? — **S.** $26^{Kg} \times 123 + 87^{Kg}$, ou 3 198 + 87, ou 3 285^{Kg}.

E. 10. Une cloche [d] pèse 24 841^{Kg} et une autre 13 257^{Kg}. Faites la différence. — **S.** 11 584^{Kg}.

---

[a] Plusieurs auteurs distinguent minutieusement la *fraction décimale* proprement dite du *nombre fractionnaire décimal*. Ils appellent *fraction décimale* proprement dite un nombre décimal *moindre* que 1, et *nombre fractionnaire décimal* un nombre décimal *plus grand* que 1. Cette distinction est inutile, puisqu'il n'y a aucune différence, ni dans l'écriture, ni dans le calcul, entre ces deux sortes de nombres décimaux. Dans ce *Cours*, nous emploierons dans tous les cas l'expression de *nombre décimal*.

[b] Ce serait une très *grosse faute*, en écrivant cette solution, que d'*oublier* la *parenthèse*.

[c] On aurait pu aussi raisonner de cette manière : « Le *tiers* de 84 pièces est de 28 pièces ; or 28 fois 5^f font 140^f. »

[d] La plus grosse *cloche* connue est celle de Moscou, qui pèse, dit-on, 66 000^{Kg}.

NUMÉRATION DES NOMBRES DÉCIMAUX.   117

69. — Chiffre placé à la droite d'un autre.

Question. Que représente un chiffre placé à la *droite* d'un autre ? — **Réponse.** *Tout chiffre placé à la droite d'un autre représente des unités* 10 *fois plus petites*[a].

Q. Donnez un exemple. — R. Dans 654, le 6 représente des *centaines* ; le 5 qui est à sa *droite* représente des *dizaines*, c-à-d des unités 10 fois plus petites.

Q. Qu'exprime un chiffre placé à la *droite* des *unités* ? — R. Un chiffre placé à la *droite* du chiffre des *unités simples* exprime des unités 10 fois plus petites, c-à-d des *dixièmes*.

Q. Qu'exprime un chiffre placé à la *droite* des *dixièmes* ? — R. Un chiffre placé à la *droite* du chiffre des *dixièmes* exprime des unités 10 fois plus petites, c-à-d des *centièmes*.

Q. Qu'exprime un chiffre placé à la *droite* des *centièmes* ? — R. Un chiffre placé à la *droite* du chiffre des *centièmes* exprime des unités 10 fois plus petites, c-à-d des *millièmes*; et ainsi de suite.

Q. Donnez un exemple. — R. Dans le nombre décimal 6,5347, où le chiffre 6 représente des *unités simples*, les autres chiffres représentent les unités marquées ci-contre[b].

$$6,5347 \quad \begin{array}{l}\text{unités} \\ \text{dixièmes} \\ \text{centièmes} \\ \text{millièmes} \\ \text{dix-millièmes}\end{array}$$

Exercice. 1. Qu'exprime le chiffre placé à la *droite* des *millions* ? — **Solution.** Des *centaines* de *mille*.

E. 2. Qu'exprime le chiffre placé à la *droite* des *dizaines de mille* ? — S. Des *mille*.

---

[a] Nous avons vu déjà que tout *chiffre*, placé à la *gauche*, représente des *unités* 10 fois *plus grandes* : ces deux faits sont identiques. — C'est une chose très remarquable que ce principe si simple forme le fondement unique de la *numération* soit des nombres *entiers*, soit des nombres *décimaux*.

[b] Le 1er chiffre à la *droite* des unités simples représente des *dixièmes* ; le 1er chiffre à la *gauche* représente des *dizaines*. Le 2e chiffre à la *droite* des unités simples représente des *centièmes* ; le 2e chiffre à la *gauche* représente des *centaines* : et ainsi de suite. Il y a, dans tout *nombre décimal*, autour du chiffre des *unités simples*, une parfaite *symétrie*.

118 LES FRACTIONS.

E. 3. Calculez $325\,963 - 48 \times 59$. — **S.** $325\,963 - 2\,832$, ou $323\,131$.

E. 4. Divisez $13\,269$ par le *produit* 9×8. — **S.** En divisant $13\,269$ par 9, on trouve $1\,474$. En divisant $1\,474$ par 8, on trouve 184 [a].

E. 5. Calculez $(13\,827 + 5\,946) : 436$. — **S.** $19\,773 : 436$, ou 45 [b].

p. 67 **E. 6.** Calculez $(4\,567 + 7\,654) \times 783$. — **S.** $12\,221 \times 783$, ou $9\,569\,043$.

E. 7. Un domaine de $325\,647^a$, est partagé en 9 parts égales. Dites l'étendue de 4 parts. — **S.** L'étendue d'une part est de $325\,647^a : 9$, c-à-d de $36\,183^a$. Celle de 4 parts est de $36\,183^a \times 4$, ou de $144\,732^a$.

E. 8. Voici $12\,627$ fantassins, $1\,839$ cavaliers et 542 artilleurs. Combien d'hommes? — **S.** $12\,627 + 1\,839 + 542$, ou $15\,008$.

E. 9. On met $1\,728^l$ de vin dans 12 tonneaux. Que reste-t-il dans chacun après qu'on en a tiré 25^l? — **S.** Avant qu'on eût rien tiré, chaque tonneau contenait $1\,728^l : 12$, c-à-d 144^l. Après qu'on a tiré 25^l, chaque tonneau contient $144^l - 25^l$, c-à-d 119^l.

E. 10. On place bout à bout $5\,238$ rails, tous de 7^m, sauf le dernier qui a un mètre de moins. Dites la longueur totale? — **S.** $7^m \times 5\,238 - 1^m$, c-à-d $36\,665^m$.

---

70. — Partie entière, partie décimale.

Question. Où met-on une *virgule*? — **Réponse.** Dans tout *nombre décimal*, on met une *virgule* à la *droite* du chiffre des *unités simples*.

Q. Donnez un exemple. — R. Le nombre 3 *unités* 5 *dixièmes* s'écrit 3, 5 [c].

---

[a] En opérant ainsi, on a simplement appliqué ce *principe* donné plus haut: « pour diviser, exactement ou non, par un *produit*, il suffit de diviser successivement par les *facteurs* de ce produit. » — Il est bien clair qu'on aurait pu aussi diviser d'un seul coup $13\,269$ par 72.

[b] Pour cet exercice, comme pour le suivant, il faut bien se rappeler que les *opérations* indiquées entre *parenthèses* doivent toujours être regardées comme *effectuées*.

[c] L'usage de la virgule, c'est de marquer le chiffre des *unités simples*: ce chiffre est celui qui est à la *gauche* de la *virgule*.

NUMÉRATION DES NOMBRES DÉCIMAUX.

Q. Que fait cette *virgule ?* — **R.** Cette *virgule* partage le *nombre décimal* en deux parties : la **partie entière**, la **partie décimale**.

Q. Qu'est-ce que la partie placée à *gauche ?* — **R.** La partie placée à la *gauche* de la virgule est la *partie entière* ; la partie placée à la *droite* est la *partie décimale*.

Q. Donnez un exemple. — **R.** Dans 13,72, la *partie entière* est 13 *unités*, la *partie décimale* est 72 *centièmes* [a].

Q. Comment se nomment les chiffres de la *partie décimale ?* — **R.** Les *chiffres* de la *partie décimale* se nomment des *chiffres décimaux*, ou, plus simplement, des **décimales**.

Q. Dans quel cas un *nombre décimal* est-il moindre que 1 ? — **R.** Un nombre décimal est *moindre* que l'unité lorsque sa partie entière est 0.

Q. Comment doit-on regarder un *nombre entier ?* — **R.** Un nombre entier doit être regardé, dans les calculs, comme un nombre décimal dont la partie décimale est 0 [b].

Exercice. 1. Dites la *partie entière* de 3,27. — **Solution.** 3.

E. 2. Dites la *partie entière* de 0,02. — **S.** 0.

E. 3. Dites la *partie décimale* de 2,65. — **S.** 65 *centièmes* [c].

E. 4. Dites la *partie décimale* de 4,658. — **S.** 658 *millièmes*.

E. 5. Dites la *partie décimale* de 5,0009. — **S.** 9 *dix-millièmes*.

E. 6. Calculez 32 986 — 16 542 — 14 608. — **S.** 16 444 — 14 608, ou 1 836 [d].

---

[a] La *partie entière* d'un nombre décimal n'a pas de nom particulier ; la *partie décimale* s'appelle parfois la *mantisse* ; mais ce mot mantisse, quoique très commode, est assez peu usité.

[b] Dans un nombre entier ainsi considéré, la virgule, si on l'écrivait, serait placée, comme d'habitude, à la droite du chiffre des unités simples, et, par conséquent, à la *droite* de tout le nombre.

[c] La symétrie que nous avons signalée dans les nombres décimaux, autour du chiffre des *unités simples*, n'existe pas autour de la *virgule* : à *gauche* de la virgule sont les *unités simples* et à *droite* les *dixièmes* ; ces deux *ordres* d'unités ne se correspondent point.

[d] Au lieu d'opérer comme on vient de le faire, on aurait pu effectuer la somme des deux derniers nombres, puis la retrancher du premier.

120 LES FRACTIONS.

E. 7. Quatorze tableaux coûtent ensemble, sans cadre, 2 842^f. Que vaut chacun d'eux dans un cadre de 56^f ? — **S.** Sans cadre, chacun vaut 2 842^f : 14, ou 203^f. Avec cadre, chacun vaut 203^f + 56^f, ou 259^f.

p 68   **E. 8.** Le jour contient 24^h et l'heure 60 minutes. Combien de minutes dans 365^j ? — **S.** Un jour contient 60^m × 24. Donc 365^j contiennent 60^m × 24 × 365, c-à-d 525 600^m (a).

E. 9. J'achète pour 13 428^f. On me fait un rabais de 18^f, et l'on m'accorde de me libérer par 3 payements égaux. Dites le montant de chacun d'eux. — **S.** Après le rabais, je ne dois plus que 13 428^f — 18^f. Le montant de chacun des 3 payements sera donc (13 428^f — 18^f) : 3, c-à-d 13 410^f : 3, c-à-d 4 470^f.

E. 10. Un boulanger achète 3 256^{Kg}, puis 4 628^{Kg} de farine. Il en emploie 1 306^{Kg}. Combien lui en reste-t-il ? — **S.** 3 256^{Kg} + 4 628^{Kg} — 1 306^{Kg}, c-à-d 7 884^{Kg} — 1 306^{Kg}, ou 6 578^{Kg}.

---

71. — Règles pour lire et écrire les nombres décimaux.

Question. Comment lit-on un *nombre décimal*? — **Réponse.** Pour *lire* un nombre décimal, on énonce d'abord la *partie entière*, en la faisant suivre du mot *unité*; on énonce ensuite la *partie décimale*, en la faisant suivre du nom correspondant au *dernier chiffre*.

Q. Donnez un exemple. — **R.** Soit à lire le nombre 325,6478 dont le dernier chiffre exprime des *dix-millièmes*. On dira 325 *unités*, 6 478 *dix-millièmes* (b).

Q. Comment écrit-on un nombre décimal? — **R.** Pour *écrire* un nombre décimal, on écrit la *partie entière*,

---

(a) Nous voyons, par cet exercice, combien le *million* est un grand nombre. Une *minute* est une durée fort courte; cependant une période de 365^j, c-à-d une *année* tout entière, n'en contient guère plus d'un *demi-million*.

(b) Cette règle suppose que l'on sache trouver très facilement le nom correspondant au *dernier chiffre*. Pour le trouver, on part du chiffre des *unités*, et, de chiffre en chiffre, en allant vers la *droite*, on dit: *unités, dixièmes, centièmes, millièmes, dix-millièmes*, etc.

puis la *partie décimale*, en les séparant par une *virgule*.

Q. Donnez un exemple. — **R.** Soit à écrire 29 *unités* 32 *centièmes*. On écrit 29,32 [a].

Q. Quelle *précaution* faut-il prendre ? — **R.** Il faut que la *dernière décimale* occupe toujours, à la *droite* de la virgule, le *rang* qui lui convient.

Q. Ecrivez 7 *unités* 28 *millièmes*. — **R.** Soit à écrire 7 *unités* 28 *millièmes*. Il faut que le 8 soit au rang des *millièmes*, c-à-d au troisième rang après la virgule. On écrira donc 7,028.

Q. Pourrait-on *supprimer* le *zéro?* — **R.** Si l'on oubliait d'écrire le 0 du nombre 7,028, on écrirait le nombre 7,28, dont la partie décimale serait 28 *centièmes*, et non pas 28 *millièmes* [b].

Exercice. 1. Lisez 3,28. — **Solution.** 3 *unités* 28 *centièmes*.

E. 2. Lisez 43,027. — **S.** 43 *unités* 27 *millièmes*.

E. 3. Lisez 0,008. — **S.** 0 *unité*, 8 *millièmes*.

E. 4. Ecrivez 5 *unités* 238 *millièmes*. — **S.** 5,238 [c].

E. 5. Ecrivez 0 *unité* 25 *centièmes*. — **S.** 0,25.

E. 6. Ecrivez 18 *unités*, 5 *cent-millièmes*. — **S.** 18,00005 [d].

E. 7. Que coûtent 2 627^a de pré à 34^f l'are? — **S.** 2 627 fois 34^f, c-à-d 34$^f \times$ 2 627, ou 89 318^f.

E. 8. Six écuries contiennent 18 chevaux chacune. On met ces chevaux dans 4 écuries. Combien chaque écurie en contiendra-t-elle? — **S.** Le nombre des chevaux est 18×6, ou 108. Chaque écurie en contiendra donc finalement $108 : 4$, ou 27.

p. 69

---

[a] On voit que l'écriture d'un *nombre décimal* revient à celle de deux *nombres entiers*. On peut dire, d'une manière générale, que la *numération* des *nombres décimaux* n'est qu'une *extension* de celle des *nombres entiers*. La *numération* des *nombres décimaux* a été imaginée par Néper, qui l'a fait connaître en 1614.

[b] Le *zéro* remplit la même fonction dans les *nombres décimaux* que dans les *nombres entiers :* il tient la place des ordres d'unités qui *manquent*, afin d'en exclure les chiffres des autres ordres d'unités.

[c] Dans un nombre décimal comme dans un nombre entier, chaque chiffre a *deux valeurs :* sa *valeur absolue*, qui dépend de sa forme; sa *valeur relative*, qui dépend de sa place par rapport au chiffre des unités.

[d] On voit, sur cet exemple, combien il est nécessaire de mettre des *zéros* à la partie décimale de certains nombres.

122   LES FRACTIONS.

E. 9. On possède 6 tonneaux de 218^l et 1 de 227. Combien y peut-on mettre de vin ? — **S.** $218^l \times 6 + 227^l$, c-à-d $1\,308^l + 227^l$, ou 1.535^l.

E. 10. Newton[a], né en 1642, est mort en 1727. Combien d'années a-t-il vécu ? — **S.** 1727 — 1642, ou 85.

---

72. — Des zéros placés à droite ou à gauche.

Question. Que peut-on écrire à la *gauche* d'un *nombre décimal*? — **Réponse.** On peut écrire autant de *zéros* que l'on veut à la *gauche* d'un nombre décimal : ce nombre ne change pas.

Q. Donnez un exemple. — R. 003,25 est égal à 3,25, car chaque *chiffre significatif* a, dans ces deux nombres, la même *valeur relative*.

Q. Que peut-on écrire à la *droite* d'un *nombre décimal?* — R. On peut écrire autant de *zéros* que l'on veut à la *droite* d'un nombre décimal : ce nombre ne change pas.

Q. Donnez un exemple. — R. 4,7800 est égal à 4,78, car chaque *chiffre significatif* a, dans ces deux nombres, la même *valeur relative*.

Q. Combien peut-on donner de *décimales* à un nombre? — R. On peut, sans changer un nombre, lui donner autant de *décimales* que l'on veut.

Q. Comment donne-t-on des décimales à un nombre entier? — R. Pour donner des décimales à un nombre entier, on écrit d'abord une virgule à la droite du chiffre de ses unités.

Q. Peut-on faire que des nombres donnés aient tous le *même nombre* de *décimales?* — R. Etant donnés des nombres décimaux quelconques, on peut toujours les ramener à avoir tous le *même* nombre de *décimales*[b].

---

[a] *Newton* est l'un des plus grands génies scientifiques qui aient jamais vécu. Il a été un géomètre, un astronome, un mécanicien et un physicien de premier ordre. Sa patrie est le petit village de Woolsthorpe, dans le comté de Lincoln, en Angleterre.

[b] Ce paragraphe sur les *zéros* qu'on peut ajouter à *droite* et à *gauche* est d'une extrême importance : à chaque instant, dans le calcul, on se trouve obligé d'ajouter de pareils zéros. — A la *droite* d'un nombre *entier*, on ne peut écrire des *zéros* que si l'on a soin de mettre une *virgule* tout de suite après le chiffre des unités simples. — A la *gauche*

NUMÉRATION DES NOMBRES DÉCIMAUX.

Exercice. 1. Donnez 3 décimales à 3,1; à 0,42. — Solution. 3,100; 0,420.

E. 2. Donnez 4 décimales à 27,6; à 6,2. — **S.** 27,6000; 6,2000.

E. 3. Donnez 5 décimales à 6,6; à 27. — **S.** 6,60000; 27,00000 [a].

E. 4. Calculez $(6\,847 - 5\,859) \times 35$. — **S.** 988×35, ou 34 580.

E. 5. Divisez 39 279 par le produit 5×7. — **S.** En divisant 39 279 par 5, on trouve 7 855. En divisant 7 855 par 7, on trouve 1 122 [b].

E. 6. Calculez $1\,046 + (24\,169 : 362)$. — **S.** $1\,046 + 66$, ou 1 112.

E. 7. Un Lapon [c], en patinant, fait $73\,413^m$ en 9^h. Combien en 1^h? — **S.** 9 fois moins, c-à-d $73\,413^m : 9$, ou $8\,157^m$.

E. 8. On a passé déjà 47^h à un travail. Il y faut encore employer 27 journées de 8^h. Combien d'heures en tout? — **S.** $47^h + 8^h \times 27$, c-à-d $47^h + 216^h$, ou 263^h.

E. 9. On paye, en 1re classe, 127^f de Paris à Berlin, et 195^f de Berlin à Saint-Pétersbourg. Combien de Paris à Saint-Pétersbourg? — **S.** $127^f + 195^f$, c-à-d 322^f.

p. 70

E. 10. Onze pots de beurre pèsent ensemble 143^{Kg}. Chaque pot vide pèse 2^{Kg}. Combien de beurre dans chaque pot? — **S.** Chaque pot plein pèse $143^{Kg} : 11$, c-à-d 13^{Kg}. Le beurre qu'il contient pèse donc $13^{Kg} - 2^{Kg}$, c-à-d 11^{Kg}.

---

d'un nombre *entier*, on peut toujours écrire autant de *zéros* que l'on veut. Certains appareils, appelés *numéroteurs*, écrivent les entiers consécutifs en leur donnant à tous le même nombre de chiffres; quand un entier a moins de chiffres qu'ils n'en écrivent, ils mettent, à sa *gauche*, un ou plusieurs *zéros*.

(a) Dans ce dernier exemple, il faut d'abord mettre une *virgule* à la *droite* de 27.

(b) En résolvant ainsi cet exercice, on applique encore ce *principe*: « pour diviser par un *produit*, il suffit de diviser successivement par les *facteurs* de ce produit. »

(c) Les *Lapons* sont les habitants de la Laponie, partie de l'Europe située au nord de la Suède. Ils vivent sous un climat très froid et sont, en général, d'une assez petite taille.

73. — Rendre un nombre 10, 100, 1 000,... fois plus grand ou plus petit.

Question. Comment rend-on un nombre 10, 100, 1 000,... fois *plus grand* ? — **Réponse.** Pour rendre un nombre 10, 100, 1 000,... fois plus *grand*, on avance sa *virgule* de 1, 2, 3,... rangs vers la *droite*.

Q. Rendez 100 fois *plus grand* le nombre 3,4567. — **R.** Soit le nombre 3,4567. Pour le rendre 100 fois plus *grand*, j'avance sa *virgule* de 2 rangs vers la *droite*, ce qui me donne 345,67.

Q. Montrez que le nombre donné est bien devenu 100 fois *plus grand*. — **R.** Par ce changement, le nombre donné est devenu 100 fois *plus grand*, car chacun de ses chiffres significatifs a pris une valeur relative 100 fois *plus grande*.

Q. Comment rend-on un nombre 10, 100, 1 000,... fois *plus petit* ? — **R.** Pour rendre un nombre 10, 100, 1 000... fois plus *petit*, on recule sa *virgule* de 1, 2, 3,... rangs vers la *gauche*.

Q. Rendez 1 000 fois *plus petit* le nombre 4 378,9. — **S.** Soit le nombre 4 378,9. Pour le rendre 1 000 fois *plus petit*, je recule sa *virgule* de 3 rangs vers la *gauche*, ce qui me donne 4,3789.

Q. Montrez que le nombre donné est bien devenu 1 000 fois *plus petit*. — **R.** Par ce changement, le nombre donné est devenu 1 000 fois *plus petit*, car chacun de ses chiffres significatifs a pris une valeur relative 1 000 fois *plus petite* [a].

Q. Que ferait-on si le nombre donné n'avait pas assez de chiffres ? — **R.** Si le nombre à rendre plus grand ou plus petit n'avait pas assez de chiffres pour qu'on pût avancer ou reculer suffisamment sa virgule, on écrirait d'abord des *zéros* à sa droite ou à sa gauche [b].

[a] Rien de plus important que de savoir rendre un nombre, 10, 100, 1 000,... fois *plus grand* ou *plus petit*. — Les procédés que l'on suit pour ces deux opérations sont très simples et reposent, comme on le voit, sur les principes mêmes de la *numération*.
[b] On demande parfois combien tel nombre contient, en tout, d'*unités* d'un certain *ordre*. Pour répondre à cette question, il suffit de placer la *virgule* juste à la *droite* du chiffre des unités de cet *ordre* et de lire

OPÉRATIONS SUR LES NOMBRES DÉCIMAUX. 125

Exercice. 1. Rendez 10 fois plus grand 37,25. — Solution. 372,5.
E. 2. Rendez 100 fois plus grand 13,746. — S. 1 374,6.
E. 3. Rendez 1 000 fois plus grand 0,0004. — S. 0,4 [a].
E. 4. Rendez 10 fois plus petit 137. — S. 13,7.
E. 5. Rendez 100 fois plus petit 48,539. — S. 0,48539.
E. 6. Rendez 1 000 fois plus petit 0,5. — S. 0,0005 [b].
E. 7. Un terrain coûte 3 627^f les 100^a. Combien l'are ? — S. 100 fois moins, c-à-d 36^f,27.
E. 8. Que contiennent ensemble 1 000 fûts [c] de 118^l ? — S. 1 000 fois plus, c-à-d 118 000^l.
E. 9. Ecrivez en chiffres *trois milliards vingt millions*. — S. 3 020 000 000.
E. 10. Sur 3 729^a de prairie, 518^a sont inondés; 2 000 le seront demain. Que restera-t-il ? — S. 3 729^a — 518^a — 2 000^a, c-à-d 3 211^a — 2 000^a, ou 1 211^a.

p. 71

CHAPITRE II

OPÉRATIONS SUR LES NOMBRES DÉCIMAUX

74. — Addition des nombres décimaux.

Question. Qu'est-ce que *additionner* des nombres décimaux ? — Réponse. *Additionner* plusieurs nombres décimaux, c'est trouver un nouveau nombre contenant *à lui seul* autant d'unités et parties d'unité qu'il y en a dans tous les nombres donnés *ensemble*.

Q. Donnez un exemple. — R. *Additionner* 2,4 et 23,75, c'est trouver un nombre contenant *à lui seul* autant d'unités,

la partie entière du nombre ainsi écrit. Combien y a-t-il, en tout, de *centaines* dans 23 745,2 ? Plaçant la *virgule* à la *droite* du chiffre 7 des *centaines*, je trouve qu'il y en a 237.

(a) Si l'on devait rendre ce nombre *un million* de fois plus grand, on devrait avancer sa *virgule* de 6 rangs vers la *droite*. Avant de faire ce déplacement, il faudrait écrire des *zéros* sur la *droite* du nombre donné.
(b) Dans cet exercice, comme dans le précédent, avant de reculer la *virgule*, il a fallu écrire des *zéros* sur la *gauche* du nombre donné.
(c) Le mot *fût* désigne un tonneau d'une capacité quelconque.

126   LES FRACTIONS.

dixièmes et centièmes que 2,4 et 23,75 en contiennent *ensemble* [a].

Q. Comment *additionne-t-on* des *nombres décimaux?* — **R.** Pour *additionner* plusieurs nombres décimaux, on les écrit les uns sous les autres, de façon que les virgules *se correspondent;* — puis, on additionne, *sans s'occuper des virgules;* — enfin, on place une *virgule* au total, juste au-dessous des virgules des nombres donnés [b].

Q. Montrez l'exactitude de cette règle? — **R.** En effectuant ainsi l'*addition* ci-contre, on trouve 15,866. Ce nombre est bien le *total* cherché. En effet, les nombres donnés peuvent s'écrire 2,710; 8,200; 4,956. Ils représentent donc 2710 millièmes, 8200 millièmes, 4956 millièmes. Leur somme est donc 15866 millièmes, c-à-d 15,866.

$$\begin{array}{r} 2,71 \\ 8,2 \\ 4,956 \\ \hline 15,866 \end{array}$$

Q. Que savez-vous sur les *preuves* de l'addition? — **R.** Les *preuves* de l'addition sont les mêmes pour les nombres décimaux que pour les nombres entiers.

Exercice. 1. Ajoutez 6,694; 6, 1; 149. — **Solution.** 161,794 [c].

p. 72   E. 2. Ajoutez 0,328; 15; 54,2. — **S.** 69,528.

E. 3. Ajoutez 13,63; 14,459; 16. — **S.** 44,089.

E. 4. Trois colis pèsent $7^{kg},528$; $6^{kg},32$; $11^{kg},567$. Dites le poids total. — **S.** $25^{kg},415$ [d].

---

[a] L'*addition* des *nombres décimaux* est tout à fait analogue à celle des *nombres entiers* : elle se définit de la même manière; elle s'indique par le même signe +; et son résultat porte le même nom, *somme* ou *total*. — Pour les nombres décimaux comme pour les nombres entiers, l'idée d'*addition* entraîne forcément celle d'*augmentation* : le *total* de l'addition de plusieurs nombres est toujours *supérieur* à chacun des nombres additionnés.

[b] Cette *règle pratique* comprend deux parties : dans la première, on opère *sans s'occuper des virgules*, comme s'il s'agissait de nombres entiers; dans la seconde, on place, comme il convient, la *virgule* du résultat. Nous retrouverons ces deux parties dans toutes les *opérations* sur les *nombres décimaux*.

[c] Dans le cas où quelques-uns des nombres à additionner sont *entiers*, on les regarde comme des nombres *décimaux* dont la *partie décimale* est *nulle*. Il est inutile d'étudier à part ce cas particulier; il suffit d'en donner des exemples, et c'est ce que nous faisons.

[d] Ce problème ne suppose pas la connaissance du *système métrique*. L'expression $7^{kg},528$ exprime 7 *kilogrammes* et 528 *millièmes de kilo-*

OPÉRATIONS SUR LES NOMBRES DÉCIMAUX.

E. **5.** Trois volumes coûtent 6^f,25 ; 3^f,60 ; 2^f,65. Combien les trois ? — **S.** 12^f,50 [a].
E. **6.** Rendez 1 000 fois plus grand 76,38. — **S.** 76380.
E. **7.** Rendez 100 fois plus petit 13,879. — **S.** 0,13879.
E. **8.** Rendez 10 000 fois plus petit 668,29. — **S.** 0,066829.
E. **9.** Le vin contenu dans 100 bouteilles vaut 758^f. Chaque bouteille vide coûte 0^f,17. Que vaut chaque bouteille pleine ? — **S.** Le vin contenu dans chaque bouteille vaut 7^f,58. Donc chaque bouteille pleine vaut 7^f,58 $+$ 0^f,17, c-à-d 7^f,75.
E. **10.** Un boulet parcourt 528^m par seconde. Combien en 1 minute, c-à-d en 60 secondes. — **S.** 60 fois plus, c-à-d 528$^m \times$ 60, ou 31 680^m.

---

75. — **Soustraction des nombres décimaux.**

Question. Qu'est-ce que *soustraire* un *nombre décimal* ? — **Réponse.** *Soustraire* un nombre décimal d'un autre, c'est chercher ce qu'il reste quand on *ôte* du second toutes les *unités* et *parties d'unité* qui composent le premier.

Q. Donnez un exemple. — R. Soustraire 3,45 de 42,7, c'est chercher ce qu'il reste lorsque, de 42,7, on ôte 3 *unités* et 45 *centièmes* [b].

Q. Comment fait-on la *soustraction* des nombres décimaux ? — R. Pour faire la *soustraction* de deux nombres décimaux, on place le petit sous le grand, de façon que les virgules *se correspondent* ; — puis, on soustrait, *sans s'occuper* des virgules ; — enfin, on place

---

gramme. Il n'est pas nécessaire, pour en comprendre la signification, de savoir que les *millièmes* de *kilogramme* se nomment des *grammes*. — Cette remarque s'applique à une foule de nos exercices.

[a] Les problèmes conduisant à l'*addition* des nombres *décimaux* sont identiques à ceux qui conduisent à l'*addition* des nombres *entiers*. Pour les résoudre, on fait les mêmes raisonnements.

[b] La *soustraction* des *nombres décimaux* est tout à fait analogue à celle des *nombres entiers* : elle se définit de la même manière ; elle s'indique par le même signe — ; et son résultat porte le même nom, *reste*, *excès*, ou *différence*. — Pour les nombres *décimaux*, comme pour les nombres *entiers*, l'idée de *soustraction* entraîne forcément celle de *diminution*.

une *virgule* au résultat, juste au-dessous des virgules des nombres donnés [a].

Q. Montrez l'exactitude de cette règle? — R. En effectuant ainsi la soustraction ci-contre, on trouve 3,722. Ce nombre est bien le *reste* cherché, en effet, les nombres donnés peuvent s'écrire 9 200 millièmes et 5 478 millièmes. Leur différence est donc 3 722 millièmes, c-à-d 3,722.

$$\begin{array}{r} 9,2 \\ 5,478 \\ \hline 3,722 \end{array}$$

Q. Que savez-vous sur les *preuves* de la soustraction? — R. Les *preuves* de la soustraction sont les mêmes pour les nombres décimaux que pour les nombres entiers.

p. 73   **Exercice.** 1. Retranchez 14,2 de 27,35. — **Solution.** 13,15.

E. 2. Retranchez 3,436 de 8. — S. 4,564 [b].

E. 3. Retranchez 15,183 de 56,91. — S. 41,727.

E. 4. Calculez 123,79 + 13,78 — 75,6. — S. 137,57 — 75,6, c-à-d 61,97.

E. 5. Calculez 12,32 — 7,7 + 26. — S. 4,62 + 26, c-à-d 30,62.

E. 6. Un flacon contenait $0^l,754$ de benzine. Il n'y en a plus que $0^l,325$. Combien en a-t-on employé? — S. $0^l,754 - 0^l,325$, c-à-d $0^l,429$ [c].

E. 7. On avait $3\,624^m,75$ de toile. On en vend $500^m,75$. Dites le *quart* de ce qui reste. — S. Il reste $3\,124^m$, dont le *quart* est de 781^m.

E. 8. On achète $4\,531^a,27$ et $6\,847^a,8$ de terrain. On en revend $5\,629^a,15$. Combien en garde-t-on? — S. $4\,531^a,27 + 6\,847^a,8 - 5\,629^a,15$, c-à-d $5\,749^a,92$.

E. **9.** Combien d'anguilles dans 8 viviers qui en contiennent 87 chacun? — S. 8 fois 87, c-à-d 87×8, ou 696.

---

[a] Cette règle pratique contient encore deux parties : dans la première, on opère comme pour les nombres *entiers*, *sans s'occuper des virgules*; dans la seconde, on place, où il convient, la *virgule* du résultat.

[b] Les nombres *entiers* entrent dans la *soustraction* des nombres *décimaux* de la même manière que dans l'*addition* : on les y traite comme des nombres *décimaux* dont la partie *décimale* serait *nulle*. — Il est inutile d'étudier, d'une façon spéciale, ce cas particulier : il suffit d'en donner des exemples.

[c] Les problèmes conduisant à la *soustraction* des nombres *décimaux* sont identiques à ceux qui conduisent à la *soustraction* des nombres *entiers :* ils se résolvent par les mêmes raisonnements.

OPÉRATIONS SUR LES NOMBRES DÉCIMAUX.

E. 10. Sur 428 bagues, 328 sont en argent. Les autres sont en or et valent ensemble 1 256^f. Que vaut chacune de celles-ci ? — **S.** Le nombre des bagues d'or est 428 — 328, c-à-d 100. Donc chaque bague d'or vaut 12^f,56.

---

76. — Multiplication des nombres décimaux.

Question. Qu'est-ce que *multiplier* par un nombre décimal ? — **Réponse.** *Multiplier* un nombre quelconque par un nombre décimal, c'est *prendre* plusieurs fois une certaine *fraction décimale* de ce nombre quelconque.

Q. Qu'est-ce que *multiplier* 382,4 par 5,3 ? — **R.** *Multiplier* 382,4 par 5,3, c-à-d par 53 *dixièmes*, c'est prendre 53 fois le *dixième* de 382,4 [a].

Q. Comment *multiplie-t-on* les nombres décimaux ? — **R.** Pour *multiplier* l'un par l'autre deux nombres décimaux, on multiplie d'abord *sans s'occuper* des virgules ; — on sépare ensuite, par une *virgule*, sur la droite du produit obtenu, autant de *chiffres décimaux* qu'il y en a dans les deux facteurs *ensemble* [b].

Q. Montrez l'exactitude de cette règle. — **R.** En effectuant ainsi la multiplication ci-contre, on trouve 99,39456. Ce nombre est bien le *produit* cherché. En effet, multiplier 13,824 par 7,19, c'est prendre 719 fois le centième de 13,824. Ce centième est 0,13824, c-à-d 13 824 dix-millièmes. En prenant 719 fois 13 824 dix-millièmes, on trouve 9 939 456 dix-millièmes, c-à-d 99,39456.

```
  13,824
   7,19
 ───────
  124416
   13824
   96768
 ───────
 99,39456
```

Q. Que fait-on s'il n'y a pas assez de chiffres au produit ? — **R.** Si, au produit entier obtenu, on avait moins de

---

[a] *Multiplier* un nombre quelconque par un nombre *entier*, c'est prendre *plusieurs fois* ce *nombre*. *Multiplier* un nombre quelconque par un nombre *décimal*, c'est prendre *plusieurs fois* une certaine *fraction décimale* de ce nombre. On voit l'analogie de ces deux définitions.
[b] Cette règle comprend deux parties : dans la première, on opère *sans s'occuper des virgules*; dans la seconde, on place, où il convient, la *virgule* du résultat.

LES FRACTIONS.

p. 74 chiffres qu'on ne doit séparer de décimales, on écrirait d'abord des zéros à la gauche de ce produit [a].

Q. Que savez-vous sur les *preuves* de la multiplication ? — R. Les *preuves* de la multiplication sont les mêmes pour les nombres décimaux que pour les nombres entiers.

Exercice. 1. Multipliez 3,825 par 6. — Solution. 22,950 [b].

E. 2. Multipliez 14,017 par 18. — S. 252,306.

E. 3. Multipliez 54 par 0,3. — S. 16,2 [c].

E. 4. Multipliez 32,529 par 4,5. — S. 146,3805.

E. 5. Multipliez 126,3 par 13,78. — S. 1740,414.

E. 6. Multipliez 2 625,94 par 0,02. — S. 52,5188.

E. 7. Que coûtent 623 parapluies à $7^f 75$? — S. 623 fois $7^f,75$, c-à-d $7^f,75 \times 623$, ou $4828^f,25$ [d].

E. 8. Un marchand vend 1 bouteille de vin fin à $5^f,50$ et 26 bouteilles à $1^f,75$. Dites le montant de sa vente ? — S. $5^f,50 + 1^f,75 \times 26$, c-à-d $5^f,50 + 45^f,50$, ou 51^f.

E. 9. A Buenos-Ayres, les laines se vendent 165^f les 100^{kg}. Combien le kilogramme ? — S. 100 fois moins, c-à-d $1^f,65$.

E. 10. Un fermier achète une terre de $3\,345^a,28$; revend $125^a,39$; et achète encore $1\,236^a,13$. Que lui reste-t-il finalement ? — S. $3\,345^a,28 - 125^a,39 + 1\,236^a,13$, c-à-d $3\,219^a,89 + 1\,236^a,13$, ou $4\,456^a,02$.

[a] La multiplication des nombres *décimaux* s'indique par le signe $\times$; le nombre qu'on multiplie est le *multiplicande* ; celui par lequel on multiplie est le *multiplicateur* ; ces deux nombres sont les deux *facteurs* de la multiplication ; le résultat se nomme *produit*.

[b] Dans cet exercice, comme dans le suivant, le multiplicateur est un nombre *entier*. Ce cas particulier rentre parfaitement dans notre règle, si l'on regarde ce nombre *entier* comme un nombre *décimal* dont la partie décimale est nulle.

[c] Ce produit 16,2 est *moindre* que le multiplicande 54. C'est que la *multiplication* des nombres *décimaux* n'entraîne point forcément avec elle l'idée d'augmentation. Le produit est *plus grand* que le multiplicande, lorsque le multiplicateur est *plus grand* que l'unité ; le produit est *égal* au multiplicande, quand le multiplicateur est *égal* à l'unité ; le produit est *moindre* que le multiplicande, quand le multiplicateur est *moindre* que l'unité. Il faut insister beaucoup sur ce dernier cas ; les élèves ont peine à s'y faire.

[d] Les problèmes qui conduisent à la *multiplication* des nombres *décimaux* sont identiques à ceux qui conduisent à la *multiplication* des nombres *entiers* ; ils se résolvent par les mêmes raisonnements.

77. — Division des nombres décimaux.

Question. Qu'est-ce que *diviser* un nombre décimal par un autre ? — **Réponse.** *Diviser* un nombre décimal par un autre, c'est chercher un nouveau nombre décimal qui, *multiplié* par le *second*, reproduise le *premier* [a].

Q. Donnez un exemple. — R. *Diviser* 117,612 par 2,7, c'est chercher un nombre qui, *multiplié* par 2,7, reproduise 117,612 [b].

Q. Comment fait-on la *division* des nombres décimaux ? — R. Pour faire la *division* des nombres décimaux, on opère d'abord *sans s'occuper* des virgules ; — on sépare ensuite, par une *virgule*, sur la droite du quotient, autant de décimales qu'il y en a au dividende *de plus* qu'au diviseur [c].

Q. Montrez l'exactitude de cette règle. — R. En effectuant ainsi la division ci-contre, on trouve 43,56. Ce nombre est bien le *quotient* cherché. En effet, puisque cette division se fait sans reste, 117 612 est juste le produit de 4 356 par 27. Donc 117,612 est juste de produit de 43,56 par 2,7.

```
117,612 | 2,7
   96   | 43,56
  151
  162
   00
```

Q. Que ferait-on si le dividende avait moins de décimales que le diviseur ? — R. Si le dividende donné avait *moins* de décimales que le diviseur, on écrirait d'abord des *zéros* à sa droite.

p. 75

---

[a] Cette *définition* est identique à celle que nous avons donnée, en dernier lieu, pour la *division* des nombres *entiers*.

[b] La *division* des nombres *décimaux* s'indique par le *signe* : ; le nombre qu'on divise est le *dividende ;* le nombre par lequel on divise est le *diviseur ;* le résultat se nomme *quotient.*

[c] Cette règle comprend deux parties : dans la première, on opère *sans s'occuper des virgules ;* dans la seconde, on place, où il convient, la *virgule* du résultat. A cet égard, elle est tout à fait analogue à celle des trois opérations précédentes. Elle est de plus, comme cela doit être, l'inverse de celle que nous avons donnée pour la *multiplication* des nombres *décimaux :* dans la *multiplication*, on trouve le nombre des *décimales* du produit en *ajoutant* les nombres des décimales des deux facteurs ; dans la *division*, on trouve le nombre des *décimales* du quotient en *retranchant* le nombre des décimales du diviseur du nombre des décimales du dividende

Q. Que ferait-on si le quotient obtenu n'avait pas assez de chiffres ? — **R.** Si le quotient entier obtenu avait *moins* de chiffres qu'on ne doit séparer de décimales sur sa droite, on écrirait d'abord des *zéros* à sa gauche.

Q. Que savez-vous sur les *preuves* de la division ? — **R.** Les *preuves* de la division sont les mêmes pour les nombres décimaux que pour les nombres entiers.

Exercice. 1. Divisez 348,75 par 26. — **Solution.** 13,41.

E. 2. Divisez 4623,07 par 13,9. — **S.** 332,5.

E. 3. Divisez 3,96872 par 4,56. — **S.** 0,870.

E. 4. Divisez 13,5 par 0,428. — **S.** 31 [a].

E. 5. Divisez 45,276 par 13,2. — **S.** 3,43.

E. 6. Divisez 9,83762 par 18,6. — **S.** 0,5289.

E. 7. Quinze bouteilles contiennent ensemble $13^l,35$ de vin. Combien dans chacune? — **S.** 15 fois moins, c-à-d $13^l,35 : 15$, ou $0^l,89$ [b].

E. 8. Un arbre avait $17^m,35$. On le raccourcit de $7^m,28$. Quelle est sa hauteur? — **S.** $17^m,35 - 7^m,28$, c-à-d $10^m,07$.

E. 9. Le niveau d'un certain sol s'élève de $0^m,25$ en 100 ans. De combien s'élèvera-t-il en 1547 ans? — **S.** En 1 an, il s'élève de $0^m,25 : 100$, c-à-d de $0^m,0025$. En 1547 ans, il s'élève de $0^m,0025 \times 1547$, ou de $3^m,8675$.

E. 10. Une dame achète un manchon de $4^f,90$, une paire de bottines de $5^f,95$ et une paire de gants de $1^f,85$. Quelle est sa dépense? — **S.** $4^f,90 + 5^f,95 + 1^f,85$, c-à-d $12^f,70$.

---

[a] La *division* des nombres *décimaux* n'entraîne pas toujours avec elle l'idée de *diminution*. — Le quotient est *moindre* que le dividende, lorsque le diviseur est *plus grand* que l'unité. Le quotient est *égal* au dividende, lorsque le diviseur est *égal* à l'unité. Le quotient est *plus grand* que le dividende, lorsque le diviseur est *moindre* que l'unité. Il faut insister beaucoup sur ce dernier cas ; les élèves ont peine à s'y accoutumer.

[b] Les problèmes conduisant à la *division* des nombres *décimaux* sont identiques à ceux qui conduisent à la *division* des nombres *entiers*: ils présentent les mêmes variétés et se résolvent par les mêmes raisonnements.

OPÉRATIONS SUR LES NOMBRES DÉCIMAUX. 133

78. — Quotient approché à moins de 0,1, de 0,01,...

Question. Qu'appelle-t-on *quotient* approché à moins de 0,1, etc.? — **Réponse.** On appelle *quotient approché* à moins de 0,1, de 0,01, de 0,001, ..., le plus *grand* nombre de *dixièmes*, de *centièmes*, de *millièmes*,... qui, *multiplié* par le *diviseur*, donne un produit contenu dans le *dividende*.

Q. Dans quel cas le quotient est-il approché à moins de 0,1? — R. Quand une division de nombres décimaux présente un reste, le quotient trouvé est *approché* à moins de 0,1, de 0,01, de 0,001, ..., suivant que sa dernière décimale représente des *dixièmes*, des *centièmes*, des *millièmes*, ...

Q. Donnez un exemple. — R. Soit la division 32,4567 par p. 76 9,2. En l'effectuant suivant la règle, on trouve pour quotient 3,257. Comme la division de 324 567 par 92 a un reste, le produit de 3 527 par 92 ne donne pas 324 567; mais 324 567 est compris entre $3\,527 \times 92$ et $3\,528 \times 92$. De même 32,4567 est compris entre $3,527 \times 9,2$ et $3,528 \times 9,2$. Par conséquent 3,527 est le plus grand nombre de *millièmes* qui, multiplié par le diviseur 9,2, donne un produit contenu dans le dividende [a].

Q. Combien peut-on obtenir de décimales au quotient? — R. On peut toujours obtenir au *quotient* autant de *décimales* que l'on veut.

Q. Donnez un exemple. — R. Si, par exemple, on veut 4 *décimales* au *quotient*, on n'a qu'à faire en sorte que le dividende ait 4 décimales de *plus* que le diviseur [b].

Q. Que faut-il faire avant de commencer une division? — R. Il convient, avant de commencer une *division*, de se

---

[a] En toute *division* de nombres *décimaux*, on peut voir immédiatement si la *partie entière* du quotient est *nulle* ou ne l'*est pas*. Elle est *nulle*, si le diviseur *dépasse* le dividende; elle n'est *pas nulle*, si le diviseur ne *dépasse pas*.
[b] Si l'on voulait que le quotient n'eût pas de décimales, on ferait en sorte qu'il y en eût juste autant au *dividende* qu'au *diviseur*.

fixer le nombre des *décimales* que l'on veut au *quotient* [a].

Exercice. 1. Calculez, à moins de 1 unité, le *quotient* de 43,628 par 2,7 [b]. — **Solution. 16.**

E. **2.** Calculez, à moins de 0,1, le *quotient* de 63,001 par 46,7 [c]. — **S. 1,3.**

E. **3.** Calculez, à moins de 0,01, le *quotient* de 4 par 3,19 [d]. — **S. 1,25.**

E. **4.** Divisez 20,893 par 8,9. — **S. 2,34.**

E. **5.** Divisez 5,585 par 0,62. — **S. 9,0.**

E. **6.** Multipliez 131,642 par 239,6. — **S.** 31 541,4232.

E. **7.** La houille coûte 106^f les 2 000^{Kg}. Combien le kilogramme? — **S.** 106^f : 2 000, ou 0^f,053.

E. **8.** Un domaine couvre 6 852^a,13. Les constructions occupent 13^a,48. Que reste-t-il à découvert? — **S.** 6 852^a,3 — 13^a,48, c-à-d 6 838^a,65.

E. **9.** Que coûtent 29 foulards à 1^f,95? — **S.** 1^f,95 $\times$ 29, c-à-d 56^f,55.

E. **10.** Trois flacons contiennent séparément 0^l,359 ; 0^l,47 ; 0^l,513. Combien ensemble? — **S.** 0^l,359 + 0^l,47 + 0^l,513, c-à-d 1^l,342.

---

[a] On évite ainsi le ridicule de calculer avec une foule de *décimales* des *quotients* dont la nature n'en comporte que 2 ou 3, au plus. Dans le calcul, par exemple, d'un nombre de *francs*, on doit, presque toujours, se borner à 2 *décimales*.

[b] Il faut, pour obtenir le quotient à moins d'une *unité*, que le dividende et le diviseur présentent le *même nombre* de décimales. On écrira donc le diviseur 2,700, et l'on divisera 43,628 par 2,700.

[c] Il faut ici que le dividende ait *une décimale* de plus que le diviseur. On divisera donc 63,001 par 46,70.

[d] Il faut ici que le dividende ait **2** *décimales* de plus que le diviseur. On divisera donc 4,0000 par 3,19.

CHAPITRE III

NUMÉRATION DES FRACTIONS ORDINAIRES

79. — Définition des fractions ordinaires.

Question. Que nomme-t-on *moitié, tiers, quart,* etc.? — p. 7.
Réponse. Lorsqu'une unité est partagée en 2, 3, 4, 5,... *parties égales,* chacune de ces parties se nomme une **moitié** [a], un **tiers**, un **quart**, un **cinquième**,...

Q. Comment se nomme chacune de ces parties? — R. Chacune de ces parties se nomme aussi une **partie aliquote** de l'unité.

Q. Donnez des exemples. — Une *moitié* est une *partie aliquote* de l'unité; un *tiers* est une *partie aliquote* de l'unité, etc. [b].

Q. Qu'appelle-t-on *fraction ordinaire?* — R. On appelle **fraction ordinaire** une ou plusieurs *parties aliquotes* de l'unité.

Q. Donnez des exemples. — R. *Un tiers* est une *fraction ordinaire; trois quarts* forment une *fraction ordinaire; six cinquièmes* en forment une autre, etc.

Exercice. 1. Qu'est-ce que 1 *sixième?* — **Solution.** L'une des parties qu'on obtient en divisant l'unité en 6 parties égales.
E. 2. Qu'est-ce que 1 *septième?* — S. L'une des parties qu'on obtient en divisant l'unité en 7 parties égales.
E. **3.** Divisez 48,411 par 19,21. — S. 2,5.
E. **4.** Calculez (112,551 — 9,188) : 3,49. — S. 103,363 : 3,49, ou 29,6.

[a] Au lieu d'une *moitié*, on dit aussi une *demie*. La *moitié* d'une *heure* est une *demi-heure*. — Le mot *demi* précédant un substantif est toujours *invariable :* une *demi-heure*, des *demi-mesures*. Après un substantif, il peut varier: *une heure et demie.*
[b] Un *dixième*, un *centième*, un *millième*, ..., sont des *parties aliquotes décimales* de l'unité.

136   LES FRACTIONS.

E. **5.** Calculez $729,69 \times 13,6 - 731,33$. —
S. $9\,923,784 - 731,33$, ou $9\,192,454$.

E. **6.** Calculez $(684,06 + 52,931) : 77,3$. —
S. $736,991 : 77,3$, c-à-d $9,53$.

E. **7.** Combien de litres dans 3 outres [a] qui contiennent séparément $13^l,25$; $12^l,6$; $21^l,76$. — S. $47^l,61$.

E. **8.** La boîte de 48 pelotes de fil de lin coûte $2^f,40$. Combien la pelote ? — S. 48 fois moins, c-à-d $2^f,40 : 48$, ou $0^f,05$.

E. **9.** En une année de 365 jours, combien de semaines de 7 jours ? — S. Autant qu'il y a de fois 7 dans 365, c-à-d $365 : 7$, ou 52.

E. **10.** Que coûtent $7^{Kg},385$ de farine de sarrasin [b] à $0^f,35$ le demi-kilogramme? — S. $7,385$ fois $0^f,70$, c-à-d $0^f,70 \times 7,385$, ou $5^f,1695$ [c].

---

80. — Numération des fractions.

Question. Comment s'écrit une fraction ordinaire? — **Réponse.** Toute *fraction ordinaire* s'écrit à l'aide de *deux nombres entiers* qui en sont les *deux* **termes**.

p. 78   Q. Que sont ces 2 termes ? — R. L'un de ces *termes* donne le *nom* des parties aliquotes qu'on a prises, c'est le **dénominateur**. L'autre en indique le *nombre*, c'est le **numérateur** [d].

Q. Comment *écrit-on* une fraction ordinaire ? — R. Pour *écrire* une *fraction ordinaire*, on écrit le *dénominateur* sous le *numérateur* et, entre les deux, on tire un trait.

Q. Donnez un exemple. — R. Soit à écrire *trois septièmes*. Le *dénominateur* est 7, le *numérateur* est 3. On écrit $\frac{3}{7}$.

Q. Comment lit-on une fraction ordinaire? — R. Pour

---

[a] Une *outre* est une sorte de sac en peau dont on se sert, en certains pays, pour le transport du vin.
[b] Le *sarrasin* porte aussi le nom de *blé noir*.
[c] De ce résultat, on ne doit garder que les 2 *premières décimales*. Il serait absurde de demander le payement exact de $5^f,1695$.
[d] *Dénominateur* rappelle *dénomination*; *numérateur* rappelle *nombre*.

NUMÉRATION DES FRACTIONS ORDINAIRES.

lire une *fraction ordinaire*, on lit son *numérateur*, puis son *dénominateur*, en faisant suivre ce dernier de la terminaison *ième*.

Q. Donnez un exemple? — R. $\frac{2}{5}$ se lit *deux cinquièmes* [a].

Q. Que supprime-t-on parfois? — R. Parfois, on supprime la terminaison *ième*. On énonce alors le *numérateur*, puis le mot *sur*, puis le *dénominateur*.

Q. Donnez un exemple. — R. $\frac{4}{9}$ se lit ainsi *quatre* sur *neuf* [b].

Exercice. 1. Ecrivez 3 *huitièmes*. — **Solution.** $\frac{3}{8}$.

E. 2. Ecrivez 5 *onzièmes*. — S. $\frac{5}{11}$.

E. 3. Ecrivez 9 *treizièmes*. — S. $\frac{9}{13}$ [c].

E. 4. Lisez $\frac{3}{2}$, $\frac{3}{4}$, $\frac{4}{5}$. — S. 3 demies, 3 quarts, 4 cinquièmes.

E. 5. Multipliez 399,162 par 703,63. — S. 280 862,35806 [d].

E. 6. Calculez 761,88 + 459,04 — 43,417. — S. 1220,92 — 43,417, ou 1177,503.

E. 7. On achète 6 paires de bottines pour 37^f,50. Combien la paire? — S. 37^f,50 : 6, ou 6^f,25 [e].

E. 8. Trois bœufs pèsent 350^{Kg},200; 351^{Kg},110; 353^{Kg},250. Dites le poids total. — S. 1054^{Kg},560.

[a] Il y a exception pour les *dénominateurs* 2, 3, 4. Par exemple $\frac{1}{2}$, $\frac{2}{3}$, $\frac{3}{4}$, se lisent 1 *demi*, 2 *tiers*, 3 *quarts*.

[b] La terminaison *ième* prête parfois à des équivoques. Soient les deux fractions $\frac{33}{115}$ et $\frac{30}{315}$. Elles s'énonceraient toutes deux *trente trois cent quinzièmes*. On dira, de préférence, 33 *sur* 115 et 30 *sur* 315.

[c] Quelques personnes écrivent les fractions ordinaires en mettant la *barre* en *biais*. C'est une faute : la *barre* d'une fraction ordinaire doit toujours être absolument *horizontale*.

[d] Toutes les fois qu'on effectue une opération, il en faut faire la preuve. Dans les calculs sur les nombres *décimaux*, il faut, de plus, avant même de faire la preuve, vérifier que la *virgule* du résultat est placée et bien placée. L'oubli de cette précaution conduit souvent, dans la pratique, aux plus absurdes résultats.

[e] Toutes les fois qu'on aura à diviser un *nombre décimal* par un *nombre entier d'un seul chiffre*, on fera bien d'appliquer le procédé de la *courte division*.

138   LES FRACTIONS.

E. 9. Un terrain contient un champ de 243ª,25, et 9 petits jardins de 8ª,44. Quelle est son étendue ? — **S.** 243ª,25 + 8ª,44 × 9, c-à-d 243ª,25 + 75ª,96.

E. 10. Un département contient 764 communes et une population de 451 836 habitants. Combien par commune, en moyenne ? — **S.** 764 fois moins, c-à-d 451 836 : 764, ou 591.

---

81. — Grandeur des fractions.

Question. Dans quel cas une fraction est-elle *moindre* que 1 ? — **Réponse.** Une fraction est *moindre* que l'unité quand son numérateur est *moindre* que son dénominateur.

p. 79 Q. Donnez un exemple. — R. $\frac{3}{8}$ est *moindre* que 1, car il ne contient que 3 *huitièmes* tandis que l'unité en contient 8.

Q. Dans quel cas une fraction est-elle *égale* à l'unité ? — R. Une fraction est *égale* à l'unité quand son numérateur est *égal* à son dénominateur.

Q. Donnez un exemple. — R. $\frac{7}{7}$ est *égal* à l'unité. C'est évident.

Q. Dans quel cas une fraction est-elle *supérieure* à 1 ? — R. Une fraction est *supérieure* à l'unité quand son numérateur est *supérieur* à son dénominateur.

Q. Donnez un exemple. — R. $\frac{11}{9}$ est *supérieur* à 1, car il contient 11 *neuvièmes* tandis que l'unité n'en contient que 9 [a].

Q. De deux fractions ayant même *dénominateur*, quelle est la plus *grande* ? — R. Si deux fractions ont le *même dénominateur*, c'est celle qui a le plus *grand numérateur* qui est la plus *grande*.

Q. Donnez un exemple. — R. $\frac{13}{18}$ est plus *grand* que $\frac{11}{18}$. En

---

[a] Une fraction *moindre* que 1 se nomme parfois une fraction *proprement dite*. Une fraction *supérieure* à 1 se nomme parfois un *nombre fractionnaire*. — Comme nous l'avons dit déjà, à propos des fractions décimales, ces distinctions sont absolument inutiles.

NUMÉRATION DES FRACTIONS ORDINAIRES.

effet, ces fractions contiennent toutes deux des *dix-huitièmes* et la première en contient *plus* que la seconde.

Q. De deux fractions ayant même *numérateur*, quelle est la plus *grande* ? — **R.** Si deux fractions ont le *même numérateur*, c'est celle qui a le plus *petit dénominateur* qui est la plus *grande*.

Q. Donnez un exemple. — **R.** $\frac{7}{5}$ est plus *grand* que $\frac{7}{6}$. En effet, $\frac{1}{5}$ est évidemment plus *grand* que $\frac{1}{6}$. Donc $\frac{7}{5}$ est plus *grand* que $\frac{7}{6}$ [a].

Exercice. 1. La *fraction* $\frac{9}{13}$ est-elle plus grande que 1 ? — **Solution.** Elle est plus *petite* [b].

E. 2. Que savez-vous sur la grandeur de $\frac{15}{15}$? — **S.** $\frac{15}{15} = 1$.

E. 3. La *fraction* $\frac{17}{11}$ est-elle plus petite que 1 ? — **S.** Elle est plus *grande* [c].

E. 4. Quelle est la plus grande des *fractions* $\frac{5}{31}$ et $\frac{6}{31}$? — **S.** La seconde.

E. 5. Quelle est la plus grande des *fractions* $\frac{13}{18}$ et $\frac{13}{19}$? — **S.** La première.

E. 6. Calculez $548,63 - 79,847 + 667,01$. — **S.** $468,783 + 667,01$, c-à-d $1135,793$.

E. 7. On a huit bonbonnes. Il s'en faut de $3^l,2$ que chacune soit pleine. Elles contiennent ensemble $157^l,3$ de liquide. Dites la capacité de chacune d'elles. — **S.** Chacune contient $157^l,3 : 8$, c-à-d $19^l,6625$ de liquide. Donc la capacité de chacune est de $19^l,6625 + 3^l,2$, c-à-d de $22^l,8625$.

E. 8. Un fossé avait $537^m,85$ de long. On en a comblé une longueur de $448^m,79$. Quelle est la longueur qui reste ? — **S.** $537^m,85 - 448^m,79$, c-à-d $89^m,06$.

---

[a] Il suffit, on le voit, que deux fractions aient un *terme* commun, pour qu'on puisse dire, à première vue, celle des deux qui est la *plus grande* ou la *plus petite*.

[b] On voit immédiatement qu'il s'en faut de 4 *treizièmes* qu'elle soit égale à l'*unité*.

[c] On voit immédiatement qu'elle dépasse l'*unité* de 6 *onzièmes*.

140 LES FRACTIONS.

E. 9. Pour faire un certain travail, un ouvrier a mis 17 journées de 9^h, plus encore 5^h. Combien d'heures en tout? — **S.** 9$^h \times$17 + 5^h, c-à-d 158^h.

E. 10. On achète pour 51^f,25 de coke[a] et pour 47^f,50 de charbon de terre. Combien a-t-on à payer? — **S.** 51^f,25 + 47^f,50, c-à-d 98^f,75.

---

82. — Sur les entiers joints aux fractions.

Question. Par quoi peut-on remplacer une fraction *supérieure* à 1? — **Réponse.** On peut toujours remplacer une fraction *supérieure* à 1 par la *somme* d'un *entier* et d'une fraction *inférieure* à 1.

Q. Comment y arrive-t-on? — **R.** Pour y arriver, on divise le numérateur par le dénominateur : l'entier est égal au *quotient* obtenu; la nouvelle fraction a pour dénominateur le *dénominateur* donné, et pour numérateur le *reste* de la division[b].

Q. Donnez un exemple. — **R.** Soit $\frac{25}{7}$. Divisant 25 par 7, je trouve pour *quotient* 3 et pour *reste* 4. Donc 25 est égal à 3 fois 7, plus 4. Donc $\frac{25}{7}$ est égal à 3 fois $\frac{7}{7}$, plus $\frac{4}{7}$; c-à-d à $3 + \frac{4}{7}$.[c]

Q. Par quoi peut-on remplacer la *somme* d'un entier et d'une fraction? — **R.** On peut toujours remplacer par une *fraction unique* la *somme* d'un *entier* et d'une *fraction*.

Q. Comment y arrive-t-on? — **R.** Pour y arriver, on *multiplie* l'entier par le dénominateur de la fraction, et l'on *ajoute* le produit au numérateur.

[a] Le *coke* est un combustible, fort léger, qui provient de la calcination, en vases clos, de la houille ou charbon de terre.
[b] On dit parfois que cette opération a pour but d'*extraire* les entiers contenus dans la fraction.
[c] Dans le cours d'un calcul, il n'est jamais nécessaire, ni même utile, de remplacer ainsi une fraction par une somme. On ne doit faire subir cette opération qu'au *résultat final* du calcul, si ce résultat se présente sous la forme d'une fraction supérieure à l'unité.

NUMÉRATION DES FRACTIONS ORDINAIRES. 141

Q. Donnez un exemple. — R. Soit $6+\frac{2}{3}$. Puisque une unité vaut $\frac{3}{3}$, les 6 unités données valent $\frac{18}{3}$. La *somme* donnée vaut donc $\frac{18}{3}+\frac{2}{3}$, c-à-d $\frac{20}{3}$ [a].

Exercice. 1. Extrayez les *entiers* de $\frac{57}{20}$. — **Solution.** $2+\frac{17}{20}$.

E. 2. Extrayez les *entiers* de $\frac{63}{16}$. — S. $3+\frac{15}{16}$.

E. 3. Réduisez en une *seule fraction* $17+\frac{4}{7}$. — S. $\frac{119+4}{7}$, ou $\frac{123}{7}$.

E. 4. Réduisez en une *seule fraction* $23+\frac{6}{13}$. — p. 81 S. $\frac{299+6}{13}$, ou $\frac{305}{13}$.

E. 5. Calculez à moins de 0,01 le *quotient* de 220 304 par 49. — S. 4 496,00 [b].

E. 6. Calculez 814,19 — 50,609 — 29,54. — S. 763,581 — 29,54, c-à-d 734,041.

E. 7. Trois associés achètent 1 223 sacs de farine à $46^f,25$ le sac. Que doit payer chacun d'eux ? — S. Ils payent ensemble $46^f,25 \times 1 223$, c-à-d $56 563^f,75$. Chacun paye le *tiers* [c] de cette somme, c-à-d $18 854^f,58$.

E. 8. Sur $46 239^a,25$ de prairie, $7 496^a,8$ sont inondés. Quelle étendue reste à sec ? — S. $46 239^a,25 - 7 496^a,8$, ou $38 742^a,45$.

E. 9. Des vêtements sont étiquetés $39^f,75$. On me diminue $0^f,55$ par vêtement. J'en achète 6. Combien dois-je ? — S. $(39^f,75 - 0^f,55) \times 6$, c-à-d $39^f,20 \times 6$, ou $235^f,20$.

---

[a] Cette opération, qui consiste à remplacer par une *fraction unique* la somme d'un entier et d'une fraction, est l'une des *plus utiles* de l'arithmétique. Chaque fois que, dans le cours d'un calcul, on rencontre une pareille somme, il est bon de la remplacer ainsi par une seule fraction.

[b] La règle générale nous donne 4 496,00. Seulement, comme le *reste* de la division est *nul*, le quotient est *exactement* 4 496.

[c] L'opération qui consiste à prendre le *tiers* se doit effectuer par la méthode de la *courte division*.

E. **10.** On a vendu 1 519 623 mesures de maïs [a] et 3 525 647 mesures de blé. Combien de mesures en tout ? — S. 5 045 270.

---

83. — Quotient exact de deux nombres entiers.

Question. Une *fraction* n'est-elle pas une partie *aliquote* ? — Réponse. Toute *fraction* est une *partie aliquote* de son *numérateur* marquée par son *dénominateur*.

Q. Donnez un exemple. — R. $\frac{5}{7}$ est le *septième* de 5. En effet, le *septième* de 1 est $\frac{1}{7}$; le *septième* de 2 est $\frac{2}{7}$; celui de 3 est $\frac{3}{7}$; ... ; celui de 5 est $\frac{5}{7}$.

Q. Que trouve-t-on quand on multiplie une fraction par son dénominateur ? — R. Lorsqu'on *multiplie* une fraction par son *dénominateur*, on trouve juste son *numérateur*.

Q. Donnez un exemple. — R. $\frac{8}{13}$ est le *treizième* de 8. En multipliant $\frac{8}{13}$ par 13, on obtient donc les 13 *treizièmes* de 8, c-à-d 8 [b].

Q. Une fraction n'est-elle pas un quotient ? — R. Toute *fraction ordinaire* est le *quotient exact* de son *numérateur* par son *dénominateur*.

Q. Donnez un exemple ? — R. La fraction $\frac{26}{17}$ est le *quotient exact* de 26 par 17. En effet, si on la multiplie par le diviseur 17, on retrouve le dividende 26.

Q. Comment obtient-on, en général, un *quotient exact* ? — R. Lorsque la *division* de deux nombres entiers ne se fait pas exactement, il suffit, pour en obtenir le *quotient exact*, d'ajouter au quotient trouvé *une fraction* ayant pour *numérateur* le *reste* et pour *dénominateur* le *diviseur*.

[a] Le *maïs* est aussi très connu sous le nom de *blé de Turquie*.
[b] Ce résultat est l'un des plus importants de la théorie des fractions. Il faut que les élèves l'apprennent et le retiennent parfaitement.

NUMÉRATION DES FRACTIONS ORDINAIRES.

Q. Donnez un exemple ? — **R.** Soit la *division* de 77 par 12, dont le *quotient* est 6 et le *reste* 5. Le *quotient exact* sera $6 + \frac{5}{12}$. En effet, ce *quotient exact* est $\frac{77}{12}$. Or, $\frac{77}{12}$ est égal à $6 + \frac{5}{12}$ [a].

Q. Comment indique-t-on d'ordinaire le quotient de deux nombres ? — **R.** Au lieu d'indiquer par le signe : la *division* de deux nombres, on met le plus souvent le *quotient* de ces deux nombres sous la forme d'une *fraction* [b].

Exercice. 1. Trouvez le *quotient exact* de 1082 par 99.
— **Solution.** $10 + \frac{92}{99}$.

E. 2. Trouvez le *quotient exact* de 949 par 78. —
S. $12 + \frac{13}{78}$.

E. 3. Trouvez le *quotient exact* de 871 par 114. —
S. $7 + \frac{73}{114}$.

E. 4. Calculez à moins de 0,001 le *quotient* de 171 par 46.
— **S.** 3,717 [c].

E. 5. Calculez (4512,28 — 89,733) : 14,4. — **S.** 4422,547 : 14,4, ou 307,12.

E. 6. Multipliez 57,899 par 85,3. — **S.** 4938,7847.

E. 7. Un escalier a 37 marches. Les 36 premières ont chacune $0^m,13$ de haut. La dernière n'a que $0^m,11$. Dites la hauteur totale. — **S.** $0^m,13 \times 36 + 0^m,11$, c-à-d $4^m,79$.

E. 8. Une maison a été construite en 1635. Quel sera son âge en l'an 1900 ? — **S.** 1900 — 1635, c-à-d 265.

E. 9. On a en argent $317^f,50$ et en sous [d] $2^f,75$. Dites le

---

[a] Tant qu'on ne disposait que des nombres *entiers*, le quotient de la plupart des divisions ne pouvait s'exprimer que d'une manière *approchée*. Grâce aux *fractions ordinaires*, tout quotient s'exprime *exactement*.

[b] Cette nouvelle manière d'écrire le quotient de deux nombres entiers est de beaucoup la meilleure.

[c] Les *fractions décimales* ne sont qu'un cas particulier des *fractions ordinaires*. Ce sont des fractions ordinaires dont le dénominateur est l'un des nombres 10, 100, 1 000, etc.

[d] Le *sou* est une pièce de bronze qui vaut $0^f,05$. C'est le *vingtième* du franc.

cinquième de la somme totale. — **S.** La somme totale est 320^f,25. Son *cinquième* est de 64^f,05.

E. 10. Une locomotive pèse 29 687^{Kg} et une autre 32 829^{Kg}. Combien pèsent les deux ensemble ? — **S.** 62 516^{Kg} [a].

---

84. — Rendre une fraction un certain nombre de fois plus grande ou plus petite.

Question. Que faut-il faire pour rendre une fraction 2, 3, 4,... fois *plus grande ?* — **Réponse.** Pour rendre une fraction 2, 3, 4,... fois *plus grande*, il suffit de *multiplier* son *numérateur* par 2, 3, 4,..., sans toucher à son dénominateur [b].

Q. Donnez un exemple. — **R.** Pour rendre 3 fois plus *grande* la fraction $\frac{7}{11}$, je *multiplie* 7 par 3. Je trouve ainsi $\frac{21}{11}$. Or, les fractions $\frac{21}{11}$ et $\frac{7}{11}$ contiennent toutes deux des *onzièmes*; la première en contient 3 fois *plus* que la seconde; donc elle est 3 fois plus *grande*.

Q. Que faut-il faire pour rendre une fraction 2, 3, 4,... fois *plus petite ?* — **R.** Pour rendre une fraction 2, 3, 4,... fois plus *petite*, il suffit de *multiplier* son *dénominateur* par 2, 3, 4,..., sans toucher à son numérateur [c].

p. 83 **Q.** Donnez un exemple. — **R.** Pour rendre 4 fois plus *petite* la fraction $\frac{5}{12}$, je *multiplie* 12 par 4. Je trouve ainsi $\frac{5}{48}$. Or, $\frac{1}{48}$ est 4 fois plus *petit* que $\frac{1}{12}$. Donc la fraction $\frac{5}{48}$ est 4 fois plus *petite* que la fraction $\frac{5}{12}$.

---

[a] Nos problèmes, on le voit, sont, en général, fort simples. Il faut que les élèves en fassent surtout de tels : on peut toujours ramener à une suite de problèmes *simples* les problèmes en apparence les plus *compliqués*.

[b] Il suffirait aussi de *diviser* le *dénominateur* par 2, 3, 4, ..., si cette division se pouvait faire exactement.

[c] Dans ce cas, comme dans le précédent, nous n'indiquons que le procédé de la *multiplication*, parce que c'est celui qui se peut toujours appliquer.

TRANSFORMATION DES FRACTIONS.

Exercice. 1. Rendez 5 fois plus grande la fraction $\frac{2}{13}$. — **Solution.** $\frac{10}{13}$.

E. 2. Rendez 7 fois plus grande la fraction $\frac{8}{17}$. — **S.** $\frac{56}{17}$.

E. 3. Quel est le *tiers* de $\frac{11}{15}$? — **S.** $\frac{11}{45}$ (a).

E. 4. Quel est le *double* de $\frac{13}{21}$? — **S.** $\frac{26}{21}$ (b).

E. 5. Quelle est la *moitié* de $\frac{5}{27}$? — **S.** $\frac{5}{54}$.

E. 6. Quel est le *triple* de $\frac{8}{25}$? — **S.** $\frac{24}{25}$.

E. 7. Un pré a une étendue de $325^a,38$. Quelle est l'étendue de son *tiers* ? — **S.** $108^a,46$.

E. 8. Des poupées coûtent $0^f,45$ la pièce. Que coûtent 7 *douzaines* ? — **S.** $0^f,45 \times 12 \times 7$ (c).

E. 9. Un sac contient $58^l,3$ d'avoine. Combien d'avoine dans 385 sacs pareils ? — **S.** $58^l,3 \times 385$, c-à-d $22445^l,5$.

E. 10. Des pièces de tresse pour border en contiennent 96^m chacune. Si l'on en achetait 8, il manquerait encore 53^m. Combien veut-on de mètres de tresse ? — **S.** $96^m \times 8 + 53^m$, c-à-d $768^m + 53^m$, ou 821^m.

CHAPITRE IV

TRANSFORMATION DES FRACTIONS

---

85. — Principes fondamentaux.

Question. Qu'arrive-t-il quand on multiplie les deux termes d'une fraction par un même nombre ? — **Réponse.** *Une*

(a) Evidemment, prendre le *tiers* d'une fraction, c'est la rendre 3 *fois plus petite*.
(b) Prendre le *double* d'une fraction, c'est la rendre 2 *fois plus grande*.
(c) On pourrait dire aussi que 7 *douzaines* de poupées font 84 poupées.

146   LES FRACTIONS.

fraction ne change pas quand on multiplie ses deux termes par un même nombre [a].

p. 84   Q. Donnez un exemple ? — R. Soit $\frac{5}{7}$. En multipliant ses deux termes par 3, on trouve $\frac{15}{21}$. Ces deux fractions $\frac{5}{7}$ et $\frac{15}{21}$ sont égales, car chacune d'elles est 3 fois plus *grande* que $\frac{5}{21}$ [b].

Q. Qu'arrive-t-il quand on divise exactement les 2 termes d'une fraction par un même nombre ? — R. *Une fraction ne change pas quand on divise (exactement) ses deux termes par un même nombre.*

Q. Donnez un exemple ? — R. Soit la fraction $\frac{12}{18}$. Divisant ses deux termes par 6, on trouve $\frac{2}{3}$. Ces deux fractions $\frac{12}{18}$ et $\frac{2}{3}$ sont égales, car chacune d'elles est 6 fois plus *petite* que $\frac{12}{3}$ [c].

Exercice. 1. Extrayez les *entiers* de $\frac{43}{7}$. — **Solution.** $6 + \frac{1}{7}$ [d].

E. 2. Réduisez en une *seule fraction* $25 + \frac{3}{8}$. — **S.** $\frac{203}{8}$ [e].

E. 3. Quelle est la plus grande des fractions $\frac{3}{16}$, $\frac{3}{17}$? — **S.** La première.

E. 4. Rendez 3 fois plus grande la fraction $\frac{2}{59}$. — **S.** $\frac{6}{59}$.

(a) Ce principe et le suivant sont tous les deux d'une importance capitale. Voilà pourquoi nous les nommons *principes fondamentaux*.

(b) $\frac{5}{21}$ est 3 fois *plus petit* que $\frac{5}{7}$, parce que son *dénominateur* 21 est 3 fois *plus grand* que 7.

(c) $\frac{12}{18}$ est 6 fois *plus petit* que $\frac{12}{3}$, parce que son *dénominateur* 18 est 6 fois *plus grand* que 3.

(d) Faites bien remarquer que $\frac{43}{7}$ est le quotient *exact* de 43 par 7. La *partie entière* de ce quotient est 6. La *partie complémentaire* est $\frac{1}{7}$.

(e) Ce calcul nous montre que $25 + \frac{3}{8}$ est le *quotient exact* de 203 par 8.

E. 5. Rendez 7 fois plus petite la fraction $\frac{2}{3}$. — **S.** $\frac{2}{21}$.

E. 6. Quel est le *quart* de $\frac{5}{7}$ [a] ? — **S.** $\frac{5}{28}$.

E. 7. Un perroquet est mort en 1872 et a vécu 103 ans. En quelle année était-il né ? — **S.** En 1872 — 103, c-à-d en 1769.

E. 8. Trois objets de même prix valaient ensemble 146^f,55. J'en prends un et donne 100^f. Combien doit-on me rendre ? — **S.** Un objet valait le *tiers* de 146^f,55, c-à-d 48^f,85. On doit donc me rendre 100^f — 48^f,85, c-à-d 51^f,15.

E. 9. Il y a, dans un wagon, 6735^{Kg},62 de fer et 3796^{Kg},5 de cuivre. Dites le poids total. — **S.** 10532^{Kg},12.

E. 10. Combien d'ares couvriraient, les unes à côté des autres, 784 couvertures ayant une surface de 0^a,07 ? — **S.** 784 fois 0^a,07, c-à-d 0^a,07 × 784, ou 54^a,88.

---

86. — Simplification des fractions.

Question. Qu'est-ce que *simplifier* une fraction ? — **Réponse.** *Simplifier* une fraction donnée, c'est trouver une seconde fraction qui soit *égale* à la première, mais qui ait des *termes moindres*.

Q. Que faut-il faire pour simplifier une fraction ? — **R.** Pour *simplifier* une fraction, il suffit de *diviser* (exactement) ses *deux termes* par un *même nombre* [b].

Q. Donnez un exemple. — **R.** Soit $\frac{9}{15}$. Divisant les deux termes par 3, on trouve $\frac{3}{5}$. D'après ce qu'on a vu, $\frac{3}{5}$ est *égale*

---

[a] Pour prendre le *quart* de cette fraction, il suffit de la rendre 4 fois *plus petite*.

[b] Il est donc utile de regarder toujours si les *deux termes* d'une fraction ont un ou plusieurs *diviseurs communs*. Les caractères de *divisibilité* que nous avons donnés permettent, dans beaucoup de cas, d'apercevoir de tels diviseurs.

à $\frac{9}{15}$; et comme $\frac{3}{5}$ a ses *termes moindres* que ceux de $\frac{9}{15}$, la fraction $\frac{9}{15}$ a été simplifiée [a].

Q. Faut-il *simplifier* les fractions? — **R.** Il faut *simplifier*, le plus qu'on peut, toutes les fractions qu'on rencontre [b].

Exercice. 1. *Simplifiez* $\frac{4}{6}$, $\frac{3}{9}$, $\frac{5}{15}$. — Solution. $\frac{2}{3}$, $\frac{1}{3}$, $\frac{1}{3}$.

E. 2. *Simplifiez* $\frac{60}{75}$, $\frac{75}{80}$. — **S.** $\frac{4}{5}$, $\frac{15}{16}$.

E. 3. *Simplifiez* $\frac{25}{40}$, $\frac{51}{171}$. — **S.** $\frac{5}{8}$, $\frac{17}{57}$.

E. 4. Calculez le *quotient exact* de 75 par 9. — **S.** $\frac{75}{9}$, c-à-d $\frac{25}{3}$, ou $8 + \frac{1}{3}$.

E. 5. Calculez le *quotient exact* de 39 par 7. — **S.** $5 + \frac{4}{7}$ [c].

E. 6. Calculez à moins de 0,001 le *quotient* de 71,2 par 7,3. — **S.** 9,753.

E. 7. Il y a 136 728 abeilles dans 24 ruches. Combien dans chacune? — **S.** 5 697.

E. 8. Un réservoir reçoit $61^l,2$ d'eau et en perd $53^l,24$, en 1^h. Il contenait d'abord $3\,429^l,7$. Que contient-il 1^h plus tard? — **S.** $3\,429^l,7 + 61^l,2 - 53^l,24$, c-à-d $3\,437^l,66$.

E. 9. Une flanelle coûte $1^f,65$ le mètre. Que coûtent

---

[a] Si les deux termes d'une fraction se terminaient par des *zéros*, on en pourrait supprimer un même nombre en haut et en bas. Cela reviendrait, en effet, à diviser les deux termes de cette fraction par 10, ou par 100, ou par 1 000, etc.

[b] Plus une fraction est *simplifiée*, plus elle présente à notre esprit une idée *nette* et *claire*. Les deux fractions $\frac{38}{57}$ et $\frac{2}{3}$ sont égales; mais la seconde nous présente une idée beaucoup plus claire.

[c] La fraction $\frac{39}{7}$ qui exprime ce quotient ne peut pas être *simplifiée*: on dit qu'elle est *irréductible*.

— 24^m,56? — **S.** 24,56 fois plus, c-à-d 1^f,65 $\times$ 24,56, ou 40^f,5240 [a].

E. 10. Pour faire un ouvrage, il faut 288^h. Combien faut-il pour un autre qui demande 5^h de plus que le *sixième* de ce temps ? — **S.** $\frac{288}{6}$ [b] $+$ 5, c-à-d 48 $+$ 5, ou 53^h.

87. — Réduction au même dénominateur.

Question. Qu'est-ce que réduire plusieurs fractions au même dénominateur ? — **Réponse.** *Réduire* plusieurs fractions au *même dénominateur*, c'est remplacer ces fractions par d'autres qui leur soient respectivement *égales* et qui aient toutes le *même* dénominateur [c].

Q. Que faut-il faire pour réduire plusieurs fractions au même dénominateur ? — **R.** Pour *réduire* plusieurs fractions au *même dénominateur*, il suffit de *multiplier les deux termes* de chacune d'elles par les *dénominateurs* de toutes les autres.

p. 86

Q. Donnez un exemple. — **R.** Soient à réduire au *même dénominateur* $\frac{3}{4}$, $\frac{2}{5}$ et $\frac{5}{6}$. Je *multiplie* les deux termes de $\frac{3}{4}$ par 5 et par 6, c-à-d par 30 ; — les deux termes de $\frac{2}{5}$ par 6 et par 4, c-à-d par 24 ; — les deux termes de $\frac{5}{6}$ par 4 et par 5, c-à-d par 20. J'obtiens ainsi $\frac{90}{120}$, $\frac{48}{120}$ et $\frac{100}{120}$, qui sont bien *égales* aux fractions données et qui ont toutes le *même dénominateur* [d].

---

[a] Dans la pratique, on payerait soit 40^f,50, soit 40^f,55. Le premier de ces nombres est le plus *approché du nombre exact* qu'on vient de calculer.

[b] La fraction $\frac{288}{6}$ représente précisément le *sixième* de 288.

[c] Nulle opération sur les fractions n'est plus importante que la *réduction au même dénominateur*. Elle est indispensable pour *comparer* les fractions entre elles, et aussi, comme nous le verrons, pour les *ajouter* et les *retrancher*.

[d] Ce procédé est le plus simple qui existe ; mais il ne conduit pas toujours au *dénominateur commun* le *plus petit* possible. — Nous ver-

LES FRACTIONS.

Exercice. 1. Réduire au *même dénominateur* $\frac{2}{3}$ et $\frac{3}{4}$. — **Solution.** $\frac{8}{12}$ et $\frac{9}{12}$.

E. 2. Réduire au *même dénominateur* $\frac{5}{6}$ et $\frac{1}{2}$. — **S.** $\frac{10}{12}$ et $\frac{6}{12}$ [a].

E. 3. Réduire au *même dénominateur* $\frac{7}{9}$ et $\frac{5}{4}$. — **S.** $\frac{28}{36}$ et $\frac{45}{36}$.

E. 4. Quelle est la plus grande des fractions $\frac{2}{3}$ et $\frac{7}{12}$? — **S.** Ces fractions sont égales à $\frac{24}{36}$ et $\frac{21}{36}$. La première est la *plus grande* [b].

E. 5. Quelle est la plus petite des fractions $\frac{1}{5}$ et $\frac{5}{20}$? — **S.** Ces fractions sont égales à $\frac{20}{100}$ et $\frac{25}{100}$. La première est la *plus petite*.

E. 6. Retranchez 50,916 de 231,086. — **S.** 180,170.

E. 7. On achète 2 maisons, l'une de 31 628^f,50, l'autre de 43 728^f,75. Combien doit-on ? — **S.** 75 357^f,25.

E. 8. On a 14^{kg},15 de miel pour 23^f,95. A combien revient le demi-kilogramme ? — **S.** 1^{kg} coûte 23^f,95 : 14,15, c-à-d 1^f,69. Le demi-kilogramme coûte donc 0^f,84 [c].

E. 9. Un terrain vaut 29^f,55 l'are. Avec 3 000^f, quelle étendue puis-je en acheter ? — **S.** Autant d'ares qu'il y a de fois 29,55 dans 3 000, c-à-d 3 000 : 29,55, ou 101^a.

E. 10. Il y avait, dans un sac, 26 378 fèves. On en sort 2 345, puis 627. Combien en reste-t-il ? — **S.** 26 378 — 2 345 — 627, c-à-d 23 406.

---

rons, dans les *Compléments*, le procédé qu'il faut suivre pour réduire plusieurs fractions à leur *plus petit dénominateur commun*.

[a] Il suffirait de multiplier par 3 les deux termes de la seconde des fractions données pour la réduire au *dénominateur* de la première.

[b] Etant données deux fractions, pour reconnaître quelle est la *plus grande* ou la *plus petite*, le procédé général, c'est de réduire ces deux fractions au *même dénominateur*.

[c] Dans beaucoup de provinces, et même à Paris, le *demi-kilogramme* se désigne encore souvent par l'ancien mot *livre*.

CHAPITRE V

OPÉRATIONS SUR LES FRACTIONS ORDINAIRES.

---

88. — Addition des fractions.

Question. Qu'est-ce que *additionner* plusieurs *fractions?* p. 87
— **Réponse.** *Additionner* plusieurs fractions, c'est trouver une fraction nouvelle contenant *à elle seule* autant d'unités et parties d'unité qu'il y en a dans toutes les fractions données *ensemble*.

Q. Donnez un exemple. — **R.** *Additionner* $\frac{2}{3}$ et $\frac{5}{7}$, c'est trouver une nouvelle fraction contenant *à elle seule* autant d'unités et parties d'unité que $\frac{2}{3}$ et $\frac{5}{7}$ en contiennent *ensemble* [a].

Q. Que fait-on si les fractions ont le même dénominateur? — **R.** Si les fractions données ont le *même dénominateur*, il suffit pour les ajouter d'*ajouter* tous les *numérateurs* sans toucher au dénominateur commun.

Q. Donnez un exemple. — **R.** Soient $\frac{2}{11}$, $\frac{3}{11}$, $\frac{7}{11}$. Il est bien évident que leur *somme* est $\frac{2+3+7}{11}$, c-à-d $\frac{12}{11}$ [b].

Q. Que fait-on si les fractions ont des dénominateurs différents? — **R.** Si les fractions ont des *dénominateurs différents*, on les réduit d'abord au *même dénominateur*, puis on *ajoute* les *nouveaux numérateurs*, sans toucher au dénominateur commun.

Q. Donnez un exemple. — **R.** Soient $\frac{2}{3}$ et $\frac{3}{4}$. Réduites au

---

[a] Cette *définition* est identique à celles que nous avons données déjà, soit pour les nombres *entiers*, soit pour les nombres *décimaux*.
[b] Cette addition revient, par conséquent, à une addition de nombres *entiers*. En dernière analyse, c'est sur les nombres *entiers* que s'effectuent tous les calculs.

même dénominateur, ces fractions deviennent $\frac{8}{12}$ et $\frac{9}{12}$, dont la somme est $\frac{17}{12}$ [a].

Exercice. 1. Additionnez $\frac{2}{9}$ et $\frac{5}{6}$. — **Solution.** $\frac{57}{54}$, ou $\frac{19}{18}$, ou $1 + \frac{1}{18}$.

E. 2. Additionnez $\frac{3}{5}$ et $\frac{11}{9}$. — **S.** $\frac{82}{45}$, ou $1 + \frac{37}{45}$.

E. 3. Additionnez $\frac{15}{16}$, $\frac{4}{8}$ et $\frac{1}{6}$. — **S.** $\frac{1\,232}{768}$, ou $\frac{77}{48}$, ou $1 + \frac{29}{48}$ [b].

p. 88   E. 4. Une source coulant seule remplirait un bassin en 3^h. Une autre le remplirait en 2^h. Coulant ensemble, quelle fraction en remplissent-elles en 1^h ? — **S.** La première en remplit le *tiers* en 1^h, et la seconde la moitié. Ensemble, elles en remplissent donc $\frac{1}{3} + \frac{1}{2}$ [c], c-à-d les $\frac{5}{6}$.

E. 5. Simplifiez $\frac{19}{114}$, $\frac{80}{85}$, $\frac{36}{66}$. — **S.** $\frac{1}{6}$, $\frac{16}{17}$, $\frac{6}{11}$.

E. 6. Simplifiez $\frac{512}{1024}$, $\frac{81}{729}$. — **S.** $\frac{1}{2}$, $\frac{1}{9}$.

E. 7. Sur $1\,327^l,75$ de haricots, on en consomme $56^l,80$. Combien en reste-t-il ? — **S.** $1\,270^l,95$.

E. 8. On travaille à un chemin tous les jours, sauf le dimanche, et l'on en fait $17^m,24$ par jour. Quelle longueur en fera-t-on dans un mois de 30^j où il y a 4 dimanches ? — **S.** $17^m,24 \times (30-4)$, c-à-d $17^m,24 \times 26$, ou $448^m,24$.

E. 9. Rome a été fondée 753 ans avant notre ère. Quelle sera l'âge de cette ville en l'an 2000 ? — **S.** $753 + 2000$, c-à-d $2\,753$ ans.

(a) Dire qu'on réduit les fractions au *même dénominateur*, c'est dire qu'on ramène les nombres donnés à exprimer tous des quantités de *même nature*. Dans le présent exemple, on les ramène tous à exprimer des *douzièmes*.

(b) Pour simplifier $\frac{1\,232}{768}$, il suffit d'en diviser, plusieurs fois de suite, les deux termes par 2.

(c) Quand on indique, comme ici, l'addition de deux fractions, il faut que le signe $+$ soit juste à la même hauteur que les barres de ces fractions.

OPÉRATIONS SUR LES FRACTIONS ORDINAIRES. 153.

E. **10.** A combien revient une pièce de vin qui a coûté 146^f,25 d'achat, 7^f,15 de port et 16^f,85 d'entrée?[a] — S. A 170^f,25.

---

89. — Soustraction des fractions.

Question. Qu'est-ce que soustraire une fraction d'une autre? — **Réponse.** *Soustraire* une fraction d'une autre, c'est chercher ce qu'il *reste* quand on *ôte* de la seconde toutes les unités et parties d'unité qui composent la première.

Q. Donnez un exemple. — R. Soustraire $\frac{2}{5}$ de $\frac{8}{9}$, c'est chercher ce qu'il *reste* lorsque de $\frac{8}{9}$ on *ôte* toutes les parties d'unité qui composent $\frac{2}{5}$ [b].

Q. Que fait-on si les fractions ont le *même dénominateur?* — R. Si les fractions données ont le *même dénominateur*, il suffit, pour soustraire, d'effectuer la *soustraction* sur les *numérateurs*, sans toucher au dénominateur commun.

Q. Donnez un exemple. — R. Soit à retrancher $\frac{2}{15}$ de $\frac{11}{15}$. Il est bien évident que la différence est $\frac{11-2}{15}$, c-à-d $\frac{9}{15}$.

Q. Que fait-on si les fractions ont des *dénominateurs différents?* — R. Si les fractions ont des *dénominateurs différents*, on les réduit d'abord au *même dénominateur*, puis on fait la *soustraction* sur les *nouveaux numérateurs*, sans toucher au dénominateur commun [c].

Q. Donnez un exemple. — R. Soit à retrancher $\frac{2}{9}$ de $\frac{11}{5}$. p. 89

---

[a] Les droits d'*entrée* se nomment aussi droits d'*octroi*. Ils constituent l'un des *impôts indirects*.
[b] Cette définition de la *soustraction* est identique à celles que nous avons données déjà, soit pour les nombres *entiers*, soit pour les nombres *décimaux*.
[c] La nécessité de réduire les fractions au *même dénominateur* provient de ce qu'on ne peut retrancher l'un de l'autre que des nombres de même nature.

Réduites au même dénominateur, ces fractions deviennent $\frac{10}{45}$ et $\frac{99}{45}$, dont la différence est $\frac{99-10}{45}$, c-à-d. $\frac{89}{45}$ [a].

Exercice. 1: Retranchez $\frac{2}{3}$ de $\frac{5}{6}$. — **Solution.** $\frac{3}{18}$, ou $\frac{1}{6}$.

E. 2. Retranchez $\frac{1}{5}$ de $\frac{3}{8}$. — **S.** $\frac{7}{40}$.

E. 3. Retranchez $\frac{2}{7}$ de $\frac{4}{9}$. — **S.** $\frac{10}{63}$ [b].

E. 4. Une ouvrière fait un ouvrage en 3^h, et une autre en 4^h. Quelle fraction la première fait-elle de plus en 1^h. — **S.** En 1^h, la première fait le *tiers* de l'ouvrage, la seconde fait le *quart*. La différence est un *tiers* moins un *quart*, c-à-d un *douzième* [c].

E. 5. Additionnez $\frac{2}{3}$, $\frac{5}{7}$ et $\frac{3}{8}$. — **S.** $\frac{295}{168}$, ou $1 + \frac{127}{168}$.

E. 6. Calculez le quotient exact de 387 par 11. — **S.** $35 + \frac{2}{11}$.

E. 7. Un tonneau vide pèse $35^{Kg},750$. Il pèse $177^{Kg},360$ lorsqu'il est plein d'un liquide pesant $0^{Kg},987$ le litre. Quelle est sa capacité? — **S.** Le liquide contenu dans le tonneau pèse $177^{Kg},370 - 35^{Kg},750$, c-à-d $141^{Kg},610$. Il y en a autant de litres qu'il y a de fois $0^{Kg},987$ dans $141^{Kg},610$, c-à-d 143 [d].

E. 8. Les chardons couvrent les $\frac{3}{5}$ d'un champ. Dites

---

[a] Les nombres *décimaux* n'étant autres choses que de véritables fractions, on doit, soit pour les ajouter, soit pour les retrancher, les réduire au *même dénominateur*. Il suffit, pour opérer cette réduction, de leur donner à tous le *même nombre* de décimales. Cela revient, au fond, à placer les nombres décimaux les uns sous les autres, de façon que leurs virgules se correspondent.

[b] Les fractions $\frac{7}{40}$ et $\frac{10}{63}$ ne peuvent pas être simplifiées : elles sont *irréductibles*. On verra plus tard un moyen sûr de reconnaître si une fraction est *irréductible*.

[c] On raisonne ainsi : « puisque, en 3^h, la première fait tout l'ouvrage, en 1^h, elle fait 3 *fois moins*, c-à-d le *tiers* de l'ouvrage ; etc. »

[d] Dans la division que l'on vient de faire, le quotient est *supérieur* au dividende. Le simple bon sens montre qu'il en doit être ainsi. En effet, si 1^l du liquide pesait juste 1^{Kg}, il y aurait $141^l,610$. Comme 1^l pèse *moins*, le nombre des litres doit être *plus grand*.

OPÉRATIONS SUR LES FRACTIONS ORDINAIRES. 155.

l'étendue qu'ils ne couvrent pas. — **S.** $\frac{5}{5} - \frac{3}{5}$, c-à-d les $\frac{2}{5}$.

E. 9. Un chemin est bordé de 3 426 peupliers. Combien y en a-t-il sur le tiers de ce chemin? — **S.** 3 426 : 3 c-à-d 1 142.

E. 10. Trois barriques contiennent $218^l,5$; $219^l,750$; et $225^l,4$. Combien en tout? — **S.** $663^l,750$.

---

90. — Multiplication des fractions.

Question. Qu'est-ce que *multiplier* une *fraction* par un nombre *entier*? — **Réponse.** *Multiplier* une fraction par un *nombre entier*, c'est *prendre* plusieurs fois *cette fraction*.

Q. Donnez un exemple. — **R.** *Multiplier* $\frac{3}{14}$ par 8, c'est prendre 8 fois $\frac{3}{14}$ [a].

Q. Que fait-on pour *multiplier* une *fraction* par un nombre *entier*? — **R.** Pour *multiplier* une fraction par un *nombre entier*, il suffit de *multiplier* son *numérateur* par ce nombre entier, sans toucher à son dénominateur.

Q. Donnez un exemple. — **R.** Soit $\frac{3}{14}$ à multiplier par 8. Le produit est bien $\frac{3 \times 8}{14}$, c-à-d $\frac{24}{14}$, car cette fraction est 8 fois plus grande que $\frac{3}{14}$.

Q. Qu'est-ce que *multiplier* un *nombre quelconque* par une *fraction*? — **R.** *Multiplier* un nombre quelconque par une *fraction*, c'est *prendre* plusieurs fois une certaine *partie aliquote* de ce nombre quelconque.

Q. Donnez un exemple. — **R.** *Multiplier* un nombre par $\frac{3}{7}$, c'est prendre 3 fois le *septième* de ce nombre [b].

---

[a] Cette définition est identique à celle de la multiplication des nombres *entiers*.
[b] Cette définition est tout à fait analogue à celle qu'on a donnée pour la multiplication d'un nombre quelconque par un nombre *décimal*.

LES FRACTIONS.

Q. Que fait-on pour *multiplier* un nombre *entier* par une *fraction*? — **R.** Pour *multiplier* un nombre *entier* par une *fraction*, il suffit de *multiplier* ce nombre par le *numérateur*, et de conserver le dénominateur.

Q. Donnez un exemple. — **R.** Le produit $11 \times \frac{3}{7}$ est donc $\frac{11 \times 3}{7}$, c-à-d $\frac{33}{7}$. En effet, le septième de 11 est $\frac{11}{7}$, les 3 septièmes sont donc $\frac{11 \times 3}{7}$.

Q. Que fait-on pour *multiplier* une *fraction* par une *fraction*? — **R.** Pour *multiplier* une *fraction* par une *fraction*, on *multiplie* les *numérateurs* entre eux et les *dénominateurs* entre eux.

Q. Donnez un exemple. — **R.** Soit à multiplier $\frac{5}{6}$ par $\frac{3}{4}$. Le produit est $\frac{5 \times 3}{6 \times 4}$. En effet, le quart de $\frac{5}{6}$ est $\frac{5}{6 \times 4}$. Les 3 quarts de $\frac{5}{6}$ sont donc $\frac{5 \times 3}{6 \times 4}$ (a).

Exercice. 1. Multipliez 11 par $\frac{5}{7}$. — **Solution.** $\frac{55}{7}$.

E. 2. Multipliez $\frac{7}{13}$ par $\frac{3}{7}$. — **S.** $\frac{3}{13}$ (b).

E. 3. Multipliez $\frac{528}{529}$ par $\frac{78}{142}$. — **S.** $\frac{20\,592}{37\,559}$.

E. 4. Multipliez $\frac{57}{736}$ par $\frac{68}{345}$. — **S.** $\frac{323}{21\,160}$ (c).

E. 5. Multipliez $\frac{2}{3}$ par 7. — **S.** $\frac{14}{3}$.

(a) Le *produit* des multiplications qu'on vient d'étudier se présente toujours sous la forme d'une *fraction*. Il faut *simplifier* cette fraction toutes les fois qu'on le peut.

(b) Ce produit est $\frac{7 \times 3}{13 \times 7}$. On divise les deux termes par 7, en supprimant, dans chacun d'eux, le facteur 7 qui s'y trouve.

(c) Pour obtenir ce résultat, on écrit le produit cherché sous la forme $\frac{57 \times 68}{736 \times 345}$; puis on divise les deux termes d'abord par 3, ensuite par 2, en se rappelant que, pour diviser un *produit* par un nombre, il suffit de diviser l'*un* de ses *facteurs* par ce nombre. — En général, il y a avantage à indiquer d'abord les calculs, sans les effectuer : les simplifications s'aperçoivent beaucoup mieux.

OPÉRATIONS SUR LES FRACTIONS ORDINAIRES.

E. 6. Il y a 24^h dans 1^j. Combien dans $\frac{2}{3}$ de jour ? —
S. Les $\frac{2}{3}$ de 24, c-à-d $24 \times \frac{2}{3}$, c-à-d 16.

E. 7. Simplifiez $\frac{27}{546}$, $\frac{100}{205}$. — **S.** $\frac{9}{182}$, $\frac{20}{41}$.

E. 8. Trois sacs contiennent chacun $62^f,55$. Trouvez le *quadruple* de la somme totale. — **S.** $62^f,55 \times 3 \times 4$, c-à-d $750^f,60$.

E. 9. On a $8^m,75$ de drap pour $55^f,20$. Que coûte 1^m ? —
S. 8,75 fois moins, c-à-d $55^f,20 : 8,75$, ou $6^f,30$.

E. 10. Cent litres de blé pèsent $76^{Kg},250$. Combien pèsent $4\,567^l$? — **S.** 1^l pèse $0^{Kg},76250$. Donc $4\,567^l$ pèsent $0^{Kg},76250 \times 4\,567$, c-à-d $3\,482^{Kg},3375$.

---

91. — Division des fractions.

Question. Qu'est-ce que *diviser* ? — **Réponse.** *Diviser* un nombre par un autre, c'est trouver un nouveau nombre, appelé *quotient*, qui, *multiplié* par le second, reproduise le premier [a].

Q. Qu'est-ce que diviser $\frac{3}{8}$ par $\frac{5}{11}$? — **R.** Diviser $\frac{3}{8}$ par $\frac{5}{11}$, c'est trouver un nombre qui, *multiplié* par $\frac{5}{11}$, reproduise $\frac{3}{8}$.

Q. Comment divise-t-on une *fraction* par un nombre *entier* ?
— **R.** Pour *diviser* une *fraction* par un nombre *entier*, il suffit de *multiplier* le *dénominateur* par ce nombre sans toucher au numérateur.

Q. Donnez un exemple. — **R.** Soit $\frac{3}{7}$ à diviser par 5. La règle nous donne $\frac{3}{7 \times 5}$. Ce nombre est bien le quotient, car, multiplié par 5, il devient $\frac{3 \times 5}{7 \times 5}$, c-à-d $\frac{3}{7}$.

Q. Comment divise-t-on un nombre *entier* par une *fraction* ?
— **R.** Pour *diviser* un nombre *entier* par une *fraction*, il suffit de *multiplier* ce nombre par la fraction diviseur *renversée*.

---

[a] C'est là la définition générale de la division.

158   LES FRACTIONS.

Q. Donnez un exemple. — **R.** Soit 11 à diviser par $\frac{2}{3}$. La règle nous donne $11 \times \frac{3}{2}$, c.-à-d. $\frac{11 \times 3}{2}$. Ce nombre est bien le quotient, car, multiplié par $\frac{2}{3}$, il devient $\frac{11 \times 3 \times 2}{2 \times 3}$, c.-à-d. 11.

Q. Comment divise-t-on une *fraction* par une *autre* ? — **R.** Pour *diviser* une *fraction* par une autre, il suffit de *multiplier* la fraction dividende par la fraction diviseur renversée.

Q. Donnez un exemple. — **R.** Soit $\frac{4}{7}$ à diviser par $\frac{11}{15}$. La règle nous donne $\frac{4}{7} \times \frac{15}{11}$, c.-à-d. $\frac{4 \times 15}{7 \times 11}$. Ce nombre est bien le quotient, car, multiplié par $\frac{11}{15}$, il devient $\frac{4 \times 15 \times 11}{7 \times 11 \times 15}$, c.-à-d. $\frac{4}{7}$ [a].

Exercice. 1. Divisez $\frac{11}{13}$ par 7. — **Solution.** $\frac{11}{91}$.

E. 2. Divisez 8 par $\frac{13}{15}$. — **S.** $\frac{120}{13}$, ou $9 + \frac{3}{13}$ [b].

E. 3. Divisez $\frac{3}{11}$ par $\frac{7}{16}$. — **S.** $\frac{48}{77}$.

p. 92   **E. 4.** Les $\frac{2}{5}$ du mètre de cette étoffe coûtent 3^f. Que coûte 1^m ? — **S.** $\frac{3^f \times 5}{2}$, c.-à-d. 7^f,50 [c].

E. 5. Multipliez $\frac{6}{7}$ par $\frac{7}{8}$. — **S.** $\frac{3}{4}$.

[a] Il faut que l'on comprenne bien l'esprit des démonstrations que nous donnons dans tout le cours du présent ouvrage. Nous énonçons d'abord la règle à suivre ; nous prouvons ensuite que le résultat auquel cette règle conduit est exactement le nombre cherché. C'est, selon nous, la seule chose à faire dans l'enseignement primaire. — Il existe, nous ne l'ignorons pas, un autre mode d'exposition de la division des fractions. Cet autre mode est excellent pour de grands jeunes gens ; pour les enfants des écoles, il est beaucoup trop compliqué.

[b] Ce quotient est *supérieur* au dividende 8. Comme nous l'avons fait remarquer à propos des nombres décimaux, la *division* par une *fraction* n'entraîne pas forcément avec elle l'idée de *diminution*.

[c] On raisonne ainsi : les $\frac{2}{5}$ de mètre coûtent 3^f. Donc $\frac{1}{5}$ coûte 2 fois moins, ou $\frac{3}{2}$. Donc $\frac{5}{5}$, ou 1^m, coûtent $\frac{3 \times 5}{2}$.

OPÉRATIONS SUR LES FRACTIONS ORDINAIRES.

E. 6. Calculez $\frac{2}{3}+\frac{3}{4}-\frac{5}{7}$. — **S.** $\frac{59}{84}$.

E. 7. Un bloc de granit [a] pèse 1 625^{Kg},3. Un autre 1 432^{Kg},9. Combien pèsent-ils ensemble ? — **S.** 3 058^{Kg},2.

E. 8. Un propriétaire possède un champ de 2 327^a,13 et 12 prés de 832^a,7 chacun. Combien d'ares en tout ? — **S.** 2 327^a,13 $+$ 832^a,7 $\times$ 12, c-à-d 12 319^a,53.

E. 9. On veut ranger 3 840 soldats sur 5 rangs. Combien en faut-il mettre sur chaque rang ? — **S.** Le *cinquième* de 3 840, c-à-d 768.

E. 10. Un marchand de vin avait chez lui 3 827^l. Il en a reçu 1 367, et il ne lui en reste plus que 2 119. Combien en a-t-il vendu ? — **S.** 3 827 $+$ 1 367 $-$ 2 119, c-à-d 3 075.

---

92. — Remarques sur les nombres entiers.

Question. A quelles *règles* peuvent être soumis les nombres *entiers* ? — **Réponse.** Les nombres *entiers* peuvent être soumis aux *mêmes règles* que les *fractions*. Il suffit de les regarder comme des fractions dont le dénominateur est 1 [b].

Q. Prenez pour exemple $13 \times \frac{5}{4}$. — **R.** Soit à multiplier 13 par $\frac{5}{4}$. C'est multiplier $\frac{13}{1}$ par $\frac{5}{4}$.

Q. Prenez pour exemple $\frac{2}{3}:8$. — **R.** Soit à diviser $\frac{2}{3}$ par 8. C'est diviser $\frac{2}{3}$ par $\frac{8}{1}$.

Q. Que fait-on quand on trouve un *entier* plus une *fraction* ? — **R.** Si, dans les calculs, on trouve un nombre composé d'un *entier* plus une *fraction*, on met ce nombre sous la forme d'une *fraction unique*.

Q. Donnez un exemple. — **R.** Soit à multiplier par $\frac{4}{7}$ la

---

[a] Le *granit* est une roche grenue, fort dure, dont sont formées des montagnes entières.

[b] Nous avons déjà fait remarquer que l'on peut regarder les nombres *entiers* comme des nombres *décimaux* dont la partie *décimale* est *nulle*. Ce que nous disons ici est tout à fait analogue à cette première remarque.

somme $3+\frac{5}{6}$. Réduite en une fraction unique, cette somme devient $\frac{23}{6}$. On multiplie $\frac{23}{6}$ par $\frac{4}{7}$ (a).

p. 93

Exercice. 1. Multipliez $4+\frac{5}{6}$ par 6. — **Solution.** 29 (b).

E. **2.** Multipliez $8+\frac{3}{4}$ par $\frac{2}{7}$. — **S.** $\frac{5}{2}$, c-à-d $2+\frac{1}{2}$ (c).

E. **3.** Divisez $9+\frac{4}{5}$ par 11. — **S.** $\frac{49}{55}$.

E. **4.** Divisez $11+\frac{6}{7}$ par $\frac{3}{8}$. — **S.** $\frac{664}{21}$, ou $31+\frac{13}{21}$.

E. **5.** Calculez $14{,}45 \times 8{,}04 + 157{,}28$. — **S.** $273{,}4580$.

E. **6.** Additionnez $136{,}554 + 84{,}046 + 831{,}73$. — **S.** $1052{,}330$.

E. **7.** On a 36^m de frange pour $42^f{,}50$. Que coûte $\frac{1}{3}$ de mètre ? — **S.** 1^m coûte $42^f{,}50 : 36$, c-à-d $1^f{,}18$. Donc un *tiers* de mètre coûte $1^f{,}18 : 3$, c-à-d $0^f{,}39$.

E. **8.** Un charpentier gagne 9^f par journée de 8^h. Combien par heure ? — **S.** 8 fois moins, c-à-d $9^f : 8$, ou $1^f{,}125$.

E. **9.** Le sou vaut $0^f{,}05$. Combien coûte, en 1 an de 365^j, un journal quotidien (d) d'un sou ? — **S.** $0^f{,}05 \times 365$, c-à-d $18^f{,}25$.

E. **10.** En 1878, il est sorti des abattoirs de Paris $116\,971\,271^{Kg}$ de viande de boucherie et $14\,880\,091^{Kg}$ de viande de porc. Calculez la différence. — **S.** $102\,091\,180^{Kg}$.

(a) Il en serait de même, si l'on avait à *diviser* $3+\frac{5}{6}$ par une fraction quelconque. — Ce serait une faute que de faire une étude à part soit de la *multiplication*, soit de la *division*, où l'un des nombres donnés est la *somme* d'un *entier* et d'une *fraction*.

(b) La somme $4+\frac{5}{6}$ est égale à $\frac{29}{6}$. En la multipliant par 6, on trouve 29. On rappellera à ce propos que, quand on *multiplie* une fraction par son *dénominateur*, on trouve son *numérateur*.

(c) Ce résultat s'énonce *deux et demi*. C'est une grosse faute d'écrire $2\frac{1}{2}$, au lieu de $2+\frac{1}{2}$.

(d) On nomme *quotidien* ce qui revient tous les *jours*; *hebdomadaire* ce qui revient toutes les *semaines*; *mensuel*, tous les *mois*; *annuel*, tous les *ans*.

OPÉRATIONS SUR LES FRACTIONS ORDINAIRES.

93. — Grandeur des produits et des quotients.

Question. Que savez-vous sur la *grandeur* des *produits?* — **Réponse.** En toute *multiplication*, le *produit* est supérieur, égal ou inférieur au *multiplicande*, suivant que le *multiplicateur* est supérieur, égal ou inférieur à l'*unité*.

Q. Donnez des exemples. — **R.** Le *produit* de $\frac{2}{3}$ par $\frac{5}{2}$ est plus *grand* que $\frac{2}{3}$; — le *produit* de $\frac{2}{3}$ par $\frac{2}{2}$ est *égal* à $\frac{2}{3}$; — le *produit* de $\frac{2}{3}$ par $\frac{1}{2}$ est plus *petit* que $\frac{2}{3}$.

Q. Que savez-vous sur la *grandeur* des *quotients?* — **R.** En toute *division*, le *quotient* est inférieur, égal ou supérieur au *dividende*, suivant que le *diviseur* est supérieur, égal ou inférieur à l'*unité*.

Q. Donnez des exemples. — **R.** Le *quotient* de $\frac{3}{7}$ par $\frac{6}{5}$ est plus *petit* que $\frac{3}{7}$; — le *quotient* de $\frac{3}{7}$ par $\frac{5}{5}$ est *égal* à $\frac{3}{7}$; — le *quotient* de $\frac{3}{7}$ par $\frac{4}{5}$ est plus *grand* que $\frac{3}{7}$[a].

Exercice. 1. Calculez $7 - \frac{2}{3} - \frac{5}{7}$. — **Solution.** $\frac{118}{21}$, c-à-d $5 + \frac{13}{21}$.

E. 2. Multipliez $13 + \frac{1}{5}$ par $14 + \frac{1}{6}$. — **S.** 187 [b].

---

[a] Les exemples de ce paragraphe nous montrent clairement qu'on ne change point un nombre en le *multipliant* ou le *divisant* par l'*unité*. — On ne saurait trop le répéter aux élèves : la *multiplication* par une *fraction* n'entraîne pas forcément avec elle l'idée d'*augmentation*. — De même, la *division* par une *fraction* n'entraîne pas forcément l'idée de *diminution*.

[b] Les deux sommes à multiplier valent respectivement $\frac{66}{5}$ et $\frac{85}{6}$. Leur produit est $\frac{66 \times 85}{5 \times 6}$. En le simplifiant, on trouve 11×17, c-à-d 187.

E. 3. Multipliez $\frac{3}{8}$ par $\frac{4}{15}$. — **S.** $\frac{1}{10}$ (a).

E. 4. Retranchez $\frac{5}{11}$ de 7. — **S.** $6 + \frac{6}{11}$.

E. 5. Calculez $0,567 \times 4,42 - 0,878$. — **S.** $1,614\,88$.

E. 6. Calculez, à $0,001$ près, le quotient de $16,12$ par $18,5$. — **S.** $0,871$.

E. 7. Les deux tiers d'un fardeau pèsent $864^{Kg},52$. Que pèse-t-il tout entier? — **S.** $864^{Kg},52 \times \frac{3}{2}$, c-à-d $1296^{Kg},78$ (b).

E. 8. Un parc avait une étendue de $1362^a,9$. On en vend les $\frac{2}{11}$. Qu'en reste-t-il? — **S.** Les $\frac{9}{11}$. Or, le *onzième* de $1362^a,9$ est de $123^a,9$. Les $\frac{9}{11}$ sont donc de $1115^a,1$.

E. 9. Combien coûtent 23 jaquettes à $9^f,75$? — **S.** $9^f,75 \times 23$, c-à-d $224^f,25$.

E. 10. On a reçu 17 fûts d'alcool de 126^l chacun. On vend les $\frac{3}{4}$ de ce liquide. Combien en conserve-t-on? — **S.** Le *quart*, c-à-d $\frac{126 \times 17}{4}$, ou $535^l,5$.

CHAPITRE VI

CONVERSION DES FRACTIONS

94. — Conversion d'une fraction décimale en fraction ordinaire.

Question. Une fraction *décimale* est-elle une fraction *ordinaire*? — **Réponse.** Une *fraction décimale* n'est autre

---

(a) Le produit de ces deux fractions est $\frac{3 \times 4}{8 \times 15}$. En le simplifiant, on trouve $\frac{1}{2 \times 5}$, c-à-d $\frac{1}{10}$.

(b) On raisonne ainsi : les $\frac{2}{3}$ du fardeau pèsent $864^{Kg},52$. Par suite, $\frac{1}{3}$ pèse $\frac{864,52}{2}$; et les $\frac{3}{3}$, c-à-d le fardeau tout entier, pèsent $\frac{864,52 \times 3}{2}$.

CONVERSION DES FRACTIONS. 163

chose qu'une *fraction ordinaire* dont le dénominateur est l'un des nombres 10, 100, 1 000 [a],...

Q. Donnez un exemple. — R. 0,4 n'est autre chose que $\frac{4}{10}$.

Q. Que fait-on pour *convertir* une fraction *décimale* en fraction *ordinaire?* — R. Pour *convertir* une fraction *décimale* en fraction *ordinaire,* on prend : pour *numérateur*, le nombre entier qu'on obtient en supprimant la virgule; pour *dénominateur*, l'unité suivie d'autant de zéros qu'il y avait de décimales.

Q. Donnez un exemple. — R. Soit à *convertir* 2,52. Le *numérateur* sera 252 et le *dénominateur* 100. On trouvera $\frac{252}{100}$ [b]. p. 95

Exercice. 1. *Convertir* 0,37 *en fraction ordinaire.* — **Solution.** $\frac{37}{100}$.

E. 2. *Convertir* 3,2 *en fraction ordinaire.* — **S.** $\frac{16}{5}$.

E. 3. *Calculez* $\frac{19}{13} - \frac{3}{74}$. — **S.** $1 + \frac{405}{962}$.

E. 4. *Additionnez* $7 + \frac{3}{4}$ *et* $8 + \frac{6}{17}$. — **S.** $16 + \frac{7}{68}$ [c].

E. 5. *Multipliez* $\frac{9}{49}$ *par* $\frac{7}{45}$. — **S.** $\frac{1}{35}$ [d].

E. 6. *Divisez* 97 165 *par* 4,77. — **S.** 20 370.

E. 7. Combien de vitres dans une maison où il y a 24 fenêtres de 12 carreaux ? — **S.** 12×24, c-à-d 288.

E. 8. Le jour a 24h. L'année a 365j [e]. Combien d'heures dans 1 an ? — **S.** 24×365, c-à-d 8 760.

---

[a] Ces dénominateurs 10, 100, 1 000,..., ne sont autres choses que les *unités des différents ordres*, que nous avons considérées dans la *numération*. Ils sont de 10 en 10 fois plus grands. Voilà pourquoi les *fractions décimales* sont si analogues aux *nombres entiers*.

[b] La conversion des *fractions décimales* en *fractions ordinaires* se fait toujours exactement : c'est un simple changement d'écriture. — La fraction ordinaire fournie par cette conversion se simplifie dans *trois* cas : quand la dernière décimale est un 0; quand elle est un 5; quand elle est l'un des chiffres 2, 4, 6, 8.

[c] Pour faire cette addition, il est inutile de mettre chacune des sommes données sous la forme d'une seule fraction.

[d] On peut obtenir ce résultat presque sans calcul, tant les simplifications sont évidentes.

[e] Comme nous le verrons plus tard, les années ont d'ordinaire 365j ; mais il en est qu'on nomme *bissextiles* et qui ont 366j.

E. 9. Une caisse contenait 32 724^f,15. On y a mis 7 821^f,30. On en a retiré 11 476^f,95. Que contient-elle ? — **S.** 32 724^f,15 + 7 821^f,30 — 11 476^f,95, c-à-d 29 068^f,50.

E. 10. Un bœuf pesait 354^{Kg},500. Il a perdu en maigrissant $\frac{1}{15}$ de son poids. Que pèse-t-il ? — **S.** 354^{Kg},500 — (354^{Kg},500 : 15), c-à-d 354^{Kg},500 — 23^{Kg},633, ou 330^{Kg},867.

95. — Conversion d'une fraction ordinaire en fraction décimale.

Question. A quoi revient la conversion d'une fraction *ordinaire* en fraction *décimale ?* — **Réponse.** La *conversion* d'une *fraction ordinaire* en *fraction décimale* revient à la recherche du *quotient* de deux *nombres entiers*.

Q. Donnez un exemple. — **R.** $\frac{4}{7}$ est le *quotient exact* de 4 par 7. Convertir $\frac{4}{7}$ en fraction décimale, c'est donc chercher, avec un certain nombre de *décimales*, le *quotient* de 4 par 7.

Q. Que fait-on pour *convertir* une fraction *ordinaire* en fraction *décimale ?* — **R.** Pour *convertir* une fraction *ordinaire* en une fraction *décimale* ayant un nombre donné de *décimales*, on calcule, avec ce nombre de *décimales*, le *quotient* du *numérateur* par le *dénominateur*.

Q. Donnez un exemple. — **R.** Soit à convertir $\frac{15}{14}$ en une fraction *décimale* ayant 3 *décimales*. On calcule, avec 3 décimales, le *quotient* de 15 par 14, ce qui donne 1,072 [a].

Q. A quoi peut conduire la conversion des fractions *ordinaires* en fractions *décimales ?* — **R.** La *conversion* des fractions *ordinaires* en fractions *décimales* conduit souvent à des *fractions décimales* **périodiques** [b], c-à-d à des

---

[a] Il est très rare qu'une fraction ordinaire puisse se convertir exactement en une fraction décimale. En général, on n'arrive par le calcul qu'à une valeur approchée de la fraction ordinaire donnée.

[b] C'est ce qui arrive toutes les fois que la fraction ordinaire ne peut

CONVERSION DES FRACTIONS.

fractions décimales où un même groupe de chiffres se *reproduit* sans cesse.

Q. Donnez un exemple. — R. Si l'on *convertit* $\frac{3}{11}$ en fraction décimale, on trouve la fraction décimale *périodique* 0,272 727 [a]...

Exercice 1. *Convertir* en *fractions décimales* $\frac{1}{4}$ et $\frac{1}{8}$. — **Solution.** 0,25 et 0,125 [b].

E. 2. *Convertir* en *fractions décimales* $\frac{2}{3}$ et $\frac{3}{7}$. S. 0,666... et 0,428 571 428 571 [c]...

E. 3. Toutes les pages d'un certain livre, placées les unes à côté des autres, couvriraient 1ᵃ. Que couvriraient les $\frac{3}{5}$ de ces pages? — S. Les $\frac{3}{5}$ d'un are, c-à-d 0ᵃ,6.

E. 4. Retrancher $\frac{5}{7}$ de $\frac{8}{9}$. — S. $\frac{11}{63}$.

E. 5. Ajoutez 2,305 ; 27,59 ; 0,567. — S. 30,462.

E. 6. Calculez 126,45 + 0,005 × 1,854. — S. 126,459 270.

E. 7. Divisez 2,243 par 1,6. — S. 1,40 [d].

E. 8. Combien coûtent 16 cravates à 0ᶠ,95 ? — S. 0ᶠ,95 × 16, c-à-d 15ᶠ,20.

E. 9. Vingt-trois fioles ne contiennent ensemble que 3ˡ,5. Que contient chacune d'elles ? — 23 fois moins, c-à-d 3ˡ,5 : 23, ou 0ˡ,152.

E. 10. Avec 137ᵐ,5 de damas, on doit faire 66 rideaux. Chacun de ces rideaux aura en plus, par en bas, une

---

pas se convertir exactement en une fraction décimale, c-à-d dans la plupart des cas.

[a] On appelle *période* le groupe de chiffres qui se reproduit sans cesse. Dans le présent exemple, la période est 27.

[b] Voilà deux exemples de *fractions ordinaires* qui se convertissent exactement en *fractions décimales*.

[c] Dans ces deux exemples, on trouve des fractions décimales *périodiques*. La période de la première est 6 ; celle de la seconde est 428 571. Le *nombre des chiffres* de la période est toujours inférieur au *dénominateur* de la fraction.

[d] Bien que 1,40 soit égal à 1,4, il ne faut pas écrire le résultat sous la dernière forme. Il faut conserver le zéro final, pour bien montrer que le quotient trouvé est calculé à moins de 0,01.

bordure de $0^m,17$. Quelle sera la longueur d'un rideau ?
— S. $(137^m,5 : 66) + 0^m,17$, c-à-d $2^m,08 + 0^m,17$, ou $2^m,25$.

96. — Des rapports.

Question. Qu'appelle-t-on *rapport* de deux nombres ? — **Réponse.** On appelle *rapport* de deux *nombres* quelconques, le *quotient* du premier de ces nombres par le second.

Q. Donnez un exemple. — Le *rapport* de 0,3 à 7,86, c'est le quotient de 0,3 par 7,86.

Q. Que savez-vous sur le *rapport* de deux nombres *entiers* ? — R. Le *rapport* de deux nombres *entiers* n'est autre chose que la *fraction ordinaire* qui a pour *numérateur* le premier de ces nombres et pour *dénominateur* le second.

Q. Donnez un exemple. — R. $\frac{9}{7}$ est le *rapport* de 9 à 7, car c'est le *quotient* de 9 par 7 [a].

Q. Comment s'écrivent les *rapports* ? — R. Tout *rapport* s'écrit sous la forme d'une *fraction ordinaire* ayant pour *numérateur* le premier nombre et pour *dénominateur* le second.

Q. Donnez un exemple. — R. Le *rapport* de 0,3 à 7,86 s'écrit $\frac{0,3}{7,86}$ [b].

Q. De quelles propriétés jouissent les *rapports* ? — R. Les *rapports* jouissent des *mêmes propriétés* que les *fractions ordinaires* [c].

Q. A quelles règles sont soumis les *rapports* ? — R. Les

---

[a] Il ne faut pas confondre le rapport de 9 à 7 avec le rapport de 7 à 9. Le premier est égal à $\frac{9}{7}$; le second, à $\frac{7}{9}$.

[b] L'idée de *rapport* ressemble à celle de *fraction* ; mais elle est plus générale. Les deux termes d'une fraction sont forcément des *nombres entiers* ; ceux d'un rapport peuvent très bien être des *fractions*.

[c] Ainsi, un rapport ne change pas quand on en multiplie ou divise les deux termes par un même nombre.

CONVERSION DES FRACTIONS.

rapports sont soumis aux *mêmes règles* de calcul que les *fractions ordinaires*.

Exercice. 1. Calculez le *rapport* de 7 à 2. — **Solution.** 3,5.

E. 2. Calculez le *rapport* de 21,3 à 3,75. — **S.** $5 + \frac{17}{25}$ (a).

E. 3. Réduire en une seule fraction $\frac{2}{19} + 8$. — **S.** $\frac{154}{19}$.

E. 4. Calculez $4,42 \times 7,503 + 10,99$ — **S.** 44,153 26.

E. 5. Ajoutez 4 916,136 ; 24,16 ; 118. — **S.** 5 058,296.

E. 6. Divisez $\frac{16}{49}$ par $\frac{14}{28}$. — **S.** $\frac{32}{49}$.

E. 7. Il faut 65^h pour faire les $\frac{13}{21}$ d'un chemin. Combien pour le faire tout entier ? — **S.** Pour faire $\frac{1}{21}$ du chemin, il faut 13 fois moins, c-à-d 5^h. Pour en faire les $\frac{21}{21}$, il faut 21 fois 5^h, c-à-d 105^h.

E. 8. Un banquier$^{(b)}$ avait en caisse 26 513^f,50. Il prête 3 910^f,85, et paye 2 678^f,60. Combien lui reste-t-il ? — **S.** 26 513^f,50 − 3 910^f,85 − 2 678^f,60, c-à-d 19 924^f,05.

E. 9. Une locomotive pèse 32 698^{kg}. Que coûte-t-elle à 1^f,85 le kilogramme ? — **S.** 1^f,85 × 32 698, c-à-d 60 491^f,30.

E. 10. Un certain lac a une étendue de 528 632^a. Dites l'étendue de ses $\frac{5}{7}$. — **S.** 528 632^a × $\frac{5}{7}$, c-à-d 377 594^a.

(a) Ce rapport est égal à $\frac{21,3}{3,75}$, ou bien, si l'on en multiplie les deux termes par 100, à $\frac{2\,130}{375}$, c-à-d à $\frac{142}{25}$, ou à $5 + \frac{17}{25}$. — Lorsque les deux termes d'un rapport sont des *nombres décimaux*, on peut toujours, comme dans cet exercice, les ramener à être tous deux *entiers*. Il suffit de les multiplier tous les deux par l'un des nombres 10, 100, 1 000, etc.

(b) Un *banquier* est un commerçant dont les opérations portent, non pas sur des marchandises quelconques, mais sur les espèces monnayées, les billets à ordre, les lettres de change, etc., etc.

LIVRE IV

LE SYSTÈME MÉTRIQUE

CHAPITRE PREMIER

LES LONGUEURS

97. — Le mètre.

p. 98 **Question.** Quelle est l'*unité principale* pour les *longueurs* ? — **Réponse.** Pour les *longueurs*, l'unité principale est le **mètre**.

Q. Qu'est-ce que le *mètre* ? — R. Le *mètre* est la *dix-millionième* partie du *quart* du *méridien* terrestre, c-à-d la *dix-millionième* partie du *quart* d'un cercle qui fait le *tour entier* de la terre.[a]

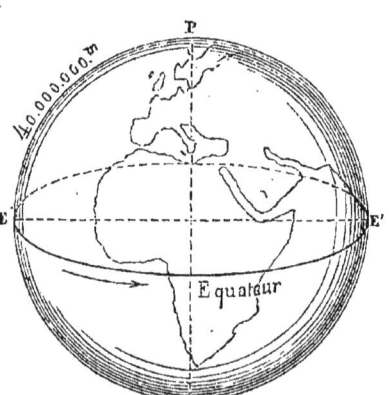

Méridien terrestre.

Q. D'où vient le mot français *mètre* ? — Le mot français *mètre* vient d'un mot grec qui signifie *mesure*.

Q. Comment se nomme notre système des *poids* et *mesures* ? — R. Notre système des *poids* et *mesures* se nomme **système métrique**,

[a] Il suffit de retenir la définition du mètre pour se rappeler la grandeur de la *terre*. Puisque le mètre est la *dix-millionième* partie du quart du méridien terrestre, ce méridien tout entier vaut 40 000 000^m : la terre a 40 000 000^m de tour.

LES LONGUEURS.

parce que les *poids* et *mesures* dont il se compose dérivent tous du *mètre* [a].

Q. Comment le nomme-t-on encore? — R. On le nomme encore système *décimal*, parce que, comme dans la *numération*, tout y est subordonné au nombre **10** [b].

Exercice. 1. Retranchez $\frac{9}{13}$ de $\frac{4}{7}$. — **Solution.** Problème impossible, la première fraction étant plus *grande* que la seconde.

E. **2.** Calculez $393 - 3\,142{,}7 \times 0{,}02$. — S. $330{,}146$.

E. **3.** Ajoutez $7\,473{,}6$; $11{,}87$; $6{,}779$. — S. $7\,492{,}249$.

E. **4.** Divisez 3 par $27{,}1$. — S. $0{,}11$ [c].

E. **5.** Multipliez $0{,}362$ par $0{,}4$. — S. $0{,}1448$.

E. **6.** Il y a dans une armée 37 batteries de 6 canons, plus 15 mitrailleuses. En tout combien de pièces? — S. $6 \times 37 + 15$, c-à-d 237.

E. **7.** Une bouteille contenait $0^l,750$ d'élixir. On en tire $0^l,253$. Qu'en reste-t-il? — S. $0^l,497$.

E. **8.** On possède $627^m,34$ de toile et on achète le huitième d'une pièce de $42^m,80$. Combien de mètres aura-t-on? — S. $627^m,34 + \frac{42^m,80}{8}$, ou $632^m,69$ [d].

E. **9.** Combien d'heures de 5^h du matin à 4^h du soir? — S. Avant midi 7^h, après 4^h. En tout 11^h.

E. **10.** Un employé gagne $2\,425^f$ par an. Combien en 7 mois? — S. En 1 mois $\frac{2\,425}{12}$; en 7 mois $\frac{2\,425 \times 7}{12}$, c-à-d $1\,414^f,58$ [e].

---

[a] On le nomme aussi système *légal* des poids et mesures, parce que c'est le seul système de poids et mesures dont l'usage soit autorisé par la *loi*.

[b] C'est là une conformité des plus avantageuses entre notre système des *poids et mesures* et notre système de *numération*.

[c] Si l'on eût calculé ce quotient à moins d'une unité seulement, on eût trouvé 0. A moins d'un *dixième*, on eût trouvé 0,1.

[d] Les étoffes, les rubans, les cordes se mesurent et se vendent au *mètre*.

[e] Dans les problèmes où l'on rencontre ainsi une multiplication et une division, il faut toujours effectuer la multiplication en premier lieu. Si, en effet, l'on divisait d'abord par 12, on obtiendrait un quotient non pas exact mais seulement *approché*, c-à-d un quotient entaché d'une *erreur*. En multipliant ensuite ce quotient par 7, on multiplierait aussi cette erreur par 7.

ARITH C MOY. M.

98. — Les multiples et les sous-multiples du mètre.

Question. Quels sont les *multiples* du *mètre* ? — *Réponse.* Les *multiples* du *mètre* sont :

Le **décamètre** (Dm) qui vaut **dix** *mètres.*
L'**hectomètre** (Hm) — **cent** *mètres.*
Le **kilomètre** (Km) — **mille** *mètres.*
Le **myriamètre** (Mm)[a] — **dix mille** *mètres.*

Q. D'où viennent les mots *déca, hecto,* etc. ? — R. Ces mots *déca, hecto, kilo, myria* viennent tous du grec : *déca* signifie *dix* ; — *hecto,* cent ; — *kilo,* mille ; — *myria,* dix mille.

Q. Quels sont les *sous-multiples* du *mètre* ? — R. Les *sous-multiples* du *mètre* sont :

Le **décimètre** (dm) qui est le **dixième** du *mètre.*
Le **centimètre** (cm) — **centième** du *mètre.*
Le **millimètre** (mm)[b] — **millième** du *mètre.*

Q. D'où viennent les mots *déci, centi,* etc. ? — R. Ces mots *déci, centi, milli* viennent tous du latin : *déci* signifie *dixième* ; — *centi,* centième ; — *milli,* millième.

Q. Qu'appelle-t-on *mesures itinéraires* ? — R. On appelle **mesures itinéraires**[c] les mesures qui servent à évaluer la longueur des *chemins.*

Q. Donnez-en des exemples. — R. Le *kilomètre* et le *myriamètre* sont des *mesures itinéraires.*

Q. Les *kilomètres* sont-ils marqués sur les routes ? — R. Il y a, sur les routes de France, des *bornes numérotées de kilomètre en kilomètre.*

---

[a] Il faut retenir très bien la manière abrégée dont nous représentons les *multiples* du mètre. Devant la lettre *minuscule m,* abréviation du mot *mètre,* nous plaçons, en caractères *majuscules,* les initiales D, H, K, M, des mots *déca, hecto, kilo, myria.* Nous agirons de même dans tout le système métrique.

[b] Les abréviations dont nous nous servons pour désigner les *sous-multiples* du mètre se composent toutes de la lettre *minuscule m,* abréviation du mot *mètre,* précédée, en caractères *minuscules,* des initiales *d, c, m* des mots *déci, centi, milli.* Il en sera de même dans tout le système métrique.

[c] Le mot *itinéraire* vient du latin *iter, itineris,* chemin.

LES LONGUEURS.

Q. Qu'est-ce que la *lieue*? — **R.** La **lieue** est une an- p. 100 cienne *mesure itinéraire* qui vaut 4^{km}.

Exercice. 1. Combien de *décamètres* dans $368^m,5$? — **Solution.** Autant qu'il y a de fois 10^m dans $368^m,5$, c-à-d $36,85$.

E. 2. Combien d'*hectomètres* dans $2\,627^m,67$? — **S.** Autant qu'il y a de fois 100^m dans $2\,627^m,67$, c-à-d $26,2767$.

E. 3. Combien de *kilomètres* dans $34\,568^m,2$? — **S.** Autant qu'il y a de fois $1\,000^m$ dans $34\,568^m,2$, c-à-d $34,5682$.

E. 4. Combien de *myriamètres*[a] dans $56\,742^m,4$? — **S.** Autant qu'il y a de fois $10\,000^m$ dans $56\,742^m,4$, c-à-d $5,67424$.

E. 5. Combien de *décimètres* dans 34^m? — **S.** 34 fois 10, c-à-d 340.

E. 6. Combien de *centimètres* dans $11^m,6$? — **S.** $11,6$ fois 100, c-à-d 1 160.

E. 7. Combien de *millimètres* dans $17^m,87$? — **S.** $17,87$ fois 1 000, c-à-d 17 870.

E. 8. Combien le tour entier de la terre a-t-il de *kilomètres*? — **S.** Autant qu'il y a de fois $1\,000^m$ dans $40\,000\,000^m$, c-à-d 40 000.

E. 9. Il y a 585^{Km} de Paris à Bordeaux. Combien de *lieues*[b]? — **S.** Autant qu'il y a de fois 4^{Km} dans 585^{Km}, c-à-d $146,25$.

E. 10. J'ai fait 6^{Km} en voiture et 13^{Dm} à pied. Combien de *mètres*? — **S.** $6\,000^m + 130^m$, c-à-d $6\,130^m$.

---

[a] Le *myriamètre* s'emploie beaucoup moins que le *kilomètre*, parce qu'il est trop long. Sur les chemins de fer, les distances s'expriment en *kilomètres*.

[b] La lieue de 4^{Km} est à peu près le chemin qu'un homme, marchant d'un pas modéré, parcourt en 1^h. Il y avait des lieues de différentes longueurs. — A l'étranger, on emploie souvent le *mille* comme *mesure itinéraire*. Le *mille marin* est de 1852^m. Le mot *mille*, employé dans ce sens, prend un *s* au pluriel.

99. — Sur les longueurs écrites en chiffres.

Question. Les *multiples du mètre* sont de combien en combien de fois *plus grands?* — **Réponse.** Les *multiples du mètre* sont de **dix** en **dix** fois *plus grands.*

Q. Donnez-en des exemples. — R. Le décamètre vaut *dix* mètres ; — l'hectomètre, *dix* décamètres ; — le kilomètre, *dix* hectomètres ; — le myriamètre, *dix* kilomètres.

Q. Les *sous-multiples* du *mètre* sont de combien en combien de fois *plus petits?* — R. Les *sous-multiples du mètre* sont de **dix** en **dix** fois *plus petits.*

Q. Donnez-en des exemples. — R. Le décimètre est le *dixième* du mètre ; — le centimètre, le *dixième* du décimètre ; — le millimètre, le *dixième* du centimètre.

Q. Comment se succèdent ces *multiples et sous-multiples?* — R. Dans les *longueurs* écrites en chiffres, ces *multiples* et *sous-multiples* se succèdent de *chiffre* en *chiffre,* parce qu'ils sont de *dix* en *dix* fois *plus grands* ou *plus petits.*

Q. Donnez un exemple. — R. On voit ce mode de succession sur le nombre ci-contre : $1\,9\,6\,7\,8\,4^{\text{m}},3\,2\,3\,4$ (a)

Myriam. Kilom. Hectom. Décam. mètres décim. centim. millim.

Q. Comment change-t-on d'*unité?* — R. Dans les longueurs écrites en chiffres, pour *changer d'unité,* on met la *virgule* à la *droite* du chiffre qui correspond à la *nouvelle unité.*

p. 101 Q. Donnez un exemple? — R. Soit $1\,367^{\text{m}},28$ à exprimer en *hectomètres.* On met la *virgule* à la *droite* du chiffre des *hectomètres,* et l'on écrit $13^{\text{Hm}},6728$ (b).

Q. Que savez-vous sur les *longueurs* considérées ensemble? — R. Les *longueurs* considérées dans une même ques-

---

(a) Il faut se rappeler très bien l'*ordre* où se succèdent, à partir du chiffre des unités, les *multiples* et *sous-multiples* du mètre.

(b) Dans un nombre *décimal,* il ne doit jamais y avoir qu'une seule *virgule,* que ce nombre décimal soit, d'ailleurs, abstrait ou concret. Dans un nombre décimal *concret,* on ne doit jamais indiquer qu'une seule *unité,* celle qui correspond à la *virgule :* on ne doit pas écrire $3^{\text{m}},25^{\text{cm}}$; on doit écrire simplement $3^{\text{m}},25$.

LES LONGUEURS.

tion doivent être exprimées *toutes* à l'aide de la *même unité* [a].

Exercice. 1. Exprimez en *hectomètres* $6178^{Dm},7$. — **Solution.** $617^{Hm},87$ [b].

E. **2.** Exprimez en *millimètres* $0^{Km},002758$. — **S.** 2758^{mm}.

E. **3.** Exprimez en *myriamètres* $96^{Hm},85$. — **S.** $0^{Mm},9685$ [c].

E. **4.** Exprimez en *centimètres* $0^{Dm},21$. — **S.** 210^{cm} [d].

E. **5.** Avril a 30^j. Combien de jours du 21 avril au 17 mai ? — **S.** Si l'on compte les 2 jours extrêmes, on a 10^j d'avril et 17 de mai, c-à-d 27^j.

E. **6.** Calculez $106,68 + 85,4 - 1,709$. — **S.** $190,371$.

E. **7.** Simplifiez $\frac{342}{999}, \frac{405}{2250}$. — **S.** $\frac{38}{111}, \frac{9}{50}$.

E. **8.** Combien de minutes en 13^j ? — **S.** Il y a, dans un jour, $60^m \times 24$. Dans 13^j, il y en a $60 \times 24 \times 13$, c-à-d $18\,720$.

E. **9.** Une propriété vaut $48\,384^f$. Qu'en valent les $\frac{2}{7}$? — **S.** $48\,384^f \times \frac{2}{7}$, c-à-d $13\,824^f$.

E. **10.** Vingt-quatre feuilles de papier pèsent ensemble $0^{Kg},186$. Que pèse une lettre formée d'une de ces feuilles, mise dans une enveloppe de $0^{Kg},005$? — **S.** $\frac{0,186}{24} + 0,005$, c-à-d $0^{Kg},01275$.

---

[a] En tout problème sur les longueurs, avant de faire aucun calcul, il faut voir si les longueurs sont exprimées toutes à l'aide de la *même unité*, par exemple, toutes à l'aide du *mètre*, toutes à l'aide du *centimètre*, etc. Si elles ne sont pas ramenées toutes à la même unité, on les y doit ramener.

[b] Il faut s'exercer beaucoup au *changement d'unité* : c'est une opération qui revient constamment.

[c] Supposons qu'on demande combien une longueur donnée contient de fois tel *multiple* ou *sous-multiple* du mètre ; combien, par exemple, $3\,225^m,78$ contiennent de *décamètres*. On mettra la virgule à la droite du chiffre des *décamètres*, et l'on trouvera $322^{Dm},578$.

[d] Notre système de poids et mesures est, comme on l'a vu, un système *métrique*, *légal* et *décimal*. C'est le meilleur système de poids et mesures qui existe. Il a été décrété le 8 mai 1790, promulgué le 6 mai 1799, rendu obligatoire, exclusivement à tout autre, à partir du 1er janvier 1840. Les nations étrangères l'adoptent peu à peu. Il finira, sans doute, par devenir universel.

174 LE SYSTÈME MÉTRIQUE.

100. — Les mesures effectives de longueur.

Question. Qu'est-ce que les *mesures effectives de longueur*? — **Réponse.** Les *mesures effectives* de longueur sont celles qu'on emploie *réellement* pour mesurer les longueurs[a].

Q. Enumérez-les. — R. Il y a 8 *mesures effectives* de longueur : le *double-décamètre*, le *décamètre*, le *demi-décamètre*; — le *double-mètre*, le *mètre*, le *demi-mètre*; — le *double-décimètre* et le *décimètre*[b].

Q. Que sont le *double-décamètre*, le *décamètre* et le *demi-décamètre*? — R. Le *double-décamètre*, le *décamètre* et le *demi-*

Chaîne d'arpenteur.

décamètre sont des chaînes ou rubans métalliques. La *chaîne d'arpenteur* vaut un *décamètre*.

Q. Que sont le *double-mètre*, le *mètre* et le *demi-mètre*? —

Mètre articulé.

p. 102 R. Le *double-mètre*, le *mètre*, le *demi-mètre* sont des barres rigides, des tiges articulées ou des rubans.

(a) Les mesures qui ne s'emploient pas réellement, qui ne se fabriquent ni ne se vendent, s'appellent mesures *fictives* ou mesures de *compte*. L'*hectomètre*, le *kilomètre*, le *myriamètre* sont des mesures de compte.
(b) D'après la loi, quand il est permis de fabriquer un *mètre*, un *multiple* ou un *sous-multiple* du mètre, il est permis d'en fabriquer aussi le *double* et la *moitié*.

LES LONGUEURS.

Q. Que sont le *double-décimètre* et le *décimètre?* — **R.** Le *double-décimètre* et le *décimètre* [a] sont des règles divisées.

Décimètre divisé (grandeur exacte).

Q. Comment *mesure-t-on* une *longueur?* — **R.** Pour *mesurer* une *longueur*, on porte le *mètre* sur elle autant de fois que possible. S'il y a un reste, on cherche combien il contient de *décimètres, centimètres* ou *millimètres*.

Q. Comment se *mesurent* les *grandes longueurs?* — **R.** Sur le *terrain*, les grandes longueurs se mesurent au moyen de la *chaîne d'arpenteur*.

Exercice. — 1. Exprimez en *décamètres* $328^m,7$. — **Solution.** $32^{Dm},87$.

E. 2. Exprimez en *kilomètres* $262^{Dm},7$. — **S.** $2^{Km},627$.

E. 3. Exprimez en *décimètres* $0^{Hm},3279$. — **S.** $327^{dm},9$.

E. 4. Écrivez en chiffres *sept milliards quatre-vingts*. — **S.** 7 000 000 080.

E. 5. Calculez $97,87 — 0,023 — 7,26$. — **S.** $90,587$.

E. 6. Réduisez au même dénominateur $\frac{2}{5}, \frac{1}{3}, \frac{9}{15}$. — **S.** $\frac{6}{15}, \frac{5}{15}, \frac{9}{15}$ [b].

E. 7. Un terrain est formé de 129 parcelles de $13^a,25$ chacune. On y creuse une pièce d'eau de $5^a,7$. Dites l'étendue de ce qui reste. — **S.** $13^a,25 \times 129 — 5^a,7$, c-à-d $1703^a,55$.

---

[a] Il faut montrer aux élèves toutes ces mesures *réelles*, et leur faire remarquer, parmi les longueurs qu'ils connaissent bien, celles qui s'en rapprochent. Une canne, un parapluie diffèrent peu du mètre ; telle maison a 10^m de *large* ou de *haut* ; tel livre a 2^{dm} de *long*, 1^{dm} de *large*, 1^{cm} d'*épaisseur*.

[b] Il est visible que 15 peut servir de *dénominateur commun*. Pour réduire les fractions données à ce dénominateur 15, il suffit de multiplier les deux termes de la première par 3, et les deux termes de la deuxième par 5. Si l'on eût suivi la méthode générale, ce qui n'eût pas été une faute, on fût arrivé à un dénominateur commun beaucoup plus grand, 225.

E. 8. Un acheteur prend les $\frac{5}{9}$ de ce blé et un autre $\frac{1}{6}$. Faites la différence. — **S.** $\frac{7}{18}$.

E. 9. On achète $13^l,25$ de haricots, $7^l,5$ de lentilles et $4^l,8$ de pois cassés. Combien de litres en tout? — **S.** $25^l,55$.

E. 10. On achète une pièce de toile de $27^m,35$, plus 8 coupons de $2^m,55$. Combien de mètres en tout? — **S.** $27^m,35 + 2^m,55 \times 8$, c-à-d $47^m,75$ [a].

CHAPITRE II

LES AIRES OU SUPERFICIES

101. — Le mètre carré.

p. 103.

Question. Quelle est l'unité principale pour les *aires*? — **Réponse.** Pour les *aires* ou *superficies*, l'unité principale est le **mètre carré** (mq) [b].

Q. Qu'est-ce que le *mètre carré*? — **R.** Le *mètre carré* est un *carré* qui a un *mètre* de chaque côté [c].

---

[a] Il sera bon de mesurer devant les élèves, et de leur faire mesurer à eux-mêmes une foule de *longueurs* : de *grandes* longueurs et de *petites*; des longueurs *horizontales*, comme celle d'une table, d'un banc; des longueurs *verticales*, comme la hauteur de la classe, d'une fenêtre; etc., etc. — Après leur avoir fait ainsi *mesurer* beaucoup de longueurs, on les exercera à *évaluer* au coup d'œil, sans instrument, telle longueur qu'ils ont sous les yeux ou qu'ils connaissent bien.

[b] Il semble que *mètre carré* devrait, en abrégé, s'écrire *mc* et non pas *mq*. On écrit *mq* parce qu'on réserve *mc* pour *mètre cube*. Au reste, la vraie orthographe du mot *carré*, celle qui rappellerait l'étymologie *quadratus*, et que l'on retrouve dans tous les vieux livres, serait *quarré* et non pas *carré*.

[c] Le *mètre carré* sert surtout à évaluer la surface du plancher, du plafond et des parois des chambres; celle des murs et du toit des maisons; celle des places, des cours, des terrains à bâtir.

LES AIRES OU SUPERFICIES.

Q. Qu'est-ce qu'un *carré*? — **R.** Un *carré* est une figure semblable à la figure ci-contre, dont tous les côtés sont égaux [a].

Carré.

Exercice. 1. Dites le contour d'un *carré* de $7^m,8$ de côté. — **Solution.** $7^m,8 \times 4$, c-à-d $31^m,2$.

E. 2. Dites le périmètre [b] d'un *carré* de $4^{Dm},75$ de côté. — **S.** $4^{Dm},75 \times 4$, c-à-d $19^{Dm},00$.

E. 3. Le périmètre d'un *carré* est de $129^{Dm},7$. Trouvez le côté. — **S.** Il est le *quart* de $129^{Dm},7$, c-à-d $32^{Dm},425$.

E. 4. Convertissez $\frac{7}{40}$ en fraction décimale. — **S.** $0,175$.

E. 5. Calculez $\frac{86,1 + 6,36}{8,7}$. — **S.** $10,6$.

E. 6. Divisez $4,7$ par le produit 9×6. — **S.** $0,087$.

E. 7. Un facteur rural fait $3\,429^m$ en $\frac{2}{3}$ d'heure. Combien en 1^h? — **S.** En un *tiers* d'heure, il fait 2 fois moins, c-à-d $\frac{3429^m}{2}$. En 3 *tiers* d'heure, il fait trois fois plus, c-à-d $\frac{3429 \times 3}{2}$, ou $5\,143^m,5$ [c].

E 8. Pour récompenser 27 enfants, on donne à chacun d'eux le quart de 5^f. Quelle somme en tout? — **S.** $\frac{5}{4} \times 27$, c-à-d $33^f,75$.

E. 9. Vingt-huit bouteilles d'huile pèsent chacune $1^{Kg},75$.

---

[a] Il serait bon de dessiner un *mètre carré* sur le tableau noir, pour le montrer aux élèves. On pourrait leur montrer aussi un *mètre carré* taillé soit dans une grande feuille de papier, soit dans une feuille de carton, soit dans une pièce d'étoffe.

[b] Le mot *périmètre*, qui vient du grec, a tout à fait le même sens que le mot *contour*.

[c] On voit que le calcul revient à diviser $3\,429^m$ par $\frac{2}{3}$. C'est à ce résultat qu'on serait arrivé en disant : « En $\frac{2}{3}$ d'heure, ce facteur fait $3\,429^m$; en 1^h il fait $\frac{2}{3}$ de fois moins, c-à-d $3\,429 : \frac{2}{3}$. » Raisonner ainsi, c'est étendre à la fraction $\frac{2}{3}$ les façons de parler qu'on emploierait s'il s'agissait d'un nombre *entier* d'heures.

178 LE SYSTÈME MÉTRIQUE.

Le poids du verre est de $0^{Kg},802$. Dites le poids de toute l'huile. — **S.** $(1^{Kg},75 - 0^{Kg},802) \times 28$, c-à-d $26^{Kg},544$.

E. 10. Sur $32\,672^a,8$, on n'en a défriché que $928,7$. Dites l'étendue [a] qui reste à défricher. — **S.** $31\,744^a,1$.

---

p. 104 **102. — Les multiples et les sous-multiples du mètre carré.**

Question. Quels sont les multiples du *mètre carré* ? — Réponse. Les *multiples du mètre carré* sont : le **décamètre carré**, (Dmq); — l'**hectomètre carré** (Hmq); — le **kilomètre carré** (Kmq); — le **myriamètre carré** (Mmq).

Q. Définissez tous ces *multiples*. — R. Le *décamètre carré* est un carré d'un *décamètre* de côté : il vaut *cent* mètres carrés; — l'*hectomètre carré* est un carré d'un *hectomètre* de côté : il vaut *dix mille* mètres carrés; — le *kilomètre carré* est un carré d'un *kilomètre* de côté : il vaut un *million* de mètres carrés; — le *myriamètre carré* est un carré d'un *myriamètre* de côté : il vaut *cent millions* de mètres carrés [b].

Q. Quels sont les *sous-multiples* du *mètre carré* ? — R. Les *sous-multiples du mètre carré* sont : le **décimètre carré** (dmq); — le **centimètre carré** (cmq); — le **millimètre carré** (mmq).

Q. Définissez tous ces *sous-multiples*. — R. Le *décimètre carré* est un carré d'un *décimètre* de côté : il est le *centième* du mètre carré; — le *centimètre carré* est un carré d'un *centimètre* de côté : il est le *dix-millième*

---

[a] C'est un fait d'expérience que les enfants ont peine à concevoir l'idée de surface. Pour la leur inculquer, on leur montrera des surfaces de toutes sortes. Tout objet fort *mince* donne l'idée d'une surface : une *lame* de métal, une *feuille* de papier, un *morceau* d'étoffe donnent l'idée d'une surface.

[b] Pour donner aux élèves une idée des *multiples* du mètre carré, on tâchera de trouver dans les *surfaces* qu'ils connaissent très bien une étendue d'un *décamètre carré*, d'un *hectomètre carré*, et, s'il est possible, d'un *kilomètre carré*.

du mètre carré; — le *millimètre carré* est un carré d'un *millimètre* de côté : il est le *millionième* du mètre carré [a].

Q. Qu'appelle-t-on *mesures topographiques?* — R. On appelle **mesures topographiques** celles qui servent à évaluer les *surfaces* de grande étendue : la surface d'un canton, d'une province, d'un Etat.

Q. Citez des mesures *topographiques*. — R. Le *kilomètre carré* et le *myriamètre carré* sont des *mesures topographiques* [b].

Exercice. 1 Combien de *mètres carrés* dans 23^{Dmq}? — **Solution.** 100×23, ou $2\,300^{mq}$.

E. 2. Combien de *mètres carrés* dans $3^{Hmq},28$? — **S.** $10\,000 \times 3,28$, c-à-d $32\,800^{mq}$.

E. 3. Combien de *mètres carrés* dans $96\,237^{cmq},4$? — **S.** $96\,237,4 : 10\,000$, c-à-d $9^{mq},62\,374$.

E. 4. Convertissez $0,324$ en fraction ordinaire. — **S.** $\frac{81}{250}$.

E. 5. Calculez $\frac{423 \times 47,3}{2,69}$. — **S.** $7\,437$.

E. 6. Additionnez $\frac{35}{36}$ et $\frac{41}{54}$. — **S.** $1 + \frac{79}{108}$.

E. 7. Une troupe comprend 7 compagnies de 112 soldats, plus 13 officiers. En tout combien d'hommes? — **S.** $112 \times 7 + 13$, c-à-d 797.

E. 8. Il y avait dans un vase $0^l,053$ de mercure [c]; on en ôte $0^l,016$, puis on en remet $0^l,03$. Combien y en a-t-il? **S.** $0^l,053 - 0^l,016 + 0^l,03$, c-à-d $0^l,068$.

E. 9. Deux règles ont l'une $32^{cm},3$, l'autre $0^m,256$. Une 3me a $1^{dm},5$ de moins que la 2me. On place les 3 règles bout à bout. Quelle longueur obtient-on? — **S.** $32^{cm},3 + 25^{cm},6 + 25^{cm},6 - 15^{cm}$, c-à-d $68^{cm},5$ [d].

---

[a] On montrera aux élèves, sur le tableau noir, un *décimètre carré*; sur le papier un *centimètre* et un *millimètre carrés*. Il serait bon de leur mettre entre les mains un *décimètre* et un *centimètre carrés*, taillés dans du papier ou du carton.

[b] Avant l'invention du système métrique, on se servait de la *lieue carrée*. A l'étranger, on se sert du *mille carré*.

[c] Le *mercure* est un métal liquide, très lourd, qu'on emploie surtout dans les instruments de physique. On le nomme aussi *vif-argent*.

[d] Les *longueurs* qui figurent dans cet exercice sont évaluées à l'aide d'*unités différentes*. Avant de commencer le calcul, il faut les exprimer

180 LE SYSTÈME MÉTRIQUE.

E. 10. Combien de minutes dans les $\frac{15}{225}$ d'une heure ? —

S. Les $\frac{15}{225}$ de 60^m, c-à-d 60$^m \times \frac{15}{225}$, ou 4$^{m\,(a)}$.

---

103. — Grandeurs relatives des unités de superficie.

Question. Les *multiples* du mètre carré sont de combien en combien de fois *plus grands*? — **Réponse.** Les *multiples* du mètre carré sont de **cent** en **cent** fois *plus grands*.

Q. Récitez : le *décamètre carré* vaut… — **R.** Le décamètre carré vaut *cent* mètres carrés ; — l'hectomètre carré vaut *cent* décamètres carrés ; — le kilomètre carré vaut *cent* hectomètres carrés ; — le myriamètre carré vaut *cent* kilomètres carrés [b].

Q. Les *sous-multiples* du mètre carré sont de combien en combien de fois *plus petits*? — **R.** Les *sous-multiples* du mètre carré sont de **cent** en **cent** fois *plus petits*.

Q. Récitez : le *décimètre carré* est… — **R.** Le décimètre carré est le *centième* du mètre carré ; — le centimètre carré est le *centième* du décimètre carré ; — le millimètre carré est le *centième* du centimètre carré [c].

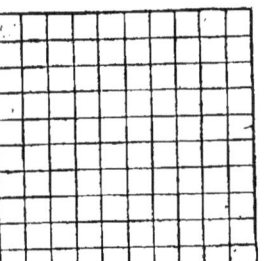

Q. Montrez que le *décimètre carré* vaut *cent* centimètres carrés ? — **R.** Pour montrer que le *décimètre carré*, par exemple, contient cent centimètres carrés, supposons que le carré ci-contre soit un déci-toutes à l'aide de la *même unité*. Nous les avons exprimées en centimètres.

(a) Il eût été plus court de simplifier d'abord la fraction $\frac{15}{225}$.

(b) Les *multiples* du *mètre carré* s'emploient pour évaluer les grandes surfaces. Le *décamètre carré* et l'*hectomètre carré* se retrouveront plus tard, parmi les *mesures agraires*.

(c) Les *sous-multiples* du *mètre carré* sont des surfaces très petites. La *superficie* d'une *page* d'un livre peut s'évaluer en *décimètres carrés*; celle d'un *timbre-poste*, en *centimètres carrés*; celle qu'occupe, sur cette page, telle ou telle *lettre* de l'alphabet, en *millimètres carrés*.

LES AIRES OU SUPERFICIES.

mètre carré : les droites qui le traversent le partagent évidemment en cent *centimètres carrés* [a].

Exercice. 1. Combien de *millimètres carrés* dans 3^{cmq}? — **Solution.** 100×3, c-à-d 300^{mmq}.

E. 2. Combien de *décimètres carrés* dans 7^{Dmq}? — **S.** $10\,000 \times 7$, c-à-d $70\,000^{dmq}$.

E. 3. Combien de *décamètres carrés* dans 18^{Kmq}? — **S.** $10\,000 \times 18$, c-à-d $18\,000^{Dmq}$.

E. 4. Calculez $13.25 \times 0,25 \times 37,1$. — **S.** $122,89375$.

E. 5. Multipliez $\frac{5}{18}$ par $\frac{90}{135}$. — **S.** $\frac{5}{27}$ [b].

E. 6. Calculez $\frac{959,5}{0,02} + 64,4$. — **S.** $48\,039,4$ [c]. p. 100

E. 7. Un lingot [d] valait $7\,328^f$. On en ôte pour 263^f. Que vaut le *neuvième* du reste? — **S.** $(7\,328 - 263) : 9$, c-à-d 785^f.

E. 8. On achète 2 623 sacs de farine de 169^{Kg}. Il se trouve que $1\,431^{Kg}$ sont avariés. Dites le poids de la bonne farine. — **S.** $169^{Kg} \times 2\,623 - 1\,431^{Kg}$, c-à-d $441\,856^{Kg}$.

E. 9. On partage $6\,824^a$ en 16 parties égales. On perd sur chaque part $0^a,19$ pour clôtures. Que reste-t-il à chaque part? — **S.** $\frac{6\,824}{16} - 0,19$, c-à-d $426^a,31$.

E. 10. Retranchez $\frac{1}{18}$ de $\frac{5}{27}$. — **S.** $\frac{7}{54}$.

---

104. — Sur les aires écrites en chiffres.

Question. Comment se succèdent les *multiples* ou *sous-multiples* du *mètre carré*? — **Réponse.** Dans les *aires*

---

[a] Il faut que les élèves retiennent très bien que, pour les *surfaces*, les *multiples* et *sous-multiples* de l'unité principale sont de 100 en 100 fois *plus grands* ou *plus petits*. Pour le leur bien montrer, on dessinera, au tableau, sous leurs yeux, la figure ci-dessus.

[b] On fera bien, avant de multiplier, de simplifier la seconde des fractions données. En général, quand on rencontre des fractions, il est utile de les simplifier.

[c] On peut remarquer combien le quotient indiqué dans cet exercice est *supérieur* à son dividende. Cela provient de ce que le diviseur 0,02 est très petit. En général, le dividende restant le même, plus le *diviseur* devient *petit* et plus le *quotient* devient *grand*.

[d] Un *lingot* n'est autre chose qu'un morceau de métal fondu.

écrites en chiffres, les *multiples* ou *sous-multiples* du mètre carré se succèdent de *deux* en *deux* chiffres, parce qu'ils sont de *cent* en *cent* fois plus grands ou plus petits.

Q. Ecrivez un exemple ? — **R.** On voit ce mode de succession sur le nombre ci-contre [a].

875 43 25 00 89^{mq},84 79 01 2

Myriam. car. / Kilom. car. / Hectom. car. / Décam. car. / mètres carrés / décim. car. / centim. car. / millim. car.

Q. Comment change-t-on *d'unité* ? — **R.** Pour *changer d'unité*, on met la *virgule* à la *droite* du chiffre qui correspond à la *nouvelle unité*.

Q. Donnez un exemple. — **R.** Soit 27 484^{mq},09 à exprimer en *décamètres carrés*. On met la *virgule* à la *droite* du chiffre des *décamètres carrés*, et l'on écrit 274^{Dmq},8309.

Q. Que savez-vous sur les aires considérées *ensemble* ? — **R.** Les *aires* considérées dans une même question doivent être exprimées *toutes* à l'aide de la *même unité* [b].

Q. Y a-t-il pour les *aires* des *mesures effectives* ? — **R.** Il n'y a pas de *mesures effectives* de superficie.

Exercice. 1. Exprimez 328^{Dmq},578 en *mètres carrés*. — **Solution.** 32 857^{mq},8 [c].

E. 2. Exprimez 452^{Hmq},365 en *décimètres carrés*. — **S.** 452365000 ^{dmq}.

---

[a] Il faut se rappeler très bien l'*ordre* où se succèdent les *multiples* et *sous-multiples* du *mètre carré*. Si, dans un nombre, il manque quelqu'un d'eux, il faudra, à la place correspondante, écrire 2 *zéros*. — Dans ces nombres, d'ailleurs, comme dans tous les nombres *décimaux*, il ne faut écrire qu'une seule *virgule*, et n'indiquer qu'une seule *unité :* celle qui correspond à la virgule.

[b] Lorsque plusieurs surfaces figurent dans un même problème, il faut, avant d'entamer aucun calcul, les ramener toutes à la *même unité*. Il existe, d'ailleurs, une relation simple entre les *unités* qu'on doit prendre, pour évaluer, dans une même question, les *longueurs* et les *surfaces*. Si les *longueurs* sont exprimées en *décamètres*, les *surfaces* le seront en *décamètres carrés*; etc., etc.

[c] Il faut s'exercer beaucoup au changement d'unité : c'est une opération qui se présente à chaque instant.

LES AIRES OU SUPERFICIES. 183

E. 3. Exprimez $0^{Mmq},485$ en *kilomètres carrés*. — S. $48^{Kmq},5$.

E. 4. Exprimez $0^{Dmq},279$ en *centimètres carrés*. — S. 279000^{cmq}.

E. 5. Calculez $3,817 + 7,28 \times 0,014$. — S. $3,91892$.

E. 6. Divisez $100,5$ par $0,023$ à moins de $0,1$. — S. $4369,5$.

E. 7. Dans une bonbonne de $34^l,2$ et 7 feuillettes [a] de p. 107 $113^l,8$, combien peut-on mettre de liquide ? — S. $34^l,2 + 113^l,8 \times 7$, c-à-d $830^l,8$.

E. 8. Une corde a 245^m, on la partage en 4 parties égales, puis on prend le cinquième d'une de ces parties. Quelle longueur trouve-t-on ? — S. Le *quart* est $61^m,25$, dont le *cinquième* est de $12^m,25$.

E. 9. On met $\frac{2}{3}$ d'heure pour faire les $\frac{4}{5}$ d'un certain travail. Combien de temps pour faire le travail entier ? — S. Pour faire un *cinquième* du travail, on met 4 fois moins, c-à-d $\frac{2}{3 \times 4}$. Pour en faire les 5 *cinquièmes*, on met 5 fois plus, c-à-d $\frac{2 \times 5}{3 \times 4}$. On trouve $\frac{5}{6}$ d'heure [b].

E. 10. Six volumes coûtent $18^f,30$. Que coûtent 43 volumes ? — S. Un volume coûte 6 fois moins, c-à-d $\frac{18^f,30}{6}$. Donc 43 volumes coûtent $\frac{18^f,30 \times 43}{6}$, c-à-d $131^f,15$.

---

105. — Mesures agraires.

Question. Que sont les mesures *agraires* ? — Réponse. Les **mesures agraires** sont celles qui servent à évaluer l'étendue des *champs*.

---

[a] Dans certaines provinces, on donne le nom de *feuillettes* à des tonneaux contenant un peu plus de *cent* litres.

[b] Quelques personnes disent aussi, en étendant aux *fractions* le langage usité pour les nombres *entiers :* « Pour faire les $\frac{4}{5}$ de ce travail, il faut $\frac{2}{3}$ d'heure ; donc, pour faire le travail complètement, il faut $\frac{4}{5}$ de fois moins de temps, c-à-d $\frac{2}{3} : \frac{4}{5}$ ou $\frac{2}{3} \times \frac{5}{4}$. »

LE SYSTÈME MÉTRIQUE.

Q. D'où vient le mot *agraire?* — **R.** Le mot français *agraire* vient d'un mot latin qui signifie *champ*.

Q. Quelle est l'*unité principale* des mesures *agraires?* — **R.** L'unité principale des *mesures agraires* est **l'are**[a].

Q. Qu'est-ce que l'*are?* — **R.** L'*are* n'est autre chose que le *décamètre carré*, c-à-d qu'un *carré* de *dix mètres* de côté : il vaut *cent mètres carrés*.

Q. L'are a-t-il plusieurs *multiples?* — **R.** L'*are* n'a qu'un *multiple* : l'**hectare** (Ha), qui vaut **cent** *ares*, et qui est juste égal à l'*hectomètre carré*.

Q. L'are a-t-il plusieurs *sous-multiples?* — **R.** L'*are* n'a qu'un *sous-multiple* : le **centiare** (ca), qui est le **centième** de l'*are*, et qui est juste égal au *mètre carré*[b].

Exercice. 1. Combien d'*ares*[c] dans $3827^{Hmq},76$? — **Solution.** 382776^a.

E. 2. Combien d'*hectares* dans $2827^{mq},87$? — **S.** $0^{Ha},282787$.

E. 3. Combien de *centiares* dans $32^{Dmq},6789$? — **S.** $3267^{ca},89$.

E. 4. Combien de *mètres carrés* dans $425^a,7$? — **S.** 42570^{mq}.

E. 5. Combien d'*hectomètres carrés* dans $3675^{Ha},89$? — **S.** $3675^{Hmq},89$.

E. 6. Combien de *décamètres carrés* dans $5647^{ca},2$? — **S.** $56^{Dmq},472$[d].

E. 7. Une locomotive pèse $31\,000^{Kg}$ et une autre $27\,643^{Kg}$. Dites la différence de ces poids. — **S.** $3\,357^{Kg}$.

---

[a] Le mot *are* vient du latin *area*, qui veut dire *surface*.

[b] Le commencement du mot *hectare* n'est autre chose que le mot *hecto*, qui signifie *cent*; le commencement du mot *centiare* n'est autre chose que le mot *centi*, qui signifie *centième*. — Il n'existe ni *décaare*, ni *déciare*.

[c] Il suffit de chercher combien l'étendue donnée contient de *décamètres carrés*, puisque l'*are* n'est autre chose que le *décamètre carré*. C'est en partant de remarques analogues que l'on résoudra les exercices suivants.

[d] On aurait pu évaluer l'étendue des champs à l'aide du *décamètre carré*. C'est, sans doute, pour éviter la longueur et la complication de ce mot qu'on l'a remplacé par le mot *are*.

LES AIRES OU SUPERFICIES.   185

E. 8. Convertir en ares $\frac{5}{7}$ d'hectare. — **S.** $100^a \times \frac{5}{7}$, c-à-d 71^a, $42^{(a)}$.

E. 9. Un sac contient 758 pièces de 5^f. Dites le quart de p. 108 cette somme. — **S.** C'est le *quart* de $5^f \times 750$, c-à-d de 3790^f. Ce *quart* est de 947^f,5.

E. 10. Dans une usine, on emploie 2628^l d'eau par jour. Combien dans 8 périodes de 6 jours? — **S.** Dans une période $2628^l \times 6$. Dans 8 périodes $2628^l \times 6 \times 8$, c-à-d 126 144^l.

---

106. — Sur les surfaces agraires écrites en chiffres.

Question. Les *mesures agraires* sont de combien en combien?... — **Réponse.** L'*hectare*, l'*are* et le *centiare* sont de **cent** en **cent** fois *plus grands* ou *plus petits*[b].

Q. Comment se succèdent ces mesures? — **R.** Dans les *surfaces agraires* écrites en chiffres, l'*hectare*, l'*are* et le *centiare* se succèdent de *deux* en *deux* chiffres, parce qu'ils sont de *cent* en *cent* fois *plus grands* ou *plus petits*.

Q. Donnez un exemple. — **R.** On voit ce mode de succession sur le nombre ci-contre[c] :   438 72^a,49 5 / Hectares ares centiares

Q. Comment change-t-on d'*unité*? — **R.** Pour *changer d'unité*, on met la *virgule* à la *droite* du chiffre qui correspond à la *nouvelle unité*[d].

(a) On fera bien d'indiquer aux élèves un terrain qui ait environ 1^a de *superficie*.
(b) Que l'*hectare*, l'*are* et le *centiare* soient de 100 en 100 fois *plus petits*, cela résulte immédiatement de ce qu'ils valent 1^{Hmq}, 1^{Dmq}, 1^{mq}.
(c) Dans une *surface agraire* écrite en chiffres, il correspond 2 chiffres aux *hectares*, 2 chiffres aux *ares*, 2 chiffres aux *centiares*. S'il manque les ares, par exemple, pour en tenir la place il faut 2 *zéros*.
(d) Dans une surface agraire écrite en chiffres, on ne doit mettre qu'une seule *virgule*, et n'indiquer qu'une seule *unité* : celle qui correspond à la virgule.

186   LE SYSTÈME MÉTRIQUE.

Q. Donnez un exemple. — R. Soit 3872ᵃ,49 à exprimer en *hectares*. On met la *virgule* à la *droite* du chiffre des *hectares*, et l'on écrit 38^{Ha},7249.

Q. Que savez-vous sur les aires considérées *ensemble*? — R. Les *aires* considérées dans une même question doivent être exprimées *toutes* à l'aide de la *même unité*.

Exercice. 1. Exprimez en *ares* 625^{Ha},789. — **Solution.** 62578ᵃ,9.

E. 2. Exprimez en *centiares* 528ᵃ,678. — S. 52867^{ca},8.

E. 3. Exprimez en *hectares*[a] 38 257^{ca},6. — S. 3^{Ha},82576.

E. 4. Exprimez en *décamètres carrés* 326ᵃ,81. — S. 326^{Dmq},81.

E. 5. Exprimez en *mètres carrés* 2^{Ha},8. — S. 28000^{mq}.

E. 6. Deux champs de blé ont 38^{Ha},25 et 491 600^{ca}. On en a déjà moissonné 1357ᵃ. Que reste-t-il? — S. 3825ᵃ + 4916ᵃ,00 − 1357ᵃ, c-à-d[b] 7384ᵃ.

E. 7. Additionnez $\frac{1}{2}, \frac{1}{6}, \frac{1}{12}, \frac{1}{20}$. — S. $\frac{4}{5}$.

E. 8. On a 17 pièces de ruban de fil de 20ᵐ chacune. On vend 56ᵐ de ce ruban. Combien en reste-t-il? — S. 20ᵐ × 17 − 56ᵐ, c-à-d 284ᵐ.

p. 109 E. 9. Parti à 7ʰ et demie du matin, j'arrive à 6ʰ un quart du soir. Combien a duré mon voyage? — S. Jusqu'à midi 12ʰ − 7ʰ − $\frac{1}{2}$. Après midi 6ʰ + $\frac{1}{4}$. Mon voyage a donc duré 10ʰ + $\frac{3}{4}$.

E. 10. Pour payer 100 sacs de farine, je donne 4 billets de 1000ᶠ, plus 525ᶠ en or. Dites le prix du sac. — S. J'ai donné 4525ᶠ. Un sac coûte le *centième* de cette somme, c-à-d 45ᶠ,25.

---

[a] Il faut s'exercer beaucoup au changement d'*unité*. Pour savoir combien une surface agraire, exprimée en chiffres, contient, en tout, d'*hectares*, d'*ares*, ou de *centiares*, il suffit de changer d'unité. — La relation qui existe entre les unités de *longueur* et les unités de *superficie* subsiste pour les *mesures agraires* : on évalue les longueurs en *mètres*, en *décamètres* ou en *hectomètres*, selon qu'on veut évaluer les aires en *centiares*, en *ares* ou en *hectares*.

[b] On voit que, avant d'effectuer les calculs, nous avons tout exprimé à l'aide d'une seule unité. C'est ce qu'il faut toujours faire.

CHAPITRE III

LES VOLUMES

—

107. — Le mètre cube.

Question. Quelle est l'*unité principale* pour les *volumes*? — **Réponse.** Pour les *volumes*, l'unité principale est le **mètre cube** (mc).

Q. Qu'est-ce que le *mètre cube*? — **R.** Le *mètre cube* est un *cube* dont chaque arête a 1^m [a].

Q. Qu'est-ce qu'un *cube*? — **R.** Un *cube* est une figure semblable à la figure ci-contre, ayant tout à fait la forme d'un *dé à jouer* [b].

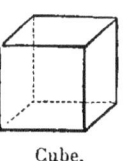

Cube.

Exercice. 1. Combien un *cube* a-t-il de faces? — **Solution.** 6.

E. 2. Combien un *cube* a-t-il de sommets? — S. 8.

E. 3. Combien un *cube* a-t-il d'arêtes [c]? — S. 12.

E. 4. Une fontaine donne 3^{mc} en 5^h et une autre 5^{mc} en 8^h. Quelle est celle qui donne le plus en 1^h? — S. La première donne en une heure $\frac{3}{5}$ de mètre cube. La seconde en donne $\frac{5}{8}$. Cette dernière fraction est la plus grande.

---

[a] Le *mètre cube* sert à évaluer les volumes de moyenne grandeur : le volume des pierres de taille, celui des tas de terre ou de sable, celui d'une maçonnerie, la contenance d'un tombereau, d'un fossé, d'un réservoir, etc. — On montrera, si on le peut, un mètre cube aux élèves. On leur montrera aussi des *cubes* de grandeurs différentes, en leur en faisant bien voir la *longueur*, la *largeur* et la *hauteur*, c-à-d les 3 *dimensions*.

[b] Le mot *cube* vient précisément du mot grec *kubos*, qui signifie *dé à jouer*. Du substantif *cube*, on a formé le verbe *cuber*. *Cuber* un volume, c'est l'évaluer en *mètres cubes*.

[c] Il sera bon, en montrant un *cube* aux élèves, de leur expliquer ce qu'on appelle *faces, sommets, arêtes*. — On reviendra, dans les notions de *géométrie* qui font partie du présent ouvrage, sur le *cube* et les autres *polyèdres*. — Il n'est pas inutile de faire remarquer que le mot *arête*, tel qu'on l'emploie en géométrie, ne prend qu'un seul *r*.

E. 5. Calculez $23,05 + 7,8 - 11,009$. — **S.** $19,841$.

E. 6. Simplifiez la fraction $\frac{243}{729}$. — **S.** $\frac{1}{3}$.

E. 7. Calculez $\frac{73,25 - 4,005}{0,7}$. — **S.** $98,92$.

E. 8. Un tas de blé pèse $3159^{Kg},2$. Que pèsent les 3 onzièmes de ce blé? — **S.** $3159^{Kg},2 \times \frac{3}{11}$, c-à-d $861^{Kg},6$.

E. 9. Jean reçoit en héritage le neuvième d'un domaine de $452^{Ha},79$ plus un pré de $15\,630^{ca}$. Combien d'ares en tout? — **S.** $\frac{45279^{a}}{9} + 156^{a},30$, c-à-d $5187^{a},30$.

E. 10. Sur 3265 émigrants, 89 périssent dans un naufrage, et 1247 meurent de maladie. Combien survivent? — **S.** 1929.

---

p. 110 **108. — Les multiples et les sous-multiples du mètre cube.**

Question. Quels sont les *multiples* du mètre cube? — **Réponse.** Les *multiples du mètre cube* sont : le **décamètre cube** (Dmc); — l'**hectomètre cube** (Hmc); — le **kilomètre cube** (Kmc); — le **myriamètre cube** (Mmc) [a].

Q. Définissez ces *multiples*. — R. Le *décamètre cube* est un cube dont l'arête est d'un *décamètre* : il vaut *mille* mètres cubes ; — l'*hectomètre cube* est un cube dont l'arête est d'un *hectomètre* : il vaut un *million* de mètres cubes ; — le *kilomètre cube* est un cube dont l'arête est d'un *kilomètre* : il vaut un *billion* de mètres cubes; — le *myriamètre cube* est un cube dont l'arête a un *myriamètre* : il vaut un *trillion* de mètres cubes [b].

[a] Les *abréviations* ci-dessus sont analogues à celles que nous avons données déjà pour les *multiples* soit du mètre *linéaire*, soit du *mètre carré*. Elles commencent toutes par une lettre *majuscule*. — Remarque analogue pour les *abréviations* que nous donnons plus bas, et qui commencent toutes par une lettre *minuscule*.

[b] Il faudra revenir et insister sur tous les exemples de *volumes* que nous avons donnés déjà, afin de faire bien comprendre aux élèves ce que c'est qu'un *volume*.

LES VOLUMES.

Q. Que sont les *sous-multiples* du mètre cube? — R. Les *sous-multiples du mètre cube* sont : le **décimètre cube** (dmc); — le **centimètre cube** (cmc); — le **millimètre cube** (mmc).

Q. Définissez ces sous-multiples. — R. Le *décimètre cube* est un cube dont l'arête est d'un *décimètre* : il est le *millième* du mètre cube ; — le *centimètre cube* est un cube dont l'arête est d'un *centimètre* : il est le *millionième* du mètre cube ; — le *millimètre cube* est un cube dont l'arête est d'un *millimètre* : il est le *billionième* du mètre cube.

Exercice. 1. Combien de *décimètres cubes* dans $3^{mc},7$?
— **Solution.** 3700^{dmc}.

E. 2. Combien de *mètres cubes*[a] dans $28^{Dmc},9$? —
S. 28900^{mc}.

E. 3. Combien de *mètres cubes* dans $1^{Hmc},818$? —
S. 1818000^{mc}.

E. 4. Combien de *centimètres cubes*[b] dans $7^{mc},9$? —
S. 7900000^{cmc}.

E. 5. Calculez $26,6 \times 9,99 - 2,45$. — S. $263,284$.

E. 6. Calculez $\frac{26,6}{9,99} - 2,45$. — S. $0,21$.

E. 7. On a travaillé à un certain ouvrage 321^h, puis 432^h, puis 528^h. Combien d'heures en tout? —
S. 1281^h.

E. 8. Il y a, dans un char, un bœuf de 349^{kg} et 8 porcs de 86^{kg}. Dites le poids total ? — S. $349 + 86 \times 8$, c-à-d 1037^{kg}.

E. 9. On partage 2 pièces de vin de 224^l et de 227^l p. 111

[a] Les *multiples* du mètre cube sont assez peu employés, parce qu'ils sont trop grands. On ne s'en sert guère que pour des volumes qui, à première vue, nous paraissent énormes : volume d'un rocher, d'une colline, d'une montagne, etc., etc. Une maison qui aurait 10^m de haut, 10^m de long et 10^m de profondeur, mesurerait exactement 1^{Dmc}.

[b] De tous les *sous-multiples* du *mètre cube*, le plus employé de beaucoup est le *décimètre cube*, que nous retrouverons tout à l'heure sous le nom de *litre*. Le *centimètre* et le *millimètre* cubes sont peu usités, parce qu'ils sont trop petits. — Il faudra, autant que possible, montrer aux élèves un *décimètre cube* et un *centimètre cube*. On peut fabriquer un *décimètre cube* avec du carton. Quant au *centimètre cube*, il a, presque exactement, la dimension ordinaire d'un *dé à jouer*.

entre 52 personnes. Qu'aura chacune d'elles? — S. (224 + 227) : 52, c-à-d 8¹,6.

E. 10. Briançon est à 1326ᵐ au-dessus du niveau de la mer et Angers à 47ᵐ. Dites la différence en décamètres. — **S.** 127^{Dm},9.

109. — Grandeurs relatives des unités de volume.

Question. Les *multiples* du mètre cube sont de combien en combien de fois *plus grands?* — **Réponse.** Les *multiples du mètre cube* sont de **mille** en **mille** fois *plus grands.*

Q. Récitez : le *décamètre cube* vaut... — Le décamètre cube vaut *mille* mètres cubes ; — l'hectomètre cube vaut *mille* décamètres cubes ; — le kilomètre cube vaut *mille* hectomètres cubes ; — le myriamètre cube vaut *mille* kilomètres cubes.

Q. Les *sous-multiples* sont de combien en combien de fois *plus petits?* — **R.** Les *sous-multiples du mètre cube* sont de **mille** en **mille** fois *plus petits.*

Q. Récitez : le *décimètre cube* est... — Le décimètre cube est le *millième* du mètre cube ; — le centimètre cube est le *millième* du décimètre cube ; — le millimètre cube est le *millième* du centimètre cube.

Q. Montrez que le *décimètre cube* vaut *mille centimètres cubes.* — **R.** Pour montrer 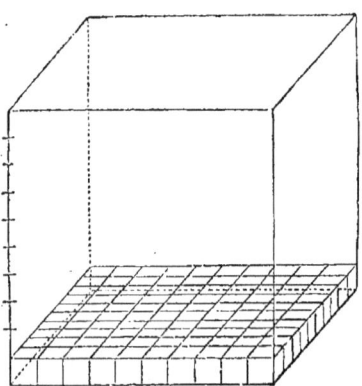 que le *décimètre cube* vaut *mille centimètres cubes,* considérons la boîte ci-contre, qui représente un *décimètre cube.* Son fond contient *cent centimètres carrés.* Si sur chacun d'eux on place un *centimètre cube,* ces *cent* petits *cubes* forment une couche d'un *centimètre* de haut. La boîte contient *dix* couches pareilles, c-à-d *mille centimètres cubes* [a].

[a] Il faut que les élèves sachent très bien que les *unités de volume*

LES VOLUMES.

Exercice. 1. Combien d'*hectomètres cubes* dans 1^{Mmc} ? — **Solution.** Un million.

E. 2. Combien de *décamètres cubes* dans 1^{Kmc} ? — **S.** Un million.

E. 3. Combien de *mètres cubes* dans 1^{Hmc} ? — **S.** Un million.

E. 4. Combien de *centimètres cubes* dans 1^{Dmc} ? — **S.** Un milliard.

E. 5. Les 2 tiers du mètre cube d'une pierre pèsent 1328^{kg}. Que pèse le mètre cube ? — **S.** Le *tiers* du mètre cube pèse 2 fois moins, c-à-d $\frac{1328}{2}$. Les 3 tiers pèsent 3 fois plus, c-à-d $\frac{1328 \times 3}{2}$, ou 1992^{Kg} [a].

E. 6. Convertissez $\frac{23}{11}$ en fraction décimale. — p. 112 **S.** 2,0909 [b]...

E. 7. Calculez $\frac{69,47 + 19,508}{0,04}$. — **S.** 2 224,45.

E. 8. Trois poutres égales, mises bout à bout, font une longueur de $92^{\text{m}},3$. Que feraient 7 de ces poutres [c] ? — **S.** La longueur d'une poutre est de $\frac{92,3}{3}$. Sept poutres feront $\frac{92,3 \times 7}{3}$, c-à-d $215^{\text{m}},3$.

E. 9. Un certain travail demandait 16^{h}. On y a déjà employé 7^{h}. Dans combien de minutes sera-t-il fini ? — **S.** Il sera fini dans 9^{h}, c-à-d dans 540^{m}.

E. 10. Mes contributions sont de $102^{\text{f}},24$. J'en ai déjà payé les $\frac{5}{12}$. Combien redois-je ? — **S.** Les $\frac{7}{12}$ de $102^{\text{f}},24$, c-à-d $102^{\text{f}},24 \times \frac{7}{12}$, ou $59^{\text{f}},64$.

---

sont de 1 000 en 1 000 fois *plus grandes* ou *plus petites*.— Pour le leur montrer nettement, on dessinera au tableau, avec grand soin, la figure ci-dessus; et on leur fera remarquer que, quand l'*arête* d'un *cube* devient 10 fois plus grande, le *volume* de ce *cube* devient 1 000 fois plus grand. — On pourrait rendre ce résultat tangible, si l'on possédait un nombre suffisant de *petits cubes*, tous égaux, que l'on empilerait pour en former un *cube plus grand*.

[a] Le calcul revient à diviser 1328 par $\frac{2}{3}$.

[b] On obtient ainsi une fraction décimale *périodique*, dont la *période* est 09.

[c] Les poutres que l'on emploie, en réalité, sont beaucoup plus courtes que celles de cet exercice.

110. — Sur les volumes écrits en chiffres.

Question. Comment se succèdent les *multiples* et *sous-multiples* du mètre cube ? — **Réponse.** Dans les *volumes* écrits en chiffres, les *multiples* et *sous-multiples* du mètre cube se succèdent de 3 en 3 chiffres, parce qu'ils sont de *mille* en *mille* fois plus grands ou plus petits.

Q. Écrivez un exemple. — R. On voit ce mode de succession sur le nombre ci-contre [a].

$$37\,908\,246\,351\,600^{mc},325\,936\,688\,7$$

Myriam. cubes — Kilom. cubes — Hectom. cubes — Décam. cubes — mètres cubes — décim. cubes — centim. cubes — millim. cubes

Q. Comment change-t-on d'unité ? — R. Pour *changer d'unité*, on met la *virgule* à la *droite* du chiffre qui correspond à la *nouvelle unité* [b].

Q. Donnez un exemple. — R. Soit $2\,867^{mc},654\,901$ à exprimer en *décimètres cubes*. On met la *virgule* à la *droite* du chiffre des *décimètres cubes*, et l'on écrit $2\,867\,654^{dmc},901$.

Q. Que savez-vous sur les volumes considérés *ensemble* ? — R. Les *volumes* considérés dans une même question doivent être exprimés *tous* à l'aide de la *même unité* [c].

Q. Y a-t-il des *mesures effectives* de volume ? — R. Il n'y a pas de *mesures effectives* de volume.

---

[a] Dans un *volume* écrit en chiffres, on ne doit mettre qu'une seule *virgule* et n'indiquer qu'une seule *unité* : celle qui correspond à la virgule.
[b] Il faut s'exercer beaucoup au *changement d'unité*. Cette opération permet de dire immédiatement combien un *volume*, écrit en chiffres, contient de fois tel *multiple* ou *sous-multiple* du *mètre cube*.
[c] S'il entre, dans une même question, un certain nombre de *volumes*, la première chose à faire, c'est de les exprimer tous à l'aide de la *même unité*. Il faut d'ailleurs, dans une même question, que les unités de *longueur*, de *surface* et de *volume* se correspondent. Si les *longueurs* sont exprimées en *mètres*, les *surfaces* le seront en *mètres carrés*, et les *volumes* en *mètres cubes*. Si les *longueurs* sont exprimées en *décamètres*, les *surfaces* le seront en *décamètres carrés*, les *volumes* en *décamètres cubes*; et ainsi de suite.

LES VOLUMES. 193

Exercice. 1. Exprimez en *hectomètres cubes* [a] $3\,295^{Dmc},27$.
— **Solution.** $3^{Hmc},29527$.

E. 2. Exprimez en *décamètres cubes* $2\,786^{dmc},07$. — **S.** $0^{Dmc},002\,786\,07$.

E. 3. Exprimez en *centimètres cubes* $3^{dmc},8\,292$. — **S.** $3\,829^{cmc},2$.

E. 4. Exprimez en *millimètres cubes* $4^{mc},79\,653$. — **S.** $4\,796\,530\,000^{mmc}$.

E. 5. Exprimez en *décimètres cubes* $3^{Dmc},00\,005$. — **S.** $3\,000\,050^{dmc}$.

E. 6. On ajoute le sixième et le septième d'un mètre cube. Combien obtient-on de décimètres cubes ? — **S.** $1\,000^{dmc} \times \left(\frac{1}{6}+\frac{1}{7}\right)$, c-à-d $1\,000 \times \frac{13}{42}$, ou 309^{dmc}.

E. 7. Calculez $\frac{23,7 \times 7,2}{6,48}$. — **S.** $26,3$. p. 113

E. 8. Que coûtent $573^{Kg},300$ de laine brute à $127^f,50$ les 100^{Kg} ? — **S.** 1^{Kg} coûte $1^f,275$. Donc $573^{Kg},300$ coûtent $1^f,275 \times 573,3$, c-à-d $730^f,9575$.

E. 9. On ajoute $57^{Ha},297$ avec le triple de $293^{ca},8$. Combien obtient-on d'ares [b] ? — **S.** $5\,729^a,7 + 2^a,938 \times 3$, c-à-d $5\,738^a,514$.

E. 10. Un régiment comptait $2\,751$ hommes. On va libérer 836 soldats et recevoir 938 recrues. Quel sera l'effectif ? — **S.** $2\,751 - 836 + 938$, c-à-d $2\,853$.

---

111. — Mesures pour le bois de chauffage.

Question. Pour le bois, quelle est l'*unité principale* ? — **Réponse.** Pour le *bois de chauffage*, l'unité principale est le **stère** (st), qui vaut juste *un mètre cube* [c].

---

[a] Dans un *volume* écrit en chiffres, à chaque *multiple* ou *sous-multiple* du *mètre cube*, comme au *mètre cube* lui-même, correspond un groupe de 3 chiffres. — Cela tient, au fond, à ce qu'un *volume* est une étendue à 3 dimensions.
[b] Avant de faire le calcul, il faut avoir soin d'exprimer tout à l'aide de la *même unité*.
[c] Le mot *stère* vient du grec *stereos*, qui signifie *solide*. — Plusieurs mots français commencent par *stère* : la *stéréographie* est l'art de représenter les *solides* ; la *stéréométrie*, l'art de les mesurer ; la *stéréotomie*, l'art de les tailler. Le *stéréoscope* est un instrument d'optique qui fait

Q. Combien le *stère* a-t-il de *multiples?* — **R.** Le *stère* n'a qu'un *multiple :* le **décastère** (Dst), qui vaut *dix stères.*

Q. Combien le *stère* a-t-il de *sous-multiples?* — **R.** Le *stère* n'a qu'un *sous-multiple :* le **décistère** (dst), qui est le *dixième* du *stère*[a].

Q. Ces unités sont de combien en combien...? — **R.** Le *décastère,* le *stère* et le *décistère* sont de **dix** en **dix** fois *plus grands* ou *plus petits.*

Exercice. 1. Combien de *mètres cubes* [b] dans $23^{st},17$?
— **Solution.** $23^{mc},17.$

E. 2. Combien de *mètres cubes* dans $5^{Dst},813$? — **S.** $58^{mc},13.$

E. 3. Combien de *mètres cubes* dans $385^{dst},9.$ — **S.** $38^{mc},59.$

E. 4. Combien de *décistères* dans $5^{Dst},28$? — **S.** $528^{dst}.$

E. 5. Combien de *stères* dans $328^{mc},76$? — **S.** $328^{st},76.$

E. 6. Combien de *décastères* dans $5^{Dmc},1452$ [c] ? — **S.** $514^{Dst},52.$

E. 7. Combien de *décistères* dans $4837^{dmc},8$? — **S.** $48^{dst},378.$

E. 8. Un bras de la Seine débite 100^{mc} d'eau par seconde. Combien dans les 4 cinquièmes d'une minute ? — **S.** $100^{mc} \times 60 \times \frac{4}{5}$, c-à-d $4800^{mc}.$

E. 9. Un chemin de fer aura 875^{Km} de long. On a déjà fait $1368^{Hm},47.$ Le reste est partagé entre 5 entrepreneurs. Combien de mètres construira chacun d'eux ? — **S.** $(875^{Km} - 136^{Km},847) : 5$, c-à-d $147^{Km},6306$, ou $147630^{m},6.$

voir certaines images en *relief,* c-à-d qui leur donne l'apparence de corps *solides.*
(a) Les *abréviations* que nous employons pour le *décastère* et le *décistère* sont analogues à toutes celles que nous avons employées déjà.
(b) Le *stère,* le *décastère* et le *décistère* se nomment parfois mesures de *solidité.* — Ces mesures ne s'emploient, d'ailleurs, que pour le bois de chauffage ; on évalue, à l'aide du *mètre cube,* le volume des bois de construction.
(c) Pour résoudre ce problème, on raisonnera ainsi : $5^{Dmc},1452$ valent $5145^{mc},2$, c-à-d $5145^{st},2$, ou enfin $514^{Dst},52.$ On raisonnera d'une manière analogue pour résoudre le problème suivant.

LES VOLUMES.

E. 10. Une roue fait 45 tours par minute. Combien de tours en 24^h ? — **S.** En 1^h, elle en fait 45×60. En 24^h, par conséquent, $45 \times 60 \times 24$, ou 64800.

---

112. — Sur les quantités de bois écrites en chiffres.

Question. Comment se succèdent le *décastère*, le *stère* p. 114 et le *décistère* ? — **Réponse.** Dans les *quantités de bois* écrites en chiffres, le *décastère*, le *stère* et le *décistère* se succèdent de *chiffre* en *chiffre*, parce qu'ils sont de dix en dix fois *plus grands* ou *plus petits* [a].

$3\ 2\ 5^{st}, 2\ 8$
Décastères / stères / décistères

Q. Montrez ce mode de succession. — **R.** On voit ce mode de succession sur le nombre ci-contre.

Q. Comment change-t-on d'*unité* ? — **R.** Pour *changer d'unité*, on met la *virgule* à la *droite* du chiffre qui correspond à la *nouvelle unité* [b].

Q. Donnez un exemple. — **R.** Soit $273^{st}, 49$ à exprimer en *décastères*. On met la *virgule* après le chiffre des *décastères*, et l'on écrit $27^{Dst}, 349$.

Q. Que savez-vous sur les quantités de bois considérées ensemble ? — **R.** Les *quantités de bois* considérées dans une même question doivent être exprimées *toutes* à l'aide de la *même unité* [c].

---

[a] Le *décastère*, le *stère* et le *décistère* se succédant de *chiffre en chiffre*, à chacun d'eux correspond *un seul* chiffre ; si l'un d'eux manque, il suffit, à la place, de mettre *un seul* zéro.

[b] On doit s'exercer beaucoup à ce *changement d'unité*, afin d'arriver à le faire très bien. C'est simplement en déplaçant la *virgule* qu'on détermine combien une certaine quantité de bois contient de fois le *stère* ou telle autre *unité*.

[c] Si les quantités de bois qui se rencontrent dans une même question n'étaient pas ramenées toutes à la *même unité*, il faudrait, avant tout, les y ramener. S'il existe, dans une même question, des *longueurs* et des *volumes* exprimés en *stères*, *décastères* ou *décistères*, il faut prendre le *mètre* pour unité de longueur et le *stère* pour unité de volume, le *décastère* et le *décistère* ne correspondant à aucun *multiple* ou *sous-multiple* du mètre linéaire.

Exercice. 1. Exprimez en *stères* $329^{Dst},187$. — **Solution.** $3291^{st},87$.

E. 2. Exprimez en *décistères* $9^{Dst},008$. — **S.** $900^{dst},8$.

E. 3. Exprimez en *décastères* $425^{st},2$. — **S.** $42^{Dst},52$.

E. 4. Exprimez en *décistères* $37^{st},47$. — **S.** $374^{dst},7$.

E. 5. Exprimez en *stères* $111^{dst},8$. — **S.** $11^{st},18$.

E. 6. Exprimez en *décastères* [a] 1002^{dst}. — **S.** $10^{Dst},02$.

E. 7. Combien de mètres cubes dans le quart du tiers [b] de $3826^{Dst},12$? — **S.** Ce nombre équivaut à $38261^{mc},2$, dont le *tiers* est $12753^{mc},7$. Le *quart* de ce *tiers* est $3188^{mc},4$.

E. 8. On verse $1^l,05$ de vin dans 21 verres. On achève de remplir chaque verre en y versant $0^l,15$ d'eau. Trouvez la capacité d'un verre. — **S.** $(1^l,05 : 21) + 0^l,15$, c-à-d $0^l,05 + 0^l,15$, ou $0^l,20$.

E. 9. Une armée de 25 683 hommes a eu, dans ce combat, 136 tués et 893 blessés. Combien de soldats encore valides ? — **S.** $25683 - 136 - 893$, c-à-d 24654.

E. 10. On me donne au même prix soit $\frac{6}{7}$ de stère [c], soit $\frac{4}{5}$ de mètre cube de bois. Que faut-il choisir ? — **S.** La première quantité, car $\frac{6}{7}$ est plus grand que $\frac{4}{5}$.

---

113. — Mesures effectives pour le bois de chauffage.

p. 115 **Question.** Dites les *mesures effectives* pour le bois. — **Réponse.** Les *mesures effectives* pour le bois de

---

[a] Comme dans tous les nombres *décimaux*, il faut, dans les quantités de bois écrites en chiffres, ne marquer qu'une seule *virgule*, et n'indiquer qu'une seule *unité*, celle qui correspond à la *virgule*.

[b] Le *quart du tiers* est ce qu'on appelle une *fraction de fraction*. Le *quart* du *tiers*, d'après la définition de la multiplication des fractions, est égal à $\frac{1}{3} \times \frac{1}{4}$, c-à-d à $\frac{1}{12}$. Il suffirait donc de prendre le *douzième* de la quantité donnée.

[c] Rappelez aux élèves, toutes les fois que l'occasion s'en présente, que le *stère* n'est autre chose qu'un *mètre cube*.

chauffage sont : le *stère*, le *double-stère*, le *demi-stère* [a].

Q. Décrivez le stère. — R. Le *stère* est un *cadre* en bois formé d'une *sole*, à laquelle sont fixés des *montants*. La distance des *montants* est de 1^m; leur hauteur est variable: elle serait de 1^m si les bûches avaient juste 1^m de long; comme les bûches sont plus longues, les montants sont moins hauts.

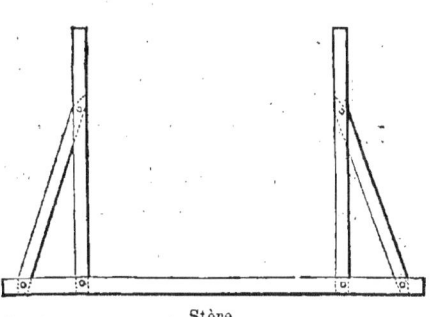

Stère.

Q. Comment mesure-t-on le *bois*? — R. Pour *mesurer* le bois, on empile les bûches [b] entre les montants, jusqu'à ce qu'elles arrivent à la hauteur de ceux-ci.

Q. Mesure-t-on toujours le *bois de chauffage*? — R. Souvent, au lieu de *mesurer* le bois de chauffage, on le *pèse* [c].

Exercice. 1. Combien de *mètres cubes* dans 33st,8? — **Solution.** 33^{mc},8.

E. 2. On a 2st,7 de bois pesant 1624^{Kg},8. Que pèsent 8st,954? — **S.** 1st pèse 2,7 fois moins, c-à-d $\frac{1624^{Kg},8}{2,7}$. Donc 8st,954 pèsent $\frac{1624,8 \times 8,954}{2,7}$, c-à-d 5388^{Kg},318.

E. 3. Calculez $3,002 \times 0,4 - 0,567$. — **S.** 0,6338.

E. 4. Retranchez $\frac{57}{99}$ de $\frac{19}{32}$. — **S.** $\frac{19}{1056}$.

---

[a] Si l'on possède ces *mesures effectives*, on les montrera aux élèves, sinon on leur en montrera des dessins ou des modèles. Il est bon de faire voir, le plus possible, les choses dont on parle. L'enseignement par la vue donne toujours d'excellents résultats. — Ces trois *mesures effectives* pour le bois sont tout à fait conformes à la *loi* d'après laquelle, quand on fabrique une certaine mesure, on en peut fabriquer aussi le *double* et la *moitié*.

[b] Il faut que les bûches soient empilées bien régulièrement et placées toutes dans le même sens.

[c] Un même *volume* de bois ne pèse pas toujours le même *poids*: le bois est d'autant *plus lourd* qu'il est *moins sec*.

E. 5. Additionnez $4^{Dst},6$; $15^{st},3$; $268^{dst},9$. — **S.** $88^{st},19$ [a].

E. 6. Calculez $(9,57+16,8) \times 6,4$. — **S.** $168,768$.

E. 7. Des soldats ont fait à pied $21^{Mm},59$ en 7^j. Combien de kilomètres par jour ? — **S.** $215^{Km},9 : 7$, c-à-d $30^{Km},8$.

E. 8. Combien d'ares dans les $\frac{3}{8}$ d'un kilomètre carré ? — **S.** 1^{Kmq} vaut $10\,000^{Dmq}$, c-à-d $10\,000^a$. Le nombre cherché est donc $10\,000^a \times \frac{3}{8}$, c-à-d $3\,750^a$.

E. 9. Dix-huit personnes ont dépensé ensemble 27^f pour leur déjeuner et $40^f,50$ pour leur dîner. Dites l'écot de chacune. — **S.** $(27^f + 40^f,50) : 18$, c-à-d $3^f,75$.

E. 10. Exprimez en mètres cubes le quart du cinquième [b] de $39^{Dmc},8$. — **S.** $39^{Dmc},8$ valent $39\,800^{mc}$, dont le *cinquième* est $7\,960^{mc}$. Le *quart* de ce *cinquième* est de $1\,990^{mc}$.

---

114. — Mesures de capacité.

p. 116 **Question.** Qu'est-ce que les mesures de *capacité* ? — **Réponse.** Les **mesures de capacité** [c] sont celles qui servent à mesurer les *liquides* et les *grains*.

Q. Quelle est l'*unité principale* pour les *capacités* ? — **R.** Pour les *capacités*, l'unité principale est le **litre**.

Q. Qu'est-ce que le *litre* ? — **R.** Le *litre* n'est autre chose que le *décimètre cube*.

Q. Quels sont les *multiples du litre* ? — Les *multiples du litre* sont : le **décalitre** (Dl) qui vaut *dix* litres ; — l'**hectolitre** (Hl) qui en vaut *cent* ; — le **kilolitre** (Kl) qui en vaut *mille* ; — le **myrialitre** (Ml) qui en vaut *dix mille*.

---

[a] Avant l'invention du *système métrique*, on mesurait le bois de chauffage à la *corde* ou à la *voie*. La *corde* valait 2 *voies*, et la *voie* environ 2 *stères*.

[b] Le *quart du cinquième* est une *fraction de fraction*, égale à $\frac{1}{5} \times \frac{1}{4}$, c-à-d à un *vingtième*.

[c] *Capacité* vient du latin *capacitas*, qui dérive lui-même de *capere* contenir. Aussi le mot français *capacité* est-il synonyme de *contenance*.

LES VOLUMES.

Q. A quoi le *kilolitre* est-il égal? — **R.** Le *kilolitre* est juste égal au *mètre cube*.

Q. Quels sont les *sous-multiples* du *litre?* — **R.** Les *sous-multiples du litre* sont : le **décilitre** (dl), qui est le *dixième* du litre ; — le **centilitre** (cl), qui en est le *centième* ; — le **millilitre** (ml), qui en est le *millième* [a].

Q. A quoi le millilitre est-il égal? — **R.** Le *millilitre* est juste égal au *centimètre* cube.[b]

Q. Ces *multiples* sont de combien en combien...? — **R.** Tous ces *multiples* et *sous-multiples* du *litre* sont de **dix** en **dix** fois *plus grands* ou *plus petits*.

Exercice. 1. Combien de *litres* [c] dans $57^{Kl},295$? — **Solution.** $57\,295^l$.

E. 2. Combien de *litres* [d] dans $3^{ml},29\,837$? — **S.** $0^l,00\,329\,837$.

E. 3. Combien de *litres* dans $2^{Hl},79$? — **S.** 279^l.

E. 4. Combien de *litres* dans $11^{Dl},8$? — **S.** 118^l.

E. 5. Combien de *litres* [e] dans $27^{dl},9$? — **S.** $2^l,79$.

E. 6. Combien de *litres* dans $675^{cl},13$? — **S.** $6^l,7513$.

E. 7. L'hectolitre de blé pèse 76^{Kg}. Que pèsent $32^l,7$? — **S.** 1^l pèse $0^{Kg},76$. Donc $32^l,7$ pèsent $0^{Kg},76 \times 32,7$, c-à-d $24^{Kg},852$.

E. 8. On achète $3^{Hl},25$ d'alcool et on en revend $13^{Dl},6$. Combien garde-t-on de litres? — **S.** $325^l - 136^l$, c-à-d 189^l.

---

[a] Les *abréviations* ci-dessus sont analogues à celles des paragraphes précédents. Elles commencent par des *majuscules*, lorsqu'il s'agit des *multiples* du litre ; par des *minuscules*, lorsqu'il s'agit des *sous-multiples*.

[b] Il faut se rappeler très bien que le *kilolitre*, le *litre* et le *millilitre* sont identiques au *mètre cube*, au *décimètre cube* et au *centimètre cube*.

[c] Les élèves ont tous vu des bouteilles de la contenance d'*un litre* ; néanmoins, on leur en montrera une.

[d] Le *litre* s'emploie pour les *liquides* et pour les matières *sèches*. Le vin, le vinaigre, les sirops, les liqueurs se vendent au *litre*. Il en est de même des petits pois, des lentilles, des fèves, des haricots.

[e] Les *multiples* du *litre* s'emploient dans le commerce en *gros* des liquides et des grains. Les *sous-multiples* sont peu usités, sauf dans les laboratoires, où l'on se sert souvent du *centilitre*. Un verre à boire ordinaire contient environ 2^{dl}, c-à-d un *cinquième* de *litre*.

E. 9. Chaque semaine, un ouvrier gagne 28^f,10 et dépense 25^f,95. Dites son économie au bout de 52 semaines. — **S.** (28^f,10 − 25^f,95)×52, c-à-d 111^f,80.

E. 10. Un pré est les $\frac{3}{5}$ d'une vigne et a 3^{Ha},29. Dites l'étendue de cette vigne. — **S.** $\frac{1}{5}$ de la vigne vaut $\frac{3^{Ha},29}{3}$. Les $\frac{5}{5}$ valent $\frac{3^{Ha},29 \times 5}{3}$, c-à-d 5^{Ha},48.

---

115. — Sur les capacités écrites en chiffres.

Question. Comment se succèdent les *multiples* et *sous-multiples* du *litre*? — **Réponse.** Dans les *capacités* écrites en chiffres, les *multiples* et *sous-multiples* du litre se succèdent de *chiffre* en *chiffre*, parce qu'ils sont de *dix* en *dix* fois plus grands ou plus petits.

Q. Montrez ce mode de succession. — **R.** On voit ce mode de succession sur le nombre ci-contre.

$$7\ 3\ 4\ 2\ 5\ 1^l,3\ 2\ 9\ 8$$

Myrialitres / Kilolitres / Hectolitres / Décalitres / litres / décilitres / centilitres / millilitres

Q. Comment change-t-on d'*unité*? — **R.** Pour *changer d'unité*, on met la *virgule* à la *droite* du chiffre qui correspond à la *nouvelle unité*.

Q. Donnez un exemple. — **R.** Soit 358^l,27 à exprimer en *décalitres*. On met la *virgule* après le chiffre des *décalitres*, et l'on écrit 35^{Dl},827.

Q. Que savez-vous sur les capacités considérées *ensemble*? — **R.** Les *capacités* considérées dans une même question doivent être exprimées *toutes* à l'aide de la **même unité** [a].

---

[a] Le *changement d'unité* est une opération qui se présente souvent. Elle permet de trouver immédiatement combien une *capacité* donnée contient de fois soit le *litre*, soit tel *multiple* ou *sous-multiple* du *litre*. — Quand il y a, dans un même problème, différentes capacités, il faut, avant tout, les ramener à la *même unité*. — Quand il y a à la fois des *longueurs* et des *capacités*, il faut que les *unités* de longueur et les *unités* de capacité se correspondent. Si les *longueurs* sont exprimées en *centimètres*, les *capacités* le seront en *millilitres*; si les *longueurs*

LES VOLUMES.

Exercice. 1. Exprimez en *décilitres* $6\,287^{dl},8$. — Solution. Rien à changer.

E. 2. Exprimez en *kilolitres*[a] $32\,654^{cl},9$. — S. $0^{Kl},326\,549$.

E. 3. Exprimez en *décilitres* $4^{ll},652$. — S. 4652^{dl}.

E. 4. Exprimez en *millilitres*[b] $0^{Ml},000\,563$. — S. $5\,630^{ml}$.

E. 5. Exprimez en *mètres cubes* $14^{ll},526$. — S. $1^{Kl},4526$, ou $1^{mc},4526$.

E. 6. Convertissez $0,45$ en fraction ordinaire. — S. $\frac{9}{20}$.

E. 7. Un vin coûte 65^f l'hectolitre. Combien la pièce de 228^l? — S. 1^l coûte $0^f,65$. Une pièce coûte $0^f,65 \times 228$, c-à-d $148^f,20$.

E. 8. Les $\frac{4}{5}$ de mes livres sont en français, les $\frac{2}{17}$ en latin et les autres en anglais. Quelle fraction du tout composent ces derniers ? — S. $1 - \frac{4}{5} - \frac{2}{17}$, c-à-d $\frac{7}{85}$.

E. 9. On achète $13^{st},4$ de bois à 38^f le stère, plus 1^{dst} d'un bois 2 fois plus cher. Dites la dépense totale. — S. $38^f \times 13,4 + 38^f \times 2 \times 0,1$, c-à-d $516^f,8$.

E. 10. Un petit insecte, en marchant, fait 32^{mm} par minute. Combien en 2^h? — S. En 1^h, il fait $32^{mm} \times 60$. En 2^h, il fait $32^{mm} \times 60 \times 2$, c-à-d $3\,840^{mm}$, ou $3^m,840$.

---

sont exprimées en *décimètres*, les *capacités* le seront en *litres*; si les *longueurs* sont exprimées en *mètres*, les *capacités* le seront en *kilolitres*. Quand on a à considérer, en même temps, des *capacités* et des *longueurs*, il ne faut jamais prendre pour *unité* de *capacité* ni le *décalitre*, ni l'*hectolitre*, ni le *myrialitre* parmi les *multiples* du *litre*, ni le *décilitre*, ni le *centilitre*, parmi les *sous-multiples*, parce que ces différentes capacités ne correspondent ni au *mètre*, ni à aucun *multiple* ou *sous-multiple* du mètre.

[a] Les unités de *capacité* se succédant de *chiffre en chiffre*, à chacune d'elles correspond *un* seul chiffre; si l'une d'elles manque, il suffit d'*un* zéro pour la remplacer. — Il faut, d'ailleurs, se rappeler très bien l'ordre où se succèdent les différentes *unités* de capacité.

[b] Dans une *capacité* écrite en chiffres, on ne doit mettre qu'une seule *virgule* et n'indiquer qu'une seule *unité*, celle qui correspond à la virgule.

116. — Mesures effectives de capacité.

Question. Dites les *mesures effectives de capacité*. — **Réponse.** Les *mesures effectives* de capacité sont : le *centilitre* et le *double-centilitre*; — le *demi-décilitre*, le *décilitre* et le *double-décilitre*; — le *demi-litre*, le *litre* et le *double-litre*; — le *demi-décalitre*, le *décalitre* et le *double-décalitre*; — le *demi-hectolitre* et l'*hectolitre*.

Q. En quelle *matière* sont faites ces mesures? — R. Parmi ces mesures, certaines sont en *étain*, d'autres en *fer-blanc*, d'autres en *tôle* ou en *cuivre*, d'autres en *bois*.

Q. A quoi servent les mesures en *étain*? — R. Les mesures en *étain* [a] servent pour le vin et les spiritueux vendus en détail.

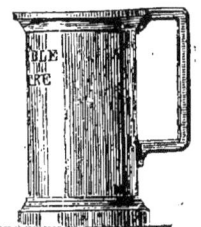
Mesure en étain.

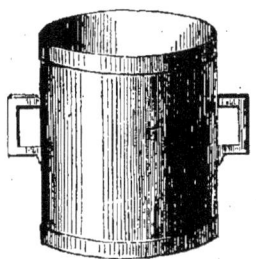
Mesure en cuivre.

Q. A quoi servent les mesures en *tôle* ou en *cuivre*? — R. Les mesures en *tôle* [b] ou en *cuivre* servent pour le vin et les spiritueux vendus en gros.

Q. A quoi servent les mesures en *fer-blanc*? — R. Les mesures en *fer-blanc* [c] servent pour le lait.

---

[a] Ces mesures en *étain* ont la forme de *cylindres*; leur *profondeur* est *double* de leur *diamètre* intérieur. Elles sont formées non point d'*étain pur*, mais d'un *alliage* d'étain et de plomb qui, sur 100g, contient 82g d'étain et 18g de plomb.

[b] On donne le nom de *tôle* à des plaques de fer réduites par le laminage à une très faible épaisseur : les tuyaux de nos poêles sont d'ordinaire en *tôle*.

[c] Le *fer-blanc* n'est qu'une tôle mince recouverte, sur ses deux faces, d'une couche d'étain qui la préserve de la rouille.

LES VOLUMES.

Q. A quoi servent les mesures en *bois*? — **R.** Les mesures

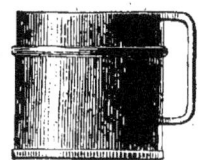
Mesure en fer-blanc.

Mesure en bois.

en *bois* [a] servent pour les matières sèches : grains, marrons, pommes de terre, etc.

Q. Comment mesure-t-on la *capacité* d'un vase vide? — **R.** Pour *mesurer* la *capacité* d'un vase vide, on y verse des *litres d'eau*, et l'on compte combien il en faut pour le *remplir*.

Q. Ne l'évalue-t-on pas encore autrement? — **R.** On évalue aussi la *capacité* des vases à l'aide des procédés de la *géométrie*.

Exercice. 1. Combien de *litres* dans 3 doubles-décalitres? — **Solution.** $10^l \times 2 \times 3$, c-à-d 60^l.

E. 2. Combien de *centilitres* dans 5 demi-litres? — **S.** $50^{cl} \times 5$, c-à-d 250^{cl}.

E. 3. Dites la mesure qui est le cinquième du litre. — p. 119
S. Le *double-décilitre*.

E. 4. Dites la mesure qui est le cinquième de l'hectolitre. — **S.** Le *double-décalitre*.

E. 5. Calculez $0,326 - 0,0004 + 27,6$. — **S.** $27,9256$.

E. 6. Calculez $\dfrac{43,2 - 0,0006}{0,03}$. — **S.** $1\,439,98$.

E. 7. Le double-décalitre de haricots rouges coûte 7^f. Que coûte le demi-litre? — **S.** 20^l coûtent 7^f. Donc 1^l coûte $\dfrac{7^f}{20}$; et le *demi-litre* $\dfrac{7^f}{40}$, c-à-d $0^f,175$.

E. 8. Une étoffe de laine coûte $2^f,45$ le mètre. Il en faut $8^m,25$ pour une robe. Quelle sera la dépense? — **S.** $2^f,45 \times 8,25$, c-à-d $20^f,2125$.

---

[a] Les mesures en *fer-blanc* et en *bois* ont la forme de *cylindres*: leur *profondeur* est juste *égale* à leur *diamètre* intérieur. — Les mesures de *capacité*, celles surtout qui servent pour les liquides, doivent toujours être tenues dans un parfait état de *propreté*.

E. 9. Une cour a une étendue de $3^a,12$. On en prend le sixième pour faire un petit jardin. Dites, en mètres carrés, l'étendue de ce jardin. — **S.** L'étendue de la cour est de 312^{mq}. Celle du jardin est $312^{mq}:6$, c-à-d 52^{mq}.

E. 10. On achète 13^l de vin à 75^f l'hectolitre, plus 1^l de vin (a) coûtant $0^f,80$. Que doit-on? — **S.** Le litre du premier vin coûte $0^f,75$. Donc on doit $0^f,75 \times 13 + 0^f,80$, c-à-d $10^f,55$.

CHAPITRE IV

LES POIDS

117. — Le gramme, ses multiples et ses sous-multiples.

Question. Pour les *poids*, quelle est *l'unité principale?* — **Réponse.** Pour les *poids*, l'unité principale est le **gramme** (b).

Q. Qu'est-ce que le *gramme?* — **R.** Le *gramme* est le poids d'un *centimètre cube* d'eau.

Q. Quels sont les *multiples* du *gramme?* — **R.** Les *multiples du gramme* sont : le **décagramme** (Dg) qui vaut *dix* grammes ; — l'**hectogramme** (Hg) qui en vaut *cent* ; — le **kilogramme** (Kg) qui en vaut *mille* ; — le **myriagramme** (Mg), qui en vaut *dix mille* (c).

(a) Pour mesurer un *litre* de vin, il faut tenir la mesure bien *droit*. Si on la tient *penchée*, on ne la remplit pas entièrement. Pour mesurer des grains, il faut aussi tenir les mesures bien *d'à-plomb*. Lorsque la mesure est remplie, on passe le *rafle* par-dessus, pour égaliser la surface et faire tomber ce qui dépasse.

(b) Le mot *gramme* vient du grec *gramma* qui désignait un très petit poids. Le gramme est, en effet, un poids assez petit. On l'emploie pour les *métaux précieux*, les *médicaments*, les *lettres :* voici 4^g d'or ; voici 9^g de sulfate de soude ; cette lettre pèse 15^g.

(c) Ces *multiples* du gramme s'emploient pour des *poids* moyens, ni trop forts, ni trop faibles. Ils servent dans la vente au détail de la plupart des denrées qui se *pèsent :* viande ; beurre, fromage, sucre, farine, etc.

LES POIDS.

Q. N'y en a-t-il pas d'autres? — **R.** Il y a encore deux autres *multiples* : le **quintal métrique** qui vaut cent *kilogrammes*; — la **tonne** ou *tonneau* qui vaut mille *kilogrammes*.

Q. Quels sont les *sous-multiples* du *gramme*? — **R.** Les *sous-multiples du gramme* sont : le **décigramme** (dg) qui est le *dixième* du gramme; — le **centigramme** (cg) qui en est le *centième;* — le **milligramme** (mg) qui en est le *millième* [a].

p. 120

Q. Les *multiples* et *sous-multiples* sont de combien en combien...? — **R.** Tous ces *multiples* et *sous-multiples* sont de **dix** en **dix** fois *plus grands* ou *plus petits*.

Exercice. 1. Exprimez en *grammes* $3^{Kg},29$. — Solution. $3\,290^g$.

E. 2. Exprimez en *grammes* $45^{Mg},879$. — S. $458\,790^g$.

E. 3. Exprimez en *grammes* $4^{Dg},827$. — S. $48^g,27$.

E. 4. Exprimez en *grammes* $145^{dg},6$. — S. $14^g,56$.

E. 5. Exprimez en *grammes* $3\,928^{cg},4$. — S. $39^g,284$.

E. 6. Que pèsent $123^{cmc},8$ d'eau? — S. $123^g,8$.

E. 7. Que pèsent 15^l d'eau? — S. 15^l valent $15\,000^{cmc}$, donc ils pèsent $15\,000^g$.

E. 8. Un certain charbon de terre coûte 55^f la tonne. Combien le kilogramme? — S. $1\,000$ fois moins, c-à-d $0^f,055$.

E. 9. Le café coûte 335^f le quintal métrique [b]. Combien le demi-kilogramme? — S. 1^{Kg} coûte $3^f,35$. Le *demi-kilogramme* coûte $1^f,675$.

E. **10**. Que coûte 1^l de vin à 75^f l'hectolitre, si l'on ajoute au prix du vin lui-même $0^f,20$ pour la bouteille qui le contient? — S. $0^f,75 + 0^f,20$, c-à-d $0^f,95$.

---

[a] Les sous-multiples du gramme sont des poids très faibles, qui servent rarement. On les emploie pour les *médicaments* tels que l'opium, qui ne s'ordonnent qu'à très petites doses, et pour les matières *très précieuses*, telles que les diamants.

[b] Le *quintal* et la *tonne* s'emploient pour les poids les plus considérables. — *Quintal* est un vieux mot : il y faut toujours ajouter l'adjectif *métrique*, parce que *quintal*, employé seul, désigne non pas 100^{Kg}, mais seulement 50. — C'est en *tonnes* qu'on évalue les chargements des wagons et des navires.

118. — Sur les poids écrits en chiffres.

Question. Comment se succèdent les *multiples* et les *sous-multiples* du *gramme* ? — **Réponse.** Dans les *poids* écrits en chiffres, les *multiples* et *sous-multiples* du gramme se succèdent de *chiffre* en *chiffre* parce qu'ils sont de *dix* en *dix* fois plus grands ou plus petits.

Q. Montrez ce mode de succession. — R. On voit ce mode de succession sur le nombre ci-contre [a] :

$$4\,8\,6\,3\,2\,4\,7^g,0\,9\,7\,2$$

(grammes, Décagr., Hectogr., Kilogr., Myriagr. — milligr., centigr., décigr.)

Q. Comment change-t-on d'*unité* ? — R. Pour *changer d'unité*, on met la *virgule* à la *droite* du chiffre qui correspond à la *nouvelle unité*.

Q. Donnez un exemple. — R. Soit $419^g,817$ à exprimer en *décigrammes*. On met la *virgule* après le chiffre des *décigrammes*, et l'on écrit $4\,198^g,17$.

Q. Que savez-vous sur les poids considérés *ensemble* ? — R. Les *poids* considérés dans une même question doivent être exprimés *tous* à l'aide de la *même unité*.

p. 121

Exercice. 1. Exprimez en *décagrammes* [b] un poids de $32^{Mg},89$. — **Solution.** $32\,890^{Dg}$.

E. 2. Exprimez en *hectogrammes* un poids de 13 *tonnes*. — S. $130\,000^{Hg}$.

E. 3. Exprimez en *grammes* 157 *quintaux métriques*. — S. $15\,700\,000^g$.

(a) Les *multiples* et *sous-multiples* du gramme se succédant de *chiffre en chiffre*, à chacun d'eux correspond *un chiffre* unique ; si l'un d'eux manque, il suffit d'*un zéro* pour le remplacer. — Il faut retenir très bien l'ordre où se succèdent les *multiples* et *sous-multiples* du gramme. — En écrivant les poids en chiffres, on n'y doit mettre qu'une seule *virgule* et n'y indiquer qu'une seule *unité*, celle qui correspond à la virgule. Dans les usages ordinaires, on marque le *gramme* si le poids est faible, le *kilogramme* s'il est moyen, la *tonne* s'il est très considérable : dans l'écriture et le langage, les autres *multiples* et les *sous-multiples* du gramme sont à peu près inusités.

(b) L'opération du *changement d'unité* revient à chaque instant. Elle permet de dire immédiatement combien un *poids* donné contient de fois le gramme ou tel de ses *multiples* ou *sous-multiples*.

E. 4. Exprimez en *décigrammes* $0^{Dg},076$. — **S.** $7^{dg},6$.
E. 5. Exprimez en *centigrammes* $0^g,0004$. — **S.** $0^{cg},04$.
E. 6. Quel poids d'eau dans une bouteille de $\frac{3}{4}$ de litre ? — **S.** $1000^g \times \frac{3}{4}$, c-à-d 750^g.
E. 7. Une bouteille contenait 1^l d'eau. On en tire 325^g. Que contient-elle ? — **S.** 325^g d'eau occupent un volume de $0^l,325$. Il reste donc $1^l - 0^l,325$, c-à-d $0^l,675$.
E. 8. Une lampe brûle $0^{Kg},420$ d'huile en 7^j et une autre 510^g en 9 jours [a]. Dites celle qui brûle le plus. — **S.** En un jour, la première brûle $\frac{420^g}{7}$, c-à-d 60^g. La seconde $\frac{510^g}{9}$, c-à-d $56^g + \frac{2}{3}$. C'est la première qui brûle le plus.
E. 9. Un champ a une étendue de 1^{Hmq}. On y ajoute $1^{Ha},57$, puis on en vend $3^a,12$. Dites l'étendue qui reste. — **S.** $100^a + 157^a - 3^a,12$, c-à-d $253^a,88$.
E. 10. Combien de minutes dans les $\frac{11}{165}$ d'une heure ? — **S.** $60^m \times \frac{11}{165}$, c-à-d 4^m.

---

119. — Les mesures effectives de poids.

Question. Combien y a-t-il de *mesures effectives de poids* ? — **Réponse.** Pour les *poids*, les *mesures effectives* sont au nombre de *vingt-quatre*. La plus petite est le *milligramme*; la plus grande est le *demi-quintal métrique* [b].

---

[a] Avant d'entamer la résolution d'un problème où il entre plusieurs *poids*, il faut s'assurer que tous ces poids sont bien ramenés à la *même unité*; s'ils ne le sont pas, on les y ramène. — Lorsque, dans une même question, il y a des *volumes* et des *poids*, il faut que les *unités* de volume et de poids se correspondent. Si les *volumes* sont exprimés en *centimètres cubes*, les *poids* le seront en *grammes*; si les *volumes* sont exprimés en *décimètres cubes*, les *poids* le seront en *kilogrammes*; si les *volumes* sont exprimés en *mètres cubes*, les *poids* le seront en *tonnes*. Ces règles ne souffrent aucune exception, tant qu'il n'y a aucun gaz parmi les corps dont on considère les poids.

[b] Ces mesures *effectives* de *poids* ne sont autres choses que le *gramme*, ses *multiples* et ses *sous-multiples*, accompagnés chacun de son *double* et de sa *moitié*.

208 LE SYSTÈME MÉTRIQUE.

Q. Enumérez les diverses sortes de *poids?* — R. Il y a des *poids* en *fonte de fer*.

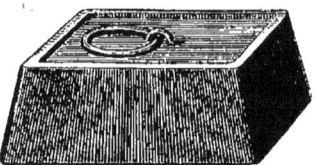

Poids en fonte.

Poids en cuivre.

p. 122 Il y a des *poids* en *cuivre*, de l'une ou de l'autre des deux formes ci-dessus.

Il y a enfin des *poids* très faibles, qui ont la forme de *plaques* très minces, et qui sont en *cuivre*, en *argent* ou en *platine* [a].

Q. Qu'est-ce que la *livre?* — R. On donne souvent le nom de **livre** au *demi-kilogramme*.

 Exercice. 1. Exprimez en *tonnes* [b] $4\,296^{Mg},7$. — **Solution.** $42^{t},967$.
 E. 2. Exprimez en *quintaux métriques* $3\,289^{Kg},8$. — **S.** $32^{q},898$.
 E. 3. Exprimez en *décagrammes* $336^{Kg},897$. — **S.** $33\,698^{Dg},7$.
 E. 4. Calculez $0,003 \times 2,06 - 0,0012$. — **S.** $0,00498$.

 [a] Il faudra montrer aux élèves, en les leur faisant *toucher* et *soupeser*, tous ceux de ces *poids* que l'on possédera. — Il faudra aussi leur faire *soupeser* des objets de toutes sortes, ayant des poids très différents : depuis une fraction de *gramme*, jusqu'à un certain nombre de *kilogrammes*. Il importe surtout que les élèves se familiarisent très bien avec le poids de 1^{Kg}.
 [b] $4\,296^{Mg},7$ font $42\,967^{Kg}$; et, puisqu'une tonne vaut $1\,000^{Kg}$, ils font $42^{t},967$.

LES POIDS.

E. 5. Retranchez $\frac{5}{11}$ de $\frac{6}{13}$. — **S.** $\frac{1}{143}$.

E. 6. Ajoutez $11^{Mg},8$; $12^{Kg},72$; $246^{Hg},5$ [a]. — **S.** $155^{Kg},37$.

E. 7. On a 127 verres contenant chacun $0^l,065$ de vin et $13^{cl},2$ d'eau. Combien, en tout, de litres du mélange ? — **S.** Chaque verre contient $0^l,197$ du mélange. Les 127 verres contiennent $0^l,197 \times 127$, c-à-d $25^l,019$.

E. 8. On donne 273 dragées à 39 élèves. Combien à chacun ? — **S.** 39 fois moins, c-à-d 273 : 39, ou 7 dragées.

E. 9. Combien de litres dans les $\frac{11}{25}$ d'un stère [b] ? — **S.** $1\,000^l \times \frac{11}{25}$, c-à-d 440^l.

E. 10. Il y a 79^{Km} de Paris à Beauvais. On paye, pour le voyage, $5^f,30$ en 3me classe. Combien par kilomètre ? — **S.** 79 fois moins, c-à-d $5^f,30 : 79$, ou $0^f,067$.

---

120. — Comment on pèse.

Question. A l'aide de quel instrument *pèse-t-on* les corps ? — **Réponse.** On **pèse** les corps à l'aide de la **balance**.

Balance ordinaire.

[a] Avant d'additionner, il faut exprimer ces différents poids à l'aide de la même unité. Nous les avons exprimés tous à l'aide du *kilogramme*.
[b] On se rappellera que le *stère* est égal au *mètre cube*, et que le *mètre cube* contient $1\,000^{dmc}$, c-à-d $1\,000^l$.

210 LE SYSTÈME MÉTRIQUE.

Q. Décrivez la *balance ordinaire*. — R. La *balance* ordinaire se compose d'une barre ou *fléau* mobile autour p. 123 d'un *couteau*, et portant deux *plateaux* à ses extrémités [a].

Q. Décrivez la *balance de Roberval*. — R. La *balance de Roberval*, qui est très usitée, présente aussi deux *plateaux*, mais ceux-ci, au lieu d'être suspendus par des *chaînes*, sont soutenus par des *supports*.

Balance de Roberval.

Q. Pèse-t-on à l'aide d'autres appareils ? — R. On *pèse* parfois à l'aide d'appareils autres que les balances, tels que le *peson*, la *romaine*, la *bascule* employée dans les gares.

Q. Comment *pèse-t-on* un corps ? — R. Pour *peser* un corps à l'aide de la *balance*, on met ce *corps* dans l'un des plateaux, et, dans l'autre, on met des *poids marqués*, jusqu'à ce que l'*équilibre* s'établisse.

Q. Comment *pèse-t-on* un *liquide* ? — R. On *pèse* un *liquide* dans le *vase* qui le contient; mais, pour obtenir le *poids* du *liquide seul*, il faut, *du poids trouvé*, retrancher le *poids du vase* [b].

Exercice. 1. Exprimez $13^{Kg},12$ en *décigrammes*. — **Solution.** $131\,200^{dg}$.

E. **2.** Exprimez $21^{Mg},06$ en *hectogrammes*. — S. 2106^{Hg}.

E. **3.** Exprimez $37^{Dg},2$ en *kilogrammes*. — S. $0^{Kg},372$.

E. **4.** Combien de *grammes* [c] dans le tiers du huitième de 1^{Kg} ? — S. $1000^{g} \times \frac{1}{8} \times \frac{1}{3}$, c-à-d $41^{g},6$.

(a) Pour qu'une *balance* soit *juste*, il faut qu'elle se tienne en *équilibre* quand ses plateaux sont *vides*; il faut aussi que, quand deux corps, placés dans les deux plateaux, se font *équilibre*, ils se fassent *équilibre* encore si on les *change* de plateaux.

(b) On vend certains liquides au *poids*, par exemple l'huile à manger et l'huile à brûler. Le *poids* du vase se nomme parfois la *tare*. — En général, on donne le nom de *tare* au *poids* des caisses, tonneaux, sacs ou papiers, qui servent à l'emballage des marchandises.

(c) Il sera bon de *peser* des corps devant les élèves et de leur en faire *peser* à eux-mêmes. — La méthode de peser que nous venons d'indiquer est la méthode ordinaire. Il en existe une autre, plus exacte, qu'on

LES POIDS.

E. 5. Retranchez $\frac{6}{11}$ de $\frac{7}{13}$. — **S.** Soustraction impossible, la première de ces fractions étant la plus grande.

E. 6. Calculez $(5,066 - 3,279) \times 7,36$. — **S.** $13,15232$.

E. 7. Il y a 61^{Mm} de Paris à Brest et 374^{Km} de Paris à Rennes. Combien de Rennes à Brest? — **S.** $610^{Km} - 374^{Km}$, c-à-d 236^{Km}.

E. 8. Exprimez en fraction ordinaire le rapport de 3^a à 750^{mq}. — **S.** $\frac{300}{750}$ c-à-d $\frac{2}{5}$.

E. 9. Pour faire 36 vêtements, il faut 5 pièces de drap de 22^m chacune. Combien de mètres par vêtement? — **S.** $\frac{22^m \times 5}{36}$, c-à-d $3^m,05$.

E. 10. Un charpentier gagne $7^f,55$ par jour et travaille 306^j par an. Combien gagne-t-il par année? — **S.** $7^f,55 \times 306$, c-à-d $2310^f,30$.

---

121. — Densités ou poids spécifiques.

Question. Que pèse un *centimètre cube* d'eau? — **Réponse.** Un *centimètre cube d'eau* pèse un *gramme*; — un *décimètre cube d'eau* ou un *litre* pèse un *kilogramme*; — un *mètre cube d'eau* pèse *mille kilogrammes*, c-à-d une *tonne*.

Q. Qu'est-ce que la *densité* d'un corps? — **R.** La **densité** d'un *corps solide* ou *liquide* est le *nombre* qui exprime combien un volume quelconque de ce *corps pèse* de fois *plus* que le même volume d'*eau* [a]. p. 124

nomme méthode des *doubles pesées*. On ne l'emploie pas dans le commerce, parce qu'elle demande trop de temps. — Les marchands doivent se servir de balances bien *justes* et de poids bien *exacts*. Les *vérificateurs* des poids et mesures visitent les magasins, boutiques et ateliers, pour *vérifier* la justesse des balances et l'exactitude des poids. Celui qui pèse avec une balance *fausse* ou avec de *faux* poids commet un véritable *vol* : il est passible de l'*amende* et de l'*emprisonnement*.

[a] On fera *soupeser* aux élèves des objets pesant chacun un certain nombre de *grammes*; on leur en dira les *poids*. On leur demandera ensuite d'évaluer, en les soupesant, les *poids* de nouveaux objets. — Il sera bon de donner des objets de natures très diverses : morceaux de bois, billes de terre, balles de plomb. Si ces objets ont des *volumes*

Q. Donnez un exemple. — **R.** Dire que la *densité* de l'*argent* est 10,47, c'est dire qu'un volume quelconque d'*argent* pèse 10,47 fois *plus* que le même volume d'*eau*.

Q. Les *densités* n'ont-elles pas un autre nom ? — **R.** Les *densités* se nomment aussi **poids spécifiques**[a].

Q. Dites les *densités* de quelques corps. — **R.** Voici les *densités* de quelques corps :

Or fondu.....	19,26	Fer fondu...	7,20	Liège.......	0,24
Plomb.......	11,35	Etain.......	7,29	Mercure.....	13,59
Argent fondu..	10,47	Marbre......	2,80	Alcool......	0,81
Cuivre fondu..	8,85	Peuplier.....	0,39	Ether.......	0,73

Q. Comment trouve-t-on le *poids* de 2^{dmc} d'argent ? — **R.** « *Trouver le poids de 2^{dmc} d'argent ?* » Ce problème se résout à l'aide des *densités*.

Q. Résolvez ce problème. — **R.** Puisque la *densité* de l'argent est 10,47, un volume quelconque d'argent pèse 10,47 fois *plus* que le même volume d'*eau*. Or, 2^{dmc} d'eau pèsent 2^{Kg}. Donc 2^{dmc} d'argent pèsent $2^{Kg} \times 10,47$, c-à-d $20^{Kg},94$.

Exercice. 1. Que pèsent $325^{cmc},6$ d'eau ? — **Solution.** $325^{g},6$[b].

E. 2. Que pèsent $4^{l},875$ d'eau ? — **S.** $4^{Kg},875$.

E. 3. Que pèsent $13^{mc},91$ d'eau ? — **S.** $13^{t},91$.

E. 4. Que pèsent $8^{cmc},2$ d'or fondu ? — **S.** $8^{cmc},2$ d'eau pèsent $8^{g},2$. La *densité* de l'or est 19,26. Donc $8^{cmc},2$ d'or pèsent 19,26 fois plus, c-à-d $8^{g},2 \times 19,26$, ou $157^{g},932$.

E. 5. Que pèsent $11^{dmc},7$ de marbre ? — **S.** $11^{dmc},7$ d'eau pèsent $11^{Kg},7$. La densité du marbre est 2,80. Donc $11^{dmc},7$ de marbre pèsent 2,80 fois plus, c-à-d $11^{Kg},7 \times 2,80$, ou $32^{Kg},760$.

E. 6. Que pèse 1^{l} d'alcool[c] ? — **S.** 1^{l} d'eau pèse 1^{Kg}.

à peu près *égaux*, l'élève remarquera forcément la grande différence de leurs *poids*. Il sera conduit ainsi à l'idée de *poids spécifique* ou de *densité*.

[a] Pour l'usage que nous en faisons, ces deux mots sont tout à fait *synonymes*.

[b] Cela résulte de la définition même du *gramme*.

[c] La densité de l'*alcool* est plus petite que l'unité. Donc, à volume

La densité de l'alcool est 0,81. Donc 1^l d'alcool pèse $1^{kg} \times 0,81$, c-à-d $0^{Kg},81$.

E. **7.** Un réservoir contient 927^l d'eau. On en tire les $\frac{2}{7}$ puis les $\frac{3}{8}$. Qu'y reste-t-il ? — S. Les $\frac{2}{7}$ et les $\frac{3}{8}$ font les $\frac{37}{56}$. Il reste donc les $\frac{19}{56}$ de 927^l, c-à-d $927^l \times \frac{19}{56}$, ou $314^l,5$.

E. **8.** Le quintal métrique de cuivre coûte $146^f,25$. Combien le kilogramme ? — S. 100 fois moins, c-à-d $1^f,46$.

E. **9.** L'hectolitre d'avoine pèse 47^{Kg}. Que pèse 1^{dmc} ? — S. 1^{dmc} ou 1^l pèse 100 fois moins, c-à-d $0^{Kg},47$.

E. **10.** L'hectolitre d'orge pèse 64^{Kg}. Que pèse 1^{mc} ? — S. 1^{mc}, ou 1^{Kl}, pèse 10 fois plus, c-à-d 640^{Kg}.

CHAPITRE V

LES MONNAIES

122. — Les monnaies.

Question. Quelle est l'*unité* de *monnaie*? — **Réponse.** L'unité de *monnaie* est le **franc** (a).

Q. Qu'est-ce que le *franc*? — R. Le *franc* est une pièce d'*argent* qui pèse 5 *grammes* (b).

Q. Existe-t-il des *multiples* du franc? — R. Il existe des *multiples* du franc, mais ils n'ont pas de noms particuliers.

Q. Quels sont les *sous-multiples*? — R. Il existe deux

égal, l'alcool pèse moins que l'eau. — Il en est de même de l'*éther* et d'une foule d'autres liquides.

(a) Le mot *franc* a une étymologie très simple : c'est la monnaie principale de la *France*, c-à-d du pays des *Francs*.

(b) Le *franc* a un *poids* fixe. Il en est de même de toutes les autres pièces de monnaie. Ce poids fixe est déterminé par la *loi* et se nomme le *poids légal*.

214 LE SYSTÈME MÉTRIQUE.

sous-multiples : le **décime** qui est le *dixième* du franc ; — le **centime** qui en est le *centième*.

Q. Par quoi remplace-t-on le mot *décime?* — R. On remplace ordinairement le mot *décime* par la locution *dix centimes*.

Q. Où se placent les *décimes* et les *centimes?* — R. Dans une somme d'argent écrite en chiffres, les *décimes* et les *centimes* se placent comme on le voit ci-contre.

$53^f,45$ francs | décimes | centimes

Q. Dites la forme des *pièces* de *monnaie*. — R. Les *pièces* de *monnaie* ont la forme ronde. Sur l'une de leurs *faces*[a] est inscrite leur *valeur*.

Q. De combien de sortes sont les *pièces françaises?* — R. Les *pièces françaises* sont de trois sortes : les pièces de *bronze*, les pièces d'*argent* et les pièces d'*or*.

Exercice. 1. Que pèse 1^l d'éther[b] ? — **Solution.** 1^l d'eau pèse 1^{Kg}. La densité de l'éther étant 0,73, un litre d'éther pèse $1^{Kg} \times 0,73$, c-à-d $0^{Kg},730$.

E. 2. Que pèsent $2^{dmc},3$ de plomb ? — S. $2^{dmc},3$ d'eau pèsent $2^{Kg},3$. La densité du plomb est 11,35. Donc $2^{dmc},3$ de plomb pèsent 11,35 fois plus, c-à-d $26^{Kg},105$.

E. 3. Que pèsent $58^{cmc},7$ d'argent? — S. $58^{cmc},7$ d'eau pèsent $58^g,7$. La densité de l'argent est 10,47. Donc $58^{cmc},7$ d'argent pèsent 10,47 fois plus, c-à-d $58^g,7 \times 10,47$, c-à-d $614^g,589$.

E. 4. Dites le volume de $3^{Kg},52$ d'eau. — S. $3^l,52$.

E. 5. Dites le volume occupé par 572^{Dg} de cuivre. — S. 572^{Dg} font 5720^g. Ce poids d'eau aurait un volume

---

[a] La *face* où est inscrite la *valeur* de la pièce s'appelle *pile* ou *revers*; elle présente en même temps le *millésime*, c-à-d la date de la fabrication. L'autre *face* de la pièce présente ordinairement une *tête* et une *légende* : c'est la *face* proprement dite. On connait l'expression *pile* ou *face*.

[b] Pour résoudre ce problème, on peut raisonner ainsi : « La densité de l'éther étant 0,73, un volume quelconque d'*éther* pèse les 73 centièmes du poids du même volume d'eau; donc 1^l d'éther pèse $1^{Kg} \times 0,73$, c-à-d $0^{Kg},73$. » — Quelques personnes conservent, même dans ce cas, la façon de parler habituelle et disent : « 1^l d'*eau* pèse 1^{Kg}; donc 1^l d'*éther* pèse 0,73 fois *plus*, c-à-d $1^{Kg} \times 0,73$. » — En général, comme on l'a fait remarquer déjà, toutes les fois que la densité d'un corps est *moindre* que 1, le poids d'un volume quelconque de ce corps est *moindre* que le poids du même volume d'eau.

de 5720^{cmc}. Le même poids de cuivre a un volume 8,85 fois plus petit, c-à-d un volume de 646^{cmc}.

E. 6. Dites le volume occupé par $42^{mg},7$ de fer. — **S.** $42^{mg},7$ d'eau occupent un vol. de $42^{mmc},7$. Le fer pesant 7,20 fois plus, son volume sera 7,20 fois moindre, c-à-d $42^{mmc},7 : 7,20$, c-à-d $5^{mmc},9$.

E. 7. Une route de $13^{km},827$ a été faite en 1 an, c-à-d en 365^j. Mais il y a eu 56 jours où l'on n'a pas travaillé. Combien a-t-on fait de mètres par jour? — **S.** On a fait $13\,827^m$ en $365^j - 57^j$, c-à-d en 309^j. En 1^j, on a fait $13\,827^m : 309$, c-à-d $44^m,7$.

E. 8. Combien peut-on mettre de litres dans 57 tonneaux contenant chacun $22^{Mg},75$ d'eau? — **S.** $22^{Mg},75$ font $227^{Kg},5$ et ont un volume de $227^l,5$. Dans les 57 tonneaux, on peut mettre $227^l,5 \times 57$, c-à-d $12\,967^l,5$.

E. 9. Le Mont-Blanc a $4\,810^m$. Un touriste parvient aux $\frac{3}{4}$ des $\frac{4}{5}$ de sa hauteur. A combien de mètres s'élève-t-il? p. 126
— **S.** A $4\,810^m \times \frac{4}{5} \times \frac{3}{4}$, c-à-d à $2\,886^m$.

E. 10. La densité d'un bois est 0,958. Combien pèserait le stère s'il n'y avait aucun vide entre les bûches. — **S.** 1st vaut 1^{mc}. Or 1^{mc} d'eau pèse 1^t. Donc 1st de ce bois pèse $1^t \times 0,958$, c-à-d $0^t,958$.

---

123. — Les monnaies de bronze, les monnaies d'argent.

Question. Quelles sont les monnaies de *bronze*? — **Réponse.** Les *monnaies de bronze* sont :

La pièce de 1 *centime*, qui pèse 1 *gramme*.
La pièce de 2 *centimes*, — 2 *grammes*.
La pièce de 5 *centimes* (le sou), — 5 *grammes*.
La pièce de 10 *centimes* [a], — 10 *grammes*.

---

[a] La pièce de 10^c s'appelait autrefois 1 *décime* : on l'appelle aussi un *gros sou*. — On peut remarquer, pour toutes les pièces de *bronze*, que leurs *poids* en *grammes* et leurs *valeurs* en *centimes* sont exprimés par les *mêmes nombres*. Aussi toutes ces pièces peuvent-elles servir de *poids*.

Q. Combien vaut le gramme de *bronze monnayé?* — **R.** Le *gramme* de *bronze monnayé* vaut juste 1 *centime*.

Q. Qu'y a-t-il dans 100^g de *bronze monnayé?* — **R.** Dans 100^g de *bronze monnayé*, il y a 95^g de *cuivre*, 4^g d'*étain*, 1^g de *zinc*.

Q. Quelles sont les *monnaies d'argent?* — **R.** Les monnaies d'*argent* sont :

La pièce de 0^f,20 qui pèse 1^g.
La pièce de 0^f,50   —   2^g,5.
La pièce de 1^f —   5^g.
La pièce de 2^f —   10^g.
La pièce de 5^f —   25^g.

Q. Combien vaut le gramme d'*argent monnayé?* — **R.** Le *gramme* d'*argent monnayé* vaut juste 20 *centimes*.

Q. Dites la composition des pièces d'argent de 5^f. — **R.** Les pièces de 5^f sont formées d'un **alliage** d'*argent* et de *cuivre*. Sur 1 000^g de cet *alliage*, il y a 900^g d'*argent pur* et 100^g de *cuivre*.

Q. Dites la composition des autres pièces d'argent. — **R.** Les autres pièces d'argent [a] sont formées aussi d'un *alliage* d'*argent* et de *cuivre*. Sur 1 000^g de ce nouvel *alliage*, il y a 835^g d'*argent pur* et 165^g de *cuivre*.

Exercice. 1. Que pèsent 3^f,55 en monnaie de bronze? — **Solution.** Autant de *grammes* qu'il y a de fois 0^f,01 dans 3^f,55, c-à-d 355^g.

E. 2. Que pèsent 128^f,60 en monnaie d'argent? — **S.** Autant de *grammes* qu'il y a de fois 0^f,20 dans 128^f,60, c-à-d 643^g.

E. 3. Que valent 657^g de bronze monnayé? — **S.** 0^f,01 × 657, c-à-d 6^f,57.

E. 4. Que valent 49^g,8 d'argent monnayé? — **S.** 0^f,20 × 49,8, c-à-d 9^f,96.

E. 5. Combien de cuivre dans 4^{kg} de sous [b]? — **S.** Sur

---

[a] Les pièces d'*argent* d'une valeur *inférieure* à 5^f se nomment souvent les pièces d'argent *divisionnaires*.

[b] Il ne faut pas dire que les monnaies de *bronze* sont des monnaies

LES MONNAIES.

100^g, il y a 95^g de cuivre. Sur 1^{Kg}, il y en a $95^g \times 10$, ou 950^g. Sur 4^{Kg}, il y en a $950^g \times 4$, c-à-d $3\,800^g$ ou $3^{Kg},800$.

E. 6. Combien de cuivre dans $2^{Hg},5$ de pièces de 5^f ? — **S.** Sur 1^{Hg} il y a 10^g de cuivre. Sur $2^{Hg},5$, il y en a $10^g \times 2,5$, c-à-d 25^g.

E. 7. On achète le quart d'une pièce de calicot de 31^m, plus un coupon de $2^m,55$. Combien en tout ? — **S.** $\frac{31}{4} + 2,55$, c-à-d $10^m,30$.

E. 8. Le phylloxera [a] a détruit déjà les $\frac{2}{3}$ d'une vigne de $56^a,46$. Combien de mètres carrés encore intacts ? — **S.** $56^a,46 : 3$, c-à-d $18^a,82$.

E. 9. Quelle somme dans 15 sacs contenant chacun 37 pièces de $0^f,50$? — **S.** $0^f,50 \times 37 \times 15$, c-à-d $277^f,50$.

E. 10. Exprimez en décamètres cubes le volume total de 2 834 fûts de 227^l. — **S.** $227^{dmc} \times 2\,834$, c-à-d $643\,318^{dmc}$, ou $0^{Dmc},643318$.

---

124. — Les monnaies d'or, les billets de banque.

Question. Quelles sont les *monnaies d'or* ? — **Réponse.** Les *monnaies d'or* sont :

La pièce de	5^f	qui pèse	$1^g,612$.
La pièce de	10^f	—	$3^g,225$.
La pièce de	20^f	—	$6^g,451$.
La pièce de	50^f	—	$16^g,129$.
La pièce de	100^f	—	$32^g,258$.

Q. Combien vaut le gramme d'or *monnayé* ? — **R.** Le *gramme* d'or *monnayé* vaut juste $3^f,10$.

---

de *cuivre* ou de *billon*. — Elles ne sont pas en *cuivre*, puisqu'elles contiennent, en même temps que du cuivre, de l'étain et du zinc. Elles ne sont pas en *billon*, car le mot *billon* exprime un bas alliage de cuivre et d'argent.

[a] Le *phylloxera* est un très petit insecte, originaire d'Amérique, qui s'attaque aux racines de la vigne et la fait périr. Ses ravages ont causé, dans le Midi surtout, des pertes immenses.

Q. Quelle est la composition des *pièces d'or?* — **R.** Les pièces d'or sont formées d'un *alliage* d'or et de *cuivre.* Sur 1000^g de cet *alliage,* il y a 900^g d'*or pur,* et 100^g de *cuivre* [a].

Q. Qu'est-ce qu'un *billet de banque?* — **R.** Un **billet de banque** est un *billet,* émis par la *Banque de France,* et portant l'indication d'une certaine *somme* [b].

Q. Comment peut-on toucher le *montant* d'un *billet de banque?* — **R.** Il suffit de présenter ce *billet* à la *Banque de France,* pour en recevoir la valeur en *or* ou en *argent.*

Q. Quels sont les *billets de banque* existants? — **R.** Il y a des *billets de banque* de 20^f, de 50^f, de 100^f, de 200^f, de 500^f et de 1000^f.

Exercice. 1. Que pèsent 1000^f en or? — **Solution.** Autant de grammes qu'il y a de fois 3^f,10 dans 1000^f, c-à-d 322^g,5.

E. 2. Que vaut 1^{Kg} d'or monnayé? — **S.** 3^f,10 $\times$ 1000, c-à-d 3100^f.

E. 3. Quel poids d'or pur dans une pièce de 100^f? — **S.** 32^g,258 $\times$ 0,900, c-à-d 29^g,0322.

E. 4. Quel poids de cuivre dans 23^{Dg},56 d'or monnayé [c] ? — **S.** 23^{Dg},56 $\times$ 0,100, c-à-d 2^{Dg},356.

E. 5. Combien l'or monnayé vaut-il, à poids égal, de fois plus que l'argent monnayé? — **S.** 15,5 [d].

---

[a] Pour faire 1^{Kg}, il faut 620 pièces d'or de 5^f; ou 310 de 10^f; ou 155 de 20^f; ou 31 de 100^f.

[b] Les billets de banque s'emploient pour payer les grosses sommes, de la même façon que les *espèces* d'or et d'argent : ils constituent ce qu'on appelle une *monnaie fiduciaire.* On emploie parfois, de la même manière, au payement des très petites sommes, les *timbres-poste* destinés à l'affranchissement des lettres. — Pour envoyer de l'argent, on se sert des *mandats de poste* ordinaires, des *mandats-cartes* et des *bons de poste.* S'il ne s'agit que de petites sommes, on peut insérer des *timbres-poste* dans une lettre. S'il s'agit de sommes un peu fortes, on y peut insérer des *billets de banque;* mais, quand une lettre contient des *billets de banque,* il faut, sous peine d'amende, que cette lettre soit *recommandée.*

[c] On rencontre parfois des pièces d'or ou d'argent qui sont *fausses.* Ceux qui les fabriquent, et qu'on appelle *faux monnayeurs,* sont passibles des *travaux forcés à perpétuité.* Il en est de même de ceux qui *contrefont* les *billets de banque.*

[d] Pour trouver ce nombre, il suffit de diviser 3^f,10, poids du gramme

LES DURÉES. 219

E. 6. Dites le volume d'eau qui ferait équilibre à 100^f en p. 128 or ? — **S.** 32^{cmc},258.

E. 7. On vend 37^a d'un terrain de 19^{Ha},63. On partage le reste entre 3 personnes. Qu'aura chacune d'elles ? — **S.** 642^a.

E. 8. Quelle fraction font $\frac{2}{7}$ plus $\frac{6}{8}$? — **S.** $\frac{29}{28}$.

E. 9. Combien de litres d'eau pour remplir 75 vases de 4^{Dl},26 ? — **S.** 42^l,6 $\times$ 75, c-à-d 3195^l.

E. 10. Trois tas de blé pèsent chacun 21 quintaux métriques. On partage tout ce blé entre 180 personnes. Quel poids aura chacune d'elles ? — **S.** 35^{Kg}.

CHAPITRE VI

LES DURÉES

125. — Le jour.

Question. Pour les *durées*, quelle est l'*unité principale ?* — **Réponse.** Pour les *durées*, dans les usages ordinaires de la vie, l'unité principale est le **jour civil**.

Q. Qu'est-ce que le *jour civil ?* — R. Le *jour civil* est, à très peu près, le temps de la *rotation* de la terre sur elle-même [a], ou le temps qui s'écoule entre deux *passages consécutifs* du *soleil* au *méridien*.

Q. Définissez les mots *midi*, *minuit*. — R. L'*instant* où le *soleil* passe au *méridien* [b] se nomme **midi**. On appelle **minuit** l'instant qui partage en deux parties

---

d'*or monnayé*, par 0^f,20, poids du gramme d'*argent monnayé*. — Ce sont les créateurs du système métrique qui ont fait cette *convention* que, à *poids égal*, l'or monnayé vaudrait 15,5 *fois plus* que l'*argent monnayé*.

[a] La durée *exacte* de la rotation de la terre sur elle-même se nomme le *jour sidéral*.

[b] L'instant où le *soleil* passe au *méridien* est l'instant où il atteint sa *plus grande hauteur* dans le ciel. C'est aussi l'instant où l'*ombre* des objets se réduit à sa *plus petite longueur*.

égales le temps qui s'écoule d'un *midi* au *midi* suivant [a].

Q. Comment se compte le jour civil ? — **R.** Le *jour civil* se compte à partir de *minuit*, de ce minuit-là au minuit suivant.

Q. Comment représente-t-on le mot *jour* ? — **R.** En écrivant, pour abréger, on représente souvent le mot *jour* par la simple lettre j.

Q. Donnez un exemple. — **R.** Un congé de 3^j.

Exercice. 1. Combien d'heures en 17 jours [b] ? — Solution. 24×17, c-à-d 408.

E. 2. Combien d'heures en 1 semaine ? — **S.** 24×7, c-à-d 168.

E. 3. Combien d'heures dans le tiers de 8 jours ? — **S.** $\frac{24 \times 8}{3}$, c-à-d 64.

E. 4. Divisez $\frac{5}{11}$ par $\frac{3}{22}$. — **S.** $\frac{10}{3}$, c-à-d $3 + \frac{1}{3}$.

E. 5. Dites le poids de 8^{cmc} d'étain [c]. — **S.** $8^g \times 7,29$, c-à-d 58^g,32.

E. 6. Quelle fraction ordinaire du stère font 0^{mc},125 ? — **S.** $\frac{125}{1000}$, c-à-d $\frac{1}{8}$.

E. 7. Une maison a 17^m,25 de haut. Le rez-de-chaussée a 4^m,80. Dites la hauteur du reste. — **S.** 12^m,45.

E. 8. On peint toutes les faces d'un mètre cube, sauf une. Quelle surface couvre-t-on de peinture [d] ? — **S.** 5^{mq}.

E. 9. On partage 48 pièces de 5^f entre 16 personnes. Combien chacune aura-t-elle de francs ? — **S.** $\frac{5^f \times 48}{16}$, c-à-d 15^f.

E. 10. Un bloc de granit pèse 3 tonnes. Sa densité est 2,67. Trouvez son volume. — **S.** 3^t d'eau occupent 3^{mc}. Le volume de ce bloc de granit sera 2,67 fois plus petit, c-à-d 1^{mc},123.

---

[a] Ces deux mots, *midi*, *minuit*, signifient, au sens propre, le *milieu* du jour, le *milieu* de la nuit.

[b] Nous avons déjà dit, plusieurs fois, que le jour se compose de 24^h.

[c] On rappellera aux élèves le raisonnement habituel : « 8^{cmc} d'eau pèsent 8^g ; la *densité* de l'étain est 7,29 ; donc 8^{cmc} d'étain pèsent 7,29 fois plus, c-à-d 8$^g \times 7,29$. »

[d] Il faut se rappeler que tout *cube* a 6 *faces*.

126. — Durées plus grandes que le jour.

Question. Quelles sont les *durées* plus grandes que le jour? — **Réponse.** Les *durées* plus *grandes* que le *jour* sont : la **semaine**, le **mois**, l'**année civile**, le **siècle**.

Q. Qu'est-ce que la *semaine*? — **R.** La **semaine** est une période de 7 *jours*.

Q. Comment se nomment les jours de la *semaine*? — **R.** Les 7 *jours* de la semaine se nomment : *dimanche, lundi, mardi, mercredi, jeudi, vendredi, samedi*[a].

Q. Qu'est-ce que le *mois*? — **R.** Le **mois** est une *durée variable*, qui a d'ordinaire 30 ou 31 *jours*, mais qui n'en a parfois que 28 ou 29.

Q. Qu'est-ce que l'*année civile*? — **R.** L'**année civile** est une *durée variable*, à peu près égale au temps de la *révolution* de la terre autour du soleil[b].

Q. Combien l'*année civile* a-t-elle de jours? — **R.** L'*année civile* a tantôt 365 *jours*, tantôt 366; mais elle se partage toujours en 12 *mois*.

Q. Qu'appelle-t-on *années communes*? — **R.** Les *années* qui ont 365 jours se nomment *années communes*; celles qui en ont 366 se nomment *années bissextiles*.

Q. Dites les noms des *mois*? — **R.** Les 12 *mois* de l'année sont : *janvier, février, mars, avril, mai, juin, juillet, août, septembre, octobre, novembre, décembre*[c].

[a] Les noms des jours de la semaine rappellent les *astres* auxquels ces jours étaient consacrés : *lundi*, la lune; *mardi*, Mars; *mercredi*, Mercure; *jeudi*, Jupiter; *vendredi*, Vénus; *samedi*, Saturne. Le mot dimanche signifie le jour du Seigneur, *dies dominica*.
[b] La durée *exacte* de cette révolution n'est pas un nombre *entier* de jours. Voilà pourquoi l'*année civile* ne peut pas lui être *égale*.
[c] *Janvier* a 31 jours; *février*, 28 ou 29; *mars*, 31; *avril*, 30; *mai*, 31; *juin*, 30; *juillet*, 31; *août*, 31; *septembre*, 30; *octobre*, 31; *novembre*, 30; *décembre*, 31. Pour retenir ces nombres de jours, on a imaginé un procédé mnémonique simple : la main gauche étant fermée, on touche, avec l'index de la main droite, en commençant par une saillie, les *saillies* et les *creux* alternatifs qui se présentent à la naissance des 4 doigts autres que le pouce; on récite en même temps les mots *janvier, février, mars*, etc.; arrivé au mot *août*, on recommence : les mois qui correspondent aux saillies ont 31 jours, les autres en ont moins de 31.

Q. Que savez-vous sur les *usages* du commerce ? — **R.** Dans le *commerce*, on regarde souvent le *mois* et l'*année* comme des *périodes constantes* de 30^j et de 360^j.

Q. Qu'est-ce que le *siècle?* — **R.** Le **siècle** est une période de *cent années*.

Exercice. 1. Combien de semaines dans l'année? — **Solution.** Autant qu'il y a de fois 7^j dans 365^j, c-à-d 52.

E. 2. Combien de semaines dans un mois? — **S.** 4.

E. 3. Combien d'heures dans trois semaines? — **S.** $24 \times 7 \times 3$, c-à-d 504.

E. 4. Combien d'heures dans une année commune? — **S.** 24×365, c-à-d 8760.

E. 5. Combien d'heures dans une année bissextile [a]? — **S.** 24×366, c-à-d 8784.

E. 6. Combien de dimanches dans une année qui commence un dimanche? — **S.** 53.

E. 7. Combien de dimanches dans une année qui commence un lundi[b]? — **S.** 52.

E. 8. Calculez $\frac{112,65 + 56,7}{12}$. — **S.** 14,11.

E. 9. Dans 362^{Mg},5 de foin, combien de bottes de 5^{Kg}? — **S.** Autant qu'il y a de fois 5^{Kg} dans 3625^{Kg}, c-à-d 725.

E. 10. On a 5^{dmc} d'ardoise pesant 13^{Kg},97. Quelle est la densité? — **S.** 5^{dmc} d'eau pèsent 5^{Kg}. Donc la densité est 13^{Kg},97 : 5^{Kg}, c-à-d 2,79.

---

127. — Durées plus petites que le jour.

Question. Comment le *jour* se partage-t-il? — **Réponse.** Le *jour* se partage en **24 heures;** — *l'heure*, en

---

[a] Les années *bissextiles* reviennent tous les 4 ans. Ce sont, en général, celles dont le *millésime* est *divisible* par 4. — Le mois de *février* a 28 jours dans les années *communes*, et 29 dans les années *bissextiles*.

[b] Les 52 *semaines* donnent 52 *dimanches*. Mais les 52 semaines ne font pas l'année *entière* : il y faut ajouter 1 jour dans les années *communes* et 2 jours dans les années *bissextiles*. Lorsque l'année commence un *dimanche*, il y a un *dimanche* en plus. Il n'y en a aucun en plus, lorsqu'elle commence un *lundi*.

60 **minutes**; — la *minute*, en 60 **secondes**; — la *seconde*, en *dixièmes* et *centièmes*.

Q. Comment représente-t-on les mots *heure*, *minute*, *seconde*? — R. En écrivant, pour abréger, on représente les mots *heure*, *minute*, *seconde*, par leurs initiales, h, m, s.

Q. Donnez un exemple. — R. On écrit ainsi une *durée* de $3^h\ 12^m\ 57^s,3$.

Q. Comment se comptent les 24^h du jour? — R. Les 24^h qui composent le jour civil ne se comptent pas sans interruption depuis 1 jusqu'à 24; elles se partagent en deux *périodes* de 12^h chacune.

Q. Quelles sont ces deux *périodes*? — R. Ces deux *périodes* sont : les 12^h du **matin**, de *minuit* à *midi*; les 12^h du **soir**[a], de *midi* au *minuit* suivant.

> **Exercice. 1.** Combien de minutes dans $3^h\ 13^m$? — **Solution.** $60 \times 3 + 13$, c-à-d 193 [b].
> E. 2 Combien de secondes dans $14^m\ 17^s$? — S. $60 \times 14 + 17$, c-à-d 857.
> E. 3. Combien de minutes dans un jour? — S. 60×24, c-à-d 1440.
> E. 4. Combien de minutes dans une semaine[c]? — S. $60 \times 24 \times 7$, c-à-d 10 080.
> E. 5. Combien de secondes dans un jour? — S. $60 \times 60 \times 24$, c-à-d 86 400.
> E. 6. Combien de secondes dans une semaine? — S. $60 \times 60 \times 24 \times 7$, c-à-d 604 800.
> E. 7. Combien de secondes dans une année commune? — S. $60 \times 60 \times 24 \times 365$, c-à-d 31 536 000.

---

[a] Les heures du *soir* se nomment aussi heures de *l'après-midi* ou heures de *relevée*. — Sur les *chemins de fer*, on distingue les heures de *jour* de 6^h du matin à 6^h du soir, et les heures de *nuit*, de 6^h du soir à 6^h du matin. — Afin qu'on puisse, d'un coup d'œil, distinguer les heures de jour des heures de nuit, les *indicateurs* présentent une longue barre, très marquée, le long des trajets qui s'effectuent pendant les heures de *nuit*.

[b] 1^h vaut 60^m; donc 3^h valent $60^m \times 3$; donc $3^h\ 13^m$ valent $60 \times 3 + 13$. — Raisonnement analogue pour l'exercice suivant.

[c] 1^h contient 60^m; donc 1j, c-à-d 24^h, contient $60^m \times 24$; donc 1 semaine, c-à-d 7j, contient $60^m \times 24 \times 7$. — Raisonnements analogues pour les 3 exercices suivants.

E. 8. Combien d'heures, de 7^h du matin à 7^h du soir[a]?
— **S.** $5 + 7$, c-à-d 12.

E. 9. Combien d'heures, de 1^h du matin à 6^h du soir?
— **S.** $11 + 6$, c-à-d 17.

E. 10. Un certain domaine comprend un pré de $3^{Ha},129$; un champ de 4128^{mq}; et une vigne de $2^{Dmq},7$. Combien d'ares en tout? — **S.** $312^a,9 + 41^a,28 + 2^a,7$, c-à-d $356^a,88$.

---

128. — Conversion[b] des durées.

Question. Peut-on toujours convertir une *durée* en *secondes*? — **Réponse.** Une *durée* étant donnée en *jours, heures, minutes* et *secondes*, on peut toujours la *convertir* en *secondes*.

p. 131. Q. Donnez un exemple. — R. Soit à *convertir* en *secondes* $3^j 16^h 37^m 28^s,6$. On dit : 3^j font 3 fois 24^h, c-à-d $24^h \times 3$ ou 72^h qui, avec les 16^h données forment 88^h; — 88^h font 88 fois 60^m, c-à-d $60^m \times 88$ ou 5280^m qui, avec les 37^m données, forment 5317^m; — 5317^m font 5317 fois 60^s, c-à-d $60^s \times 5317$ ou $319\,020^s$ qui, avec les $28^s,6$ données, forment $319\,048^s,6$. Telle est, en *secondes*, la *durée* donnée[c].

Q. Peut-on toujours convertir une *durée* en *heures, minutes* et *secondes*? — R. Une *durée* étant donnée en *secondes*, on peut toujours la *convertir* en *jours, heures, minutes* et *secondes*.

Q. Donnez un exemple. — R. Soit à *convertir* $427\,643^s,18$ en *jours, heures, minutes* et *secondes*. Il faut 60^s pour faire 1^m; il y a donc autant de minutes dans la durée donnée qu'il y a de fois 60^s dans $427\,643^s,18$: la division de $427\,643,18$ par 60 donne 7127^m et il reste $23^s,18$. — Il faut 60^m pour faire 1^h; il y a donc autant d'heures qu'il y a de fois 60^m dans 7127^m : la division donne 118^h et il reste 47^m. — Il faut 24^h

---

(a) De 7^h à *midi*, il y a 5^h. De *midi* à 7^h, il y a 7^h. Donc de 7^h du matin à 7^h du soir, il y a $5^h + 7^h$, c-à-d 12^h.

(b) Les deux sortes de *conversions* indiquées dans ce paragraphe sont utiles dans une foule de questions : il faut les savoir faire très bien.

(c) Les *durées* plus petites que la *seconde* s'évaluent en *dixièmes* et en *centièmes* de *seconde*; mais non pas en *tierces*, quoi qu'en disent certains auteurs.

pour faire 1^j; il y a donc autant de jours qu'il y a de fois 24^h dans 118^h : la division donne 4^j et il reste 22^h. — La *durée* donnée est donc égale à $4^j\ 22^h\ 47^m\ 23^s,18$ [a].

Exercice. 1. Convertissez[b] en minutes $3^j\ 16^h\ 15^m$. —
Solution. $5\,295^m$.

E. **2.** Convertissez en secondes $7^j\ 6^h\ 48^m\ 51^s$. —
S. $629\,331^s$.

E. **3.** Convertissez $38\,567^m$ en jours, heures et minutes.
— S. $26^j\ 18^h\ 47^m$.

E. **4.** Convertissez $4\,765\,438^s$ en jours, heures, minutes et secondes. — S. $55^j\ 3^h\ 43^m\ 58^s$.

E. **5.** Calculez $\dfrac{37,8}{25,6 - 3,11}$. — S. $1,68$.

E. **6.** Un robinet reste ouvert pendant une semaine moins 17^h. Pendant combien d'heures? — S. $24 \times 7 - 17$, c-à-d 151.

E. **7.** On a 17 gros sous et 23 petits[c]. Dites le poids de toute cette monnaie. — S. $10^g \times 17 + 5^g \times 23$, c-à-d 285^g.

E. **8.** Combien de litres dans les 12 vingtièmes d'un foudre de $3\,856^l$? — S. $3856 \times \dfrac{12}{20}$; c-à-d $2\,313^l,6$.

E. **9.** Une voiture contenait $3\,520^{Kg}$ de bois et $2\,650^{Kg}$ de houille. Elle dépose la moitié du bois. Quel poids porte-t-elle encore? — S. $\dfrac{3520}{2} + 2\,650$, c-à-d $4\,410^{Kg}$.

E. **10.** Chaque jour de la semaine[d] je fais à pied 9^{Km}, sauf le dimanche où j'en fais 21. Combien en tout par semaine? — S. $9 \times 6 + 21$, c-à-d 75^{Km}.

---

[a] Faites bien remarquer aux élèves que les *minutes* et *secondes* de *temps* s'indiquent toujours, en abrégé, par les lettres m et s. Nous trouverons, dans la mesure des *angles* et dans celle des *arcs*, d'autres *minutes* et d'autres *secondes* qui, en abrégé, s'indiquent différemment.
[b] En résolvant cet exercice, comme en résolvant les 3 suivants, les élèves devront refaire les raisonnements qui sont indiqués dans la leçon, et que nous omettons pour abréger.
[c] Il faut se rappeler que le *sou* est la pièce de 5^c, qui pèse 5^g; et que le *gros sou* est la pièce de 10^c, qui pèse 10^g.
[d] La marche, comme la plupart des exercices physiques, est excellente pour la santé. On fait plus d'exercice à la campagne qu'à la ville, et l'on y respire un air plus pur. Voilà pourquoi l'on s'y porte mieux.

LIVRE V

LES PROBLÈMES USUELS

CHAPITRE PREMIER
RÈGLES DE TROIS

129. — Quantités proportionnelles.

p. 132 **Question.** Dans quel cas deux quantités sont-elles *directement proportionnelles?* — **Réponse.** Deux *quantités* sont *directement* **proportionnelles** lorsque, l'une devenant 2, 3, 4,... fois *plus grande* ou *plus petite*, l'autre devient en même temps 2, 3, 4,... fois *plus grande* ou *plus petite*.

Q. Donnez un exemple. — R. Le *prix* et la *longueur* de la toile qu'on achète sont deux quantités *directement proportionnelles* : il faut payer 2, 3, 4,... fois *plus* pour une longueur double, triple, quadruple [a],...

Q. Dans quel cas deux quantités sont-elles *inversement proportionnelles?* — R. Deux *quantités* sont *inversement* **proportionnelles** lorsque, l'une devenant 2, 3, 4,... fois *plus grande* ou *plus petite*, l'autre devient en même temps 2, 3, 4,... fois *plus petite* ou *plus grande*.

Q. Donnez un exemple. — R. Le *temps* et le *nombre d'ouvriers* nécessaires pour moissonner un champ sont deux quan-

---

[a] Le *prix* d'un terrain est *proportionnel* à son *étendue*; le *prix* d'un *tas* de blé, à son *volume*; le *prix* du pain, à son *poids*. — On rencontre à chaque instant, dans la pratique, des quantités qui sont ainsi *directement proportionnelles* à d'autres.

RÈGLES DE TROIS.

lités *inversement proportionnelles*. Si l'on prend 2, 3, 4,... fois *plus* d'ouvriers, il faudra 2, 3, 4, fois *moins* de temps [a].

Exercice. 1. Calculez $1\,382^{Hmq},7 - 4\,296^{Dmq}$. — **Solution.** $133\,974^{Dmq}$ [b].

E. 2. Que coûtent $7^{Ha},86$ à $32^f,55$ l'are ? — **S.** 1^{Ha} coûte $3\,255^f$. Donc $7^{Ha},86$ coûtent $3\,255 \times 7,86$, c-à-d $25\,584^f,30$.

E. 3. Calculez $13^{mc},7 \times 5 - 4\,826^l$. — **S.** $63\,674^l$.

E. 4. Du sixième d'une tonne on ôte $28\,756^g$. Que reste-t-il ? — **S.** $\frac{1\,000}{6} - 28^{Kg},756$, c-à-d $137^{Kg},910$.

E. 5. On a 4^{dmc} d'acier pesant $32^{Kg},75$. Quelle est la densité ? — **S.** 4^{dmc} d'eau pèsent 4^{Kg}. Donc la densité de l'acier est $32,76 : 4$ [c], c-à-d $8,19$.

E. 6. Ajoutez $32^{Dmq},6$; $169^{mq},7$; $8^a,52$. — **S.** $42^a,817$.

E. 7. Simplifiez la fraction $\frac{360}{924}$. — **S.** $\frac{30}{77}$. p. 133

E. 8. Il faut 37^m pour écrire un devoir et 6^m pour le relire. Combien de minutes pour faire 6 devoirs pareils ? — **S.** $(37 + 6) \times 6$, c-à-d 258^m, ou $4^h\,18^m$.

E. 9. A quel volume d'eau font équilibre 11 pièces de 2^f ? — **S.** 1 pièce de 2^f pèse 10^g ; 11 pièces pèsent 110^g ; et 110^g d'eau occupent un volume de 110^{cmc}.

E. 10. On a dans un réservoir $428^{Hl},52$ de bière et dans un autre $5^{Kl},79$. Combien faudra-t-il de tonneaux de 57^l pour contenir le tout ? — **S.** Autant qu'il y a de fois 57^l dans $42\,852^l + 5\,790^l$, c-à-d 853 tonneaux, si l'on néglige [d] un reste de 21^l.

---

[a] Lorsqu'on met en tonneaux le vin d'une récolte, il est évident que, si l'on prend des tonneaux 2, 3, 4,... fois *plus petits,* on devra prendre un nombre de tonneaux 2, 3, 4,... fois *plus grand*.

[b] Rappelez qu'il faut, avant d'effectuer ce calcul, réduire tout à la *même unité*, réduire tout, par exemple, en *décamètres carrés*. Rappelez aussi que 1^{Hmq} vaut 100^{Dmq}.

[c] Nous écrivons $32,76 : 4$, en indiquant la *division* par le signe : . Dans les calculs écrits, soit sur le papier, soit au tableau noir, il faut préférer la forme de *rapport*.

[d] Si l'on voulait que toute la bière entrât dans les tonneaux, il en faudrait, par conséquent, 854.

130. — Règle de trois simple et directe.

Question. Citez une *règle de trois* simple. — **Réponse.** « 4^m *de toile coûtent* $6^f,60$. *Combien* 13^m *coûteront-ils ?* » — Ce problème est une **règle de trois**[a] *simple* et *directe*.

Q. Comment résout-on ce *problème ?* — R. Pour le résoudre, on dit : 4^m de toile coûtent $6^f,60$; 1^m coûte 4 fois moins, c-à-d $\frac{6,60}{4}$; 13^m coûtent 13 fois plus que 1^m, c-à-d $\frac{6,60 \times 13}{4}$. En effectuant le calcul, on trouve $21^f,45$.

Q. Pourquoi ce problème se nomme-t-il *règle de trois ?* — R. Ce problème se nomme *règle de trois*, parce que les *données* qui y figurent sont juste au nombre de *trois*.

Q. Pourquoi cette règle de trois est-elle *simple ?* — R. Cette règle de trois est *simple*, parce qu'il ne s'y rencontre que *deux* espèces de quantités : des prix et des longueurs.

Q. Pourquoi cette règle de trois est-elle *directe ?* — R. Cette règle de trois est *directe*, parce que la longueur de la toile et le prix qu'on la paye sont deux quantités *directement* proportionnelles.

Q. Comment se nomme la méthode que nous avons suivie ? — R. La *méthode* que nous avons suivie se nomme *méthode* de **réduction à l'unité**[b] : elle consiste, dans le cas actuel, à déterminer d'abord le prix d'*un seul* mètre de toile.

Exercice. 1. On paye, en 2ᵉ classe, $8^f,10$ pour faire 88^{Km}. Combien pour en faire 301 ? — **Solution.** Pour 1^{Km},

---

[a] Dans cette expression *règle de trois*, le mot *règle* n'a plus son sens habituel, puisque cette expression *règle de trois* désigne un certain genre de problèmes. — Autrefois, on désignait souvent les *opérations* sous le nom de *règles* ; aussi les 4 *opérations fondamentales* de l'arithmétique s'appelaient-elles les 4 *règles*.

[b] Cette méthode est la plus simple et la plus naturelle qui existe. C'est celle que les enfants comprennent le mieux ; c'est la seule qu'il faille leur enseigner.

on paye $\frac{8,10}{88}$; et pour 301, on paye $\frac{8,10 \times 301}{88}$, c-à-d $27^f,70$ [a].

E. 2. Un industriel emploie 428^l d'acide en 5^j. Combien en 24^j ? — **S.** En 1^j, il en emploie 5 fois moins, c-à-d $\frac{428}{5}$. En 24^j, il en emploie 24 fois plus, c-à-d $\frac{428 \times 24}{5}$, ou $2\,054^l,4$.

E. 3. Il y a, dans une classe, 12 élèves à 3 tables. Combien à 8 tables ? — **S.** $\frac{12 \times 8}{3}$, c-à-d 32.

E. 4. Un boulanger brûle $4^{st},28$ de bois en 5 semaines. Combien en 52 semaines ? — **S.** $\frac{4,28 \times 52}{5}$, c-à-d $44^{st},512$. p. 134

E. 5. On a 18^m de madapolam [b] pour $14^f,25$. Que coûtent 12^m ? — **S.** $\frac{14,25 \times 12}{18}$, c-à-d $9^f,50$.

E. 6. On a $2^a,27$ de terrain pour $58^f,30$. Combien payera-t-on $3^{Ha},569$? — **S.** $\frac{58,30 \times 356,9}{2,27}$, c-à-d $9\,166^f,19$.

E. 7. Quatre œufs coûtent $0^f,25$. Combien la douzaine ? — **S.** $\frac{0,25 \times 12}{4}$, c-à-d $0^f,75$.

E. 8. Retranchez $7^{Ha},28$ de $3^{Kmq},127$. — **S.** $305^{Ha},42$.

E. 9. Calculez $\frac{0,75 + 3,008}{7}$. — **S.** $0,536$.

E 10. Divisez $\frac{19}{33}$ par $\frac{57}{66}$. — **S.** $\frac{2}{3}$.

---

131. — Règle de trois simple et inverse.

Question. Enoncez une *règle de trois* simple et inverse. — **Réponse.** « *5 ouvriers mettent 14^h pour moissonner un champ. Combien 7^{ouv} mettront-ils pour moissonner le même champ ?* » — Ce problème est une **règle de trois** *simple* et *inverse*.

---

[a] Pour abréger, nous ne répétons point, dans tous leurs détails, les raisonnements que nous venons d'indiquer; mais il faudra les faire répéter aux élèves. — Dans l'expression finale à laquelle conduit le raisonnement figure toujours une *division* : il faut, quand on fait le calcul, que cette *division* soit effectuée en dernier lieu.

[b] Le madapolam est une sorte de calicot. Il doit son nom à la ville de l'Inde d'où on le tirait autrefois.

230   LES PROBLÈMES USUELS.

Q. Que fait-on pour résoudre ce problème? — **R.** Pour le résoudre, on dit : 5^{ouv} moissonnent le champ en 14^h; 1^{ouv} prendrait 5 fois plus de temps, c-à-d 14$^h \times 5$; 7^{ouv} en prendront 7 fois moins, c-à-d $\frac{14 \times 5}{7}$. En effectuant le calcul, on trouve 10^h [a].

Q. Pourquoi ce problème se nomme-t-il *règle de trois?* — **R.** Ce problème se nomme *règle de trois*, parce que les *données*[b] qui y figurent sont au nombre de *trois*.

Q. Pourquoi cette règle de trois est-elle *simple?* — **R.** Cette règle de trois est *simple*, parce qu'il ne s'y rencontre que *deux* espèces de quantités : des nombres d'ouvriers et des nombres d'heures.

Q. Pourquoi est-elle *inverse?* — **R.** Cette règle de trois est *inverse*, parce que le nombre des ouvriers et le temps qu'il leur faut sont deux quantités *inversement* proportionnelles.

Q. Comment se nomme la *méthode* que avons suivie? — **R.** La *méthode* que nous avons suivie se nomme *méthode* de **réduction à l'unité** : elle consiste, dans le cas actuel, à déterminer d'abord le nombre d'heures qu'il faudrait à *un seul* ouvrier [c].

Exercice. 1. Il faut 5^j à 3 ouvriers pour faire un ouvrage. Combien à 15 ouvriers? — **Solution.** A 1 ouvrier, il faudrait 3 fois plus, c-à-d 5$^j \times 3$. A 15 ouvriers, il faut 15 fois moins, c-à-d $\frac{5 \times 3}{15}$, c-à-d 1^j.

E. 2. Il faut, pour faire un meuble, 14 journées de 8^h. Combien faudrait-il de journées de 7^h? — **S.** De journées de 1^h, il en faudrait 8 fois plus, c-à-d 14 $\times$ 8. De

---

[a] Il arrive ici, par hasard, que la *division* se fait exactement. C'est là un cas fortuit, très rare.

[b] Les *données* d'un problème sont les quantités que l'on connaît par l'énoncé même de ce problème. La quantité qu'on cherche se nomme l'*inconnue*.

[c] Cette méthode de *réduction à l'unité* ne repose que sur le raisonnement : elle ne demande pour ainsi dire rien à la mémoire. Nous l'avons employée, dès le commencement de ce Cours, à la résolution d'une foule d'exercices.

RÈGLES DE TROIS.

journées de 7^h, il en faut 7 fois moins, c-à-d $\frac{14 \times 8}{7}$, c-à-d 16.

E. 3$^{(a)}$. Pour contenir un liquide, il faut 196 fûts de 98^l. Combien faudrait-il de fûts de $73^l,50$? — **S.** $\frac{98 \times 196}{73,50}$, c-à-d 261.

E. 4. Trois couvertures coûtent 51^f. Que coûtent 5 couvertures? — **S.** $\frac{51 \times 5}{3}$, c-à-d 85^f.

E. 5. Convertissez $\frac{12}{13}$ en fraction décimale. — **S.** $0,923\,076$ $^{(b)}$....

E. 6. On a $4^{dmc},8$ de platine pesant $85^{Kg},44$. Trouvez la densité. — **S.** $4^{dmc},8$ d'eau pèsent $4^{Kg},8$. La densité du platine est donc $85,44 : 4,8$, c-à-d $17,8$.

E. 7. On partage entre 12 personnes la somme formée par 18 pièces de 20^f. Qu'aura chaque personne? — **S.** $\frac{20 \times 18}{12}$, c-à-d 30^f.

E. 8. Réduisez au même dénominateur $\frac{7}{5}$ et $\frac{11}{3}$. — **S.** $\frac{21}{15}$ et $\frac{55}{15}$.

E. 9. Que pèsent $1\,325^f$ en monnaie d'or? — **S.** Autant de grammes qu'il y a de fois $3^f,10$ dans $1\,325^f$, c-à-d $42^g,7$.

E. 10. Un ouvrier gagne par an $1\,835^f,60$ et dépense $1\,126^f,40$. Qu'économise-t-il$^{(c)}$ par mois? — **S.** Par an, il économise $709^f,20$. Par mois, il économise $709^f,20 : 12$, c-à-d $59^f,10$.

(^{a}) Les exercices 1, 2, 3 sont des *règles de trois* inverses et simples. Ils se résolvent tous par la méthode de *réduction à l'unité*.

(^{b}) La fraction décimale qu'on obtient est une fraction *périodique*, dont la *période*, composée de 6 chiffres, est 923 076.

(^{c}) Cet ouvrier agit très sagement en mettant de côté une partie de son gain. Il faut toujours *économiser*, c-à-d *dépenser* un peu moins qu'on ne *gagne*. L'*économie* est une *source de richesses* pour les individus et pour les nations.

132. — Règle de trois composée.

Question. Citez une *règle de trois composée*. — **Réponse.** « *Il faut* 15^j *à* 7 *ouvriers pour faire* 250^m *d'un certain ouvrage. Combien faudra-t-il de jours à* 9^{ouv} *pour faire* 600^m *du même ouvrage ?* » — Ce problème est une **règle de trois** *composée*.

Q. Comment résout-on ce problème ? — R. Pour le résoudre, on dit : 7^{ouv}, pour faire 250^m, travaillent 15^j ; 1^{ouv}, pour faire 250^m, travaille 7 fois plus longtemps, c-à-d $15^j \times 7$; 1^{ouv}, pour faire 1^m, travaille 250 fois moins longtemps, c-à-d $\frac{15^j \times 7}{250}$; 9^{ouv}, pour faire 1^m, mettront 9 fois moins de temps, c-à-d $\frac{15^j \times 7}{250 \times 9}$; 9^{ouv}, pour faire 600^m, mettront 600 fois plus de temps, c-à-d $\frac{15 \times 7 \times 600}{250 \times 9}$. En effectuant le calcul, on trouve $28^{j\,(a)}$.

Q. Pourquoi ce problème se nomme-t-il *règle de trois composée ?* — R. Ce problème se nomme *règle de trois composée* : *règle de trois*, parce qu'il est analogue aux problèmes précédents ; règle de trois *composée*, parce qu'il y figure plus de deux espèces de quantités[b].

Q. Quelle *méthode* avons-nous suivie ? — R. La *méthode* que nous avons suivie est encore la *méthode* de **réduction à l'unité** : nous avons cherché le temps qu'il faut à 1^{ouv} pour faire 1^m d'ouvrage.

p. 136   **Exercice. 1.** On paye 105^f pour peindre une surface qui a 3^m de large et 15^m de long. Combien pour une surface qui aurait 4^m de large et 20^m de long[c] ? — **Solution.** Pour une surface ayant 1^m de large et 15^m de long, on

---

[a] Cette suite de raisonnements est absolument analogue à celles que nous avons faites pour résoudre les *règles de trois* simples.

[b] Il y a, en effet, dans cet exemple, *trois* espèces de quantités : des nombres de *jours*, des nombres d'*ouvriers* et des nombres de *mètres*. — On pourrait citer des exemples où il y en eût 4 espèces, 5 espèces, etc.

[c] En exposant la solution de cet exercice, on disposera les nombres qui figurent dans les raisonnements de manière à en former une sorte de tableau.

payerait 3 fois moins, c-à-d $\frac{105}{3}$. Pour une surface ayant 1^m de large et 1^m de long, on payerait 15 fois moins, c-à-d $\frac{105}{3\times15}$. Pour une surface ayant 4^m de large et 1^m de long, on payera 4 fois plus, c-à-d $\frac{105\times4}{3\times15}$. Pour une surface ayant 4^m de large et 20^m de long, on payera 20 fois plus, c-à-d $\frac{105\times4\times20}{3\times15}$, c-à-d $186^f,66$.

E. 2. Il faut 2^h pour lire un livre de 50 pages. Combien pour lire un livre de 300 pages, où les pages seraient 2 fois plus petites ? — **S.** Pour lire 1 page du premier livre, il faut $\frac{2^h}{50}$. Pour en lire 300, il faudrait $\frac{2^h\times300}{50}$. Mais les nouvelles pages sont 2 fois plus petites, donc il faut 2 fois moins de temps, c-à-d $\frac{2^h\times300}{50\times2}$, ou 6^h.

E. 3. Prenez le tiers de $310^{mc},28 - 0^{Dmc},017$. — **S.** $97^{mc},76$.

E. 4. Calculez à moins de 0,001 le quotient de 3 par 0,08. — **S.** $37,500^{(a)}$.

E. 5. Multipliez $\frac{15}{22}$ par $\frac{11}{75}$. — **S.** $\frac{1}{10}$.

E. 6. Un champ de blé de 3^{Ha} donne 1050 gerbes. Que donnera un champ de 1720^a ? — **S.** $\frac{1050\times1720}{300}$, c-à-d 6020.

E. 7. Il faut 1^h pour écrire 8 pages. Combien pour 27 ? — **S.** $\frac{1^h\times27}{8}$, c-à-d $3^h 22^m 30^s$.

E. 8. On met une pierre dans un vase plein d'eau. Il en sort 1226^g. Dites le volume de cette pierre. — **S.** 1226^{cmc}.

E. 9. Calculez $3^{Mg},7 - 4^{Kg},8 + 6^{Hg},5$. — **S.** $328^{Hg},5$.

E. 10. Pour obtenir 6^l d'huile, il faut 50^l de graines de chanvre. Combien en faut-il pour 28^l d'huile ? — **S.** $\frac{50\times28}{6}$, c-à-d $233^l,33^{(b)}$.

---

[a] On aurait pu s'arrêter à 37,5, la division se faisant exactement.
[b] En employant les fractions ordinaires, on trouverait exactement $233^l + \frac{1}{3}$.

CHAPITRE II

MÉLANGES ET ALLIAGES

133. — Règles de mélange (1re espèce).

Question. Quelles sont les *règles de mélange* de la première espèce ? — **Réponse.** Les **règles de mélange**[a] de la *première espèce* sont celles où l'on donne les quantités de *toutes* les choses qu'on mélange.

Q. Citez une *règle de mélange* de cette espèce. — R. « *On mélange* 50^l *de vin à* 0^f,45 *le litre ;* 70^l *à* 0^f,65 ; *et* 80^l *à* 0^f,75. *Quel sera le prix du litre du mélange ?* » — Ce problème est une *règle de mélange* de la *première espèce.*

Q. Comment résout-on ce *problème ?* — Pour le résoudre, on dit : les 50^l du premier vin coûtent 50 fois 0^f,45, c-à-d 0^f,45 $\times$ 50 ou 22^f,50 ; les 70^l du deuxième vin coûtent 70 fois 0^f,65, c-à-d 0^f,65 $\times$ 70 ou 45^f,50 ; les 80^l du troisième vin coûtent 80 fois 0^f,75, c-à-d 0^f,75 $\times$ 80 ou 60^f. Le mélange tout entier coûte donc 22^f,50 + 45^f,50 + 60^f, c-à-d 128^f. Or ce mélange contient 50^l + 70^l + 80^l, c-à-d 200^l. Donc les 200^l du mélange coûtent 128^f. Donc 1^l du mélange coûte $\frac{128^f}{200}$, c-à-d 0^f,64 [b].

Q. Mélange-t-on parfois de l'eau avec le vin ? — R. On mélange parfois de l'*eau* avec le *vin* : cette opération se nomme *mouillage*[c] ; on y regarde l'*eau* comme du *vin* qui ne *coûte rien.*

---

[a] La locution *règle de mélange* est analogue à celle de *règle de trois :* elle désigne un certain genre de *problèmes.*

[b] En exposant ce raisonnement, il faudra disposer les nombres qui y figurent en une sorte de tableau.

[c] Vendre du vin ainsi *mouillé* pour du vin *pur,* ce serait *tromper* l'acheteur et commettre un véritable vol.

MÉLANGES ET ALLIAGES.

Exercice. 1. On mélange 6^l de vin à $0^f,45$ et 8^l à $0^f,60$. Que vaut le litre du mélange? — **Solution.** $0^f,53$.

E. 2. On mélange 115 quintaux de blé à $23^f,20$ le quintal avec 135 quintaux à $22^f,50$. Que vaut le quintal du mélange[a]? — **S.** $22^f,822$.

E. 3. On met 213^l d'eau dans 525^l de vin à $0^f,72$. Dites le prix du litre du mélange[b]. — **S.** $0^f,51$.

E. 4. On mêle $7\,000^{Kg}$ de bois de chêne à 51^f la tonne avec $5\,300^{Kg}$ à 49^f. Combien vaut le quintal du mélange[c]? — **S.** $5^f,01$.

E. 5. Convertissez $0,0755$ en fraction ordinaire. — **S.** $\frac{151}{2000}$.

E. 6. Retranchez $2^{mc},258$ de $4^{Dst},27$. — **S.** $42^{mc},7 - 2^{mc},258$, c-à-d $40^{mc},442$.

E. 7. Additionnez $\frac{2}{3}, \frac{5}{7}, \frac{6}{9}$. — **S.** $\frac{43}{21}$, c-à-d $2 + \frac{1}{21}$.

E. 8. Que pèsent 345^{cmc} d'étain, la densité étant 7,29 ? — **S.** 345^{cmc} d'eau pèsent 345^g. Donc 345^{cmc} d'étain pèsent $345^g \times 7,29$, c-à-d $2\,515^g,05$.

E. 9. Voici 1 248 œufs. J'en prends le sixième plus 50. Combien en ai-je? — **S.** $(1\,248 : 6) + 50$, c-à-d 258.

E. 10. Que pèseraient $1\,000^f$ en gros sous? — **S.** 1^c de bronze monnayé pèse 1^g. Donc 1^f pèse 100^g, et $1\,000^f$ pèsent $100\,000^g$, c-à-d 100^{Kg}.

---

134. — Règles de mélange (2ᵉ espèce).

Question. Quelles sont les *règles de mélange* de la deuxième espèce? — **Réponse.** Les **règles de mélange** de la *deuxième espèce* sont celles où l'on mélange deux choses et où l'on ne donne la quantité que de l'*une* des deux.

[a] Les exercices 1 et 2 sont des *règles de mélange* de la première espèce. Il suffit, pour les résoudre, de refaire littéralement les raisonnements du présent paragraphe.

[b] Les 525^l de vin coûtent ensemble 378^f. Ils donnent 738^l du mélange. Donc 1^l de celui-ci vaut $378^f : 738$, c-à-d $0^f,51$.

[c] Avant de faire aucun calcul, il sera bon de tout ramener au *quintal* et d'énoncer ainsi ce problème : « On mêle 70^q de bois de chêne à $5^f,10$ le *quintal* avec 53^q à $4^f,90$. Combien vaut le *quintal* du mélange? »

Q. Donnez un exemple. — R. « *On a* 120^l *de vin à* 0^f,55 *le litre. Combien faut-il y mélanger de vin à* 0^f,70, *pour que le litre du mélange revienne à* 0^f,62 [a] ? » — Ce problème est une *règle de mélange* de la *deuxième espèce*.

Q. Comment résout-on ce problème ? — R. Pour le résoudre, on dit : le prix d'un litre du premier vin est trop faible de 0^f,07. Le prix total des 120^l donnés est donc trop faible de 120 fois 0^f,07, c-à-d 0^f,07 $\times$ 120, ou 8^f,40. Or, chaque litre du second vin a un prix trop fort de 0^f,08. Pour compenser ce que le premier prix a de trop faible, il faut donc ajouter autant de litres du second vin qu'il y a de fois 0^f,08 dans 8^f,40. Le nombre des litres cherché est donc $\frac{8,40}{0,08}$, c-à-d 105.

p. 138

Q. Que savez-vous sur la *méthode* qu'on a suivie ? — R. La *méthode* qu'on vient de suivre est une *méthode* de **compensation** [b].

> **Exercice. 1.** On a 34^l de vin à 0^f,80. Combien faut-il y mettre de vin à 0^f,55, pour que le litre revienne à 0^f,60 ?
> — **Solution.** 136^l.
>
> **E. 2.** On a 150^l de vin à 0^f,95. Combien faut-il y mettre d'eau pour qu'il revienne à 0^f,55 ? — **S.** 109^l,09.
>
> **E. 3.** On a 3 650^{Kg} de riz à 1^f,10 le kilogramme. Combien faut-il y mêler de riz à 0^f,70 pour que le kilog. revienne à 0^f,80 [c] ? — **S.** 10 950^{Kg}.
>
> **E. 4.** Réduisez 6 225 413^s en jours, heures, minutes et secondes. — **S.** 72^j 1^h 16^m 53^s.
>
> **E. 5.** Calculez 3^{mc},28 + 325^{dmc},7 — 4 813^{cmc}. — **S.** 3 610 513^{cmc}.
>
> **E. 6.** Calculez 32,7 $\times$ 0,007 + 56,008. — **S.** 56,2369.

[a] Le prix du litre du mélange doit toujours être intermédiaire entre les différents prix donnés. — Si, dans une *règle de mélange* de la deuxième espèce, on demandait un prix qui ne fût pas intermédiaire entre les prix donnés, le problème proposé serait impossible. Si, dans une *règle de mélange* de la première espèce, on trouvait un prix qui ne fût pas intermédiaire entre les prix donnés, c'est que, en résolvant ce problème, on se serait trompé.

[b] On fera remarquer que l'on a déjà eu recours, pour effectuer la *soustraction*, à une méthode de *compensation*.

[c] Les exercices 1, 2, 3 sont des *règles de mélange* de la deuxième espèce. Il suffit, pour les résoudre, de répéter littéralement les raisonnements ci-dessus.

MÉLANGES ET ALLIAGES.

E. 7. Ajoutez $\frac{13}{17}$ et $\frac{21}{51}$[a]. — **S.** $\frac{20}{17}$ ou $1+\frac{3}{17}$.

E. 8. Que valent $6^{Kg},27$ de monnaie de bronze ? — **S.** 1^g de monnaie de bronze vaut 1^c. Donc 6 270^g valent 6 270^c, c-à-d $62^f,70$.

E. 9. On mélange 125^{Hl} de coke à $1^f,95$ avec 250^{Hl} à $2^f,30$. A combien revient l'hectolitre du mélange ? — **S.** Les 125^{Hl} du premier coke valent $243^f,75$. Les 250^{Hl} du second valent $575^f,00$. Donc les 375^{Hl} du mélange valent $818^f,7$. Donc 1^{Hl} vaut $2^f,18$.

E. 10. Une bouteille pleine et bouchée pèse $1^{Kg},728$. Le verre pèse $8^{Hg},15$ et le bouchon 5^g. Dites le poids du liquide. — **S.** $1^{Kg},728 - 0^{Kg},815 - 0^{Kg},005$, c-à-d $0^{Kg},908$.

---

135. — Règles de mélange (3ᵉ espèce).

Question. Quelles sont les *règles de mélange* de la troisième espèce ? — **Réponse.** Les **règles de mélange** de la *troisième espèce* sont celles où l'on mélange deux choses et où l'on ne donne la quantité d'*aucune* d'elles.

Q. Donnez un exemple. — R. « *Combien faut-il mélanger de litres d'un vin à* $0^f,60$ *et de litres d'un vin à* $0^f,72$, *pour obtenir* 300^l *d'un mélange revenant à* $0^f,68$ *le litre ?* » — Ce problème est une *règle de mélange* de la *troisième espèce*[b].

Q. Comment résout-on ce problème ? — R. Pour le résoudre, on dit : le prix d'un litre du premier vin est trop faible de 8^c ; le prix d'un litre du second vin est trop fort de 4^c. Si on prend 4^l du premier vin, leur prix sera trop faible de $8^c \times 4$; si on prend 8^l du second, leur prix sera trop fort de $4^c \times 8$. Or, ces deux produits 8×4 et 4×8 sont égaux. p. 135

---

[a] La seconde fraction, $\frac{21}{51}$, est égale à $\frac{7}{17}$. Les deux fractions données sont donc immédiatement réduites au *même dénominateur* ; on peut donc immédiatement les additionner. — Règle générale : avant de réduire des fractions données au même dénominateur, il faut toujours les simplifier, le plus qu'on le peut.

[b] Dans les *règles de mélange* des deux premières espèces, il n'y avait qu'*une inconnue*. Dans les *règles de mélange* de la troisième espèce, il y en a toujours *deux*.

238 LES PROBLÈMES USUELS.

Donc il y a compensation. — Ainsi, en prenant 4^l du premier vin et 8^l du second, on obtient 12^l du mélange demandé. Pour en obtenir 1^l, on prendra 12 fois moins, c-à-d $\frac{4}{12}$ du premier vin et $\frac{8}{12}$ du second. Pour obtenir 300^l du mélange demandé, on prendra 300 fois plus, c-à-d $\frac{4 \times 300}{12}$ du premier vin et $\frac{8 \times 300}{12}$ du second. — En effectuant les calculs, on trouve 100^l du premier vin et 200^l du second [a].

Q. Que savez-vous sur la *méthode* qu'on vient d'employer?
— R. La *méthode* qu'on vient d'employer est une *méthode* de **compensation** [b].

> **Exercice. 1.** Combien faut-il mêler de vin à $0^f,60$ le litre et de vin à $0^f,70$, pour obtenir 135^l à $0^f,65$ le litre? — **Solution.** $67^l,5$ de chaque vin [c].
>
> E. 2. Combien faut-il mêler de vin à $0^f,80$ le litre et d'eau, pour obtenir 240^l à $0^f,55$? — S. 165^l de vin et 75^l d'eau [d].
>
> E. 3. Combien faut-il mêler de café à $2^f,80$ la livre et de café à $2^f,20$, pour obtenir 45^{Kg} à $2^f,60$ la livre? — S. 30^{Kg} du premier et 15^{Kg} du second.
>
> E. 4. On mèle 80^{Kg} de graine de colza à $68^f,10$ les 100^{Kg} avec 70^{Kg} à $68^f,95$. A combien revient 1^{Kg} du mélange? — S. Les 80^{Kg} de la première graine coûtent $54^f,480$. Les 70^{Kg} de la seconde coûtent $48^f,265$. Les 150^{Kg} du mélange coûtent $102^f,745$. Donc 1^{Kg} vaut $0^f,6849$.
>
> E. 5. On a 91^l de haricots à $0^f,55$ le litre. Combien faut-il y mêler de haricots à $0^f,40$, pour que le litre revienne

---

[a] En exposant ces raisonnements, il faudra disposer les nombres qui y figurent de manière à en former une sorte de *tableau*.
[b] Cette méthode de *compensation* est tout à fait analogue à celle qu'on a employée déjà, dans les règles de mélange de la deuxième espèce.
[c] Les exercices 1, 2, 3 sont des *règles de mélange* de la troisième espèce. Pour les résoudre, il suffit de répéter littéralement les raisonnements ci-dessus. — Dans le cas particulier du premier exercice, comme le prix du mélange demandé tient juste le milieu entre les prix des deux vins qu'on mélange, il est évident qu'il faut prendre autant du second vin que du premier.
[d] Comme le prix du mélange demandé est bien plus voisin du prix du *vin* que du prix de l'*eau*, lequel est *nul*, il faut évidemment que l'on mette, dans ce mélange, beaucoup *plus* de vin que d'eau.

MÉLANGES ET ALLIAGES.   239

à $0^f,45$? — **S.** Le prix des 91 premiers litres est trop fort de $9^f,10$. Le prix d'un des seconds est trop faible de $0^f,05$. Il faut donc autant de ces derniers qu'il y a de fois $0^f,05$ dans $9^f,10$, c-à-d 182^l.

E. 6. Que pèsent $7^{Dl},28$ d'eau ? — **S.** 1^l d'eau pèse 1^{Kg}. Donc $72^l,8$ pèsent $72^{Kg},8$.

E. 7. Calculez $(13,28 + 9,007) \times 4,02$. — **S.** $89,59374$.

E. 8. A Montevideo, les cuirs salés verts de bœufs coûtent $75^f,20$ les 50^{Kg}. Combien le quintal métrique ? — **S.** 2 fois plus, c-à-d $150^f,40$.

E. 9. Retranchez $\frac{28}{30}$ de $\frac{15}{16}$. — **S.** $\frac{1}{240}$.

E. 10. Des ouvriers mettent 55^j pour creuser un fossé de 24^m de long, 3^m de large et 6^m de profondeur. Combien mettraient-ils pour un fossé de 70^m de long, 4^m de large et 6^m de profondeur ? — **S.** Pour un fossé de 1^m de long, 1^m de large et 1^m de profondeur, ils mettraient $\frac{55^j}{24 \times 3 \times 6}$. Pour le fossé demandé, ils mettront $\frac{55 \times 70 \times 4 \times 6}{24 \times 3 \times 6}$, c-à-d $213^j,8$.

---

136. — Alliages et titres.

Question. Qu'est-ce qu'un *alliage*? — **Réponse.** Un **alliage** est la combinaison ou le mélange[a] de *plusieurs métaux*.

Q. Qu'appelle-t-on *titre*? — **R.** Un *alliage* étant composé d'un *métal précieux*[b] uni à un *métal vulgaire*, on appelle **titre** de cet *alliage* le *quotient* du *poids du métal précieux* par le *poids total* de l'alliage.

Q. Donnez un exemple. — Si un lingot d'or pèse $3\,439^g$ et contient $3\,025^g$ d'or pur, son *titre* est $\frac{3\,025}{3\,429}$, c-à-d $0,882$.

---

[a] Les mots *combinaison* et *mélange*, pour le chimiste, ne sont points synonymes. Pour nous, la différence qui existe entre eux est sans importance, vu qu'elle n'influe point sur nos calculs.
[b] Les *métaux précieux* sont l'*argent* et l'*or*; on y joint parfois le *platine* et le *mercure*; mais, dans les problèmes d'*alliages*, il n'est guère question que de l'*or* et de l'*argent*.

Q. Que savez-vous sur le *titre* ? — **R.** Le *titre* est toujours un nombre *abstrait, inférieur à* 1.

Q. Que faut-il faire pour trouver le poids du métal précieux contenu dans un lingot ? — **R.** Pour obtenir le *poids du métal précieux* contenu dans un lingot, il suffit de multiplier le *poids total* par le *titre*.

Q. Démontrez cela. — **R.** En effet, pour obtenir le *dividende* d'une *division,* il suffit de *multiplier* le *diviseur* par le *quotient*.

Q. A quels titres sont nos pièces de monnaie ? — **R.** Nos pièces d'*or* sont au *titre* de 0,900 ; nos pièces d'*argent* de 5^f, au *titre* de 0,900 ; nos autres pièces d'*argent*, au *titre* de 0,835.

Q. A quels titres sont les ouvrages d'or et d'argent ? — **R.** Les ouvrages d'*or* et d'*argent* fabriqués en France sont à des *titres* déterminés par la *loi*, et portent la marque des *poinçons*[a] de l'Etat.

Exercice. 1. Un lingot d'or pèse 349^g et contient 321^g d'or pur. Quel est son titre ? — **Solution.** 321 : 349, c-à-d 0,919.

E. 2. Un lingot d'argent pèse 4^{Kg},809 et contient 4^{Kg},510 d'argent pur. Quel est son titre ? — **S.** 4,510 : 4,809, c-à-d 0,937.

E. 3. Un lingot d'or est au titre de 0,928 et pèse 0^{Kg},596. Combien contient-il d'or pur ? — **S.** 0^{Kg},596 × 0,928, c-à-d 0^{Kg},553 088.

E. 4. Un lingot d'argent est au titre de 0,845 et pèse 2^{Kg},758. Combien contient-il d'argent pur[b] ? — **S.** 2^{Kg},758 × 0,845, c-à-d 2^{Kg},330 510.

E. 5. Combien faut-il mélanger de graine de lin à 51^f,75 les 100^{Kg} et de graine de lin à 53^f,20, pour obtenir 238^{Kg} à 0^f,52 le kilogramme[c] ? — **S.** Le prix

---

[a] Ces marques sont apposées par le *bureau de garantie*. Elles constituent ce qu'on nomme le *contrôle*. Tout objet d'or ou d'argent, avant d'être mis en vente, doit être *contrôlé*. Ceux qui contrefont le *contrôle* de l'Etat sont passibles des *travaux forcés*.

[b] Dans cet exercice, comme dans le précédent, on fera bien, en calculant le poids demandé, de s'arrêter à la 3me décimale.

[c] Ce problème est une *règle de mélange* de la troisième espèce. Nous répétons le raisonnement connu, en l'abrégeant un peu.

MÉLANGES ET ALLIAGES. 241

de 1^{Kg} de la première est trop faible de $0^f,0025$. Le prix de 1^{Kg} de la deuxième est trop fort de $0^f,0120$. En prenant 120^{Kg} de la première avec 25 de la deuxième, ou aurait 145^{Kg} du mélange. Pour 1^{Kg} du mélange, il faudrait prendre $\frac{120}{145}$ et $\frac{25}{145}$. Pour 238^{Kg}, il faudra prendre $196^{Kg},9$ et $41^{Kg},0$.

E. 6. Que pèsent $34^f,25$ en sous et gros sous? — **S.** $34^f,25$ font 3425^c et pèsent 3425^g, c-à-d $3^{Kg},425$.

E. 7. Trouvez le treizième de l'excès de $1.000\,000$ sur $428\,712$. — **S.** $43\,945,23$.

E. 8. Une masse de soufre pèse $210^{Dg},35$. La densité est 2,07. Dites le volume. — **S.** Ce poids d'eau aurait un volume de $2\,103^{cmc},5$. Le volume du soufre est 2,07 fois plus petit, c-à-d $1\,016^{cmc},1$.

E. 9. Calculez $13^{Ha},258 - 212^{ca},27 + 23^a,5$. — **S.** $1347^a,1773$.

E. 10. Le saindoux coûte 56^f les 50^{Kg}. Combien la tonne? — **S.** 1^{Kg} coûte $\frac{56^f}{50}$. Donc $1\,000^{Kg}$ coûtent $\frac{56 \times 1\,000}{50}$, c-à-d 1120^f [a].

---

137. — Règles d'alliage (1re espèce).

Question. Quelles sont les *règles d'alliage* de la première p. 141 espèce? — **Réponse.** Les **règles d'alliage** de la *première espèce* sont celles où l'on donne les poids de *tous* les lingots qu'on allie.

Q. Donnez un exemple. — **R.** « *On fond ensemble deux lingots d'or, le premier de 5^{Kg} au titre de 0,811; le second de 6^{Kg} au titre de 0,843. Quel sera le titre du lingot obtenu?* » — Ce problème est une *règle d'alliage* de la *première espèce* [b].

---

[a] On eût pu dire aussi : « le *quintal* coûte $56^f \times 2$, c-à-d 112^f ; la *tonne* coûte $112^f \times 10$, c-à-d 1120^f. »

[b] Les *règles d'alliage* ne sont, au fond, qu'un cas particulier des *règles de mélange*. Les *règles d'alliage* de la première espèce reviennent aux règles de mélange de la première espèce. — Dans ces règles de la première espèce, le nombre des choses qu'on mélange ou qu'on allie peut dépasser *deux* : il est absolument quelconque.

Q. Comment résout-on ce problème ? — R. Pour le résoudre, on dit : dans le premier lingot, le poids de l'or pur est $5^{Kg} \times 0,811$, c-à-d $4^{Kg},055$; dans le second, il est $6^{Kg} \times 0,843$, c-à-d $5^{Kg},058$. Donc, dans le lingot final, le poids de l'or pur sera $4^{Kg},055 + 5^{Kg},058$, c-à-d $9^{Kg},113$. — Le poids total est d'ailleurs $5^{Kg} + 6^{Kg}$, c-à-d 11^{Kg}. — Donc, par définition[a], le titre cherché est $\frac{9,113}{11}$, c-à-d $0,828$.

Exercice. 1 On fond un lingot d'or pesant $140^{Dg},8$ au titre de $0,900$, avec $0^{Kg},790$ d'un lingot au titre de $0,875$. Dites le titre de l'alliage[b]. — **Solution.** $0,891$.

E. 2. On allie 354^g d'un lingot d'argent au titre de $0,840$ avec $3^{Hg},54$ d'un lingot au titre de $0,820$. Dites le titre final. — **S.** $0,830$.

E. 3. On allie $42^{Dg},8$ d'un lingot d'or au titre de $0,910$ avec 17^g d'or pur[c]. Dites le titre de l'alliage. — **S.** $0,913$.

E. 4. On allie 1^{Kg} d'un lingot d'argent au titre de $0,835$ avec 30^g de cuivre. Trouvez le titre final. — **S.** $0,810$.

E. 5. Multipliez $\frac{6}{7}$ par $\frac{41}{72}$. — **S.** $\frac{41}{84}$.

E. 6. Que vaudraient 512^g d'or monnayé ? — **S.** 512 fois $3^f,10$, c-à-d $1587^f,2$.

E. 7. Exprimez en secondes $1^j\ 9^h\ 13^m\ 14^s$. — **S.** $119\,594^s$.

E. 8. Pour faire un ouvrage, 15 ouvriers mettent 75^h. Combien mettraient 18 ouvriers ? — **S.** 1 ouvrier mettrait $75^h \times 15$. Donc 18 ouvriers mettront $\frac{75 \times 15}{18}$, c-à-d $62^h\,30^m$.

E. 9. Que pèsent $1^{cm},268$ d'un graphite[d] dont la den-

---

[a] Il faut bien se le rappeler : le *titre* est toujours le *rapport* de deux poids, et, par conséquent, toujours un *nombre abstrait*.

[b] Cet exercice, comme les trois suivants, est une *règle d'alliage* de la première espèce. Il suffit donc, pour le résoudre, de répéter littéralement les raisonnements du présent paragraphe.

[c] On peut regarder l'*or pur* comme un *alliage* dont le *titre* est 1. De même, dans l'exercice suivant, on peut regarder le *cuivre* comme un *alliage* dont le *titre* est 0. D'ailleurs, pour résoudre ces deux exercices, il suffirait qu'on se rappelât et qu'on appliquât la définition du *titre* d'un alliage.

[d] Le *graphite* est une sorte de charbon naturel, dont on se sert pour

MÉLANGES ET ALLIAGES.   243

sité est 2,11 ? — **S.** 1^{mc}, 268 d'eau pèse 1^t,268. Donc 1^{mc},268 de graphite pèse 1^t,268 × 2,11 c-à-d 2^t,67548.

E. 10. On a 454^l de vin à 0^f,80 le litre. Combien faut-il y mêler de vin à 0^f,35 pour abaisser le prix du litre à 0^f,50 ? — **S.** Le prix d'un litre du premier vin est trop fort de 0^f,30. Le prix de tout le premier vin est trop fort de 0^f,30 × 454. Le prix d'un litre du deuxième vin est trop faible de 0^f,15. Donc il en faut ajouter autant de litres qu'il y a de fois 0,15 dans 0,30 × 454, c-à-d 908.

---

138. — Règles d'alliage (2e espèce).

Question. Quelles sont les *règles d'alliage* de la deuxième espèce ? — **R.** Les **règles d'alliage** de la *deuxième espèce* sont celles où l'on allie deux lingots et où l'on ne donne le poids que de l'*un* des deux. p. 142

Q. Donnez un exemple. — **R.** « *On a un lingot d'or pesant* 7^{Kg}, *au titre de* 0,850. *Combien faut-il y ajouter d'un lingot au titre de* 0,925 *pour obtenir un lingot au titre de* 0,880 ? » — Ce problème est une *règle d'alliage* de la *deuxième espèce* [a].

Q. Comment résout-on ce problème ? — **R.** Pour le résoudre, on dit : Dans 1^{Kg} du premier lingot, il y a 850^g d'or pur, c-à-d 30^g de moins qu'il n'en faut : dans les 7^{Kg} du premier lingot, il manque donc 30^g × 7, c-à-d 210^g. Or, 1^{Kg} du second lingot contient, en trop, 45^g d'or pur. Pour compenser ce qui manque au premier lingot, il faut donc y ajouter autant de kilogrammes du second qu'il y a de fois 45^g dans 210^g, c-à-d un nombre de kilogrammes égal à $\frac{210}{45}$. En effectuant le calcul, on trouve 4^{Kg},66 [b].

---

fabriquer les crayons. Le meilleur vient de Sibérie. On lui donne souvent le nom de *mine de plomb,* fort improprement d'ailleurs, puisqu'il ne contient pas de *plomb.*

[a] On peut remarquer que les *règles d'alliage* de la deuxième espèce ne sont, au fond, que des *règles de mélange* de la deuxième espèce. — On les résout par les mêmes raisonnements.

[b] On pouvait prévoir qu'il faudrait prendre moins du second lingot

Q. Que savez-vous sur la méthode qu'on vient de suivre?
— R. La *méthode* qu'on vient de suivre est une *méthode* de **compensation**.

Exercice. 1[a]. On a 456^g d'un lingot d'or au titre de 0,890. Combien faut-il y allier d'un lingot au titre de 0,740 pour abaisser le titre à 0,820? — **Solution**. 399^g.

E. 2. On a 538^g d'un lingot d'argent au titre de 0,920. Combien faut-il y allier de cuivre [b] pour abaisser le titre à 0,900? — **S.** 11^g,9.

E. 3. On a 48^{Dg},7 d'un lingot d'argent au titre de 0,745. Combien faut-il y allier d'argent pur pour élever le titre à 0,880? — **S.** 54^{Dg},7.

E. 4. Que pèsent 1525^f en or? — **S.** Autant de grammes qu'il y a de fois 3^f,10 dans 1525^f, c-à-d 491^g,9.

E. 5. Calculez 526^{Hl},67 — 3^{Dl},7 — 452^l,9. — **S.** 52 177^l,1.

E. 6. Calculez $\frac{11,3 + 9,009}{7}$. — **S.** 2,901.

E. 7. Additionnez $\frac{1}{4}$, $\frac{2}{5}$, $\frac{3}{6}$. — **S.** $1 + \frac{3}{20}$.

E. 8. Calculez 11st,8 + 1^{Dst},16 + 1^{dst},2. — **S.** 23st,52.

E. 9. Que pèsent 24^{dmc},576 d'un albâtre [c] dont la densité est 2,71? — **S.** Ce volume d'eau pèse 24^{Kg},576. Ce volume d'albâtre pèse 24^{Kg},576 × 2,71, c-à-d 66^{Kg},600.

p. 143
E. 10. Si je fais du feu dans 2 chambres, mon bois me dure 3 mois. Si j'en faisais dans 5 chambres, combien durerait-il? — **S.** Dans 1 chambre, il durerait 3 × 2. Dans 5 chambres, il durera $\frac{3 \times 2}{5}$, c-à-d 1 mois 6 jours.

---

que du premier. Il suffisait de remarquer, pour cela, que le titre final est plus voisin du premier titre que du second.

[a] Cet exercice, comme les deux suivants, est une *règle d'alliage* de la deuxième espèce. Il suffit, pour le résoudre, de répéter littéralement les raisonnements ci-dessus.

[b] Nous avons déjà dit que le *cuivre* pouvait être regardé comme un *alliage* dont le titre serait *nul*. Le *cuivre* est à l'égard d'un métal *précieux* ce que l'*eau* est à l'égard du *vin*.

[c] L'*albâtre* est une sorte de pierre, analogue au marbre, translucide, très blanche et fort tendre. On en fait des objets d'ornement.

MÉLANGES ET ALLIAGES. 245

139. — Règles d'alliage (3ᵉ espèce).

Question. Quelles sont les *règles d'alliage* de la troisième espèce ? — **Réponse.** Les **règles d'alliage** de la *troisième espèce* sont celles où l'on allie deux lingots, et où l'on ne donne le poids d'*aucun* d'eux.

Q. Donnez un exemple. — R. « *Quels poids faut-il mélanger d'un lingot d'or au titre de 0,750 et d'un lingot d'or au titre de 0,900, pour obtenir un lingot de 30^{Kg} au titre de 0,800 ?* » — Ce problème est une *règle d'alliage* de la *troisième espèce* [a].

Q. Comment résout-on ce problème ? — R. Pour le résoudre, on dit : à 1^{Kg} du premier lingot, il manque 50^g d'or pur ; et, dans 1^{Kg} du second, il y en a 100^g de trop. A 100^{Kg} du premier, il manque 50$^g \times$ 100 ; dans 50^{Kg} du second, il y a de trop 100$^g \times$ 50. Or, ces deux produits 50 $\times$ 100 et 100 $\times$ 50 sont égaux. Donc, il y a compensation. — Ainsi, en prenant 100^{Kg} du premier lingot et 50^{Kg} du second, on obtient 150^{Kg} de l'alliage demandé. — Pour en obtenir 1^{Kg}, on prendra 150 fois moins, c-à-d $\frac{100}{150}$ du premier lingot et $\frac{50}{100}$ du second. Pour obtenir 30^{Kg} de l'alliage demandé, on prendra 30 fois plus, c-à-d $\frac{100 \times 30}{150}$ du premier et $\frac{50 \times 30}{150}$ du second. En effectuant les calculs, on trouve 20^{Kg} du premier lingot et 10^{Kg} du second.

Q. Que savez-vous sur la méthode qu'on vient de suivre ? — R. La *méthode* qu'on vient de suivre est une *méthode* de **compensation.**

Exercice. 1. Quels poids faut-il allier de 2 lingots d'or aux titres de 0,750 et de 0,820, pour obtenir 52^{Dg},8 au

---

[a] Les *règles d'alliage* de la troisième espèce ne sont, au fond, que des *règles de mélange* de la troisième espèce : elles se résolvent de la même façon. — On peut remarquer, dans les problèmes de cette troisième espèce, qu'on ne mélange jamais plus de *deux* choses ou qu'on n'allie jamais plus de *deux* lingots. — On peut remarquer aussi que ces problèmes sont des problèmes à *deux inconnues*.

titre de $0,790$? — **Solution.** $22^{Dg},62$ du premier et $30^{Dg},17$ du second.

E. 2 [a]. Quels poids faut-il allier de 2 lingots d'argent aux titres de $0,780$ et de $0,910$ pour obtenir un lingot de 2^{Kg} au titre de $0,870$? — **S.** $0^{Kg},615$ du premier et $1^{Kg},384$ du second.

p. 144   **E. 3.** Quels poids d'or et de cuivre faut-il allier pour obtenir un lingot de $536^g,5$ au titre de $0,820$? — **S.** $439^g,930$ d'or et $96^g,570$ de cuivre.

E. 4. Quels poids d'argent et de cuivre faut-il allier [b] pour obtenir un lingot de $142^{Hg},7$ au titre de $0,750$? — **S.** $107^{Hg},025$ d'argent et $35^{Hg},675$ de cuivre.

E. 5. Divisez $\frac{249}{266}$ par $\frac{127}{133}$. — **S.** $\frac{249}{254}$.

E. 6. Dites la différence des longueurs du Rhin qui a $122^{Mm},3$ et du Rhône qui a 812^{Km}. — **S.** 411^{Km}.

E. 7. Calculez $33^{Kmq},7 + 56^{Dmq},7 - 37^{Ha},9$. — **S.** $373\,266^a,7$.

E. 8. Que valent $2^{Hg},56$ d'or monnayé? — **S.** $2^{Hg},56$ font 256^g et valent $3^f,10 \times 256$, c-à-d $793^f,60$.

E. 9. Un ouvrier dépense $0^f,75$ pour son déjeuner et $1^f,30$ pour son dîner. Que dépense-t-il en une semaine pour sa nourriture? — **S.** $(0^f,75 + 1^f,30) \times 7$, c-à-d $14^f,35$.

E. 10. Un morceau de laiton pèse $326^g,8$. Sa densité est $8,15$. Trouvez son volume. — **S.** $326^g,8$ d'eau occuperaient $326^{cmc},8$. Le laiton étant $8,15$ fois plus lourd, son volume sera $8,15$ fois plus petit, c-à-d $326^{cmc},8 : 8,15$, ou $40^{cmc},0$.

---

[a] Les exercices 1 et 2 sont des règles d'alliage de la troisième espèce. Il suffit, pour les résoudre, de répéter littéralement les raisonnements ci-dessus.

[b] Les exercices 3 et 4 se ramènent immédiatement aux *règles d'alliage* de la troisième espèce, si l'on y regarde l'*or pur* et l'*argent pur* comme des *alliages* dont le *titre* est 1; et le *cuivre* comme un *alliage* dont le *titre* est 0. — On aurait pu les résoudre aussi par ce nouveau raisonnement, que nous donnons seulement pour l'exercice 3 : « les $536^g,5$ du lingot cherché étant au titre de $0,820$ contiendront $536^g,5 \times 0,820$, c-à-d $439^g,930$ d'*or pur*; le poids du *cuivre* sera donc $536^g,5 - 439^g,930$, c-à-d $96^g,570$.

140. — Moyenne arithmétique.

Question. Qu'est-ce que la *moyenne arithmétique* de plusieurs quantités ? — **Réponse.** La **moyenne arithmétique**[a] de plusieurs quantités, c'est la quantité qu'on obtient en *divisant* la *somme* de toutes ces quantités par leur *nombre*.

Q. Donnez un exemple. — R. Soient les longueurs 5^m, 6^m, 7^m, 11^m. Leur *somme* est 29^m ; leur *nombre* est 4. Leur *moyenne arithmétique* est donc $\frac{29^m}{4}$, c-à-d $7^m,25$.

Q. Que savez-vous sur la *moyenne arithmétique ?* — R. La *moyenne arithmétique* de plusieurs quantités est toujours *inférieure* à la *plus grande* de ces quantités, mais *supérieure* à la *plus petite*[b].

Q. Comment se résolvent les questions où l'on parle de *poids moyen*, etc.? — R. Toutes les questions où l'on parle de *poids moyen*, de *prix moyen*, etc., se résolvent par le calcul d'une *moyenne arithmétique*.

Q. Comment trouve-t-on un *poids moyen ?* — R. Pour trouver le *poids moyen* des moutons d'un troupeau, on cherche la *moyenne arithmétique* des *poids* de *tous* les moutons de ce troupeau[c].

Exercice. 1. Dites la moyenne de 157 et 89. — **Solution.** 123.

E. 2. Dites la moyenne de $0^{Mm},7$; $4^{Km},9$; $87^{Hm},81$. — S. $6^{Km},893$.

E. 3. Dites la moyenne de $0^{Hmq},36$; $1^{Dmq},8$; $14^a,22$. — S. $17^a,34$[d].

---

[a] Dans la pratique, on supprime souvent l'épithète d'*arithmétique*, et l'on dit, simplement, la *moyenne* de plusieurs quantités.

[b] Cette remarque est une chose de pur *bon sens*. En l'ayant toujours présente à l'esprit, on s'épargne beaucoup d'erreurs.

[c] On trouve, dans certains recueils, livres ou journaux, le *poids moyen* des bestiaux amenés au marché, leur *prix moyen*, etc., etc.

[d] Pour trouver cette *moyenne*, non seulement il faut tout réduire à la même unité, mais il faut bien se rappeler que l'*are* n'est autre chose que le *décamètre carré*.

248   LES PROBLÈMES USUELS.

E. 4. Dites la moyenne de $12^{mc},09$; $24^{dst},7$; $31^{l},08$. — S. $4^{mc},86369$ (a).

E. 5. Dites la moyenne de $7^{Kg},82$; $18^{Hg},32$; $459^{g},7$. — S. $3^{Kg},3705$.

p. 145   E. 6. Dites la moyenne de $3825^{f},45$; $7632^{f},90$; $6744^{f},45$. — S. $6067^{f},50$.

E. 7. Dites la moyenne de 7^{h}, 9^{h}, 11^{h}. — S. 9^{h} (b).

E. 8. Le charbon de Charleroi coûte 318^{f} les 3 tonnes. Combien le kilogramme? — S. 1^{t} coûte 318^{f} : 3, c-à-d 106^{f}. Donc 1^{Kg} coûte 106^{f} : 1000, c-à-d $0^{f},106$.

E. 9. Un alliage d'or et de cuivre pèse $0^{Kg},749$ et contient 85^{g} de cuivre. Trouvez son titre. — S. Cet alliage contient $749^{g} - 85^{g}$, c-à-d 664^{g} d'or pur. Son titre est donc 664 : 749, c-à-d 0,886.

E. 10. Que pèsent $4^{f},50$ en monnaie de bronze? — S. Autant de grammes qu'il y a de centimes dans $4^{f},50$, c-à-d 450^{g}.

CHAPITRE III

PROBLÈMES SUR LES INTÉRÊTS

141. — De l'intérêt et du taux.

Question. Que rapporte une somme d'argent placée ou prêtée? — **Réponse.** Une *somme d'argent* placée ou prêtée rapporte, en général, à son propriétaire un certain *bénéfice*.

Q. Comment s'appelle la somme placée? — R. La *somme* placée ou prêtée s'appelle le **capital**(c); le *bénéfice* qu'elle rapporte s'appelle l'**intérêt**.

Q. Qu'est-ce que le taux. — R. Le **taux** est ce que rapportent 100^{f} en 1 *an*.

(a) Il faudra rappeler aux élèves que le *stère* n'est autre chose que le *mètre cube*.
(b) Cette *moyenne* est évidente : il est inutile, pour la trouver, de faire aucun calcul.
(c) La somme placée s'appelle aussi le *principal*.

PROBLÈMES SUR LES INTÉRÊTS.   249

Q. Donnez un exemple. — **R.** Le *taux* est $4^f,50$ si 100^f rapportent $4^f,50$ en 1 *an*.

Q. Comment exprime-t-on souvent le taux? — **R.** Au lieu de dire que le *taux* de l'intérêt est 4, 5, 6,..., on dit souvent que l'argent rapporte 4, 5, 6,... *pour cent*.

Q. Par quoi remplace-t-on les mots *pour cent*? — **R.** Ces mots *pour cent* se remplacent habituellement par le symbole $°/_0$. Au lieu d'écrire 3,6 *pour cent*, on écrit $3,6°/_0$ [a].

Q. Que savez-vous sur le taux? — **R.** Dans les *prêts ordinaires*, le *taux* ne doit pas dépasser $5 °/_0$. Dans le *commerce*, il peut s'élever jusqu'à 6. Au delà de ces limites, l'*intérêt* est un *gain illicite* [b] : on l'appelle **usure**.

Exercice. 1. Que signifie : « le taux est 3,8 » ? — **Solution.** Cela signifie que 100^f rapportent $3^f,8$ par an.

E. 2. Que signifie : « cet argent est placé à $4,75°/_0$ » ? — **S.** Cela signifie que 100^f rapportent $4^f,75$ par an.

E. 3. Combien faut-il mélanger [c] de vin à $0^f,60$ le litre et de vin à $0^f,76$, pour obtenir 134^l à $0^f,72$? — **S.** Le prix du litre du premier vin est trop faible de 12^c. Le prix du litre du second vin est trop fort de 4^c. Si l'on prend 4^l du premier et 12^l du second, il y a compensation. Donc pour avoir 1^l du mélange, il suffit de prendre $\frac{4}{16}$ du premier et $\frac{12}{16}$ du second, c-à-d $\frac{1}{4}$ du premier et $\frac{3}{4}$ du second. Pour obtenir 134^l, il faut $\frac{134}{4}$ du premier et $\frac{134 \times 3}{4}$ du second, c-à-d $33^l,5$ du premier et $100^l,5$ du second.

E. 4. Un tapis a une surface de $9^{mq},28$. Un autre a 13^{dmq} de moins. Que couvrent 36 tapis pareils à ce dernier ? — **S.** $(9^{mq},28 - 0^{mq},13) \times 36$, c-à-d $329^{mq},40$.

E. 5. Un apprenti gagne $1^f,15$ par jour. Que doit gagner p. 146

---

[a] Nos pères parlaient souvent d'argent placé au *denier* 15, au *denier* 20, etc. Dire que l'argent est placé au denier 15, au denier 20,..., c'est dire qu'il faut 15^f, qu'il faut 20^f,..., pour rapporter 1^f par an.

[b] *Illicite* se dit de ce qui n'est pas permis. L'*usure* est une pratique défendue, et les *usuriers* sont punis par la *loi*.

[c] Cet exercice est une *règle de mélange* de la troisième espèce.

11.

un ouvrier qui travaille chaque jour 2 fois plus longtemps et qui fait, dans le même temps, 4 fois plus d'ouvrage ? — **S.** Si le nouvel ouvrier ne faisait pas plus d'ouvrage dans le même temps, comme il travaille 2 fois plus longtemps, il gagnerait $1^f,15 \times 2$. Mais comme il fait 4 fois plus d'ouvrage dans le même temps, il doit gagner $1^f,15 \times 2 \times 4$, c-à-d $9^f,20$.

E. 6. Une pièce de vin contient 229^l et coûte 198^f. On revend le fût $8^f,75$. Que coûte le litre de vin ? — **S.** $(198 - 8,75) : 229$, c-à-d $0^f,82$.

E. 7. Que vaut la livre d'argent monnayé ? — **S.** $0^f,20 \times 500$, c-à-d $100^{f\,(a)}$.

E. 8. On a un lingot de $32^{Hg},57$ au titre de $0,825$. Combien faut-il y ajouter d'un lingot au titre de $0,750$ pour abaisser le titre primitif à $0,800$? — **S.** 1^{Hg} du premier lingot contient en trop $0^{Hg},025$ de métal précieux. Les $32^{Hg},57$ *contiennent en trop* $0^{Hg},025 \times 32,57$. Or 1^{Hg} du second lingot en contient $0^{Hg},050$ de moins qu'il n'en devrait contenir. Il faut donc autant d'hectogrammes du second lingot qu'il y a de fois $0,050$ dans $0,025 \times 32,57$, c-à-d $16^{Hg},285$.

E. 9. Une bouteille a une capacité de $8^{dl},13$. Dites le poids de l'eau qu'elle contient. — **S.** Cette capacité est de $0^l,813$. L'eau qu'elle contient pèse $0^{Kg},813$.

E. 10. La semoule[b] coûte $0^f,75$ la livre. Combien le quintal métrique ? — **S.** 1^{Kg} coûte $0^f,75 \times 2$. Donc 1^Q coûte $0^f,75 \times 2 \times 100$, c-à-d 150^f.

---

142. — Règles d'intérêt (1ʳᵉ espèce).

Question. Quelles sont les *règles d'intérêt* de la première espèce. — **Réponse.** Les **règles d'intérêt** de la *première espèce* sont celles où l'on cherche l'*intérêt*.

Q. Donnez un exemple. — **R.** « *Quel est l'intérêt produit par* 3628^f *placés pendant* 3 *ans, à* $4,5°/_0$? » —

---

[a] On rappellera aux élèves que la *livre* équivaut au *demi-kilogramme*, c-à-d à 500g.
[b] La *semoule* est une sorte de farine grossière, qu'on obtient par la mouture imparfaite du *blé*, particulièrement du *blé dur*.

PROBLÈMES SUR LES INTÉRÊTS.

Ce problème est une *règle d'intérêt* de la *première espèce*.

Q. Comment résout-on ce problème? — R. Pour le résoudre, on dit : 100^f en 1 an rapportent 4^f,50 ; 1^f en 1 an rapporte 100 fois moins, c-à-d $\frac{4,50}{100}$; 3628^f en 1 an rapportent 3 628 fois plus, c-à-d $\frac{4,50 \times 3628}{100}$; 3 628^f en 3 ans rapportent 3 fois plus, c-à-d $\frac{4,50 \times 3628 \times 3}{100}$. En effectuant les calculs, on trouve 489^f,78 [a].

Q. Que suffit-il de faire pour calculer l'intérêt? — R. On voit que, pour calculer l'*intérêt*, il suffit de faire le *produit* du taux, du capital et du nombre d'années, puis de *diviser* ce produit par 100.

Q. Comment peut-on écrire ce résultat? — R. Si l'on emploie le signe = qui s'énonce *égal à*, on peut donc écrire

$$\text{Intérêt} = \frac{\text{Taux} \times \text{Capital} \times \text{nombre d'Années}}{100}.$$

Q. Comment abrège-t-on ces écritures? — R. Pour abréger, on peut représenter l'intérêt par I, le taux par T, le capital par C, le nombre d'années par A, et écrire

$$I = \frac{T \times C \times A}{100} \ [b].$$

Exercice. 1. Calculez l'intérêt de 12 628^f,50 à 5,5 % p. 147 en 2 ans. — **Solution.** 1 389^f,13.

E. 2. Calculez l'intérêt de 6 748^f,75 à 4,7 % en 3 ans. — S. 951^f,57.

E. 3. Calculez l'intérêt [c] de 35 469^f,85 à 3,2 % en 6 ans. — S. 6 810^f,21.

---

[a] L'intérêt devient *double, triple, quadruple*, …, quand le temps du placement devient *double, triple, quadruple*, …. L'intérêt est donc proportionnel au temps. Il l'est aussi au taux et au capital placé.

[b] Cette *égalité* constitue une véritable *formule algébrique*. Elle indique la suite des opérations qu'il faut effectuer sur les nombres *donnés* pour en déduire le nombre *inconnu*. — Il faudra faire remarquer que les lettres I, T, C, A sont précisément les *initiales* des mots *intérêt, taux, capital, années*.

[c] Ces 3 premiers exercices sont des *règles d'intérêt* de la première espèce. On peut les résoudre de deux manières : soit en refaisant, à chaque fois, les *raisonnements* ci-dessus, soit en appliquant littéralement la

E. 4. Réduisez 1 000 000^s en jours, heures, minutes et secondes. — **S.** 11^j 13^h 46^m 40^s.

E. 5. Un sac vide pèse 98^g. Que pèse-t-il quand il contient 124^f,70 en argent? — **S.** 1^f pèse 5^g. Donc 124^f,70 pèsent 5$^g \times$ 124,70, c-à-d 623^g,5. Le sac pèse 623^g,5 + 98^g, c-à-d 721^g,50.

E. 6. On achète 0^{Kg},250 de vermicelle à 0^f,50 la livre (ª) et 7^{Hg},50 de fécule à 60^c. Que doit-on? — **S.** 1^{Kg} de vermicelle coûte 1^f, et 1^{Kg} de fécule coûte 1^f,20. On doit donc 1$^f \times$ 0,250 + 1^f,20 $\times$ 0,750, c-à-d 1^f,15.

E. 7. Quel poids d'or fin dans une pièce de 100^f? — **S.** La pièce d'or de 100^f pèse 32^g,258. Etant au titre de 0,900, l'or fin qu'elle contient pèse 32^g,258 $\times$ 0,900, c-à-d 29^g,0322.

E. 8. On mélange 11 quintaux métriques de blé à 22^f,25 le quintal et 13 quintaux à 23^f,10. A combien reviennent les 100^{Kg} du mélange? — **S.** (22^f,25 $\times$ 11 + 23^f,10 $\times$ 13) : (11 + 13), c-à-d 545^f,05 : 24, ou 22^f,71.

E. 9. Calculez 0^{Dmc},986 — 871^{mc},7 — 428^l,2. — **S.** 113^{mc},8718.

E. 10. L'hectolitre de blé pèse 75^{Kg},27. Que pèsent 128^l,9? — **S.** 75^{Kg},57 $\times$ 1,289, c-à-d 97^{Kg},409.

---

143. — Règles d'intérêt (2e espèce).

Question. Quelles sont les *règles d'intérêt* de la deuxième espèce? — **Réponse.** Les **règles d'intérêt** de la *deuxième espèce* sont celles où l'on cherche le *capital*.

Q. Donnez un exemple. — R. « *Quel capital faut-il placer à 5,2 %, pour obtenir en 4*^{ans} *un intérêt de*

---

formule algébrique. — Le grand avantage d'une *formule algébrique*, c'est qu'elle permet de résoudre, sans recommencer aucun raisonnement, tous les problèmes, en nombre infini, qui rentrent dans un *type déterminé*, c-à-d qui ne diffèrent les uns des autres que par les *valeurs numériques* des *quantités données*.

(ª) Comme la *livre* est de 500^g, le poids de 250^g se nomme souvent une *demi-livre*, et le poids de 125^g, un *quart*.

PROBLÈMES SUR LES INTÉRÊTS.

826^f? » — Ce problème est une *règle d'intérêt* de la *deuxième espèce* [a].

Q. Comment résout-on ce problème ? — R. Pour le résoudre, on dit : si l'on veut 5^f,2 d'intérêt en 1^{an}, il faut placer 100^f ; si l'on veut 1^f d'intérêt en 1^{an}, il faut placer 5,2 fois moins, c-à-d $\frac{100}{5,2}$; si l'on veut 1^f d'intérêt en 4 ans, il faut placer 4 fois moins, c-à-d $\frac{100}{5,2 \times 4}$; si l'on veut 826^f d'intérêt en 4 ans, il faut placer 826 fois plus, c-à-d $\frac{100 \times 826}{5,2 \times 4}$ [b]. En effectuant les calculs, on trouve 3 971^f,15.

Exercice. 1 [c]. Quel capital faut-il placer à 5 °/$_0$ pendant 1 an pour obtenir 250^f,25 d'intérêt ? — **Solution.** 5 005^f.

E. 2. Quel capital faut-il placer à 4,5 °/$_0$ pendant 2 ans et et 3 mois [d] pour obtenir 326^f,50 d'intérêt ? — S. 3 619^f,75.

E. 3. Quel capital faut-il placer à 3,8 °/$_0$ pendant 3 ans pour obtenir 456^f,35 d'intérêt ? — S. 4 003^f,07.

E. 4 [e]. Que rapportent 32 555^f,55 à 5,2 °/$_0$ en 4 ans 2 mois ? — S. En remplaçant 4 ans 2 mois par $\frac{25}{6}$ d'année, on trouve 7 053^f,70.

E. 5. Que rapportent 48 769^f,50 à 4,7 °/$_0$ en 3 ans ? — S. 6 876^f,50.

---

[a] Les *règles d'intérêt*, de quelque espèce qu'elles soient, ne sont autres choses que des *règles de trois*. — Il suffit, pour les résoudre, de refaire les raisonnements relatifs aux *règles de trois*, c-à-d d'appliquer la méthode de *réduction à l'unité*.

[b] Comme on l'a fait remarquer plusieurs fois déjà, dans le calcul d'une pareille expression, il faut toujours effectuer la division en dernier lieu.

[c] Les exercices 1, 2, 3 ne sont autres choses que des *règles d'intérêt* de la deuxième espèce. Il suffit donc, pour les résoudre, de répéter textuellement les raisonnements ci-dessus.

[d] Comme 3 mois font $\frac{1}{4}$ d'année, on peut remplacer 2 ans 3 mois par 2 ans $+\frac{1}{4}$, ou bien, en fractions décimales, par 2^{ans}, 25.

[e] Les exercices 4, 5, 6 sont des *règles d'intérêt* de la première espèce. On peut les résoudre soit en appliquant la formule algébrique connue, soit, ce qui vaut mieux, en répétant les raisonnements du paragraphe 142.

E. **6.** Que rapportent 56 288^f,75 à 3,9 °/₀ en 2 ans ? — S. 4 390^f,52.

E. **7.** Quatre bœufs pèsent 351^{Kg},26 ; 35^{Mg},734 ; 3 499^{Hg},6 ; 348^{Kg},11. Dites le poids moyen. — S. 351^{Kg},66.

E. **8.** Quelle est l'étendue du tiers d'un champ composé de 2 parties, l'une de 137^a,8, l'autre de 9^{Ha},138 ? — S. 350^a,5.

E. **9.** On a 8^{cmc},7 de verre à vitres pesant 21^g,75. Dites la densité. — S. 8^{cmc},7 d'eau pèsent 8^g,7. La densité de ce verre est donc 21^g,75 : 8^g,7, c-à-d 2,5.

E. **10.** Une marchandise pèse autant que son prix en monnaie de bronze. Que coûte 1^{Hg} ? — S. 1^{Hg} vaut 100^g. Or, 100^g de monnaie de bronze valent 100^c, c-à-d 1^f.

144. — Règles d'intérêt (3ᵉ espèce).

Question. Quelles sont les *règles d'intérêt* de la troisième espèce ? — **Réponse.** Les **règles d'intérêt** de la *troisième espèce* sont celles où l'on cherche le *taux*[a].

Q. Donnez un exemple. — R. « *A quel taux faut-il placer 45 000^f pendant 3 ans*[b] *pour obtenir un intérêt de 6 000^f ?* » — Ce problème est une *règle d'intérêt* de la *troisième espèce*.

Q. Comment résout-on ce problème ? — R. Pour le résoudre on dit : 45 000^f en 3^{ans} rapportent 6 000^f ; 1^f en 3^{ans} rapportera 45 000 fois moins [c], c-à-d $\frac{6\,000}{45\,000}$; 1^f en 1^{an} rapportera 3 fois moins, c-à-d $\frac{6\,000}{45\,000 \times 3}$; 100^f en 1^{an} rapporteront 100 fois plus, c-à-d $\frac{6\,000 \times 100}{45\,000 \times 3}$. En effectuant les calculs, on trouve 4,44. Le taux cherché est donc 4,44.

---

[a] Les *taux* usités pour l'intérêt ne varient guère qu'entre 3 et 6. Si, en résolvant un problème, on trouvait un taux qui sortît de ces limites, il faudrait donc examiner avec soin si l'on ne s'est pas trompé.

[b] Comme nous l'avons vu dans plusieurs exercices précédents, si l'on n'avait pas un nombre entier d'années, il faudrait exprimer le temps en un seul nombre fractionnaire d'années.

[c] Ces raisonnements sont toujours ceux des *règles de trois*.

PROBLÈMES SUR LES INTÉRÊTS. 255

Exercice [a]. **1.** Une somme de 99 900^f rapporte 11 056^f,15 en 2 ans. Quel est le taux ? — **Solution.** 5,53.

E. 2. Une somme de 38 650^f,20 rapporte 4 728^f,75 en 3 ans. Quel est le taux ? — **S.** 4,07.

E. 3. Quel capital faut-il placer à 3,5 °/₀ pendant 4 ans 5 mois [b] pour obtenir 7 896^f d'intérêts ? — **S.** Pour obtenir 3^f,50 en 1^{an}, il faut placer 100^f. Pour obtenir 1^f en 1^{an}, il faut placer $\frac{100}{3,5}$. Pour obtenir 7 896^f en 1^{an}, il faut placer $\frac{100 \times 7896}{3,5}$. Pour les obtenir en $\frac{53}{12}$ d'année, il faut placer $\frac{53}{12}$ fois moins, c-à-d $\frac{100 \times 7896}{3,5} : \frac{53}{12}$, c-à-d $\frac{100 \times 7896 \times 12}{3,6 \times 53}$, ou 51 079^f,24.

E. 4. Que rapportent 7 897^f,90 à 4,5 °/₀ en 2 ans ? — **S.** $\frac{4,5 \times 7897,90 \times 2}{100}$, ou 710^f,81.

E. 5. Quels poids faut-il allier d'or pur et d'un lingot au titre de 0,810, pour obtenir 2^{Hg},600 au titre de 0,900 ? — **S.** 1^{Hg} d'or pur renferme 0^{Hg},100 d'or en trop. A chaque hectogramme du lingot, il manque 0^{Hg},090. Pour compenser, on peut prendre 90^{Hg} d'or pur avec 100^{Hg} du lingot. Donc, pour obtenir 190^{Hg} du lingot final, il suffit de prendre 90^{Hg} d'or pur et 100^{Hg} du lingot donné. Pour obtenir 1^{Hg}, on prendra $\frac{90}{190}$ et $\frac{100}{190}$. Pour obtenir 2^{Hg},600, on prendra 2^{Hg},600 × $\frac{90}{190}$ et 2^{Hg},600 × $\frac{100}{190}$, c-à-d 1^{Hg},231 d'or pur et 1^{Hg},368 du lingot [c].

E. 6. Que pèsent 1 000^f en pièces de 20^f ? — **S.** Autant de grammes qu'il y a de fois 3^f,10 dans 1 000^f, c-à-d 322^g,5.

E. 7. Un employé gagne 3 456^f par an et dépense 256^f

---

[a] Les exercices 1 et 2 sont des *règles d'intérêt* de la troisième espèce. Il suffit, pour les résoudre, d'appliquer les raisonnements ci-dessus.

[b] 4 ans 5 mois font 53 *douzièmes* d'année.

[c] Ces raisonnements ne sont autres choses que ceux des *règles d'alliage* de la troisième espèce. Dorénavant, afin d'abréger, nous ne répéterons pas constamment ces raisonnements : nous nous bornerons à indiquer le résultat final du *calcul*, l'espèce de la *règle* et le numéro du *paragraphe* où se trouve le raisonnement.

par mois. Combien, chaque mois, économise-t-il ? — S. $\frac{3\,456}{12} - 256$, c-à-d 32^f.

p. 140 **E. 8.** Combien faut-il mettre d'eau dans $4^{Hl},58$ de vin à $0^f,85$ le litre, pour que le litre revienne à $0^f,55$? — S. $2^{Hl},49$. Ce problème est une règle de mélange de la deuxième espèce (§ 134).

E. 9. J'achète $36^{Kg},8$ de macaroni à $0^f,35$ la livre. On me fait sur le tout un rabais de $0^f,76$. Qu'ai-je à payer ? — S. $0^f,35 \times 2 \times 36,8 - 0^f,76$, c-à-d 25^f.

E. 10. Que pèsent $3^{dmc},7$ de buis? La densité est $0,91$. — S. $3^{dmc},7$ d'eau pèsent $3^{Kg},7$. Donc $3^{dmc},7$ de buis pèsent $3^{Kg},7 \times 0,91$, c-à-d $3^{Kg},367$.

---

145. — Règles d'intérêt (4ᵉ espèce).

Question. Quelles sont les *règles d'intérêt* de la quatrième espèce ? — **Réponse.** Les **règles d'intérêt** de la *quatrième espèce* sont celles où l'on cherche le *nombre d'années* [a].

Q. Donnez un exemple. — **R.** « *Pendant combien d'années faut-il placer* $82\,000^f$ *à* $6\,°/_o$ *pour obtenir* $19\,680^f$ *d'intérêts?* » — Ce problème est une *règle d'intérêt* de la *quatrième espèce*.

Q. Comment résout-on ce problème? — **R.** On le résout en disant : Pour que 100^f rapportent 6^f, il faut 1^{an}; pour que 100^f rapportent 1^f, il faut 6 fois moins de temps, c-à-d $\frac{1}{6}$; pour que 1^f rapporte 1^f, il faut 100 fois plus de temps, c-à-d $\frac{100}{6}$; pour que $82\,000^f$ rapportent 1^f, il faut $82\,000$ fois moins de temps, c-à-d $\frac{100}{6 \times 82\,000}$; pour que $82\,000^f$ rapportent $19\,680^f$, il faut $19\,680$ fois plus de temps, c-à-d $\frac{100 \times 19\,680}{6 \times 82\,000}$. En effectuant les calculs, on trouve 4 ans [b].

(a) Il y a 4 *espèces* de *règles d'intérêt*, parce que, dans les questions d'intérêt, il figure 4 *quantités* : l'*intérêt*, le *taux*, le *capital* et le *temps*.
(b) Si l'on trouvait un nombre fractionnaire décimal d'année, on le

PROBLÈMES SUR LES INTÉRÊTS.

Exercice. 1 [a]. Pendant combien de temps faut-il placer 3 875^f,50 à 5,1 % pour obtenir 324^f,15 d'intérêt? — **Solution.** 1^{an},640, c-à-d 1^{an} 230^j.

E. 2. Pendant quel temps faut-il placer 45 968^f,75 à 4,9 % pour obtenir 8 632^f,30 d'intérêt? — **S.** 3^{ans},832, c-à-d 3^{ans} 299^j.

E. 3. Que rapportent 61 987^f,50 à 4,5 % en 8 ans? — **S.** 25 915^f,50. Ce problème est une *règle d'intérêt* de la première espèce (§ 142).

E. 4. Un capital de 392 657^f,50 rapporte 40 832^f,60 en 2 ans. Quel est le taux? — **S.** 5,19. Ce problème est une *règle d'intérêt* de la troisième espèce (§ 144).

E. 5. Quel capital faut-il placer pendant 3 ans $\frac{1}{4}$ [b] à 3,1 % pour obtenir 6 825^f d'intérêts? — **S.** 67 741^f,93.

E. 6. Un ouvrier a fait 13 journées de 9^h 30^m, et une de 6^h 15^m. Pendant combien de minutes a-t-il travaillé? — **S.** Chacune des premières journées dure 570^m. La dernière dure 375^m. Donc l'ouvrier a travaillé pendant 570 × 13 + 375, c-à-d pendant 7 785^m.

E. 7. On allie poids égaux de deux lingots dont les titres sont 0,855 et 0,905. Dites le titre de l'alliage formé. — **S.** Le titre cherché est évidemment la moyenne des titres donnés, c-à-d 0,880.

E. 8. Un élève qui a fait 9 fautes a 24 bons points. Combien en aura celui qui n'a fait que 8 fautes? — **S.** Si le premier élève n'eût fait qu'une faute, il aurait eu 9 fois plus de bons points, c-à-d 24 × 9. Celui qui en fait 8 en a 8 fois moins, c-à-d $\frac{24 \times 9}{8}$, ou 27 [c].

---

réduirait en *mois*, ou plutôt en *jours*, en regardant, conformément à l'usage, l'année comme composée de 360^j. — Supposons qu'on trouve 2^{ans}, 37. Ces 37 *centièmes* d'année sont aussi les 37 centièmes de 360^j. Donc ils valent 360^j × 0,37, c-à-d 133^j. Donc le temps est de 2^{ans} 133^j.

[a] Les exercices 1 et 2 sont des *règles d'intérêt* de la quatrième espèce. Pour les résoudre, on répète littéralement les raisonnements ci-dessus.

[b] 3 ans $\frac{1}{4}$ font $\frac{7}{4}$ d'année, ou bien, en fraction décimale, 3^{ans}, 25.

[c] On suppose, dans ce raisonnement, que le nombre des bons points est *inversement proportionnel* au nombre des fautes. Cette supposition est évidemment très juste et très raisonnable.

258   LES PROBLÈMES USUELS.

E. **9.** Divisez $\frac{1}{729}$ par $\frac{2}{243}$. — S. $\frac{1}{6}$.

E. **10.** Réduisez en secondes $2^j\,23^h\,22^m\,17^s$. — S. $256\,937^s$.

---

146. — Cas où le temps est exprimé en jours.

Question. Dans les questions d'intérêt, comment regarde-t-on l'année? — **Réponse.** Lorsque le *temps* est exprimé en *jours,* on regarde l'*année*[a] comme composée de 360^j.

Q. Comment se résolvent les *règles d'intérêt* quand le temps est exprimé en jours? — R. Toutes les *règles d'intérêt* qui précèdent peuvent se résoudre aussi, et de la *même manière*, lorsque le *temps* est exprimé en *jours*.

Q. Donnez un exemple. — R. « *Que rapporte, en* 256^j, *un capital de* $28\,936^f$, *au taux de* $5,2\,^0/_0$? »

Q. Comment résout-on ce problème? — R. Pour résoudre ce problème, on dit : 100^f en 360^j rapportent $5^f,2$; 1^f en 360^j rapporte 100 fois moins, c-à-d $\frac{5,2}{100}$; 1^f en 1^j rapporte 360 fois moins, c-à-d $\frac{5,2}{100\times 360}$ ou $\frac{5,2}{36\,000}$; $28\,936^f$ en 1^j rapportent 28 936 fois plus, c-à-d $\frac{5,2\times 28\,936}{36\,000}$; $28\,936^f$ en 256^j rapportent 256 fois plus, c-à-d $\frac{5,2\times 28\,936\times 256}{36\,000}$. En effectuant le calcul, on trouve $1\,070^f,18$.

Q. Que faut-il faire pour obtenir l'intérêt? — R. On voit que, pour obtenir l'*intérêt*, il suffit de faire le *produit* du taux, du capital et du nombre de jours, puis de *diviser* ce produit par $36\,000$.

Q. Dites la formule qui donne l'intérêt. — R. Si l'on désigne l'intérêt par I, le taux par T, le capital par C et le nombre de jours par J, on a
$$I = \frac{T\times C\times J}{36\,000}\,^{[b]}.$$

---

[a] L'année se compose, en réalité, de 365 ou de 366 jours. Mais c'est l'usage, dans le commerce et la finance, de ne la considérer, le plus souvent, que comme une période de 360^j.

[b] Cette égalité est une véritable *formule algébrique*. Elle résume

PROBLÈMES SUR LES INTÉRÊTS. 259

Exercice. 1 [a]. Que rapportent 6 229^f,30 à 5 %, en 115^j ? — **Solution.** 99^f,49.

E. 2. Dites le capital qui, à 4,5 %, rapporte 46^f,15 en 79^j ? — **S.** 4 673^f,41.

E. 3. En 121 jours, 3 829^f,50 rapportent 42^f,55. Quel est le taux ? — **S.** 3,30.

E. 4. En combien de jours 16 946^f,75 à 4,55 % rapportent-ils 82^f,90 ? — **S.** 38.

E. 5. Une poutre en sapin pèse 238^{Kg},7. La densité est 0,59. Trouvez le volume. — **S.** Le volume de ce poids d'eau serait 238^{dmc},7. Le volume de cette poutre est plus grand : il est 238^{dmc},7 : 0,59, c-à-d 404^{dmc}. p. 151

E. 6. En 16 journées de 5^h, un ouvrier a gagné 250^f. Combien en 1^h ? — **S.** Ces 16 journées font 80^h. Donc en 1^h, cet ouvrier gagne $\frac{250}{80}$, c-à-d 3^f,125.

E. 7. Un lingot pèse 36^{Hg},59 et contient 242^{Dg},8 d'argent pur. Trouvez son titre. — **S.** D'après sa définition, le titre est 2428 : 3659, c-à-d 0,663.

E. 8. La densité du plomb est 11,35 ; celle de l'étain 7,29. Quels poids de ces deux métaux faut-il allier pour que la densité finale soit 10 ? — **S.** Le poids de 1^{cmc} de plomb est 11^g,35 : il est trop fort de 1^g,35. Le poids de 1^{cmc} d'étain est 7^g,29 : il est trop faible de 2^g,71. Si donc l'on prend 271^{cmc} de plomb et 135^{cmc} d'étain, il y a compensation. Les 271^{cmc} de plomb pèsent 3 075^g,85 ; les 135^{cmc} d'étain pèsent 984^g,15. Il suffit de prendre ces poids de plomb et d'étain pour obtenir un alliage dont la densité soit 10.[b]

E. 9. Que pèsent 20^f, en monnaie de bronze ? — **S.** 2 000^g, c-à-d 2^{Kg}, puisque 20^f valent 2 000^c.

E. 10. Retranchez $\frac{8}{13}$ de $\frac{63}{91}$. — **S.** $\frac{1}{13}$.

---

la règle qui la précède et indique toutes les *opérations* à faire sur les *quantités données* pour en déduire la *quantité demandée*. — Il faut remarquer que les lettres I, T, C et J sont les initiales des mots *intérêt, taux, capital* et *jour*.

[a] Les exercices 1, 2, 3, 4 ne sont autres choses que des *règles d'intérêt* de la 1re, de la 2e, de la 3e et de la 4e espèce. Ils se résolvent donc par les raisonnements des quatre *paragraphes* précédents.

[b] Ce problème est tout à fait analogue aux *règles de mélange* ou *d'alliage* de la troisième espèce. — Il faut remarquer que, dans notre solution, on a commencé par chercher les *volumes* des deux métaux à allier.

147. — Intérêts composés.

Question. Quand est-ce qu'un capital est placé à *intérêts composés ?* — **Réponse.** Un *capital* est placé à **intérêts composés** lorsque, à la fin de chaque année, les *intérêts* produits *s'ajoutent* à ce *capital* pour produire avec lui de *nouveaux intérêts*.

Q. Quand est-ce qu'un capital est placé à *intérêts simples ?* — R. Lorsque les *intérêts* ne s'ajoutent point ainsi au capital, le *capital* est placé à **intérêts simples**. Dans ce qui précède, il n'est question que d'*intérêts simples*.

Q. Donnez l'exemple d'un problème sur les *intérêts composés*. — R. « *On place à intérêts composés, au taux de* 5 °/₀, *un capital de* 3 000ᶠ. *Quelle somme aura-t-on, capital et intérêts réunis, à la fin de la quatrième année ?* »

Q. Comment résout-on ce problème ? — R. Pour résoudre ce problème, on dit : 3 000ᶠ à 5 °/₀ en 1 an rapportent 150ᶠ : on a donc, au bout de la première année, 3 000ᶠ + 150ᶠ, c-à-d 3 150ᶠ. — Pendant la deuxième année, ces 3 150ᶠ rapportent 157ᶠ,50 : on a donc, au bout de la deuxième année, 3 150ᶠ + 157ᶠ,50, c-à-d 3 307ᶠ,50. — Pendant la troisième année, ces 3 307ᶠ,50 rapportent 165ᶠ,37 : on a donc, au bout de la troisième année, 3 307ᶠ,50 + 165ᶠ,37, c-à-d 3 472ᶠ,87. — Pendant la quatrième année, ces 3 472ᶠ,87 rapportent 173ᶠ,64. Donc on a finalement, capital et intérêts compris, 3 472ᶠ,87 + 173ᶠ,74, c-à-d 3 646ᶠ,51 [a].

Q. Le placement à *intérêts composés* est-il avantageux ? — R. Le placement à *intérêts composés* est beaucoup *plus avantageux* que le placement à *intérêts simples*.

Q. Donnez un exemple. — R. A *intérêts composés*, les 3 000ᶠ du problème précédent ont rapporté 646ᶠ,51. A *intérêts simples*, ils n'en auraient rapporté que 600 [b].

---

[a] Il existe, en *algèbre*, des formules qui permettent de faire directement tous les calculs relatifs aux *intérêts composés*.

[b] Placée à *intérêts composés*, au taux de 5 °/₀, une somme quelconque acquiert une valeur double au bout de 14 ans environ. — On ne peut se faire une idée de la rapidité avec laquelle croissent les capitaux

PROBLÈMES SUR LES INTÉRÊTS.

Exercice. 1. A 5 °/₀ et à intérêts composés[a] que deviennent 102 000^f en 2 ans? — **Solution.** 112 455^f.

E. 2. A 4,5 °/₀ et à intérêts composés que deviennent 43 856^f en 3 ans? — **S.** 50 046^f.

E. 3.[b]. Que rapportent 6 126^f,15 à 3,2 °/₀ en 220^j? — **S.** 119^f,60.

E. 4. Dites le capital qui, à 5,3 °/₀, rapporte 52^f,20 en 100^j? — **S.** 3 545^f,66.

E. 5. En 91^j, un capital de 69 456^f,50 rapporte 702^f,15. Quel est le taux? — **S.** 3,99.

E. 6. A 5 °/₀, en combien de jours 10 011^f,85 rapportent-ils 123^f,13? — **S.** 88^j.

E. 7. On paye 15^f,75 pour expédier un ballot à 512^{Km}. Combien payera-t-on pour expédier à 840^{Km} un ballot 4 fois plus lourd? — **S.** Pour expédier le premier ballot à 1^{Km} on payerait $\frac{15,75}{512}$. Pour l'expédier à 840^{Km}, on payerait $\frac{15,75 \times 840}{512}$. Le deuxième ballot étant 4 fois plus lourd, on payera $\frac{15,75 \times 840 \times 4}{512}$, c-à-d 103^f,35.

E. 8. Une pièce d'argenterie pèse 2^{Hg},50. On l'achète contre son poids d'argent monnayé. Combien la paye-t-on? — **S.** 1^g d'argent monnayé vaut 0^f,20. Donc 250^g valent 0^f,20 × 250, c-à-d 50^f.

E. 9. On a 32^{Dg},7 d'or pur. Combien y faut-il allier de cuivre pour obtenir le titre de l'or monnayé? — **S.** Dans l'or monnayé, il y a 9 fois moins de cuivre que d'or pur. Donc le poids de cuivre cherché est le neuvième du poids de l'or, c-à-d 32^{Dg},7 : 9, c-à-d 3^{Dg},63 [c].

E. 10. Une bouteille vide pèse 7^{Hg},56. Pleine d'eau, elle pèse 1526^g,8. Dites son volume. — **S.** Le poids de l'eau qu'elle contient est 1 526^g,8 — 756^g, c-à-d 770^g,8. Son volume est donc 770^{cmc},8.

---

placés à *intérêts composés*. Une somme de 10 000^f, placée ainsi au taux de 5 °/₀, devient, au bout d'un siècle, capital et intérêts compris, égale à 1 315 012^f.

[a] Dans les placements à *intérêts composés*, les intérêts produits s'ajoutent au capital primitif : on dit alors que ces intérêts se *capitalisent*.

[b] Les exercices 3, 4, 5, 6 ne sont autres choses que quatre *règles d'intérêt* d'espèces différentes (§§ 142, 143, 144, 145).

[c] On aurait pu traiter aussi cet exercice comme une *règle d'alliage* de la deuxième espèce (§ 138).

148. — Les caisses d'épargne.

Question. Qu'est-ce que les *caisses d'épargne*? — **Réponse.** Les **caisses d'épargne** sont des établissements où toute personne peut *déposer* ses moindres économies.

Q. Y a-t-il plusieurs *caisses d'épargne*? — R. Il y a beaucoup de *caisses d'épargne*, plus ou moins anciennes. La plus récente, qui s'étend à toute la France, est la *caisse d'épargne postale* [a].

Q. Où se fait le service de la *caisse d'épargne postale?* — R. Tous les *bureaux de poste* un peu importants [b] sont ouverts au service de cette caisse, c-à-d que, dans tous ces bureaux, on peut *verser* ou *retirer* son argent.

Q. Combien peut-on verser à la fois? — R. On ne peut pas *verser* moins de 1^f à la fois, et le *compte* d'aucune personne ne peut *dépasser* 2000^f.

Q. Quel est le *taux* de l'intérêt? — R. Les sommes *déposées* produisent un *intérêt* [c] annuel de 3 %.

Q. De quel jour part cet intérêt? — R. Cet *intérêt* part du 1er ou du 16 de chaque *mois* qui suit le *jour du versement*.

Q. Qu'est-il remis à l'intéressé après le premier versement? — R. Après le premier versement, il est remis gratuitement à l'intéressé un *livret national*.

Exercice. 1 [d]. Que rapportent 325^f placés à la caisse d'épargne pendant 1 an? — **Solution.** $9^f,75$.

E. 2. Que rapportent $876^f,50$, à la caisse d'épargne, en 8 mois? — S. $17^f,53$.

---

[a] La plus ancienne *caisse d'épargne* de France est celle de Paris, qui a été fondée, en 1818, par une réunion de philanthropes. La *caisse d'épargne postale* a été établie par la loi du 9 avril 1881.
[b] Non seulement en France, mais en Corse, en Algérie et en Tunisie.
[c] Cet argent est placé à *intérêts composés*. A la fin de chaque année, en effet, on calcule les *intérêts* produits par le *capital déposé*, et on les ajoute à ce *capital*.
[d] Les exercices 1, 2, 3 ne sont autres choses que des *règles d'intérêt* de la première espèce, où le *taux* est toujours égal à 3. On y peut regarder à volonté les mois comme des périodes de 30 jours, ou comme des *douzièmes* d'année.

PROBLÈMES SUR LES INTÉRÊTS.

E. 3. Que rapportent 1228^f, à la caisse d'épargne, en 5 mois? — **S.** $15^f,35$.

E. 4. Que rapportent $3\,627^f,15$ à intérêts composés à $5,2\,\%$ en 4 ans? — **S.** $815^f,34$.

E. 5. Une bouteille contient $\frac{5}{7}$ de litre de vin et coûte $0^f,75$. A combien revient l'hectolitre? — **S.** $\frac{1}{7}$ de litre coûte $\frac{0^f,75}{5}$. Donc $\frac{7}{7}$, ou 1^l, coûtent $\frac{0^f,75\times 7}{5}$. Donc 1^{Hl} coûte $\frac{0^f,75\times 7\times 100}{5}$, c-à-d 105^f.

E. 6. Multipliez $\frac{5}{9}$ par $\frac{63}{75}$. — **S.** $\frac{7}{15}$.

E. 7. Que pèsent $3\,627^f$ en pièces de 1^f? — **S.** $5^g\times 3\,627$, c-à-d $18\,135^g$, ou $18^{Kg},135$.

E. 8. On mélange 123^l de vin à $0^f,56$ le litre et 432^l à $0^f,73$. Trouvez le prix du litre du mélange. — **S.** $0^f,69$. Ce problème est une *règle de mélange* de la première espèce (§ 133).

E. 9. Quel poids d'or pur dans $3\,600^f$ en or monnayé? — **S.** $3\,600^f$ en or pèsent autant de grammes qu'il y a de fois $3^f,10$ dans $3\,600$, c-à-d $\frac{3600}{3,10}$. Le poids de l'or pur est les $\frac{9}{10}$ du poids total; donc il est de $\frac{3600\times 9}{3,10\times 10}$, c-à-d de $1\,045^g$.

E. 10. Trois quintaux métriques de zinc de Silésie [a] coûtent $116^f,10$. Que coûtent 438^{Kg}? — **S.** 300^{Kg} coûtent $116^f,10$. Donc 1^{Kg} coûte $\frac{116,10}{300}$ et 438^{Kg} coûtent $\frac{116,10\times 438}{300}$, c-à-d $169^f,50$.

---

[a] Le *zinc* est un métal blanchâtre, de plus en plus employé. On en couvre les toits; on en fait des gouttières, des tuyaux de conduite, des baignoires, des seaux. Les anciens ne le connaissaient pas, et il n'y a pas plus d'un siècle que l'usage s'en est répandu. — La *Silésie* est une province d'Allemagne qui renferme de riches mines de zinc.

149. — Sociétés de secours mutuels assurances.

Question. Qu'est-ce que les *sociétés de secours mutuels ?* — **Réponse.** Les **sociétés de secours mutuels**[a] sont des sociétés dont les membres payent une **cotisation** *périodique*. Lorsqu'ils tombent *malades*, ils sont *soignés* gratuitement et *reçoivent* chaque jour une certaine somme.

Q. Parlez-nous des *assurances* en cas d'*accidents*. — R. Les **assurances en cas d'accidents** demandent à leurs clients une **prime** *annuelle*. S'ils sont victimes d'un *accident*, elles leur servent une *rente viagère;* s'ils sont *tués*, elles donnent un *secours* à ceux qu'ils laissent dans le besoin.

Q. Parlez-nous des *assurances* sur la *vie*. — R. Les **assurances sur la vie** donnent le moyen : 1° de transformer le *capital* qu'on possède en une *rente viagère;* 2° de se constituer une *retraite* pour le temps de la *vieillesse;* 3° de laisser après soi un certain *capital* à une veuve, à de petits enfants ou à de vieux parents[b].

p. 154   Q. Parlez-nous des *assurances* contre l'*incendie*. — R. En payant une *prime annuelle fixe* à une compagnie d'*assurances* contre l'**incendie**, contre la **grêle**, etc., on obtient le *remboursement* des *pertes* que l'on subit par le fait de l'*incendie*[c], de la *grêle*, etc.

Exercice. 1. Dans une société de secours mutuels, la cotisation est de $2^f,10$ par semaine. Combien par an ?
— **Solution.** $2^f,10 \times 52$, c-à-d $109^f,20$.

---

[a] Ces *sociétés* rendent les plus grands services. Il en existe maintenant sur tous les points de la France. Elles ont été constituées, en principe, par une *loi* de 1850, et organisées, en fait, par un *décret* de 1852.

[b] Tout homme qui a souci de l'*avenir*, soit pour lui, soit pour ses proches, devrait être assuré sur la vie. En Angleterre et aux États-Unis, ce genre d'assurance est très pratiqué ; en France, malheureusement, il l'est beaucoup moins.

[c] Ce serait une grave imprudence, pour un locataire comme pour un propriétaire, de ne point contracter une *assurance* contre l'*incendie*.

PROBLÈMES SUR LES INTÉRÊTS.   265

E. 2. Un particulier âgé de 44 ans veut se constituer une rente viagère[a] de 1 000^f. Le taux est 7,21. Combien doit-il verser? — **S.** Pour 7^f,21, il devrait verser 100^f. Pour 1^f, il devrait verser $\frac{100}{7,21}$. Pour 1 000^f, il versera $\frac{100 \times 1\,000}{7,21}$, c-à-d 13 869^f.

E. 3. Trois montres coûtent 125^f; 127^f,80; 133^f,90. Dites le prix moyen. — **S.** 128^f,90.

E. 4. Quels poids d'or pur et de cuivre faut-il allier pour obtenir 7^{Hg},85 au titre de 0,750? — **S.** Le poids de l'or pur sera 7^{Hg},85 $\times$ 0,750, c-à-d 5^{Hg},8875. Celui du cuivre sera la différence, c-à-d 1^{Hg},9625.

E. 5. Le 12 avril, j'ai placé 136^f à la caisse d'épargne. Quel est l'intérêt au 30 juin? — **S.** L'intérêt n'a compté qu'à partir du 16 avril, c-à-d que pendant 2 mois et demi, ou 75^j. Le *taux* est 3. Donc l'intérêt produit est 0^f,85.

E. 6. On a 2^{dmc},283 d'ébène[b] pesant 2^{Kg},579. Quelle est la densité? — **S.** Ce volume d'eau pèserait 2^{Kg},283. La densité est donc 2,579 : 2,283, c-à-d 1,129.

E. 7. Des gros sous pèsent ensemble 2 630^g. Quelle somme forment-ils? — **S.** Juste 6 230^c, ou 62^f,30.

E. 8. Pendant quel temps faut-il placer 7 628^f,55 à 4,8 % pour obtenir 81^f,76 d'intérêts? — **S.** 80^j. Cet exercice est une *règle d'intérêt* de la quatrième espèce.

E. 9. Que pèsent 1 200^f en or monnayé? — **S.** Autant de *grammes* qu'il y a de fois 3^f,10 dans 1 200^f, c-à-d 387^g.

E. 10. On a 110^l,23 de vin à 0^f,82 le litre. Combien faut-il y mêler d'un vin à 0^f,51 pour abaisser le prix à 0^f,60? — **S.** 269^l,45. Ce problème est une *règle de mélange* de la deuxième espèce (§ 134).

---

[a] Une rente *viagère* est une rente qui est payée, à époques fixes, pendant toute la *vie* du rentier et qui s'éteint à son décès. — Le *taux* d'intérêt d'une telle rente est d'autant plus *fort* et, partant, d'autant plus *avantageux* que le rentier est plus *âgé*, au moment du contrat.

[b] L'*ébène* est un bois très dur et très pesant, le plus ordinairement noir, qui est susceptible de recevoir le plus beau poli.

150. — Placements et emprunts hypothécaires.

Question. Qu'est-ce que l'*hypothèque*? — **Réponse.** L'**hypothèque** est un *droit réel* sur les immeubles affectés à l'*acquittement* d'une *dette*[a].

Q. Que savez-vous sur les immeubles *hypothéqués*? — R. Les *immeubles*[b] *hypothéqués* restent en la possession du *débiteur*; mais, à défaut de payement, le *créancier* peut les faire *vendre* en justice[c].

Q. Qu'est-ce que *prêter* sur hypothèque? — R. *Prêter sur hypothèque*, c'est *prêter* en prenant *hypothèque* sur les *immeubles* de celui à qui l'on prête.

Q. Le *prêt hypothécaire* est-il un placement sûr? — R. Le **prêt hypothécaire** est l'une des plus sûres manières dont on puisse *placer* son argent.

Q. Qu'est-ce que *emprunter* sur hypothèque? — R. *Emprunter sur hypothèque*, c'est *emprunter* en donnant *hypothèque* sur les *immeubles* qu'on possède.

Q. Que savez-vous sur le *Crédit foncier*? — R. Le *Crédit foncier de France* est une institution qui fonctionne sous la *garantie de l'Etat* et qui a pour but de faire des *prêts hypothécaires*.

Q. Quel genre de *prêts* fait le *Crédit foncier*? — R. Le *Crédit foncier* fait en général des *prêts à longs termes*. On *rembourse* ces prêts par *annuités*, c-à-d en payant *chaque année* une *somme fixe* qui se nomme précisément *annuité*.

Exercice. 1. Un capital de 102 826^f,75, placé sur hypothèques, rapporte 4 936^f,15 par an. Quel est le

---

[a] Cette définition de l'*hypothèque* est la définition juridique : c'est celle même qui figure dans le *code*.
[b] Le mot *immeuble* est l'opposé du mot *meuble*. Ce dernier a la même origine que *mobile* et se dit des biens qui peuvent être déplacés, tels que chaises, tables, lits. *Immeuble* se dit, au contraire, des biens essentiellement *immobiles*, tels que terrains, prés, maisons.
[c] Le créancier peut les faire vendre, lors même qu'ils seraient passés en la possession d'un tiers acquéreur. Voilà pourquoi, lorsqu'on achète un immeuble, il faut toujours s'enquérir avec soin des hypothèques qui peuvent le grever.

PROBLÈMES SUR LES INTÉRÊTS.   267

taux? — **Solution.** 1^f rapporte $\frac{4\,936,15}{102\,826,75}$. Donc 100^f rapportent $\frac{4\,936,15 \times 100}{102\,826,75}$, c-à-d $4,80$.

E. 2. Quel capital faut-il placer sur hypothèques, au taux de 5,2, pour obtenir une rente de $5\,000^f$? — **S.** Pour obtenir $5^f,2$, il faut placer 100^f. Pour obtenir 1^f, il faut placer $\frac{100}{5,2}$. Pour obtenir $5\,000^f$, il faut placer $\frac{100 \times 5\,000}{5,2}$, c-à-d $96\,153^f$.

E. 3. On place sur hypothèques $45\,837^f,90$. Le taux est $4,95$. Quel est l'intérêt annuel? — **S.** 100^f rapportent $4^f,95$. Donc 1^f rapporte $\frac{4,95}{100}$ et $45\,837^f,90$ rapportent $\frac{4,95 \times 45\,837,90}{100}$, c-à-d $2\,268^f,97$.

E. 4. Que pèse le demi-mètre cube de liège, la densité étant $0,24$? — **S.** $0^{mc},5$ d'eau pèse $0^t,5$. Ce volume de liège pèse donc $0^t,5 \times 0,24$, c-à-d $0^t,120$, ou 120^{Kg}.

E. 5. Un vieillard de 68 ans place son bien en viager. Il touche $4\,526^f,60$ de rente. Le taux est $12,17$. Quel était son avoir? — **S.** $37\,194^f$. Cet exercice est une *règle d'intérêt* de la deuxième espèce.

E. 6. Des soldats, au nombre de 351, ont des vivres pour 75^j. Il leur arrive un renfort de 210 hommes. Combien dureront les vivres? — **S.** Un soldat aurait des vivres pour $75^j \times 351$. Donc $351 + 210$, c-à-d 561 soldats auront des vivres pour $\frac{75 \times 351}{561}$, ou pour 46^j.

E. 7. Divisez $\frac{62}{93}$ par $\frac{2}{3}$. — **S.** 1 [a].

E. 8. Une somme rapporte son centième en 90^j. Dites le taux? — **S.** 100^f rapportent donc 1^f en 90^j. En 1^j, ils rapportent $\frac{1}{90}$. En 360^j, ils rapportent $\frac{360}{90}$, c-à-d 4^f [b].

E. 9. On fond ensemble 13 pièces de 5^f et 52 de 2^f. Quel sera le titre de l'alliage formé? — **S.** Les 13 premières pièces forment 325^g d'un alliage au *titre* de $0,900$.

---

[a] On voit ce résultat immédiatement, si l'on remarque que la fraction dividende est juste égale à *deux tiers*.
[b] On aurait pu, au lieu de 100^f, considérer un capital quelconque. Mais il est plus commode de prendre un capital de 100^f, puisqu'on demande le taux, c-à-d précisément l'intérêt de 100^f en 1 an.

Les 52 secondes pièces forment 520^g d'un alliage au *titre* de 0,835. En répétant les raisonnements des *règles d'alliage* de la première espèce, on trouve que le titre final est 0,860.

E. 10. Quelle est la différence de poids entre 1000^f en or [a] et 1000^f en argent? — **S.** 1000^f en or pèsent $\frac{1000^g}{3,1}$, c-à-d 322^g,58; 1000^f en argent pèsent $\frac{1000^g}{0,20}$, c-à-d 5000^g. La différence est 5000^g — 322^g,58, c-à-d 4677^g,42.

CHAPITRE IV

FONDS D'ÉTAT, ACTIONS, OBLIGATIONS

151. — Fonds d'État.

Question. Que fait un Etat lorsqu'il emprunte? — **Réponse.** Lorsqu'un Etat *emprunte*, il remet à celui qui lui prête, en échange de la somme prêtée, une **inscription** ou **titre de rente**, c-à-d une *promesse* faite par lui de payer *chaque année*, à époques fixes, une *rente déterminée*.

Q. Que constituent ces *titres de rente?* — **R.** Les *titres de rente* émis par l'Etat constituent les **fonds d'Etat** ou **rentes sur l'Etat** : les principaux [b] *fonds d'Etat français* sont le 3 °/₀ et le 4 1/2 °/₀. [c]

---

[a] On peut dire, en nombres ronds, avec une approximation grossière, que le nombre qui représente le *poids* d'une somme d'*or* en grammes est le tiers de celui qui en représente la *valeur* en francs. De même, mais cette fois exactement, le nombre qui représente le *poids* d'une somme d'*argent* en grammes est le *quintuple* de celui qui en représente la *valeur* en francs.

[b] Il a existé, jusqu'à ces dernières années, un 5 °/₀ français. Présentement, il existe deux 3 °/₀ français : le 3 °/₀ ancien ou *perpétuel* et le 3 °/₀ *amortissable*.

[c] Parmi les fonds étrangers, on peut citer les *consolidés anglais*, qui sont du 3 °/₀; le 5 °/₀ *italien*; le 4 1/2 °/₀ *belge*; le 5 °/₀ *russe*, etc.

FONDS D'ÉTAT, ACTIONS, OBLIGATIONS.   269

Q. Où sont inscrits ces *titres de rente?* — R. Les *titres de rente* sont inscrits au **grand Livre** de la *dette publique* : ils sont *nominatifs*[a], lorsqu'ils indiquent le nom de leur propriétaire ; *au porteur*, lorsqu'ils ne l'indiquent pas.

Q. Comment se nomment les propriétaires des *titres de rente?* — R. Les propriétaires des *titres de rente* se nomment **rentiers** : ce sont des **créanciers** de l'État.

Q. Que mentionnent les *titres de rente?* — R. Les *titres de rente* ne mentionnent pas la somme prêtée : ils indiquent seulement la *rente* promise. Cette rente est constamment la même : les *fonds d'État* sont des *valeurs* à *revenu fixe*.

Exercice. 1. Une statue de marbre pèse 1329^{Kg}. La densité est 2,80. Quel est le volume? — **Solution.** Ce poids d'eau aurait un volume de 1329^{dmc}. Puisque la densité du marbre est 2,80, son volume est 2,80 fois moindre, c-à-d $1329 : 2,80$, c-à-d 474^{dmc}.

E. 2. Que coûtent $32^{Mg},8$ de plomb à $27^f,25$ le quintal métrique? — **S.** Le quintal coûtant $27^f,25$, le myriagramme coûte 10 fois moins, ou $2^f,725$. Donc $32^{Mg},8$ coûtent $2^f,725 \times 32,8$, c-à-d $89^f,38$.

E. 3. On fond 827^g d'or et 47^g de cuivre. Quel sera le titre? — **S.** $\dfrac{827}{827+47}$, c-à-d $0,946$.

E. 4. Combien faut-il mélanger de vin à $0^f,30$ le litre et de vin à $0^f,70$ pour obtenir $19^{Hl},25$ à $0^f,55$? — **S.** $7^{Hl},218$ du premier vin et $12^{Hl},034$ du second. Cet exercice est une *règle de mélange* de la troisième espèce.

E. 5. On achète une maison de $49\,632^f,60$. Elle rapporte net[b] $2\,748^f,15$. A quel taux place-t-on son argent? — **S.** A $5,53\ °/_o$. Ce problème est une *règle d'intérêt* de la troisième espèce.

---

[a] Les titres *nominatifs* présentent beaucoup plus de sécurité que les titres au *porteur* et sont, par conséquent, de beaucoup préférables.
[b] Le rapport *net* d'une maison, c'est ce que cette maison rapporte, déduction faite des *impôts*, de l'*assurance* contre l'incendie, des frais d'*entretien*, des frais de *réparation*, etc., etc.

E. 6. Quel capital, à 5,2 %, rapporte 2 000^f en 1 an ? — **S.** 38 461^f. Ce problème est une *règle d'intérêt* de la deuxième espèce.

E. 7. Que pèsent 100 gros sous plus 26 petits ? — **S.** Tous ces sous valent ensemble 1 130^c. Donc ils pèsent 1 130^g.

E. 8. Une étoffe a 7^m,5 de long, 0^m,35 de large et coûte 28^f. Que coûterait une étoffe pareille ayant 9^m,6 de long et 0^m,54 de large ? — **S.** Une étoffe de 1^m de long et de 1^m de large $^{(a)}$ coûterait $\frac{28}{7,5 \times 0,35}$. L'étoffe considérée coûtera donc $\frac{28 \times 9,6 \times 0,54}{7,5 \times 0,35}$, c-à-d 55^f,29.

E. 9. Pour avoir 10 000^f au bout de 25 ans, un jeune homme de 21 ans doit payer une prime $^{(b)}$ annuelle de 293^f. Quelle serait la prime pour un capital de 15 628^f ? — **S.** Pour avoir 1^f, la *prime* serait de $\frac{293}{10000}$. Pour avoir 15 628^f, elle sera de $\frac{293 \times 15628}{10000}$, c-à-d de 457^f,90.

E. 10. Une pile de pièces de 5^f contient 742^g,50 d'argent pur. Combien vaut-elle ? — **S.** Le poids de l'argent pur est les 9 *dixièmes* du poids total. Donc le *dixième* du poids total est le *neuvième* de 742^g,50, c-à-d 82^g,50. Donc le poids total est 825^g. Donc la valeur est 0^f,20 $\times$ 825, c-à-d 165^f.

---

152. — Problèmes sur les fonds d'État.

p. 157   **Question.** Où se vendent les *titres de rente* ? — **Réponse.** Les *titres de rente* se vendent et s'achètent $^{(c)}$ comme une marchandise, à un marché spécial qu'on appelle la **Bourse**$^{(d)}$: leur *cours* y varie constamment.

<small>(a) Le *prix* d'une étoffe dont la *largeur* ne varie pas est *proportionnel* à sa *longueur*, et réciproquement.
(b) La *prime annuelle* dont il s'agit est la *somme fixe* que ce jeune homme devra payer chaque année, pendant 25 ans, à la compagnie d'*assurances sur la vie* qui doit lui donner ce capital de 10 000^f.
(c) Ces ventes et achats se font par l'intermédiaire d'officiers ministériels nommés *agents de change*.
(d) Il se fait aussi, à la *Bourse*, des *transactions commerciales* nombreuses et importantes.</small>

FONDS D'ÉTAT, ACTIONS, OBLIGATIONS.

Q. Que signifie cette expression : « Le 3 % est au cours de 77^f,50 ? » — **R.** Dire que le 3 % est au *cours* de 77^f,50, c'est dire qu'il faut payer 77^f,50 pour acheter un titre rapportant 3^f par an.

Q. Que signifie cette phrase : « Le 4 1/2 % est au cours de 106^f,30 ? » — **R.** Dire que le 4 1/2 % est au *cours* de 106^f,30, c'est dire qu'il faut payer 106^f,30 pour acheter un titre rapportant 4^f,50 par an.

Q. A quoi se réduisent les problèmes relatifs à la *Bourse* ? — **R.** Tous les *problèmes* relatifs aux ventes et achats qui se font à la *Bourse* se réduisent à des *règles de trois*.

Q. Donnez un exemple. — **R.** « *Combien faut-il débourser pour acheter* 500^f *de rente* 3 % *français au cours de* 77,50 ? »

Q. Comment résout-on ce problème ? — **R.** On résout ce problème en disant : pour acheter 3^f de rente, il faut débourser 77^f,50 ; pour acheter 1^f de rente, il faut débourser 3 fois moins, c-à-d $\frac{77,50}{3}$; pour acheter 500^f de rente, il faut débourser 500 fois plus, c-à-d $\frac{77,50 \times 500}{3}$. En effectuant les calculs, on trouve 12 916^f,66 [a].

Exercice. 1. Que coûtent 120^f de rente 3 % au cours de 79^f,25 ? — **Solution.** 3^f de rente coûtent 79^f,25. Donc 1^f coûte $\frac{79,25}{3}$; et 120^f coûtent $\frac{79,25 \times 120}{3}$, c-à-d 3 170^f [b].

E. 2. Que coûtent 350^f de rente 4,5 % au cours de 108^f,45 ? — **S.** 4^f,50 coûtent 108^f,45. Donc 1^f coûte $\frac{108,45}{4,5}$; et 350^f coûtent $\frac{108,45 \times 350}{4,5}$, c-à-d 8 435^f.

E. 3. On achète du 3 % français au cours de 79,25. A quel taux place-t-on son argent ? — **S.** 79^f,25 rap-

---

[a] Il faut ajouter à cette somme le *courtage* de l'agent de change, le *timbre* de négociation et, pour les *titres nominatifs*, l'impôt du *transfert*.

[b] Comme nous l'avons déjà dit, il faut ajouter à cette somme le *courtage* et le *timbre*. Le courtage est de 1/8 %. Sur 3 170^f, il s'élève à 3^f,96.

portent 3^f; donc 1^f rapporte $\frac{3}{79,25}$; et 100^f rapportent $\frac{3 \times 100}{79,25}$, c-à-d 3^f,78. Tel est le *taux*.

E. 4. On achète du 4,5 % français au cours de 108^f,45. A quel taux place-t-on son argent ? — **S.** 108^f,45 rapportent 4,5 ; donc 1^f rapporte $\frac{4,5}{108,45}$; et 100^f rapportent $\frac{4,5 \times 100}{108,45}$, c-à-d 4^f,14. Tel est le *taux*.

E. 5. Combien faut-il allier de cuivre pur à 2^{Kg} de pièces de 5^f en argent pour obtenir un alliage propre à faire des pièces de 2^f? — **S.** 0^{Kg},155 [a].

E. 6. Un vase plein d'eau pèse 1^{Kg},753. Son volume est 0^l,946. Que pèse-t-il vide ? — L'eau qu'il contient pèse 0^{Kg},946. Donc le vase vide pèse 1^{Kg},753 — 0^{Kg},946, c-à-d 0^{Kg},807.

E. 7. Que rapportent 88 888^f, à 4,25 %, en 3 ans ? — **S.** 11 333^f,22. Cet exercice n'est qu'une *règle d'intérêt* de la première espèce.

E. 8. Une livre et demie de bougies coûte 1^f,80. Que coûtent 11^{Kg},5 ? — Une livre et demie équivaut à 750^g. Donc 1^g coûte $\frac{1^f,80}{750}$; 1^{Kg} coûte $\frac{1,80 \times 1\,000}{750}$; 11^{Kg},5 coûtent $\frac{1,80 \times 1\,000 \times 11,5}{750}$, c-à-d 27^f,60.

E. 9. Combien de jours, heures, minutes et secondes en 1 000 000 000^s? — **S.** 11 574^j 1^h 46^m 40^s [b].

p. 158 **E. 10.** Une compagnie d'assurances contre les accidents donne une rente viagère de 313^f à la victime qui payait 8^f de prime annuelle, et une rente de 200^f à celle qui payait 5^f. Laquelle reçoit le plus ? — **S.** La première, pour 1^f, reçoit le *huitième* de 313^f, c-à-d 39^f,125. La deuxième, pour 1^f, reçoit le *cinquième* de 200^f, c-à-d 40^f. C'est la deuxième qui reçoit le plus.

---

[a] Si l'on se rappelle que l'argent des pièces de 5^f est au titre de 0,900 ; que celui des pièces de 2^f est au titre de 0,835 ; et que le cuivre pur peut être regardé comme un alliage dont le titre est *zéro*; on voit que le présent exercice n'est qu'une *règle d'alliage* de la deuxième espèce.

[b] Cette durée atteint presque 32 ans. Quelle idée devons-nous donc nous faire de la grandeur d'un *milliard !*

153. — Les obligations.

Question. Comment une compagnie *emprunte-t-elle?* — **Réponse.** Lorsqu'une compagnie *emprunte*, elle le fait d'ordinaire en *émettant* des **obligations**.

Q. Qu'est-ce qu'une *obligation?* — R. Une *obligation* est une *promesse* faite par la compagnie de payer une *rente annuelle fixe*[a].

Q. Quelles sont les *obligations* les plus répandues? — R. Les obligations les plus répandues en France sont celles des grandes compagnies de chemin de fer[b].

Q. Comment sont les *obligations?* — R. Les *obligations* sont *nominatives*[c] ou *au porteur*.

Q. Comment se nomment les propriétaires d'*obligations?* — R. Les propriétaires d'*obligations* se nomment **obligataires** : ce sont des **créanciers** de la compagnie.

Q. Qu'y a-t-il d'inscrit sur une *obligation?* — R. Sur toute *obligation* est inscrite sa *valeur nominale*, c-à-d le prix auquel on la remboursera quand on rendra l'argent emprunté.

Q. N'y a-t-il pas encore autre chose? — R. Sur toute *obligation* aussi est inscrit *l'intérêt* qu'elle rapporte.

---

[a] Cette rente annuelle fixe se paye d'ordinaire en deux moitiés, à deux époques différentes de l'année. Les obligations présentent le plus souvent, sur une partie du papier dont elles sont formées, de petits compartiments rectangulaires portant chacun la date d'un de ces payements et la somme qui sera payée. Ces petits compartiments se nomment *coupons*. Lorsque l'un d'eux arrive à échéance, on le *détache* de l'obligation; on le présente à la *compagnie;* et on reçoit, en échange, non pas exactement la somme qu'il indique, mais cette somme diminuée d'un *impôt* spécial, perçu par l'Etat.

[b] Il existe, en France, *six* grandes *compagnies* de chemins de fer, qui exploitent les six *lignes* ou *réseaux* suivants : la ligne de Paris à *Orléans*, celle du *Nord*, celle de l'*Est*, celle du *Midi*, celle de l'*Ouest*, celle enfin de Paris à *Lyon* et à la *Méditerranée*.

[c] Les obligations *nominatives*, comme la plupart des titres nominatifs, ne peuvent passer d'une main dans une autre qu'au moyen d'un *transfert*. Elles payent alors à l'Etat un *impôt* de *transmission*, dont les obligations *au porteur* sont exemptes. Aussi, par compensation, l'*impôt* qui frappe les *coupons* est-il moindre pour les obligations *nominatives* que pour les obligations *au porteur*.

12.

Cet intérêt est constamment le même : les obligations sont des *valeurs à revenu fixe*.

Q. Où se vendent les *obligations*? — **R.** Les *obligations* se vendent et s'achètent à la *Bourse* : leur *cours* y varie constamment.

Q. Qu'est-ce que le *cours* des obligations? — **R.** Dire que les *obligations* du chemin de fer de l'Ouest sont au *cours* de 356^f,50, c'est dire qu'il faut payer 356^f,50 pour acheter une de ces obligations.

Exercice. 1. Les obligations du chemin de fer du Nord sont au cours de 368^f,25. Que coûtent 13 de ces obligations? — **Solution.** 368^f,25 × 13, c-à-d 4 787^f,25.

E. 2. Les obligations du chemin de fer de l'Ouest sont au cours de 366^f et rapportent 15^f. Quel est le taux? — **S.** 1^f rapporte $\frac{15}{366}$; donc 100^f rapportent $\frac{15 \times 100}{366}$, c-à-d 4^f,09. Tel est le *taux*[a].

E. 3. Une terre a coûté 32 640^f,60. Elle rapporte 759^f,80. A quel taux a-t-on placé son argent? — **S.** 1^f rapporte $\frac{759,80}{32\,640,60}$; donc 100^f rapportent $\frac{759,80 \times 100}{32\,640,60}$, c-à-d 2^f,32. Tel est le *taux*[b].

E. 4. Que pèsent 1 000^f, moitié en or, moitié en argent? — **S.** 500^f en or pèsent un nombre de grammes égal à $\frac{500}{3,1}$, c-à-d 161^g. De même, 500^f en argent pèsent $\frac{500}{0,20}$, c-à-d 2 500^g. Donc les 1 000^f considérés pèsent 2 661^g.

E. 5. On mêle volumes égaux de vin à 0^f,60 le litre et de vin à 0^f,80. Dites le prix du litre du mélange. — **S.** Juste la moyenne entre 0^f,60 et 0^f,80, c-à-d 0^f,70.

E. 6. Quel poids d'argent pur dans 2^{kg} d'argenterie[c] au titre de 0,950? — **S.** 2^{kg} × 0,950, c-à-d 1^{kg},900.

---

[a] En réalité, le *taux* est un peu moindre, l'*obligataire* touchant, non pas 15^f, mais 15^f moins l'*impôt*.

[b] La *terre* rapporte moins que les *valeurs mobilières*, c-à-d que les titres de rente, actions, obligations; mais elle présente une bien plus grande sécurité. En général, plus un placement est sûr, moins il rapporte, moins le taux en est élevé.

[c] On donne le nom d'*argenterie* aux pièces d'orfèvrerie en argent. La vaisselle d'argent, aujourd'hui fort rare, se nommait aussi *vaisselle plate*, du mot espagnol *plata*, qui signifie *argent*.

FONDS D'ÉTAT, ACTIONS, OBLIGATIONS.

E. 7. A intérêts composés, au bout de 20 ans, 1^f devient $2^f,191\,123$. Que devient 1 million ? — **S.** $2^r,191\,123 \times 1\,000\,000$, c-à-d $2\,191\,123^f$.

E. 8. Trois litres de lait pèsent $30^{Hg},9$. Que pèsent $1^{Dl},2$? — **S.** 1^l pèse $\frac{30,9}{3}$; donc 12^l pèsent $\frac{30,9 \times 12}{3}$, c-à-d $123^{Hg},6$.

E. 9. Combien faut-il fondre ensemble de pièces de 5^f et de pièces de 2^f pour obtenir $0^{Kg},200$ d'un alliage au titre de $0,8675$? — **S.** $0^{Kg},100$ de pièces de 5^f, c-à-d 4 pièces de 5^f ; et $0^{Kg},100$ de pièces de 2^f, c-à-d 10 pièces de 2^f. Cet exercice est une *règle d'alliage* de la troisième espèce. On le résout sans calcul, en remarquant que le titre demandé est juste la *moyenne* des deux titres donnés.

E. 10. Que rapportent 324^f à la Caisse d'épargne en 1 an ? — **S.** 100^f rapportent 3^f ; donc 1^f rapporte $0^f,03$; donc 324^f rapportent $0^f,03 \times 324$, c-à-d $9^f,72$.

---

154. — Les actions.

Question. Qu'est-ce qu'une *action* ? — **Réponse.** Une **action** est un *titre* représentant une partie du *capital* qui a servi à fonder une compagnie.

Q. Quelles sont les *actions* les plus répandues ? — Les *actions* les plus répandues sont celles des compagnies de chemins de fer et celles des grandes sociétés financières[a].

Q. Qu'y a-t-il d'inscrit sur chaque *action* ? — **R.** Sur chaque *action* est inscrite sa *valeur nominale*, c-à-d la part du capital primitif qu'elle représente.

Q. Existe-t-il plusieurs sortes d'*actions* ? — **R.** Les *actions* sont *nominatives* ou *au porteur*.

Q. Comment se nomment les propriétaires d'*actions* ? — **R.** Les propriétaires d'*actions* se nomment **actionnaires** : ce sont des **associés**.

[a] Les sociétés financières les plus importantes de notre pays sont : la *Banque de France*, le *Crédit foncier*, le *Comptoir d'escompte*, la *Société générale de crédit industriel et commercial*, la *Société générale* pour favoriser le développement du commerce et de l'industrie, le *Crédit lyonnais*, etc., etc.

LES PROBLÈMES USUELS.

Q. Comment les *bénéfices* sont-ils partagés ? — **R.** Lorsque la compagnie fait des *bénéfices*, ces bénéfices sont partagés au bout de l'année en autant de *parties égales* qu'il y a d'actions.

Q. Comment se nomme chacune de ces parties égales ? — **R.** Chacune de ces *parties* se nomme **dividende**[a].

Q. Le *dividende* varie-t-il ? — **R.** Le *dividende* varie d'une année à l'autre : les actions sont des *valeurs à revenu variable*[b].

Q. Où se vendent les actions ? — **R.** Les actions se vendent et s'achètent à la *Bourse :* leur cours y varie constamment.

Q. Qu'est-ce que le *cours* d'une action ? — **R.** Dire que les actions de la Banque de France sont au *cours* de 5 300^f, c'est dire qu'il faut payer 5 300^f pour acheter une de ces actions.

Exercice. 1. Les actions du gaz[c] sont au cours de 1 455^f. Combien faut-il pour en acheter 14 ? — **Solution.** 1 455$^f \times$ 14, c.-à-d 20 370^f.

E. 2. Une action de la Banque de France coûte 4 990^f. Que devrait être le dividende pour que le taux fût 5 °/$_o$? — **S.** 0^f,05 $\times$ 4 990, c.-à-d 249^f,50.

E. 3. Une action donne cette année 26^f,15 de dividende. Elle rapporte 6,65 °/$_o$. Que vaut-elle ? — **S.** Si elle donnait 6^f,65, elle vaudrait 100^f. Si elle donnait 1^f, elle vaudrait $\frac{100}{6,65}$. Donnant 26^f,15, elle vaut $\frac{100 \times 26,15}{6,65}$, c.-à-d 393^f.

p. 160 **E. 4.** Dites la densité d'une pierre de 2968^{dmc} qui pèse

---

(a) Le *dividende* annuel se paye d'ordinaire en deux parties, le plus souvent inégales, à deux époques différentes de l'année.

(b) Lorsque la compagnie fait de brillantes affaires, les *dividendes* augmentent; les *cours* s'élèvent : il y a *hausse*. Lorsque les bénéfices diminuent, les *dividendes* décroissent; les *cours* fléchissent : il y a *baisse*. En général, les valeurs à *revenu variable* présentent moins de sécurité que les valeurs à *revenu fixe*.

(c) Ces actions sont celles de la *Compagnie parisienne d'éclairage et de chauffage par le gaz.*

PROBLÈMES RELATIFS AU COMMERCE.   277

3258^{Kg}? — **S.** Ce volume d'eau pèserait 2968^{Kg}. La densité est donc $\frac{3258}{2968}$, c-à-d $1,09$ [a].

E. 5. Une quêteuse a reçu $32^{Dg},5$ de sous. Quelle somme? — **S.** 325^g de monnaie de bronze valent 325^c, c-à-d $3^f,25$.

E. 6. Pendant combien de jours est placé, à $5\,°/_o$, un capital qui rapporte $\frac{1}{50}$ de sa valeur? — **S.** Pendant 144^j.

Ce problème revient à chercher en combien de jours, à $5\,°/_o$, une somme de 100^f rapporte 2^f. C'est une *règle d'intérêt* de la quatrième espèce.

E. 7. On vend une chaine d'or pour son poids d'or monnayé. Elle pèse 50^g. Que vaut-elle [b]? — **S.** 155^f.

E. 8. Combien faut-il mettre d'eau dans 1^{Hl} de vin pour réduire de moitié le prix de ce vin? — **S.** 1^{Hl}. C'est évident.

E. 9. Des champs ne rapportent que $3,1\,°/_o$. Ils ont coûté $27\,968^f,15$. Qu'en retire-t-on? — **S.** $0^f,031 \times 27\,968^f,15$, c-à-d $867^f,01$.

E. 10. Trouvez le poids d'une poutre en chêne dont le volume est de $1^{mc},627$ et la densité $0,69$. — **S.** Ce volume d'eau pèserait $1^t,627$. Donc cette poutre pèse $1^t,627 \times 0,69$, c-à-d $1^t,122$.

CHAPITRE V

PROBLÈMES RELATIFS AU COMMERCE

155. — Bénéfices, pertes.

Question. A quoi reviennent les opérations de *commerce*? — **Réponse.** Les *opérations de commerce* reviennent presque toutes à des **achats** ou à des **ventes**.

---

[a] C'est là une pierre fort légère. La plupart des pierres ont une *densité* un peu supérieure à 2.
[b] Il semble, dans un pareil marché, que le vendeur ne fasse aucun *bénéfice* et que la *façon* de la chaine ne soit pas payée. En réalité, l'or de la chaine vaut moins que le même poids d'or monnayé, vu qu'il est à un *titre* moindre.

Q. Dans quel cas y a-t-il *bénéfice ?* — R. Lorsqu'on *revend* une marchandise plus cher qu'on ne l'a *achetée*, il y a **bénéfice** ; lorsqu'on la *revend* moins cher, il y a **perte**.

Q. Qu'entend-on par bénéfice de 7, 8, 9,... %? — R. Le *bénéfice* ou la *perte* est de 7, 8, 9,... % selon que l'on gagne ou que l'on perd 7^f, 8^f, 9^f,... sur chaque 100^f du prix d'achat [a].

Q. Citez un problème sur les *bénéfices ?* — R. « *On gagne* 15 % *en revendant un objet acheté* 2 000^f. *Quel est le bénéfice ?* »

Q. Comment résout-on ce *problème ?* — R. Sur 100^f, on gagnerait 15^f ; sur 1^f, on gagnerait 100 fois moins, c-à-d $\frac{15}{100}$; sur 2 000^f, on gagne 2 000 fois plus, c-à-d $\frac{15 \times 2\,000}{100}$ ou 300^f.

p. 161 Q. Qu'est-ce que prendre les 7 % d'un nombre ? — R. *Prendre* les 7 %, les 8 %,... d'un nombre, c'est *multiplier* ce nombre par 0,07 ; par 0,08 [b],...

Q. Citez une nouvelle manière de résoudre le problème ci-dessus. — R. Pour résoudre le problème précédent, il eût suffi de *prendre* les 15 % de 3 000^f, c-à-d de *multiplier* 3 000^f par 0,15.

> **Exercice. 1.** Prenez les 4 % de 528^f,90. — **Solution.** 528^f,90 × 0,04, c-à-d 21^f,156.
>
> E. 2. Prenez 1 quart % de 8 326^f,15. — S. 1 % donne 83^f,26, dont le *quart* est 20^f,81 [c].
>
> E. 3. On vend 346^f,25 une marchandise achetée 311^f,55. Quel est le bénéfice ? — S. 34^f,70.
>
> E. 4. On vend 4 645^f,65 un pré acheté 4 728^f,90. Dites la perte. — S. 83^f,25.
>
> E. 5. Un cheval coûte 875^f,30. Combien faut-il le revendre

---

[a] Il faut bien retenir que le *bénéfice* ou la *perte* est toujours regardé comme une fraction du prix d'achat.

[b] Prendre les 7 % d'un nombre, c'est prendre les 7 *centièmes* de ce nombre ; c'est donc, d'après la définition même de la multiplication des nombres décimaux, *multiplier* ce nombre par 0,07. — On peut évidemment calculer l'intérêt annuel d'un capital placé à 4 %, par exemple, en multipliant ce capital par 0,04.

[c] On aurait pu dire aussi : un *quart* %, c'est le *quart* d'un *centième*, c-à-d 0,0025. On eût *multiplié* alors 8 326^f,15 par 0,0025.

PROBLÈMES RELATIFS AU COMMERCE. 279

pour gagner 18 °/₀ ? — **S.** 875ᶠ,30 + 875ᶠ,30 × 0,18, c-à-d 1 032ᶠ,85.

E. 6. Pour un homme de 61 ans, le taux des rentes viagères[a] est de 10,28 °/₀. Que faut-il verser pour une rente de 3 650ᶠ ? — **S.** Pour 10ᶠ,28 de rente, il faut verser 100ᶠ. Pour 1ᶠ, on versera $\frac{100}{10,28}$. Pour 3 650ᶠ, on versera $\frac{100 \times 3\,650}{10,28}$, c-à-d 35 505ᶠ.

E. 7. Si 21 portefaix déchargent ces marchandises, chacun portera 120ᴷᵍ. S'ils étaient 36, que porterait chacun d'eux ? — Ces marchandises pèsent donc 120ᴷᵍ × 21. Chacun des 36 portefaix portera donc $\frac{120 \times 21}{36}$, c-à-d 70ᴷᵍ[b].

E. 8. Prenez le quart du tiers de 360 360ᶠ. — **S.** Le *tiers* est 120 120ᶠ, dont le *quart* est 30 030ᶠ.

E. 9. Il y a 585ᴷᵐ de Paris à Bordeaux et 445 de Paris à Angoulême. Dites le rapport de ces distances ? — **S.** $\frac{445}{585}$, ou $\frac{89}{117}$.

E. 10. Pendant combien de temps faut-il placer 44 865ᶠ,10 à 4,2 °/₀ pour obtenir 800ᶠ d'intérêts. — **S.** 152ʲ.

---

156. — Factures.

Question. Qu'est-ce qu'une *facture* ? — **Réponse.** La **facture** d'un *achat* ou d'une *vente* de marchandises est la *note détaillée* des marchandises *achetées* ou *vendues*.

Q. Donnez un exemple. — **R.** Voici la *facture* des marchandises que Pierre *achète* à Durand :

---

[a] Les *rentes viagères* se payent soit par trimestre, soit par semestre, soit par année. Le *taux* varie un peu, selon le mode de payement.
[b] Cet exercice n'est qu'une *règle de trois* simple et inverse. On eût pu le résoudre aussi par la *méthode de réduction à l'unité*.

DURAND
MARCHAND DE BLANC A ÉTAMPES

M. *Pierre*   *Doit*

10^m toile à.	1,85	18,50
1^{dz} serviettes à.	6,90	6,90
2 nappes à.	2,95	5,90
Total.		31,30

Q. Quand l'acheteur paye, que fait le vendeur? — **R.** Lorsque l'*acheteur* paye[a], le *vendeur* **acquitte** la facture, c-à-d écrit au bas ces mots *pour acquit*, qu'il fait suivre de la *date* et de sa *signature*[b].

Q. Que fait-on, lorsque l'acheteur paye *comptant*? — p. 162 **R.** Lorsque l'acheteur paye *comptant*, c-à-d tout de suite, on lui fait parfois une diminution nommée *bonification, escompte*, ou *remise*[c].

Q. De combien est cette diminution? — **R.** Cette diminution est de tant *pour cent* du prix total.

Q. Comment calcule-t-on une *bonification*? — **R.** Pour calculer une bonification de 4 %, de 5 %..., il suffit de *prendre* les 4 %, les 5 %... du prix total, c-à-d de *multiplier* ce prix par 0,04, par 0,05...

Exercice. 1. Je dois 326^f,50. On me fait une remise de 2,5 %. Qu'ai-je à payer? — **Solution.** 326^f,50 — 326^f,50 × 0,025, c-à-d 318^f,34.

E. 2. On achète 38 sacs de farine à 45^f,25, escompte[d] $\frac{1}{2}$ %. Que paye-t-on? — **S.** 45^f,25 × 38 — 45^f,25 × 38 × 0,005, c-à-d 1710^f,91.

E. 3. On achète 3^l de haricots à 0^f,80; 1^l de vinaigre à 0^f,70 et 1^{Kg} de sel blanc à 0^f,15 la livre. Faites la fac-

---

(a) Avant de payer une facture, il faut la vérifier avec soin.
(b) Lorsque le *montant* de la facture atteint ou dépasse 10^f, le vendeur, en l'*acquittant*, y appose un *timbre* spécial, dit timbre de *quittance*, qu'il *oblitère* aussitôt. Ce timbre coûte 10^c, et ces 10^c doivent être, d'après la loi, payés par l'acheteur.
(c) On voit, par là, qu'il est très avantageux de payer *comptant*.
(d) Nous verrons bientôt que le mot *escompte* a un second sens, un peu différent de celui que nous considérons ici.

PROBLÈMES RELATIFS AU COMMERCE. 281

ture. — **S.** Le total est 3^f,40. Quant à la *facture*, on la disposera conformément au modèle ci-dessus.

E. 4. On met 4^l d'eau dans 9 de lait. La densité du lait pur est 1,03. Dites la densité du mélange. — **S.** 1 litre de lait pèse 1^{Kg},03. Donc 9^l pèsent 1^{Kg},03 $\times$ 9, c-à-d 9^{Kg},27. Les 4^l d'eau pèsent 4^{Kg}. Donc les 13^l du mélange pèsent 13^{Kg},27. Or, 13^l d'eau pèseraient 13^{Kg}. Donc la densité du mélange est 13,27 : 13, c-à-d 1,02 [a].

E. 5. Une bouteille pèse vide 756^g, et pleine de lait 1 600^g. Dites sa capacité. — **S.** Le poids du lait est 844^g. Ce même poids d'eau aurait un volume de 844^{cmc}. Le lait étant plus lourd, son volume est moindre : il est 844 : 1,03, c-à-d 819^{cmc}.

E. 6. On paye 0^f,75 de prime annuelle pour assurer contre l'incendie un mobilier de 1 000^f. Quelle sera la prime pour un mobilier de 7 826^f,30 ? — **S.** Pour un mobilier de 1^f, on payerait $\frac{0,75}{1\,000}$. Pour un mobilier de 7 826^f,30, on payera $\frac{0,75 \times 7\,826,30}{1\,000}$, c-à-d 5^f,86.

E. 7. La surface totale de Paris est de 7 802^{Ha}. Celle du quartier du Louvre est de 190^{Ha}. Combien ce quartier serait-il contenu de fois dans Paris ? — **S.** Un peu plus de 41 fois.

E. 8. Paris, en 1876, avait 1 988 806^{hab}. Combien, en moyenne dans chacun des 80 quartiers ? — **S.** 24 860.

E. 9. On fond ensemble 26 pièces de 5^f et 18 de 2^f. Quel est le titre de l'alliage formé ? — **S.** 0,885. Cet exercice est une *règle d'alliage* de la première espèce, où les pièces de 5^f donnent 650^g d'un alliage au *titre* de 0,900, et où les pièces de 2^f donnent 180^g d'un alliage au *titre* de 0,835.

E. 10. On achète 2^m,75 de cretonne à 0^f,65 ; 3^m,20 de cotonnade à 0^f,55 ; et 1^m,50 de flanelle à 0^f,95. Faites la facture. — **S.** Le total [b] est 4^f,96.

[a] Lorsque, au lait, on ajoute de l'eau, la densité change. C'est sur ce fait que sont fondés les instruments, nommés *pèse-lait*, qui servent à reconnaitre si le lait est pur ou mélangé d'eau. Vendre comme pur du lait qui ne l'est pas, c'est une fraude sévèrement punie.
[b] Il faut que les *factures* soient conformes au modèle donné plus haut, et qu'elles présentent un aspect bien propre et bien ordonné.

157. — Billets à ordre, lettres de change.

p. 163   Question. Qu'est-ce que le *billet à ordre?* — Réponse. Le **billet à ordre**[a] est l'*engagement* pris par un *débiteur* de *payer* une certaine *somme* à une *époque* déterminée.

Q. Qu'est-ce que la *lettre de change?* — R. La **lettre de change** est l'invitation adressée par un *créancier* à son débiteur d'avoir à *payer* une certaine *somme* à une *époque* déterminée.[b]

Q. Donnez un exemple. — R. Si aujourd'hui, 12 mars, Pierre obtient de Jacques de ne lui payer les $110^f,25$ qu'il lui doit que le 31 mai prochain, le règlement de cette dette pourra se faire de deux manières : ou bien Pierre souscrira à l'ordre de Jacques un billet de $110^f,25$, payable le 31 mai ; ou bien Jacques tirera sur Pierre une lettre de change de $110^f,25$, payable à cette même date.

Q. Qu'est-ce que la *valeur nominale* d'un billet? — R. La *somme* portée sur le *billet à ordre* ou la *lettre de change* est la **valeur nominale** de ce billet ou de cette lettre.

Q. Qu'appelle-t-on *échéance?* — R. L'*époque déterminée* où le payement doit s'effectuer s'appelle l'**échéance**.

Q. Qu'arrive-t-il si un billet n'est pas payé? — R. Si un *billet* n'est pas payé à *l'échéance*, il est immédiatement **protesté**.

Q. Qu'est-ce que le *protêt?* — R. Le **protêt** est un acte dressé par un *huissier* et constatant le *défaut* de payement.

(a) Les mots *à ordre* signifient que le billet doit être payé soit à la personne même qui s'y trouve désignée, soit *à son ordre*, c-à-d à toute autre personne entre les mains de laquelle le billet sera arrivé par voie d'*endossement*. — L'endossement est *l'ordre*, écrit au dos du billet, par lequel le *porteur* de ce billet en transmet la propriété à un autre.

(b) Les *billets à ordre*, les *lettres de change*, les *traites* et *mandats* constituent ce qu'on appelle les *effets de commerce*. On nomme *broches* les effets de commerce au-dessous de 100^f.

PROBLÈMES RELATIFS AU COMMERCE.

Exercice. 1. Combien faut-il mêler de farine à $45^f,25$ et de farine à $46^f,50$ le sac, pour obtenir 228 sacs à $45^f,80$? — **Solution.** $127^{sacs},68$ de la première et $100^{sacs},32$ de la seconde. Cet exercice est une *règle de mélange* de la troisième espèce.

E. 2. Un champ donne un revenu de 3,2 %. Il rapporte $264^f,15$. Qu'a-t-il coûté? — **S.** S'il rapportait $3^f,2$, il aurait coûté 100^f. S'il rapportait 1^f, il aurait coûté $\frac{100}{3,2}$, Rapportant $264^f,15$, il a coûté $\frac{100 \times 264,15}{3,2}$, c-à-d $8254^f,68$.

E. 3. Les obligations d'un chemin de fer rapportent 15^f par an et coûtent $365^f,80$. Dites le taux de l'intérêt. — **S.** $365^f,80$ rapportent 15^f; donc 1^f rapporte $\frac{15}{365,80}$ et 100^f rapportent $\frac{15 \times 100}{365,80}$, c-à-d $4^f,10$. Tel est le *taux*.

E. 4. Les pièces de 100^f ont $3^{cm},5$ de diamètre[a]. Combien en faudrait-il pour faire une longueur de $0^m,70$? — **S.** 20.

E. 5. Que pèse une somme de $36^f,75$ où les 36^f sont seuls en argent? — **S.** Les 36^f en argent pèsent 180^g; les 75^c en bronze pèsent 75^g : total 255^g.

E. 6. Il faut 17^h pour peindre une surface de 7^m de long sur 3^m de large. Combien d'heures pour une surface de 11^m de long sur 2^m de large? — **S.** Si la surface avait 1^m de long et 1^m de large, il faudrait $\frac{17}{7 \times 3}$. Comme elle a 11^m de long et 2^m de large, il faudra $\frac{17 \times 11 \times 2}{7 \times 3}$, c-à-d $17^h 48^m$ [b].

E. 7. A 21 ans, il suffit d'une prime unique de $34^f,79$ p. 164 pour assurer 100^f au décès. Quelle prime pour assurer 28647^f? — **S.** Pour assurer 1^f, il suffirait de $\frac{34,79}{100}$.

---

[a] Toutes les pièces de monnaie ont un *diamètre* fixe : le diamètre des pièces de 5^f en argent est de 37^{mm}; celui des pièces de 10^c est de 30^{mm}.

[b] Il faut à peu près le même temps pour peindre ces deux surfaces. Cela tient à ce que ces surfaces sont à peu près équivalentes.

Pour assurer $28\,647^f$, il faut $\dfrac{34{,}79 \times 28\,647}{100}$, c-à-d une prime de $9966^f{,}29$ [a].

E. 8. Une montagne a un volume de 13^{Mmc}. Combien de mètres cubes ? — **S.** $13\,000\,000\,000\,000^{mc}$.

E. 9. Que vaut un quintal métrique d'argent monnayé ? — **S.** 1^g vaut $0^f{,}20$; donc 1^{Kg} vaut 200^f ; donc 100^{Kg} valent $20\,000^f$.

E. 10. Quel poids d'argent pur faut-il allier à $1^{Kg}{,}825$ au titre de $0{,}750$ pour élever ce titre à $0{,}810$? — **S.** $0^{Kg}{,}576$. Cet exercice est une *règle d'alliage* de la deuxième espèce.

---

158. — Escompte d'un billet.

Question. Comment le possesseur d'un billet peut-il se procurer de l'argent ? — **Réponse.** Lorsqu'un *créancier* possède un *billet* souscrit par son *débiteur*, il peut se procurer de l'argent en portant ce billet à un *banquier*.

Q. Que lui remet le banquier ? — **R.** Le *banquier* lui remet une somme égale à la *valeur actuelle* du billet, c-à-d à la *valeur nominale* diminuée de **l'escompte** [b].

Q. Qu'est-ce que *l'escompte* ? — **R.** L'*escompte* est l'*intérêt* de la *valeur nominale* du billet, à un taux donné, pendant le *nombre de jours* qui restent à courir jusqu'à l'*échéance* [c].

Q. Comment compte-t-on les jours ? — **R.** On ne compte pas le *jour* d'où l'on part ; mais on compte celui de l'*échéance* [d].

---

[a] Plus l'assuré est jeune, plus l'assurance est avantageuse.

[b] Du substantif *escompte*, on a fait le verbe *escompter* : le banquier escompte le billet.

[c] L'escompte ainsi défini est l'*escompte commercial*, qu'on nomme aussi parfois *escompte en dehors* : c'est le seul usité. On trouve cependant, en plusieurs arithmétiques, un autre escompte, dit *escompte en dedans* : celui-ci n'est pour ainsi dire qu'une fiction, imaginée par les mathématiciens.

[d] Dans ce compte des jours, on prend les différents mois avec leurs durées véritables, de 28, 29, 30 ou 31 jours.

PROBLÈMES RELATIFS AU COMMERCE. 285

Q. Comment se calcule l'*escompte*? — **R.** L'*escompte* se calcule comme l'*intérêt* pendant un certain *nombre de jours*, par la *formule*
$$I = \frac{T \times C \times J}{36\,000}.$$

Q. Que savez-vous sur les problèmes d'*escompte*? — **R.** Les *problèmes d'escompte* ne sont que des *règles d'intérêt*.

Exercice. 1. Calculez, à 4 %, l'escompte d'un billet de 563^f payable dans 35^j. — **Solution.** 2^f,18 $^{(a)}$.

E. 2. Un billet de 1 265^f est escompté$^{(b)}$ le 2 mai et payable le 31. Calculez l'escompte à 6 %. — **S.** Le nombre des jours étant 29, l'escompte est de 6^f,11.

E. 3. Un billet de 382^f est payable dans 90^j. Le taux de l'escompte est 5,5. Dites la valeur actuelle du billet. — **S.** L'escompte est de 5^f,25. Donc la valeur actuelle est de 376^f,75.

E. 4. Sur un billet de 1 236^f payable dans 78^j, l'escompte est de 15^f,8. Trouvez le taux$^{(c)}$. — **S.** 5,89. Cet exercice n'est qu'une *règle d'intérêt* de la troisième espèce.

E. 5. Quel poids d'eau contient un réservoir de 12^{Ml},37? — **S.** 123 700^{Kg}.

E. 6. Que rapportent 62 954^f en 3 ans, à 3,80 %? — **S.** 7 176^f,75. Cet exercice est une *règle d'intérêt* de la première espèce.

E. 7. Un train fait 756^m par minute. Combien en 8^h 7^m? — **S.** 368 172^m.

E. 8. Trois hectolitres de blé pèsent ensemble 225^{Kg}. p. 165 Que pèsent 896^l? — **S.** 1^l pèse $\frac{225}{300}$; donc 896^l pèsent $\frac{225 \times 896}{300}$, c-à-d 672^{Kg}.

(^{a}) Dans la plupart des cas, le banquier retient pour lui, non seulement l'*escompte*, mais encore d'autres sommes, sous les noms de *commission*, *provision*, *bonification*, *change de place*, etc. Ces différentes sommes se calculent sur la *valeur nominale* du billet : on ne s'y préoccupe point du *temps*.

(^{b}) Les banquiers n'escomptent que les billets dont les *souscripteurs* ou *endosseurs* leur inspirent confiance. La Banque de France n'escompte que les billets revêtus, pour le moins, de trois signatures honorablement connues.

(^{c}) Le *taux de l'escompte* est un nombre essentiellement *variable*. La Banque de France, suivant l'état de son *encaisse métallique*, tantôt abaisse, tantôt élève le *taux de son escompte*.

E. 9. Réduisez $3\,427^s$ en heures, minutes et secondes. — **S.** $57^m\,7^s$.

E. 10. Pour s'assurer contre les accidents, 24 ouvriers donnent ensemble 72^f par an. Que donneraient 31 ouvriers ? — **S.** Un ouvrier donnerait $\frac{72}{24}$; donc 31 ouvriers donneraient $\frac{72\times 31}{24}$, c-à-d 93^f.

---

159. — Echéance moyenne.

Question. Donnez un exemple d'*échéance moyenne*. — **Réponse.** *Je dois deux billets, l'un de* $2\,000^f$ *payable dans* 30^j, *l'autre de* $3\,000^f$ *payable dans* 50^j. *Je veux les remplacer par un seul, payable dans* 45^j. *Le taux de l'escompte est* 6 °/₀. *Quelle devra être la valeur nominale du billet unique?* » — Cette question est un problème d'**échéance moyenne**.

Q. Comment résout-on ce *problème?* — Pour le résoudre, je calcule les *valeurs actuelles*[a] des deux premiers billets : elles sont $1\,985^f$ et $2\,975^f$. La *valeur actuelle*[b] du billet unique sera donc $1\,985^f + 2\,975^f$, c-à-d $4\,960^f$. Or, un billet de $36\,000^f$[c], payable dans 45^j, subit un escompte de 270^f et n'a qu'une *valeur actuelle* de $35\,730^f$. De là ce raisonnement : pour que la *valeur actuelle* fût de $35\,730^f$, il faudrait que la *valeur nominale* fût $36\,000^f$. Pour que la *valeur actuelle* fût de 1^f, il faudrait que la *valeur nominale* fût $\frac{36\,000}{35\,730}$. Pour que la *valeur actuelle* soit de $4\,960^f$, il faut que la *valeur nominale* soit $\frac{36\,000 \times 4\,960}{35\,730}$. En effectuant le calcul, on trouve $4\,997^f,48$.

---

[a] La *valeur actuelle* d'un billet, c'est sa *valeur nominale* diminuée de l'escompte.
[b] Evidemment, pour que le billet unique puisse remplacer les deux premiers billets, il faut et il suffit que sa *valeur actuelle* soit la *somme* des *valeurs actuelles* de ces deux premiers billets.
[c] Il est très commode, non seulement dans le cas présent, mais dans beaucoup d'autres, de considérer un capital de $36\,000^f$, vu que, pour un tel capital, l'*intérêt* pendant *un jour* est juste égal au *taux*.

PROBLÈMES RELATIFS AU COMMERCE.

Exercice. 1. Deux billets de 1 200^f sont payables, l'un dans 30^j, l'autre dans 42^j. Dites la valeur nominale d'un billet unique qui les remplace et qui est payable dans 36^j. Le taux de l'escompte est 5,5. — **Solution.** 2 400^f [a].

E. 2. On a 1 billet de 2 000^f payable dans 48^j et 1 de 3 600^f payable dans 60^j. Le taux de l'escompte est 7. Dans combien de jours sera payable le billet de 5 600^f qui les remplace? — **S.** Les valeurs actuelles des premiers billets sont 1 981^f,34 et 3 558^f. La valeur actuelle du troisième est donc 5 539^f,34. Sur ce troisième billet, l'escompte est donc de 60^f,66. Ce dernier est donc payable dans 55^j.

E. 3. Une maison a coûté 27 946^f,15. Elle rapporte 1 500^f net. Trouvez le taux de l'intérêt. — **S.** 5,36.

E. 4. Avec 38 940^f, combien peut-on acheter d'actions du chemin de fer de l'Ouest, au cours de 807^f,50? — **S.** Autant qu'il y a de fois 807,50 dans 38 940, c-à-d 48.

E. 5. Que pèsent 3 850^f en pièces de 2^f? — **S.** 1^f p. 166 en argent pèse 5^g. Donc 3 850^f pèsent 5^g × 3850, c-à-d 19 250^g.

E. 6. Un billet de 1 325^f subit un escompte de 14^f. Il est payable dans 87^j. Dites le taux de l'escompte. — **S.** 4,37 [b].

E. 7. On mélange 540^l de vin à 0^f,85 le litre avec 360^l à 0^f,70. Quel est le prix du mélange? — **S.** 0^f,79. Cet exercice est une *règle de mélange* de la première espèce.

E. 8. Combien d'argent pur dans 100 pièces de 5^f? — **S.** 1 pièce de 5^f pèse 25^g; donc 100 pièces pèsent 2 500^g, ou 2^{kg},500. Or, leur titre [c] est 0,900. Donc le poids d'argent pur est 2^{kg},500 × 0,900, c-à-d 2^{kg},250.

---

[a] Le billet unique devait être de 2 400^f, puisque les deux premiers billets ont la même *valeur nominale*, et que 36^j est juste la moyenne entre 30^j et 42^j.

[b] Cet exercice n'est autre chose qu'une *règle d'intérêt* de la troisième espèce : on connaît le *capital* 1 325^f, l'*intérêt* 14^f, le nombre de *jours* 87 ; on demande le *taux*.

[c] Il faut se rappeler que nos monnaies d'argent sont à deux *titres* différents : les pièces de 5^f au *titre* de 0,900 ; les pièces de valeur moindre au *titre* de 0,835.

E. 9. Que deviennent $100\,000^f$, au bout de 5 ans, à $5\,\%$ et à intérêts composés? — **S.** $127\,628^f$.

E. 10. Six cravates coûtent $2^f,50$. Que coûtent 21 cravates? — **S.** 1 cravate coûte $\frac{2,50}{6}$. Donc 21 cravates coûtent $\frac{2,50 \times 21}{6}$, c-à-d $8^f,75$.

---

160. — Partages proportionnels.

Question. Qu'est-ce que partager un nombre en *parties proportionnelles* à des nombres donnés? — **Réponse.** *Partager* un nombre en plusieurs *parties proportionnelles* à des nombres donnés, c'est le partager en autant de parties qu'il y a de nombres donnés, de telle façon que deux quelconques de ces *parties* soient *proportionnelles* aux deux *nombres* donnés correspondants [a].

Q. Donnez un exemple. — **R.** « *Partager 500^f en trois parties proportionnelles aux nombres 4, 7, 9.* » — Ce problème est un *partage proportionnel*.

Q. Comment résout-on ce problème? — **R.** Pour le résoudre, on dit: Si la somme à partager était de $4^f + 7^f + 9^f$, c-à-d de 20^f, les parts seraient $4^f, 7^f, 9^f$. Si la somme à partager était de 1^f, les parts seraient 20 fois moindres, c-à-d seraient $\frac{4}{20}, \frac{7}{20}, \frac{9}{20}$. La somme étant 500^f, les parts seront 500 fois plus grandes, c-à-d seront $\frac{4 \times 500}{20}, \frac{7 \times 500}{20}, \frac{9 \times 500}{20}$. En effectuant les calculs, on trouve $100^f, 175^f, 225^f$.

Q. Donnez encore un exemple. — **R.** « *Partager 400^f en trois parties proportionnelles aux fractions $\frac{1}{2}, \frac{2}{3}, \frac{3}{4}$.* »

Q. Comment résout-on ce problème? — **R.** Pour résoudre ce problème, on réduit les *fractions* au *même dénominateur* [b].

---

[a] C-à-d de telle sorte que les rapports des parties cherchées aux nombres donnés soient des *rapports égaux*.
[b] En opérant ainsi, on ramène le cas où les nombres donnés sont *fractionnaires* à celui où ces nombres sont *entiers*.

PROBLÈMES RELATIFS AU COMMERCE.

On trouve ainsi $\frac{6}{12}$, $\frac{8}{12}$, $\frac{9}{12}$, et l'on partage 400 en parties proportionnelles aux nouveaux numérateurs 6, 8, 9 [a].

Exercice. 1. Partagez 360^f proportionnellement à 2, 3, 7. — **Solution.** 60^f, 90^f, 210^f.

E. 2. Partagez 549^f proportionnellement à 2, 3, 4. — p. 167
Solution. 122^f, 183^f, 244^f.

E. 3. Partagez 650^f proportionnellement à $\frac{1}{4}$, $\frac{1}{3}$, $\frac{1}{2}$. — **S.** Ces fractions équivalent à $\frac{3}{12}$, $\frac{4}{12}$, $\frac{6}{12}$. Il suffit de partager 650^f proportionnellement à 3, 4, 6. On trouve ainsi 150^f, 200^f, 300^f.

E. 4. Partagez 2 250^f proportionnellement à $\frac{1}{6}$, $\frac{5}{12}$, $\frac{2}{3}$. — **S.** Ces fractions équivalent à $\frac{2}{12}$, $\frac{5}{12}$, $\frac{8}{12}$. Il suffit de partager 2 250^f proportionnellement à 2, 5, 8. On trouve ainsi : 300^f, 750^f, 1 200^f.

E. 5. Un train fait en 9^h 30^m les 585^{Km} qui séparent Paris de Bordeaux. Combien par minute ? — **S.** 1^{Km},063 [b].

E. 6. Sur une facture de 325^f,25, on me fait un escompte de 3 °/$_o$. Qu'ai-je à payer ? — **S.** Cet escompte est de 325^f,25 $\times$ 0,03, c-à-d de 9^f,75. J'ai donc à payer seulement 315^f,50.

E. 7. Quels poids faut-il allier aux titres de 0,850 et de 0,920 pour obtenir 7^{Kg} au titre de 0,875 ? — **S.** 4^{Kg},5 au titre de 0,850, et 2^{Kg},5 au titre de 0,920. Cet exercice est une *règle d'alliage* de la troisième espèce.

E. 8. Que rapportent, à la caisse d'épargne, 549^f, en 5 mois ? — **S.** 6^f,86 [c].

---

[a] Partager un nombre en parties *inversement* proportionnelles aux nombres 2, 7, 11, par exemple, c'est partager ce nombre en parties proportionnelles aux *inverses* $\frac{1}{2}$, $\frac{1}{7}$, $\frac{1}{11}$ des nombres 2, 7, 11.

[b] En réalité, ce train doit aller un peu plus vite, pour regagner le temps qu'il perd dans ses différents arrêts.

[c] Cet exercice n'est qu'une *règle d'intérêt* de la première espèce, où le *capital* est égal à 549^f, le *taux* à 3, et le nombre d'*années* à $\frac{5}{12}$. — Si le 31 décembre était compris dans cet intervalle de 5 mois, le revenu serait légèrement augmenté, vu que, à la *caisse d'épargne*, les intérêts

E. 9. Une pierre pèse $253^{Hg},3$. Le même volume d'eau pèse $1^{Mg},312$. Trouvez la densité de cette pierre. — **S.** $25,33 : 13,12$, c-à-d $1,93$.

E. 10. Le taux de l'escompte étant $6,5$, trouver la valeur nominale d'un billet, payable dans 60^j, qui en remplace 2 autres, l'un de $1\,256^f$ payable dans 51^j, l'autre de $1\,875^f$ payable dans 90^j. — **S.** $3\,122^f,81$. Cet exercice est un problème d'*échéance moyenne*.

---

161. — Règles de société, de répartition.

Question. Donnez un exemple de *règle de société*. — **Réponse.** « *Trois personnes ont fait une entreprise en société. La première a apporté* 2000^f, *la deuxième* $3\,000^f$, *et la troisième* $4\,000^f$. *Elles ont réalisé un bénéfice de* $3\,600^f$. *Quelle sera la part de chaque personne ?* » — Cette question est une **règle de société**.

Q. Comment résout-on cette *règle ?* — **R.** Pour la résoudre, on partage le *bénéfice*[a] total $3\,600^f$ en *parties proportionnelles* aux *apports* $2\,000$, $3\,000$ et $4\,000$. On trouve 800^f, $1\,200^f$, $1\,600^f$.

Q. Donnez un nouvel exemple. — **R.** « *Partager un bénéfice de* $4\,825^f$ *entre deux associés qui ont mis dans l'entreprise : le premier*, $16\,000^f$ *pendant 2 ans ; le second*, $9\,000^f$ *pendant 3 ans*[b]. » — Cette question est encore une **règle de société**.

Q. Comment résout-on cette *règle ?* — **R.** Pour la résoudre, on multiplie les *apports* par les *temps*, ce qui donne $16\,000 \times 2$ et $9\,000 \times 3$, c-à-d $32\,000$ et $27\,000$; puis on

---

produits au 31 décembre s'ajoutent au capital pour produire, avec lui, de nouveaux intérêts.

[a] Si la société, au lieu de réaliser un bénéfice, eût fait des *pertes*, ces pertes se fussent partagées aussi proportionnellement aux *mises* ou *apports* des associés.

[b] Cette seconde *règle* diffère de la première en ce que les *apports* des deux associés ne sont pas restés le *même temps* dans l'entreprise. Lorsqu'il en est ainsi, on *répartit* les bénéfices proportionnellement aux *produits* des *apports* par les *temps* correspondants.

partage 4825^f en *parties proportionnelles*[a] aux deux nombres 32000 et 27000. On trouve ainsi 2616^f,94 et 2208^f,05.

Exercice. 1. Partagez un bénéfice de 25000^f entre 3 associés dont les apports étaient 6000^f, 40000^f, p. 168 25000^f[b]. — **Solution.** 2112^f,67 ; 14084^f,50 ; 8802^f,81.

E. 2. Partagez un bénéfice de 135^f proportionnellement à 4, 5, 9. — **S.** 30^f ; 37^f,50 ; 67^f,50.

E. 3. Répartir[c] une perte de 3456^f proportionnellement aux mises de 4000^f, 6000^f, 8000^f. — **S.** 768^f ; 1152^f ; 1536^f.

E. 4. Partagez un bénéfice de 3200^f entre 2 associés qui ont mis dans une entreprise : le premier, 1224^f pendant 6 mois ; le second, 916^f pendant 9 mois. — **S.** 1507^f,62 ; 1692^f,37.

E. 5. Que valent 25^{Hg},6 de gros sous ? — **S.** Pesant 2560^g, ils valent 2560^c, c-à-d 25^f,60.

E. 6. Combien de seaux de 13^l pour porter 3mo,965 d'eau ? — **S.** Autant qu'il y a de fois 13^l dans 3965^l, c-à-d 305.

E. 7. Sur un billet de 380^f on fait, à 5 °/$_0$, une retenue de 3^f,65. Dans combien de jours l'échéance ? — **S.** Dans 69^j[d].

E. 8. Calculez 2^j — 6^h — 27^m. — **S.** 1^j 17^h 33^m.

E. 9. Un vignoble, qui avait coûté 32696^f, rapportait 4,2 °/$_0$. Il ne produit plus rien. Combien perd-on par an ? — **S.** L'intérêt de 32696^f à 4,2 °/$_0$, c-à-d 1373^f,23.

E. 10. Que pèsent 1550^f en pièces de 50^f ? — **S.** Autant de grammes qu'il y a de fois 3^f,10 dans 1550^f, c-à-d 500^g.

---

[a] Les *règles de société* ne sont qu'un cas particulier des *partages proportionnels*.

[b] Il est évident qu'il suffit de partager ce bénéfice proportionnellement aux nombres 6, 40, 25.

[c] Partager un nombre en différentes parts, proportionnelles à d'autres nombres, c'est ce qu'on appelle *répartir*. Voilà pourquoi les *règles de société* se nomment aussi *règles de répartition*. On fait la *répartition* des impôts, la *répartition* du contingent militaire, etc., etc.

[d] Cet exercice n'est qu'une *règle d'intérêt* de la quatrième espèce, où le *capital* est 380^f, le *taux* 5, et l'*intérêt* 3^f,65.

CHAPITRE VI

TENUE DES LIVRES

162. — Les livres de commerce.

Question. Que fait un commerçant qui a de l'*ordre*? — **Réponse.** Pour qu'un commerce prospère, il y faut beaucoup d'activité, d'économie et d'ordre : tout commerçant qui a de l'*ordre* tient exactement ses **livres de commerce**.

Q. Combien y a-t-il de *livres de commerce* exigés par la loi ? — **R.** Il y a trois *livres de commerce* qui sont exigés par la loi : le **livre-journal**, le **copie de lettres** et le **livre des inventaires**.

Q. Y a-t-il d'autres *livres?* — **R.** Il y a d'autres livres qui sont très utiles sans être indispensables : le *brouillard*, le *grand-livre* et les *livres auxiliaires*.

Q. Comment se nomme l'*art* de tenir les livres ? — **R.** L'art de bien *tenir les livres* se nomme la **tenue des livres** ou la **comptabilité**[a] ; il repose sur ce principe : celui qui *reçoit* est *débiteur*, celui qui *donne* est *créditeur* ou *créancier*.

Q. Combien existe-t-il de systèmes de *comptabilité?* — **R.** Il existe deux systèmes principaux de *comptabilité* : la *partie simple*, la *partie double*[b]. Nous ne parlerons que du premier.

Exercice. 1. Convertissez $\frac{1}{21}$ en fraction décimale. — **Solution.** 0,047 619 [c]...

---

[a] A proprement parler, la *comptabilité* est la *science* des comptes ; la *tenue des livres* n'est que la *partie pratique* de cette science.

[b] La *partie simple* est très facile à apprendre et à pratiquer. Toutefois, la *partie double* présente tant d'avantages qu'on a, presque partout, renoncé à la partie simple. — Nous exposons la *partie double* dans notre *Cours supérieur*.

[c] Fraction décimale périodique, dont la *période*, composée de 6 chiffres, est 047 619.

TENUE DES LIVRES. 293

E. 2. On a $3^{Dl},7$ de haricots à $5^f,50$ le décalitre. Combien faut-il y mêler de haricots à $5^f,15$ pour que le prix s'abaisse à $5^f,20$. — **S.** $22^{Dl},2$. Cet exercice est une *règle de mélange* de la deuxième espèce.

E. 3. Le département du Nord[a] avait $765\,001^{hab}$ en 1801 et $1\,519\,585$ en 1876. Dites l'accroissement annuel. — **S.** $10\,061$.

E. 4. En combien de jours $62\,628^f$, à $4,5\,°/_°$, rapportent-ils $542^f,13$? — **S.** 69^j. Cet exercice est une *règle d'intérêt* de la quatrième espèce[b].

E. 5. Le 3 °/° français est à $78,15$. Que coûtent $1\,200^f$ de rentes ? — **S.** 3^f de rente coûtent $78^f,15$; donc 1^f coûte $\frac{78,15}{3}$, et $1\,200^f$ coûtent $\frac{78,15 \times 1200}{3}$, c-à-d $31\,260^f$.

E. 6. A 35^f le stère de bois, que coûtent $1^{Dst},815$? — **S.** $35^f \times 18,15$, c-à-d $635^f,25$.

E. 7. Que pèsent $3^{dmc},875$ d'un acier dont la densité est $7,84$? — **S.** Ce volume d'eau pèserait $3^{Kg},875$. Donc ce volume d'acier pèse $3^{Kg},875 \times 7,84$, c-à-d $30^{Kg},380$.

E. 8. Calculez $3^{Dmc},8264 + 781^{mc},8 - 151^{dst},2$. — **S.** $4\,593^{mc},08$.

E. 9. A l'âge de 55 ans, il faut verser $1\,094,10$ pour avoir une rente viagère de 100^f. Trouvez le taux. — **S.** $1094^f,10$ rapportent 100^f ; donc 1^f rapporte $\frac{100}{1\,094,10}$; et 100^f rapportent $\frac{100 \times 100}{1\,094,10}$, c-à-d $9,139$.

E. 10. Mes pages ont 24 lignes. J'écris 8 pages en 1^h. Combien en écrirais-je, si elles n'avaient que 15 lignes ? — **S.** Si elles n'avaient qu'une ligne, j'en écrirais 24 fois plus, c-à-d 8×24. Comme elles ont 15 lignes, j'en écris 15 fois moins, c-à-d $\frac{8 \times 24}{15}$, c-à-d $12,8$.

---

[a] Le département du *Nord* est l'un des plus riches de la France, et, après le département de la Seine, qui contient Paris, c'est de beaucoup le plus peuplé.

[b] Pour toutes les *règles d'intérêt*, de *mélange*, d'*alliage* que nous donnons dans nos exercices, il faut faire redire aux élèves, sur les nombres mêmes de l'exercice, les *raisonnements* qui figurent dans le Cours.

163. — Le brouillard.

Question. Qu'est-ce que le *brouillard*? — **Réponse.** Le **brouillard**[a] est un livre où le commerçant inscrit *jour par jour* toutes les *opérations* de son commerce. Il y inscrit aussi, tous les *mois*, les *sommes* qu'il prend pour son usage personnel[b].

Q. Comment sont rédigées les inscriptions au *brouillard*? — R. Ces inscriptions sont rédigées en langage ordinaire. Il importe qu'elles soient *courtes, claires* et *précises*[c].

Q. Donnez une page du *brouillard*. — R. Voici une page du *brouillard* :

p. 170	du 27 avril	
Vendu à Jean 15 pièces cotonnade à 21ᶠ la pièce		315 »»
	du 29 avril	
Acheté à Simon 1ᵈᵒⁿᶻ parapluies à 5ᶠ		60 »»
	du 1ᵉʳ mai	
Pris pour mes dépenses du mois.		210 »»
	du 3 mai	
Vendu à Simon 8 pièces mérinos à 50ᶠ.		400 »»
	du 4 mai	
Reçu de Simon, à valoir sur ce qu'il me doit.		200 »»

Exercice. 1. Divisez $\frac{60}{315}$ par $\frac{21}{45}$. — **Solution.** $\frac{20}{49}$ [d].

E. 2. Trouvez la valeur actuelle d'un billet de 3 425ᶠ,50 payable dans 90ʲ. L'escompte est à 6 °/₀. — **S.** 3 374ᶠ,12.

(a) Le *brouillard* se nomme aussi *main courante*.
(b) En rédigeant le *brouillard*, on n'y doit rien omettre. Aussi est-il bon d'y inscrire toutes les opérations que l'on fait au moment même où on les fait.
(c) Et l'on peut ajouter : aussi *simples* que possible.
(d) En simplifiant d'abord les deux fractions données, on eût trouvé qu'il s'agissait de diviser $\frac{4}{21}$ par $\frac{7}{15}$.

TENUE DES LIVRES.

E. 3. Exprimez en ares $4^{Kmq},78$. — **S.** $47\,800^a$.

E. 4. Un boulet parcourt 500^m par seconde. Combien de temps mettrait-il pour aller au centre de la terre, dont nous sommes à 6360^{Km} environ? — **S.** Autant de secondes qu'il y a de fois 500^m dans $6\,360\,000^m$, c-à-d 12720^s, ou bien $3^h\,32^m$.

E. 5. A quel taux faut-il placer $34\,256^f,15$ pour en retirer $3\,316^f$ en 2 ans? — **S.** $4,84$. Cet exercice est une règle d'intérêt de la troisième espèce.

E. 6. On fond 560^f en pièces d'or avec 119^g de cuivre. Dites le titre de l'alliage formé? — **S.** Ces 560^f en pièces d'or pèsent $180^g,64$ et contiennent $162^g,57$ d'or pur. L'alliage formé pèse $299^g,64$. Donc le titre est $162,57 : 299,64$, c-à-d $0,542$.

E. 7. Calculez $13^{Mm},8 - 12643^m - 156^{Dm},7$. — **S.** $123\,790^m$.

E. 8. Que valent $2^{Hg},788$ d'or monnayé? — **S.** $3^f,10 \times 278,8$, c-à-d $864^f,28$.

E. 9. Un bloc d'acajou pèse $593^{Kg},7$. Sa densité est $0,67$. Trouvez son volume. — **S.** Ce poids d'eau aurait un volume de $593^{Dmc},7$. Le volume cherché[a] sera $593^{Dmc},7 : 0,67$, c-à-d $886^{Dmc},1$.

E. 10. On paye $0^f,30$ pour $1\,000^f$ d'assurance, en cas d'incendie, sur risques locatifs[b]. Combien paye-t-on pour $48\,514^f,13$? — **S.** Pour $1\,000^f$, on paye $0^f,30$. Pour 1^f, on paye $\frac{0,30}{1\,000}$. Pour $48\,514^f,13$ on paye $\frac{0,30 \times 48\,514,13}{1\,000}$, c-à-d $14^f,55$.

---

164. — Le livre-journal, ou journal.

Question. Que doit-on inscrire au *journal*? — **Réponse.** Le commerçant doit inscrire au **journal** toutes les *opérations* qu'il fait et toutes les *sommes* qu'il dépense pour son usage personnel.

[a] Le corps considéré est plus léger que l'eau, puisque sa densité est moindre que 1. Aussi son volume est-il plus grand que celui du même poids d'eau.

[b] On appelle *risques locatifs* les risques que le *locataire* fait courir à l'immeuble de son propriétaire.

Q. Comment le *journal* doit-il être tenu? — **R.** Le *journal* doit être tenu sans *blanc*, ni *rature*, ni transport en marge[a].

p. 171   **Q.** Que faut-il faire pour bien *tenir* le *journal*? — **R.** Pour bien tenir le *journal*, il suffit de copier le *brouillard*, en modifiant légèrement la rédaction des articles.

Q. Quel est le commencement de chaque article? — **R.** Si, dans un article, *Simon* est *débiteur*, cet article commence ainsi : *Doit Simon;* si, dans un autre article, *Simon* est *créditeur*, cet autre article commence ainsi : *Avoir*[b] *Simon*.

Q. Donnez une page du *journal*? — **R.** Voici la page du *journal* correspondant à la page du *brouillard* donnée précédemment :

——— du 27 avril ———	
Doit Jean	
15 pièces cotonnade à 21^f la pièce	315 »»
——— du 29 avril ———	
Avoir Simon	
1^{douz} parapluies à 5^f	60 »»
——— du 1er mai ———	
Doit mon compte personnel	
pour mes dépenses du mois.	210 »»
——— du 3 mai ———	
Doit Simon	
8 pièces mérinos à 50^f la pièce	400 »»
——— du 4 mai ———	
Avoir Simon	
Son versement[c] de ce jour	200 »»

[a] C'est cette obligation de tenir le journal d'une façon tout à fait correcte qui rend indispensable le *brouillard* ou *main courante*.
[b] Dans toute la *comptabilité*, le mot *avoir* est l'opposé du mot *doit*.
[c] Donner une somme en espèces ou en billets de banque, la porter à une caisse, c'est ce qu'on nomme *verser* cette somme. De là le mot *versement*.

Exercice. 1. Ecrivez au journal : « Pierre m'achète à crédit 3^m d'étoffe à $2^f,50$ le mètre. » — **Solution.** *Doit Pierre*[a], 3^m d'étoffe à $2^f,50$ le mètre, $7^f,50$.

E. 2. Ecrivez au journal : « Jules me donne $456^f,30$, à valoir sur ce qu'il me doit. » — **S.** *Avoir Jules*, à valoir sur ce qu'il me doit, $456^f,30$.

E. 3. Ecrivez au journal : « Jean me paye sa facture de $136^f,25$. » — **S.** *Avoir Jean*[b], payement de sa facture, $136^f,25$.

E. 4. Ecrivez au journal : « Henri m'achète 2 douzaines de parapluies à $5^f,25$ la pièce. » — **S.** *Doit Henri*, 2 douzaines de parapluies à $5^f,25$ la pièce, 126^f.

E. 5. La surface du Portugal est de $89\,619^{Kmq}$. Celle de l'Espagne est de $500\,445^{Kmq}$. Evaluez le rapport de ces surfaces à moins de $0,01$. — **S.** $0,17$.

E. 6. Partagez 5841 en parties proportionnelles à $\frac{1}{3}, \frac{1}{4}, \frac{3}{8}$. — **S.** Ces fractions étant égales à $\frac{8}{24}, \frac{6}{24}$ et $\frac{9}{24}$, il suffit de partager 5841 proportionnellement à 8, 6 et 9. On trouve $2\,031,6$; $1\,523,7$; $2\,285,6$.

E. 7. En 1876 la Belgique avait $5\,336\,185^{hab}$. Sa surface est de $29\,455^{Kmq}$. Combien d'habitants sur 1^{Kmq} ? — **S.** $5\,336\,185 : 29\,455$, c-à-d 181.

E. 8. Un alliage contient 13^{Kg} d'argent et 1^{Kg} de cuivre. Quel est son titre ? — **S.** $\frac{13}{14}$, c-à-d $0,928$.

E. 9. Exprimez en tonnes $328^{Kg},7$. — **S.** $0^t,3287$.

E. 10. J'achète un veston de $25^f,50$; un pantalon de $17^f,25$; et un gilet de $9^f,20$. Faites ma facture[c]. — **S.** Doit M. X., 1 veston $25^f,50$; 1 pantalon $17^f,25$; 1 gilet $9,20$. Total $51^f,95$.

---

[a] Il faut exiger des élèves qu'ils donnent bien, à ces différents articles, la forme et la disposition indiquées ci-dessus.

[b] Pour reconnaître, en *passant* cet article, si Jean est *débiteur* ou *créditeur*, il suffit de voir s'il *reçoit* ou s'il *donne*. S'il reçoit, il est *débiteur* ; s'il donne, il est *créditeur*. Evidemment, il donne : nous écrivons donc : *Avoir Jean*.

[c] Il faut que cette facture soit, comme disposition, bien conforme au modèle donné précédemment.

165. — Le grand-livre.

Question. Qu'est-ce que le *grand-livre ?* — **Réponse.** Le **grand-livre** n'est qu'un *recueil* de **comptes**.

Q. Qu'est-ce qu'un *compte ?* — **R.** Un *compte* est un *tableau* qui nous présente tout ce qu'une personne nous *doit* et tout ce que nous lui *devons*.

Q. De quoi ce *tableau* se compose-t-il ? — **R.** Ce *tableau* se compose de deux parties : à *gauche*, le **débit** ; à *droite*, le **crédit**.

Q. Où sont écrits les mots *doit* et *avoir* ? — **R.** Au-dessus du *débit*, est écrit le mot **doit** ; au-dessus du *crédit* est écrit le mot **avoir**.

Q. Qu'écrit-on au *débit ?* — **R.** On écrit : au *débit*, tout ce dont le *titulaire* du compte est *débiteur* ; au *crédit*, tout ce dont il est *créditeur*.

Q. Où se porte chaque article du *journal ?* — **R.** Chaque article du *journal* se porte : au *débit*, s'il commence par le mot *doit* ; au *crédit*, s'il commence par le mot *avoir* [a].

Q. Donnez un exemple. — **R.** Voici le *compte* de Simon :

Doit			SIMON, en ville		Avoir
3 mai	ma facture...	400 » »	29 avril	sa facture....	60 » »
			4 mai	son versement.	200 » »

Q. Comment arrête-t-on un *compte ?* — **R.** Pour *arrêter* un *compte*, on fait la *somme* du *débit* et celle du *crédit*. La *différence* de ces deux *sommes* est le *solde* du *compte*.

Q. Dans quel cas le *solde* est-il *débiteur ?* — **R.** Ce *solde*

---

[a] Des substantifs *débit* et *crédit*, on a fait les verbes *débiter* et *créditer*. *Débiter* d'une certaine somme le titulaire d'un compte, c'est porter cette somme au *débit* de son compte ; l'en *créditer*, ce serait la porter au *crédit*.

est : *débiteur*, si c'est le *débit* qui donne la plus *forte* somme ; *créditeur*, si c'est le *crédit*[a].

Q. Que savez-vous sur le *solde* du compte de Simon ? — R. Le *compte* de Simon a un *solde débiteur*[b].

Q. Où écrit-on le *solde ?* — R. On écrit le *solde* du côté le *plus faible*. De cette façon, les deux parties du *compte* donnent la même *somme ;* il y a **balance**.

Exercice. 1. Simon achète pour 456^f,20 et donne, pour acompte, 163^f,80. Faites son compte. — **Solution.** On écrit, *au débit,* son achat 456^f,20 ; *au crédit,* son acompte 163^f,80[c]. p. 173

E. 2. Pierre m'achète le 6 mai pour 1423^f,50 ; il me vend le 17 pour 458^f,75 ; et le 21 me donne un acompte de 517^f. Faites son compte. — **S.** On porte : à son *débit,* son achat du 6 mai 1423^f,50 ; à son *crédit,* sa facture du 17 mai 458^f,75 ; et le 21 mai son acompte 517^{f}[d].

E. 3. Combien faut-il mêler d'eau et de vin à 0^f,60 le litre pour obtenir 120^l à 0^f,45 ? — **S.** 120^l à 0^f,45 valent 54^f. Donc on doit prendre autant de litres de vin à 0^f,60 qu'il y a de fois 0^f,60 dans 54^f, c-à-d 90. Donc on mêlera 90^l de vin et 30^l d'eau[e].

E. 4. On escompte le 20 mai, à 4,5 %, un billet de 1652^f,30 payable le 15 juillet. Calculez la retenue. — **S.** Mai a 31^j et juin 30^j. Donc la retenue est l'intérêt de 1652^f,30, à 4,5 %, pendant 56^j, c-à-d 11^f,56.

E. 5. Calculez 1^{Dmc},837 + 1524^{Dmc} + 2999^{Ml}. — **S.** 1555827^{mc}.

E. 6. Une maison rapporte 6427^f net. Que vaut-elle si

---

[a] Si le *solde* est *débiteur,* le titulaire du compte nous *doit* ce solde : il est notre *débiteur*. Si le *solde* est *créditeur,* c'est nous, au contraire, qui devons au titulaire du compte : il est notre *créditeur* ou *créancier*.

[b] Ce *solde débiteur* est de 140^f, puisque le *débit* s'élève à 400^f, et le *crédit* seulement à 260. Simon, si nous arrêtions aujourd'hui son compte, resterait donc notre *débiteur* pour la somme de 140^f.

[c] Il faudra que l'élève établisse ce compte conformément au modèle ci-dessus.

[d] Il serait bon, après avoir fait établir le compte de Simon et celui de Pierre, de faire *régler* ces deux comptes.

[e] On aurait pu aussi résoudre cet exercice en remarquant qu'il n'est autre chose qu'une *règle de mélange* de la troisième espèce.

on évalue le taux à 5,95? — **S.** Pour rapporter 5^f,95, il faut 100^f. Pour rapporter 1^f, il faut $\frac{100}{5,95}$. Pour rapporter 6 427^f, il faut $\frac{100 \times 6427}{5,95}$ c-à-d 108 016^f.

E. 7. Une obligation est au cours de 362^f,50 et rapporte 15^f par an. Combien en faut-il pour faire un revenu de 900^f? — **S.** Autant qu'il y a de fois 15^f dans 900^f, c-à-d 60.

E. 8. Douze volumes coûtent ensemble 13^f,65. On en donne un treizième gratis. Dites le prix du volume. — **S.** 13^f,65 : 13, c-à-d 1^f,05.

E. 9. Calculez 221^{Dmq},8 — 0^{Ha},36 — 24^a. — **S.** 161^a,8.

E. 10. Trouvez le capital qui, à 4,5 %, rapporte 2 856^f,30 en 3 ans. — **S.** 21 157^f,77.

---

166. — Les livres auxiliaires, le copie de lettres.

Question. Quels sont les principaux *livres auxiliaires*? — **Réponse.** Les principaux *livres auxiliaires* sont le **livre de caisse** et le **livre de magasin**.

Q. De quoi se compose le *livre de caisse*? — **R.** Le *livre de caisse* se compose de deux *parties* placées en regard : les **recettes**, les **dépenses**.

Q. Qu'écrit-on aux *recettes*? — **R.** On écrit : aux *recettes*, toutes les *sommes reçues*; aux *dépenses*, toutes les *sommes payées*[a].

Q. De quoi se compose le *livre de magasin*? — **R.** Le *livre de magasin* se compose aussi de deux *parties* placées en regard : les **entrées**, les **sorties**.

Q. Qu'écrit-on aux *entrées*? — **R.** On écrit : aux *entrées*, toutes les *marchandises reçues*; aux *sorties*, toutes les *marchandises livrées*[b].

Q. Qu'est-ce que le *copie de lettres*? — **R.** Le **copie de**

---

[a] Le *livre de caisse* est en quelque sorte un *compte*, dont les *recettes* constituent le *débit* et les *dépenses* le *crédit*.
[b] Le *livre de magasin* peut, lui aussi, être regardé comme un *compte*, dont les *entrées* constituent le *débit* et les *sorties* le *crédit*.

lettres est un livre, exigé par la loi, où le commerçant copie toutes les *lettres* qu'il *envoie*.

Q. Par quoi se complète-t-il ? — R. Le *copie de lettres* se complète par la mise en liasses de toutes les *lettres reçues*.

Q. Le commerçant doit-il conserver autre chose ? — R. Le commerçant doit encore conserver, bien en ordre, les *factures acquittées*[a], les *traites et billets payés*, les *comptes d'achat et de vente*, en un mot toutes les *pièces* qui se rapportent à son commerce. p. 174

Exercice. 1. Retranchez $\frac{3}{11}$ de $\frac{44}{121}$. — **Solution.** $\frac{1}{11}$[b].

E. 2. Combien de lieues dans $122^{Mm},8$? — **S.** 1228^{Km} et 4 fois moins de lieues, c-à-d 307 lieues.

E. 3. Pour faire défricher un terrain, on paye 257^f. Combien payera-t-on pour un terrain 2 fois moins large, mais 3 fois plus long ? — **S.** Pour un terrain 2 fois moins large, mais de même longueur, on paye $\frac{257}{2}$. Pour un terrain 3 fois plus long que ce dernier, on payera $\frac{257 \times 3}{2}$, c-à-d $385^f,50$.

E. 4. Un ouvrier âgé de 21 ans doit payer une prime annuelle de $2^f,21$ pour s'assurer au bout de 30 ans un capital de 100^f. Quelle serait la prime pour un capital de 1550^f ? — **S.** Pour s'assurer 1^f, il faudrait $\frac{2,21}{100}$. Pour s'assurer 1550^f, il faut $\frac{2,21 \times 1550}{100}$, c-à-d $34^f,25$.

E. 5. Calculez $3^j + 27^h - 28^s$. — **S.** $356\,428^s$.

E. 6. Un lingot est au titre de 0,900 et pèse $58^{Dg},7$. Réduit en écus, que vaudra-t-il ? — **S.** 1^{Dg} d'argent monnayé vaut 2^f. Donc le lingot vaudra $2^f \times 58,7$, c-à-d $117^f,4$.

E. 7. Quel poids faut-il allier d'un lingot au titre de

---

[a] Tout particulier, même non commerçant, doit conserver avec soin les *factures acquittées*, les *traites et billets payés* : en négligeant cette précaution, on s'expose à payer deux fois. — Cependant, après un certain laps de temps, déterminé par la loi, il y a *prescription*, et celui qui affirme avoir payé en est cru sur parole, sans avoir besoin de produire un reçu.

[b] Il est facile de voir que la seconde de ces fractions est égale à $\frac{4}{11}$.

302 LES PROBLÈMES USUELS.

0,750 avec $1^{Kg},856$ d'un lingot au titre de 0,920, pour que le titre final soit 0,835 ? — **S.** $1^{Kg},856$. Cet exercice est une *règle d'alliage* de la deuxième espèce[a]

E. 8. Trouvez la valeur nominale d'un billet dont l'escompte à 4,5 %, pour 87^j, est de $15^f,75$? — **S.** $1\,448^f,27$. Cet exercice est une *règle d'intérêt* de la deuxième espèce.

E. 9. Calculez $36^{Mg},28 + 215^{Hg},09 + 364^{Kg},16$. — **S.** $748^{Kg},469$.

E. 10. Que pèse l'eau contenue dans 32 verres dont chacun a une capacité de $2^{dl},09$ [b] ? — **S.** Chaque verre a une capacité de $0^l,209$ et contient, par conséquent, $0^{Kg},209$ d'eau. L'eau contenue dans les 32 verres pèse donc $0^{Kg},209 \times 32$, c-à-d $6^{Kg},688$.

---

167. — De l'inventaire.

Question. Qu'est-ce que *l'inventaire*? — **Réponse.** L'**inventaire** est un *tableau* présentant, à une *époque* déterminée, la *situation exacte* d'un commerçant.

Q. De quoi se compose ce *tableau*? — **R.** Ce *tableau* se compose de deux parties : l'**actif**, c-à-d ce que le commerçant *possède;* le **passif**, c-à-d ce qu'il *doit*.

Q. De quoi se compose l'*actif*? — **R.** L'*actif* se compose : des *soldes débiteurs* du grand-livre; des *espèces en caisse*; des *marchandises en magasin*; des *effets à recevoir*; du *matériel*; enfin des *immeubles*.

Q. De quoi se compose le *passif*? — **R.** Le *passif* se p. 175 compose : des *soldes créditeurs* du grand-livre; des *billets, traites* ou *promesses* à payer; enfin des *fonds* que l'on a mis dans le commerce.

Q. Que constitue la *différence* entre l'*actif* et le *passif*? — La *différence* entre l'*actif* et le *passif* constitue le *bénéfice* ou.

---

[a] On voit immédiatement, sans calcul, que le poids du premier lingot doit être égal au poids du second : il suffit de remarquer que le *titre* demandé est juste la *moyenne* des deux *titres* donnés.

[b] Les verres à boire ordinaires contiennent environ un *cinquième* de litre.

TENUE DES LIVRES.

la *perte* : il y a *bénéfice*, si c'est l'*actif* qui l'emporte ; *perte*, si c'est le *passif*[a].

Q. Doit-on dresser souvent son *inventaire ?* — **R.** Tout commerçant doit dresser son *inventaire* une fois par *an*.

Q. Où doivent être portés les *inventaires ?* — Les *inventaires* doivent être portés sur un registre spécial, nommé **livre des inventaires**, qui est l'un des trois livres exigés par la loi[b].

Exercice. 1. Que rapportent 100 000^f à 4 % en 1^j ? — **Solution.** 11^f,11.

E. 2. A 0^f,09 le kilogramme, que coûte la tonne de sel gris ? — **S.** 0^f,09 $\times$ 1 000, c-à-d 90^f.

E. 3. Calculez 0^{mc},567 — 33^{dmc},6 — 3 629^{cmc}. — **S.** 529^{dmc},771.

E. 4. Calculez à moins de 0,001 le quotient de 2 par 7. — **S.** 0,285.

E. 5. Que pèsent en kilogrammes les $\frac{2}{3}$ d'un rocher du poids de 125 tonnes ? — **S.** 125 000^{kg} $\times \frac{2}{3}$, c-à-d 83 333^{kg}.

E. 6. Sur 4 années consécutives, 1 seule est bissextile. Cela étant, combien y a-t-il de jours dans un siècle ? — **S.** Si les années étaient toutes ordinaires, le nombre des jours serait 365 $\times$ 100, c-à-d 36 500^j. Il y faut ajouter 25^j pour les 25 années bissextiles. On trouve donc finalement 36 525^j [c].

---

[a] On dit familièrement qu'une personne est *au-dessus* ou *au-dessous* de ses affaires, suivant que son *actif* est *supérieur* ou *inférieur* à son *passif*.

[b] Tout particulier, même non commerçant, devrait dresser son *inventaire* une fois, au moins, chaque année. Il est très important de savoir au juste ce qu'on possède et ce qu'on doit. — La *fortune* d'une personne est l'*excès* de son *actif* sur son *passif*. Si cet excès va en *croissant* d'année en année, cette personne s'*enrichit* ; dans le cas contraire, elle se *ruine* : il est très rare qu'on demeure stationnaire.

[c] Sur les 100 années consécutives qui composent un *siècle*, il y a forcément une année *séculaire*, c-à-d une année telle que 1600, 1700, 1800, dont le millésime est terminé par 2 *zéros*. Dans notre calcul, cette année est comptée comme bissextile. Or, dans le calendrier *grégorien*, le seul en usage de nos jours, une année séculaire, en général, n'est pas

E. 7. Multipliez $\frac{13}{51}$ par $\frac{17}{65}$. — **S.** $\frac{1}{15}$.

E. 8. Un ouvrier paye 3^f de prime annuelle pour s'assurer contre les accidents. Combien paye-t-il en 45 ans ? — **S.** $3^f \times 45$, c-à-d 135^f.

E. 9. Un terrain a coûté $12\,567^f$ et vaut, un an après, $13\,245^f$. A quel taux a-t-on placé son argent ? — **S.** L'augmentation est de 678^f. Donc $12\,567^f$ rapportent 678^f en 1 an; 1^f rapporte $\frac{678}{12\,567}$; et 100^f rapportent $\frac{678 \times 100}{12\,567}$, c-à-d $5^f,39$. Tel est le taux.

E. 10. Des actions coûtent $956^f,25$ et donnent 45^f de dividende annuel. Pour combien doit-on en acheter si l'on veut un revenu de 540^f ? — **S.** Il faut acheter autant d'actions qu'il y a de fois 45 dans 540, c-à-d 12. Or ces 12 actions coûtent $956,25 \times 12$, c-à-d $11\,475^f$.

---

168. — De la faillite.

Question. Dans quel cas un négociant est-il en état de *faillite* ? — **Réponse.** Tout commerçant qui *cesse* ses *payements* est en état de **faillite**.

Q. Qu'appelle-t-on *bilan* ? — **R.** On donne le nom de **bilan** au *tableau*, dressé par le failli, de son *actif* et de son *passif*[a].

Q. Qu'est-ce que le *concordat* ? — **R.** Le **concordat** est un *arrangement* entre le *failli* et ses *créanciers*, grâce auquel le failli peut continuer son commerce.

Q. Comment un failli peut-il se *réhabiliter* ? — **R.** Lors-

---

bissextile. En général donc, dans un siècle, il y aura seulement 36 524j. — La règle que suivent, dans le calendrier *grégorien*, les années *séculaires* peut s'énoncer ainsi : une année *séculaire* est *bissextile*, si le nombre représenté par ses deux premiers chiffres est divisible par 4 ; dans le cas contraire, elle ne l'est pas. Ainsi, 1600 et 2000 sont des années *bissextiles*; 1700, 1800, 1900 sont des années *communes*. — Dans le calendrier *julien*, qui a été en usage jusqu'en 1582, les années *séculaires* étaient toutes *bissextiles*.

[a] Le *bilan* n'est, on le voit, qu'une sorte d'*inventaire*. Tout commerçant qui cesse ses payements est tenu de *déposer son bilan*.

qu'un *failli* a *acquitté* toutes ses *dettes*, il peut p. 176 obtenir sa **réhabilitation**.

— Q. Dans quels cas la faillite prend-elle le nom de *banqueroute*? — R. La *faillite* prend le nom de **banqueroute** lorsque le *failli* est dans l'un des cas de *faute grave* ou de *fraude* que la loi a prévus [a].

Q. Par qui est jugée la *banqueroute*? — R. La *banqueroute* est *jugée* par les *tribunaux*.

Exercice. 1. Exprimez en décamètres $3^{Mm},6\,597$. — **Solution.** $3\,659^{Dm},7$.

E. **2.** Que coûte un terrain de $2^a,7$, à 70^f le mètre carré? — S. $70^f \times 270$, c-à-d $18\,900^f$.

E. **3.** Que pèsent ensemble 324 pièces de 2^f? — S. $10^g \times 324$, c-à-d $3^{Kg},240$.

E. **4.** Sur un billet de $1\,246^f,50$, payable dans 87^j, on retient $13^f,15$. Quel est le taux de l'escompte? — S. $4,36$ [b].

E. **5.** Additionnez $2^{Mg},009 + 3^{Kg},547 + 13^{Hg},028$. — S. $24^{Kg},9398$.

E. **6.** On mélange 25 quintaux métriques de blé à $22^f,25$ le quintal avec 36 quintaux à $23^f,15$. Dites le prix du quintal du mélange. — S. $22^f,78$. Cet exercice n'est qu'une *règle de mélange* de la première espèce.

E. **7.** Écrivez au journal : « Charles m'achète 57 paquets de bougies à $1^f,05$ le paquet. » — S. *Doit Charles :* 57 paquets de bougies à $1^f,05$ le paquet,... $59^f,85$.

E. **8.** Quel poids d'or pur dans $32^{Dg},75$ d'un lingot au titre de $0,845$? — S. $32^{Dg},75 \times 0,845$, c-à-d $27^{Dg},67375$ [c].

---

[a] La *banqueroute* est *simple* ou *frauduleuse*, suivant la gravité des fautes commises. La *banqueroute simple* est un *délit* qui entraîne la *prison*; la *banqueroute frauduleuse* est un *crime* qui entraîne les *travaux forcés*. — La *faillite* est, dans bien des cas, excusable ; la *banqueroute* ne l'est jamais.

[b] Cet exercice n'est autre chose qu'une *règle d'intérêt* où l'on demande de déterminer le *taux*, connaissant le *capital* $1246^f,50$, l'*intérêt* $13^f,15$, et le nombre de *jours*, 87.

[c] Nous écrivons ce résultat, tel que la multiplication l'a donné, avec *cinq décimales* : on fera bien de n'en conserver que *trois*, ou, au plus, *quatre*. — En général, lorsqu'on mesure une *longueur*, un *poids*, une *durée*, un *angle* ..., on n'obtient qu'un *nombre approché*. Il n'arrive

E. 9. Que deviennent, au bout de 4 ans, 12 000^f placés à intérêts composés au taux de 4,45. — **S.** 14 282^f,80.

E. 10. Partagez 5 670^f proportionnellement à 1, 3, 5. — **S.** 630^f; 1 890^f; 3 150^f.

presque jamais qu'on puisse répondre des 6 *premiers chiffres* de ce nombre.

LIVRE VI

LES PUISSANCES ET LES RACINES

CHAPITRE PREMIER

LES PUISSANCES

169. — Carré d'un nombre.

Question. Qu'appelle-t-on *carré* d'un nombre? — **Réponse.** On appelle **carré**[a] d'un *nombre* le *produit* de *deux facteurs* égaux à ce nombre. — p. 177

Q. Donnez des exemples. — R. Le *carré* de 5 est 5×5, c-à-d 25.

Le *carré* de 2,7 est $2,7 \times 2,7$, c-à-d 7,29.

Le *carré* de $\frac{3}{7}$ est $\frac{3}{7} \times \frac{3}{7}$, c-à-d $\frac{9}{49}$[b].

Q. Comment indique-t-on le *carré* d'un nombre? — R. Pour abréger, on indique le *carré* d'un *nombre* en écrivant, à la *droite* de ce nombre et un peu *au-dessus*, un petit chiffre 2.

Q. Donnez un exemple. — R. 5×5 s'écrit 5^2 et s'énonce 5 au carré.

Q. Récitez les *carrés* des 10 premiers nombres.

R. Le carré de 1 est 1 | Le carré de 2 est 4

---

[a] Comme on le verra plus tard, le mot *carré*, pris dans ce sens, tire son origine de la *géométrie*.
[b] Le *carré* d'un nombre plus grand que 1 est plus grand que ce nombre : ainsi le *carré* de 10 est 100. — Le *carré* d'un nombre plus petit que 1 est plus petit que ce nombre : ainsi le *carré* de 0,1 est 0,01.

308   LES PUISSANCES ET LES RACINES.

Le carré de 3 est 9	le carré de 7 est 49
Le carré de 4 — 16	le carré de 8 — 64
Le carré de 5 — 25	le carré de 9 — 81
Le carré de 6 — 36	le carré de 10 — 100

Exercice. 1. Calculez le carré de 17 827. — **Solution.** 317 801 929.

E. 2. Calculez le carré de 13,749. — **S.** 189,035 001.

E. 3. Calculez le carré de 0,02. — **S.** 0,0004 [a].

E. 4. Calculez le carré de $\frac{11}{17}$. — **S.** $\frac{121}{289}$.

p. 178   E. 5. Calculez le carré de $3 + \frac{1}{8}$. — **S.** $\frac{625}{64}$, c-à-d $9 + \frac{49}{64}$.

E. **6.** Trois volumes coûtent $7^f,65$. Que coûtent 11 volumes? — **S.** 1 volume coûte $\frac{7,65}{3}$; donc 11 volumes coûtent $\frac{7,65 \times 11}{3}$, c-à-d $28^f,05$.

E. **7.** En combien de temps, si cela était possible, un train qui fait 65^{Km} à l'heure ferait-il le tour du monde? — **S.** En autant d'heures qu'il y a de fois 65^{Km} dans $40\,000^{Km}$ [b], c-à-d en 615^h, ou en $25^j\,15^h$.

E. **8.** On m'a fait 4 % de remise. J'ai payé 328^f. A combien se montait ma facture? — **S.** Je n'ai payé, en réalité, que les 96 centièmes de ma facture. Ces 96 centièmes valent 328^f; donc 1 centième vaut $\frac{328}{96}$; donc les 100 centièmes valent $\frac{328 \times 100}{96}$, c-à-d $341^f,66$.

E. **9.** En mesurant une longueur à 3 reprises différentes, on a trouvé $325^m,36$; $324^m,97$; $325^m,76$. Dites la moyenne. — **S.** $325^m,36$.

E. **10.** Quel poids faut-il allier de 2 lingots, dont les titres sont 0,810 et 0,900, pour obtenir 3^{Kg} au titre de 0,870? — **S.** 1^{Kg} du premier et 2^{Kg} du second. Cet exercice n'est autre chose qu'une *règle d'alliage* de la troisième espèce.

---

[a] On voit très bien, sur cet exemple, que le carré d'un nombre plus petit que 1 est plus petit que ce nombre : 0,0004 est beaucoup plus petit que 0,02.

[b] Il faut se rappeler très bien que le tour entier de la terre est de $40\,000\,000^m$, c-à-d de $40\,000^{Km}$: cela résulte immédiatement de la définition du mètre. — Si l'on se servait de la *lieue* de 4^{km}, on pourrait dire que la terre a 10 000 lieues de tour.

170. — Cube d'un nombre.

Question. Qu'appelle-t-on *cube* d'un nombre? — **Réponse.** On appelle **cube**[a] d'un *nombre* le *produit* de *trois facteurs* égaux à ce nombre.

Q. Donnez des exemples. — R. Le *cube* de 5 est $5 \times 5 \times 5$, c-à-d 125.

Le *cube* de 1,2 est $1,2 \times 1,2 \times 1,2$, c-à-d 1,728.

Le *cube* de $\frac{2}{3}$ est $\frac{2}{3} \times \frac{2}{3} \times \frac{2}{3}$, c-à-d $\frac{8}{27}$ [b].

Q. Comment indique-t-on le *cube* d'un nombre? — R. Pour abréger, on indique le *cube* d'un *nombre* en écrivant, à la *droite* de ce nombre et un peu *au-dessus*, un petit chiffre 3.

Q. Donnez un exemple? — R. $5 \times 5 \times 5$ s'écrit 5^3 et s'énonce 5 au cube.

Q. Récitez les *cubes* des 10 premiers nombres.

R. Le cube de 1 est 1 | le cube de 6 est 216
Le cube de 2 — 8 | le cube de 7 — 343
Le cube de 3 — 27 | le cube de 8 — 512
Le cube de 4 — 64 | le cube de 9 — 729
Le cube de 5 — 125 | le cube de 10 — 1000 [c].

Exercice. 1. Calculez le cube de 123. — **Solution.** 1 860 867.

E. 2. Calculez le cube de 34,7. — S. 41 781,923.

E. 3. Calculez le cube de 0,07. — S. 0,000 343.

E. 4. Calculez le cube de $\frac{2}{3}$. — S. $\frac{8}{27}$.

E. 5. Calculez le cube de $6 + \frac{1}{7}$. — S. $\frac{79\,507}{343}$, c-à-d $231 + \frac{274}{343}$.

E. 6. Calculez le carré de 0,908. — S. 0,824 464.

---

[a] De même que le mot *carré*, le mot *cube*, pris dans ce sens, tire son origine de la *géométrie*.

[b] On voit nettement, sur ces exemples, que le *cube* d'un nombre est supérieur ou inférieur à ce *nombre*, suivant que ce *nombre* lui-même est supérieur ou inférieur à *l'unité*.

[c] Il faut, et cela est absolument indispensable, que les élèves sachent *par cœur* cette table des *cubes* des dix premiers nombres.

310   LES PUISSANCES ET LES RACINES.

p. 179

E. 7. Calculez $0^{Hmq},92 + 25^a,6 - 413^{ca},8$. — **S.** $113^a,462$.

E. 8. J'ai mis 360^f à la caisse d'épargne. On m'a rendu $363^f,60$. Combien de temps mon argent y est-il resté ? — **S.** 4 mois [a].

E. 9. Un bloc de porphyre [b] pèse $10^{Kg},07$; son volume est de $3^{dmc},8$. Trouvez sa densité. — **S.** Ce volume d'eau pèserait $3^{Kg},8$. La densité est donc $10,07 : 3,8$, c-à-d $2,65$.

E. 10. On a deux billets, l'un de 526^f à 33^j, l'autre de 742^f à 60^j. On veut les remplacer par un billet unique payable dans 40^j. Quelle sera la valeur nominale de ce billet, le taux de l'escompte étant $5,5$? — **S.** $994^f,62$. Cet exercice n'est qu'un problème d'*échéance moyenne*.

171. — Puissances d'un nombre.

Question. Qu'appelle-t-on deuxième *puissance* d'un nombre ? — **Réponse.** On appelle *deuxième* **puissance** [c] d'un nombre le *produit* de *deux facteurs* égaux à ce nombre.

Q. Donnez un exemple. — **R.** La *deuxième puissance* de 5 est 5×5, c-à-d 25. Elle n'est autre chose que le *carré* de 5. Elle se représente par 5^2. Le petit chiffre 2 se nomme *exposant*.

Q. Qu'appelle-t-on troisième *puissance* d'un nombre ? — **R.** On appelle *troisième* **puissance** d'un nombre le *produit* de *trois facteurs* égaux à ce nombre.

Q. Donnez un exemple. — **R.** La *troisième puissance* de 5 est $5 \times 5 \times 5$, c-à-d 125. Elle n'est autre chose que le *cube* de 5. Elle se représente par 5^3. Le petit chiffre 3 se nomme *exposant*.

---

[a] Cet exercice n'est autre chose qu'une règle d'intérêt où l'on demande de trouver le nombre de *jours* connaissant le *capital* 360^f, l'*intérêt* $3^f,60$, et le *taux* 3%. — Si l'on remarque que $3^f,60$ est juste le centième de 360^f, on conclut que le *capital* placé a rapporté 1%. En 1 an, il en rapporte 3. Donc il a été placé pendant un *tiers* d'année, c-à-d pendant 4 *mois*.

[b] Le *porphyre* est une roche très dure, susceptible de recevoir le plus beau poli, et très employée dans l'architecture et la statuaire. Le plus beau *porphyre* est le *rouge antique*, que les anciens tiraient de la haute Egypte.

[c] On parle quelquefois de la *première puissance* d'un nombre : elle n'est autre chose que ce nombre lui-même.

LES PUISSANCES.

Q. Qu'est-ce que la quatrième *puissance* d'un nombre ? — **R.** La *quatrième* **puissance** d'un nombre est le *produit* de *quatre facteurs* égaux à ce nombre [a].

Q. Donnez un exemple. — **R.** La *quatrième puissance* de 3 est $3 \times 3 \times 3 \times 3$, c-à-d 81. Elle se représente par 3^4 qui s'énonce 3 *puissance quatre*. Le petit chiffre 4 se nomme *exposant* [b].

Q. Qu'est-ce que la cinquième *puissance* d'un nombre ? — **R.** La *cinquième* **puissance** d'un nombre est le *produit* de *cinq facteurs* égaux à ce nombre ; la *sixième* **puissance** d'un nombre est le *produit* de *six facteurs* égaux à ce nombre ; et ainsi de suite.

Exercice. 1. Calculez la 4me puissance de 386. — **Solution.** 22 199 808 016 [c].

E. 2. Calculez la 5me puissance de 4,7. — **S.** 2 293,45007.   p. 180

E. 3. Calculez la 4me puissance de 0,1. — **S.** 0,0001 [d].

E. 4. Calculez la 5me puissance de $\frac{2}{5}$. — **S.** $\frac{32}{3125}$.

E. 5. Calculez la 4me puissance de $1 + \frac{1}{2}$. — **S.** $\frac{81}{16}$, c-à-d $5 + \frac{1}{16}$.

E. 6. Calculez la 10me puissance de 2. — **S.** 1 024 [e].

E. 7. Que vaut une pile de sous qui, dans l'alliage dont elle est formée, contient 3^g de zinc ? — **S.** Cette pile pèse 300^g et vaut 300^c, c-à-d 3^f.

E. 8. Exprimez en litres $6^{mc},9727$. — **S.** $6\,972^l,7$.

E. 9. Le taux de l'escompte est 4,25. Sur un billet de $3\,624^f$, on retient 31^f. Dans combien de jours

---

[a] On peut vérifier, sur des exemples, que la *quatrième puissance* d'un nombre est *supérieure* ou *inférieure* à ce *nombre,* suivant que ce nombre lui-même est *supérieur* ou *inférieur* à l'*unité.*

[b] La notation des *exposants* est une notation abrégée de la plus haute importance : elle est due à *Descartes*, l'un des plus grands mathématiciens qui aient existé.

[c] On voit bien, sur cet exemple, combien *croissent* rapidement les *puissances* d'un nombre *supérieur* à l'*unité.*

[d] On voit bien, sur cet exemple, combien *décroissent* rapidement les *puissances* d'un nombre *inférieur* à l'*unité.*

[e] Les 10 premières puissances de 2 sont : 2, 4, 8, 16, 32, 64, 128, 256, 512 et 1024.

l'échéance? — **S.** Dans 72^j. Cet exercice n'est qu'une *règle d'intérêt* de la quatrième espèce.

E. 10. Additionnez $\frac{3}{7}$, $\frac{5}{10}$, $\frac{7}{13}$. — **S.** $\frac{267}{182}$, ou $1 + \frac{85}{182}$.

CHAPITRE II

LA RACINE CARRÉE

172. — Définitions.

Question. Qu'appelle-t-on *racine carrée* d'un nombre? — **Réponse.** On appelle **racine carrée** d'un nombre un second nombre qui, élevé au *carré*, reproduise le premier.

Q. Donnez un exemple. — **R.** La *racine carrée* de 64 est 8, car $8^2 = 64$.

Q. Comment indique-t-on la *racine carrée*? — **R.** On indique la *racine carrée* par le signe $\sqrt[2]{}$ qui s'énonce *racine carrée de*[a].

Q. Donnez un exemple. — **R.** $\sqrt[2]{64}$, s'énonce *racine carrée de 64*.

Q. Supprime-t-on parfois le 2? — **R.** On supprime[b] souvent le 2 du signe $\sqrt[2]{}$.

Q. Tout nombre a-t-il une *racine carrée*? — **R.** La plupart des nombres n'ont pas de *racine carrée exacte*[c].

Q. Qu'appelle-t-on *racine carrée à moins d'une unité*? — **R.** On appelle *racine carrée* d'un nombre *à moins d'une unité* le plus grand nombre *entier* dont le *carré* soit contenu dans le nombre donné.

Q. Qu'appelle-t-on *racine carrée à moins* de 0,1, de 0,01,...?

---

[a] Le signe $\sqrt{}$ se nomme le *radical*; le petit chiffre 2 en est l'*indice*.

[b] Cette suppression se fait presque toujours : elle abrège l'écriture et ne présente aucun inconvénient.

[c] Le nombre 3, par exemple, n'a pas de racine carrée exacte. Cela signifie qu'il n'existe aucun nombre, ni *entier*, ni *fractionnaire*, qui, élevé au *carré*, reproduise le nombre 3. On dit que $\sqrt{3}$ est un nombre *incommensurable*.

LA RACINE CARRÉE.

— **R.** On appelle *racine carrée* d'un nombre *à moins* d'un *dixième*, d'un *centième*,... le plus grand nombre de *dixièmes*, de *centièmes*,... dont le *carré* soit contenu dans le nombre donné.

Exercice. 1. Qu'exprime $\sqrt{121}$? — **Solution.** La *racine carrée* de 121, qui est 11.

E. 2. Qu'est-ce que la racine carrée de 289? — Un nombre qui, élevé au *carré*, reproduit 289 : ce nombre est 17.

E. 3. Elevez au carré $4 + \frac{5}{9}$ (a). — **S.** $\frac{1681}{81}$, c-à-d $20 + \frac{61}{81}$. p. 181

E. 4. Elevez au cube $\frac{11}{19}$. — **S.** $\frac{1331}{6859}$.

E. 5. Elevez à la 4me puissance 0,31. — **S.** 0,009 235 21.

E. 6. Elevez à la 5me puissance 1,2. — **S.** 2,48832.

E. 7. Elevez 3 à la 6me puissance (b). — **S.** 729.

E. 8. On a placé sur hypothèques 35 449^f,20 à 5,1 °/$_o$. Dites le revenu annuel. — **S.** 1 807^f,90.

E. 9. Que pèsent 1 pièce de 10^f, plus 1 de 20^f, plus 1 de 50^f? — **S.** Autant de *grammes* qu'il y a de fois 3^f,10 dans 80^f, c-à-d 25^g,80 (c).

E. 10. On a 24^l de lentilles à 0^f,70 le litre. Combien faut-il y mêler de lentilles à 0^f,55 pour obtenir un mélange à 0^f,65? — **S.** 12^l. *Règle de mélange* de la deuxième espèce.

---

173. — Racine carrée d'un nombre inférieur à 100.

Question. Que savez-vous sur la *racine carrée* d'un nombre inférieur à 100? — **Réponse.** Lorsqu'un nombre est *inférieur* à 100, sa *racine carrée* est *inférieure* à 10, c-à-d n'a qu'*un chiffre*.

(a) Pour faire cette opération, comme pour faire toutes les opérations analogues, il convient de mettre d'abord la somme donnée sous la forme d'une seule fraction.

(b) Comme on peut le voir facilement, la quatrième puissance d'un nombre est le *carré du carré*; la cinquième puissance est le *produit* du *carré* par le *cube*; la sixième puissance est indifféremment *le carré du cube* ou le *cube du carré*.

(c) On aurait pu aussi résoudre ce problème en prenant, dans le Cours même, et en ajoutant ensemble, les *poids* de ces trois pièces d'or.

LES PUISSANCES ET LES RACINES.

Q. Comment trouve-t-on la *racine carrée* d'un nombre inférieur à 100 ? — **R.** Pour trouver la *racine carrée* d'un nombre *inférieur* à 100, on cherche ce nombre dans le tableau des *carrés* des dix premiers nombres [a].

Q. Qu'arrive-t-il si le nombre donné figure dans ce tableau ? — **R.** Si le nombre donné *figure* dans ce tableau, il est le *carré* de l'un des neuf premiers nombres : on a immédiatement sa *racine carrée exacte* [b].

Q. Donnez un exemple. — **R.** Soit 64 le nombre donné. Il figure dans le tableau comme *carré* de 8. Sa *racine carrée* est exactement 8.

Q. Et si le nombre donné ne figure pas dans le tableau ? — **R.** Si le nombre donné *ne figure pas* dans le tableau, il est compris entre deux *carrés consécutifs* qui y figurent : le plus petit de ces deux *carrés* donne la *racine carrée* cherchée, à moins d'une *unité*.

Q. Donnez un exemple. — **R.** Soit 41 le nombre donné. Il est compris entre les deux *carrés* consécutifs 36 et 49. Le plus petit de ces deux *carrés* nous donne 6 pour la *racine carrée* de 41, à moins d'une *unité* [c].

Exercice. 1. Calculez la racine carrée de 16. — **Solution. 4.**

E. 2. Calculez la racine carrée de 28. — **S. 5.**
E. 3. Calculez la racine carrée de 49. — **S. 7.**
E. 4. Calculez la racine carrée de 68. — **S. 8.**
E. 5. Faites le carré de 0,011. — **S. 0,000121.**
E. 6. Faites le cube de 0,02. — **S. 0,000008.**
E. 7. Faites la sixième puissance de 5. — **S. 15625** [d].
E. 8. Le lac de Garde a 1960^{Kmq}, celui de Genève [e] n'en a que 633. Exprimez le rapport de ces étendues à moins de 0,01. — **S. 3,09.**

[a] Dans la pratique, on n'a pas besoin de former ce tableau, puisque l'on sait par cœur les carrés des 10 premiers nombres.

[b] Lorsqu'un nombre, soit entier, soit fractionnaire, a une *racine carrée exacte*, on dit que ce nombre est un *carré parfait*.

[c] 41 n'a pas de racine carrée exacte, ni entière, ni fractionnaire. Comme nous l'avons déjà fait remarquer, on dit que la racine carrée de 41 est un nombre *incommensurable*.

[d] Toute puissance de 5 finit par un chiffre 5. De même, toute puissance de 6 finit par un chiffre 6.

[e] Le lac de Genève baigne la Suisse et la France. Le lac de Garde appartient à la haute Italie.

E. 9. Pendant combien de temps faut-il placer $125\,000^f$, à $3,8\,^o/_o$, pour obtenir $4\,785^f,30$ d'intérêts ? — **S.** $1^{an}\ 2^{jours}$ (a).

E. 10. Que coûtent $1\,550^f$ de rente $3\,^o/_o$ français, au cours de $78,35$? — **S.** 1^f de rente coûte $\frac{78,35}{3}$; donc $1\,550^f$ coûtent $\frac{78,35 \times 1550}{3}$, c-à-d $40\,480^f,83$.

---

174. — Remarque sur les carrés.

Question. De quoi se compose le *carré* d'un nombre de *plusieurs chiffres* ? — **Réponse.** Le *carré* d'un nombre de *plusieurs chiffres* se compose du *carré des dizaines*, plus une *partie complémentaire*.

Q. Donnez un exemple. — **R.** $176^2 = 170^2 + 2 \times 170 \times 6 + 6^2$. Le nombre 170^2 est le *carré des dizaines*, ce qui le suit est la *partie complémentaire* (b).

Q. Que savez-vous sur le *carré des dizaines* ? — **R.** Le *carré des dizaines* est un nombre exact de *centaines*.

Q. Montrez-le sur un exemple. — **R.** 170^2 vaut $28\,900$, c-à-d 289 *centaines* (c).

Q. Comment calcule-t-on la *partie complémentaire* ? — **R.** Pour calculer la *partie complémentaire*, on forme le *double des dizaines*, on y ajoute les *unités*, et l'on multiplie le *total* par le *chiffre des unités*.

Q. Donnez un exemple. — **R.** Soit à calculer la *partie complémentaire* de 176^2. J'écris le double 340 des dizaines ; j'y ajoute le chiffre 6 des unités ; puis, je multiplie le total 346 par 6.

$$\begin{array}{r} 340 \\ 6 \\ \hline 346 \end{array}$$

Q. Peut-on abréger ce calcul ? — **R.** On se dispense de l'addition ci-dessus en remarquant que le nombre du haut

---

(a) Il faut le remarquer soigneusement, dans les formules relatives aux intérêts, on regarde l'année comme formée de $360j$ seulement.

(b) Pour obtenir l'*égalité* qui commence cet alinéa, il suffit de multiplier $170 + 6$ par $170 + 6$. En multipliant $170 + 6$ par 170, on trouve $170^2 + 6 \times 170$. En multipliant $170 + 6$ par 6, on trouve $170 \times 6 + 6^2$.

(c) Cela provient de ce que, si un nombre est terminé par *un* zéro, son carré est terminé par *deux* zéros. En général, si un nombre présente plusieurs zéros sur sa droite, son carré en présente *deux* fois plus

316 LES PUISSANCES ET LES RACINES.

finit toujours par un *zéro* et en remplaçant ce *zéro* par le *chiffre des unités*[a].

Exercice. 1. Formez la partie complémentaire du carré de 72. — **Solution.** 284[b].

E. **2.** Formez la partie complémentaire du carré de 346. — S. 4116.

E. **3.** Formez la partie complémentaire du carré de 4538. — S. 72544.

E. **4.** Formez la partie complémentaire du carré de 56789. — S. 1022121.

E. **5.** Trouvez la racine carrée de 81. — S. 9.

E. **6.** Trouvez la racine carrée de 71. — S. 8[c].

p. 183 E. **7.** En 1878, il est entré à Paris $39\,100^{\text{Dst}},8$ de bois dur et $2\,678\,910^{\text{dst}}$ de bois blanc. Combien en tout ? — S. $658\,899^{\text{st}}$.

E. **8.** Le bronze d'un vieux canon a un volume de $45^{\text{dmc}},8$. Sa densité est 8,56. Trouvez son poids. — S. Le poids de ce volume d'eau serait de $45^{\text{Kg}},8$. Le poids de ce bronze est donc $45^{\text{Kg}},8 \times 8,56$, c-à-d $392^{\text{Kg}},048$.

E. **9.** A 55 ans, on verse $1\,000^{\text{f}}$ pour se faire une rente viagère immédiate de $94^{\text{f}},10$. Combien pour une rente de $1\,200^{\text{f}}$? — S. Pour se faire une rente de 1^{f}, on verserait $\frac{1\,000}{94,10}$. Pour se faire une rente de $1\,200^{\text{f}}$, on versera $\frac{1\,000 \times 1\,200}{94,10}$, c-à-d $12\,752^{\text{f}}$[d].

E. **10.** Pour poser des rails, 12 ouvriers mettent 15 jours. Combien mettraient 18 ouvriers ? — S. Un ouvrier mettrait $15^{\text{j}} \times 12$; donc 18^{ouv} mettront $\frac{15 \times 12}{18}$, c-à-d 10^{j}.

(a) Il faut s'exercer à calculer très bien la *partie complémentaire* du carré d'un nombre. Ce n'est qu'à cette condition qu'on peut arriver à extraire facilement les *racines carrées*.

(b) Il faut, dans ces calculs de *parties complémentaires*, veiller à ce que les élèves opèrent bien méthodiquement, d'une manière tout à fait conforme à la règle qu'on a donnée.

(c) 8 est la racine *approchée* à moins d'une unité. La racine carrée exacte de 71 est un nombre *incommensurable*.

(d) Les rentes viagères sont *immédiates*, lorsqu'on commence à en toucher les *arrérages* une année, au plus tard, après le versement du *capital*. Dans le cas contraire, elles sont *différées*.

175. — Racine carrée d'un nombre au moins égal à 100.

Question. Que savez-vous sur la *racine carrée* d'un nombre au moins égal à 100? — **Réponse.** Lorsqu'un nombre est au moins *égal* à 100, sa *racine carrée* est au moins égale à 10, c-à-d a *plusieurs chiffres*.

Q. Comment calcule-t-on le *premier chiffre*? — **R.** Pour calculer le *premier chiffre*, on partage le nombre donné en *tranches de deux chiffres* [a], à partir de la droite, et l'on extrait la *racine* de la dernière *tranche à gauche*.

Q. Comment obtient-on le *reste* correspondant? — **R.** On obtient le *reste* correspondant en *retranchant* de cette dernière tranche le *carré* du chiffre trouvé.

Q. Comment calcule-t-on l'un des autres chiffres? — **R.** Pour calculer l'*un* quelconque des *autres chiffres*, on *abaisse*, à la droite du dernier *reste*, la *tranche suivante* du nombre donné [b], puis l'on *divise* les *dizaines* du nombre ainsi formé par le *double* de la partie déjà trouvée de la racine.

Q. Comment obtient-on le *reste* correspondant? — **R.** On obtient le *reste* correspondant en *retranchant* du nombre formé ci-dessus la *partie complémentaire* du carré de la racine trouvée.

Q. Extrayez la *racine carrée* de 403 528. — **R.** Soit à extraire [c] la racine carrée de 403 528.

Je partage ce nombre en tranches de deux chiffres à partir de la droite; j'extrais la racine de la tranche de gauche, c-à-d de 40; je

40 35 28	635
4 35 28	
66 28	123 | 1265
3 03	3 | 5

[a] Dans la pratique, on marque souvent cette division en *tranches*, par des points placés entre les tranches et un peu en haut. Ainsi 25307, divisé en tranches, s'écrirait 2·53·07. On peut aussi se borner à laisser des *vides* entre les différentes *tranches*.

[b] Dans la *division*, on n'abaissait qu'*un* chiffre à la fois; dans la *racine carrée*, on en abaisse *deux*.

[c] On ne dit pas toujours *calculer* une racine : l'usage est plutôt de dire *extraire* une racine.

318   LES PUISSANCES ET LES RACINES.

trouve 6 : c'est le premier chiffre de la racine cherchée. — De 40, je retranche le carré de 6 ; je trouve 4, qui est le premier reste.

A la droite de 4, j'abaisse la tranche suivante 35, et je divise les 43 dizaines de 435 par le double 12 du chiffre déjà obtenu. Je trouve 3, qui est le deuxième chiffre de la racine cherchée. — De 435, je retranche la partie complémentaire du carré de 63 ; je trouve 66 qui est le deuxième reste.

p. 184 A la droite de 66, j'abaisse la tranche suivante 28, et je divise les 662 dizaines de 6628 par le double 126 de 63. Je trouve 5, qui est le troisième chiffre de la racine cherchée ; puis, de 6628, je retranche la partie complémentaire du carré de 635. — La racine cherchée est 635 ; le reste final est 303.

Q. Comment le calcul se dispose-t-il ? — **R.** Le *calcul* se dispose à peu près comme dans la *division* : la *racine* s'écrit à la place où, dans la division, se met le *diviseur* ; les *parties complémentaires*, à la place où se met le *quotient*.

Exercice. 1. Calculez la racine carrée de 169. — **Solution.** 13.

E. 2. Calculez la racine carrée de 441. — **S.** 21.

E. 3. Calculez la racine carrée de 2601. — **S.** 51.

E. 4. Calculez la racine carrée de 1030. — **S.** 32 [a].

E. 5. Calculez la racine carrée de 3974. — **S.** 63.

E. 6. Formez le carré de $3 + \frac{5}{9}$. — **S.** $\frac{1024}{32}$, c-à-d $12 + \frac{52}{81}$.

E. 7. Formez le cube de $7 + \frac{1}{9}$. — **S.** $\frac{262144}{729}$, c-à-d $359 + \frac{433}{729}$.

E. 8. Divisez $\frac{36}{37}$ par $\frac{21}{111}$. — **S.** $\frac{36}{7}$, c-à-d $5 + \frac{1}{7}$.

E. 9. Un billet de 2 549^f,50 est payable dans 3 mois.

---

[a] Ce nombre 32 est la racine carrée *approchée* à moins d'une unité. Le nombre 1030 n'a de racine carrée exacte ni entière, ni fractionnaire : sa racine carrée exacte est dite *incommensurable*. — On considère donc, en arithmétique, 3 sortes de nombres : les nombres *entiers*, les nombres *fractionnaires*, les nombres *incommensurables*. — En mathématiques, le mot *incommensurable* ne signifie pas très grand. La racine carrée de 3, par exemple, est *incommensurable*, et elle n'est pas *très grande*, puisqu'elle est comprise entre 1 et 2.

LA RACINE CARRÉE. 319

L'escompte est à 5,8 °/₀. Trouvez la valeur actuelle. — **S.** L'*escompte* est de 36^f,96. La *valeur actuelle* est donc de 2 549^f,50 — 36^f,96, c-à-d de 2 512^f,54.

E. 10. Réduisez en secondes 3^j 5^h 46^m 13^s. — **S.** 279 973^s.

---

176. — Remarques sur la racine carrée.

Question. Que faut-il faire quand on rencontre, dans une *racine carrée*, une soustraction impossible ? — **Réponse.** Lorsque, dans l'extraction d'une *racine carrée,* on rencontre une *soustraction impossible*, c'est que le dernier *chiffre* trouvé est *trop fort :* on le diminue, d'une *unité* à la fois, jusqu'à ce qu'on arrive à une *soustraction possible.*

Q. Donnez un exemple. — **R.** Dans l'opération ci-contre, on doit diviser les 39 dizaines de 392 par le double, 4, du premier chiffre trouvé. Le quotient est 9; mais la *partie complémentaire* du carré de 29 ne peut se retrancher de 392; donc 9 est *trop fort :* on le remplace par 8.

$$\begin{array}{r|l} 7\,92\,35 & 281 \\ 3\,92 & \overline{48\ |\ 561} \\ 83\,5 & 8\ |\ 1 \\ 27\,4 & \end{array}$$ p. 185

Q. Dans quel cas écrit-on un *zéro* à la racine ? — **R.** Lorsqu'on rencontre une *division* où le *dividende* est *inférieur* au *diviseur*, on écrit un *zéro* à la *racine*, et l'on continue comme à l'ordinaire.

Q. Donnez un exemple. — **R.** C'est ce qui arrive dans le calcul ci-contre où l'on a à diviser les 6 dizaines de 62 par le double, 8, du premier chiffre de la racine.[a]

$$\begin{array}{r|l} 16\,62\,64 & 407 \\ 62\,64 & \overline{807} \\ 6\,45 & 7 \end{array}$$

Q. Que savez-vous sur le reste de la *racine carrée?* — **R.** Le *reste* de l'extraction de la *racine carrée* ne peut jamais dépasser le *double* de la *racine trouvée*.[b]

---

[a] Si l'on oubliait d'écrire ce *zéro*, on trouverait, à cette racine, *deux* chiffres seulement au lieu de *trois*. Pour éviter pareille erreur, il est bon de déterminer à l'avance le nombre des chiffres de la racine. Cette détermination est facile : il y a juste autant de *chiffres* à la *racine* qu'il y a de *tranches* de deux chiffres dans le *nombre donné.*

[b] Il faut toujours, à l'instant où l'on achève d'extraire une racine, et avant de faire la preuve de cette opération, vérifier que le *reste* ne dé-

LES PUISSANCES ET LES RACINES.

Q. Comment fait-on la preuve de la *racine carrée?* — **R.** Pour faire la *preuve* de la *racine carrée*, on forme le *carré* de la *racine trouvée;* on y ajoute le *reste* final de l'opération : on doit retrouver le *nombre donné* [a].

Exercice. 1. Extrayez la racine carrée de 2401. — **Solution.** 49.
E. 2. Extrayez la racine carrée de 158 404. — **S.** 398.
E. 3. Extrayez la racine carrée de 235 225. — **S.** 485.
E. 4. Extrayez la racine carrée de 815 409. — **S.** 903.
E. 5. Extrayez la racine carrée de 3 615 748. — **S.** 1 901.
E. 6. Extrayez la racine carrée de 4 749 867 [b]. — **S.** 4 349.
E. 7. Combien le tour entier de la terre contient-il de fois la distance de Paris à Marseille, qui est de 863^{Km}? — **S.** 46 fois.
E. 8. En 5 ans, 123 448^f,55 ont rapporté 24 376^f,10. Trouvez le taux. — **S.** 3,94 %. Cet exercice n'est qu'une *règle d'intérêt* de la troisième espèce.
E. 9. On fond ensemble 20 pièces de 5^f et 846^g d'argenterie au titre de 0,800. Trouvez le titre final. — **S.** 0,838 [c].
E. 10. Que vaut une demi-livre [d] d'or monnayé? — **S.** 3^f,10 $\times$ 250, c-à-d 775^f.

passe pas la *limite* que nous indiquons. S'il la dépassait, la racine trouvée serait trop faible : on se serait trompé.

(a) On peut aussi, pour la *racine carrée*, faire la *preuve par* 9. Cette preuve est celle d'une *multiplication*, car l'*excès* du *nombre donné* sur le *reste* est juste le *carré* de la *racine trouvée*, c-à-d le *produit* de deux *facteurs* égaux à cette racine.

(b) Les nombres entiers terminés par 2, par 3, par 7 ou par 8 ne sont jamais des *carrés parfaits*. Il en est de même de ceux qui finissent par un nombre *impair* de *zéros*. De même encore de ceux qui finissent par un 5, lorsque ce chiffre 5 n'est pas précédé d'un 2.

(c) Il faut bien se rappeler que nos pièces de 5^f en argent sont au titre de 0,900.

(d) La *livre* pèse 500^g. Donc la *demi-livre* en pèse 250.

177. — Racine carrée à moins d'un dixième, d'un centième, etc.

Question. Comment extrait-on la *racine carrée* d'un nombre à moins de 0,1 ? — **Réponse.** Pour extraire la *racine carrée* d'un nombre à moins d'un *dixième*, on donne *deux décimales* à ce nombre ; puis on extrait la *racine* sans s'occuper de la virgule, comme si le nombre formé était *entier*; enfin on sépare *une décimale* sur la droite de la *racine trouvée*.

Q. Donnez un exemple. — R. Soit à extraire la *racine* p. 180 *carrée* de 527,8 à moins de 0,1. Je donne *deux décimales* à ce nombre, en l'écrivant 527,80. Extrayant la racine de 527,80, sans m'occuper de la virgule, je trouve 229. Sur la droite de 229, je sépare *une décimale*, et je trouve finalement 22,9.

Q. Comment extrait-on la *racine carrée* à moins de 0,01 ? — R. Pour extraire la *racine carrée* d'un nombre à moins d'un *centième*, on donne *quatre décimales* à ce nombre ; puis on extrait la *racine*, sans s'occuper de la virgule, comme si le nombre formé était *entier*; enfin on sépare *deux décimales* sur la droite de la *racine trouvée*.

Q. Comment opère-t-on en général ? — R. En général, on donne au nombre *deux fois plus de décimales* qu'on n'en veut obtenir à sa racine[a].

Q. Comment extrait-on la *racine carrée* d'une *fraction ordinaire* ? — R. Pour extraire la *racine carrée* d'une *fraction ordinaire*, on la convertit d'abord en une *fraction décimale*[b]; puis l'on extrait la *racine* de cette nouvelle *fraction*[c].

---

[a] On peut obtenir ainsi, à la racine, autant de décimales que l'on veut. Lorsque le nombre donné n'est pas un *carré parfait*, on n'arrive jamais à un reste nul ; la suite des décimales ne s'arrête jamais ; et il est à remarquer que, dans ce cas, cette suite indéfinie ne peut pas être *périodique*.

[b] On se borne, en faisant cette conversion, à calculer *deux fois* plus de décimales qu'on n'en veut à la racine.

[c] Lorsqu'une *fraction ordinaire* a pour *termes* deux *carrés parfaits*, il suffit, pour en extraire la *racine*, d'extraire les *racines* de ces

Exercice. 1. Extrayez, à moins de 0,01, la racine carrée de 3. — **Solution.** 1,73.

E. 2. Extrayez, à moins de 0,001, la racine carrée de 48. — S. 6,928.

E. 3. Extrayez, à moins de 0,1, la racine carrée de 0,2. — S. 0,4 [a].

E. 4. Extrayez, à moins de 0,01, la racine carrée de $\frac{2}{3}$. — S. 0,81.

E. 5. Extrayez, à moins de 0,0001, la racine carrée de $\frac{4}{7}$. — S. 0,7559.

E. 6. La densité du corps humain [b] est en moyenne 1,07. Cet homme pèse 79^{Kg}. Quel est son volume ? — S. Le volume de ce poids d'eau serait de 79^l. Le volume considéré sera de 79 : 1,07, c-à-d $73^l,8$.

E. 7. Pour s'assurer, en cas d'incendie, contre le recours des voisins, on paye $0^f,20$ pour $1\,000^f$. Que payera-t-on pour $67\,500^f$? — S. Pour 1^f, on payerait $\frac{0,20}{1\,000}$. Pour $67\,500^f$, on payera $\frac{0,20 \times 67\,500}{1\,000}$, c-à-d $13^f,50$.

E. 8. Quelle étendue couvriraient ensemble 525 feuilles de papier, dont chacune a une surface de $3^{dmq},27$? — S. $3^{dmq},27 \times 525$, c-à-d $1716^{dmq},75$, ou $17^{mq},1675$.

E. 9. Partagez $545\,436^f$ proportionnellement à $\frac{1}{60}, \frac{1}{20}, \frac{1}{12}$. — S. $60\,604^f$; $181\,812^f$; $303\,020^{f}$ [c].

deux *carrés*. Ainsi la racine carrée de $\frac{4}{9}$ s'obtient par l'extraction des racines de 4 et de 9 : elle est égale à $\frac{2}{3}$.

(a) On voit, sur cet exemple, que la *racine carrée* d'un nombre moindre que l'unité est plus grande que ce nombre.

(b) C'est parce que la densité du *corps humain* est supérieure à l'unité, c-à-d à celle de l'*eau*, qu'un homme ne peut se maintenir, sans nager, à la surface de ce liquide. L'*eau de mer* a pour densité moyenne 1,026 ; elle est un peu plus lourde que l'*eau douce*; aussi est-il un peu plus facile de nager dans la mer que dans un fleuve ou un lac.

(c) Comme on l'a enseigné dans le Cours, pour résoudre cette question il faut d'abord réduire les fractions données au *même dénominateur*; on trouve ainsi $\frac{1}{60}, \frac{3}{60}, \frac{5}{60}$; et il suffit de partager le nombre donné en parties proportionnelles aux numérateurs 1, 3, 5.

E. 10. Une bibliothèque a 12 rayons contenant chacun 49 volumes. Ces volumes coûtent ensemble 2 746^f,50. Dites le prix moyen du volume. — **S.** 4^f,67.

CHAPITRE III

LA RACINE CUBIQUE

178. — Définitions.

p. 187

Question. Qu'appelle-t-on *racine cubique*? — **Réponse.** On appelle **racine cubique** d'un nombre un second nombre qui, élevé au *cube*, reproduise le premier[a].

Q. Donnez un exemple. — **R.** La *racine cubique* de 125 est 5, car $5^3 = 125$.

Q. Comment indique-t-on la *racine cubique*? — **R.** On indique la *racine cubique* par le signe $\sqrt[3]{}$ qui s'énonce *racine cubique. de*[b].

Q. Donnez un exemple. — **R.** $\sqrt[3]{125}$ s'énonce *racine cubique* de 125.

Q. Tout nombre a-t-il une *racine cubique exacte*? — La plupart des nombres n'ont pas de *racine cubique exacte*[c].

Q. Qu'est-ce que la *racine cubique* à moins d'une *unité*? — **R.** On appelle *racine cubique* d'un nombre *à moins d'une unité* le plus grand nombre *entier* dont le *cube* soit contenu dans le nombre donné.

---

[a] La *racine cubique* est une opération tout à fait analogue à la *racine carrée*, quoique un peu plus compliquée.

[b] Le signe $\sqrt{}$ se nomme toujours le *radical*; le petit chiffre 3 est encore l'*indice*. Dans l'indication de la *racine cubique*, ce petit chiffre 3 ne peut jamais être supprimé.

[c] Le nombre 4, par exemple, n'a pas de *racine cubique exacte*, ni entière, ni fractionnaire. Il en est de même de la fraction décimale 0,03. De même encore de la fraction ordinaire $\frac{2}{5}$.

LES PUISSANCES ET LES RACINES.

Q. Qu'est-ce que la *racine cubique* à moins de 0,1; de 0,01?
— **R.** On appelle *racine cubique* d'un nombre *à moins* d'un *dixième*, d'un *centième*,... le plus grand nombre de *dixièmes*, de *centièmes*,... dont le *cube* soit contenu dans le nombre donné.

Exercice. 1. Comment s'énonce $\sqrt[3]{64}$? — **Solution.** Racine cubique de 64[a]. Cette racine est 4.

E. 2. Qu'est-ce que la racine cubique de 1728? — **S.** Un nombre qui, élevé au cube, reproduit 1728. Ce nombre est 12.

E. 3. Extrayez la racine carrée de 72 900. — **S.** 270.

E. 4. Extrayez la racine carrée de 3 829 757. — **S.** 1956.

E. 5. Extrayez, à moins de 0,01, la racine carrée de 94,6. — **S.** 9,72.

E. 6. Extrayez, à moins de 0,001, la racine carrée de $\frac{3}{7}$. — **S.** 0,654.

E. 7. Un lingot d'argent pèse $2^{Kg},28$ et contient 189^g de cuivre. Quel est son titre? — **S.** Le poids de l'argent pur est $2\,280^g - 189^g$, c-à-d $2\,091^g$. Le titre est donc $\frac{2\,091}{2\,280}$, c-à-d 0,917.

E. 8. Jean m'achète pour 429^f et me donne un billet de 370^f. Faites son compte au grand-livre. — **S.** On écrit: au *débit* du compte de Jean, ma facture 429^f; au *crédit*[b], son billet 370^f.

E. 9. Quels poids de café à $2^f,40$ et à $1^f,80$ la livre[c] faut-il mélanger pour obtenir 20^{Kg} d'un mélange à $4^f,15$ le kilogramme? — **S.** $9^{Kg},166$ du premier café, et $10^{Kg},833$ du second.

E. 10. Calculez, à 4,95 °/₀, l'escompte sur un billet de $3827^f,55$, payable dans 41^j. — **S.** $21^f,57$.

---

[a] Ce nombre 64 est, à la fois, un *carré* et un *cube* parfaits: il est le carré de 8 et le cube de 4. On peut ajouter qu'il est aussi une sixième *puissance* parfaite, celle de 2.

[b] Pour ce qu'il m'achète, Jean est *débiteur*, puisqu'il *reçoit*. Pour son billet, il est *créditeur*, puisqu'il *donne*.

[c] Avant de résoudre ce problème, il est indispensable de rapporter tous les *poids* à la même *unité*. Pour cette unité, on choisira le kilogramme.

179. — Racine cubique d'un nombre inférieur à 1000.

Question. Que savez-vous sur la *racine cubique* d'un nombre *inférieur* à 1000? — **Réponse.** Lorsqu'un nombre est *inférieur* à 1000, sa *racine cubique* est *inférieure* à 10, c-à-d n'a qu'un *chiffre*. p. 188

Q. Comment obtient-on cette *racine cubique*? — **R.** Pour trouver la *racine cubique* d'un nombre *inférieur* à 1000, on cherche ce nombre dans le tableau des *cubes*[a] des premiers nombres.

Q. Qu'arrive-t-il si le nombre donné figure dans ce tableau? — **R.** Si le nombre donné *figure* dans ce tableau, il est le *cube* de l'un des *neuf* premiers nombres : on a immédiatement sa *racine cubique*[b] *exacte*.

Q. Donnez un exemple. — **R.** Soit 512 le nombre donné. Il figure dans le tableau comme cube de 8. Sa *racine cubique* est exactement 8.

Q. Et si le nombre donné ne figure pas dans le tableau? — **R.** Si le nombre donné *ne figure pas* dans le tableau, il est compris entre deux *cubes consécutifs* qui y figurent : le plus petit de ces deux *cubes* donne la *racine cubique* cherchée à moins d'une *unité*.

Q. Donnez un exemple. — **R.** Soit 271 le nombre donné. Il est compris entre les deux *cubes consécutifs* 216 et 343. Le plus petit de ces deux *cubes* nous donne 6 pour la *racine cubique* de 271, à moins d'une *unité*[c].

Exercice. 1. Extrayez la racine cubique de 343. — **Solution.** 7.

---

[a] On voit par là combien il est nécessaire de savoir par cœur la table des cubes des 10 premiers nombres.
[b] Le nombre donné ayant alors une racine cubique exacte est ce qu'on appelle un *cube parfait*.
[c] Un nombre entier, tel que 271, qui n'est pas le cube exact d'un autre nombre entier, n'est pas non plus le cube exact d'une fraction. En d'autres termes, il n'a pas de racine cubique exacte numériquement assignable. Aussi dit-on que sa *racine cubique exacte* est un *nombre incommensurable*.

E. 2. Extrayez la racine cubique de 729. — **S.** 9 [a].
E. 3. Extrayez la racine cubique de 304. — **S.** 6.
E. 4. Extrayez la racine cubique de 547. — **S.** 8.
E. 5. Extrayez la racine carrée de 3 825 426. — **S.** 1 955.
E. 6. Extrayez, à moins de 0,001, la racine carrée de $\frac{3}{17}$. — **S.** 0,420 [b].
E. 7. Un domaine rapporte 3,1 %. Il donne un revenu de 4 265^f,15. Quelle est sa valeur ? — **S.** 137 585^f. Cet exercice n'est qu'une *règle d'intérêt* de la deuxième espèce.
E. 8. J'achète 2 douzaines de torchons à 5^f,90 la douzaine ; 3^m,5 de toile à 0^f,95 ; et 3 tabliers de cuisine à 1^f,75. Faites ma facture. — **S.** 2^{douz} de torchons à 5^f,90... 11^f,80 ; 3^m,5 de toile à 0^f,95.., 3^f,32 ; 3 tabliers à 1^f,75... 5^f,25. Total 20^f,37 [c].
E. 9. Que coûtent 13 obligations du chemin de fer de l'Est au cours de 359^f,15. — **S.** 4 668^f,95.
E. 10. On donne 3 000^f pour faire traduire un ouvrage de 700 pages. Combien donne-t-on pour 1 feuille de 16 pages ? — **S.** On donne, pour 1 page, $\frac{3\,000}{700}$. Pour 16 pages, on donnera $\frac{3\,000 \times 16}{700}$, c-à-d 68^f,57.

---

180. — Remarque sur les cubes.

189

Question. De quoi se compose le *cube* d'un nombre de plusieurs chiffres ? — **Réponse.** Le *cube* d'un nombre de *plusieurs chiffres* se compose du *cube des dizaines*, plus une *partie complémentaire*.

Q. Donnez un exemple. — **R.** $257^3 = 250^3 + 3 \times 250^2$

---

[a] Le nombre 729 est, à la fois, le *carré* de 27, le *cube* de 9, et la *sixième puissance* de 3.
[b] Bien que 0,42 soit égal à 0,420, il ne faut point supprimer le zéro final de ce dernier nombre. Ce zéro supprimé, en effet, le lecteur ne saurait plus que la racine trouvée est calculée à moins de 0,001.
[c] Il n'est pas d'usage de faire payer à l'acheteur les fractions du franc inférieures à 0^f,05. On remplacera donc, au total de cette facture, 20^f,37 par 20^f,35.

$\times 7 + 3 \times 250 \times 7^2 + 7^3$. Le nombre 250^3 est le *cube des dizaines*; ce qui le suit est la *partie complémentaire* [a].

Q. Que savez-vous sur le *cube des dizaines*? — R. Le *cube des dizaines* est un nombre exact de *mille*.

Q. Donnez un exemple. — R. 250^3 vaut 15 625 000, c-à-d 15 625 mille [b].

Q. Comment calcule-t-on la *partie complémentaire*? — R. Pour calculer la *partie complémentaire*, on forme le *triple du carré des dizaines*, puis le *carré des unités*, puis le *triple du produit des dizaines par les unités*; on *ajoute* ces *trois nombres*, et l'on *multiplie le total* par le chiffre des *unités*.

Q. Donnez un exemple. — R. Soit à calculer la *partie complémentaire* de 257^3. On forme le triple de 250^2 : c'est 187 500; puis le carré de 7 : c'est 49; puis le triple de 250×7 : c'est 5 250. On ajoute ces trois nombres, et l'on trouve pour total le nombre 192 799 que l'on multiplie par 7.

```
 187 500
      49
   5 250
 ───────
 192 799
```

Q. Peut-on simplifier l'addition précédente? — R. On simplifie l'*addition* ci-dessus, en remarquant que le nombre du haut s'y termine toujours par deux *zéros*. Si le *carré des unités* a *deux chiffres*, on l'écrit à la place de ces *zéros*; s'il n'en a *qu'un*, on l'écrit à la place du *dernier* [c].

Exercice. 1. Formez la partie complémentaire du cube de 23. — **Solution.** 4 167.

E. 2. Formez la partie complémentaire du cube de 435. — S. 2 805 875.

E. 3. Formez la partie complémentaire du cube de 5 647. — S. 668 831 023 [d].

E. 4. Extrayez la racine cubique de 87. — S. 4.

---

[a] Pour obtenir l'*égalité* qui commence cet alinéa, il suffit de faire le produit de *trois* facteurs égaux à $250 + 7$.

[b] Cela provient de ce que, si un nombre est terminé par *un* zéro, son cube est terminé par *trois* zéros. En général, si un nombre présente plusieurs zéros sur sa droite, son cube en présente *trois* fois plus.

[c] Il faut s'exercer à calculer très bien la *partie complémentaire* du cube d'un nombre. Ce n'est qu'à cette condition qu'on peut arriver à extraire facilement les *racines cubiques*.

[d] Il faut veiller à ce que les élèves calculent ces *parties complémentaires* bien méthodiquement, d'une manière tout à fait conforme à la règle que nous avons donnée.

328   LES PUISSANCES ET LES RACINES.

E. 5. Extrayez la racine cubique de 137. — **S.** 5.

E. 6. Extrayez la racine cubique de 226. — **S.** 6.

E. 7. Calculez $1^{Kmq} - 3^{Dmq},756 - 3^{Ha},829$. — **S.** $9\,613^a,344$.

E. 8. Trouvez le capital qui, en 57 jours, à 5,2 %, rapporte $239^f,75$. — **S.** $29\,119^f$.

E. 9. Les sous peuvent servir de poids [a]. Combien de sous pour peser $2^{Hg},65$? — **S.** Autant de sous qu'il y a de fois 5^c dans 265^c, c-à-d 53 sous.

E. 10. Retranchez $\frac{16}{17}$ de $\frac{19}{18}$. — **S.** $\frac{35}{306}$.

---

181. — Racine cubique d'un nombre au moins égal à 1000.

p. 190   **Question.** Que savez-vous sur la *racine cubique* d'un nombre au moins égal à 1 000? — **Réponse.** Lorsqu'un nombre est au moins *égal* à 1 000, sa *racine cubique* est au moins *égale* à 10, c-à-d a *plusieurs chiffres*.

Q. Comment calcule-t-on le *premier chiffre* de la racine? — R. Pour calculer le *premier chiffre*, on partage le nombre donné en *tranches de trois chiffres* [b], à partir de la droite, et l'on extrait la *racine* de la *dernière tranche* à gauche.

Q. Comment obtient-on le *reste* correspondant? — R. On obtient le *reste* correspondant en *retranchant* de cette *dernière tranche* le *cube* du *chiffre* trouvé.

Q. Comment calcule-t-on l'un quelconque des autres chiffres? — R. Pour calculer l'*un* quelconque des *autres chiffres*, on abaisse, à la droite du dernier

---

[a] Nos *sous* et, en général, toutes nos *pièces de bronze* sont très commodes comme poids, vu qu'elles *pèsent* juste autant de grammes qu'elles *valent* de *centimes*. — Nos *monnaies d'argent* peuvent aussi servir de *poids*, notamment la pièce de $0^f,20$ qui pèse 1^g, et la pièce de 2^f, qui en pèse 10.

[b] Dans la pratique, on marque souvent cette division en *tranches* par des *points* placés entre les *tranches*, et un peu en haut. — On peut aussi se borner à laisser des *vides* entre les différentes *tranches*.

LA RACINE CUBIQUE.

reste, la *tranche suivante* du nombre donné[a], puis l'on *divise* les *centaines* du nombre ainsi formé par le *triple carré* de la partie déjà trouvée de la racine.

Q. Comment obtient-on le *reste* correspondant. — **R.** On obtient le *reste* correspondant en *retranchant* du nombre formé ci-dessus la *partie complémentaire* du *cube* de la racine trouvée.

Q. Extrayez la *racine cubique* de 72 328 753. — **R.** Soit à extraire la *racine cubique* de 72 328 753. Je partage ce nombre en *tranches* de *trois chiffres* à partir

72 328 753	416	
8 328		
3 407 753	4801	504 336
337 457	120	7 280
	4921	511 716
	1	6

de la droite ; j'extrais la *racine* de la *tranche de gauche*, c-à-d de 72 ; je trouve 4 : c'est le *premier chiffre* de la racine cherchée. — De 72 je retranche le *cube* de 4 ; je trouve 8, qui est le *premier reste*.

A la droite de 8, j'abaisse la *tranche* 328, et je divise les 83 centaines de 8328 par le *triple carré* 48 du chiffre déjà obtenu. Je trouve 1, qui est le *deuxième chiffre* de la racine cherchée. — De 8328 je retranche la *partie complémentaire* du cube de 41 ; je trouve 3 407, qui est le *deuxième reste*.

A la droite de 3407 j'abaisse la tranche 753, et je divise les 34 077 centaines de 3 407 753 par le *triple carré* 5043 de 41. Je trouve 6, qui est le *troisième chiffre* de la racine cherchée ; puis, de 3 407 753 je retranche la *partie complémentaire* du cube de 416. — La *racine cherchée* est 416 ; le *reste final* est 337 457.

Q. Comment l'opération se dispose-t-elle ? — **R.** L'opération se dispose comme la *racine carrée*. On n'écrit que les *résultats* dont l'*addition* donne les *parties complémentaires* : ces résultats se calculent à part.

Exercice. 1. Extrayez la racine cubique de 29 791. —
Solution. 31.
E. 2. Extrayez la racine cubique de 373 248. — **S.** 72.
E. 3. Extrayez la racine cubique de 804 389. — **S.** 93.
E. 4. Extrayez la racine cubique de 592 988. — **S.** 84.

---

[a] Dans la *division*, on abaisse *un* chiffre à chaque fois ; dans la *racine carrée*, on en abaisse *deux* ; dans la *racine cubique*, trois.

E. 5. Une bonne gagne 35^f par mois. Combien en 9^j? — **S.** En 1^j, elle gagne $\frac{35}{30}$; en 9^j, elle gagne $\frac{35 \times 9}{30}$, c-à-d 10^f,50.

E. 6. Pour assurer à ses héritiers un capital de 100^f, un homme de 21 ans doit payer une prime annuelle[a] de 5^f,98. Quelle sera la prime pour un capital de 50 000^f? — **S.** 2 990^f.

E. 7. A 1500^f le mètre cube, que coûtent 23^{dmc},75 de marbre? — **S.** 1^{dmc} coûte 1^f,50; donc 23^{dmc},75 coûtent 1,50 $\times$ 23,75, c-à-d 35^f,62.

E. 8. Combien de jours en 28 années[b] consécutives? — **S.** 365 $\times$ 28 + 7, c-à-d 10 227^j.

E. 9. Combien faut-il allier d'argent pur avec 56 pièces de 2^f pour obtenir un lingot au titre des pièces de 5^f? — **S.** 364^g[c].

E. 10. Trouvez la valeur nominale d'un billet sur lequel, à 6,2 °/$_\circ$, on retient 47^f,15 pour 63 jours. — **S.** 4345^f,62. Cet exercice n'est qu'une *règle d'intérêt* de la deuxième espèce.

---

182. — Remarques sur la racine cubique.

Question. Que faut-il faire quand on rencontre, dans une *racine cubique*, une soustraction impossible? — **Réponse.** Lorsque, dans l'extraction d'une *racine cubique*, on rencontre une *soustraction impossible*, c'est que le *dernier chiffre* trouvé est *trop fort* : on le *diminue*, d'une *unité* à la fois, jusqu'à ce qu'on arrive à une *soustraction possible*.

---

[a] On nomme *prime annuelle* la somme fixe qu'il faut payer chaque année à la compagnie d'assurances. Grâce à la *prime annuelle* que ce jeune homme payera sa vie durant, ses héritiers toucheront, lors de son décès, un capital de 50 000^f.

[b] On suppose que, sur ces 28 années consécutives, il ne se trouve aucune année *séculaire*; ce qui revient à dire que les 7 périodes de 4 ans, qui composent cette suite de 28 années, contiennent chacune une année *bissextile*.

[c] Si l'on regarde l'*argent pur* comme un *alliage* dont le *titre* est 1,000, cet exercice n'est autre chose qu'une *règle d'alliage* de la deuxième espèce.

Q. Dans quel cas écrit-on un *zéro* à la racine? —
R. Lorsqu'on rencontre une *division* où le *dividende* est *inférieur* au *diviseur*, on écrit un *zéro* à la *racine*, et l'on continue comme à l'ordinaire [a].

Q. Que savez-vous sur le *reste* de la *racine cubique*? —
R. Le *reste* de l'extraction de la *racine cubique* ne peut jamais dépasser le *triple du carré* de la racine trouvée augmenté du *triple* de cette racine [b].

Q. Comment fait-on la *preuve* de la *racine cubique*? —
R. Pour faire la *preuve* de la *racine cubique*, on forme le *cube* de la *racine trouvée*; on y ajoute le *reste final* de l'opération : on doit retrouver le *nombre donné* [c].

Exercice. 1. Extrayez la racine cubique de 27 000. — **Solution.** 30 [d].

p. 192

E. 2. Extrayez la racine cubique de 128 024 064. — **S.** 504.

E. 3. Extrayez la racine cubique de 37 649. — **S.** 33.

E. 4. Extrayez la racine cubique de 118 613. — **S.** 49.

E. 5. Extrayez la racine cubique de 2 129 514. — **S.** 128.

E. 6. Extrayez la racine cubique de 32 145 916. — **S.** 317 [e].

---

[a] Si l'on oubliait d'écrire ce *zéro*, on trouverait, à cette racine, moins de chiffres qu'il n'en faut. Pour éviter pareille erreur, il est bon de déterminer à l'avance le nombre des chiffres de la racine cherchée : il y a juste autant de *chiffres* à la *racine* qu'il y a de *tranches* de trois chiffres dans le *nombre donné*.

[b] Il faut toujours, à l'instant où l'on achève d'extraire une *racine cubique*, vérifier que le *reste* ne dépasse pas la *limite* que nous indiquons.

[c] On peut aussi, pour la *racine cubique*, faire la *preuve par 9*. Cette preuve est celle d'une *multiplication*, car l'*excès* du *nombre donné* sur le *reste* est juste le *cube* de la *racine* trouvée, c-à-d le produit de trois facteurs égaux à cette *racine*.

[d] 27 000 est un *cube parfait*. Pour qu'un nombre terminé par des zéros soit un cube parfait, il faut que le nombre de ces zéros soit exactement divisible par 3.

[e] L'extraction de la *racine cubique* est une opération fort laborieuse. Il existe une théorie qui ramène l'extraction de cette racine à une simple division par 3. Cette théorie est celle des *logarithmes*, dont nous enseignerons l'usage dans notre *Cours supérieur*.

332 LES PUISSANCES ET LES RACINES.

E. **7**. Combien de grammes dans 23 tonnes? — S. 23 000 000^g.

E. **8**. Dites le volume d'un verre qui contient 191^g,3 d'eau? — S. 191^{cmc},3.

E. **9**. Que rapportent 41 896^f,10, en 5 ans, à 4,65 °/$_0$? — S. 9 740^f,84 [a].

E. **10**. Une certaine toile vaut 1^f,15 le mètre. Que coûtent 23 pièces de 18^m ? — S. 1^f,15 $\times$ 18 $\times$ 23, c-à-d 476^f,10.

---

183. — Racine cubique à moins d'un dixième, d'un centième, etc.

Question. Comment extrait-on la *racine cubique* d'un nombre à moins de 0,1? — **Réponse.** Pour extraire la *racine cubique* d'un nombre *à moins* d'un *dixième*, on donne *trois décimales* à ce nombre; puis on extrait la *racine*, sans s'occuper de la virgule, comme si le nombre formé était *entier;* enfin on sépare *une décimale* sur la droite de la racine trouvée.

Q. Donnez un exemple. — **R.** Soit à extraire la *racine cubique* de 74,21 à moins de 0,1. Je donne *trois décimales* à ce nombre en l'écrivant 74,210. Extrayant la racine de 74,210 sans m'occuper de la virgule, je trouve 42. Sur la droite de 42 je sépare *une décimale*, et je trouve finalement 4,2.

Q. Comment extrait-on la *racine cubique* à moins de 0,01? — **R.** Pour extraire la *racine cubique* d'un nombre à moins d'un *centième*, on donne *six décimales* à ce nombre; puis on extrait la *racine*, sans s'occuper de la virgule, comme si le nombre formé était *entier;* enfin, on sépare *deux décimales* sur la droite de la racine trouvée.

Q. Comment opère-t-on, en général? — **R.** En général, on donne au nombre *trois fois plus de décimales* qu'on n'en veut obtenir à sa *racine* [b].

---

[a] On a supposé le *capital* considéré placé à *intérêts simples :* à *intérêts composés*, il eût, comme nous le savons, rapporté un peu plus.
[b] On peut obtenir ainsi, à la racine, autant de décimales que l'on veut. Lorsque le nombre donné n'est pas un *cube parfait*, on n'arrive

LA RACINE CUBIQUE.

Q. Comment extrait-on la *racine cubique* d'une *fraction ordinaire*? — **R.** Pour extraire la *racine cubique* d'une *fraction ordinaire*, on la convertit [a] d'abord en une *fraction décimale*; puis l'on extrait la *racine* de cette nouvelle *fraction* [b].

Exercice. 1. Extrayez, à moins de 0,1, la racine cubique de 29. — **Solution.** 3,0 [c].

E. 2. Extrayez, à moins de 0,01, la racine cubique de 6,7. p. 193 — **S.** 1,88.

E. 3. Extrayez, à moins de 0,001, la racine cubique de 0,8. — **S.** 0,928 [d].

E. 4. Extrayez, à moins de 0,01, la racine cubique de 314. — **S.** 6,79.

E. 5. Extrayez, à moins de 0,001, la racine cubique de 516. — **S.** 8,020.

E. 6. Calculez, à moins de 0,001, le quotient de 13 par 11. — **S.** 1,181.

E. 7. Que coûtent 3 625^{Kg},9 de plomb à 27^f,50 le quintal métrique? — **S.** 27^f,50 $\times$ 36^q,259, c-à-d 997^f,12.

E. 8. Réduisez 100 000^s en jours, heures, minutes et secondes. — **S.** 1^j 3^h 46^m 40^s.

E. 9. Multipliez $\frac{37}{8}$ par $\frac{12}{111}$. — **S.** $\frac{1}{2}$.

E. 10. Un patron a 758 ouvriers et les assure contre les accidents. La prime annuelle est de 3^f par ouvrier. Combien paye-t-il en 7 ans? — **S.** 3$^f \times$ 758 $\times$ 7, c-à-d 15 918^f.

---

jamais à un reste nul; la suite des décimales ne s'arrête jamais; et il est à remarquer que, dans ce cas, cette suite indéfinie ne peut pas être *périodique*.

[a] On se contente, en faisant cette conversion, de calculer *trois fois* plus de décimales qu'on n'en veut à la racine.

[b] Lorsqu'une fraction ordinaire a pour termes deux *cubes parfaits*, il suffit, pour en extraire la racine, d'extraire les racines de ces deux *cubes*. Ainsi la racine cubique de $\frac{8}{27}$ est $\frac{2}{3}$.

[c] Bien que 3,0 soit juste égal à 3, il ne faut point supprimer le zéro final, ce zéro nous apprenant et étant seul à nous apprendre que la racine a été calculée à moins d'un *dixième*. — Même observation pour l'exercice 5.

[d] On voit, sur cet exemple, que la racine cubique d'un nombre inférieur à 1 est plus grande que ce nombre.

LIVRE VII

NOTIONS DE GÉOMÉTRIE

CHAPITRE PREMIER

LA LIGNE DROITE

184. — Les lignes.

p. 194   **Question.** De quoi un *fil* très fin nous donne-t-il l'idée ? — **Réponse.** Un *fil* très *fin* nous donne l'idée d'une **ligne**.

Q. Combien une *ligne* a-t-elle de dimensions ? — R. Une *ligne* n'a qu'une *dimension*, la *longueur;* elle n'a ni *largeur*, ni *épaisseur*.

Q. Y a-t-il plusieurs sortes de *lignes?* — R. Il y a plusieurs *sortes* de *lignes*.

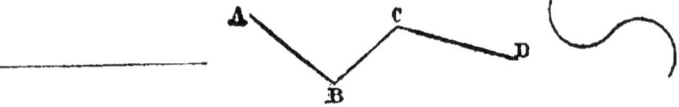

Ligne droite.   Ligne brisée.   Ligne courbe.

Q. Qu'est-ce que la *ligne droite?* — R. La **ligne droite** [a] est celle que nous présente un *fil* bien *tendu*.

Q. De quoi est formée une *ligne brisée?* — R. Une **ligne brisée** est formée de *lignes droites* placées *bout à bout*.

(a) Dans le langage, pour abréger, au lieu de dire *une ligne droite*, on dit simplement une *droite*.

LA LIGNE DROITE.

Q. Quand est-ce qu'une ligne est *courbe?* — **R.** Une ligne est **courbe** lorsqu'elle n'est ni *droite,* ni *brisée*[a].

Q. Que sont les extrémités d'une ligne? — **R.** Les *extrémités* d'une ligne sont des **points**. Le *milieu* d'une ligne est un *point*. Lorsque deux *lignes* se coupent, elles se coupent en un *point* appelé *point d'inter-* p. 195 *section*.

Q. Combien d'un point à un autre peut-on mener de lignes droites? — **R.** D'un *point* à un *autre*, on ne peut mener qu'*une ligne droite*.

Q. Que savez-vous sur la droite AB? — **R.** La *droite* AB est le *plus court chemin* pour aller de A en B : c'est la **distance** du A————B point A au *point* B.

Q. Comment trace-t-on la *ligne droite?* — **R.** On trace la *ligne droite* : sur le *papier,* au moyen de la *règle*; sur une *planche* ou un *mur,* au moyen d'un *fil*; dans un *jardin,* à l'aide d'un *cordeau*; sur le *terrain,* à l'aide de *jalons* alignés[b].

Exercice. 1. Extrayez la racine cubique de 4 628 913. — **Solution.** 167.

E. 2. Extrayez, à moins de 0,001, la racine carrée de $\frac{8}{11}$. — **S.** 0,852.

E. 3. Calculez la quatrième puissance de 0,29. — **S.** 0,007 072 81 [c].

E. 4. On a dépensé 21 000^f pour l'éducation d'un jeune homme. Dans le bureau où il est placé il gagne 1 925^f par an. A quel taux a-t-on placé son argent? — **S.** 9,16.

E. 5. Des actions sont au cours de 1 459^f. Elles donnent un dividende de 62^f,25. Trouvez le taux. — **S.** 4,26.

E. 6. Si cela était possible, combien faudrait-il de temps,

---

[a] Il faut que les élèves sachent très bien reconnaître ces différentes sortes de lignes. On leur en montrera de nombreux exemples, empruntés aux objets mêmes qu'ils ont ordinairement sous les yeux.

[b] On exercera les élèves à ces différents tracés et on leur apprendra à reconnaître si une règle est bien droite ou si elle ne l'est pas.

[c] On peut remarquer que la *quatrième puissance* d'un nombre n'est autre chose que le *carré* du *carré* de ce nombre. Ainsi la quatrième puissance de 2 n'est autre chose que le carré de 4.

pour faire le tour de la terre, à un piéton qui parcourrait 19^{Km},253 par jour? — **S.** Autant de jours qu'il y a de fois 19 253^m dans 40 000 000^m, c-à-d 2 077^j, ou 5^{ans} 252^j.

E. 7. Combien de champs de 8^a,3 dans 1^{Kmq} ? — **S.** Autant qu'il y a de fois 8^a,3 dans 10 000^a, c-à-d 1 204.

E. 8. On retient, sur un billet de 6 128^f, payable dans 90^j, un escompte de 66^f,15. Quel est le taux ? — **S.** 4,31 %.

E. 9. Combien de jours dans un demi-siècle ? — **S.** 18 262, ou 18 263 [a].

E. 10. On mélange 16 sacs de farine à 46^f,40 le sac avec 33 sacs à 47^f,15. Dites le prix d'un sac du mélange. — **S.** 46^f,90.

---

185. — Les angles.

Question. Qu'appelle-t-on *angle?* — **Réponse.** On appelle **angle** la *figure* formée par *deux droites* qui partent d'un *même point*.

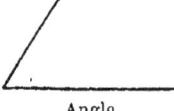
Angle.

Q. Comment se nomme le point d'où partent les *droites?* — **R.** Le *point* d'où partent les droites est le *sommet* de l'angle; les *droites* elles-mêmes en sont les *côtés*.

Q. De quoi dépend la *grandeur* d'un angle? — La *grandeur* d'un angle ne dépend pas de la *longueur* de ses côtés : elle dépend seulement de leur *écartement* [b].

Q. Dans quel cas deux *angles* sont-ils *égaux?* — **R.** Deux *angles* sont *égaux* lorsque, portés l'un sur l'autre, ils **coïncident**, c-à-d se *confondent*.

---

[a] Dans 50 ans, il y a 12 périodes de 4 ans, plus un reste de 2 ans. Le nombre des années bissextiles est donc de 12 si le reste n'en contient aucune et de 13 s'il en contient une. Le nombre des jours est donc 365×50 + 12 ou 365×50 + 13, c-à-d 18 262 ou 18 263. — Il se pourrait même que le demi-siècle considéré ne contînt que 11 années bissextiles : c'est ce qui arriverait si le reste de 2 ans n'en contenait aucune et si, en même temps, l'une des périodes de 4 ans contenait une année séculaire non bissextile.

[b] En ouvrant ou fermant un compas, on montre facilement comment la *grandeur* d'un angle *augmente* ou *diminue*.

LA LIGNE DROITE.

Q. Dans quel cas une *droite* est-elle *perpendiculaire* sur une autre ? — **R.** Lorsqu'une droite forme avec une autre *deux angles* **égaux**, cette droite est **perpendiculaire** sur l'autre.

Perpendiculaire.   Oblique.

Q. Dans quel cas une droite est-elle *oblique* sur une autre ? — **R.** Lorsqu'une droite forme avec une autre *deux angles* **inégaux**, cette droite est **oblique** sur l'autre.

Q. Qu'appelle-t-on *angle droit* ? — **R.** On appelle **angle droit** un angle dont un côté est *perpendiculaire* sur l'autre. Tous les *angles droits* sont *égaux*.

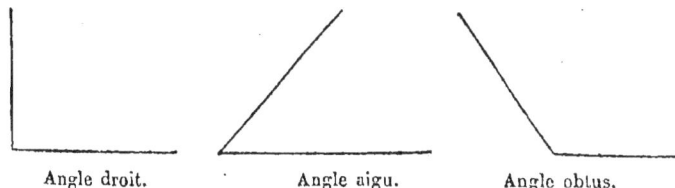

Angle droit.   Angle aigu.   Angle obtus.

Q. Dans quel cas un angle est-il *aigu* ou *obtus* ? — **R.** Un *angle* est **aigu**, s'il est *plus petit* qu'un *angle droit*; **obtus**, s'il est *plus grand*[a].

Exercice. 1. Un angle vaut les $\frac{7}{8}$ d'un droit. Est-il aigu ou obtus ? — **Solution.** *Aigu,* car il est plus petit qu'un *droit*.

---

[a] *Aigu* signifie pointu, comme on le voit dans *aiguille*; *obtus* a le sens opposé. — Des *angles droits* se présentent sans cesse à nos regards: les coins des portes, des fenêtres, des tables, des couvertures de nos livres, des pages qui les composent sont presque toujours des angles *droits*. Les angles aigus ou obtus sont beaucoup moins communs. On montrera aux élèves des angles de ces différentes sortes; on en tracera devant eux; on leur en fera tracer.

338   NOTIONS DE GÉOMÉTRIE.

E. 2. Un angle vaut les $\frac{6}{5}$ d'un droit. Est-il aigu ou obtus ? — S. *Obtus*, car il est plus grand qu'un *droit*.

E. 3. Extrayez, à moins de 0,01, la racine cubique de 7,458. — S. 1,95.

E. 4. Extrayez la racine carrée de 15 641 968. — S. 3954.

E. 5. Calculez le cube de $\frac{8}{9}$. — S. $\frac{512}{729}$.

E. 6. Jean me donne en payement un billet de 825^f payable dans 60^j. Passez cet article au journal. — S. *Avoir* Jean, son billet, payable dans 60^j... 825$^{f\,(a)}$.

p. 197   E. 7. Combien d'or pur dans un lingot pesant 64^{Dg},75 au titre de 0,865 ? — S. 64^{Dg},75 $\times$ 0,865, c-à-d 56^{Dg},008.

E. 8. Que rapportent 10 000^f, en 5 ans, à 6 % et à intérêts composés ? — S. 3382^f,26 [b].

E. 9. Sur 1 quintal métrique de farine, on a pris 36^{Kg},728, puis 476^{Dg},8. Combien en reste-t-il ? — S. 58^{Kg},504.

E. 10. Partagez 5 643^f en 3 parties proportionnelles à 2, 2, 5. — S. 1 254^f; 1 254^f; 3 135$^{f\,(c)}$.

---

186. — Les perpendiculaires.

Question. Par un point donné, peut-on mener une *perpendiculaire* à une droite donnée ? — **Réponse.** Par un *point* donné, on peut toujours mener une *perpendiculaire* à une *droite* ; mais on n'en peut mener qu'une.

(a) Jean est *créditeur* puisqu'il donne. Sur le *livre-journal*, l'article consacré à son billet commencera par le mot *Avoir*. Sur le *grand-livre*, le montant de son billet sera porté au *crédit* de son compte.

(b) A intérêts simples, ce même capital, dans ce même temps, n'eût rapporté que 3 000^f.

(c) Dans ce partage, deux des nombres donnés sont égaux. Donc, évidemment, deux des nombres cherchés doivent l'être.

LA LIGNE DROITE. 339

Q. Que savez-vous sur la *perpendiculaire* abaissée d'un point sur une droite? — **R.** La *perpendiculaire* OP *abaissée*[a] d'un *point* O sur une *droite* AB est la *plus courte ligne* que l'on puisse mener de ce *point* à cette *droite* : c'est la *distance* de ce point à cette droite.

Q. A l'aide de quel instrument trace-t-on les *perpendiculaires*? — **R.** On trace le plus souvent les *perpendiculaires* à l'aide de l'**équerre**[b].

Q. Qu'est-ce que l'*équerre*? — **R.** L'*équerre* est une planchette qui a *trois côtés*, dont deux forment un *angle droit*[c].

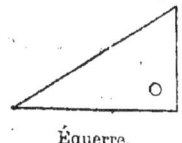
Équerre.
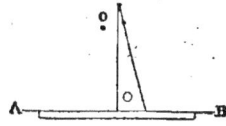

Q. Comment mène-t-on par un point une *perpendiculaire* à une droite? — **R.** Pour mener par un point O une *perpendiculaire* à la droite AB, on place une *règle* le long de AB, et, contre cette règle, l'un des côtés de l'angle droit de l'*équerre* ; puis on fait glisser l'équerre jusqu'à ce que l'autre côté de l'angle droit vienne toucher le point O : on tire alors un trait le long de ce côté.

Exercice. 1. Extrayez, à moins de 0,01, la racine cubique de $\frac{6}{7}$. — **Solution.** 0,94.

E. 2. Extrayez, à moins de 0,001, la racine carrée de 0,004. — **S.** 0,044.

---

[a] Lorsque le point d'où la perpendiculaire est menée est en dehors de la droite, la perpendiculaire est dite *abaissée*. Lorsque ce point est sur la droite même, la perpendiculaire est dite *élevée*.
[b] Il ne sera pas inutile de faire remarquer que le mot *équerre* est du genre *féminin*.
[c] L'idée de l'*équerre* est tellement liée à celle de l'*angle droit*, que beaucoup de personnes disent que deux droites *sont d'équerre*, pour dire que ces droites se rencontrent en formant un *angle droit*.

340   NOTIONS DE GÉOMÉTRIE.

p. 198

E. 3. Calculez le carré de $3+\frac{9}{11}$. — **S.** $\frac{1764}{121}$, ou $14+\frac{70}{121}$.

E. 4. L'été dure $93^j\,14^h\,21^m$. Combien de minutes [a]? — **S.** $134\,781^m$.

E. 5. Calculez $3^{mc},728 - 578^{dmc},14 + 3^{cmc}$. — **S.** $2\,421\,863^{cmc}$.

E. 6. On achète 62 sacs de farine à $47^f,25$, escompte $\frac{1}{2}\,^\circ/_\circ$. Que paye-t-on? — **S.** Le prix total est de $2\,929^f,50$. L'*escompte* est de $14^f,64$. On paye $2\,914^f,86$.

E. 7. Un homme parcourt $17\,644^m$ en 4^h. Combien en 1^h? — **S.** 4 fois moins, c-à-d $4\,411^m$.

E. 8. Quels poids faut-il allier d'or pur et de cuivre pour obtenir $74^{Dg},8$, au titre de $0,815$. — **S.** $60^{Dg},962$ d'or; $13^{Dg},838$ de cuivre [b].

E. 9. Que rapportent $1526^f,35$, à la caisse d'épargne, en 105^j? — **S.** $13^f,35$.

E. 10. Un bloc de fonte pèse $789^{Kg},25$ et a un volume de $0^{mc},123$. Trouvez la densité. — **S.** Ce volume d'eau pèserait 123^{Kg}. Donc la densité est $789,25 : 123$, c-à-d $6,41$ [c].

---

187. — Les parallèles.

Question. Dans quel cas deux droites sont-elles parallèles? — **Réponse.** *Deux droites* sont **parallèles** lorsque, tracées sur un même dessin, elles ne peuvent *jamais* se *rencontrer* [d].

---

[a] L'*été* est présentement la plus longue des *saisons*; ensuite viennent le *printemps*, puis l'*automne* et enfin l'*hiver*. Il n'en a pas été et il n'en sera pas toujours ainsi.

[b] On peut traiter cet exercice comme une *règle d'alliage* de la troisième espèce; mais il est plus simple de raisonner de cette manière: le poids de l'*or pur* contenu dans l'alliage demandé sera $74^{Dg},8 \times 0,815$, c-à-d $60^{Dg},962$; le poids du *cuivre* sera l'excès du poids total sur le poids de l'or pur, c-à-d $13^{Dg},838$.

[c] Toutes les *fontes* n'ont pas la même densité. Il en est de même de la plupart des *métaux*. La densité d'un métal dépend à la fois de son état de pureté et de la manière dont il a été travaillé.

[d] Les exemples de *droites parallèles* se présentent à chaque instant. Les arêtes opposées d'une table, d'un banc, sont des *droites parallèles*.

LA LIGNE DROITE.

Q. Que savez-vous sur une droite perpendiculaire à l'une des *parallèles*? — **R.** *Deux droites* étant *parallèles*, toute droite qui est *perpendiculaire* à l'une est aussi *perpendiculaire* à l'autre : c'est une *perpendiculaire commune*[a].

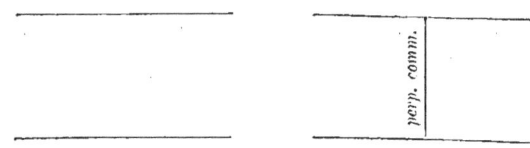

Droites parallèles.

Q. Que savez-vous sur la *distance* de 2 *droites parallèles*? — **R.** Deux *droites parallèles* sont partout à la *même distance* l'une de l'autre. Cette *distance* est mesurée par leur *perpendiculaire commune*.

Q. Par un point donné peut-on mener une *parallèle* à une *droite* donnée? — **R.** Par un *point* donné, on peut toujours mener une *parallèle* à une *droite* donnée ; mais on n'en peut mener *qu'une*.

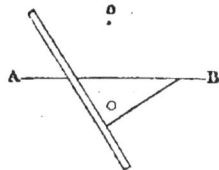

Q. Comment mène-t-on une *parallèle* à une droite? — **R.** Pour mener par le *point* O une *parallèle* à la droite AB, on place, le long de cette droite, l'un des côtés d'une équerre; contre un autre côté de cette équerre, on applique une règle; p. 199 puis on fait glisser l'équerre le long de la règle, jusqu'à ce que le côté placé d'abord suivant AB vienne toucher le point O : on tire alors un trait le long de ce côté[b].

Exercice. 1. D'un angle droit on retranche un angle qui en est les $\frac{2}{3}$. Que reste-t-il ? — **Solution.** Un *tiers* d'angle droit.

Les lignes tracées sur une feuille de papier réglé, les cinq lignes qui composent la portée musicale sont des *droites parallèles*.

[a] Deux rails opposés de la voie d'un chemin de fer sont deux droites parallèles. La distance qui les sépare, c-à-d leur *perpendiculaire commune*, est ce que l'on nomme la largeur de la voie.

[b] Pour familiariser les élèves avec l'usage de l'*équerre*, il sera bon de leur faire tracer souvent, au tableau noir ou sur le papier, soit des *perpendiculaires*, soit des *parallèles*.

E. **2.** Extrayez la racine cubique de 13 628 009. — S. 238.

E. **3.** Extrayez, à moins de 0,01, la racine carrée de $\frac{8}{11}$. — S. 0,85.

E. **4.** Formez la quatrième puissance de 0,2. — S. 0,0016.

E. **5.** Deux billets de 549^f sont payables l'un dans 35^j, l'autre dans 46. On les remplace par un billet de valeur double. Dans combien de jours sera-t-il payable, le taux étant 7,2? — S. Dans 40^j [a].

E. **6.** Additionnez 13^{Km},8 ; 7^{Hm},9 ; 8^{Dm},15. — S. 14 671^m,5.

E. **7.** Que contiennent ensemble 2 réservoirs, l'un de 3^{mc},629, l'autre de 72^{Hl},8 ? — S. 109^{Hl},09.

E. **8.** Le taux étant 5,6, on retient 41^f,65 sur un billet de 513^f,40. Dans combien de jours l'échéance? — S. Dans 521^j [b].

E. **9.** Additionnez $\frac{7}{5}$, $\frac{9}{7}$, $\frac{12}{8}$. — S. $\frac{293}{70}$, c-à-d $4 + \frac{13}{70}$.

E. **10.** Le printemps [c] dure 92^j 20^h 12^m. Combien de minutes? — S. 133 692^m.

---

188. — Les polygones.

Question. Qu'appelle-t-on *polygone?* — **Réponse.** On donne le nom de **polygone** à toute *ligne brisée*

---

[a] Lorsque la valeur *nominale* du billet unique est juste la somme des valeurs *nominales* des deux billets donnés, le problème de l'*échéance moyenne* se simplifie beaucoup. Il suffit, en effet alors, pour que les valeurs *actuelles* soient égales, que l'*escompte* du troisième billet soit égal à la somme des *escomptes* des deux premiers. Sur le premier billet l'escompte sera de 3^f,843. Sur le second, il sera de 5^f,050. Sur le billet unique, il devra être de 8^f,893. Le problème est donc de trouver dans combien de jours est payable un billet de 1098^f qui, au taux de 7,2, subit une retenue de 8^f,89. — Il est à remarquer que, dans ce cas simple, le nombre de jours trouvé resterait le même si le taux de l'escompte venait à changer.

[b] Ceci n'est qu'un simple exercice : dans la pratique, il est rare que l'on rencontre des billets à aussi lointaine échéance.

[c] Le *printemps*, pour la durée, est la seconde des saisons de l'année. Le printemps est le temps qui s'écoule entre l'équinoxe du printemps et le solstice d'été. Il commence le 20 mars et finit le 21 juin.

LA LIGNE DROITE. 343

fermée. Les portions de droites qui forment cette ligne brisée sont les *côtés* du polygone.

Triangle. Quadrilatère. Pentagone.

Q. Qu'appelle-t-on *triangle?* — R. On appelle **triangle** un *polygone* de **4** *côtés;* **quadrilatère,** un *polygone* de **4** *côtés;* **pentagone,** un *polygone* de **5** *côtés;* etc[a].

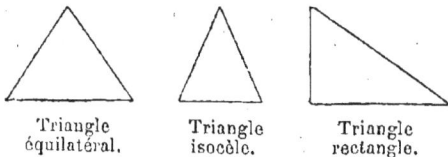

Triangle équilatéral. Triangle isocèle. Triangle rectangle.

Q. Quels sont les *triangles* qu'on distingue spécialement? — R. Parmi les *triangles*, on distingue le *triangle équilatéral* qui a les 3 *côtés égaux*; le *triangle isocèle* qui a 2 *côtés égaux*; le *triangle rectangle* qui a un *angle droit*; etc... p. 200

Q. Qu'appelle-t-on *parallélogramme?* — R. On appelle **parallélogramme** un *quadrilatère* qui a ses côtés *parallèles* deux à deux.

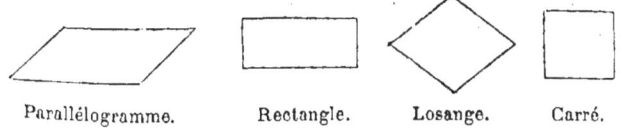

Parallélogramme. Rectangle. Losange. Carré.

Q. Quels sont les *parallélogrammes* qu'on distingue spécialement? — R. Parmi les *parallélogrammes*, on distingue le *rectangle* qui a ses 4 *angles droits*; le *losange* qui a ses

---

[a] Le *polygone* de 6 côtés se nomme *hexagone;* celui de 7 côtés, *heptagone;* celui de 8, *octogone;* celui de 9, *ennéagone;* celui de 10, *décagone;* celui de 12, *dodécagone*. Les autres polygones n'ont pas de noms particuliers.

4 *côtés égaux*; le *carré* qui a, en même temps, ses 4 *angles droits* et ses 4 *côtés égaux*[a].

Q. Qu'appelle-t-on *trapèze?* — **R.** On appelle **trapèze**[b] un *quadrilatère* qui a *seulement* deux *côtés parallèles*.

Trapèze.

Exercice. 1. Dans un carré, chaque côté est de 13^m,65. Trouvez le périmètre[c]. — **Solution.** 13^m,65 $\times$ 4, ou 54^m,60.

E. 2. Trouvez le périmètre d'un pentagone dont chaque côté est de 138^{dm},29. — **S.** 138^{dm},29 $\times$ 5, c-à-d 691^{dm},45.

E. 3. Le périmètre d'un triangle équilatéral est de 496^{Dm},8. Dites la longueur du côté. — **S.** Le *tiers* de 496^{Dm},8, c-à-d 165^{Dm},6.

E. 4. Extrayez, à moins de 0,01, la racine cubique de 0,47. — **S.** 0,77.

E. 5. Extrayez la racine carrée de 326 479. — **S.** 571.

E. 6. Formez le cube de 2,47. — **S.** 15,069 223.

E. 7. Des terres rapportaient autrefois 3,2 %. Elles ne rapportent plus que 2,7. Combien perd-on par an sur une terre qui a coûté 33 426^f? — **S.** 0,5 %, c-à-d 1/2 % ou 167^f,13.

E. 8. Que pèsent ensemble 1 pièce de 100^f; 2 de 50^f; 3 de 20^f; et 4 de 10^f? — **S.** Toutes ces pièces valent ensemble 300^f. Elles pèsent autant de grammes qu'il y a de fois 3^f,10 dans 300^f, c-à-d 96^g,77[d].

E. 9. Combien faut-il mettre d'eau dans 3^{lll},67 de vin

---

[a] Les exemples de *carrés*, et surtout de *rectangles*, sont des plus communs. La plupart des tables sont *rectangulaires*. Il en est de même des livres, des cahiers, des feuilles de papier, des feuilles de carton, des tableaux, des cartes géographiques, etc., etc.

[b] *Trapèze* vient du grec *trapeza*, qui signifie table. Les noms des *polygones* viennent aussi presque tous du grec. Il en est de même d'une multitude d'autres termes scientifiques. Ce sont les Grecs anciens qui ont fondé la *géométrie*, plus de cinq siècles avant notre ère.

[c] Le mot *périmètre* vient du grec. Il a le même sens que notre mot *contour*.

[d] On aurait pu chercher, dans le *Cours*, le poids de chacune des pièces, puis faire la somme de tous ces poids. Il est bien préférable d'opérer comme nous l'avons fait.

à $0^f,85$ le litre, pour que le demi-décalitre coûte $2^f,65$? — S. $2^{lll},21$.

E. **10.** On a découvert 191 petites planètes [a] pendant les 78 premières années de ce siècle. Combien par an, en moyenne? — S. 2,4.

CHAPITRE II

LA CIRCONFÉRENCE

189. — Définitions.

Question. Qu'est-ce que la *circonférence?* — **Réponse.** La **circonférence** est une *ligne courbe* dont tous les points sont à égales distances d'un *point intérieur* appelé **centre**.

Q. Comment trace-t-on la *circonférence?* — R. On trace la *circonférence* : sur le papier, à l'aide du *compas*; sur le terrain, à l'aide d'un *cordeau*[b].

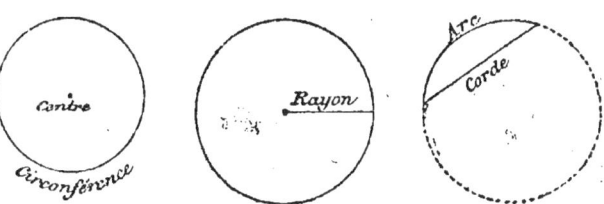

Q. Qu'appelle-t-on *rayon?* — R. On appelle **rayon** une *droite* quelconque qui joint le *centre* à un *point* de la *circonférence*. Dans une *même circonférence*, tous les rayons sont *égaux*.

Q. Qu'appelle-t-on *arc?* — R. On appelle **arc** une *por-*

---

[a] Il y a, on le voit, une multitude de petites planètes. Il n'y en a, au contraire, que 8 grosses : ce sont *Mercure, Vénus,* la *Terre, Mars, Jupiter, Saturne, Uranus* et *Neptune.* Les petites planètes sont, en quelque sorte, placées entre Mars et Jupiter.

[b] Il sera bon, pour familiariser les élèves avec l'usage du *compas,* de leur faire tracer de nombreuses *circonférences.*

346   NOTIONS DE GÉOMÉTRIE.

tion quelconque de la *circonférence*; **corde** la *droite* qui joint les extrémités de l'*arc*.

Q. Qu'appelle-t-on *diamètre?* — R. On appelle **diamètre** une *corde* qui passe par le *centre*. Un *diamètre* vaut *deux rayons*. Dans une même *circonférence*, tous les diamètres sont *égaux*.

p. 202 Q. Qu'est-ce qu'une *sécante?* — R. Une **sécante** est une *droite* qui *coupe* une circonférence en *deux* points. Une **tangente** est une *droite* qui *touche* seulement la circonférence : une tangente n'a qu'*un* point commun avec la circonférence[a].

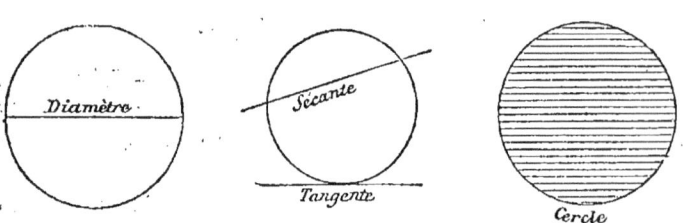

Q. Qu'est-ce que le *cercle?* — R. Le **cercle** est la *portion* du *tableau* comprise à l'*intérieur* de la *circonférence*[b].

Exercice. 1. Le rayon d'une circonférence est de $3^m,25$. Trouvez le diamètre. — **Solution.** $3^m,25 \times 2$, c-à-d $6^m,50$.

E. 2. Le diamètre d'une circonférence est de $15^m,78$. Trouvez le rayon. — S. La *moitié* de $15^m,78$, c-à-d $7^m,89$.

E. 3. Calculez, à moins de $0,01$, la racine cubique de $\frac{6}{11}$. — S. $0,81$.

E. 4. Calculez, à moins de $0,001$, la racine carrée de $3,6978$. — S. $1,922$.

[a] On fera remarquer aux élèves que les mots *arc* et *corde* sont empruntés à une arme ancienne, employée encore par les sauvages. On pourra leur dire que *sécante* vient d'un verbe latin qui signifie *couper*, et *tangente* d'un autre verbe, latin encore, qui signifie *toucher*.
[b] Le *cercle* est une certaine *étendue*, une certaine *surface*. La *circonférence*, au contraire, est une simple ligne.

E. 5. Formez le carré de $2+\frac{6}{7}$. — **S.** $\frac{400}{49}$, ou $8+\frac{8}{49}$.

E. 6. Les $\frac{7}{11}$ d'un bloc de pierre pèsent $1\,225^{Kg}$. Que pèse le bloc tout entier ? — **S.** $\frac{1}{11}$ pèse $\frac{1225}{7}$. Les $\frac{11}{11}$ pèsent $\frac{1225 \times 11}{7}$, c-à-d $1\,925^{Kg}$.

E. 7. En combien de temps, à 5 °/₀ et à intérêts simples, un capital sera-t-il doublé ? — **S.** En 20 ans [a].

E. 8. Que coûtent $3\,650^f$ de rente 4,5 °/₀ français au cours de $108,45$? — **S.** $4^f,50$ coûtent $108^f,45$; donc 1^f de rente coûte $\frac{108,45}{4,50}$; donc $3\,650^f$ de rente coûtent $\frac{108,45 \times 3\,650}{4,50}$, c-à-d $87\,965^f$.

E. 9. Le stère de bois coûte $34^f,15$ et pèse $415^{Kg},60$. Combien coûte 1^{Kg} ? — **S.** $34^f,15 : 415,60$, c-à-d $0^f,082$.

E. 10. La densité de l'or pur est 19,26. Que pèse une pépite [b] dont le volume est de $712^{cmc},8$? — **S.** 1^{cmc} d'or pèse $19^g,26$. Donc cette pépite pèse $19^g,26 \times 712,8$, c-à-d $13^{Kg},728$.

---

190. — Degrés, minutes, secondes.

Question. Comment se partage la *circonférence* ? — **Réponse.** La *circonférence* se partage en 360 *petits arcs* égaux qu'on appelle **degrés**. p. 203

Q. Comment se partage chaque *degré* ? — **R.** Chaque *degré* se partage en 60 *minutes*; chaque *minute* en 60 *secondes*; chaque *seconde* en *dixièmes* et en *centièmes* [c].

---

[a] Chercher, à intérêts *simples*, en combien de temps un capital est doublé, c'est chercher en combien de temps l'intérêt produit est égal au capital ; c'est chercher, par exemple, en combien de temps un capital de $100\,000^f$ produit un intérêt de $100\,000^f$. — A *intérêts simples*, on trouve qu'un capital est doublé en 20 ans. A *intérêts composés*, le taux restant 5 °/₀, ce résultat s'obtiendrait beaucoup plus vite ; le capital serait doublé en un peu moins de 15 ans.

[b] On appelle *pépites* les masses d'or natif que l'on trouve dans certains pays aurifères, tels que l'Australie ou la Californie.

[c] On dit parfois que la *seconde* se partage en 60 *tierces* et la *tierce* en 60 *quartes* : en réalité, la *seconde* se partage, comme nous le disons,

Q. A quoi ces subdivisions sont-elles analogues? — Ces subdivisions du *degré* sont analogues à celles de *l'heure*; mais, en abrégé, elles s'indiquent autrement : $3^{degrés}$ $15^{minutes}$ $38^{secondes}$ s'écrivent 3° 15′ 38″ [a].

Q. Comment ces divisions et subdivisions se calculent-elles? — **R.** Les *divisions* et *subdivisions* de la *circonférence* se calculent comme les *divisions* et *subdivisions* du *jour*.

Q. Comment s'évaluent les *angles*? — **R.** Les *angles* s'évaluent aussi en *degrés, minutes* et *secondes* : un *angle* a le même nombre de *degrés, minutes* et *secondes* que l'*arc* décrit de son *sommet* comme *centre* et compris entre ses *côtés*.

Q. Combien l'*angle droit* vaut-il de *degrés*? — **R.** L'*angle droit* comprenant le *quart de la circonférence* vaut 90°. Les *angles obtus* valent *plus;* les *angles aigus* valent *moins*.

Q. A l'aide de quel instrument mesure-t-on les angles? —

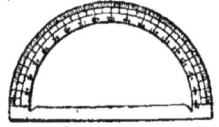

R. On mesure les *angles* à l'aide du **rapporteur**.

Q. Décrivez le *rapporteur?* — **R.** Le *rapporteur* se compose d'un *demi-cercle*, dont le *bord* est partagé en 180°.

Q. Comment mesure-t-on un *angle?* — Pour mesurer un *angle*, on met le *centre* du *rapporteur* au *sommet* de cet angle, en plaçant le *diamètre* sur l'un des *côtés*. Il suffit de lire la *division* qui correspond à l'autre *côté*.

Q. A quoi est égale la somme des angles d'un *triangle?* — **R.** La *somme* des *angles* d'un *triangle* est toujours égale à *deux angles droits*, c-à-d 180° [b].

Q. A quoi est égale la somme des angles d'un *polygone?* — **R.** La *somme* des *angles* d'un *polygone* quelconque

---

en *dixièmes* et en *centièmes;* la *tierce* et la *quarte* sont absolument inusitées.

[a] Il faut bien s'habituer à cette différence de notations : ce serait une grosse faute d'écrire $3^h 4' 28''$, ou $3^o 4^m 28^s$.

[b] Il suit de là qu'un triangle, quel qu'il soit, ne peut jamais avoir ni deux angles *obtus*, ni un angle *obtus* et un angle *droit*, ni deux angles *droits*. En d'autres termes, un triangle quelconque a toujours, au moins, *deux* angles *aigus*.

LA CIRCONFÉRENCE.

est égale à autant de fois *deux angles droits* qu'il y a de *côtés,* moins *deux,* dans ce polygone.

Exercice. 1. Combien de secondes dans 4° 15′ 26″ ? — **Solution.** 15 326″.

E. 2. Un angle de 85° est-il aigu ou obtus ? — **S.** *Aigu,* puisqu'il a moins de 90°.

E. 3. Le méridien est partagé en 360°. Combien de mètres dans l'arc de 1° ? — **S.** 40 000 000^m : 360, c-à-d 111 111^m [a].

E. 4. Que vaut, en mètres, sur le méridien, l'arc de 1″ ? — **S.** L'arc de 1° vaut 111 111^m. Or 1° contient 3 600″. Donc l'arc de 1″ vaut 111 111^m : 3 600, c-à-d 30^m,8.

E. 5. L'un des angles d'un triangle vaut 57°. Combien valent ensemble les 2 autres ? — **S.** 180° — 57°, c-à-d 123°.

E. 6. Trouvez la somme des angles d'un quadrilatère. — **S.** 4 droits [b].

E. 7. Trouvez la somme des angles d'un pentagone. — **S.** 6 droits [c].

E. 8. Extrayez la racine cubique de 4 825 913. — **S.** 168.

E. 9. Exprimez 7^{Dme},27 en hectolitres. — **S.** 7^{Dme},27 valent 7 270me. Or 1me vaut 10^{Hl}. Donc 7^{Dme},27 valent 72 700^{Hl}.

E. 10. Pour assurer à son enfant, âgé de 3 ans, une rente viagère de 149^f,60 à l'âge de 50 ans, il suffit que le père verse 100^f. Combien doit-il verser pour lui assurer une rente de 1 200^f ? — **S.** Pour assurer une rente de 1^f, il faudrait verser $\frac{100}{149,60}$. Pour assurer une rente de 1 200^f, on versera donc $\frac{100 \times 1\,200}{149,60}$, c-à-d 802^f.

---

[a] Il est souvent question, dans les livres de géographie et de voyages, de lieues de 25 au degré. Chacune de ces lieues contient, par conséquent, un nombre de mètres égal au 25me de 111 111^m, c-à-d à 4 444.

[b] On voit bien, sur un *carré* comme sur un *rectangle,* que la somme de ces angles est égale à 4 *angles droits.*

[c] Pour trouver cette somme, on raisonne ainsi : le nombre des côtés du polygone est 5 ; en le diminuant de 2, on trouve 3 ; donc la somme des angles du pentagone vaut 3 fois 2 *droits,* c-à-d 6 *droits.*

191. — Longueur de la circonférence.

Question. Comment calcule-t-on la longueur d'une *circonférence?* — **Réponse.** Pour calculer la *longueur* d'une *circonférence*, on en mesure le *diamètre*, puis on *multiplie* le résultat obtenu par le *nombre* 3,1416[a].

Q. Trouvez la *formule* qui donne cette longueur? — R. Si l'on désigne par L la *longueur* cherchée de la circonférence, par R son *rayon*, et par la lettre grecque π[b] le *nombre* 3,1416, on a $L = 2 \times \pi \times R$[c].

Q. Comment, connaissant la *circonférence*, calcule-t-on le *diamètre?* — R. Quand on connaît la *longueur* d'une circonférence, il suffit de *diviser* par π pour obtenir le *diamètre*.

Q. Comment calcule-t-on la longueur d'un *arc?* — R. Pour calculer, connaissant le *rayon*, la *longueur* d'un *arc* qui a un nombre donné de *degrés*, il suffit de résoudre une *règle de trois*.

Q. Donnez un exemple. — R. Soit à trouver la longueur d'un *arc* de 23° dans une *circonférence* dont le *rayon* a 15^m, on dira : la longueur de cette circonférence, c-à-d la longueur d'un arc de 360°, est $2 \times \pi \times 15$; la longueur de l'arc de 1° est $\frac{2 \times \pi \times 15}{360}$; la longueur de l'arc cherché est $\frac{2 \times \pi \times 15 \times 23}{360}$.

Q. Comment calcule-t-on le nombre de degrés d'un *arc?* — R. Pour calculer, connaissant le *rayon*, le nombre de *degrés* d'un *arc* de longueur donnée, il suffit aussi de résoudre une *règle de trois*.

[a] Le rapport de la *circonférence* au *diamètre* est, comme on le démontre rigoureusement, un nombre *incommensurable*. On n'en peut donc pas donner d'expression numérique exacte. Le nombre 3,1416 en est une valeur approchée, à moins de un demi-dix-millième. Cette valeur approchée suffit dans tous les cas.
[b] La lettre grecque π correspond à notre *p* et se prononce *pi*.
[c] En *algèbre*, on supprime d'ordinaire le signe $\times$ soit entre deux lettres, soit entre un nombre et une lettre. On écrit alors la formule sous cette forme $L = 2\pi R$. Mais il faut bien se rappeler que, dans cette formule, les nombres et lettres juxtaposés doivent être multipliés entre eux.

LA CIRCONFÉRENCE.   351

Exercice. 1. Trouvez la longueur de la circonférence qui a 4^m de rayon[a]. — **Solution.** $25^m,1328$.

E. 2. Trouvez le rayon d'une circonférence de 8^m. — **S.** $1^m,273$.

E. 3. Trouvez, dans une circonférence de $11^m,25$, la longueur de l'arc de $53° 28' 13''$. — **S.** La circonférence contient $1\,296\,000''$. L'arc considéré en contient $192\,493$. Donc la longueur de cet arc est $11^m,25 \times \dfrac{192\,493}{1\,296\,000}$ c-à-d $1^m,670$.

E. 4. Quel est le nombre de degrés, minutes et secondes p. 205 d'un arc qui a $0^m,50$ de long, dans une circonférence de $13^m,7$? — **S.** La circonférence a $1\,296\,000''$. Donc l'arc de $13^m,7$ contient $1\,296\,000''$. L'arc de 1^m en contient $\dfrac{1\,296\,000}{13,7}$. L'arc de $0^m,50$ en contient $\dfrac{1\,296\,000 \times 0,50}{13,7}$, c-à-d $47\,299''$ ou $13° 8' 19''$.

E. 5. Réduire $3\,425''$ en degrés, minutes et secondes. — **S.** $57' 5''$.

E. 6. Evaluez la somme des angles d'un hexagone[b]. — **S.** 8 droits.

E. 7. Extrayez, à moins de $0,001$, la racine carrée de $\dfrac{7}{13}$. — **S.** $0,733$.

E. 8. Si l'on fait faire telles écritures par 6 personnes, il faudra 12 jours. Combien, si on les fait faire par 8 personnes ? — **S.** Par une seule personne, il faudrait $12^j \times 6$. Par 8 personnes, il faudra $\dfrac{12 \times 6}{8}$, c-à-d 9^j.

E. 9. Les $\dfrac{3}{8}$ d'une pièce de vin coûtent $64^f,50$. Que coûte la pièce entière ? — **S.** Le *huitième* coûte $\dfrac{64^f,50}{3}$. Les $\dfrac{8}{8}$ coûtent donc $\dfrac{64,50 \times 8}{3}$, c-à-d 172^f.

---

[a] Il est toujours bon, lorsqu'on résout un problème, de se faire, à l'avance, une idée approximative du résultat qu'on doit trouver : par là, on évite des fautes grossières. — Dans le cas particulier du présent exercice, on remarque que π étant un peu plus grand que 3, la *circonférence* est un peu *supérieure* au *triple* de son *diamètre*. Réciproquement, dans un cercle quelconque, le *diamètre* est un peu *inférieur* au *tiers* de la *circonférence*.

[b] Comme exemples d'*hexagones*, on peut citer les carreaux à 6 pans, si employés dans le carrelage de nos appartements.

E. 10. Dites la valeur actuelle d'un billet de 1155^f, payable dans 3 mois, l'escompte étant à 5,8 %. — **S.** *L'escompte* est de 16^f,74. La valeur *actuelle* est donc de 1138^f,26.

---

192. — Partage en parties égales.

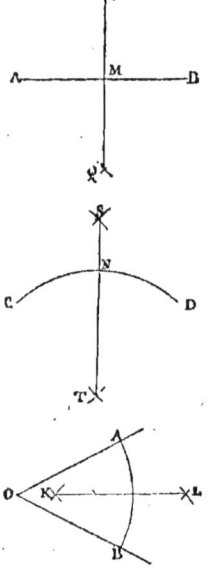

Question. Comment partage-t-on une *droite* en 2 parties *égales*? — **Réponse.** Pour *partager une droite* AB en *deux parties égales*, de ses extrémités comme centres, et avec un même rayon, on décrit des arcs qui se coupent en P et en Q. La droite PQ coupe la *droite* AB en son *milieu* M[a].

Q. Comment partage-t-on un *arc* en 2 parties *égales*? — **R.** Pour *partager un arc* CD en *deux parties égales*, de ses extrémités comme centres, et avec un même rayon, on décrit des arcs qui se coupent en S et en T. La droite ST coupe l'*arc* CD en son *milieu* N.

Q. Comment partage-t-on un *angle* en 2 parties *égales*? — **R.** Pour *partager un angle* en *deux parties égales*, on décrit d'abord, entre ses côtés, et de son sommet comme centre, un arc AB ; puis on fait, sur cet arc, la construction précédente. La droite KL que l'on obtient passe par le sommet O et partage l'*angle* en *deux parties égales* : elle en est la *bissectrice*.

Q. Que peut-on faire en répétant ces constructions? — **R.** En répétant plusieurs fois la même construction, on peut *partager* une *droite*, un *arc* ou un *angle* en 4, 8, 16,... *parties égales*.

---

[a] Il faut évidemment que ce *rayon* soit plus grand que la moitié de la droite AB. La construction se fait très bien, si on le prend égal à cette droite elle-même. — La présente observation s'applique parfaitement au problème qui suit.

LA CIRCONFÉRENCE.

Q. Comment partage-t-on une *droite* en *plusieurs* parties égales? — **R.** Pour *partager une droite* AB en un *nombre* quelconque de *parties égales*, par exemple en 3, on mène par le point A une droite AX faisant un angle avec la droite AB. On porte sur AX, à partir de A, trois longueurs égales AP, PQ, QR; on tire la droite RB, et par les points P et Q on lui mène des parallèles [a].

p. 205

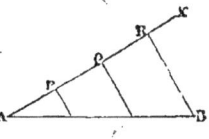

Exercice. 1. Formez la quatrième puissance de 1,2. — **Solution.** 2,0736.

E. 2. Trouvez le tiers d'un arc de 36° 27'. — **S.** 12° 9'.

E. 3. Extrayez, à moins de 0,001, la racine cubique de 0,02. — **S.** 0,271.

E. 4. Trouvez le rayon d'une meule qui a 5^m de tour. —**S.** 0^m,79.

E. 5. Extrayez la racine carrée de 48 726 917. — **S.** 6 980.

E. 6. Dites la somme des angles d'un polygone de 7 côtés. — **S.** 10 droits [b].

E. 7. On a moissonné 3^{Ha},25, puis 2^a,36, puis 111^{ca},15. Combien d'ares, en tout? — **S.** 328^a,4715.

E. 8. Réduisez en secondes 6^j 7^h 8^m 9^s. — **S.** 544 089^s.

E. 9. Dites la longueur d'une route dont les $\frac{7}{8}$ ont 4 942^m.

— **S.** Le *huitième* a $\frac{4942}{7}$; les $\frac{8}{8}$ ont $\frac{4942 \times 8}{7}$, c-à-d 5648^m [c].

E. 10. Un million a rapporté 9 867^g,65 en 85^j. Dites le taux. — **S.** 4,17 % [d].

---

[a] Il est bon d'exercer beaucoup les élèves à la résolution des problèmes *graphiques* qui font l'objet de ce paragraphe. On les familiarisera ainsi avec l'usage de la *règle*, de l'*équerre* et du *compas*.

[b] En général, si l'on désigne par n le nombre des côtés du polygone considéré, la somme de ses angles est, comme on l'a dit, égale à autant de fois 2 droits qu'il y a de côtés moins deux, c-à-d à $n-2$ fois 2 droits. Ce résultat peut s'écrire $2 \times (n-2)$.

[c] On pourrait dire aussi : puisque ces 4942^m représentent les $\frac{7}{8}$ de la route, il suffit de leur ajouter le *septième* de 4942^m, c-à-d 706^m pour obtenir la route tout entière.

[d] On pouvait voir *à priori* que le *taux* devait être d'environ 4 %.

193. — Construction d'angles et de triangles.

Question. Comment construit-on un *angle* égal à un angle donné? — **Réponse.**

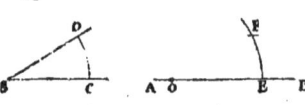

Pour *construire*, en un *point* O d'une *droite* AB, un *angle égal* à un *angle donné* S, on décrit des arcs de cercle, avec le même rayon, des points S et O comme centres. De E comme centre, avec une ouverture de compas égale à la distance CD, on décrit un nouvel arc qui coupe l'arc EF au point F. On n'a plus qu'à tirer la droite OF.

Q. Comment construit-on un *triangle* dont on connaît un côté et les *angles adjacents*? — **R.** Pour construire un *triangle* dont on connaît un côté et les *deux angles adjacents* [a], on trace une droite AB égale au côté donné; en A, on fait avec AB un angle égal au premier angle donné, et, en B, un angle égal au second. On n'a plus qu'à prolonger, jusqu'à leur rencontre, les côtés de ces deux angles [b].

p. 207

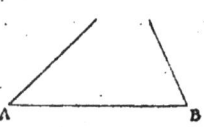

Q. Comment construit-on un *triangle*, connaissant deux *côtés* et l'*angle compris?* — **R.** Pour *construire* un *triangle* dont on connaît *deux côtés* et *l'angle qu'ils comprennent*, on fait un angle A égal à cet angle; on prend les longueurs AB, AC égales aux côtés donnés. On n'a plus qu'à tirer la droite BC.

Q. Comment construit-on un *triangle*, connaissant les *trois côtés?* — **R.** Pour *construire* un *triangle* dont on connaît les *trois côtés*, on trace la droite AB égale au premier côté; de A comme centre, avec un rayon égal au deuxième côté, on trace un arc de cercle; de B comme centre, avec un rayon égal au troisième côté, on en trace un autre, qui

---

En effet, 9 867^f,65 est à peu près le *centième* d'un million; et 85j sont à peu près le *quart* d'une année. Donc le capital considéré rapporte environ 1 °/₀ dans le *quart* d'une année; donc ce même capital rapporte environ 4 °/₀ par an.

(a) Deux angles d'un triangle sont *adjacents* à un côté de ce triangle, lorsqu'ils ont, l'un et l'autre, leur sommet sur ce côté.
(b) Pour que cette construction réussisse, il faut et il suffit que les deux angles donnés aient une somme inférieure à *deux* angles droits.

LA CIRCONFÉRENCE.   355

coupe le précédent au point C [a]; il suffit de tirer les droites CA, CB.

Exercice. 1. Formez le cube de $\frac{7}{11}$. — **Solution.** $\frac{343}{1331}$.

E. 2. Un arc est les $\frac{3}{8}$ de la circonférence. Combien a-t-il de degrés, minutes et secondes ? — **S.** La *circonférence* contient 360°. Son *huitième* contient 360° : 8, c-à-d 45°. L'arc considéré contient 45° × 3, c-à-d 135°.

E. 3. Extraire, à moins de 0,01, la racine cubique de $\frac{3}{13}$. — **S.** 0,61.

E. 4. Réduire en secondes 37° 48′ 49″. — **S.** 136 129″.

E. 5. Extraire, à moins de 0,001, la racine carrée de 0,00 526. — **S.** 0,072.

E. 6. Quel est le contour d'une roue de $0^m,56$ de rayon ? — **S.** Le *diamètre* est de $1^m,12$. La *circonférence* est $1^m,12 \times 3,1416$, c-à-d $3^m,518\,592$ [b].

E. 7. On mêle $1^{Hl},5$ de vin à $0^f,62$ le litre avec 236^{Dl} à $0^f,47$ le litre. Dites le prix du litre du mélange. — **S.** $0^f,479$ [c].

E. 8. Que vaut 1^{Kg} d'or pur ? — **S.** 1^{Kg} d'or monnayé vaut $3\,100^f$, mais ne contient que $0^{Kg},900$ d'or pur. Donc 1^g d'or pur vaut $\frac{3\,100}{900}$; et $1\,000^g$ valent $\frac{3\,100 \times 1\,000}{900}$, c-à-d $3\,444^f,44$ [d].

E. 9. Un rocher a pour densité 1,98 et pour volume $15^{mc},76$. Trouvez son poids. — **S.** Ce volume d'eau pèserait $15^t,76$. Ce rocher pèse donc $15^t,76 \times 1,98$, c-à-d $31^t,2048$, ou bien $31\,204^{Kg},8$.

E. 10. Pour assurer son mobilier contre l'incendie, on paye $0^f,75$ pour $1\,000^f$. Trouvez la valeur d'un mobilier

---

[a] Si ces deux cercles ne se coupaient pas, la construction serait impossible ; on ne pourrait construire aucun triangle avec les 3 côtés donnés.

[b] Raisonnablement, en évaluant le contour de cette roue, on doit se borner aux *centimètres*, et dire qu'il est égal à $3^m,51$.

[c] On pouvait voir, à l'avance, que le prix du litre du mélange serait beaucoup plus voisin de $0^f,47$ que de $0^f,62$. Il y a, en effet, dans ce mélange, beaucoup plus de vin à $0^f,47$ le litre que de vin à $0^f,62$.

[d] On regarde comme étant sans valeur aucune le cuivre qui entre dans l'alliage dont sont formées nos pièces d'or.

356   NOTIONS DE GÉOMÉTRIE.

dont l'assurance coûte 18^f,15. — S. En payant 0^f,75, on assure 1000^f de mobilier; en payant 1^c, on assure $\frac{1000}{75}$; en payant 18^f,15, c-à-d 1815^c, on assure $\frac{1000 \times 1815}{75}$, ou 24 200^f.

---

194. — Tracé des perpendiculaires et des parallèles.

Question. Comment *élève-t-on* une *perpendiculaire* sur une droite? — **Réponse.** Pour *élever*, par un *point* O d'une droite donnée, *une perpendiculaire* à cette *droite*, on prend de part et d'autre de O deux longueurs égales OA, OB. Des points A et B comme centres, avec le même rayon, on décrit des arcs qui se coupent en K. Il suffit de tirer OK.

p. 208

Q. Comment *abaisse-t-on* une *perpendiculaire* sur une droite? — R. Pour *abaisser*[a] du *point* O une *perpendiculaire* sur une *droite donnée*, de O comme centre, avec un rayon suffisant, on décrit un arc qui coupe cette droite aux points A et B. De ces points comme centres, avec le même rayon, on décrit des arcs qui se coupent en K. Il suffit de tirer OK.

Q. Comment mène-t-on une *parallèle* à une droite? — R. Pour *mener*, par un *point* O, une *parallèle* à une *droite donnée*, on décrit de O, comme centre, avec un rayon quelconque, un arc AB qui coupe la droite au point A; de A comme centre, avec le même rayon, on décrit un arc OC qui coupe la droite au point C; puis de A comme centre, avec une ouverture de compas égale à la distance CO, on décrit un

---

[a] Comme nous l'avons déjà fait remarquer dans une note, on *élève* une perpendiculaire sur une droite, quand on part d'un point situé sur cette droite. — Au contraire, on *abaisse* la perpendiculaire quand on part d'un point extérieur.

nouvel arc qui coupe l'arc AB au point B : il suffit alors de tirer la droite OB [a].

Exercice. 1. Formez le carré de $2 + \frac{3}{8}$. — **Solution.** $\frac{361}{64}$, c-à-d $5 + \frac{41}{64}$.

E. 2. Extrayez la racine cubique de 628 947 549. — **S.** 856.

E. 3. Trouvez la longueur de l'arc de 45° dans un cercle de $8^m,17$ de rayon. — **S.** Cet arc est les $\frac{45}{360}$, ou le *huitième* de la *circonférence*. La circonférence considérée a $51^m,33$. Donc l'arc de 45° a $6^m,41$ [b].

E. 4. Calculez, à moins de 0,001, la racine carrée de $\frac{11}{23}$. — **S.** 0,691.

E. 5. Formez la quatrième puissance de 0,02. — **S.** 0,000 000 16 [c].

E. 6. Combien de degrés, minutes et secondes dans le douzième d'un angle droit ? — **S.** 7° 30′.

E. 7. Partagez 549 en parties proportionnelles à 22, 30, 38. — **S.** 134,2 ; 133,0 ; 231,8.

E. 8. Sur $3^{kg},29$ d'un lingot d'argent, il y a 317^g de cuivre. Trouvez le titre. — **S.** Le poids de l'argent pur est de $3290^g - 317^g$, c-à-d de 2973^g. Donc le titre est $\frac{2973}{3290}$, c-à-d 0,903 [d].

E. 9. Louis me vend pour 352^f et reçoit de moi $187^f,50$. Comment ferai-je son compte ? — **S.** J'écrirai : à son

---

[a] Les trois *problèmes graphiques* qui font l'objet de ce paragraphe ont été résolus déjà, dans ce Cours, à l'aide de la *règle* et de l'*équerre*. Il importe que les élèves s'exercent à les résoudre, comme nous le faisons ici, à l'aide de la *règle* et du *compas*.

[b] Dans le calcul de la longueur de cet arc, il serait déraisonnable de chercher un grand nombre de décimales. On s'arrêtera aux *centimètres*, puisque ce n'est qu'en *centimètres* que le rayon a été donné.

[c] Il sera bon de faire remarquer l'extrême petitesse de cette quatrième puissance.

[d] On pouvait voir *à priori* que le *titre* serait très voisin de 0,900 : il suffisait de remarquer que, le poids du cuivre étant à peu près le *dixième* du poids total, le poids de l'argent pur en serait à peu près les 9 *dixièmes*.

358   NOTIONS DE GÉOMÉTRIE.

crédit, sa facture... 352^f; à son *débit*, mon versement... 187^f,50.

E. 10. Combien faut-il mélanger de vin à 70° et d'eau, pour obtenir 429^l à 45° le litre ? — **S.** Le mélange final vaudra 0^f,45 $\times$ 429, c-à-d 193^f,05. Il contiendra autant de litres du vin considéré qu'il y a de fois 0^f,70 dans 193^f,05, c-à-d 275^l. Il contiendra donc 154 litres d'eau.

195. — Tracé des tangentes.

Question. Comment mène-t-on une *tangente* par un *point* pris sur la *circonférence ?* — **Réponse.** Pour *mener* une *tangente* à une circonférence O par un point A de cette *circonférence*, on tire le rayon OA et, par le point A, on lui mène la perpendiculaire AT.

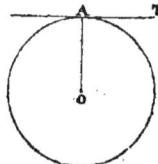 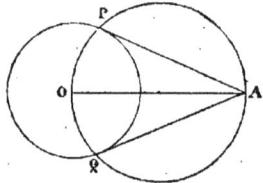

Q. Comment mène-t-on des *tangentes* par un point *extérieur*. — **R.** Pour *mener* des *tangentes* à une *circonférence* O par un *point extérieur* A, on tire la droite OA ; sur OA comme diamètre on décrit une circonférence qui coupe la précédente en P et en Q ; les tangentes sont les droites AP, AQ[a].

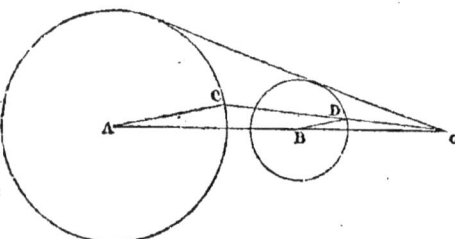

Q. Comment mène-t-on une *tangente commune extérieure ?* — **R.** Pour *mener* une *tangente commune extérieure* aux *deux circonférences* A et B, on mène d'abord deux

_____

[a] D'un point *extérieur* à une *circonférence*, on lui peut mener 2 *tangentes*; d'un point pris sur la circonférence, on n'en peut mener qu'*une*; et il est évident que, d'un *point intérieur*, on ne lui en peut mener *aucune*.

LA CIRCONFÉRENCE.   359

rayons parallèles et de même sens AC, BD ; on tire ensuite les droites AB, CD qui se coupent en O ; enfin par le point O on mène une tangente à la circonférence A : c'est une tangente commune extérieure[a] ; il y en a une seconde, en dessous.

Q. Comment mène-t-on une *tangente commune intérieure* ?
— R. Pour *mener* une *tangente commune intérieure* aux *deux circonférences* A et B, on mène d'abord deux rayons parallèles et de sens contraires AC, BD ; on tire ensuite les droites AB, CD qui se coupent en O ; enfin par le point O on mène une tangente à la circonférence A : c'est une tangente commune intérieure[b] ; il y en a une seconde.

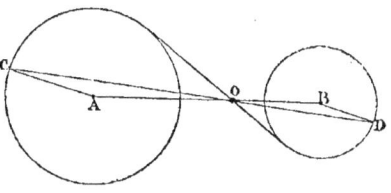

Exercice. 1. Extrayez, à moins de 0,01, la racine cubique de 0,0049. — **Solution.** 0,16.
E. 2. Calculez en kilomètres le rayon de la terre. — **S.** C'est le rayon d'une circonférence de 40 000^{Km}. Il est[c] de 6 366^{Km}.
E. 3. Extrayez la racine carrée de 57 629 036. — **S.** 7 591.
E. 4. Calculez la somme des angles d'un polygone de 8 côtés. — **S.** 12 droits.
E. 5. Formez le cube de $3 + \frac{1}{7}$[d]. — **S.** $\frac{10\,648}{343}$, c-à-d p. 210 $31 + \frac{15}{343}$.

---

[a] Cette tangente commune est dite *extérieure*, parce qu'elle laisse les deux circonférences du même côté. Si les circonférences considérées étaient *égales*, cette tangente commune serait *parallèle* à la ligne AB qui joint les deux *centres*.
[b] Cette tangente commune est dite *intérieure*, parce qu'elle passe entre les deux circonférences.
[c] Si l'on considère des *lieues* de 4^{Km}, on trouve que le rayon de la terre en contient 1591. Aussi dit-on souvent, en nombres ronds, que le rayon de la terre est de 1 600 lieues de 4^{Km}.
[d] $3 + \frac{1}{7} = \frac{22}{7}$. Cette fraction $\frac{22}{7}$ est une valeur approchée du rapport de la circonférence au diamètre, c-à-d du nombre π. Elle a été donnée

E. 6. Quel est, sur le méridien, le nombre de degrés, minutes et secondes d'un arc de 25 647^m? — **S.** 40 000 000^m correspondent à un arc de 360°, ou de 1 296 000″; 1^m correspond à un arc de $\frac{1\,296\,000''}{40\,000\,000}$; et 25 647^m à un arc de $\frac{1\,296\,000'' \times 25\,647}{40\,000\,000}$, arc qui est de 830″,96, c-à-d de 13′ 50″, 96.

E. 7. Calculez l'escompte à 6,2 °/₀ sur un billet de 2 356^f,50 payable dans 63^j. — **S.** 25^f,56.

E. 8. Un placement hypothécaire, à 5,1 °/₀, rapporte 3642^f,50 par an. Quel est le capital placé? — **S.** 71 421^f,56.

E. 9. Léon achète 3^{Kg},75 de sucre à 0^f,55 la livre; 2^l,5 de vinaigre à 0^f,75 le litre; et 3 pots de miel à 0^f,85 le pot. Faites sa facture. — **S.** *Doit* M. Léon : 3^{Kg},75 de sucre à 1^f,10... 4^f,125 ; 2^l,5 de vinaigre à 0^{f}75... 1^f,875 ; 3 pots de miel à 0^f,85... 2^f,55. Total 8^f,55 [a].

E. 10. Les obligations d'un chemin de fer coûtent 362^f,70 et rapportent 14^f,65. Combien pour cent? — **S.** 4,03 °/₀.

---

196. — Polygones inscrits et circonscrits.

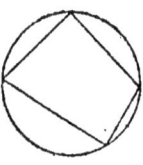
Polygone inscrit.

Question. Dans quel cas un polygone est-il *inscrit*? — **Réponse.** Un *polygone* est **inscrit** dans une *circonférence* lorsque tous ses *sommets* sont situés sur cette *circonférence* [b].

Q. Que dit-on alors de la *circonférence?* — R. On dit alors que la *circonférence* est *circonscrite* au *polygone*.

---

comme telle par *Archimède*, le plus grand géomètre de l'antiquité, mort 213 ans avant notre ère.

(ᵃ) Ce n'est pas l'usage, dans les factures, d'écrire les troisièmes décimales. Au lieu de 4^f,125, on eût écrit 4^f,10 ou 4^f,15. Au lieu de 1^f,875, on eût écrit 1^f,85 ou 1^f,90.

(ᵇ) Dans tout *quadrilatère inscrit*, la somme de 2 *angles opposés* est égale à la somme des deux autres, et chacune de ces sommes est égale à 2 *droits*.

Q. Dans quel cas un polygone est-il *circonscrit?* — **R.** Un *polygone* est **circonscrit** à une *circonférence* lorsque tous ses *côtés* sont *tangents* à cette *circonférence*[a].

Q. Que dit-on alors de la *circonférence?* — **R.** On dit alors que la circonférence est *inscrite* dans le polygone.

Q. Que savez-vous sur le *triangle?* — **R.** Étant donné un *triangle* quelconque, on peut toujours lui *inscrire* et lui *circonscrire* une circonférence.

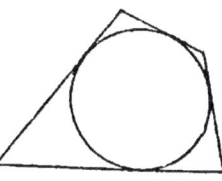

Polygone circonscrit.

Q. Comment trouve-t-on le *centre* de la circonférence *inscrite* dans un triangle? — **R.** Pour obtenir le *centre* de la circonférence *inscrite* dans un *triangle*, il suffit de prendre le *point d'intersection* des *bissectrices* de *deux angles* de ce triangle.

Q. Comment trouve-t-on le *centre* de la circonférence *circonscrite?* — **R.** Pour obtenir le *centre* de la *circonférence circonscrite* à un *triangle*, il suffit de prendre le *point d'intersection* des *perpendiculaires* élevées, à *deux côtés* de ce triangle, aux *milieux* ces côtés[b].

Exercice. 1. Extrayez, à moins de 0,01, la racine cubique de $\frac{6}{17}$. — **Solution.** 0,70.   p. 211

E. 2. Réduire en secondes 37° 28′ 17″. — **S.** 134 897″.

E. 3. Extrayez, à moins de 0,001, la racine carrée de 2,47. — **S.** 1,571.

E. 4. Un cirque[c] a $62^m,28$ de tour. Quel est son diamètre? — **S.** $19^m,82$.

E. 5. Extrayez la racine cubique de 6 288 327. — **S.** 184.

---

[a] Dans tout *quadrilatère circonscrit*, la somme de deux *côtés* opposés est égale à la somme des deux autres.

[b] Il sera bon d'exercer souvent les élèves à *inscrire* et à *circonscrire* des cercles à des triangles donnés.

[c] On nomme *cirque* une enceinte circulaire, où l'on fait manœuvrer des chevaux.

E. 6. Trouvez le capital qui, à 5,2 %, rapporte 3 647^f,50 en 5 mois[a]. — **S.** 168 346^f.

E. 7. Que pèse le cuivre contenu dans 35 gros sous? — **S.** Le poids du *cuivre* est les 95 *centièmes* du poids total[b]. Or 35 gros sous pèsent 350^g. Donc le cuivre pèse 350×0,95, c-à-d 332^g,50.

E. 8. Retranchez $\frac{3}{17}$ de $\frac{5}{18}$. — **S.** $\frac{31}{306}$.

E. 9. Trois paires de bottines coûtent 38^f,10. Que coûtent 7 paires? — **S.** 1 paire coûte $\frac{38^f,10}{3}$; 7 paires coûtent $\frac{38,10 \times 7}{3}$, c-à-d 88^f,90.

E. 10. Pour assurer à ses héritiers un capital de 100^f, un jeune homme de 17 ans doit payer une prime annuelle de 1^f,32. Quelle sera la prime pour un capital de 56 827^f? — **S.** Pour un capital de 1^f, la prime serait de $\frac{1^f,32}{100}$. Pour un capital de 56 827^f, elle sera de $\frac{1^f,32 \times 56\,827}{100}$, c-à-d de 750^f,11.

---

197. — Polygones réguliers.

Question. Qu'est-ce qu'un *polygone régulier?* — **Réponse.** Un **polygone régulier** est un *polygone* qui a tous ses *angles égaux* et tous ses *côtés égaux*.

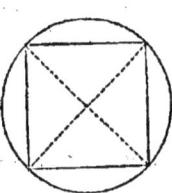
Carré.

Q. Donnez des exemples. — **R.** Le *polygone régulier* de 3 côtés est le *triangle équilatéral*; le *polygone régulier* de 4 côtés est le *carré*.

Q. Comment construit-on un *carré?* — **R.** Pour *construire* un *carré*, on trace une circonférence; on y mène *deux diamètres rectangulaires;* et l'on joint les extrémités de ces diamètres[c].

---

[a] Ces 5 mois, devant être comptés chacun pour 30^j, équivalent à 150^j.
[b] On rappellera, à ce propos, la composition de nos monnaies de *bronze*, et aussi celles de nos monnaies d'*or* et d'*argent*.
[c] C'est là le moyen de construire un *carré inscrit* dans un *cercle*

Q. Que formerait-on si l'on joignait les *milieux* des 4 arcs ? — **R.** Si l'on marquait les *milieux* des 4 *arcs* correspondants, en les joignant deux à deux on formerait le polygone régulier de 8 côtés, c-à-d l'*octogone régulier*.

Q. Comment construit-on un *hexagone régulier* ? — **R.** Pour construire un *hexagone régulier* [a], c-à-d un polygone régulier de 6 côtés, on décrit une circonférence ; avec une ouverture de compas égale au *rayon*, on la partage en 6 arcs égaux : il suffit de mener les 6 cordes de ces arcs.

Hexagone régulier.

Q. Comment construit-on un *triangle équilatéral inscrit* ? — **R.** Lorsque la circonférence est ainsi partagée, si l'on joignait les points de division de *deux en deux*, on formerait un triangle *équilatéral* [b] ; si, au contraire, on marquait les *milieux* des 6 arcs, on formerait un *polygone régulier* de 12 côtés.

p. 212

Q. Comment construit-on un *polygone régulier* d'un nombre donné de côtés ? — **R.** En général, pour *construire* un *polygone régulier* d'un certain nombre de côtés, on *partage* une *circonférence* en ce même nombre d'arcs égaux, et l'on tire les *cordes* de tous ces *arcs*.

> **Exercice. 1.** Que vaut chaque angle d'un triangle équilatéral ? — **Solution.** Les 3 angles valent ensemble 180° ; chacun d'eux en vaut le *tiers*, c-à-d 60°.
>
> **E. 2.** Que vaut chaque angle d'un pentagone régulier ? — **S.** Les 5 angles valent ensemble 6 droits ou 540° ; chacun d'eux en vaut le *cinquième*, c-à-d 108°.

---

donné. Si l'on voulait construire un *carré* ayant son *côté* d'une *longueur* donnée, on tracerait une droite AB de cette *longueur* ; aux extrémités A et B de cette droite, on élèverait des perpendiculaires AC, BD, de cette même longueur ; on joindrait enfin les points C et D.

[a] Comme nous l'avons déjà fait remarquer, l'*hexagone régulier* est très employé pour le *carrelage*.

[b] C'est là le moyen de construire un *triangle équilatéral inscrit* dans un *cercle* donné. Pour construire un triangle équilatéral ayant son côté d'une *longueur* donnée, on trace une droite AB de cette longueur ; des extrémités de cette droite comme *centres*, avec la longueur donnée pour *rayon*, on décrit des arcs de cercle qui se coupent en C ; on joint enfin, au point C, et le point A et le point B.

E. 3. Un hexagone régulier est inscrit dans un cercle de $2^m,55$ de rayon. Quel est son côté ? — **S.** $2^m,55$ [a].

E. 4. Extrayez la racine cubique de 7 725 943. — **S.** 197.

E. 5. Dites le contour d'une table ronde de $0^m,756$ de rayon. — **S.** $2 \times 3,1416 \times 0,756$, c-à-d $4^m,750$ [b].

E. 6. Que valent $0^{\text{Kg}},750$ d'argent monnayé ? — **S.** $0^f,20 \times 750$, c-à-d 150^f.

E. 7. Quel poids de cuivre faut-il allier à un lingot d'argent de $3^{\text{Kg}},766$, au titre des pièces de 5^f, pour l'amener au titre [c] des pièces de 1^f ? — **S.** Chaque kilogramme du lingot contient 65^g d'argent pur en trop. Le lingot en contient donc $65 \times 3,766$, c-à-d 244,790. Or, à chaque kilogramme de cuivre, il manque 835^g d'argent pur. Donc, il faut autant de kilogrammes de cuivre qu'il y a de fois 835 dans 244,790, c-à-d $0^{\text{Kg}},293$.

E. 8. À 4 %, un billet, payable dans 91^j, subit un escompte de $13^f,25$. Quelle est sa valeur nominale ? — **S.** $1\,310^f,43$.

E. 9. Un seau a une capacité de $132^{\text{dl}},5$. Que pèse l'eau qu'il contient ? — **S.** $13^{\text{Kg}},25$.

E. 10. Que rapportent $61\,256^f$, à 4,3 %, en 3 ans 4 mois ? — **S.** $8\,780^f,02$.

---

[a] Il résulte, en effet, de la construction indiquée plus haut, que le *côté* de l'hexagone régulier inscrit dans un cercle est juste égal au *rayon* de ce cercle.

[b] Le calcul donne 7 *décimales*. Nous n'en conservons que 3, et encore ne pouvons-nous pas répondre de la *troisième*. En effet, on ne peut *jamais* mesurer exactement ni une longueur, ni aucune autre quantité continue. Dire que le rayon de la table est de $0^m,756$, c'est dire, en général, qu'il est compris entre $0^m,756$ et $0^m,757$. Nous savons simplement que l'erreur commise dans la mesure est moindre que 1^{mm}. Or nous multiplions le rayon par un nombre supérieur à 6, mais inférieur à 7. Nous connaissons donc simplement le contour de la table avec une erreur moindre que 7^{mm}.

[c] Il faut bien se rappeler que nos pièces d'argent de 5^f sont au titre de 0,900 ; et nos pièces d'argent divisionnaires, au titre de 0,835.

198. — Arcs qui se raccordent.

Question. Quand dit-on que deux lignes se *raccordent ?* — Réponse. On dit que *deux lignes* se **raccordent,** lorsqu'elles se suivent sans former de *coude*.

Q. Comment trace-t-on un *arc de cercle* qui se *raccorde* avec une *droite ?* — **R.** Pour tracer un *arc* de cercle qui se *raccorde* en B avec la *droite* AB, il suffit de prendre pour centre un point P de la perpendiculaire BP, et pour rayon la longueur BP [a].

Q. Comment trace-t-on deux *arcs de cercle* qui se *raccordent ?* — **R.** Pour tracer un *arc* de cercle qui se *raccorde* en B avec l'*arc* AB, dont le centre est P, il suffit de prendre pour centre un point quelconque Q de la droite PB, et pour rayon la longueur QB [b].

Q. Toutes les courbes se composent-elles d'*arcs de cercle ?* — **R.** On peut tracer une foule de *courbes* formées d'*arcs* de cercle qui se *raccordent ;* mais certaines *courbes* ne se composent pas d'*arcs* de cercle : telle est l'**ellipse.**

Q. Comment trace-t-on une *ellipse ?* — **R.** Pour tracer une *ellipse*, on attache aux *points fixes* F et G, appelés *foyers*, les deux extrémités d'un *fil* FMG ; puis, on fait mouvoir, en tendant le fil, un crayon dont la pointe est en M [c].

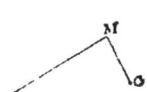

p. 213

Exercice. 1. Réduire en secondes 325° 6′ 42″. — **Solution.** 1 080 402″.

---

[a] Lorsqu'une *droite* et un *arc* de courbe se *raccordent* en un point, la droite est, en ce point-là, *tangente* à l'arc.
[b] Lorsque deux *arcs* de courbe se *raccordent* en un point, ils admettent la même *tangente* en ce point.
[c] L'*ellipse* est une courbe fermée qui a une forme *ovale*. Comme on l'a dit, l'*ellipse* ne se compose pas d'*arcs de cercle*. Il est impossible, en traçant avec un compas des arcs de cercle qui se raccordent, d'obtenir jamais une ellipse.

E. 2. Calculez, à moins de 0,001, la racine carrée de 0,07. — **S.** 0,264.

E. 3. Quel est le nombre de degrés, minutes et secondes, de l'arc qui a même longueur que le rayon ? — **S.** 57° 17′ 44″ [a].

E. 4. Calculez, à moins de 0,01, la racine cubique de $\frac{8}{23}$. — **S.** 0,70.

E. 5. Calculez le périmètre de l'hexagone régulier inscrit dans un cercle de $4^m,25$ de rayon. — **S.** $4^m,25 \times 6$, c-à-d $25^m,50$ [b].

E. 6. Calculez, à moins de 0,001, le quotient de 25 par 17. — **S.** 1,470.

E. 7. Réduire 3 000 000^s en jours, heures, minutes et secondes. — **S.** $34^j\,17^h\,20^m$.

E. 8. Multipliez $\frac{33}{37}$ par $\frac{111}{121}$. — **S.** $\frac{9}{11}$.

E. 9. Un pré a coûté 12 647^f et rapporte net 428^f par an. Combien pour cent ? — **S.** 3,38 %.

E. 10. Des actions coûtent 1 135^f,25 et rapportent 4,9 % [c]. Que touche un actionnaire qui a 13 actions ? — **S.** 723^f,15.

---

[a] Pour arriver à ce résultat, on raisonne ainsi : si le rayon est 1, la longueur de la circonférence est $2 \times 3,1416$. Ainsi, l'arc qui a pour longueur $2 \times 3,1416$ correspond à 360°, c-à-d à 1 296 000″. L'arc qui a pour longueur 1 correspond à $\frac{1\,296\,000''}{2 \times 3,1416}$, c-à-d à 206 264″, ou 57° 17′ 44″.

[b] Il faut le rappeler aux élèves : quand un hexagone régulier est inscrit dans un cercle, le *côté* de cet hexagone est égal au *rayon* de ce cercle.

[c] Ces *actions* rapportent beaucoup plus, proportionnellement, que le *pré* de l'exercice précédent. Par compensation, elles présentent beaucoup moins de sécurité. En général, plus un placement est sûr, moins le taux en est élevé.

CHAPITRE III

MESURE DES AIRES

199. — Aire du rectangle, du parallélogramme, du trapèze.

Question. Qu'est-ce que l'*aire* d'un polygone? — **Réponse.** L'*aire* d'un *polygone* est la *portion du tableau* comprise à l'*intérieur* de ce *polygone*.

Q. Qu'appelle-t-on *base* d'un *rectangle*? — R. On appelle **base** d'un *rectangle* l'un quelconque de ses *côtés*. Sa **hauteur** est le *côté perpendiculaire*.

Q. Comment évalue-t-on l'*aire* d'un *rectangle*? — R. Pour évaluer l'*aire* d'un *rectangle*, on *multiplie* sa *base* par sa *hauteur*, c-à-d qu'on fait le produit des nombres qu'on obtient en mesurant ces deux lignes [a].

Q. Et l'*aire* du *carré*? — R. L'*aire du carré* s'évalue comme celle du *rectangle* [b].

Q. Qu'appelle-t-on *base* d'un *parallélogramme*? — R. On appelle *base* d'un *parallélogramme* l'un quelconque de ses *côtés*. La *hauteur* est la *perpendiculaire* qui va de cette *base* au *côté opposé*.

Q. Comment évalue-t-on l'*aire* d'un *parallélogramme*? — R. Pour évaluer l'*aire* d'un *parallélogramme*, on *multiplie* sa *base* par sa *hauteur*.

---

[a] Ces nombres doivent être regardés comme des nombres *abstraits*. Il serait absurde de dire qu'on multiplie un nombre de mètres par un nombre de mètres.

[b] Dans le *carré*, la *base* et la *hauteur* sont représentées par le même *nombre*. L'aire est représentée par la *deuxième puissance* de ce nombre. Voilà pourquoi la *deuxième puissance* d'un nombre se nomme le *carré* de ce nombre.

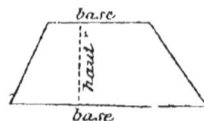

Q. Qu'appelle-t-on *bases* d'un *trapèze*? — R. Dans un *trapèze*, les *bases* sont les *côtés parallèles*. La *hauteur* est la *perpendiculaire commune* aux deux *bases*.

Q. Comment évalue-t-on l'*aire* d'un *trapèze*? — R. Pour évaluer l'*aire* d'un *trapèze*, on calcule la *demi-somme* de ses *bases*, puis on la *multiplie* par sa *hauteur*[a].

Exercice. 1. Un rectangle a une base de $3^m,2$ et une hauteur de $1^m,33$. Trouvez sa surface[b]. — **Solution.** $4^{mq},256$.

E. 2. Un rectangle a une base de $0^{dm},8$ et une hauteur[c] de $3^{cm},7$. Trouvez sa surface. — **S.** $29^{cmq},6$.

E. 3. Un parallélogramme a une base de $8^m,72$ et une hauteur de $19^{dm},8$. Trouvez sa surface. — **S.** $17^{mq},2656$.

E. 4. Un parallélogramme a pour base $15^{Dm},6$ et pour hauteur $8^m,9$. Trouvez sa surface. — **S.** $1388^{mq},4$.

E. 5. Les bases d'un trapèze ont $7^m,2$ et $5^m,3$. Sa hauteur est de $2^m,6$. Quelle est sa surface? — **S.** $16^{mq},250$.

E. 6. Un trapèze a des bases de $11^m,5$ et de $0^m,8$. Sa hauteur est de 3^m. Quelle est sa surface? — **S.** $18^{mq},45$.

E. 7. Dites l'aire d'un carré qui a $3^m,28$ de côté. — **S.** $10^{mq},7584$[d].

E. 8. Dites l'aire d'un carré qui a $36^m,48$ de tour. — **S.** Le côté est de $9^m,12$. Donc l'aire est de $83^{mq},1744$.

E. 9. Quel poids d'argent pur dans $56^f,70$ en petites pièces d'argent? — **S.** $5^g \times 56,70 \times 0,835$, c-à-d $236^g,722$.

(a) Pour obtenir chacune des *aires* considérées, il suffit, on le voit, de faire le produit des nombres qui représentent les longueurs de *deux* lignes. Dans l'évaluation des aires, il en est toujours ainsi.

(b) Dans des phrases telles que celle-là, les mots *aire* et *surface* sont tout à fait *synonymes*.

(c) La *base* et la *hauteur* d'un *rectangle* se nomment les deux *dimensions* de ce rectangle. Elles en sont la *longueur* et la *largeur*.

(d) On peut démontrer facilement la règle qui donne l'*aire* du *carré*. Supposons, par exemple, qu'un *carré* ait 5^m de côté. Partageons tous ses côtés en 5 parties égales. Joignons les points de division des côtés opposés par des droites. Nous décomposons le carré en 5×5, c-à-d en 25 carrés, qui sont chacun 1^{mq}. — Le même procédé de démonstration subsiste pour le *rectangle*.

E. **10**. On fait une retenue de 15^f,35 sur un billet de 1 628^f,40 payable dans 80^j. Dites le taux de l'escompte. — S. 4,24 °/₀.

---

200. — Aire du triangle.

Question. Qu'appelle-t-on *base* d'un *triangle*? — p. 215.
Réponse. On appelle *base* d'un *triangle* l'un quelconque de ses *côtés*. La *hauteur* est la *perpendiculaire* qui mesure la distance de la *base* au *sommet* opposé [a].

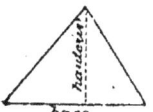

Q. Comment évalue-t-on l'*aire* d'un *triangle*? — R. Pour évaluer l'*aire* d'un *triangle*, on *multiplie* sa *base* par sa *hauteur*, puis on prend la *moitié* du produit obtenu.

Q. Peut-on trouver l'*aire* d'un triangle dont on connaît les *côtés*? — R. On peut aussi évaluer l'*aire* d'un *triangle*, dès qu'on connaît les *longueurs* de ses *trois côtés*.

Q. Comment opère-t-on? — R. Pour cela, on prend la *demi-somme* [b] des *trois côtés*; puis l'*excès* de cette *demi-somme* sur chaque *côté*. On obtient ainsi *quatre* nombres; on en fait le *produit*, et l'on extrait la *racine carrée* de ce *produit*.

Q. Donnez un exemple. — R. Soient 7^m, 8^m, 9^m, les *longueurs* des trois côtés; leur *demi-somme* est 12^m; et les *excès* sont 5^m, 4^m, 3^m. On fait le *produit* $12 \times 5 \times 4 \times 3$; on trouve 720 dont la *racine carrée* est 26,83. Donc la *surface du triangle* considéré est de 26^{mq},83 [c].

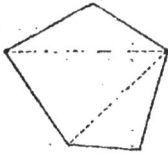

Q. Comment évalue-t-on la *surface* d'un *polygone* quelconque? — R. Pour évaluer la *surface* d'un *polygone* quelconque, on le partage en *triangles*.

---

[a] Quand le triangle est *isocèle*, on prend d'ordinaire pour *base* celui des 3 côtés qui n'est égal à aucun des autres.
[b] La *demi-somme* des 3 côtés se nomme aussi le *demi-périmètre*.
[c] Il est bon que les élèves sachent calculer la surface d'un triangle connaissant les 3 côtés, et qu'ils s'exercent fréquemment à ce calcul.

370 NOTIONS DE GÉOMÉTRIE.

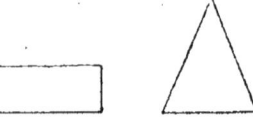

Figures équivalentes.

Q. Qu'appelle-t-on *figures équivalentes?* — **R.** *Deux figures* sont **équivalentes** lorsqu'elles ont la même *étendue* sans avoir la même *forme*.

Q. Donnez un exemple. — **R.** Le *rectangle* et le *triangle* ci-dessus sont *équivalents*, parce qu'ils ont la même *aire*.

Exercice. 1. Un triangle a une base de $3^m,75$ et une hauteur de $1^m,20$. Trouvez sa surface. — **Solution.** $2^{mq},25$.

E. 2. Un triangle a une base de $5^m,27$ et une hauteur de $6^m,8$. Trouvez sa surface. — **S.** $17^{mq},918$.

E. 3. Un triangle a pour côtés 5^m, 6^m, 9^m. Dites son aire. — **S.** $14^{mq},14$ [a].

E. 4. Un triangle a pour côtés $2^m,8$; $3^m,4$; $5^m,6$. Dites son aire. — **S.** $11^{mq},71$ [b].

E. 5. Dites l'aire d'un triangle équilatéral de 5^m de côté [c]. — **S.** $10^{mq},82$.

E. 6. Dites l'aire d'un triangle équilatéral de 21^m de tour. — **S.** $21^{mq},21$.

E. 7. La pente d'un talus a la forme d'un trapèze ayant pour bases 24^m et 18^m et pour hauteur 3^m. Calculez sa surface. — **S.** 63^{mq}.

E. 8. Un cercle a $4^m,25$ de diamètre. Trouvez le périmètre de l'hexagone régulier inscrit. — **S.** $4^m,25 \times 3$, c-à-d $12^m,75$.

E. 9. On mélange $73^l,2$ de vin à $6^f,5$ le décalitre, et $86^l,9$ à $5^f,4$ le décalitre. Dites le prix final du litre. — **S.** $0^f,59$. *Règle de mélange* de la première espèce.

E. 10. Écrivez sur votre journal que Jean vous paye $637^f,50$ qu'il vous devait. — **S.** *Avoir* Jean, son payement... $637^f,50$.

[a] Le *demi-périmètre* est de 10^m. En retranchant successivement de ce nombre les longueurs des 3 côtés, on trouve 5, 4, 1. Le produit des 4 nombres 10, 5, 4, 1 est 200. L'*aire* cherchée est donc la racine carrée de 200, c-à-d 14, 14.

[b] Ici le *demi-périmètre* est 5,9 et les excès de ce demi-périmètre sur les trois côtés sont 3,1 ; 2,5 et 0,3.

[c] Résoudre ce problème, c'est évaluer l'*aire* d'un triangle dont on connaît les 3 côtés. — Même remarque pour le problème suivant.

201. — Figures semblables.

Question. Dans quel cas deux figures sont-elles *semblables?* — **Réponse.** *Deux figures* sont **semblables**, lorsqu'elles ont la même *forme* sans avoir la même *étendue* [a].

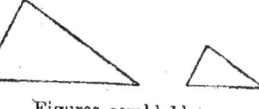

Figures semblables.

Q. Donnez un exemple. — **R.** Les deux *triangles* ci-contre sont deux figures *semblables*.

Q. Que savez-vous sur deux polygones *semblables?* — **R.** Lorsque deux *polygones* sont *semblables*, leurs *angles* correspondants sont *égaux* et leurs *côtés* correspondants sont deux à deux dans le *même rapport* [b].

Q. Donnez un exemple. — **R.** Dans les deux *triangles* ci-dessus, les *angles* sont *égaux* chacun à chacun et chaque *côté* du petit triangle est la *moitié* du *côté* correspondant du grand.

Q. Dites la condition pour que deux triangles soient semblables. — **R.** Pour que *deux triangles* soient *semblables*, il suffit qu'ils aient deux *angles égaux* chacun à chacun.

Q. Dites la condition pour que deux polygones soient semblables. — **R.** Pour que deux *polygones* soient *semblables*, il suffit qu'ils soient composés d'un même nombre de *triangles semblables*, placés de la *même manière*.

Q. Que savez-vous sur les *aires* de deux polygones semblables? — **R.** Lorsque deux *polygones* sont *semblables*, si les *côtés* du premier sont 2, 3, 4,... fois *plus grands* que ceux du second, l'*aire* du premier est 4, 9, 16,... fois *plus grande* que l'aire du second [c].

[a] La comparaison de deux figures conduit à trois notions différentes : l'*équivalence*, la *similitude*, l'*égalité*. Deux figures sont *équivalentes*, lorsqu'elles ont la même *étendue* sans avoir la même *forme*. Deux figures sont *semblables*, lorsqu'elles ont la même *forme* sans avoir la même *étendue*. Deux figures sont *égales* lorsqu'elles ont à la fois la même *étendue* et la même *forme* : deux figures *égales* sont deux figures qui peuvent se *superposer*, qui peuvent *coïncider*.

[b] On exprime ce dernier fait d'une façon plus rapide, en disant que, dans deux *polygones semblables*, les côtés sont *proportionnels*.

[c] 4, 9, 16, ... sont les *carrés* de 2, 3, 4, ...; aussi dit-on habituelle-

Exercice. 1. Un rectangle a une base de $3^m,2$ et une hauteur de $2^m,4$. Dites la hauteur d'un rectangle semblable dont la base serait de 10^m. — **Solution.** L'ancienne hauteur est à l'ancienne base dans le rapport de 2,4 à 3,2. Donc elle en est les $\frac{24}{32}$. Donc la nouvelle hauteur est les $\frac{24}{32}$ de la nouvelle base; donc elle est $10^m \times \frac{24}{32}$, c-à-d $7^m,50$ [a].

E. 2. Un triangle a une base de $4^{dm},8$ et une hauteur de 72^{cm}. Dites la base d'un triangle semblable qui aurait 81^{cm} de hauteur. — **S.** Le rapport de l'ancienne base à l'ancienne hauteur est $\frac{48}{72}$. Donc la nouvelle base est les $\frac{48}{72}$ de 81^c, c-à-d $81 \times \frac{48}{72}$, ou 54^c.

E. 3. Un trapèze a une hauteur de 5^m et une aire de $87^{mq},2$. Trouvez la surface d'un trapèze semblable qui a 15^m de hauteur. — **S.** Le nouveau trapèze a une hauteur *triple*; donc son *aire* sera 9 fois plus grande, c-à-d sera $87^{mq},2 \times 9$, ou $784^{mq},8$ [b].

E. 4. Un triangle équilatéral a pour surface 18^{mq}. Un autre a ses côtés 5 fois plus grands. Trouvez son aire. — **S.** L'aire sera 25 fois plus grande, c-à-d 450^{mq}.

E. 5. On veut gazonner un terrain en forme de parallélogramme. La base est de $16^m,50$ et la hauteur de $6^m,23$. Trouvez la surface. — **S.** $102^{mq},7950$.

E. 6. Trouvez, dans un cercle de $3^m,5$ de rayon, le nombre de degrés, minutes et secondes d'un arc de $4^m,8$.

ment que, dans deux polygones semblables, les *aires* sont *proportionnelles* aux *carrés* des *côtés*.

(a) On pourrait raisonner ainsi : Si la base devenait 1^m, la hauteur deviendrait $\frac{2^m,4}{3,2}$. La base devenant 10^m, la hauteur deviendra $\frac{2^m,4 \times 10}{3,2}$. — Même remarque pour l'exercice suivant.

(b) On peut dire aussi : Si la hauteur devenait 1^m, l'aire deviendrait $\frac{87^{mq},2}{5^2}$. La hauteur devenant 15^m, l'aire deviendra $\frac{87^{mq},2 \times 15^2}{5^2}$, ou $\frac{87^{mq},2 \times 225}{15}$. Les problèmes sur les *polygones semblables* reviennent donc simplement à des *règles de trois*.

MESURE DES AIRES.

— **S.** La *circonférence* est de $21^m,9912$. Donc $21^m,9912$ correspondent à $360°$, ou à $1\,296\,000''$. Donc 1^m correspond à $\frac{1\,296\,000''}{21,9912}$. Donc $4^m,8$ correspondent à $\frac{1\,296\,000'' \times 4,8}{21,9912}$, c-à-d à $282\,866''$, ou $78°\,34'\,26''$.

E. **7.** Une page a pour hauteur $15^{cm},5$ et pour base $10^{cm},5$. Quelle est sa surface ? — **S.** $162^{cmq},75$.

E. **8.** Combien d'or pur dans un lingot de $628^g,9$ au titre de $0,850$? — **S.** $628^g,9 \times 0,850$, c-à-d $534^g,565$.

E. **9.** Que deviennent $10\,000^f$, à intérêts composés, à $4\,°/_°$, au bout de 6 ans ? — **S.** $12\,653^f,19$.

E. **10.** Partagez 1353^f en parties proportionnelles à 1, 3, 7. — **S.** 123^f ; 369^f ; 861^f.

---

202. — Aire des polygones réguliers, aire du cercle.

Question. Qu'appelle-t-on *périmètre* d'un *polygone* ? — **Réponse.** On appelle **périmètre** d'un *polygone* la *longueur totale* de la ligne brisée qui le forme.

Q. Comment évalue-t-on l'*aire* d'un *polygone régulier* ? — **R.** Pour évaluer l'*aire* d'un *polygone régulier*, on *multiplie* le *périmètre* par le *rayon* du *cercle inscrit*, et l'on prend la *moitié* du *produit* obtenu.

Q. Comment évalue-t-on l'*aire* d'un *cercle* ? — **R.** Pour évaluer l'*aire* d'un *cercle*, on *multiplie* sa *circonférence* par son *rayon*, et l'on prend la *moitié* du *produit* obtenu.

Q. Peut-on opérer autrement ? — **R.** On peut aussi faire le carré de la *circonférence* et le *diviser* par 4, puis par π [a].

Q. Écrivez la formule qui donne l'*aire du cercle*. — **R.** Si l'on appelle S la *surface* du cercle et R le *rayon*, on a $S = \pi \times R^2$.

Q. Que savez-vous sur deux *cercles* de rayons différents ? — **R.** Deux *cercles* de *rayons différents* sont toujours deux *figures semblables* [b].

[a] Cette nouvelle manière d'opérer est surtout commode lorsque l'on connait, non pas le *rayon* du cercle, mais la longueur de sa *circonférence*.
[b] Il s'ensuit que leurs *circonférences* sont proportionnelles à leurs

Q. Que savez-vous sur les *aires* de deux *cercles?* — **R.** Si le *rayon* d'un premier cercle est 2, 3, 4,... fois *plus grand* que le *rayon* d'un second, l'*aire* du premier de ces cercles est 4, 9, 16,... fois *plus grande* que celle du second.[a]

Exercice. 1. Dites l'aire d'un cercle de $0^m,37$ de rayon. — **Solution.** $0^{mq},4300$.

E. 2. Dites l'aire d'un cercle de 10^m de rayon. — **S.** $314^{mq},16$.

E. 3. Dites l'aire d'un cercle de $13^m,18$ de tour. — **S.** $13^{mq},82$.[b]

E. 4. Dites l'aire d'un cercle de 1^m de tour. — **S.** $0^{mq},0795$.

E. 5. Les rayons de deux cercles ont un rapport égal à $\frac{3}{5}$. Trouvez le rapport des aires. — **S.** $\frac{9}{25}$.

E. 6. Dites l'aire d'un triangle dont les côtés sont 7^m, 8^m, 10^m. — **S.** $27^{mq},81$.

E. 7. Réduire en secondes $37°\ 56'\ 27''$. — **S.** $136\ 587''$.

E. 8. Les bases d'un trapèze sont de 7^m et de 9^m. Son aire est de 48^{mq}. Trouvez sa hauteur. — **S.** L'aire d'un *trapèze* est le *produit* de la hauteur par la demi-somme des bases. Donc la hauteur est le *quotient*[c] de l'aire par la demi-somme des bases, c-à-d le quotient de 48 par 8. Cette hauteur est donc de 6^m.

E. 9. Treize bouteilles vides coûtent $1^f,04$. Combien le

---

rayons. En d'autres termes, si le premier *rayon* est 2, 3, 4, ... fois plus grand ou plus petit que le second, la première *circonférence* est aussi 2, 3, 4, ... fois plus grande ou plus petite que la seconde.

[a] Les *aires* de deux cercles sont donc entre elles comme les *carrés* des deux *rayons*.

[b] Dans cet exercice, comme dans le suivant, on emploiera le procédé que nous avons indiqué pour trouver l'aire d'un *cercle* dont on connaît la *circonférence*.

[c] Ce raisonnement s'appuie sur la *définition* même du *quotient* : le *quotient* est un nombre qui, *multiplié* par le *diviseur*, reproduit le *dividende*. — Il suit immédiatement de là que si l'on connaît le produit de deux facteurs et l'un de ces facteurs, l'autre facteur est le quotient de la division du produit connu par le facteur connu. C'est le cas du présent exercice : le produit connu est l'aire du trapèze; le facteur connu est la demi-somme des bases; la hauteur est le facteur inconnu.

MESURE DES AIRES. 375

mille? — **S.** 1 bouteille coûte $\frac{1^f,04}{13}$; 1 000 coûtent $\frac{1,04\times1\,000}{13}$, c-à-d 80^f.

E. 10. Extrayez, à moins de 0,1, la racine cubique de $1+\frac{1}{8}$. — **S.** 1,0.

---

203. — Aire du secteur, aire du segment.

Question. Qu'appelle-t-on *secteur* de *cercle*? — Réponse. On appelle **secteur** de *cercle* la portion de la *surface* du cercle comprise entre un *arc* et les *rayons* qui aboutissent à ses extrémités[a].

Q. Comment évalue-t-on l'aire d'un *secteur*? — R. Pour évaluer l'*aire* d'un *secteur*, on *multiplie* son *arc* par son *rayon*, et l'on prend la *moitié* du *produit* obtenu[b].

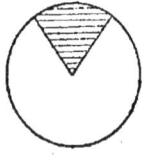 

Secteur.   Segment.

Q. Qu'appelle-t-on *segment* de *cercle*? — R. On appelle **segment** de *cercle* la portion de la *surface* du cercle comprise entre un *arc* et sa *corde*.

Q. Comment évalue-t-on l'*aire* d'un *segment* inférieur à un *demi-cercle*? — R. Pour évaluer l'*aire* d'un *segment* AMB, *moindre* qu'un *demi-cercle,* on évalue l'aire du *secteur* OAMB et l'on en retranche celle du *triangle* OAB.

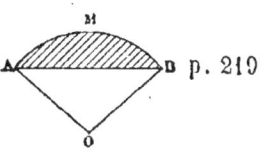

p. 219

[a] Lorsque l'on partage un fromage, une galette, une tarte de forme circulaire, les morceaux qu'on en découpe sont, en général, des *secteurs*.
[b] Cette façon d'évaluer l'aire d'un *secteur* est, on le voit, tout à fait analogue à celle que nous avons donnée pour calculer l'aire d'un *triangle*.

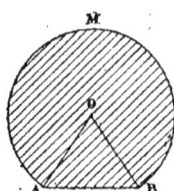

Q. Comment évalue-t-on l'*aire* d'un *segment* supérieur à un *demi-cercle*? — R. Pour évaluer l'*aire* d'un *segment* AMB, *plus grand* qu'un *demi-cercle*, on évalue l'aire du *secteur* OAMB; et l'on y *ajoute* celle du *triangle* OAB [a].

Exercice. 1. Un cercle a $3^m,2$ de rayon. Trouvez l'aire du secteur de 60°. — **Solution.** La circonférence de ce cercle est de $20^m,10\,624$. L'arc de 60° en est le *sixième*: il a donc une longueur de $3^m,35\,104$. L'aire du secteur est donc de $5^{mq},3616$ [b].

E. 2. Un cercle a $8^m,92$ de tour. Trouvez l'aire du secteur de 45°. — S. Dans ce cercle, l'arc de 45° a $1^m,115$ et le rayon $1^m,419$. Donc l'aire du secteur est $0^{mq},7910$ [c].

E. 3. Un secteur a pour rayon $9^m,5$ et pour arc $3^m,8$. Trouvez son aire. — S. $18^{mq},05$.

E. 4. Le segment de 60° est compris entre le secteur de 60° et le triangle équilatéral construit sur sa corde. Dites l'aire de ce segment dans un cercle de $5^m,6$ de rayon. — S. L'aire du secteur est $16^{mq},4200$; celle du triangle équilatéral est $13^{mq},5632$. L'aire du *segment* est la différence, c-à-d $2^{mq},8568$.

E. 5. Le diamètre d'une pièce d'argent de 5^f est $3^{cm},7$. Calculez la circonférence. — S. $11^{cm},62$.

E. 6. Un parallélogramme de $7^m,2$ de hauteur a une surface de $1\,000^{mq}$. Trouvez la base. — S. Multipliée par 7,2, la base donnerait 1 000. Donc elle est le quotient de 1 000 par 7,2, c-à-d $138^m,88$.

E. 7. J'ai vendu un cheval $1\,280^f$ et mon bénéfice est le 10me du prix d'achat. Calculez ce prix. — S. Le béné-

---

[a] Toute *corde*, autre qu'un diamètre, partage le *cercle* en deux *segments*, qui sont forcément l'un *plus grand* que le *demi-cercle*, et l'autre *plus petit*.

[b] On eût pu, en remarquant que le *secteur* de 60° est le *sixième* du cercle, calculer simplement l'*aire* du *cercle*, puis en prendre le *sixième*.

[c] On a encore suivi la méthode naturelle, qui consiste à calculer l'*arc*, puis le *rayon*, et à appliquer la règle. — On aurait pu, en remarquant que le *secteur* de 45° est le *huitième* du cercle, calculer simplement l'*aire* du *cercle*, puis en prendre le *huitième*.

MESURE DES AIRES. 377

fice est le *onzième* du prix de vente, c-à-d 116^f,36. Le prix d'achat est donc 1280 — 116,36, c-à-d 1163^f,64.

E. 8. Des blés pèsent 73^{Kg},5 ; 74^{Kg},2 ; 75^{Kg},8, l'hectolitre. Quel est le poids moyen ? — **S.** 74^{Kg},50.

E. 9. Un triangle équilatéral a 2^m de côté. Quelle est son aire ? — **S.** 1^{mq},73.

E. 10. Quels poids faut-il allier d'un lingot d'or au titre de 0,835 et d'un lingot au titre de 0,875, pour obtenir 1^{Kg} au titre de 0,830 ? — **S.** Ce problème est impossible. Quelles que soient, en effet, les quantités qu'on allie, le titre final sera toujours compris entre 0,835 et 0,875. Il ne pourra jamais être égal à 0,830.

204. — Propositions diverses.

Question. Que savez-vous sur deux *sécantes* menées d'un point *extérieur* à un cercle ? — **Réponse.** Si d'un *point* A on mène *deux sécantes* ABC, ADE à un cercle, le *produit*$^{(a)}$ AB × AC des *deux segments* de la première *sécante* est *égal* au *produit* AD × AE des *deux segments* de la seconde$^{(b)}$.

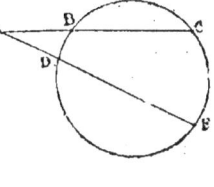

p. 220

Q. Et si le point était *intérieur ?* — **R.** Cette propriété subsiste lorsque le point A est à l'*intérieur* du cercle.

Q. Que savez-vous sur la *tangente* menée d'un point à un cercle ? — **R.** Si d'un *point* A, pris *hors* d'un cercle, on mène une *tangente* et une *sécante*, le *carré* $\overline{AT}^2$ de la *tangente* est *égal* au *produit* AB × AC des *deux segments* de la *sécante*.

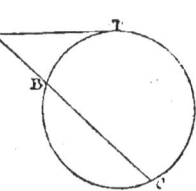

(^{a}) Le *produit* de deux lignes, c'est le produit des nombres qu'on trouve en mesurant ces deux lignes avec la même unité de longueur. Le *carré* d'une ligne, c'est le carré du nombre qu'on trouve en mesurant cette ligne.
(^{b}) On donne le nom de *théorème* à toute vérité démontrée. La propriété que nous venons d'énoncer constitue un théorème.

Q. Que dit-on alors de la *tangente?* — **R.** On dit alors que AT est *moyenne proportionnelle* entre les deux *segments* AB, AC. En général, la *moyenne proportionnelle* entre deux *nombres* est la *racine carrée* du *produit* de ces deux *nombres*.

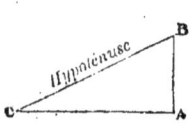

Q. Que savez-vous sur l'*hypoténuse* d'un triangle rectangle? — **R.** En tout *triangle rectangle* ABC, le carré $\overline{BC}^2$ de l'**hypoténuse**, c-à-d du *côté* opposé à l'*angle droit*, est *égal* à la *somme des carrés* $\overline{AB}^2$, $\overline{AC}^2$, des deux autres *côtés*.

Q. Qu'arrive-t-il si l'on construit un *carré* sur chaque côté d'un *triangle rectangle?* — **R.** Si l'on construit un *carré* sur chacun des côtés d'un *triangle rectangle*, le *carré* construit sur l'*hypoténuse* est équivalent à la *somme* des *carrés* construits sur les autres *côtés*[a].

Exercice. 1. Deux sécantes issues du même point coupent une circonférence. Le produit des 2 segments de la première est 52. L'un des segments de la deuxième est 13. Quel est l'autre? — **Solution.** Le segment inconnu, multiplié par 13, donne pour produit 52 ; donc il est le quotient de 52 par 13 ; donc il est égal à 4.

E. 2. Une circonférence coupe les 2 côtés d'un angle. Elle détermine sur le premier, à partir du sommet[b], des longueurs de 8^m et de 9^m ; sur le deuxième une longueur de 4^m et une longueur inconnue. Calculez cette dernière. — **S.** La longueur inconnue, multipliée par 4, donne 8×9, c-à-d 72 ; donc elle est 72 : 4, ou 18^m.

E. 3. Les segments déterminés par une circonférence sur une sécante issue d'un point ont pour longueurs 8^{cm} et 18^{cm}. Dites la longueur de la tangente issue du même point. — **S.** Le carré de cette tangente est 8×18, c-à-d 144. Donc la tangente est égale à $\sqrt{144}$, c-à-d à 12^{cm}.

---

[a]. Cette propriété de l'hypoténuse du triangle rectangle constitue le plus important peut-être de tous les théorèmes de la géométrie. On le nomme, à volonté, le théorème du *carré de l'hypoténuse* ou le *théorème de Pythagore*, du nom du grand géomètre Pythagore, à qui la découverte en est due.

[b]. Il faut le faire remarquer bien soigneusement, dans le *théorème* sur les *sécantes* issues d'un même *point*, tous les *segments* doivent être comptés à partir de ce *point*.

LES POLYÈDRES. 379

E. 4. Prenez la moyenne géométrique[a] de 7 et 63. — S. C'est la racine carrée de 63×7, c-à-d de 441. Cette racine est 21.

E. 5. Les 2 côtés de l'angle droit d'un triangle rectangle sont de 3^m et de 4^m. Calculez l'hypoténuse. — S. Le carré de l'*hypoténuse* est égal à $3^2 + 4^2$, c-à-d à 25. Donc l'hypoténuse[b] est de 5^m.

E. 6. Calculez la longueur d'un arc de 28° 37' 50" sur une circonférence de $8^m,2$ de rayon. — S. $4^m,0975$.

E. 7. Le 20 mars, on place $1\,658^f,90$ à la caisse d'épargne. Quel est l'intérêt à la fin de juin ? — S. La fin de mars ne compte pas. On n'a donc que l'intérêt, à 3 °/₀, pendant 3 mois ou 90^j. Il est de $12^f,44$.

E. 8. Une vitre rectangulaire a une surface de $12^{dmq},8$. Sa largeur est de $54^{cm},2$. Dites sa longueur. — S. 1280 : 54, 2, c-à-d $23^{cm},6$.

E. 9. Un morceau de fonte pèse $9^{Kg},123$, et, mis dans l'eau, en déplace $132^{Dg},8$. Trouvez la densité. — S. Le poids du même volume d'eau est $1^{Kg},328$. La densité est 9,123 : 1,328, c-à-d 6,869.

E. 10. Une table ronde a $0^m,82$ de rayon. Dites l'étendue de la toile cirée qui la couvre exactement. — S. $2^{mq},1124$.

CHAPITRE IV

LES POLYÈDRES

205. — Volumes et surfaces.

Question. Qu'appelle-t-on *volume?* — **Réponse.** On appelle **volume** une *portion* limitée de l'espace.

---

[a] La *moyenne géométrique* de deux nombres n'est autre chose que leur moyenne proportionnelle : c'est la *racine carrée* du *produit* de ces deux nombres.

[b] Si l'on forme un triangle en tendant trois cordes ayant pour longueurs respectives 3^m, 4^m, 5^m, ce triangle est *rectangle*. C'est là un procédé pour construire un *angle droit* sur le terrain. La figure ainsi formée est ce qu'on appelle une *équerre de cordes*.

Q. Qu'appelle-t-on *surface?* — **R.** On appelle **surface** ce qui limite un *volume,* ce qui sépare ce *volume* de l'*espace* environnant [a].

Q. Qu'appelle-t-on *plan?* — **R.** On appelle *surface plane* ou **plan** une *surface* telle qu'une *règle* s'y *applique* exactement dans tous les *sens*.

Q. Donnez des exemples de *plans* ? — **R.** Les *surfaces* des tableaux, des miroirs, des planchers, des murailles sont ordinairement des *surfaces planes* ou *plans* [b].

Q. Qu'appelle-t-on *surface courbe?* — **R.** On appelle *surface courbe* une *surface* qui n'est ni *plane,* ni composée de *surfaces planes*.

Q. Donnez des exemples de *surfaces courbes* ? — **R.** Telle est la *surface* d'un œuf, celle d'une boule, etc...

Q. Peut-on faire passer un plan par trois points? — **R.** Par *trois points*, non en *ligne droite,* on peut toujours

p. 222 faire passer un *plan,* mais on n'en peut faire passer qu'*un*.

Q. Comment deux plans se coupent-ils ? — **R.** Deux *plans* qui se *coupent* se coupent toujours suivant une *ligne droite*.

Q. Qu'appelle-t-on *polyèdre?* — **R.** On appelle **polyèdre** un *volume* compris sous plusieurs faces qui toutes sont *planes* [c].

Exercice. 1. Deux billets, l'un de 826^f,40 payable dans 1 mois, l'autre de 749^f,50 payable dans 3, sont remplacés par un billet de 1 500^f. Dans combien de temps l'échéance de celui-ci, le taux étant 6,1 ? — **Solution.** La valeur *actuelle* du premier billet est de 822^f,40. Celle du deuxième est de 738^f,08. Celle du billet cherché

---

[a] Un *volume* a *trois* dimensions, la *longueur*, la *largeur*, l'*épaisseur*. Une *surface* n'en a que *deux*, la *longueur*, la *largeur*. Une *ligne* n'en a qu'*une*, la *longueur*. Un *point* n'en a *aucune*.

[b] On appelle parfois *surface brisée* une surface formée de portions de surfaces planes : telle est la surface d'un paravent composé de plusieurs feuilles.

[c] Les dés à jouer, les règles, les poutres équarries, la plupart des caisses, la plupart des chambres ont la forme de *polyèdres*.

LES POLYÈDRES.   381

est donc de 1560^f,48. Cette valeur étant supérieure à la valeur *nominale*, le problème est impossible [a].

E. 2. Que vaut chaque angle d'un pentagone régulier ? — **S.** Les 5 angles valent ensemble 6 droits, c-à-d 540°. Chaque angle vaut donc 108°.

E. 3. Que valent 126^{Dg},3 en monnaie de bronze ? — **S.** 1263^c, c-à-d 12^f,63 [b].

E. 4. Le grand côté d'une équerre a 27^{cm} et le petit 8^{cm}. Trouvez le côté moyen. — **S.** Le carré du côté moyen est $27^2 - 8^2$, ou 665. Donc le côté moyen est de 25^{cm},7 [c].

E. 5. L'escompte est à 5,9 %. On fait sur un billet une retenue égale au centième de sa valeur. Dans combien de jours ce billet est-il payable ? — **S.** Si la retenue était de 5,9 %, le billet serait payable dans 360^j. La retenue étant de 1 %, il est payable dans $\frac{360^j}{5,9}$, c-à-d dans 61^j.

E. 6. Un champ triangulaire a une aire de 46^a,5 et une base de 1137^m. Quelle est sa hauteur ? — **S.** La hauteur, multipliée par la demi-base, qui est 568^m,5, donne l'aire, qui est 4650^{mq}. Donc la hauteur est le quotient de 4650 par 568,5. Elle est donc de 8^m,1.

E. 7. Additionnez $\frac{1}{4}, \frac{3}{2}, \frac{7}{6}, \frac{9}{8}$. — **S.** $\frac{97}{24}$, c-à-d $4 + \frac{1}{24}$.

E. 8. Deux triangles rectangles sont semblables. Leurs hypoténuses sont de 5^m,7 et de 3^m,8. L'aire du second est de 1^{mq},29. Trouvez celle du premier. — **S.** Si l'hypoténuse du premier était 1^m, l'aire du premier serait $\frac{1^{mq},29}{3,8^2}$. Comme l'hypoténuse du premier est 5^m,7, son aire est $\frac{1,29 \times 5,7^2}{3,8^2}$, c-à-d 2^{mq},90.

E. 9. En payant un champ 9624^f,15, on a placé son argent à 3,2 %. Combien rapporte-t-il par an ? — **S.** 307^f,97.

---

[a] On rencontre fréquemment, dans la pratique, des problèmes *impossibles*. Il est bon que les élèves en aient vu quelques exemples.
[b] Il faut bien se rappeler qu'une somme, en monnaie française de bronze, *vaut* juste autant de *centimes* qu'elle *pèse* de *grammes*.
[c] C'est là une application immédiate du théorème sur le *carré de l'hypoténuse*.

E. 10. Pour couvrir un toit ayant la forme d'un trapèze dont la hauteur est de 9^m,5, on a dû acheter 109^{mq},26 de feuilles de zinc. Trouvez la somme des deux bases. — **S.** La demi-somme est 109,26 : 9,5. La somme est donc 23^m,00.

---

206. — Droites et plans perpendiculaires ou parallèles.

Question. Dans quel cas une *droite* est-elle *perpendiculaire* à un *plan?* — **Réponse.** Une *droite* est *perpendiculaire*[a] à un *plan*, lorsqu'elle est *perpendiculaire* à *toutes* les *droites* de ce *plan* qui passent par son *pied*.

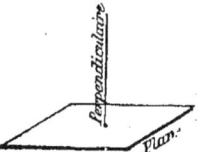 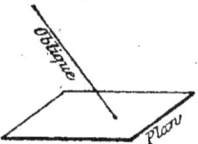

p. 223   Q. Dans quel cas une *droite* est-elle *oblique* à un *plan?* — R. Une *droite* est *oblique* à un plan, lorsqu'elle rencontre ce plan, sans lui être *perpendiculaire*.

Q. Que savez-vous sur la *perpendiculaire abaissée* d'un *point* sur un *plan?* — R. La *perpendiculaire abaissée* d'un *point* sur un *plan* est le *plus court chemin* pour aller de ce point à ce plan : c'est la *distance* du point au plan.

Q. Dans quel cas une *droite* et un *plan* sont-ils *parallèles?* — R. Une *droite* et un *plan* sont *parallèles*, lorsqu'ils ne peuvent *jamais* se *rencontrer*, si loin qu'on les prolonge.

Q. Dans quel cas deux *plans* sont-ils *parallèles?* — R. Deux *plans* sont *parallèles* entre eux, lorsqu'ils ne peuvent *jamais* se *rencontrer* si loin qu'on les prolonge.

(a) On remplace souvent le mot *perpendiculaire* par le mot *normale*. On dit alors que la droite considérée est *normale* au plan.

LES POLYÈDRES.   383

Q. Qu'appelle-t-on *angle dièdre?* — **R.** Lorsque *deux plans* se *rencontrent,* ils forment une *figure,* analogue à un livre ouvert, qu'on appelle un *angle* **dièdre** [a].

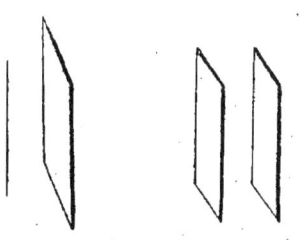

Droite et plan parallèles.   Plans parallèles.   Angle dièdre.

Q. Qu'appelle-t-on *dièdres égaux?* — **R.** Deux *angles dièdres* sont *égaux* lorsque, portés l'un sur l'autre, ils *coïncident.*

Q. Dans quel cas un *plan* est-il *perpendiculaire* sur un autre? — **R.** Lorsqu'un plan forme avec un autre deux *dièdres égaux,* le premier de ces plans est *perpendiculaire* sur le second [b].

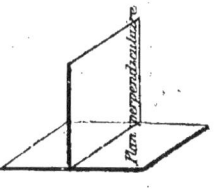

Q. Dans quel cas un *plan* est-il *oblique* sur un autre? — **R.** Lorsqu'un *plan* forme avec un autre deux *dièdres inégaux,* le premier de ces plans est *oblique* sur le second.

p. 224

Exercice. 1. Que valent ensemble les 2 angles aigus d'un triangle rectangle ? — **Solution.** 1 droit, c-à-d 90° [c].

---

[a] La *grandeur* d'un *dièdre,* c'est l'*écart* plus ou moins grand de ses *faces,* c-à-d des *plans* qui le forment. En ouvrant ou fermant un livre, on montre très bien comment la *grandeur* d'un *dièdre* peut augmenter ou diminuer.

[b] Dans un cube, deux faces voisines ont leurs plans *perpendiculaires* l'un sur l'autre. Il en est de même des faces voisines de la plupart des caisses. De même encore des parois consécutives de la plupart des chambres.

[c] Deux angles sont *complémentaires* lorsque leur somme est égale

E. 2. Calculez, à moins de 0,001, la racine cubique de 231,6. — **S.** 6,141.

E. 3. Un bassin circulaire a 1ᵃ de surface. Quel est son rayon ? — **S.** 5^m,64 [a].

E. 4. Convertissez $\frac{5}{13}$ en fraction décimale. — **S.** 0,384 615 [b].

E. 5. Prenez le tiers d'un angle de 72° 27′ 36″. — **S.** 24° 9′ 12″.

E. 6. Que pèsent 510^f en pièces de 10^f ? — **S.** Autant de grammes qu'il y a de fois 3^f,10 dans 510^f, c-à-d 164^g,516.

E. 7. Trouvez la hauteur d'un parallélogramme dont la base est de 28^m,35, et la surface de 0^a,97. — **S.** 97 : 28,35, c-à-d 3^m,42.

E. 8. On a 116^{Kg} de café à 2^f,50 la livre. Combien faut-il y ajouter de café à 2^f,05 pour que la livre revienne à 2^f,20 ? — **S.** 232^{Kg}. *Règle de mélange* de la deuxième espèce.

E. 9. Un triangle couvre 7^{mq},28. Sa hauteur est de 1^m,27. Trouvez sa base. — **S.** La demi-base est $\frac{7,28}{1,27}$. La base est donc $\frac{7,28 \times 2}{1,27}$, c-à-d 11^m,46.

E. 10. Un capital de 38 924^f, à 4,2 %, a rapporté 417^f,15. Pendant combien de temps a-t-il été placé ? — **S.** 91^j. *Règle d'intérêt* de la quatrième espèce.

---

207. — Verticale, horizontale, niveau.

Question. Qu'est-ce qu'une *verticale* ? — **Réponse.** Une **verticale** est une *droite* qui a la direction du **fil à plomb**.

à un angle droit, c-à-d à 90°. Dans tout triangle rectangle, les deux angles aigus sont deux angles *complémentaires*.

[a] L'*aire* d'un cercle est égale au carré du rayon multiplié par π. En divisant l'aire par π, on trouve le *carré du rayon*. En extrayant la racine carrée du quotient obtenu, on trouve le *rayon* lui-même.

[b] On obtient une fraction décimale *périodique*, dont la période, composée de 6 chiffres, est précisément 384615.

LES POLYÈDRES. 385

Q. Qu'est-ce que le *fil à plomb?* — R. Le *fil à plomb* est un *cordon* tendu par un *poids*[a].

Q. Dans quel cas un *plan* est-il *vertical?* — R. Un *plan* est **vertical** dès qu'il contient une *verticale*.

Q. Donnez des exemples de plans verticaux. — R. Les portes, les fenêtres, les murs de nos chambres nous présentent, en général, des *plans verticaux*.

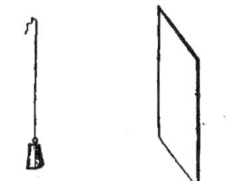
Fil à plomb.   Plan vertical.

Q. Qu'est-ce qu'un plan *horizontal?* — R. Un **plan horizontal** est un *plan perpendiculaire* au *fil à plomb*. p. 225

Q. Donnez un exemple de *plan horizontal?* —R. La *surface* des eaux tranquilles nous présente un *plan horizontal*.[b]

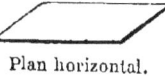
Plan horizontal.

Q. Qu'est-ce qu'une *horizontale?* — R. Toute *droite* tracée dans un plan *horizontal* est une **horizontale**.

Q. A l'aide de quel instrument vérifie-t-on qu'un *plan* est *horizontal?* — R. On vérifie qu'un plan est *horizontal* ou qu'une droite est *horizontale* à l'aide du **niveau**.

Q. Décrivez le *niveau de maçon?* — R. Le *niveau* le plus simple est le *niveau de maçon*. Il a la forme d'un A majuscule, dont le sommet porte un fil à plomb, et dont la traverse porte un *trait*[c].

Q. Comment vérifie-t-on qu'une *droite* est *horizontale?* — R. Pour vérifier qu'une droite est *horizontale*, on place sur elle les deux pieds du *niveau*; le *fil à plomb* doit passer par le *trait* de la traverse.

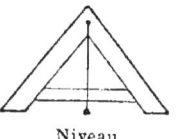
Niveau.

---

[a] Un corps qui tombe en chute libre, c-à-d sans impulsion initiale, décrit une *verticale*. La plupart des plantes, des arbres, en s'élevant dans l'air, suivent aussi une *verticale*.

[b] Une droite *verticale* et un plan *horizontal* nous donnent ainsi un exemple d'un *plan* et d'une *droite perpendiculaires* entre eux. Mais, il faut bien le remarquer, une *droite* et un *plan* peuvent être *perpendiculaires* entre eux, sans que la droite soit *verticale*, ni le plan *horizontal*.

[c] Les principaux *niveaux*, autres que le *niveau de maçon*, sont le *niveau d'eau* et le *niveau à bulle d'air :* ce dernier est un véritable instrument de précision.

Q. Comment vérifie-t-on qu'un *plan est horizontal?* — **R.** Pour vérifier qu'un *plan* est *horizontal*, il suffit de vérifier que *deux droites* prises dans ce plan, et *perpendiculaires* entre elles, sont toutes deux *horizontales*.

Exercice. 1. Trouvez l'aire d'un triangle rectangle dont les 2 côtés de l'angle droit sont de $5^m,6$ et $7^m,2$. — **Solution.** $20^{mq},16$ [a].

E. 2. On achète du 4,5 % français au cours de $109^f,25$; à quel taux place-t-on son argent ? — **S.** $109^f,25$ rapportent $4^f,50$; 1^f rapporte $\frac{4,50}{109,25}$; 100^f rapportent $\frac{4,50 \times 100}{109,25}$, c-à-d $4^f,11$.

E. 3. L'aire d'un secteur est de $8^{cmq},7$; son arc est de $6^{cm},2$. Trouvez son rayon. — **S.** En multipliant l'arc par le rayon, on obtient le double de l'aire, c-à-d $17^{cmq},4$. Donc le rayon est égal à $17,4 : 6,2$, c-à-d à $2^{cm},80$.

E. 4. Une masse de bronze a un volume de $1^{dmc},27$. Sa densité est 8,57. Quel est son poids ? — **S.** Ce volume d'eau pèserait $1^{kg},27$. Ce volume de bronze pèse donc $1^{kg},27 \times 8,57$, c-à-d $10^{kg},8839$ [b].

E. 5. Un tronc d'arbre a 12^m de tour. Dites son rayon. — **S.** $1^m,90$.

E. 6. A un certain âge, les rentes viagères sont au taux de 9,21. Que doit-on verser pour une rente de 4637^f ? — **S.** Pour avoir $9^f,21$ de rente, il faut verser 100^f. Pour avoir 1^f, on versera $\frac{100}{9,21}$. Pour avoir 4637^f, on versera $\frac{100 \times 4637}{9,21}$, c-à-d $50347^f,44$.

E. 7. Un plancher rectangulaire a une aire de $37^{mq},72$. Sa largeur est de $4^m,6$. Dites sa longueur. — **S.** $8^m,2$.

E. 8. Les vivres dureraient 180^j si la garnison était de 2856 hommes. Combien dureront-ils, si elle est de 7950 ? — **S.** Si la garnison était d'*un* homme, les

---

[a] Dans le triangle rectangle, si l'on prend pour *base* l'un des côtés de l'angle droit, c'est l'autre côté de l'angle droit qui est la *hauteur*. Il s'ensuit que l'aire du triangle rectangle a pour mesure la moitié du produit des deux côtés de l'angle droit.

[b] On ne conservera que 3 décimales, et l'on dira que le poids est $10^{kg},883$ *par défaut*, ou $10^{kg},884$ *par excès*.

LES POLYÈDRES.   387

vivres dureraient $180^j \times 2\,856$. Si elle est de $7\,950^h$, ils dureront $\frac{180 \times 2\,856}{7\,950}$, c-à-d 64^j.

E. 9. Trouvez la somme des angles d'un polygone de 9 côtés. — **S.** 14 droits.

E. 10. Divisez $\frac{285}{795}$ par $\frac{38}{266}$. — **S.** $\frac{133}{53}$.

---

208. — Les parallélépipèdes.   p. 226

Question. Qu'est-ce qu'un *parallélépipède?* — **Réponse.** Un **parallélépipède**[a] est un *polyèdre* compris sous *six faces* qui sont toutes des *parallélogrammes*.

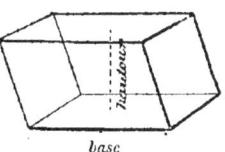
Parallélépipède.

Q. Dans quel cas un *parallélépipède* est-il *rectangle?* — **R.** Un *parallélépipède* est *rectangle* lorsque toutes ses *faces* sont des *rectangles*[b]. Le *cube* est un *parallélépipède rectangle* dont toutes les *faces* sont des *carrés*.

Q. Comment évalue-t-on la *surface totale* d'un *parallélépipède?* — **R.** Pour évaluer la *surface totale* d'un *parallélépipède*, il suffit de mesurer les *aires* de ses *six faces* et d'*additionner* les nombres obtenus.

Q. Qu'appelle-t-on *base* d'un *parallélépipède?* — **R.** On appelle **base** d'un *parallélépipède* l'une quelconque de ses *faces*. La **hauteur** est la *perpendiculaire* qui mesure la *distance* de cette *base* à la *face opposée*.

Q. Comment évalue-t-on le *volume* d'un *parallélépipède?* — **R.** Pour évaluer le *volume* d'un *parallélépipède*, il suffit de déter-

---

   a) On peut employer indifféremment *parallélipipède* ou *parallélépipède*. Avec la plupart des lexicographes, nous préférons ce dernier mot, comme plus conforme à l'étymologie.
   (b) Une multitude de *volumes* affectent la forme de *parallélépipèdes rectangles* : telles sont les poutres, les briques, les pierres de taille, ainsi que la plupart des caisses, des boîtes, des chambres et des salles.

miner la *surface de sa base*, de mesurer sa *hauteur*, et de faire le *produit* des deux nombres obtenus.

Q. Commet évalue-t-on le *volume* du *parallélépipède rectangle*? — **R.** Pour évaluer le *volume* du *parallélépipède rectangle*, on peut opérer plus simplement : il suffit de mesurer la *longueur*, la *largeur* et la *hauteur*, c-à-d les *trois dimensions* de ce volume, et de faire le *produit* des trois nombres obtenus[a].

Exercice. 1. Un parallélépipède a une base de $8^m,75$ et une hauteur de $3^m,9$. Trouvez son volume. — **Solution.** $34^{mc},125$.

E. 2 Les 3 dimensions d'un parallélépipède rectangle sont 3^m, 5^m, 7^m. Dites son volume. — **S.** 105^{mc}.

E. 3. Quel est le volume d'un cube[b] de $0^m,8$ d'arête? — **S.** $0^{mc},512$.

E. 4. Calculez la surface totale[c] d'un parallélépipède rectangle dont les dimensions sont 9^{cm}, 6^{cm}, 4^{cm}. — **S.** 228^{cmq}.

E. 5. Dites la surface totale d'un cube[d] de $3^{dm},5$ d'arête. — **S.** $73^{dmq},50$.

E. 6. Extrayez la racine cubique de $46\,288\,144$. — **S.** 359.

E. 7. Trouvez l'aire d'un hexagone régulier de $11^{cm},7$ de côté, en le regardant comme la somme de 6 triangles équilatéraux. — **S.** $355^{cmq},64$.

p. 227 **E. 8.** Un billet de $2\,627^f,45$ est payable dans 235^j. L'escompte est à $5,6\,^0/_0$. Quelle est la valeur actuelle? — **S.** La retenue est de $96^f,04$. Donc la valeur actuelle est $2\,627^f,45 - 96^f,04$, c-à-d $2\,531^f,41$.

[a] On doit, dans un pareil produit, regarder les trois *facteurs* comme des nombres *abstraits*. Il ne faut jamais dire, ni permettre de dire, qu'on *multiplie* des *mètres* par des *mètres*.

[b] Le nombre qui mesure le volume d'un cube est le produit de trois facteurs égaux au nombre qui en mesure l'arête. Ce volume s'exprime donc par la 3me puissance de ce dernier nombre. Voilà pourquoi la *troisième puissance* d'un nombre se nomme le *cube* de ce nombre.

[c] Cette *surface totale* se compose de 6 rectangles égaux deux à deux, et que nous savons tous évaluer, puisque, pour chacun d'eux, les dimensions nous sont connues.

[d] Les 6 faces d'un cube étant 6 carrés égaux, il suffit, pour obtenir la surface totale, d'évaluer l'une de ses faces et de multiplier le nombre trouvé par 6.

LES POLYÈDRES. 389

E. 9. Calculez l'hypoténuse d'un triangle rectangle dont les côtés de l'angle droit sont de 5^{cm} et de 12^{cm}. — **S.** 13^{cm}, exactement.

E. 10. Réduisez en secondes 2^j 3^h 4^m 5^s. — **S.** 183 845^s.

---

209. — Les prismes.

Question. Qu'est-ce qu'un *prisme ?* — **Réponse.** Un **prisme** est un *polyèdre* compris sous deux *faces égales* et *parallèles*, qui en sont les *bases*, et sous une suite de *parallélogrammes*, qui en forment la *surface latérale* [a].

Q. Qu'est-ce que la *hauteur* d'un *prisme* ? — **R.** La *hauteur* d'un *prisme* est la *perpendiculaire* qui mesure la *distance* de ses *bases* [b].

Q. Dans quel cas un *prisme* est-il *triangulaire*, *quadrangulaire*,...? — **R.** Un prisme est *triangulaire*, *quadrangulaire*, *pentagonal*, etc., suivant que ses *bases* sont des *triangles*, des *quadrilatères*, des *pentagones*, etc.

Prisme.

Q. Que savez-vous sur le *parallélépipède ?* — **R.** Le *parallélépipède* n'est qu'un *prisme* dont les *bases* sont des *parallélogrammes*.

Q. Comment évalue-t-on la *surface totale* d'un *prisme* ? — **R.** Pour évaluer la *surface totale* [c] d'un *prisme*, on mesure les *aires* de toutes ses *faces*, et on fait la *somme* de tous les nombres obtenus.

Q. Comment évalue-t-on le *volume* d'un *prisme* ? — **R.** Pour évaluer le *volume* d'un *prisme*, on évalue la

---

[a] Les droites qui joignent les sommets des deux bases se nomment les *arêtes latérales* du prisme. Un prisme est *droit* lorsque ses *arêtes latérales* sont perpendiculaires aux plans des deux *bases* ; il est *oblique*, lorsqu'elles sont obliques à ces plans.
[b] Dans les *prismes droits*, les *arêtes latérales* sont juste égales à la *hauteur*.
[c] Les *faces* d'un *prisme*, autres que les *bases*, forment toutes ensemble ce qu'on appelle la *surface latérale* du prisme.

surface de l'une de ses *bases*, on mesure sa *hauteur*, et l'on fait le *produit* des deux nombres obtenus.

Exercice. 1. Calculez le volume d'un prisme dont la base est de $25^{dmq},6$ et la hauteur de 37^{cm}. — **Solution.** $94^{dmc},72$.

E. 2. Calculez le volume d'un prisme triangulaire dont la base a pour côtés 5^m, 6^m, 7^m, et dont la hauteur est de $3^m,2$. — **S.** La base est de $14^{mq},62$. Donc le volume est de $46^{mc},784$.

E. 3. Calculez la surface totale d'un prisme triangulaire droit, dont la base est un triangle équilatéral[a] de 4^m de côté et dont les arêtes latérales ont 5^m. — **S.** La surface de chaque base est $6^{mq},92$; celle de chaque face latérale est de 20^{mq}. La surface totale est donc de $73^{mq},84$.

E. 4. Trouvez la surface latérale d'un prisme droit[b] dont la base a un périmètre de $12^{cm},5$ et dont la hauteur est de $6^{cm},2$. — **S.** $77^{cmq},50$.

E. 5. Trouvez le volume d'un parallélépipède dont la base a $2^{mq},28$ et la hauteur $0^m,86$. — **S.** $1^{mc},9608$.

E. 6. Dites le volume d'un cube de $0^m,6$ d'arête. — **S.** $0^{mc},216$.

E. 7. A quel taux faut-il placer $125\,000^f$ pour obtenir une rente annuelle de $5\,220^f$? — **S.** $4,17\,°/°$.

E. 8. Une plaque d'acier a la forme d'un triangle équilatéral dont l'aire est $2^{dmq},36$. Quel est son côté? — **S.** Si le côté était de 1^{dm}, l'aire serait de $0^{dmq},4330$. Le rapport de ces aires est de $\frac{2,3600}{0,4330}$, c-à-d de $5,4503$. Donc le carré[c] du côté inconnu divisé par le carré de 1 est égal

---

[a] Le prisme de cet exercice est un prisme triangulaire *régulier*. En général, on nomme *prisme régulier*, tout prisme *droit* dont la base est un polygone *régulier*.

[b] Pour calculer la *surface latérale* d'un *prisme droit*, il suffit de multiplier par la *hauteur* le *périmètre entier* de la base. Si l'on développait, en effet, cette surface latérale sur un plan, elle y formerait évidemment un grand *rectangle* qui aurait pour dimensions ce *périmètre* et cette *hauteur*.

[c] Ce raisonnement est fondé tout entier sur ce que, deux triangles équilatéraux étant deux polygones *semblables*, leurs *aires* sont dans le même rapport que les *carrés* de leurs *côtés*.

LES POLYÈDRES. 391

à 5,4503. Donc le côté cherché est la racine carrée de 5,4503 : il est égal à $2^{dm},33$.

E. 9. On fond ensemble $3^{kg},2$ d'un lingot d'argent au titre de 0,900, avec $7^{kg},6$ au titre de 0,835. Quel est le titre final? — **S.** 0,854. *Règle d'alliage* de la première espèce.

E. 10. Un terrain a la forme d'un trapèze. La hauteur est de 5^m, l'aire de 35^{mq} et l'une des bases de 11^m. Trouvez l'autre. — **S.** La demi-somme des bases est égale à 35 : 5, c-à-d à 7^m. La somme des bases est donc de 14^m, et la base inconnue de $14^m - 11^m$, c-à-d de 3^m.

---

210. — La pyramide et le tronc de pyramide.

Question. Qu'est-ce qu'une *pyramide?* — **Réponse.** Une **pyramide** est un *polyèdre* compris sous un *polygone* quelconque, qui est la *base*, et sous une suite de *triangles* placés autour d'un point unique, qui est le *sommet*.

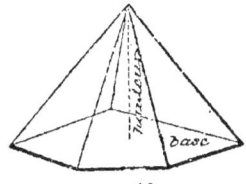
Pyramide.

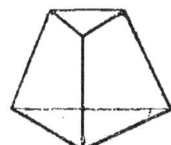
Tronc de pyramide.

Q. Qu'est-ce que la hauteur d'une pyramide? — **R.** La *hauteur* de la *pyramide* est la *perpendiculaire* abaissée du *sommet* sur le plan de la *base* [a].

Q. Comment évalue-t-on la *surface totale* d'une *pyramide*? — **R.** Pour évaluer la *surface totale* de la *pyramide*, on fait la *somme* des *aires* de toutes ses *faces* [b].

---

[a] Comme exemples de *pyramides*, on peut citer les clochers ou les flèches d'un grand nombre d'églises. On peut citer aussi les trois grandes pyramides d'Égypte, qui sont des pyramides à *base carrée*, dont la plus élevée a une hauteur de 146^m.

[b] La surface *latérale* de la pyramide est la somme de toutes les faces, sauf la *base* : c'est une somme de *triangles*.

392 NOTIONS DE GÉOMÉTRIE.

Q. Comment évalue-t-on le *volume* d'une *pyramide?* — **R.** Pour évaluer le *volume*, on évalue l'*aire* de la *base*, on mesure la *hauteur*, on fait le *produit* des nombres obtenus, puis on le *divise* par 3.

Q. Qu'est-ce que le *tronc de pyramide?* — **R.** Le **tronc de pyramide** est le *volume* qui reste après qu'on a coupé une *pyramide* par un *plan parallèle* à la *base* et qu'on a enlevé la *pyramide* du haut.

Q. Quels polygones le *tronc* a-t-il pour *bases?* — **R.** Le *tronc* a pour *base inférieure* la *base* de la *pyramide* donnée, pour *base supérieure* la *base* de la *pyramide* enlevée ; sa *hauteur* est la *perpendiculaire* qui mesure la distance de ses deux *bases*.

Q. Comment évalue-t-on la *surface totale* du *tronc?* — p. 229 **R.** La *surface totale* du *tronc de pyramide* est la *somme* des *aires* de toutes ses *faces* [a].

Q. A quoi le *volume du tronc de pyramide* est-il équivalent? — **R.** Le *volume* du *tronc de pyramide* est équivalent à la *somme* des *volumes* de *trois pyramides*, qui auraient toutes même *hauteur* que le *tronc*, et dont les *bases* seraient : 1° la *base inférieure* du tronc; 2° la *base supérieure;* 3° une *moyenne proportionnelle* entre ces deux *bases*.

Q. Comment évalue-t-on le *volume* d'un *polyèdre* quelconque? — **R.** Pour évaluer le *volume* d'un *polyèdre* quelconque, il suffit de décomposer ce *polyèdre* en *pyramides*, d'évaluer les *volumes* de toutes ces *pyramides*, et de faire la *somme* des nombres obtenus.

Exercice. 1. La base d'une pyramide est de $6^{dmq},5$ et la hauteur de $25^{cm},2$. Trouvez le volume. — Solution. $5^{dmc},460$.

E. 2. Une pyramide [b] a pour base un carré de 230^m de côté. Sa hauteur est de 146^m. Trouvez son volume. — S. 559666^{mc}.

[a] La surface *latérale* du tronc de pyramide est la somme de toutes les faces autres que les *bases :* c'est une somme de *trapèzes*.
[b] Ces dimensions sont précisément celles de la *pyramide de Chéops*, a plus haute des pyramides d'Egypte.

E. 3. Dans un tronc de pyramide, la base inférieure est de $36^{cmq},8$; la base supérieure de $28^{cmq},7$; et la hauteur de $11^{cm},6$. Calculez le volume [a]. — **S.** $378^{cmc},54$.

E. 4. Un prisme a une base de $32^{dmq},5$. Quelle doit être sa hauteur pour que son volume soit de $0^{mc},5$? — **S.** $500 : 32,5$, c-à-d $15^{dm},38$.

E. 5. Un parallélépipède rectangle a pour volume $3^{mc},8$. Sa hauteur est de $0^{m},5$ et sa longueur de $4^{m},6$. Quelle est sa largeur ? — **S.** $3,8 : (0,5 \times 4,6)$, c-à-d $1^{m},65$.

E. 6. Que valent 450^{g} d'or monnayé ? — **S.** $3^{f},10 \times 450$, c-à-d $1\ 395^{f}$.

E. 7. Un terrain a la forme d'un trapèze. Les côtés parallèles sont à $27^{m},7$ l'un de l'autre. La demi-somme des bases est de 35^{m}. Trouvez la surface. — **S.** $969^{mq},5$.

E. 8. Un saumon [b] d'étain pèse $58^{kg},7$. Sa densité est $7,29$. Trouvez son volume. — **S.** Ce poids d'eau aurait un volume de $58^{dmc},7$. Le volume de l'étain sera $58^{dmc},7 : 7,29$, c-à-d $8^{dmc},05$.

E. 9. Trouvez la surface totale d'un dé à jouer de 8^{cm} d'arête. — **S.** 64×6, c-à-d 384^{cmq}.

E. 10. A raison de $0^{f},30$ pour $1\ 000^{f}$, quelle prime doit-on payer, sur risques locatifs en cas d'incendie, pour une assurance de $43\ 630^{f}$? — **S.** Pour $1\ 000^{f}$, on paye $0^{f},30$. Pour 1^{f}, on payerait $\frac{0,30}{1\ 000}$. Pour $43\ 630^{f}$, on payera $\frac{0,30 \times 43\ 630}{1\ 000}$, c-à-d $13^{f},08$.

---

[a] Pour calculer ce volume, on calcule d'abord la *moyenne proportionnelle* des deux bases : elle est de $32^{cmq},4$. Il faut se rappeler que la *moyenne proportionnelle*, ou *moyenne géométrique*, de deux nombres n'est autre chose que la *racine carrée* du *produit* de ces deux nombres.

[b] On nomme *saumons*, à cause de leur forme, des masses d'étain ou de plomb qui sortent de la fonte.

394   NOTIONS DE GÉOMÉTRIE.

CHAPITRE V

LES CORPS RONDS

211. — Le cylindre.

p. 230 **Question.** Qu'est-ce que le *cylindre?* — **Réponse.** Le **cylindre** est le *corps rond* engendré par un *rectangle* tournant autour d'un de ses *côtés*.

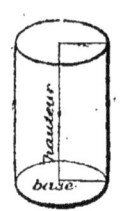

Cylindre.

Q. Entre quelles *surfaces* est compris le *cylindre?* — R. Le *cylindre* est compris entre *deux bases* circulaires *planes* et une *surface* latérale *courbe*.

Q. Qu'est-ce que l'*axe?* — R. Le *côté* autour duquel le *rectangle* a tourné est l'**axe** ou la *hauteur* du cylindre : il mesure la distance des plans des *deux bases*[a].

Q. Comment évalue-t-on la *surface du cylindre?* — R. La *surface latérale*[b] du *cylindre* a pour mesure le *produit* de sa *circonférence* de *base* par sa *hauteur*. Pour en déduire la *surface totale*, il suffit d'y *ajouter* les *aires* des *deux bases*.

Q. Dites la mesure du *volume du cylindre?* — R. Le *volume* du *cylindre* a pour mesure le *produit* de l'*aire* d'une de ses *bases* par sa *hauteur*[c].

Exercice. 1. Un cylindre a $3^{cm},2$ de rayon et de 72^{mm} de hauteur. Quel est son volume[d]? — **Solution.** $231^{cmc},6$.

(a) Les mesures de capacité, les rouleaux de toute nature, les tuyaux de nos poêles, la plupart des fromages, un grand nombre de tours et de puits nous présentent la forme de *cylindres* pleins ou creux.

(b) Si l'on développait sur un plan, en la déroulant pour ainsi dire, la *surface latérale* d'un cylindre, on obtiendrait un *rectangle* qui aurait même *hauteur* que le cylindre, et dont la *base* aurait même longueur que la circonférence de base du cylindre.

(c) Il sera bon de faire voir aux élèves un grand nombre de *cylindres*, et d'en mesurer devant eux la surface et le volume. On leur fera remarquer l'analogie qui existe entre le *cylindre* et le *prisme droit*.

(d) Soient R le rayon, H la hauteur et V le volume. La surface de la

LES CORPS RONDS.   395

E. 2. Un cylindre a une base de $33^{dmq},5$ et une hauteur de $4^{dm},9$. Quel est son volume? — S. $164^{dmc},15$.

E. 3. Un cylindre a 14^{cm} de haut. Son rayon est de $4^{cm},6$. Trouvez sa surface latérale[a]. — S. $404^{cmq},63$.

E. 4. Un cylindre a $2^{cm},6$ de haut. Son rayon de base est de $5^{cm},7$. Trouvez sa surface totale[b]. — S. $297^{cmq},25$.

E. 5. On partage un champ de $27\,423^{mq}$ en parties proportionnelles à $\frac{1}{6}, \frac{5}{12}, \frac{13}{72}$. Evaluez ces parties. — S. Ces fractions sont égales à $\frac{12}{72}, \frac{30}{72}, \frac{13}{72}$. Il suffit de partager en parties proportionnelles à 12, 30, 13. On trouve 5983, 14958, 6481.

E. 6. Le rapport des rayons de deux cercles est $\frac{2}{7}$. Dites le rapport des aires. — S. $\frac{4}{49}$.

E. 7. Un lingot d'or pèse $74^{Dg},9$ et contient 84^{g} de cuivre. Trouvez son titre. — S. Le poids de l'or pur est de 665^{g}. Le titre est donc $665:749$, c-à-d $0,887$.

E. 8. Un cercle a 60^{cm} de rayon. Calculez l'excès de sa circonférence sur le périmètre de l'hexagone régulier inscrit. — S. $16^{cm},992$.

E. 9. Henri vous vend pour $25^{f},15$ de sucre et vous achète pour $36^{f},60$ de toile. Ecrivez son compte. — S. J'écrirai : à son *crédit*, sa facture $25^{f},15$; à son *débit*, ma facture $36^{f},60$.

E. 10. La surface d'un triangle rectangle est de $2^{dmq},8$. L'un des côtés de son angle droit est de $0^{dm},7$. Calculez l'autre. — S. Le double de la surface est $5^{dmq},6$. Le côté inconnu est donc $5,6:0,7$, c-à-d 8^{dm}.

---

base est $\pi \times R^2$. Donc on a $V = \pi \times R^2 \times H$, ou bien, si l'on supprime les signes $\times$ comme on le fait souvent, $V = \pi R^2 H$.

[a] Si l'on désigne par **s** la *surface latérale*, on a $s = 2 \times R \times H$, ou bien $s = 2\pi RH$.

[b] Si l'on désigne la *surface totale* par S, on a $S = 2\pi RH + 2\pi R^2$

212. — Le cône.

Question. Qu'est-ce que le *cône*? — **Réponse.** Le **cône** est le *corps rond* engendré par un *triangle rectangle* tournant autour d'un des *côtés* de son *angle droit*.

Q. Entre quelles *surfaces* le *cône* est-il compris? — **R.** Le *cône* est compris entre une *base circulaire plane* et une *surface latérale courbe*.

Q. Qu'est-ce que l'*axe* du *cône*? — **R.** Le *côté* autour duquel le *triangle* a tourné est l'*axe* ou la *hauteur* du *cône* : il mesure la distance du *sommet* au plan de la *base*. L'*hypoténuse* du triangle est l'*arête* latérale du *cône*[a].

Q. Dites la mesure de la *surface* du *cône*. — **R.** La *surface latérale* du *cône*[b] a pour mesure le *demi-produit* de sa *circonférence de base* par son *arête latérale*. Pour en déduire la *surface totale*, il suffit d'y *ajouter* l'aire de la *base*.

Q. Dites la mesure du *volume* du *cône*. — **R.** Le *volume* du *cône* a pour mesure le *tiers* du *produit* de l'aire de sa *base* par sa *hauteur*.

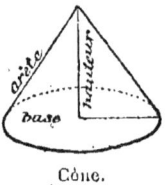
Cône.

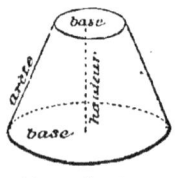
Tronc de cône.

Q. Qu'est-ce que le *tronc de cône*? — **R.** Le **tronc de cône** est le *volume* qui reste après que l'on a coupé

---

[a] Pour les enfants, comme pour bien des grandes personnes, le vrai type du *cône* est le pain de sucre.
[b] Si l'on développait sur un plan, en l'y déroulant pour ainsi dire, la *surface latérale* d'un cône, on trouverait un *secteur* de cercle qui aurait un *rayon* égal à l'*arête* du cône et un *arc* égal en longueur à la *circonférence* de base du cône.

un *cône* par un *plan parallèle* à la *base* et que l'on a enlevé le *cône* situé au-dessus de ce plan.

Q. Entre quelles *surfaces* le *tronc de cône* est-il compris? — R. Le *tronc de cône* est compris entre *deux bases* p. 232 *circulaires planes* et une *surfaces latérale courbe*.

Q. Qu'est-ce que la *hauteur* du *tronc*? — R. La *hauteur du tronc* est la *distance* des deux *bases*, son *arête* est la portion de l'*arête* du cône comprise entre ces *bases*.

Q. Dites la mesure de la *surface* du *tronc de cône*. — R. La *surface latérale* du *tronc* a pour mesure le *demi-produit* de la *somme* des *circonférences* des *bases* par l'*arête*. Pour en déduire la *surface totale*, il suffit d'y *ajouter* les *aires* des *bases*.

Q. Dites la mesure du *volume* du *tronc de cône*. — R. Le *volume* d'un *tronc de cône* équivaut à la *somme* des *volumes* de *trois cônes*, qui auraient tous même *hauteur* que le *tronc*, et dont les *bases* seraient: 1° la *base inférieure* du tronc; 2° sa *base supérieure*; 3° une *moyenne proportionnelle* entre ses deux *bases*[a].

Exercice. 1. Le rayon de base d'un cône est de 6^{cm}. La hauteur est de 9^{cm}. Calculez l'arête. — S. $10^{cm},8$.

E. 2. Calculez le volume d'un cône[b] qui a une hauteur de $5^m,6$ et un rayon de base de $2^m,1$. — S. $25^{mc},860$.

E. 3. Calculez le volume d'un pain de sucre dont le rayon de base est de $8^{cm},2$; et la hauteur de $41^{cm},3$. — S. $2908^{cmc},084$.

E. 4. Calculez la surface latérale[c] d'un cône dont le rayon de base est de $0^m,8$ et l'arête de 34^{dm}. — S. $8^{mq},5451$.

---

[a] Le *cône* et le *tronc de cône* sont tout à fait analogues à la *pyramide* et au *tronc de pyramide*: ils donnent lieu aux mêmes calculs.

[b] Soient R le rayon de base, H la hauteur et V le *volume* du cône, on a, d'après la règle, $V = \dfrac{\pi \times R^2 \times H}{3}$, ce qu'on écrit d'ordinaire $V = \dfrac{1}{3}\pi R^2 H$.

[c] Soient R le rayon de base, A l'arête et s la *surface latérale* du cône, on a $s = \dfrac{2 \times \pi \times R \times A}{2}$, ou bien $s = \pi R A$.

E. 5. Calculez la surface totale du même cône[a]. — S. 10^{mq},5557.

E. 6. Dans un tronc de cône, les rayons de base sont de 23^{cm} et de 17^{cm}. La hauteur est de 22^{cm}. Dites le volume. — S. 27853^{cmc},425.

E. 7. Trouvez la surface latérale d'un tronc de cône dont les rayons sont de 8^m et 9^m, et dont l'arête est de 11^m. — S. 587^{mq},4792.

E. 8. Calculez la surface totale du même tronc de cône. — S. 1043^{mq},0112.

E. 9. Extrayez, à moins de 0,01, la racine carrée de $\frac{19}{95}$. — S. 0,44.

E. 10. Combien faut-il mêler de vin à 0^f,35 le litre et de vin à 0^f,65, pour obtenir un hectolitre à 11^f le double-décalitre? — S. 33^l,3 du premier et 66^l,6 du second. *Règle de mélange* de la troisième espèce.

---

213. — La sphère.

p. 233 **Question.** Qu'est-ce que la *sphère?* — **Réponse.** La **sphère** est le *corps rond* engendré par un *demi-cercle* tournant autour de son *diamètre*[b].

Q. Que savez-vous sur la *surface* de la *sphère?* — R. La *surface* de la *sphère* est une *surface courbe*, dont tous les *points* sont également *éloignés* d'un *point intérieur* appelé *centre* de la sphère[c].

Q. Qu'appelle-t-on *rayon?* — R. On appelle *rayon* une *droite* qui joint le *centre* de la sphère à un *point* quelconque de sa surface.

---

[a] Soit S la *surface totale* du cône, on a S = πRA + πR^2.
[b] La sphère n'est autre chose qu'une *boule*. Les billes de billard, les melons et les courges, les fruits tels que les cerises, les pommes, les pêches, les oranges nous donnent l'idée d'une sphère. La terre, la lune, les planètes, le soleil ont la forme de sphères.
[c] La surface courbe du cylindre, la surface courbe soit du cône, soit du tronc de cône, peuvent se développer exactement sur un plan. Celle de la *sphère*, au contraire, ne peut pas s'y développer sans se *plisser* ou se *déchirer*.

LES CORPS RONDS. 399

Q. Que savez-vous sur les *rayons*? — **R.** Tous les *rayons* sont *égaux*.

Q. A quoi est égale la *surface* de la *sphère*? — **R.** La *surface* de la *sphère* est juste le *quadruple* de celle d'un *cercle* de même *rayon*.

Q. Ecrivez la *formule* qui donne la surface de la *sphère*. — **R.** Si l'on appelle S la *surface* de la sphère et R son *rayon*, on a $S = 4 \times \pi \times R^2$.

Q. Comment évalue-t-on le *volume* d'une *sphère*? — **R.** Pour évaluer le *volume* d'une *sphère*, il suffit de *multiplier* sa *surface* par le *tiers* de son *rayon*.

Q. Ecrivez la *formule* qui donne le *volume* de la sphère ? — **R.** Si l'on appelle V le *volume*[a] de la sphère, on a $V = \dfrac{4 \times \pi \times R^3}{3}$.

Exercice. 1. Dites le volume d'une sphère de 15^{cm} de rayon. — **Solution.** $14^{dmc},1372$.

E. 2. Dites le volume de la sphère qui a 1^m de diamètre[b]. — **S.** $0^{mc},5236$.

E. 3. Trouvez la surface d'une sphère de 28^{cm} de rayon. — **S.** $0^{mq},9852$.

E. 4. Trouvez la surface d'un hémisphère[c] de 12^{cm} de rayon. — **S.** $904^{cmq},78$.

E. 5. Combien faut-il mêler de sacs de farine à $44^f,76$ le sac et de sacs de farine à $46^f,80$, pour obtenir 3 000 sacs à $45^f,20$? — **S.** $2\,352,9$ des premiers et $647,0$ des seconds. *Règle de mélange* de la troisième espèce.

E. 6. L'aire d'un triangle rectangle est de $4^{dmq},6$; l'un

[a] Dans la formule qui donne le volume de la sphère, comme dans celle qui en donne la surface, on supprime d'ordinaire le signe $\times$. On écrit donc $S = 4\pi R^2$, $V = \dfrac{4}{3}\pi R^3$.

[b] Le *diamètre* d'une sphère est une droite qui va d'un point à un autre de sa surface en passant par son centre. On peut mener dans toute sphère une infinité de diamètres. Chacun d'eux est le double du rayon.

[c] En coupant une *sphère* par un *plan* qui en contient le *centre*, on obtient deux *hémisphères*. La surface courbe d'un hémisphère est évidemment la moitié de la surface totale de la sphère. Tout *méridien* partage la terre en deux hémisphères, et il en est de même de l'*équateur*. — Bien que le mot *sphère* soit du genre féminin, *hémisphère* est du masculin.

des côtés de l'angle droit est de $13^{cm},5$. Trouvez l'autre.
— S. $68^{cm},1$.

E. **7**. Trouvez, à 6,5 %, l'escompte sur un billet de $1\,825^f,20$ payable dans 35^j. — S. $11^f,53$.

E. **8**. Quel est le volume d'une pyramide dont la hauteur est de $3^{dm},5$ et dont la base est un carré de $1^{dm},2$ de côté ? — S. $1^{dmc},680$.

E. **9**. Quel est le capital qui, placé sur hypothèques, à 4,9 %, rapporte $3\,960^f$ par an? — S. $80\,816^f,32$. *Règle d'intérêt* de la deuxième espèce.

E. **10**. Deux rectangles semblables ont des bases de 13^m et de 27^m. La hauteur du premier est de 65^{dm}. Dites celle du second. — S. Si la base du second était de 1^m, sa hauteur serait de $\frac{65}{13}$. Comme la base du second est de 27^m, sa hauteur est de $\frac{65 \times 27}{13}$, c-à-d de 135^{dm}.

---

214. — Similitude.

p. 234 **Question.** Dans quel cas deux *polyèdres* ou *corps ronds* sont-ils *semblables* ? — **Réponse.** Deux *polyèdres* ou *corps ronds* sont **semblables** lorsqu'ils ont même *forme* sans avoir même *volume* [a].

Q. Que savez-vous sur les *surfaces* de deux corps *semblables* ? — R. Lorsque *deux corps* sont *semblables*, leurs *surfaces* sont entre elles comme les *carrés* de leurs *arêtes* ou *dimensions* correspondantes.

Q. Donnez des exemples ? — R. Si les *arêtes* du second sont 2, 3, 4,... fois *plus grandes* que celles du premier, la *surface* du second sera 4, 9, 16,... fois *plus grande* que celle du premier, 4, 9, 16,... étant les *carrés* de 2, 3, 4,...

Q. Que savez-vous sur les *volumes* de deux corps *semblables* ? — R. Lorsque *deux corps* sont *semblables*, leurs

[a] Deux *cubes*, deux *sphères*, sont toujours *semblables*. — Deux *polyèdres* sont *semblables* lorsque leurs *angles dièdres* sont *égaux* chacun à chacun, et que leurs *faces* correspondantes sont *semblables* chacune à chacune. Deux *cylindres* ou deux *cônes* sont *semblables*, lorsqu'ils sont engendrés par deux rectangles ou deux triangles rectangles semblables, tournant autour de deux côtés correspondants

volumes sont entre eux comme les *cubes* de leurs *arêtes* ou *dimensions* correspondantes [a].

Q. Donnez des exemples. — R. Si les *arêtes* du second sont 2, 3, 4,... fois *plus grandes* que celles du premier, le *volume* du second sera 8, 27, 64,... fois *plus grand* que celui du premier, 8, 27, 64,... étant les *cubes* de 2, 3, 4,...

Exercice. 1. Deux pyramides sont semblables. Elles ont pour hauteurs 5^m et 7^m. Dites le rapport de leurs surfaces. — **Solution.** $\frac{25}{49}$.

E. **2.** Deux prismes semblables ont des arêtes latérales de 11^{cm} et de 13^{cm}. Dites le rapport de leurs volumes. — S. $\frac{1331}{2197}$.

E. **3.** On achète du café de trois provenances : 5 quintaux métriques de Malabar à 335^f les 100^{Kg}; 6 quintaux de Java à 322^f; 7 quintaux de Moka [b] à 405^f. Faites la facture. — S. 5^q Malabar à 335^f... 1675^f; 6^q Java à 322^f... 1932^f; 7^q Moka à 405^f... 2835^f; total $6\,442^f$.

E. **4.** Trois rues bien droites limitent un terrain triangulaire qui a $226^m,50$ de base et 158^m de hauteur. Trouvez l'aire. — S. $17\,893^{mq},5$.

E. **5.** Des obligations rapportent 15^f chacune. Si l'on en achète pour $1\,860^f$, on a 75^f de rente. A quel cours sont-elles ? — S. Le nombre des obligations achetées est de 5. Chacune d'elles coûte donc $1\,860 : 5$, c-à-d 372^f.

E. **6.** La capacité d'un prisme est de $6^l,8$. Sa hauteur est de 25^{cm}. Trouvez l'aire de sa base. — S. $6\,800 : 25$, c-à-d 272^{cmq}.

E. **7.** Quel est le capital qui, à $3,8\,\%$, rapporte $8\,966^f$, en 4 ans ? — S. $58\,986^f,84$.

E. **8.** Un secteur a un rayon de 3^m. Sa surface est de $3^{mq},568$. Dites la longueur de son arc. — S. $2^m,378$.

(a) Ce mot *correspondant* est très clair. On le remplace d'ordinaire par le mot *homologue*, qui vient du grec et qui a la même signification.
(b) Le *café* dont on fait maintenant une si grande consommation, est le grain du *caféier*, arbuste précieux qu'on croit originaire du sud-ouest de l'Asie et que l'on cultive dans la plupart des pays chauds. — Le *Malabar* est une partie de la côte occidentale de l'Hindoustan; *Java*, l'une des îles de l'archipel malais, et *Moka*, une ville de l'Arabie.

402 NOTIONS DE GÉOMÉTRIE.

E. 9. Quel poids de cuivre dans $129^{Dg},7$ de gros sous[a]?
S. $129^{Dg},7 \times 0,95$, c-à-d $123^{Dg},215$.

E. 10. Trouvez la surface totale d'un cône dont l'arête est de $1^m,20$, et le rayon de base de 3^{dm}. — **S.** $1^{mq},4137$.

CHAPITRE VI

LE LEVÉ DES PLANS ET L'ARPENTAGE

215. — Plan d'un terrain.

p. 235   Question. Qu'est-ce que le *plan* d'un terrain? — Réponse. Le **plan** d'un *terrain* est un *dessin* qui représente en petit tous les *détails* de ce *terrain*[b].

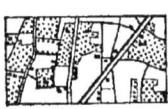
Plan d'un terrain.

Q. Qu'est-ce que *lever* ce plan? — R. *Lever ce plan*, c'est construire ce *dessin*.

Q. Comment un terrain étendu peut-il être regardé? — R. Tout *terrain* étendu peut être regardé comme ne présentant que des *lignes droites*, car toute *courbe* peut y être remplacée par une *ligne brisée* qui en diffère fort peu.

Q. Que reproduit-on sur le *dessin*? — R. Sur le *dessin*, toutes les *droites* du terrain sont reproduites : leurs *angles* sont *conservés*, mais leurs *longueurs* sont toutes *réduites* dans la *même proportion*[c].

Q. Comment réduit-on les longueurs dans la même proportion? — R. Pour *réduire* toutes les *longueurs* dans la *même proportion*, on convient de représenter le *mètre* par une longueur *moindre*, 1^{mm} par exemple.

---

[a] Il faut se rappeler que, sur 100^g de bronze monnayé, il y a juste 95^g de cuivre.

[b] Il sera bon de montrer aux enfants le plan de la classe, celui de la maison d'école, celui du village, etc.

[c] Si le terrain présente une *surface plane*, son plan se compose d'une figure *semblable*, mais beaucoup plus petite.

Q. Donnez des exemples. — R. Une *longueur* de 3^m sera alors représentée par 3^{mm} ; une *longueur* de 5^m, par 5^{mm} [a]; etc.

Exercice. 1. Retranchez $\frac{8}{9}$ de $1 + \frac{1}{5}$. — **Solution.** $\frac{1}{9} + \frac{1}{5}$, c-à-d $\frac{14}{45}$.

E. 2. La base d'un parallélogramme est de 87^{cm}. La hauteur en est le tiers. Trouvez la surface. — **S.** 2523^{cmq}.

E. 3. En 89 jours, 1526^f rapportent $16^f,20$. Que rapportent 2115^f, au même taux, en 38^j ? — **S.** 1526^f en 1^j rapporteraient $\frac{16,20}{89}$; 1^f en 1^j rapporterait $\frac{16,20}{89 \times 1526}$; 2115^f en 1^j rapporteraient $\frac{16,20 \times 2115}{89 \times 1526}$; en 38^j, ils rapportent $\frac{16,20 \times 2115 \times 38}{89 \times 1526}$, c-à-d $9^f,58$ [b].

E. 4. Un réservoir en tôle a la forme d'un cylindre. Son rayon de base est de $2^m,2$, et sa hauteur de $3^m,7$. Trouvez sa surface latérale. — **S.** $51^{mq},14$.

E. 5. Calculez, à moins de 0,01, la racine cubique de 0,308. — **S.** 0,67.

E. 6. Dites le nombre de degrés, minutes et secondes d'un arc de $15^m,675$ dans un cercle de $4^m,5$ de rayon. — **S.** La circonférence est de $28^m,2744$, et vaut $1296000''$. L'arc de 1^m vaut $\frac{1\,296\,000''}{28,2744}$. L'arc de $15^m,675$ vaut $\frac{1\,296\,000 \times 15,675}{22,2744}$, c-à-d $718\,487''$ ou $199°\,34'\,47''$.

E. 7. Pour assurer à ses enfants, lors de son décès, un capital de 200^f, un père verse 89$^f,50$. Que devrait-il verser pour un capital de 37628^f? — **S.** Pour assurer 1^f, il devrait verser $\frac{89,50}{200}$. Pour assurer 37 628, il versera $\frac{89,50 \times 37628}{200}$, c-à-d $16\,838^f,53$.

E. 8. Trouvez l'arête du cube [c] dont la surface totale est de $5^{mq},94$. — **S.** $0^m,99$.

---

[a] On dit alors que le plan est à l'*échelle* de 1^{mm} pour mètre, ou simplement à l'échelle de $\frac{1}{1000}$.

[b] Cet exercice n'est autre chose qu'une *règle de trois composée*.

[c] On pouvait prévoir que la longueur cherchée serait très voisine

E. 9. Que valent 1 253ᵍ en pièces de 0ᶠ,20 ? — **S.** 0ᶠ,20 × 1 253, c-à-d 250ᶠ,60.

E. 10. Dites la moyenne proportionnelle[a] entre 1 236 et 1 498. — **S.** 1 360.

---

216. — Levé à la chaîne.

Question. Qu'est-ce que la *chaîne d'arpenteur?* — **Réponse.** La **chaîne d'arpenteur** est une *chaîne* en métal ayant 10ᵐ de long[b].

Q. Comment mesure-t-on une *droite* sur le *terrain*? — **R.** Pour mesurer une *ligne droite* sur le *terrain*, on porte cette *chaîne* sur cette *droite* autant de fois que possible[c].

Q. Comment lève-t-on un *plan* à l'aide de la *chaîne*? —

Terrain décomposé en triangles.

R. Pour *lever le plan* d'un *terrain* à l'aide de la *chaîne*, on décompose ce *terrain* en *triangles* et on mesure les *côtés* de tous ces triangles.

Q. Que fait-on ensuite? — **R.** On *réduit* ensuite, dans la *même proportion*, toutes les *longueurs* trouvées.

Q. Que fait-on enfin? — **R.** Enfin, avec les *longueurs réduites*, on *construit* sur le *dessin* les *triangles* correspondants aux *triangles* du *terrain*[d].

Q. Et si le terrain est petit? — **R.** Si le *terrain* est assez *petit*, au lieu de la *chaîne*, on emploie le *mètre*.

de 1ᵐ. En effet, la surface totale étant très voisine de 6ᵐᵩ, la surface de chacune des six faces est à très peu près de 1ᵐᵩ.

[a] Il faut bien rappeler aux élèves que la *moyenne proportionnelle*, ou *moyenne géométrique* entre deux nombres, n'est autre chose que la *racine carrée* du *produit* de ces deux nombres.

[b] Il sera bon de faire voir une chaîne d'arpenteur aux élèves, ou, tout au moins, de leur montrer une corde ou un ruban ayant 10ᵐ de long.

[c] Lorsque la droite est un peu longue, avant de la mesurer on la *jalonne*. Au reste, sur le terrain, la mesure d'une longue droite est une opération difficile qui comporte peu de précision.

[d] La construction du plan revient ainsi à celle de plusieurs triangles, dans chacun desquels les trois côtés sont connus.

Exercice. 1. On a $3^{kg},225$ d'un lingot d'argent au titre de $0,750$. Combien faut-il leur allier d'argent pur pour élever le titre à $0,800$? — **Solution.** $0^{kg},806$. *Règle d'alliage* de la deuxième espèce.

E. 2. On veut crépir un mur de $45^m,5$ de long sur $3^m,70$ de haut. Quelle surface a-t-on à crépir ? — **S.** $168^{mq},35$.

E. 3. Trouver la valeur nominale d'un billet payable dans 75^j et sur lequel, à $4,1\ ^0/_0$, on fait une retenue de $19^f,25$? — **S.** $2253^f,65$. *Règle d'intérêt* de la deuxième espèce.

E. 4. Les bases d'un tronc de cône[a] ont pour rayons $5^m,25$ et $3^m,11$. La hauteur est $1^m,08$. Quel est le volume ? — **S.** $60^{mc},577$.

E. 5. Dites le poids de l'eau qui remplit un cube de 31^{cm} d'arête. — **S.** $29^{kg},791$.

E. 6. Quelle est la surface d'une table ronde qui a $5^m,126$ de tour[b] ? — **S.** $2^{mq},09$.

E. 7. Que rapportent 96826^f, à $3,8\ ^0/_0$, en 3 ans 2 mois[c]. — **S.** $1165^f,139$.

E. 8. Un parallélogramme équivaut à un carré de 35^{cm} p. 237 de côté. Sa base est de $4^{dm},2$. Dites sa hauteur. — **S.** Son aire est de 1225^{cmq} ; sa base est de 42^{cm} ; sa hauteur est donc de $1225 : 42$, c-à-d de $29^{cm},1$.

E. 9. Que pèse un million en or monnayé ? — **S.** Autant de grammes qu'il y a de fois $3^f,10$ dans $1\,000\,000^f$, c-à-d $322\,580^g$ ou $322^{kg},580$.

E. 10. Calculez, à moins de $0,001$, le quotient de 7 par 11. — **S.** $0,636$.

---

[a] Le moyen le plus élémentaire pour calculer le volume d'un *tronc de cône*, c'est de calculer séparément les volumes des trois *cônes* à la somme desquels il est équivalent. Quant à la *moyenne proportionnelle* entre les surfaces des deux *bases*, on peut voir facilement qu'il suffit, pour l'obtenir, de multiplier π par le produit des rayons des deux bases.

[b] Pour obtenir cette surface, on applique la règle qui donne l'*aire* d'un cercle dont la *circonférence* est connue.

[c] On peut regarder ce temps comme égal soit à 19 *sixièmes* d'année, soit à 1140^j.

217. — Levé à l'équerre.

Question. Quelle est l'*équerre* dont on se sert ? — **Réponse.** L'*équerre* dont on se sert est l'**équerre d'arpenteur.**

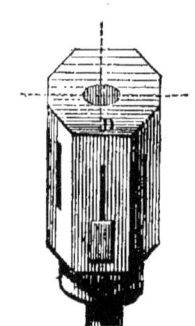

Équerre d'arpenteur.

Q. Décrivez l'*équerre d'arpenteur*. — **R.** L'*équerre d'arpenteur* se compose d'une *boîte* métallique, portée sur un *bâton* et présentant *quatre ouvertures*, qui déterminent deux *directions rectangulaires* [a].

Q. Comment, sur le terrain, abaisse-t-on une *perpendiculaire* ? — **R.** Pour *abaisser* d'un *point* O du terrain une *perpendiculaire* sur AB, on marche sur AB jusqu'à ce qu'on trouve un *point* C tel que, l'une des *directions* données par l'*équerre* coïncidant avec AB, l'autre passe par le *point* O. La *droite* OC est la *perpendiculaire* cherchée.

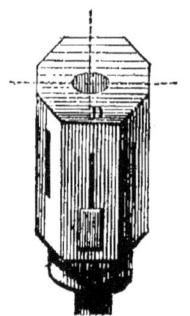

Q. Comment *lève-t-on* un *plan* à l'aide de l'*équerre* ? — **R.** Pour *lever le plan* d'un *terrain* ABCDE, on mène la *diagonale* [b] AD, puis on *abaisse* sur cette *diagonale* les *perpendiculaires* BF, CG, EH.

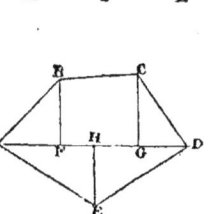

Q. Que fait-on ensuite ? — **R.** On *mesure* ensuite les *portions* de la *diagonale* AD, ainsi que les *perpendiculaires*, et l'on *réduit* toutes ces *longueurs* dans la *même proportion*.

Q. Que reste-t-il encore à faire ? — **R.** Il ne reste plus

---

[a] Si l'on possède une *équerre d'arpenteur*, on la montrera aux élèves et on leur en apprendra l'usage.

[b] On appelle *diagonale* toute droite qui joint deux sommets non consécutifs d'un polygone. Un *triangle* n'a pas de *diagonale*; un *quadrilatère* en a deux; un *pentagone* en a cinq, etc.

qu'à *construire* sur le *papier*, avec les *longueurs réduites*, une figure *semblable* à celle du *terrain* [a].

Exercice. 1. Trouvez l'aire d'un triangle dont les côtés sont de $8^m,2$; $9^m,3$; $10^m,4$. — **Solution.** $36^{mq},388$ [b].

E. 2. Réduire 500 000^s en jours, heures, minutes et secondes. — **S.** 5^j 18^h 53^m 20^s.

E. 3. Un étang a la forme d'un trapèze dont les côtés p. 230 parallèles sont de 159^m et 211^m, et la surface de $1^{Ha},72$. Calculez la distance des côtés parallèles. — **S.** La demi-somme des bases est 185^m. L'aire est de $17\,200^{mq}$. La hauteur cherchée est de $17\,200 : 185$, c-à-d de $92^m,97$.

E. 4. Multipliez $2 + \frac{1}{3}$ par $3 + \frac{1}{4}$. — **S.** $7 + \frac{7}{12}$.

E. 5. Les 2 bases d'un tronc de pyramide ont pour surfaces $5^{dmq},7$ et 3^{dmq}. La hauteur est de 157^{mm}. Trouvez le volume. — **S.** $6^{dmq},714$.

E. 6. Quelle somme faut-il payer pour assurer 17 ouvriers pendant 3 ans contre les accidents. La prime est de 5^f par ouvrier et par an. — **S.** 255^f.

E. 7. Combien faut-il de papier pour former un cornet en forme de cône [c], ayant 25^{cm} d'arête et $3^{cm},5$ de rayon à la base? — **S.** $274^{cmq},89$.

E. 8. Extrayez la racine carrée de 41 556 398. — **S.** 6 446.

E. 9. Un cylindre est en fer. Sa longueur est de $41^{cm},5$; et son poids [d] de 28^{Kg}. La densité du fer est de 7,20. Calculez le rayon de base. — **S.** Le volume de 28^{Kg} d'eau est de 28^{dmc}. Le volume de 28^{Kg} de fer est de $28 : 7,20$, c-à-d de $3^{dmc},888$. La base du cylindre est de

---

[a] Il va sans dire que, sur le papier, ces constructions s'effectuent à l'aide de l'*équerre* ordinaire.

[b] D'après la règle donnée dans le Cours, on calcule le *demi-périmètre* du triangle et on en retranche successivement les trois *côtés*. On trouve ainsi les quatre nombres 13,95; 5,75; 4,65; 3,55. Pour obtenir la *surface* cherchée, il suffit de faire le *produit* de ces quatre nombres, puis d'en extraire la *racine carrée*.

[c] Dans cet exercice, nous calculons la *surface latérale* d'un cône; mais il est bien évident que le papier doit être plus grand que cette surface.

[d] Nous l'avons dit déjà : quand les *poids* sont exprimés en *kilogrammes*, les *longueurs* doivent l'être en *décimètres*; les *surfaces*, en *décimètres carrés*; et les *volumes*, en *décimètres cubes*.

408   NOTIONS DE GÉOMÉTRIE.

3,888 : 4,15, c-à-d de 0^{dmq},93. On en déduit que le rayon de base est de 0^{dm},54.

E. **10.** Un immeuble a coûté 46 825^f,30, et rapporte net 2 518^f,15 par an. A quel taux a-t-on placé son argent? — S. 46 825^f,30 rapportent 2 518^f,15. Donc 1^f rapporte $\frac{2518,15}{46825,30}$; et 100^f rapportent $\frac{2518,15\times 100}{46825,30}$, c-à-d 5^f,37. Tel est le *taux*.

---

218. — Levé au graphomètre.

Réponse. Qu'appelle-t-on *alidade*? — Réponse. On appelle **alidade** une *règle* dont les *extrémités*, relevées à *angle droit*, présentent deux *ouvertures*, qui déterminent une *certaine direction*.

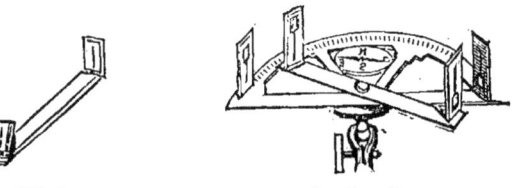

Alidade.   Graphomètre.

Q. Décrivez le *graphomètre*? — R. Le **graphomètre** se compose d'un *demi-cercle* divisé, porté sur un *pied* et muni de deux *alidades* [a].

p. 239 Q. Comment mesure-t-on un *angle* sur le terrain? — R. Pour mesurer, sur le terrain, l'*angle* de deux droites, il suffit de diriger les *alidades* suivant ces droites, et de lire, sur le *demi-cercle*, le nombre de *degrés* correspondant [b].

Q. Comment *lève-t-on* le *plan* d'un terrain à l'aide du gra-

---

[a] Il sera bon, si l'on possède un *graphomètre*, de le montrer aux élèves et de leur apprendre à s'en servir. On leur fera remarquer que, quand on l'emploie au levé des plans, il en faut placer bien horizontalement le demi-cercle divisé. Dans la figure ci-dessus, ce demi-cercle porte une *boussole*. On construit des graphomètres de précision où il porte un *niveau* et où les *alidades* sont remplacées par des *lunettes*.

[b] Sur le terrain, la mesure des *angles* s'effectue avec beaucoup plus de facilité et d'exactitude que la mesure *des longueurs*.

phomètre? — **R.** Pour *lever le plan* d'un *terrain* à l aide du *graphomètre,* on relève d'abord le **polygone topographique,** puis on y *rattache* les différents *points* remarquables du *terrain.*

Q. Qu'est-ce que le *polygone topographique?* — **R.** Le **polygone topographique** [a] est, en général, le contour même du terrain. On en mesure tous les *angles* et tous les *côtés.* On le dessine en conservant les *angles* et en *réduisant* toutes les longueurs dans la *même proportion.*

Q. Comment rattache-t-on un point au *polygone topographique?* — **R.** Pour *rattacher* un *point* O au *polygone topographique,* il suffit de mesurer sur le terrain les *deux angles* OAB, OBA, puis de les construire sur le *dessin :* les côtés de ces angles, par leur intersection, déterminent le *point* O.

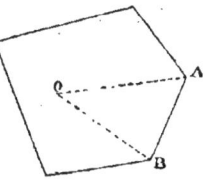

Polygone topographique.

Exercice. 1. Un cercle touche un côté d'un angle et coupe l'autre à 15^{cm} et à 21^{cm} du sommet. Calculez la distance du sommet au point de contact [b]. — **Solution.** $17^{cm},7.$

E. 2. Une action coûte $1464^f,50$ et rapporte 59^f par an. Une autre coûte $517^f,25$ et rapporte 22^f. Trouvez la différence des taux. — **S.** Le premier taux est 4,02; le deuxième est 4,25. La différence est 0,23.

E. 3. Une tarte a 35^{cm} de diamètre. On la partage en 8 secteurs égaux. Dites l'aire de chacun d'eux. — **S.** Le *huitième* de l'aire totale du cercle; c-à-d le *huitième* de $962^{cmq},11,$ ou $120^{cmq},26.$

E. 4. Que pèsent 34 pièces de $0^f,50$? — **S.** $2^g,5 \times 34,$ c-à-d $85^g.$

---

[a] L'adjectif *topographique,* que nous avons déjà rencontré, désigne, en général, tout ce qui se rattache à la *topographie.* — La *topographie* est l'art de lever les plans. — Les mots *graphomètre* et *topographie* sont dérivés du grec. *Alidade* vient de l'arabe.

[b] On remarque, pour résoudre ce problème, que la longueur cherchée est *tangente* au cercle. D'après une proposition du Cours, cette longueur est donc la *moyenne proportionnelle* entre 15 et 21.

E. 5. Un prisme droit a pour base un pentagone régulier de 6^{cm} de côté. Sa hauteur est de 13^{cm}. Trouvez sa surface latérale. — **S.** Le périmètre de base est de 30^{cm}. La surface latérale est donc 30×13, c-à-d 390^{cmq}.

E. 6. Sur un billet de 3 645^f,25, payable dans 85^j, on fait une retenue de 38^f,95. Quel est le taux ? — **S.** 4,52. *Règle d'intérêt* de la troisième espèce.

E. 7. Les deux pointes d'un compas ouvert sont distantes de 0^m,07. Dites la longueur de la circonférence décrite. — **S.** Le *rayon* étant 0^m,07, la *circonférence* est 0^m,439.

E. 8. On mélange 7 livres de café à 2^f,50 avec 9 livres à 2^f,15. Que vaut la livre du mélange? — **S.** 2^f,30. *Règle de mélange* de la première espèce.

p. 240

E. 9. Un terrain a la forme d'un losange [a] dont 2 côtés opposés sont à 16^m l'un de l'autre. L'aire est de 4^a,3. Quel est le périmètre du losange? — **S.** L'aire est de 430^{mq}; la hauteur est de 16^m. La base ou le côté est donc de $430:16$, c-à-d de 26^m,875. Le périmètre est donc de 107^m,5.

E. 10. Ecrivez au Journal : Jean achète 13 pièces de madapolam [b] à 7^f,45 la pièce. — **S.** Doit *Jean* : 13 pièces de madapolam à 7^f,45... 96^f,85.

---

219. — L'arpentage.

Question. Quel est l'objet de l'*arpentage*. — **Réponse.** L'**arpentage**[c] a pour objet l'*évaluation* de la *surface* des *terrains*.

Q. Comment évalue-t-on la *surface* d'un terrain? —

---

[a] Il faut bien se le rappeler : le *losange* est un parallélogramme dont les *quatre côtés* sont *égaux*.
[b] Le *madapolam* est une espèce de calicot, qui porte le nom de la ville de l'Inde anglaise d'où on le tirait autrefois.
[c] Le mot *arpentage* vient du vieux mot *arpent*, qui désignait une mesure de superficie. *Arpenter*, c'est évaluer la surface d'un terrain ; l'*arpenteur* est celui qui évalue cette surface. — A la campagne, on donne souvent le nom de *géomètre* à ceux qui font profession de *lever les plans* et *d'arpenter*. En bon français, *géomètre* se dit de tout homme qui est savant dans les *sciences mathématiques* et qui y fait des découvertes : *Archimède*, *Descartes*, *Leibniz* et *Newton* sont les plus grands *géomètres* qui aient jamais existé.

R. Pour évaluer cette *surface*, on peut *décomposer* le *terrain* en *triangles*, comme dans le *levé à la chaîne*, puis faire la *somme* des *aires* de tous ces *triangles*.

Q. Peut-on opérer autrement? — **R.** On peut aussi, comme dans le *levé à l'équerre*, *décomposer* le *terrain* en *triangles* et en *trapèzes*, puis faire la *somme* des *aires* de toutes ces *figures*[a].

Q. Et si l'on ne peut pas pénétrer sur la surface à évaluer? — **R.** Si l'on l'on ne peut pas *pénétrer* sur la *surface* à évaluer, on évalue une *surface plus grande*, qui contient la première, puis on en *retranche* ce que cette grande surface a de trop.

Q. Donnez un exemple. — **R.** Soit à évaluer la surface d'une *mare*. On considère, par exemple, un *triangle* qui la contient; et, de la *surface* de ce *triangle*, on *retranche* les *aires* de tous les petits *triangles* et *trapèzes* qu'on peut former autour de la *mare*, à l'intérieur de ce *triangle*.

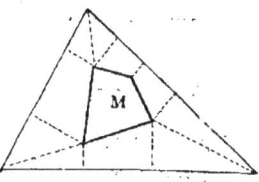

Exercice. 1. Les bases d'un tronc de cône ont pour rayons $0^m,21$ et $1^{dm},6$. L'arête est de 28^{cm}. Calculez la surface latérale[b]. — **Solution.** $3254^{cmq},69$.

E. 2. Quel poids d'or dans un lingot de $52^{Dg},8$, au titre de $0,910$? — **S.** $52^{Dg},8 \times 0,910$, c-à-d $48^{Dg},048$.

E. 3. Trouvez la surface d'une boule de $6^{cm},7$ de diamètre. — **S.** Le rayon est $3^{cm},35$. La surface est de $141^{cmq},02$.

E. 4. Que deviennent au bout de 5 ans, à 6 % et à intérêts composés, $36\,916^f,15$? — **S.** $49\,402^f,15$.

E. 5. Un cube a une capacité de $3^l,156$. Dites son arête. — **S.** $1^{dm},46$. Ce nombre est la racine cubique de $3,156$.

---

[a] Dans la pratique, cette seconde méthode doit être préférée à la première : elle est à la fois beaucoup plus rapide et beaucoup plus commode.

[b] La *surface latérale* d'un *tronc de cône* est identique à celle des *abat-jour* de papier ou de métal, qu'on place d'ordinaire sur les lampes. Elle peut se *développer* exactement sur un plan. Elle y donne une figure qui est à l'égard du *secteur de cercle*, ce que le *trapèze* est à l'égard du *triangle*.

412   NOTIONS DE GÉOMÉTRIE.

E. **6.** Partagez 4 284^f proportionnellement à 2, 3, 4. — S. 952 ; 1428 ; 1904.

E. **7.** Dites la surface d'un triangle équilatéral de 10^m de côté. — S. 43^{mq},3012.

p. 241   E. **8.** Une toile de coton écrue[a] coûte 10^f,75 la pièce de 18^m. Que coûtent 25^m,60 ? — S. 1^m, coûte $\frac{10,75}{18}$; 25^m,60 coûtent $\frac{10,75 \times 25,60}{18}$, c-à-d 15^f,28.

E. **9.** Quel est le côté d'un carré équivalent[b] à un cercle de 63^{cm} de rayon ? — S. L'aire du carré est 12 469^{cmq},01. Son côté est de 111^{cm},6.

E. **10.** Trouvez la racine cubique de $\frac{26}{29}$ à moins de 0,01. — S. 0,96.

220. — Plan d'un terrain accidenté.

Question. Qu'est-ce que la *projection* d'un point sur un plan ? — **Réponse.** La **projection** d'un *point* sur un plan est le *pied* de la *perpendiculaire* abaissée de ce *point* sur ce *plan*.

Projection d'un point.

Q. Qu'est-ce que la *projection* d'une figure ? — R. La *projection* d'une *figure* sur un *plan* est la *figure* formée, sur ce plan, par les *projections* de tous les *points* de la première figure[c].

Q. Qu'avons-nous supposé jusqu'ici sur la surface des terrains ? — R. Dans tout ce qui précède, nous avons supposé la *surface* du *terrain* à la fois *plane* et *horizontale*. Lorsqu'il n'en est pas ainsi le *terrain* est accidenté.

---

[a] *Ecru* se dit des étoffes de chanvre, de lin ou de coton qui n'ont été ni lavées, ni blanchies.

[b] La *quadrature du cercle* est un problème fameux, où l'on se propose de construire, à l'aide de la *règle* et du *compas*, un *carré* équivalent à un *cercle* donné. Il est démontré aujourd'hui, et démontré en toute rigueur, que ce problème est absolument *impossible*. Aussi ne trouve-t-on plus de *quadrateurs* que parmi les personnes tout à fait étrangères aux sciences mathématiques.

[c] Lorsqu'une figure est plane, et que son plan est parallèle au plan de projection, il est évident que sa projection lui est identique. On dit alors que la figure se projette en *vraie grandeur*.

LE LEVÉ DES PLANS ET L'ARPENTAGE.

Q. Que représente le *plan* d'un *terrain accidenté?* — R. Lorsqu'un *terrain* est **accidenté**, le *plan* de ce *terrain* représente, non pas le *terrain* lui-même, mais la *projection* de ce *terrain* sur un *plan horizontal*.

Q. Qu'appelle-t-on *plan topographique?* — R. On nomme *plan topographique*[a] le *plan* d'un *terrain* assez *grand*, par exemple le *plan d'une ville*.

Q. Qu'est-ce qu'une *carte?* — R. Une *carte*[b] n'est autre chose que la représentation d'un *terrain* d'une extrême *étendue*.

Exercice. **1.** Un parallélépipède a $26^{cmc},7$. Sa hauteur est de $4^{dm},8$. Trouvez l'aire de sa base[c]. — Solution. $0^{cmq},55$.

E. **2.** Sur 1526^f, on me fait une remise de $3,5 \%$. Qu'ai-je à payer? — S. La remise s'élève à $53^f,41$: j'ai à payer $1\,472^f,59$.

E. **3.** Deux cordes se coupent dans un cercle. Les 2 portions de la première ont $3^{dm},6$ et $5^{dm},7$. L'une des portions de la seconde est de $2^m,4$. Trouvez l'autre. — S. Le nombre inconnu, multiplié par 24, donne $3,6 \times 5,7$, c-à-d $20,52$. Il est donc égal à $20,52 : 24$ c-à-d à $0^{dm},855$.

E. **4.** Des chocolats coûtent $1^f,60$; $1^f,55$; $1^f,70$; $1^f,85$ la livre. Quel est le prix moyen? — S. $1^f,675$.

E. **5.** La surface latérale d'un cylindre est de $1^{mq},7$ et sa hauteur de $5^{dm},8$. Trouvez la circonférence de base. — S. $2^m,93$.

E. **6.** Quels poids de cuivre et d'argent faut-il fondre ensemble pour former $3^{Kg},5$ au titre de $0,835$? — S. Le poids de l'argent pur sera $3^{Kg},5 \times 0,835$, c-à-d $2^{Kg},9225$. Celui du cuivre sera la différence, c-à-d $0^{Kg},5775$.

---

[a] Nous avons déjà dit que la *topographie* est l'art de *lever les plans*. C'est un art assez facile, dont l'étude est indispensable aux architectes, aux ingénieurs et aux officiers.

[b] La construction des *cartes* est beaucoup plus difficile que le *levé des plans*, vu qu'il y faut tenir compte de la *sphéricité* de la terre; elle s'appuie principalement sur la *trigonométrie* soit rectiligne, soit sphérique; elle constitue la *géodésie*, l'une des parties les plus importantes des mathématiques appliquées.

[c] Dans cet exercice, comme dans tous les autres, il faut bien prendre soin, avant de commencer aucun calcul, de tout ramener aux *unités* correspondantes.

p. 242 **E. 7.** Dites le rayon de base d'un cône dont la hauteur est de 10^{cm} et le volume de 1^{dmc}? — **S.** L'aire de la base sera 300^{cmq}. En divisant par π, on obtient $95,49$ pour le carré du rayon. Le rayon lui-même est de $9^{cm},6$.

E. 8. Pendant quel temps reste à la caisse d'épargne[a] un capital qui s'accroît du 50e de sa valeur? — **S.** Pendant 2 mois.

E. 9. Calculez la longueur d'un arc de $56° \ 28' \ 13''$ dans un cercle de $7^m,2$ de rayon. — **S.** $7^m,096$.

E. 10. Une borne pèse $926^{Kg},7$. Son volume est de $0^{mc},638$. Trouvez la densité de la pierre[b] qui la forme. — **S.** Ce volume d'eau pèserait 638^{Kg}. La densité est donc $926,7 : 638$, c-à-d $1,45$.

221. — Représentation d'une maison.

Question. Comment représente-t-on une maison? — **Réponse.** On représente une maison par *plan*, *élévation* et *coupe*.

Q. Que représente le *plan* d'une maison? — **R.** Le **plan** d'une maison représente la *projection* de cette maison sur un *plan horizontal*.

Plan.

Q. Fait-on plusieurs *plans*? — **R.** On fait d'ordinaire un *plan* par *étage*[c].

Q. Que représente l'*élévation*? — **R.** L'**élévation** représente la *projection* d'une *façade* sur un *plan vertical, parallèle* à cette *façade*.

Q. Fait-on plusieurs *élévations*? — **R.** On fait d'ordinaire une *élévation* par *façade*[d].

---

[a] Il faut bien le rappeler aux élèves : l'argent déposé à la *Caisse d'épargne* rapporte un intérêt de 3 °/₀.
[b] Pour la plupart des pierres, la *densité* est voisine de 2.
[c] On fera bien de montrer aux élèves le *plan* d'une maison, ou plutôt les *plans* des différents étages d'une maison qu'ils connaissent bien.
[d] La plupart des maisons ou édifices possèdent *quatre façades :* une façade principale, une façade postérieure et deux façades latérales.

LE LEVÉ DES PLANS ET L'ARPENTAGE. 413

Q. Comment obtient-on une *coupe?* — **R.** Pour obtenir une *coupe,* on suppose la maison *coupée* par un *plan vertical,* et l'on *projette* sur ce *plan* tout ce qu'il cacherait au *spectateur.*

Q. Fait-on plusieurs *coupes?* — **R.** On fait d'ordinaire plusieurs *coupes,* soit *transversales,* soit *longitudinales* [a].

Élévation.

p. 243

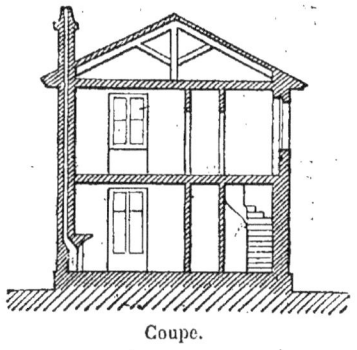
Coupe.

Exercice. 1. La base d'une pyramide est un rectangle qui a $0^m,25$ de long et $0^m,09$ de large. Le volume est $2^{dmc},4$. Trouvez la hauteur. — **Solution.** $3^{dm},2$.

E. 2. Deux billets, l'un de $315^f,60$ payable dans 36^j ; l'autre de $429^f,30$ payable dans 72^j, sont remplacés par un billet unique, payable dans 40^j. L'escompte est à 4,7 %. Quelle est la valeur nominale du billet ? — **S.** La *valeur actuelle* du premier est $314^f,12$; celle du deuxième est $425^f,27$. La *valeur actuelle* du billet unique est donc $739^f,39$. Si sa valeur *nominale* était de $36\,000^f$, sa valeur *actuelle* serait de $35\,812^f$ et réciproquement [b]. Si la valeur actuelle était de 1^f, la valeur nominale serait de

---

[a] Dans les différentes coupes que l'on fait d'un édifice, on pousse parfois l'exactitude jusqu'à représenter tous les détails intérieurs, y compris même le mobilier.

[b] On aurait pu considérer une valeur nominale quelconque. Il est commode de choisir $36\,000^f$, parce que l'expression de l'escompte, c-à-d de l'intérêt pendant un certain nombre de jours a justement son dénominateur égal à $36\,000$.

$\frac{36000}{35812}$. La valeur actuelle étant de 739^f,39, la valeur nominale sera de $\frac{36000 \times 739,39}{35812}$, c-à-d de 743^f,27.

E. 3. Un miroir rectangulaire a 4^{dmq},6 de surface. Sa largeur est de 19^{cm},2. Trouvez sa hauteur. — **S.** 23^{cm},9.

E. 4. Trouvez la différence des poids de deux sommes de 7^f,70, l'une en argent, l'autre en sous. — **S.** En sous, le poids est 770^g. En argent, il est de 38^g,5. La différence est 731^g,5.

E. 5. Trouvez l'aire d'un cercle de 8^m,55 de rayon. — **S.** 229^{mq},6588.

E. 6. La valeur nominale d'un billet est de 951^f,80. Sa valeur actuelle est de 938^f,15. L'escompte est à 5,2 %. Dans combien de jours l'échéance? — **S.** Dans 99^j.

E. 7. Un prisme[a] droit a pour base un triangle équilatéral de 2^{dm},4 de côté et sa hauteur est de 13^{cm}. Calculez sa surface totale. — **S.** La surface latérale est de 936^{cmq}. La surface de chaque base est de 249^{cmq},41. La *surface totale* est donc de 1434^{cmq},82.

E. 8. Additionnez $\frac{1}{5}, \frac{1}{45}, \frac{1}{117}$. — **S.** $\frac{3}{13}$.

E. 9. Deux pyramides sont semblables et leurs hauteurs sont de 25^{cm} et de 33^{cm}. Le volume de la première est de 4^{dmc},8. Dites celui de la deuxième. — **S.** Si la hauteur de la deuxième était 1^{cm}, son volume serait $\frac{4800}{25^3}$. Comme sa hauteur est 33^{cm}, son volume sera $\frac{4800 \times 33^3}{25^3}$, c-à-d 11039^{cmc}, ou 11^{dmc},039.

E. 10. Un terrain rapporte 91^f par hectare[b]. Que rapporte une portion rectangulaire, dont les dimensions sont 372^m et 119^m? — **S.** La surface de cette portion est de 4^{Ha},4268. Elle rapporte donc 402^f,83.

---

[a] On emploie en *optique*, c-à-d dans la partie de la *physique* où l'on étudie la lumière, des *prismes* en cristal, qui jouissent de la propriété de décomposer en rayons de différentes couleurs, les rayons de la lumière blanche. Ces instruments ont la forme de *prismes droits*, dont la base est, en général, un *triangle isocèle*.

[b] Il faut bien se rappeler que l'*hectare* est une superficie de 10000^{mq}.

LIVRE VIII

COMPLÉMENTS

CHAPITRE PREMIER

SUR LA NUMÉRATION

222. — Les chiffres romains.

Question. Par qui nos *chiffres* ont-ils été inventés ? — p. 241
Réponse. Les *chiffres* 1, 2, 3, 4, 5, 6, 7, 8, 9 et 0 ont été inventés par les *Indous*. Ce sont les *Arabes* qui les ont introduits[a] en Europe ; aussi les nomme-t-on *chiffres arabes*.

Q. Que sont les *chiffres romains?* — R. Les **chiffres romains**, qui étaient employés auparavant, sont des *lettres de l'alphabet*, auxquelles on attribue des *valeurs numériques*, et que l'on nomme, pour cette raison, *lettres numérales*.

Q. Combien y a-t-il de *lettres numérales?* — R. Il y a *sept* lettres numérales : I, *un;* V, *cinq;* X, *dix;* L, *cinquante;* C, *cent;* D, *cinq cents;* M, *mille*.

Q. Ajoute-t-on les *lettres numérales?* — R. Dans tout *nombre* écrit en *chiffres romains*, les lettres numérales *s'ajoutent*.

Q. Donnez un exemple. — R. CCLXVI représente 100 + 100 + 50 + 10 + 5 + 1, c-à-d 266.

---

[a] Cette introduction s'est faite au moyen âge, par l'Italie et l'Espagne.

Q. N'y a-t-il pas une *exception?* — **R.** Cependant quand une *lettre numérale* est à la *gauche* d'une autre de *valeur supérieure,* elle s'en *retranche.*

Q. Donnez des exemples? — **R.** IV signifie 5 — 1, c-à-d 4. IX signifie 10 — 1, c-à-d 9 ; etc. [a] ;...

p. 245 **Exercice. 1.** Ecrivez en chiffres arabes XIII, XVIII, LVI, MCXI, MDCCCLXXXI. — **Solution.** 13, 18, 56, 1111, 1881.

E. 2. Ecrivez de même : XIX, XXXIV, XLII, LXXIX, XCI. — **S.** 19, 34, 42, 79, 91,

E. 3. Ecrivez en chiffres romains : 27, 138, 563, 1677, 1257. — **S.** XXVII, CXXXVIII, DLXIII, MDCLXXVII, MCCLVII.

E. 4. Ecrivez de même : 34, 29, 49, 93, 1884. — **S.** XXXIV, XXIX, IL, XCIII, MDCCCLXXXIV [b].

E. 5. Calculez l'angle du polygone régulier de 9 côtés. — **S.** La somme des angles est de 14 *droits* ou de 1 260°. Chaque angle en vaut le *neuvième*, c-à-d 140°.

E. 6. Calculez, à moins de 0,001, la racine carrée de 0,2. — **S.** 0,584.

E. 7. Dans un tronc de cône, les rayons de bases sont de 18^{cm} et 23^{cm} ; l'arête est de 7^{cm}. Dites la surface totale. **S.** Les surfaces des *bases* sont $1017^{cmq},87$ et $1661^{cmq},90$; la *surface latérale* est de $901^{cmq},63$. La *surface totale* est donc de $3581^{cmq},40$.

E. 8. Convertissez $\frac{22}{7}$ en fraction décimale. — **S.** 3,142 857 [c].

---

[a] Les *chiffres romains* sont de très mauvais signes : ils ne sont point en rapport avec la numération parlée, qui était décimale chez les Romains, comme elle l'est chez nous ; et ils ne se prêtent nullement au calcul. — De nos jours, on s'en sert quelquefois encore, notamment dans les inscriptions, pour l'écriture des *dates* et des *numéros d'ordre*.

[b] Le nombre 4, qui, en *chiffres romains*, s'écrit d'ordinaire IV, parfois aussi s'écrit IIII. C'est cette dernière forme qui figure sur la plupart de nos cadrans de montres, de pendules ou d'horloges.

[c] Cette suite ne finit jamais : elle est *périodique* ; sa *période*, qui se compose de 6 chiffres, est 142857. — Les 3 premiers chiffres du quotient de 22 par 7 sont les mêmes que ceux du nombre π. Cette fraction $\frac{22}{7}$ représente donc, à moins de 0,01, le rapport de la circonférence au diamètre.

E. 9. Le grand côté d'une équerre est de $3^{dm},2$. Le petit de $0^m,06$. Trouvez le côté moyen. — **S.** $3^{dm},14$.

E. 10. Trouvez le rayon d'une sphère de 12^{mc}. — **S.** En divisant par $\frac{4}{3}\pi$, on trouve $2,8647$, qui est le cube du rayon. En extrayant la *racine cubique*, on trouve que le rayon est égal à $1^m,42$.

CHAPITRE II

SUR LES NOMBRES ENTIERS

223. — Plus grand commun diviseur.

Question. Qu'est-ce que le *plus grand commun diviseur* de plusieurs nombres? — **Réponse.** Le **plus grand commun diviseur** de plusieurs *nombres* est le *plus grand* nombre qui *divise* exactement chacun des *nombres* donnés.

Q. Donnez un exemple. — **R.** 8 est le *plus grand commun diviseur* des nombres 16, 24 et 40.

Q. Comment obtient-on le *pgcd*[a] de *deux* nombres? — **R.** Pour obtenir le *plus grand commun diviseur* de *deux nombres*, on *divise* le *plus grand* de ces nombres par le *plus petit*; le *plus petit* par le *reste* de la division; le premier *reste* par le deuxième; et ainsi de suite; jusqu'à ce qu'on arrive à un *reste nul*. Le dernier *diviseur* employé est le *plus grand commun diviseur* cherché.

Q. Trouvez le *pgcd* de 216 et 60. — **R.** Soit à trouver le *plus grand commun diviseur* de 216 et 60. On divise 216 par 60 : le reste est 36. On divise 60 par 36 : le reste est 24. On divise 36 par 24 : le reste est 12. On divise 24 par 12 : le p. 246

---

[a] Pour abréger, nous remplacerons souvent les quatre mots *plus grand commun diviseur* par le groupe *pgcd* de leurs quatre initiales. Nous ne ferons en cela que nous conformer à un usage des plus répandus.

reste est 0. Donc 12 est le *plus grand commun diviseur* cherché.

Q. Dans la pratique, comment dispose-t-on l'opération ? — R. Dans la *pratique*, on place les *diviseurs* les uns à côté des autres, et les *quotients* au-dessus des *diviseurs* correspondants. Les calculs précédents se disposent ainsi :

	3	1	1	2
216	60	36	24	12
36	24	12	0	

Q. Comment trouve-t-on le *pgcd* de *plusieurs* nombres ? — R. Pour trouver le *plus grand commun diviseur* de *plusieurs nombres*, on prend celui des *deux* premiers ; puis celui du *nombre* trouvé et du *troisième* nombre donné ; et ainsi de suite. Le *dernier nombre* obtenu est le plus *grand commun diviseur cherché*.

Q. Trouvez le *pgcd* de 16, 24, 28 et 30. — R. Soit à trouver le *plus grand commun diviseur* des quatre nombres 16, 24, 28 et 30. Le plus grand commun diviseur de 16 et 24 est 8 ; celui de 8 et 28 est 4 ; celui de 4 et 30 est 2. Tel est le *plus grand commun diviseur* cherché[a].

Q. Dans quel cas plusieurs nombres sont-ils *premiers entre eux* ? — R. Plusieurs nombres sont **premiers entre eux** lorsque leur *plus grand commun diviseur* est égal à *l'unité*[b].

Exercice. 1. Calculez le plus grand commun diviseur (pgcd) des 2 nombres 27 et 84. — Solution. 3.

E. 2. Calculez le pgcd des 2 nombres 36 et 256. — S. 4.

E. 3. Calculez le pgcd des 2 nombres 37 et 222. — S. 37[c].

---

[a] Les règles que nous venons de donner pour calculer le *pgcd* soit de *deux*, soit de *plusieurs* nombres, sont les plus simples, les plus rapides qui existent. Il n'en faut jamais employer d'autres lorsque les nombres donnés sont un peu grands.

[b] 15, 16, 18 sont trois nombres *premiers entre eux*, car il n'existe aucun nombre, autre que l'unité, qui les divise exactement tous les trois.

[c] Etant donnés deux nombres, lorsque le *petit* divise le *grand*, c'est le *petit* qui est le *pgcd* des deux nombres. Ici 37 divise 222 : il est le *pgcd* de 222 et 37.

SUR LES NOMBRES ENTIERS.

E. 4. Trouvez le pgcd des 3 nombres 18, 30, 96. — S. 6.
E. 5. Trouvez le pgcd des 3 nombres 21, 49, 63. — S. 7.
E. 6. Trouvez le pgcd des 4 nombres 60, 90, 105, 300. — S. 15 [a].
E. 7. Ecrivez en chiffres arabes XXVIII, CCLIX, DCXLI. — S. 28, 259, 1141 [b].
E. 8. Ecrivez en chiffres romains 814, 1515, 1789. — S. DCCCXIV, MDXV, MDCCLXXXIX.
E. 9. On a 136^l de vin à $0^f,74$. Combien faut-il y ajouter d'eau pour que le prix s'abaisse à $0^f,52$? — S. Chaque litre de vin fait perdre 22^c : les 136^l feraient perdre 2992^c. Chaque litre d'eau ajouté fait gagner 52^c. Il en faut donc ajouter autant qu'il y a de fois 52 dans 2992, c-à-d 57^l.
E. 10. Calculez la surface totale d'un parallélépipède rectangle dont les dimensions sont $0^m,82$; $0^m,53$; $0^m,66$. — S. $2^{mq},6512$.

224. — Plus petit commun multiple.

Question. Qu'est-ce que le *ppcm* [c] de plusieurs nombres? p. 247 — Réponse. Le **plus petit commun multiple** de plusieurs *nombres* est le *plus petit nombre* qui soit *divisible* par chacun des *nombres* donnés [d].

Q. Donnez un exemple. — R. 36 est le *plus petit commun multiple* des nombres 4, 6, 9.

Q. Comment obtient-on le *ppcm* de *deux* nombres? — R. Pour obtenir le *plus petit commun multiple* de *deux nombres,* on fait le *produit* de ces *deux nom-*

---

[a] Pour reconnaître si plusieurs nombres sont premiers entre eux, il suffit de chercher leur *pgcd*. S'il est égal à 1, les nombres donnés sont premiers entre eux; sinon, non.

[b] En chiffres romains, 40 se représente le plus souvent par XL, et 90 par XC. On trouve parfois 40 et 90 sous les formes XXXX et LXXXX.

[c] Pour abréger, nous remplacerons souvent les quatre mots *plus petit commun multiple* par le groupe *ppcm* de leurs quatre initiales.

[d] Il existe toujours une infinité de multiples communs de plusieurs nombres. Le produit de tous les nombres donnés est toujours un de ces multiples communs; mais, en général, il n'est pas le plus petit.

bres, et on le *divise* par leur *plus grand commun diviseur*.

Q. Trouvez le *ppcm* de 36 et 42. — **R.** Soit à trouver le *plus petit commun multiple* de 36 et 42. Le *produit* de ces *deux nombres* est 1512 ; leur *plus grand commun diviseur* est 6. En *divisant* 1512 par 6, on trouve 252 ; c'est le *plus petit multiple commun* cherché.

Q. Comment obtient-on le *ppcm* de plusieurs nombres ? — **R.** Pour obtenir le *plus petit commun multiple* de *plusieurs nombres*, on prend celui des *deux premiers;* puis celui du *nombre* trouvé et du *deuxième* nombre donné ; et ainsi de suite. Le *dernier nombre* obtenu est le *plus petit commun multiple* cherché.

Q. Trouvez le *ppcm* de 36, 42 et 8. — **R.** Soit à trouver le *plus petit commun multiple* de 36, 42 et 8. Le *plus petit commun multiple* de 36 et 42 est 252. Celui de 252 et 8 est 504. Tel est le *nombre cherché* [a].

Exercice. 1. Trouvez le plus petit commun multiple (ppcm) des 2 nombres 6 et 14. — **Solution.** 42.

E. 2. Trouvez le ppcm des 2 nombres 21 et 35 [b]. — **S.** 70.

E. 3. Trouvez le ppcm des nombres 4, 10, 15. — **S.** 60.

E. 4. Trouvez le ppcm des nombres 27, 30, 45. — **S.** 270.

E. 5. Les nombres 27 et 58 sont-ils premiers entre eux ? — **S.** Oui : leur pgcd est 1.

E. 6. Les nombres 42, 63, 75 sont-ils premiers entre eux ? — **S.** Non : leur pgcd est 3 [c].

E. 7. En combien de temps 85 641^f,70, à 3,95 % rapportent-ils 3 629^f,15 ? — **S.** En 386^j, c-à-d en 1^{an} 26^j.

---

[a] Les méthodes que nous venons de donner pour calculer le *ppcm* de deux ou de plusieurs nombres sont les plus simples et les plus rapides qui existent. Ce sont les seules qu'on puisse employer lorsque les nombres donnés sont un peu grands.

[b] On peut vérifier sur cet exercice, comme sur le précédent, que le produit de deux nombres donnés est toujours divisible par leur *ppcm*. Il en est de même lorsque l'on donne plus de deux nombres.

[c] On pouvait voir, sans aucun calcul, que les nombres donnés dans cet exercice sont tous divisibles par 3, et, par conséquent, ne sont pas *premiers entre eux*.

E. **8.** Un triangle a $2^m,5$ de base. Son aire est de $1^{mq},8$. Trouvez sa hauteur. — **S.** $1^m,44$.

E. **9.** Le 3 % français est à $76,97$ et le 4,5 % à $107,15$. Dites la différence des taux du revenu. — **S.** Le premier taux est $3,89$; le deuxième est $4,19$. La différence est donc $0,30$.

E. **10.** Un cylindre contient 1^l. Sa profondeur est de $1^{dm},2$. Trouvez son diamètre. — **S.** L'aire de la base est $0^{dmq},833$. Le diamètre est de $0^{dm},26$.

225. — Nombres premiers.

Question. Qu'appelle-t-on *nombre premier*? — **Ré-** p. 248 ponse. On appelle **nombre premier** tout *nombre* qui n'est *divisible* que par *lui-même* et par *l'unité*[a].

Q. 7 est-il un *nombre premier*? — R. 7 est un *nombre premier*, car il n'est *divisible* que par 7 et par 1.

Q. Dites les *nombres premiers* inférieurs à 100? — R. Voici la liste des *nombres premiers* inférieurs à *cent* : 1, 2, 3, 5, 7, 11, 13, 17, 19, 23, 29, 31, 37, 41, 43, 47, 53, 57, 61, 67, 71, 73, 79, 83, 89, 97[b].

Q. Comment reconnaît-on si un nombre est *premier*? — R. Pour *reconnaître* si un nombre donné est *premier*, on le *divise* successivement par les *nombres premiers* 2, 3, 5, 7, 11...... jusqu'à ce qu'on arrive à un *reste* nul, ou à un *quotient inférieur* au *diviseur* correspondant.

Q. Que conclut-on si l'on arrive à un reste *nul*? — R. Si l'on arrive à un *reste nul*, le nombre *n'est pas premier*. Si l'on arrive à un *quotient* inférieur au *diviseur*, le nombre est *premier*.

Q. Donnez des exemples. — R. On verrait ainsi que 127 est *premier*; mais que 143 ne l'*est pas*[c].

[a] L'expression de *nombres premiers* est due probablement à ce que ces nombres peuvent être regardés comme les éléments primordiaux dont sont formés tous les autres.

[b] Tout nombre premier supérieur à 5 est forcément terminé par l'un des chiffres 1, 3, 7, 9.

[c] Cette méthode pour reconnaître si un nombre est premier est très

Exercice. 1. Le nombre 113 est-il premier ? — Solution. 113 est premier.

E. 2. Le nombre 129 est-il premier ? — S. Non, car il est divisible par 3 [a].

E. 3. Le nombre 169 est-il premier ? — S. Non, car il est divisible par 13.

E. 4. Le nombre 171 est-il premier ? — S. Non, car il est divisible[b] par 9.

E. 5. Cherchez le ppcm de 33, 44, 55. — S. 660.

E. 6. Cherchez le pgcd de 33, 121, 132. — S. 11.

E. 7. Un bloc de granit a la forme d'un parallélépipède rectangle. Ses dimensions sont $1^m,7$; $0^m,59$; $0^m,81$. Sa densité est 2,68. Quel est son poids ? — S. Son volume est de $0^{mc},81243$. Son poids est de $2^t,177$, c-à-d 2177^{kg}.

E. 8. Trouvez l'aire du segment compris, dans un cercle de $2^m,4$ de rayon, entre le côté de l'hexagone régulier inscrit et l'arc correspondant. — S. L'aire du secteur correspondant est le *sixième* de l'aire du cercle ; elle est donc de $3^{mq},0159$. Celle du triangle[c] est de $2^{mq},4941$. Celle du segment est donc de $0^{mq},5218$.

E. 9. En versant 35648^f, on obtient une rente viagère de $3431^f,15$. Quel est le taux ? — S. 9,62 %.

E. 10. Un verre à pied a intérieurement la forme d'un cône. Sa capacité est de $0^l,211$ et sa profondeur de $0^m,06$. Trouvez le rayon d'ouverture. — S. La surface du cercle d'ouverture est de $105^{cmq},5$. Le rayon est donc de $5^{cm},7$.

---

défectueuse ; elle est plutôt un tâtonnement qu'une méthode véritable ; mais il n'en existe pas de meilleure. Lorsque le nombre donné est fort grand, elle conduit souvent à des calculs extrêmement longs.

[a] On voit sur 129 lui-même, pour ainsi dire sans calcul, que ce nombre est divisible par 3.

[b] On voit, sur 171 lui-même, que ce nombre est divisible par 9. Il sera bon de rappeler aux élèves les caractères de divisibilité par 3 et par 9.

[c] Ce triangle est *équilatéral* puisque le *côté* de l'hexagone régulier inscrit dans un cercle est juste égal au *rayon*.

SUR LES NOMBRES ENTIERS.   425

226. — Décomposition en facteurs premiers.

Question. Qu'est-ce que *décomposer* un nombre en *facteurs premiers*? — Réponse. *Décomposer* [a] un nombre en *facteurs premiers*, c'est le mettre sous la forme d'un *produit* de *facteurs premiers*.

Q. Comment décompose-t-on un nombre en *facteurs premiers*? — R. Pour *décomposer* un nombre en *facteurs premiers*, on le *divise* par le *plus petit nombre premier* qui le *divise* exactement; puis on *divise* le *quotient* obtenu par le *plus petit nombre premier* qui le *divise* exactement; et ainsi de suite; jusqu'à ce qu'on arrive à un *quotient* égal à l'unité. Le *nombre* donné est le *produit* de tous les *facteurs premiers* qui ont servi de *diviseurs* [b].

Q. Donnez un exemple. — R. Soit à décomposer 90. Le *plus petit nombre premier* qui *divise* 90 est 2; on écrit 2 à la droite de 90; on fait la division; et on en place le quotient 45 au-dessous de 90. Le *plus petit nombre premier* qui *divise* 45 est 3; on écrit 3 à la droite de 45; on fait la division; et on en place le quotient 15 au-dessous de 45. Et ainsi de suite. Le nombre donné 90 est égal à $2\times3\times3\times5$, c-à-d à $2\times3^2\times5$.

90	2
45	3
15	3
5	5
1	1

Exercice. 1. Décomposez 360 en facteurs premiers [c]. — Solution. $2^3\times3^2\times5$.

E. 2. Décomposez 512 en facteurs premiers [d]. — S. 2^9.

---

[a] Tout nombre non premier se nomme *nombre composé*.
[b] La *décomposition* d'un nombre en ses facteurs *premiers* est une opération, en général, très laborieuse, et qui, dans certains cas, devient pour ainsi dire impossible. — Si la plupart des étudiants en mathématiques la regardent comme facile, c'est que les exemples qu'on leur en donne ordinairement ne portent que sur des nombres tels que 90 et 504, qui sont choisis exprès, et qui se décomposent aisément.
[c] 360 est encore un de ces nombres très faciles à *décomposer* en facteurs premiers, et que l'on donne toujours comme exemples de cette décomposition.
[d] On sait, par la table des cubes des dix premiers nombres, que 512 est le cube de 8. Or, 8 est lui même le cube de 2. Voilà pourquoi 512 est la neuvième puissance de 2.

E. 3. Décomposez 924 en facteurs premiers. — **S.** $2^2 \times 3 \times 7 \times 11$.

E. 4. Décomposez 1458 en facteurs premiers. — **S.** 2×3^6.

E. 5. Le nombre 197 est-il premier? — **S.** 197 est premier [a].

E. 6. Cherchez le ppcm de 28 et 42. — **S.** 84.

E. 7. Cherchez le pgcd de 768 et 1024. — **S.** 256.

E. 8. Pour creuser un bassin, il faudrait 421^j à 1516^{ouv}. Combien en faudrait-il à 2900^{ouv}? — **S.** Il faudrait, à 1^{ouv}, 421$^j \times$ 1516. A 2900^{ouv}, il faut $\frac{421 \times 1516}{2900}$, c-à-d 220^j.

E. 9. Dans deux polygones semblables, 2 côtés homologues sont l'un de 7^{cm}, l'autre de 9^{cm}. Calculez le rapport des 2 aires. — **S.** $\frac{49}{81}$.

E. 10. Divisez $\frac{3}{7}$ par $\frac{45}{75}$. — **S.** $\frac{5}{7}$.

---

227. — Usages de la décomposition.

p. 250 **Question.** A quoi sert la *décomposition* en facteurs premiers? — **Réponse.** La *décomposition en facteurs premiers* permet de calculer le *plus grand commun diviseur* et le *plus petit commun multiple* de deux ou plusieurs nombres [b].

Q. Comment trouve-t-on le *pgcd* à l'aide de la *décomposition*? — **R.** Pour trouver le *plus grand commun diviseur*, on *décompose* tous les nombres donnés en *facteurs premiers;* on prend les *facteurs premiers communs* à tous ces nombres, chacun avec son *plus faible exposant;* et on en fait le *produit*.

---

[a] S'il ne faut pas beaucoup de calculs pour reconnaître que 197 est premier, c'est que 197 est un nombre assez petit. Si l'on donnait un nombre premier très grand, il serait extrêmement laborieux de reconnaître que ce nombre est premier.

[b] La décomposition en facteurs premiers étant une opération longue et difficile, tous les calculs qui la prennent pour base présentent le même inconvénient.

Q. Donnez un exemple. — **R.** Soient 84, 240 et 360. Décomposés en *facteurs premiers*, ces nombres deviennent $2^2 \times 3 \times 7$, $2^4 \times 3 \times 5$, $2^3 \times 3^2 \times 5$. Les *facteurs premiers communs*, pris avec leurs *plus faibles exposants*, sont 2^2 et 3. Donc le *plus grand commun diviseur* cherché est $2^2 \times 3$, c-à-d 4×3, c-à-d 12.

Q. Comment trouve-t-on le ppcm à l'aide de la *décomposition*? — **R.** Pour trouver le *plus petit commun multiple*, on *décompose* tous les nombres donnés en *facteurs premiers*; on prend *tous les facteurs premiers*, chacun avec son *plus fort exposant*; et on en fait le *produit*[a].

Q. Donnez un exemple. — **R.** Soient 84, 240 et 360, nombres décomposés ci-dessus. En prenant *tous les facteurs premiers*, avec leurs *plus forts exposants*, on trouve les nombres 2^4, 3^2, 5 et 7. Donc le *plus petit multiple commun* cherché est $2^4 \times 3^2 \times 5 \times 7$, c-à-d 5 040.

Exercice. 1. Trouvez le pgcd de 28 et 54. — **Solution. 2.**

E. 2. Trouvez le pgcd de 40, 60, 96. — S. 2^2, c-à-d 4.

E. 3. Trouvez le ppcm de 117 et 36. — S. $2^2 \times 3^2 \times 13$, c-à-d 468.

E. 4. Trouvez le ppcm de 5, 15, 21. — S. $3 \times 5 \times 7$, c-à-d 105.

E. 5. Décomposez 50 400 en facteurs premiers[b] — S. $2^5 \times 3^2 \times 5^2 \times 7$.

E. 6. Le nombre 1871 est-il premier? — S. Il est premier[c].

E. 7. Trouvez la racine carrée de 47 928 634. — S. 6 923.

---

[a] Les méthodes que nous venons d'indiquer pour calculer le *pgcd* et le *ppcm* soit de deux, soit de plusieurs nombres, ne sont applicables que quand les nombres donnés sont assez petits. — Quand ces nombres sont grands, il faut, sans hésiter, recourir aux méthodes que nous avons indiquées précédemment, et qui reposent uniquement sur la division et la multiplication.

[b] On voit immédiatement que 50 400 est divisible par 100. Or, 100 est égal à $2^2 \times 5^2$. Voilà donc des *facteurs premiers* de 50 400 qui s'obtiennent sans calcul. On n'a plus qu'à décomposer le nombre 504.

[c] Bien que 1871 ne soit pas un grand nombre, il faut déjà, on le voit, un calcul assez long pour reconnaître que ce nombre est *premier*.

E. **8.** Un terrain de 3^a a la forme d'un trapèze dont la hauteur est de $13^m,5$. Trouvez la somme des bases. — **S.** $44^m,44$.

E. **9.** Quelle est la valeur actuelle d'un billet de $4\,356^f,50$ payable dans 30^j. L'escompte est à $5,2\,°/_0$. — **S.** La retenue est de $18^f,87$. La valeur actuelle est donc de $4\,337^f,63$.

E. **10.** Un tronc de pyramide a juste 1^{mc}. Ses bases sont de $1^{mq},57$ et $0^{mq},72$. Calculez sa hauteur[a]. — **S.** $0^m,89$.

CHAPITRE III

SUR LES FRACTIONS

228. — Fractions irréductibles.

p. 231   Question. Qu'est-ce qu'une *fraction irréductible?* — Réponse. Une *fraction* est **irréductible** lorsqu'il est impossible de la *simplifier*, c'est-à-dire de trouver une *fraction égale*, qui ait des *termes moindres*.

Q. Qu'entend-on par *réduire* une fraction à sa plus *simple expression?* — *Réduire* une *fraction* à sa **plus simple expression**, c'est trouver une *fraction égale*, qui soit *irréductible*[b].

---

[a] Ce volume est équivalent à la somme de *trois* pyramides qui ont toutes pour hauteur la hauteur inconnue du tronc. Nous connaissons les *bases* des deux premières; nous calculons celle de la troisième. La somme de ces trois bases, multipliée par la hauteur donnerait le *triple* du volume. Donc, en divisant le triple du volume par cette somme des trois bases, nous trouverons la hauteur demandée.

[b] Une même fraction peut se présenter sous une infinité de formes différentes. Les fractions $\frac{26}{39}$, $\frac{34}{51}$, $\frac{38}{57}$, par exemple, ne sont autre chose que la fraction $\frac{2}{3}$. Il y a grand avantage à prendre la plus simple de toutes ces formes, qui est ici $\frac{2}{3}$. Il est donc très important de savoir *réduire* toutes les fractions à leur *plus simple expression*.

SUR LES FRACTIONS.

Q. Comment *réduit*-on une fraction à sa plus simple expression ? — **R.** Pour *réduire* une *fraction* à sa *plus simple expression*, il suffit de *diviser* ses *deux termes* par leur *plus grand commun diviseur* [a].

Q. Donnez un exemple. — **R.** Soit la *fraction* $\frac{60}{216}$. Le *plus grand commun diviseur* de 60 et 216 est 12. En *divisant* par 12 les *deux termes* de la fraction donnée, j'obtiens $\frac{5}{18}$.

Exercice. 1. Réduisez $\frac{26}{117}$ à sa plus simple expression.
— **Solution.** $\frac{2}{9}$.

E. 2. Réduisez $\frac{74}{111}$ à sa plus simple expression [b]. — **S.** $\frac{2}{3}$.

E. 3. Réduisez $\frac{145}{319}$ à sa plus simple expression. — **S.** $\frac{5}{11}$.

E. 4. Réduisez $\frac{381}{1270}$ à sa plus simple expression. — **S.** $\frac{3}{10}$.

E. 5. Le nombre 961 est-il premier ? — **S.** Non : il est divisible par 31 [c].

E. 6. Décomposez 1884 en facteurs premiers. — **S.** $2^3 \times 3 \times 157$.

E. 7. Trouvez le ppcm de 14, 16, 28. — **S.** 112.

E. 8. Réduisez en secondes 11^j 10^h 9^m 8^s. — **S.** 986 948^s.

E. 9. L'un des angles aigus d'un triangle rectangle est de 39°. Calculez l'autre [d]. — **S.** 90° — 39°, c-à-d 51°.

E. 10. A quel taux faut-il placer 23 716^f,50 pour obtenir, en 3 ans, 1480^f,15 d'intérêts ? — **S.** 2,08 %.

---

[a] On cherchera donc le *pgcd* des deux termes de la fraction donnée, puis on divisera ces deux termes par le nombre trouvé. — Si l'on obtenait pour *pgcd* l'unité, les deux *termes* de la fraction donnée seraient *premiers entre eux*, et cette *fraction* serait *irréductible*.

[b] Les nombres tels que 111, 222, 333, ..., qui s'écrivent avec trois chiffres pareils, jouissent d'une propriété utile à connaître : ils sont tous *divisibles* par 37.

[c] 961 est juste le carré de 31.

[d] Comme on l'a déjà fait remarquer, les deux angles aigus d'un triangle rectangle sont deux angles *complémentaires* : ils valent ensemble 1 angle droit, c-à-d 90°.

229. — Plus petit dénominateur commun.

p. 252   **Question.** Qu'est-ce que réduire plusieurs fractions au *plus petit dénominateur commun?* — **Réponse.** *Réduire* plusieurs *fractions* au **plus petit dénominateur commun,** c'est *réduire* toutes ces *fractions* à un même *dénominateur*, qui soit le *plus petit possible*[a].

Q. Comment opère-t-on cette *réduction?* — **R.** Pour *réduire* plusieurs *fractions* au *plus petit dénominateur commun,* on les *réduit* toutes à leur *plus simple expression*[b]; — on calcule le *plus petit commun multiple* de tous les *dénominateurs* ainsi obtenus; — on *divise* ce *plus petit commun multiple* par tous ces *dénominateurs,* ce qui donne autant de *quotients* qu'il y a de *fractions;* — enfin, on *multiplie les deux termes* de chaque *fraction réduite* par le *quotient* correspondant.

Q. Donnez un exemple. — **R.** Soient les *fractions* $\frac{2}{24}$, $\frac{15}{54}$, $\frac{28}{96}$. En les *réduisant* à leur *plus simple expression,* je trouve $\frac{1}{12}$, $\frac{5}{18}$, $\frac{7}{24}$. Le *plus petit commun multiple* des *dénominateurs* 12, 18, 24 est 72. En *divisant* 72 par les *dénominateurs* 12, 18, 24, j'obtiens les *trois quotients* 6, 4, 3. Il me suffit alors de *multiplier* les *deux termes* de chacune des *fractions réduites* par le *quotient* correspondant, ce qui me donne, pour résultat final, les *trois fractions* $\frac{6}{72}$, $\frac{20}{72}$ et $\frac{21}{72}$[c].

---

[a] Pour *comparer* les fractions ordinaires, pour les *additionner,* pour les *retrancher,* il faut, nous le savons, les réduire au *même dénominateur.* Or, on a grand intérêt à prendre toujours les fractions sous les formes les plus simples. Il est donc très important de savoir réduire les fractions à leur *plus petit dénominateur commun.*

[b] Cette précaution est *indispensable.* Les élèves oublient souvent de la prendre.

[c] Si l'on eût appliqué notre ancienne règle pour la réduction des fractions au même dénominateur, au lieu de 72 comme *dénominateur commun,* on eût trouvé 124416.

SUR LES FRACTIONS. 431

Exercice. 1. Réduire au même dénominateur $\frac{1}{3}, \frac{5}{6}, \frac{3}{8}$.
— **Solution.** $\frac{8}{24}, \frac{20}{24}, \frac{9}{24}$.

E. 2. Réduire au même dénominateur $\frac{1}{4}, \frac{3}{10}, \frac{5}{12}$. —
S. $\frac{15}{60}, \frac{18}{60}, \frac{25}{60}$.

E. 3. Réduire au même dénominateur $\frac{1}{8}, \frac{2}{15}, \frac{7}{22}$. —
S. $\frac{15}{120}, \frac{16}{120}, \frac{35}{120}$.

E. 4. Réduire $\frac{222}{3774}$ à sa plus simple expression. — **S.** $\frac{1}{17}$.

E. 5. Décomposez 1 872 en facteurs premiers. —
S. $2^4 \times 3^2 \times 13$.

E. 6. Deux alliages d'or ont des titres de 0,810 et 0,860 et pèsent le même poids. On les fond ensemble. Quel sera le titre final ? — **S.** 0,835[a].

E. 7. Trouvez le rayon d'un cercle dont l'aire est de P. 253 1^{aq}. — **S.** 0^{m},56[b].

E. 8. Que vaut un poids de 3^{Kg} en pièces de 20^{f} ? —
S. 3^{f},10 $\times$ 3 000, c-à-d 9 300^{f}.

E. 9. Un prisme a pour base un hexagone régulier de 7^{cm} de côté. Sa hauteur est de 32^{cm}. Trouvez son volume[c]. — **S.** 4 073^{cmc},664.

E. 10. Que pèse une boule de verre de 0^{m},09 de rayon, la densité du verre étant 2,52 ? — **S.** 7 695^{g},160.

---

230. — Conversion des fractions ordinaires en fractions décimales.

Question. Que savez-vous sur les fractions irréductibles dont le dénominateur n'admet que les facteurs 2 et 5 ? —

---

[a] Il est inutile de faire un calcul compliqué pour trouver le titre demandé. En effet, puisque les deux lingots alliés pèsent le même poids, le titre cherché est la *moyenne arithmétique* des deux titres donnés.

[b] L'*aire* est égale au carré du rayon multiplié par π. En la divisant par π, on obtient donc le *carré* du rayon; il suffit donc de prendre la *racine carrée* du quotient trouvé, pour avoir le rayon demandé.

[c] Pour obtenir la surface de l'*hexagone régulier* qui forme la base, on regarde celui-ci comme étant la somme de six *triangles équilatéraux* égaux, dont le côté est de 7^{cm}.

Réponse. Lorsqu'une *fraction ordinaire irréductible* ne renferme à son *dénominateur* aucun *facteur premier* autre que 2 ou 5, cette *fraction ordinaire* se *convertit* exactement en *fraction décimale*.

Q. Donnez un exemple. — R. Soit $\frac{7}{80}$. Cette *fraction* est juste égale à 0,0705.

Q. Et si le dénominateur contient des facteurs premiers autres que 2 ou 5 ? — R. Lorsqu'une *fraction ordinaire irréductible*[a] renferme à son *dénominateur* un *facteur premier*, au moins, autre que 2 et 5, cette *fraction* ne peut se *convertir* exactement en *décimales* ; et, en divisant son *numérateur* par son *dénominateur*, on obtient un *quotient* qui ne finit *jamais* et qui est *périodique*.

Q. Donnez un exemple. — R. Soit $\frac{7}{22}$. Cette *fraction* ne peut se *convertir* exactement en *décimales*. Le *quotient* de 7 par 22 est 0,3181818... Il ne finit *jamais*, et il est *périodique*, car les mêmes chiffres s'y reproduisent constamment.

Q. Qu'est-ce que la *période* ? — R. La *période* est l'ensemble des *chiffres* qui se *reproduisent*. Les *chiffres irréguliers* sont les *chiffres* compris entre la *virgule* et la *première période*[b].

Q. Montrez une *période*. — Dans l'exemple ci-dessus, la *période* est 18, et il n'y a qu'un *chiffre irrégulier*, qui est 3.

Exercice. 1. Convertissez $\frac{2}{3}$ en fraction décimale. —
Solution. 0,666 ....

E. 2. Convertissez $\frac{4}{7}$ en fraction décimale. —
S. 0,571428....

---

[a] On voit que les énoncés de ce paragraphe supposent toujours la fraction ordinaire donnée rendue *irréductible*, c-à-d réduite à sa *plus simple expression*.
[b] Lorsque la fraction décimale périodique ne présente aucun chiffre irrégulier, on dit parfois qu'elle est une fraction *périodique simple*. Lorsqu'elle en présente un ou plusieurs, on dit qu'elle est une fraction *périodique mixte*. — Cette distinction entre les fractions *périodiques simples* et les fractions *périodiques mixtes* offre, d'ailleurs, assez peu d'utilité.

E. 3. Convertissez $\frac{8}{15}$ en fraction décimale. —
S. 0,53 333 ....

E. 4. Convertissez $\frac{1}{56}$ en fraction décimale. — p. 254
S. 0,017 857 142 [a]....

E. 5. Réduisez au même dénominateur $\frac{3}{4}$, $\frac{5}{6}$, $\frac{7}{8}$. —
S. $\frac{18}{24}$, $\frac{20}{24}$, $\frac{21}{24}$.

E. 6. Trouvez le pgcd de 9 240 et 3 388. — **S.** 308.

E. 7. Un bloc de houille pèse 426^{Kg},8. La densité est 1,20. Trouvez le volume. — **S.** 426^{dmc},8 : 120, c-à-d 355^{dmc},6.

E. 8. Les bases d'un tronc de cône ont pour rayons 0^{m},25 et 0^{m},36. Le volume est de 13^{dmc},8. Dites la hauteur [b]. — **S.** 4^{cm},6.

E. 9. A raison de 0^{f},75 pour 1 000^{f}, quelle sera la prime annuelle pour assurer contre l'incendie un mobilier de 7 826^{f}? — **S.** Pour 1^{f} la prime serait 0^{f},00075. Pour 7826^{f}, elle sera 0,000 75 $\times$ 7826, c-à-d 5^{f},85.

E. 10. Le volume d'une sphère est de 1^{mc}. Dites le rayon [c]. — **S.** 0^{m},62.

---

231. — Retour aux fractions ordinaires.

Question. Dites la *fraction ordinaire* équivalente à une *fraction décimale limitée.* — **Réponse.** La *fraction ordi-*

---

[a] Dans les exercices 1 et 2, on trouve des fractions *périodiques simples*, parce que les dénominateurs des fractions données ne renferment que des facteurs premiers autres que 2 et 5. Dans les exercices 3 et 4, on trouve des fractions *périodiques mixtes*, parce que les dénominateurs renferment l'un des facteurs 2 ou 5, en même temps que d'autres *facteurs premiers*.

[b] Le volume donné est équivalent à la somme de trois cônes, qui ont tous pour hauteur la hauteur inconnue du tronc. Nous savons calculer leurs trois bases. En multipliant la somme de ces bases par la hauteur, on aurait le triple du volume. Donc, en divisant le triple de ce volume par cette somme, on trouvera la hauteur demandée.

[c] Le volume de la sphère est, nous l'avons vu, égal au cube du rayon multiplié par les 4 tiers de π. Si donc on le *divise* par les 4 tiers de π, on trouve le *cube du rayon*. En extrayant ensuite la *racine cubique*, on a le *rayon* lui-même.

naire équivalente à une *fraction décimale limitée* a pour *numérateur* cette *fraction décimale* dont on a supprimé la *virgule;* et pour *dénominateur* un nombre représenté par l'*unité*, suivie d'autant de *zéros* qu'il y a de *décimales* [a].

Q. Donnez un exemple. — R. Soit 2,325. La *fraction ordinaire* équivalente a pour *numérateur* 2 325 et pour *dénominateur* 1 000.

Q. Dites la *fraction ordinaire* équivalente à une *fraction décimale illimitée* et *périodique*. — R. La *fraction ordinaire* équivalente à une *fraction décimale illimitée* et *périodique* a pour *numérateur* la *différence* des *parties entières* qu'on obtient en portant la *virgule* à droite puis à gauche de la *première période;* et pour *dénominateur* un nombre représenté par autant de 9 qu'il y a de *chiffres à la période*, suivis d'autant de *zéros* qu'il y a de *chiffres irréguliers* [b].

Q. Donnez un exemple. — R. Soit 8,341571571157... La *période* 157 a *trois chiffres*, et il y a *deux chiffres irréguliers*. La *fraction ordinaire* équivalente a pour *numérateur* 834 157 — 834, et pour *dénominateur* 99 900.

Q. Comment s'appelle la *fraction ordinaire* équivalente à une *fraction décimale périodique?* — R. La *fraction ordinaire* équivalente à une *fraction décimale illimitée et périodique* s'appelle la *fraction ordinaire* **génératrice** [c] de cette *fraction décimale*.

Exercice. 1. Convertissez en fraction ordinaire 0,512.
— **Solution.** $\frac{64}{125}$.

---

[a] Cette fraction ordinaire une fois formée, il faudra la réduire à sa plus simple expression. Après cette réduction, comme avant, son dénominateur ne présentera aucun facteur premier autre que 2 ou 5.

[b] Cette fraction ordinaire devra aussi être réduite à sa plus simple expression. Après cette réduction, comme avant, son dénominateur contiendra toujours un facteur premier, au moins, autre que 2 ou 5.

[c] Si l'on convertit la fraction ordinaire trouvée en fraction décimale, on retrouve la fraction périodique donnée. On peut donc dire, en un certain sens, que cette fraction ordinaire engendre cette fraction décimale : de là l'expression de fraction ordinaire *génératrice*.

E. 2. Convertissez 0,625 en fraction ordinaire [a]. — **S.** $\frac{5}{8}$.

E. 3. Convertissez 0,363 636... en fraction ordinaire [b]. — **S.** $\frac{4}{11}$.

E. 4. Convertissez 0,9272727... en fraction ordinaire. — **S.** $\frac{51}{55}$.

E. 5. Convertissez 0,15 423 423... en fraction ordinaire. — **S.** $\frac{428}{2775}$.

E. 6. Trouvez le ppcm de 16, 24, 30, 45. — **S.** 720.

E. 7. Le nombre 157 est-il premier? — **S.** Oui.

E. 8. Partagez 123 321 proportionnellement à $\frac{1}{30}$, $\frac{2}{15}$, $\frac{1}{5}$. — **S.** 11 211; 44 844; 67 266.

E. 9. Dans un triangle rectangle les côtés de l'angle droit sont tous deux de 1^m. Trouvez l'hypoténuse? — **S.** C'est la racine carrée de 2, c-à-d $1^m,414$.

E. 10. Que vaut la moitié de l'angle du pentagone régulier? — **S.** 54°.

CHAPITRE IV

SUR LES MESURES

232. — **Monnaies étrangères contemporaines.** p. 255

Question. Quelle est l'unité de monnaie en *Allemagne*? — **Réponse.** En **Allemagne**, l'unité est le **reichsmark**, qui vaut $1^f,2345$. Il se partage en 100 *pfennig* [c].

---

[a] Les fractions décimales des exercices 1 et 2 sont des fractions décimales *limitées*.

[b] Cette fraction est une fraction décimale *périodique simple*, dont la *période* est 36. Celles des deux exercices suivants sont des fractions *périodiques mixtes* dont les *périodes* sont 27 et 423, et dont les *parties irrégulières* sont 9 et 15. — Il est à remarquer que notre règle pour former la *fraction ordinaire génératrice* est la même pour les fractions *périodiques simples* et pour les fractions *périodiques mixtes*.

[c] Les *valeurs* que nous donnons ici pour les monnaies étrangères

Q. Et en *Angleterre?* — R. En **Angleterre**, l'unité est la **livre sterling**, qui vaut 25ᶠ,2413. Elle se partage en 20 *shillings*, et le *shilling* en 12 *pence*.

Q. Et en *Autriche-Hongrie?* — R. En **Autriche-Hongrie**, l'unité est le **florin**, qui vaut 2ᶠ,4691. Il se partage en 100 *kreutzers*.

Q. En *Danemark*, en *Suède* et en *Norvège?* — R. En **Danemark**, en **Suède** et en **Norvège**, l'unité est le **krone**, qui vaut 1ᶠ,3888. Il se partage en 100 *ore*.

Q. En *Turquie?* — R. En **Turquie**, l'unité est la **piastre**, qui vaut 0ᶠ,2278.

Q. En *Hollande?* — R. En **Hollande**, l'unité est le **florin**, qui vaut 2ᶠ,10. Il se partage en 100 *cents*.

Q. En *Portugal* et au *Brésil?* — R. En **Portugal** et au **Brésil**, l'unité est le **milreïs**, qui vaut 5ᶠ,60. Le *milreïs* se partage en 1000 *reïs*.

p. 256 Q. Aux *Etats-Unis?* — R. Aux **Etats-Unis**, l'unité est le **dollar**, qui vaut 5ᶠ,1825. Il se partage en 100 *cents*.

Q. En *Russie?* — R. En **Russie**, l'unité est le **rouble**, qui vaut 4ᶠ. Il se partage en 100 *kopecks*.

Q. Que savez-vous sur la *France*, la *Belgique*, la *Grèce*, l'*Italie* et la *Suisse?* — R. La **France**, la **Belgique**, la **Grèce**, l'**Italie** et la **Suisse** ont les *mêmes monnaies d'or et d'argent*. Il en sera bientôt de même de l'**Espagne** [a].

Q. Comment se nomme le franc en *Italie?* — R. Le *franc* se nomme *lire* en *Italie*, *drachme* en *Grèce*, et, en *Espagne*, *peseta* [b].

Exercice. 1. Combien 1ᶠ vaut-il de *pfennig?* — **Solution.** 100 : 1,2345, c-à-d 81.

sont les *valeurs exactes*, celles qui figurent dans l'*Annuaire du Bureau des longitudes*, et qui ont été fournies à cet ouvrage par l'administration même de la *Monnaie de Paris*.

[a] Certaines pièces d'argent étrangères, telles que le *peso* du Chili, ne sont point admises à circuler en France, quoiqu'elles aient même titre et même poids que nos pièces de 5ᶠ.

[b] Originairement, les mots *lire*, *drachme* et *peseta* désignaient tous des *poids*.

SUR LES MESURES. 437

E. 2. Quelle est, en francs, la valeur du *shilling*? — S. 25^f,22 : 20, c-à-d 1^f,26.

E. 3. Évaluez, en francs, la différence entre 25 *florins* de Hollande et 21 *florins* d'Autriche. — S. 0^f,65.

E. 4. Que valent, en francs, 2836 *krone*[a]? — S. 3938^f,63.

E. 5. Les nombres 38 et 95 sont-ils premiers entre eux? — S. Non, car leur pgcd est 19.

E. 6. Trouvez le pgcd de 130, 169, 650, 780. — S. 13.

E. 7. Un lingot d'or pèse 396^g,8, et contient 348^g,7 d'or pur. Quel est son titre? — S. 348,7 : 396,8, c-à-d 0,878.

E. 8. Un parallélogramme a une aire de 6^{mq},85. Sa base est de 3^m,58. Trouvez sa hauteur. — S. 6,85 : 3,58, ou 1^m,91.

E. 9. François vous achète pour 4285^f et vous donne un acompte[b] de 2638^f. Faites son compte. — S. J'écris : au *débit* de son compte, ma facture... 4285^f; au *crédit*, son acompte... 2638^f.

E. 10. Trouvez la longueur d'un cylindre de cuivre qui pèse 15^{Kg},286. La densité du cuivre est 8,85, et la surface de la section[c] du cylindre est 0^{dmq},9. — S. Le volume est de 1^{dmc},727. La longueur est de 1^{dm},91.

---

233. — Anciennes mesures françaises.

Question. — Quelle était l'unité de *longueur*? — **Réponse.** L'unité de **longueur** était la **toise**. La *toise* se partageait en 6 *pieds*, le *pied* en 12 *pouces*, le *pouce* en 12 *lignes*.

Q. Exprimez en *mètres* la longueur de la *toise*. — La *toise* a une longueur de 1^m,948. Le *mètre* vaut 3 pieds 0 pouce 11 lignes.

---

[a] Nous avons vu que le *Danemark*, la *Suède* et la *Norvège* ont les mêmes monnaies. Ces trois pays forment ce que l'on nomme souvent, en géographie, les *trois royaumes scandinaves*.

[b] Quand on ne peut pas payer entièrement une somme qu'on doit, et qu'on donne une somme moindre en attendant qu'on puisse complètement s'acquitter, cette somme moindre se nomme un *acompte*.

[c] La *section* dont on parle ici est le *cercle* qu'on obtiendrait en coupant le cylindre considéré, par un plan perpendiculaire à son axe. Cette *section*, évidemment, est juste égale à la *base* du cylindre.

Q. Quelle était l'unité des *mesures agraires?* — **R.** Pour les **mesures agraires**, l'unité était un *carré* nommé **perche**. Il y avait *deux perches* différentes : la *perche des eaux et forêts*, qui avait 22 *pieds* de côté ; la *perche de Paris*, qui n'en avait que 18.

p. 257   **Q.** Que valait l'*arpent?* — **R.** L'*arpent*[a] *des eaux et forêts* valait 100 *perches des eaux et forêts* ; l'*arpent de Paris*, 100 *perches de Paris*.

Q. Quelle était l'unité de *capacité?* — **R.** L'unité de **capacité** était le **setier** qui se partageait en 12 *boisseaux anciens*. Le *boisseau*[b] *ancien* vaut 13 *litres*.

Q. Quelle était l'unité de *poids?* — **R.** L'unité de **poids** était la **livre**. La livre se partageait en 16 *onces* ; l'*once* en 8 *gros* ; le *gros* en 72 grains.

Q. Que vaut la *livre ancienne?* — **R.** La *livre ancienne* vaut 489^g,51.

Q. Quelle était l'unité de *monnaie?* — **R.** L'unité de **monnaie** était la **livre**[c] **tournois**, qui valait 0^f,9876. Elle se partageait en 20 *sous* ; et le *sou* en 4 *liards* ou en 12 *deniers*.

Exercice. 1. Exprimer la *ligne* en millimètres. — **Solution.** 2^{mm},2[d].

E. 2. Exprimez en ares la *perche* de Paris. — **S.** C'est un carré dont le côté est de 3 toises ou de 5^m,844. L'aire est de 34^{mq},15, ou de 0^a,3415.

---

[a] *Toise* et *arpent* nous ont donné les verbes *toiser* et *arpenter*, les substantifs *toiseur* et *arpenteur*. *Toiser*, c'est mesurer des travaux de construction ; *arpenter*, comme nous l'avons déjà dit, c'est mesurer l'étendue d'un terrain.

[b] De nos jours, on désigne souvent, quand il s'agit de matières sèches, le *décalitre* par le nom de *boisseau*.

[c] Le mot *livre* désignait tantôt un *poids*, tantôt une *monnaie*. Chacune de ces acceptions s'est conservée. On désigne par le mot de *livre* le *poids* de 500^g, ou du *demi-kilogramme*. On dit aussi très fréquemment : 10 000 *livres* de rente, pour : 10 000 *francs* de rente.

[d] En partant de ce qui précède sur la *toise* et ses *sous-multiples*, on trouve, par une suite de divisions : que le *pied* vaut 0^m,324 ; le *pouce*, 0^m,027 ; et la ligne 2^{mm},2.

E. 3. Combien de milligrammes dans 1 *grain*? — S. 53 [a].

E. 4. Convertissez 0,24 366.366... en fraction ordinaire. — S. $\frac{4\,057}{16\,650}$.

E. 5. Décomposez 1 884 en facteurs premiers. — S. $2^2 \times 3 \times 157$.

E. 6. Trouvez le ppcm de 35, 45, 63. — S. 315.

E. 7. Calculez, à moins de 0,001, la racine carrée de $\frac{5}{13}$. — S. 0,620.

E. 8. Un terrain de $6^a,8$ a la forme d'un trapèze dont la hauteur est de 40^m et l'une des bases de 13^m. Trouvez l'autre base. — S. La demi-somme des bases est de 17^m. La somme est de 34^m. La base cherchée est de 21^m.

E. 9. Combien faut-il mêler de vin à $0^f,55$ le litre et de vin à $0^f,70$, pour obtenir 6^{Hl} à $0^f,60$? — S. 4^{Hl} du premier vin et 2^{Hl} du second. Cet exercice est une *règle de mélange* de la troisième espèce.

E. 10. Quel est le poids d'un cube d'or pur de $7^{cm},5$ de côté? La densité est 19,26. — S. Le volume est de $421^{cmc},875$. Le poids est de $8\,125^g,31$.

234. — Addition et soustraction des nombres complexes.

Question. Qu'appelle-t-on *nombres complexes*? — **Réponse.** On appelle **nombres complexes**[b] les nombres dont les différentes parties ne sont pas de *dix* en *dix* fois *plus grandes* ou *plus petites*.

---

[a] En partant de ce qui précède sur la *livre* et ses *sous-multiples*, on trouve, par une suite de divisions : que l'*once* pèse $30^g,59$; le *gros*, $3^g,82$, et le *grain*, $0^g,05$. — On parle encore parfois de l'*once;* on désigne alors par ce mot le *seizième* de 500^g, c-à-d un *poids* de $31^g,25$.

[b] Avant l'invention du *système métrique*, les nombres considérés dans les calculs usuels étaient presque tous des nombres *complexes*. Maintenant, au contraire, on ne rencontre les nombres complexes que dans les seuls cas où il s'agit soit des divisions du *temps*, soit des divisions de la *circonférence*.

Q. Donnez un exemple. — **R.** $3^h\ 8^m\ 15^s$ est un *nombre complexe*. Il en est de même de $4^{toises}\ 5^{pieds}\ 9^{pouces}$.

Q. Comment *additionne*-t-on plusieurs *nombres complexes* ?

— **R.** Pour *additionner* plusieurs *nombres complexes*, on les écrit les uns sous les autres, de façon que les *mêmes parties* se correspondent, puis on *additionne* en faisant à chaque fois les *retenues convenables*.

p. 258

Q. Donnez un exemple. — **R.** Soient les nombres ci-contre. Je dis : 5 et 6... 11 : J'écris 1 et *retiens* 1 ; puis 4 et 5 ... 9, et 1 ... 10 : j'écris seulement 4 et retiens 6 *dizaines de secondes*, c-à-d 1' ; Je continue : 5 et 8 ... 13, et 1 ... 14 : j'écris 4 et *retiens* 1 ; 2 et 4 ... 6, et 1 ... 7 : j'écris 1 et retiens 6 *dizaines de minutes*, c-à-d 1°. Et ainsi de suite[a].

$$\begin{array}{r} 33°\ 25'\ 45'' \\ 16°\ 48'\ 56'' \\ \hline 50°\ 14'\ 41'' \end{array}$$

Q. Comment se fait la *soustraction* des *nombres complexes* ?

— **R.** La soustraction des *nombres complexes* se fait par la *méthode de compensation*.

Q. Donnez un exemple. — **R.** Soient les nombres ci-contre. Je dis 3 ôtés de 5 ... 2. Ne pouvant ôter 4 de 3, à ce 3 j'ajoute 6 *dizaines de secondes*, et je retranche 4 de 9 : il reste 5. Ayant ajouté en haut 6 *dizaines de secondes*, j'ajoute en bas, pour compenser, 1' et je dis 7 de 8... 1. Et ainsi de suite[b].

$$\begin{array}{r} 26°\ 18'\ 35'' \\ 14°\ 26'\ 43'' \\ \hline 11°\ 51'\ 52'' \end{array}$$

Exercice. 1. Deux angles sont l'un de $23°\ 26'\ 18''$, l'autre de $57°\ 48'\ 16''$. Trouvez leur somme. — **Solution.** $81°\ 14'\ 34''$.

E. 2. Deux arcs valent ensemble $180°$. L'un est de $116°\ 18'\ 13''$. Calculez l'autre[c]. — **S.** $63°\ 41'\ 47''$.

---

[a] Cette addition, on le voit, ne diffère de l'addition ordinaire que par la nature des *retenues*.

[b] Cette soustraction ne diffère aussi de la soustraction ordinaire que par la nature des *retenues*. Comme ces *retenues* n'ont pas une grandeur constante, l'addition et la soustraction des nombres complexes demandent toujours une assez grande attention.

[c] Pour retrancher l'arc donné de $180°$, on peut opérer comme nous l'avons indiqué ; mais il est plus simple, avant de faire la soustraction, de remplacer $180°$ par $179°\ 59'\ 60''$, qui lui est équivalent. — Deux *arcs* dont la somme est égale à $180°$ sont deux *arcs supplémentaires*. — Il en est de même de deux *angles* dont la somme est égale à $180°$, c-à-d à 2 angles droits.

SUR LES MESURES.

E. 3. Les nombres 16, 36, 21 sont-ils premiers entre eux? — **S.** Oui, car leur *pgcd* est 1.

E. 4. Ecrivez en chiffres romains 643. — **S.** DCXLIII.

E. 5. Réduisez $\frac{381}{1651}$ à sa plus simple expression. — **S.** $\frac{3}{13}$.

E. 6. Convertissez 0,549 549 549 … en fraction ordinaire. — **S.** $\frac{61}{111}$.

E. 7. Calculez, à 3,9 %, l'escompte d'un billet de 3 947^f payable dans 59^j. — **S.** 25^f,22.

E. 8. Un terrain de 4^a,56 a la forme d'un triangle dont la base est de 36^m,7. Calculez la hauteur. — **S.** 24^m,8.

E. 9. Des placements hypothécaires rapportent 5,2%. Quel capital donnera un revenu de 4 567^f,50? — **S.** 87 836^f,53.

E. 10. Trouvez la hauteur d'un cône dont le volume est de 1 296^{cmc} et la base de 145^{cmq}. — **S.** 26^{cm},8.

---

285. — Multiplication et division des nombres complexes.

Question. Comment *multiplie*-t-on un *nombre complexe* par un nombre d'*un chiffre*? — **Réponse.** Pour *multiplier* un *nombre complexe* par un *multiplicateur d'un chiffre*, on *multiplie* successivement par ce *chiffre* toutes les parties de ce *nombre*, en faisant les *retenues convenables*.

Q. Donnez un exemple. — R. Soit la *multiplication* ci-contre. Je dis : 3 fois 6… 18 : j'écris 8 et *retiens* 1. Puis, 3 fois 5… 15, et 1… 16 : j'écris 4 et retiens 12 *dizaines de secondes*, c-à-d 2'. Puis, 3 fois 3… 9, et 2… 11. Et ainsi de suite.

$$\begin{array}{r} 23°\ 43'\ 56'' \\ 3 \\ \hline 71°\ 11'\ 48'' \end{array}$$

p. 259

Q. Comment *divise*-t-on un *nombre complexe* par un diviseur d'un *chiffre*? — R. Pour *diviser* un *nombre complexe* par un *diviseur* d'un *chiffre*, je prends la *partie aliquote* de ce *nombre* indiquée par ce *chiffre*.

Q. Donnez un exemple. — R. Soit à *diviser* par 5 le *nombre* ci-contre. Je dis : le *cinquième* de 36 est 7 pour 35 : j'écris 7 et *retiens* 1°, qui

$$\begin{array}{r} 36°\ 24'\ 12'' \\ \hline 7°\ 16'\ 50'' \end{array}$$

19.

vaut 6 *dizaines de minutes.* Puis 6 et 2... 8; le *cinquième* de 8 est 1 pour 5 : j'écris 1 et *retiens* 3. Et ainsi de suite.

Q. Que fait-on quand il est trop difficile d'opérer sur les *nombres complexes*? — R. Lorsqu'il est trop difficile d'opérer sur les *nombres complexes* eux-mêmes, on les réduit en leurs *plus petites parties*[a].

Q. Donnez un exemple. — R. Pour *diviser* $25^h\ 18^m$ par $13^h\ 27^m$, on réduit ces *deux nombres* en *minutes*, puis on fait la *division* : le *quotient* est un *nombre abstrait*[b].

Exercice. 1. Une roue hydraulique[c] tourne de 210° 24′ 15″ en 5^m. De combien en 1^m? — **Solution.** 42° 4′ 51″.

E. 2. Une roue tourne de 37° 48′ 17″ en 1^s. De combien en 6^s? — **S.** 226° 49′ 42″.

E. 3. Additionnez 35° 47′ 54″ et 78° 56′ 49″. — **S.** 114° 44′ 43″.

E. 4. Retranchez 13° 58′ 39″ de 26° 5′ 11″. — **S.** 12° 6′ 32″.

E. 5. Trouvez le ppcm de 819 et 729. — **S.** 9.

E. 6. Que valent, en francs, 3628 dollars? — **S.** $18\,802^f,11$[d].

E. 7. J'achète 7^m de toile de coton à $0^f,85$ le mètre, et 6 chemises à $3^f,50$. Faites ma facture. — **S.** Doit M. X*** : 7^m de toile de coton à $0^f,85$... $5^f,95$; 6 chemises à $3^f,50$... 21^f; total $26^f,95$.

E. 8. Dans un triangle rectangle, les 2 côtés de l'angle droit sont de $0^m,25$ et $0^m,32$. Trouvez l'aire. — **S.** $0^{mq},04$.

(a) La *multiplication* et la *division* sur les *nombres complexes* ne s'effectuent facilement que quand le *multiplicateur* ou le *diviseur* est un nombre d'un *seul chiffre.* — Certains problèmes demandent à la fois une multiplication et une division de cette sorte, par exemple celui-ci : *Une roue tourne de* 241° 57′ 28″ *en* 1^m : *de combien tourne-t-elle en trois cinquièmes de minute?*

(b) Ce nombre abstrait n'est autre chose que le *rapport* des deux durées données.

(c) On nomme ainsi les roues que l'eau fait tourner, particulièrement les roues des moulins.

(d) Dans ce calcul, nous donnons au *dollar* sa valeur exacte de $5^f,1825$. Dans la conversation, quand on parle du *dollar,* on le regarde presque toujours comme valant 5^f.

SUR L'ÉVALUATION DES VOLUMES.   443

E. **9.** Des obligations sont au cours de 351^f,25 et rapportent 14^f,55. Combien pour cent? — S. 4,14.

E. **10.** Combien de mètres cubes d'air [a] dans une chambre qui a 7^m,2 de long, 4^m,3 de large et 3^m,95 de haut? — S. 122^{mc},292.

CHAPITRE V

SUR L'ÉVALUATION DES VOLUMES

236. — Volume du tas de pierres.

Question. Qu'est-ce que le *tas de pierres?* — **Réponse.** p. 260 Le **tas de pierres** [b] est un *polyèdre* compris sous *deux bases parallèles* qui sont des *rectangles*, et *quatre faces latérales* qui sont des *trapèzes isocèles*.

Tas de pierres.

Q. Qu'entend-on par *hauteur* du *tas de pierres?* — R. La *hauteur* du *tas de pierres* est la *perpendiculaire* qui mesure la *distance* de ses *deux bases*.

Q. A quoi est équivalent le *volume* du *tas de pierres?* — R. Le *volume* du *tas de pierres* est équivalent à la *somme* des *volumes* des *trois pyramides*, qui auraient toutes pour *hauteur* la *moitié* de la *hauteur* du *tas*, et dont les *bases* seraient : 1° le *rectangle inférieur;* 2° le *rectangle supérieur;* 3° un *rectangle* ayant pour *longueur* la *somme des longueurs* des deux précédents, et pour *largeur* la *somme* de leurs *largeurs* [c].

---

[a] On suppose évidemment à cette chambre la forme d'un *parallélépipède rectangle*.
[b] Ce volume est ainsi appelé parce que c'est celui des tas de pierres qu'on voit sur le bord des routes. On le nomme souvent aussi volume du *ponton*. — Le volume du tas de pierres peut, dans certains cas particuliers, devenir celui d'un *tronc de pyramide;* mais, en général, il n'en est pas ainsi.
[c] Il est facile de voir que ce *troisième rectangle* est le *quadruple*

Exercice. 1. La hauteur d'un tas de pierres est de $0^m,56$. La base inférieure a pour dimensions $1^m,50$ et $0^m,95$; et la base supérieure 1^m et $0^m,7$. Trouvez le volume. — **Solution.** La surface de la première base est $1^{mq},425$; celle de la deuxième est $0^{mq},7$; celle de la troisième est $4^{mq},125$. Le volume est $0^{mc},583$.

E. 2. Un tas de pierres a pour bases 2 carrés dont les côtés sont $1^m,28$ et $0^m,96$. La hauteur est de $0^m,50$. Trouvez le volume. — **S.** $0^{mc},631$.

E. 3. Ecrivez, en chiffres arabes, MDCXLIV. — **S.** 1 644.

E. 4. Réduisez au même dénominateur $\frac{3}{20}, \frac{4}{25}, \frac{5}{32}$. — **S.** $\frac{120}{800}, \frac{128}{800}, \frac{125}{800}$.

E. 5. Ajoutez 2^{toises} 7^{pieds} 11^{pouces} et 3^{toises} 8^{pieds} 9^{pouces} (a). — **S.** 7^{toises} 4^{pieds} 8^{pouces}.

E. 6. Quel est le capital qui, à 4,2 %, rapporte 1^f par jour? — **S.** $8\,690^f,47$ (b).

E. 7. Dans un secteur l'arc est de 25^{cm} et l'aire de 195^{cmq}. Quel est le rayon? — **S.** $15^{cm},6$.

E. 8. Que pèsent 1 000 gros sous? — **S.** Ils valent 10 000° et pèsent $10\,000^g$, c-à-d 10^{Kg}.

E. 9. Une place ronde a 328^m de tour. Dites son rayon. — **S.** $52^m,20$.

E. 10. Retranchez $\frac{13}{14}$ de $\frac{20}{21}$. — **S.** $\frac{1}{42}$.

---

de la *section moyenne*, c-à-d de la *section* qu'on obtiendrait en coupant le volume considéré par un plan parallèle aux bases et équidistant des bases.

(a) Il sera bon de faire remarquer, avant de commencer le calcul, que les nombres complexes donnés équivalent aux deux nombres : 3^{toises} 1^{pied} 11^{pouces} et 4^{toises} 2^{pieds} 9^{pouces}. — En général, c'est mal écrire les longueurs exprimées en toises, pieds, pouces et lignes, que d'y faire figurer des nombres de *pieds*, *pouces* et *lignes* non inférieurs respectivement à 6, 12 et 12.

(b) Puisqu'il ne s'agit point, dans cet exercice, d'une question relative au commerce, il convient d'y regarder l'année comme composée, non pas de 360j, mais bien de 365j.

237. — Cubage[a] d'un tronc d'arbre.

Question. A quoi est égal un *tronc d'arbre abattu?* — **Réponse.** Un *tronc d'arbre abattu* est, à très peu près, équivalent à un *cylindre* qui aurait pour *hauteur* la *longueur du tronc*, et pour *base* sa *section moyenne*.

Q. Qu'entend-on par *section moyenne?* — R. La *section moyenne* du *tronc* est le *cercle* qu'on obtiendrait en *coupant* le *tronc* au *milieu* de sa *longueur*.

Q. A quoi est égal un *tronc d'arbre sur pied?* — R. Un *tronc d'arbre sur pied* est équivalent, à très peu près, aux *trois quarts* d'un *cylindre* qui aurait pour *base* la *section faite* à $1^m,33$ au-dessus du *sol*.

Q. Comment évalue-t-on une section? — R. Pour arriver à connaître soit le *rayon*, soit la *surface* d'une *section*, il suffit de *mesurer*, à l'aide d'un *mètre* en ruban, la *circonférence* de cette section[b].

Exercice. 1. Trouvez le volume d'un tronc d'arbre abattu[c] dont la longueur est de $6^m,50$ et le rayon moyen de $0^m,35$. — **Solution.** $2^{mc},501$.

E. 2. Quel est le volume d'un tronc d'arbre debout dont la hauteur est de $11^m,7$ et la section faite à $1^m,33$ du sol de $0^{mq},48$? — S. $4^{mc},212$.

E. 3. Quelle est la capacité d'un tombereau ayant la forme d'un tas de pierres renversé? La profondeur est de $0^m,82$; les dimensions du rectangle supérieur sont

---

(a) Le mot *cubage* désigne l'action de *cuber*. *Cuber* un tronc d'arbre, un amas de terre, un massif de maçonnerie, c'est en évaluer le *volume*. — On emploie souvent, surtout dans les mathématiques élevées, à la place du mot *cubage*, le mot *cubature*, qui a exactement le même sens.

(b) Rappelez à ce sujet aux élèves par quels procédés, lorsqu'on connaît la *circonférence* d'un cercle, on en calcule soit le *rayon*, soit la *surface*.

(c) Pour résoudre ce problème, comme pour résoudre le suivant, il suffit d'appliquer les *règles* que nous venons de donner, et qui sont, pour le *cubage* des troncs d'arbres, les plus simples et les plus employées. Ces règles ne s'appliquent qu'aux troncs d'arbres en *grume*, c-à-d encore couverts de leur écorce; les poutres et autres pièces de bois *équarries*, c-à-d taillées à faces planes rectangulaires, sont de véritables *polyèdres* qu'on mesure par les règles données précédemment.

$1^m,90$ et $1^m,05$; celles du fond sont $1^m,80$ et $0^m,92$. — **S.** $1^{mc},495$.

E. 4. Convertissez $\frac{3}{28}$ en fraction décimale. — **S.** $0,10714285^{(a)}$...

E. 5. Trouvez le pgcd de 256 et 384. — **S.** 4.

E. 6. Convertissez 0,385 en fraction ordinaire. — **S.** $\frac{77}{200}$.

E. 7. On paye $17^f,15$ pour 1^{mq} d'une tenture. Combien pour un rectangle ayant $3^m,25$ de haut et $9^m,7$ de long? — **S.** L'aire de ce rectangle est de $31^{mq},525$. On doit donc payer $17^f,15 \times 31,525$, c-à-d $540^f,65$.

E. 8. Le volume d'une pyramide est de $3^{mc},8$. La hauteur est de $1^m,9$. Dites l'aire de la base. — **S.** 6^{mq}.

E. 9. Extrayez, à moins de 0,001, la racine cubique de 0,7. — **S.** 0,887.

E. 10. Une étoffe coûte $8^f,15$ le mètre. Le mètre carré revient à $13^f,80$. Quelle est la largeur de l'étoffe? — **S.** Si le prix du mètre carré était de $8^f,15$, la largeur serait de 1^m. Si le prix du mètre carré était de 1^f, la largeur serait $1^m \times 8,15$, c-à-d $8^m,15$. Le prix étant de $13^f,80$, la largeur sera de $\frac{8^m,15}{13,80}$, c-à-d de $0^m,59$.

---

238. — Jaugeage des tonneaux.

p. 262 **Question.** Qu'est-ce que *jauger* un *tonneau*? — **Réponse. Jauger** un *tonneau*, c'est en déterminer la *capacité*[b].

Q. A quoi est égale la *capacité* d'un tonneau? — **R.** La *capacité* d'un *tonneau* équivaut au *volume* d'un *cylindre* qui aurait pour *hauteur* la *longueur* du

---

[a] On obtient une fraction décimale illimitée, périodique mixte, dont la *partie irrégulière* est 10, et dont la *période*, composée de six chiffres, est 714285.

[b] *Jauger*, en général, c'est déterminer une capacité, un volume. Le mot *jaugeage* s'applique même, très souvent, à la détermination de la capacité d'une embarcation quelconque.

SUR L'ÉVALUATION DES VOLUMES.

tonneau, et pour *rayon* de *base* les $\frac{5}{8}$ du *rayon du bouge* plus les $\frac{3}{8}$ du *rayon du fond*[a].

Q. Qu'est-ce que le *bouge*? — R. Le *bouge* est l'endroit où le *tonneau* est le plus *renflé*. Pour en déterminer le *diamètre*, on introduit par la *bonde* un *mètre gradué*, et l'on a soin de *déduire* l'épaisseur *d'une douve*.

Q. Comment se détermine le *diamètre* du *fond*? — R. Le *diamètre du fond* se détermine immédiatement.

Q. Comment obtient-on la *longueur* du *tonneau*? — R. Pour obtenir la *longueur intérieure* du *tonneau*, on mesure la *longueur extérieure*, et l'on en *retranche* les *saillies* des *douelles* et les *épaisseurs* des *deux fonds*[b].

Exercice. 1. La longueur d'un tonneau est de $0^m,85$. Le diamètre du bouge est de 72^{cm} et celui du fond de 62^{cm}. Trouvez la capacité[c]. — **Solution.** $310^l,9$.

E. 2. La longueur d'un tonneau est de $0^m,89$. Le rayon du bouge est de 38^{cm} et celui du fond de 34. Calculez la capacité. — **S.** $372^l,4$.

E. 3. Quel est le volume d'un tronc d'arbre abattu, qui a $5^m,25$ de long et $1^m,60$ de circonférence moyenne? — **S.** $1^{mc},069$.

E. 4. Le nombre $9\,409$ est-il premier? — **S.** Non, car il est divisible par 97.

E. 5. Cherchez le ppcm de $12, 18, 28, 32$. — **S.** 2016.

E. 6. Multipliez $53°\ 56'\ 49''$ par 7. — **S.** $377°\ 37'\ 43''$.

E. 7. Que valent 425^g en pièces de $0^f,20$? — **S.** $85^{f\,[d]}$.

E. 8. Dans un tronc de cône les rayons de base sont de

---

[a] Il existe beaucoup de procédés différents pour évaluer la capacité d'un tonneau. Celui que nous donnons nous parait le meilleur en raison surtout de sa simplicité. Il est dû à Dez, ancien professeur à l'École militaire.

[b] On donne le nom de *jauge* à une verge ou règle graduée, qu'on introduit, en divers sens, dans le tonneau à mesurer. Par cette opération, on détermine plusieurs *nombres*; et une *table*, dressée une fois pour toutes, fait connaître la capacité cherchée, dès que ces *nombres* sont déterminés.

[c] Comme la capacité d'un tonneau s'évalue toujours en *litres*, la première chose à faire dans cet exercice, comme dans le suivant, c'est de prendre le *décimètre* pour unité de longueur.

[d] Comme la pièce de $0^f,20$ pèse juste 1^g, la somme donnée se compose juste de 425 de ces pièces.

$7^{cm},1$ et de $5^{cm},2$. La hauteur est de $13^{cm},6$. Dites le volume. — **S.** $1\,628^{cmc}$.

E. **9.** Quelle est la valeur nominale d'un billet payable dans 62^j, sur lequel on prélève, à $6\,°/_o$, un escompte de $32^f,15$? — **S.** $3\,111^f,29$. Cet exercice n'est qu'une *règle d'intérêts* de la deuxième espèce.

E. **10.** Evaluez en myriamètres carrés la surface totale de la terre[a]. — **S.** $5\,092\,946^{Mmq}$.

---

[a] Pour calculer cette surface, on calculera celle d'un cercle de $4\,000^{Mm}$ de tour, puis on la multipliera par 4.

APPENDICE

Problèmes donnés dans les Examens et Concours.

Problème 1. Le cent de bouteilles vaut $25^f,50$. Combien payera-t-on pour 165 bouteilles ? — **Solution.** Pour 1 bouteille, on payerait $25^f,50 : 100$, c-à-d $0^f,255$. Pour 165 bouteilles, on payera $0^f,255 \times 165$, c-à-d $42^f,075$.

P. 2. Une famille, composée de 6 personnes, gagne en moyenne $8^f,75$ par jour et travaille 304 jours dans l'année. A la fin de l'année, on met 80^f à la caisse d'épargne sur la tête de chacun des membres de la famille. A combien s'est élevée la dépense journalière ? — **S.** On a gagné $8^f,75 \times 304$, c-à-d 2660^f. On a économisé $80^f \times 6$, ou 480^f. La dépense de l'année a été de $2660^f - 480^f$, c-à-d de 2180^f. La dépense journalière, de $2180^f : 365$, c-à-d de $5^f,97$.

P. 3. Un ouvrier devait recevoir, pour un travail qui demandait 3 semaines, une somme de 144^f. Il n'a travaillé que $6^j\,5^h$. Combien recevra-t-il ? La journée est comptée de 10^h et la semaine de 6^j. — **S.** L'ouvrier devait travailler 180^h ; il n'a travaillé que 65^h. En 180^h, il eût gagné 144^f ; en 1^h, il gagne donc $144^f : 180$, c-à-d $0^f,80$. En 65^h, il gagnera $0^f,80 \times 65$, c-à-d 52^f.

P. 4. Il faut $2^m,25$ de toile pour faire une blouse. Combien fera-t-on de blouses dans 108^m ? — **S.** Autant qu'il y a de fois $2^f,25$ dans 108, c-à-d $108 : 2,25$, c-à-d 48.

P. 5. Une personne achète, pour se faire une robe, $8^m,25$ d'une étoffe qui coûte $2^f,75$ le mètre ; il se trouve qu'elle n'a que les 4 cinquièmes de ce qu'il lui faudrait. Combien doit-elle encore acheter de mètres, et quel sera le prix total de la robe ? — **S.** Elle doit encore acheter le quart de $8^m,25$, c-à-d $2^m,06$. Elle aura donc acheté en tout $10^m,31$. Le prix total sera $2^f,75 \times 10,31$, c-à-d $28^f,35$.

P. 6. On a acheté, à $5^f,25$ le mètre, $729^m,28$ d'étoffe, dont $12^m,76$ se sont trouvés endommagés. A quel prix a-t-on revendu les autres pour gagner 1 007^f,70 ? — **S.** Le prix d'achat a été 5^f,25 × 729,28, c-à-d 3 828^f,72. Le prix de vente a été 3 828^f,72 + 1 007^f,70, ou 4 836^f,42. Or, on n'a vendu que 729^m,28 — 12^m,76, ou 716^m,52. Donc le prix de vente de chaque mètre a été 4 836^f,42 : 716,52, c-à-d 6^f,75.

P. 7. On a acheté du vin en bouteilles à raison de 1^f,50 la bouteille. On revend les bouteilles vides au prix de 0^f,20 pièce et de cette façon la dépense ne s'élève qu'à 91^f. Combien a-t-on acheté de bouteilles de vin ? — **S.** Chaque bouteille de vin revient net à 1^f,50 — 0^f,20, ou à 1^f,30. On en a donc acheté 91 : 1,30, c-à-d 70.

P. 8. Une ménagère a acheté 144^m de toile à 21^f,50 les 10^m ; elle a employé cette toile à faire des chemises ; sachant qu'elle a mis 3^m de toile par chemise, et qu'elle a donné 1^f,75 pour la façon d'une chemise, on demande : 1° combien elle a

p. 264 fait de douzaines de chemises ; 2° combien lui coûtent toutes ces chemises ; 3° le prix de revient d'une chemise. — **S.** 1° On a fait autant de chemises qu'il y a de fois 3^m dans 144^m, c-à-d 48 chemises, ou 4$^{douz.}$ de chemises ; — 2° le prix de toute la toile est 2^f,15 × 144, ou 309^f,60 ; le prix de toute la façon est 1^f,75 × 48, ou 84^f ; toutes ces chemises coûtent donc 309^f,60 + 84^f, ou 393^f,60 ; — 3° chaque chemise revient à 393^f,60 : 48, c-à-d à 8^f,20.

P. 9. Un marchand a acheté des huîtres à 0^f,80 la douzaine. Combien vaut le cent et combien en aura-t-il pour 2^f ? — **S.** 1 huître vaut $\frac{0^f,80}{12}$; 100 huîtres valent $\frac{0^f,80 \times 100}{12}$, c-à-d 6^f,66. — Pour 2^f, on en aura autant qu'il y a de fois $\frac{0^f,80}{12}$ dans 2^f, c-à-d 2 : $\frac{0,80}{12}$, ou 2 × $\frac{12}{0,80}$, ou 30.

P. 10. On brûle, dans un atelier qui n'est ouvert que 26^j par mois, en moyenne 22^{hl},75 de houille par jour. On demande la dépense d'une année, la houille coûtant 3^f,50 l'hectolitre. — **S.** La dépense d'un jour est de 3^f,50 × 22,75, ou de 79^f,625. Celle d'un mois est de 79^f,625 × 26, ou de 2 070^f,25. Celle d'une année sera de 2 070^f,25 × 12, ou de 24 843^f.

Problème. 11. Un tisserand fait, en 12^j, une pièce de toile de 120^m. Il a employé 54^{kg} de fil à 4^f,50 le kilog. Combien devra-t-il vendre le mètre de cette toile pour gagner 3^f,25 par jour ? — **Solution.** Le fil employé coûte 4^f,50 × 54, ou 243^f. Le gain demandé est 3^f,25 × 12, ou 39^f. Les 120^m de toile devront donc se vendre 243^f + 39^f, ou 282^f. Le mètre devra donc se vendre 282^f : 120, c-à-d 2^f,35.

P. 12. Un fermier a récolté 224 doubles-décalitres de blé.

PROBLÈMES.   451

Il en a semé 29; il en a donné 17 à ses moissonneurs, et il en a mis 81 de côté pour la nourriture de sa famille. Combien recevra-t-il en revendant le reste 4^f,15 le double-décalitre? — **S.** Le nombre des doubles-décalitres vendus est 224—29—17—81 ou 97. Le fermier recevra donc 4^f,15×97, ou 402^f,55.

P. 13. Une pièce d'étoffe de 32^m,50 a coûté 78^f. On en prend 7^m,60 pour faire une robe; on emploie, en outre, 2^m,85 de doublure à 0^f,85 le mètre, et l'on paye 6^f,25 de façon à la couturière. Quel est le prix de cette robe? — **S.** 1^m de l'étoffe employée coûte $\frac{78^f}{32,50}$; 7^m,60 coûtent donc $\frac{78 \times 7,60}{32,50}$, ou 18^f,24. La doublure coûte 0^f,85×2,85, ou 2^f,42. La façon est de 6^f,25. Le prix de la robe est donc 18^f,24+2^f,42+6^f,25, ou 26^f,91.

P. 14. Une fermière reçoit de sa voisine 6^{kg},750 de lard à 0^f,95 le demi-kilogramme, et lui donne en échange 5^f plus un certain nombre de fromages à 0^f,25 la pièce. Combien donne-t-elle de fromages? — **S.** La fermière devait 0^f,95×2×6,750, ou 12^f,82. Après qu'elle a donné 5^f, elle redoit 7^f,82. Elle donne autant de fromages qu'il y a de fois 0^f,25 dans 7^f,82, c-à-d 31 fromages.

P. 15. Un ouvrier qui gagne 3^f,25 par jour de travail dépense, en moyenne, 2^f,10 par jour pour sa nourriture et ses autres frais. Combien gagne-t-il pour les 6 jours de travail de sa semaine et combien dépense-t-il dans sa semaine? Combien économise-t-il? — **S.** Pour les 6j de travail de la semaine, il gagne 3^f,25×6, ou 19^f,50. Dans la semaine, il dépense 2^f,10×7, ou 14^f,70. Il économise donc, par semaine, 19^f,50—14^f,70, c-à-d 4^f,80.

P. 16. Un champ a 165^m de long et 45^m,25 de large. On l'a entouré d'une haie formée de pieds d'aubépine qui coûtent 4^f le cent tout plantés. Ces pieds sont espacés de 0^m,28. Quelle a été la dépense? — **S.** Dans le sens de la longueur, on plante sur chaque côté autant de pieds qu'il y a de fois 0^m,28 dans 165^m, c-à-d 589 pieds. Dans le sens de la largeur, on plante sur chaque côté autant de pieds qu'il y a de fois 0^m,28 dans 45^m,25, c-à-d 161. Donc le nombre total de pieds plantés est 589×2+161×2, ou 1500; et la dépense est 4^f×15, c-à-d 60^f.

P. 17. Une machine bat 45 gerbes par heure. Elle fonctionne 9^h par jour, et on donne au mécanicien une gerbe sur 18. Le mécanicien a reçu, chez un cultivateur, 84^f pour 315 gerbes qui lui revenaient. On demande: 1° combien on a battu de gerbes; 2° combien la machine a fonctionné de jours; 3° le prix de toute la récolte. — **S.** Le nombre des gerbes battues est 18×315, ou 5670. En 1j, la machine bat 45×9, ou 405 gerbes; donc elle a fonctionné autant de jours qu'il y a de fois 405 dans 5670, ou 14j. Le prix de toute la récolte est 84^f×18, ou 1512^f.

P. 18. Deux ouvrières doivent faire chacune une douzaine et demie de chemises. La première en fait 6 en 5^j; la seconde en fait 8 en 9^j. Combien la seconde doit-elle travailler de plus que la première? La journée est de 10^h. — **S.** Pour faire 1 chemise, la première met $\frac{5}{6}$ de jour; pour en faire 18, elle mettra $\frac{5\times 18}{6}$, ou 15j. Pour faire 1 chemise, la seconde met $\frac{9}{8}$ de jour; pour en faire 18, elle mettra $\frac{9\times 18}{8}$, ou $20j+\frac{1}{4}$, c-à-d $20^j\,2^h\,30^m$. La seconde doit donc travailler $5^j\,2^h\,30^m$ de plus que la première.

P. 19. Une machine à coudre de 345^f, conduite par une seule ouvrière, fait le travail de 4 ouvrières, gagnant chacune $1^f,75$ par jour. Après combien de jours de travail aura-t-on économisé le prix de la machine sur les journées que l'on paye en moins? — **S.** La machine économise chaque jour $1^f,75\times 3$, ou $5^f,25$. Pour économiser le prix de la machine, il faut autant de jours qu'il y a de fois $5^f,25$ dans 345^f, c-à-d en $65^j,7$.

P. 20. Une personne se sert de bouteilles, telles que 4 d'entre elles ont la même capacité que 3^l, pour mettre en bouteilles une feuillette de vin de 114^l, coûtant $1^f,75$ l'un. A combien lui revient la bouteille? — **S.** Chaque bouteille contient 3 quarts de litre, c-à-d $0^l,75$. Chaque bouteille revient donc à $1^f,75\times 0,75$, c-à-d à $1^f,31$.

Problème 21. Pour faire une douzaine de chemises, il faut 30^m de calicot à $1^f,25$ le mètre. Si la façon est de $8^f,25$ par demi-douzaine, à combien revient la chemise? — **Solution.** Le prix de tout le calicot est $1^f,25\times 30$, ou $37^f,50$. La façon, pour une douzaine de chemises, est de $8^f,25\times 2$, ou de $16^f,50$. La douzaine revient donc à $37^f,50+16^f,50$, ou à 54^f. La chemise revient au *douzième* de 54^f, c-à-d à $4^f,50$.

P. 22. Un réservoir cylindrique peut contenir 450^l d'essence minérale, mais il n'est plus qu'aux 0,65 de sa hauteur. Quelle somme produirait la vente de l'essence qu'il contient, sachant que le double-litre vaut $1^f,80$? — **S.** Le réservoir ne contient plus que les 0,65 de 450^l, c-à-d que $450^l\times 0,65$, ou $292^l,5$. Le litre d'essence vaut $0^f,90$. La vente de toute cette essence produirait donc $0^f,90\times 292,5$, ou $263^f,25$.

P. 23. Les réparations d'un monument sont évaluées à $14\,790^f$ de main-d'œuvre. Quel temps faudra-t-il pour exécuter ce travail si on emploie 17 ouvriers à 5^f par jour chacun? — **S.** La dépense, par jour, sera $5^f\times 17$, ou 85^f. Il faudra donc autant de jours qu'il y a de fois 85^f dans $14\,790^f$, c-à-d 174^j.

P. 24. Un terrain rectangulaire, dont les dimensions sont : $39^m,50$ et $46^m,70$, a été entouré d'un treillage qui revient à $3^f,50$ le mètre linéaire. Quelle a été la dépense pour ce treillage ? — **S.** Le périmètre du terrain est $39^m,50 \times 2 + 46^m,70 \times 2$, ou $172^m,40$. La dépense a donc été de $3^f,50 \times 172,40$, c-à-d de $603^f,40$.

P. 25. Une personne gagne $3\,800^f$ par an. Du 1er janvier au 15 mars inclus, elle économise 155^f. En réglant ses dépenses de la même manière, combien aura-t-elle économisé au bout de l'année ? — **S.** En $2^{mois},5$, elle économise 155^f. En 1 mois, elle économise donc $\frac{155}{2,5}$. En 12 mois elle économisera donc $\frac{155 \times 12}{2,5}$, c-à-d 744^f.

P. 26. Un ouvrier gagne $3^f,75$ par jour et dépense $14^f,50$ par semaine. En combien d'années aura-t-il économisé $1\,855^f$, s'il travaille en moyenne 300^j par an. On comptera l'année de 52 semaines. — **S.** En 1 an, il gagne $3^f,75 \times 300$, ou 1125^f ; il dépense $14^f,50 \times 52$, ou 754^f ; il économise $1125^f - 754^f$, ou 371^f. Pour économiser 1855^f, il lui faudra donc autant d'années qu'il y a de fois 371^f dans 1855^f, c-à-d 5 années.

P. 27. Une pièce de vin contenant $176^l,20$ coûte $79^f,29$; une autre pièce contenant 92^l coûte $88^f,82$. Quelle est la plus chère ? — **S.** Le litre de la première revient à $79^f,29 : 176,20$, c-à-d à $0^f,45$. Le litre de la deuxième revient à $88^f,82 : 92$, c-à-d à $0^f,96$. C'est le second vin qui est le plus cher.

P. 28. Un tronc de chêne a fourni 34 planches ; ce tronc a coûté $55^f,50$; chaque planche a $1^m,60$ de longueur. On y a occupé 2 ouvriers, pendant 2^j, à $3^f,50$ par jour. Trouvez le prix du mètre moyen. — **S.** On a donné aux ouvriers $3^f,50 \times 2 \times 2$, ou 14^f. Donc les planches ont coûté $55^f,50 + 14^f$, ou $69^f,50$. La longueur totale est de $1^m,60 \times 34$, ou de $54^m,40$. Le prix du mètre est donc de $69^f,50 : 54,40$, c-à-d de $1^f,27$.

P. 29. On a payé $151^f,30$ pour 34^m de calicot et 68^m de toile. Quel est le prix du mètre de chaque étoffe, sachant que le mètre de toile coûte $1^f,40$ de plus que le mètre de calicot ? — **S.** On a payé $1^f,40 \times 68$, ou $95^f,20$ de plus que si l'on n'avait que du calicot. Donc $151^f,30 - 95^f,20$, ou $56^f,10$ représente le prix de $34^m + 62^m$, ou de 96^m de calicot. Donc 1^m de calicot coûte $56^f,10 : 96$, c-à-d $0^f,58$. Donc 1^m de toile coûte $0^f,58 + 1^f,40$, c-à-d $1^f,98$.

p. 266

P. 30. Une jeune fille peut confectionner 5 petits bonnets en 2^j ; sachant qu'elle travaille, en moyenne, 25^j par mois, qu'elle vend ses bonnets $0^f,90$ la pièce, et que le coton nécessaire à la confection de 2 bonnets lui revient à $0^f,35$, on de-

454 APPENDICE.

mande ce que cette jeune fille peut gagner dans un an. — **S.** En 1j elle confectionne un nombre de bonnets égal à 2,5, dont le prix de vente est 0^f,90×2,5 ou 2^f,25. Pour 1 bonnet elle dépense 0^f,175 de coton. Pour 2,5, elle dépense 0^f,175×2,5, ou 0^f,4375. Donc elle peut gagner : par jour de travail 2^f,25—0^f,4375, ou 1^f,8125; par mois 1^f,8125×25, ou 45^f,3125; par an, 45^f,3125×12, ou 543^f,75.

Problème 31. Un fût de vin de 207^l a coûté 150^f. On a mis le vin en bouteilles. Dites : 1° le nombre de bouteilles; 2° la contenance de chacune, sachant qu'en vendant chaque bouteille 0^f,80, on a gagné 30^f sur l'ensemble. — **Solution.** Tout le vin a été vendu 150^f+30^f, ou 180^f. On a vendu autant de bouteilles qu'il y a de fois 0^f,80 dans 180^f, c-à-d 225. La contenance de chaque bouteille est de 207^l : 225, ou de 0^l,92.

P. 32. Un négociant achète 235 sacs de farine à 29^f,35 l'un, et un certain nombre de sacs d'avoine à 19^f,25 le sac. Il se propose de payer le tout avec le prix de 310 sacs de farine vendus 39^f,20 le sac. Combien a-t-il acheté de sacs d'avoine? — **S.** Le tout a coûté 39^f,20×310, ou 12152^f. La farine seule a coûté 29^f,35×235, ou 6897^f,25. L'avoine a donc coûté 12152^f—6897^f,25, c-à-d 5254^f,75. On a acheté autant de sacs d'avoine qu'il y a de fois 19^f,25 dans 5254^f,75, c-à-d 272,9 : en nombre rond, 273 sacs.

P. 33. Un domestique dont le salaire est de 584^f par an est entré au service le 10 novembre et en est sorti le 14 février. Faire le compte exact de ce qui lui est dû. — **S.** Ce domestique est resté en place 20j en novembre, 31j en décembre, 31j en janvier, 14j en février : en tout, 96j. En 1 an, il gagne 584^f. En 1j, il gagne $\frac{584^f}{365}$. En 96j, il gagne $\frac{584^f \times 96}{365}$, c-à-d 153^f,60.

P. 34. Une personne a acheté pour 425^f de toile à 2^f,50 le mètre. Trouvez : 1° combien elle a eu de mètres; 2° combien il lui manque de mètres pour confectionner 8 douzaines de chemises, s'il faut 7^m de toile pour 2 chemises? — **S.** Elle a eu autant de mètres qu'il y a de fois 2^f,50 dans 425^f, c-à-d 170^m. Pour confectionner 1$^{douz.}$ de chemises, il faut 7^m×6, ou 42^m. Pour en confectionner 8$^{douz.}$, il faut 42^m×8, ou 336^m. Or, on n'a que 170^m. Donc il en manque 336—170, c-à-d 166.

P. 35. Une voiture, attelée de 2 chevaux exerçant un effort moyen de 75^{kg} chacun, marche sur un terrain ordinaire, pour lequel la force du tirage exige les 0,075 de la charge totale. De combien de gerbes de froment cette voiture pourra-t-elle être chargée, le poids d'une gerbe étant de 12^{kg},5? —

S. L'effort des 2 chevaux ensemble est de 75^{Kg}×2, ou de 150^{Kg}. L'effort nécessaire pour une gerbe sera 12^{Kg},5×0,075, ou de 0^{Kg},9375. La voiture pourra donc être chargée d'autant de gerbes qu'il y a de fois 0^{Kg},9375 dans 150^{Kg}, c-à-d de 160 gerbes.

P. 36. Un négociant achète 1500^l de vin qui lui coûtent 980^f d'achat, 78^f,75 d'entrée et 33^f,65 de transport. Il revend ensuite ce vin à raison de 0^f,95 le litre. Combien gagne-t-il : 1° par litre ; 2° sur le tout ? — **S.** Le prix de revient est de 980^f + 78^f,75 + 33^f,65, ou de 1092^f,40. Le prix de vente est de 0^f,95×1500, ou de 1425^f. Le bénéfice est donc : sur le tout, de 1425^f − 1092^f,40, ou de 332^f,60 ; sur 1^l, de 332^f,60 : 1500, ou de 0^f,22.

P. 37. Un marchand achète 145^m de drap à raison de 16^f,50 le mètre ; il veut, en le revendant, réaliser un bénéfice de 0,1 du prix d'achat. Il a déjà vendu les 2 cinquièmes à 19^f,50. Combien doit-il vendre le mètre le reste ? — **S.** Le prix d'achat est de 16^f,50×145, ou de 2392^f,50. Le bénéfice doit être de 2392^f,50×0,1, ou de 239^f,25. Le prix de vente sera donc 2392^f,50 + 239^f,25 ou 2631^f,75. — Les 2 cinquièmes de 145^m font 58^m. Donc on a déjà vendu 58^m pour une somme égale à 19^f,50×58, ou à 1131^f. Il reste encore 145^m − 58^m, ou 87^m, qu'il faudra vendre 2631^f,75 − 1131^f, c-à-d 1500^f,75. Le mètre devra donc se vendre 1500^f,75 : 87, ou 17^f,25.

P. 38. Un propriétaire veut faire entourer de palissades une propriété de forme rectangle ayant 240^m de long sur 75 de large. Quelle dépense aura-t-il à faire, sachant que le mètre courant de palissade coûte 0^f,75, et que, tous les 5^m, il y aura, pour consolider la clôture, un poteau devant revenir à 0^f,50 ? — **S.** Le périmètre de la propriété est de 240^m×2 + 75^m×2, ou de 630^m. Le prix de la palissade sera donc de 0^f,75×630, ou de 427^f,50. — Il y aura autant de poteaux qu'il y a de fois 5^m dans 630^m, c-à-d 126 poteaux, qui coûteront 0^f,50×126, ou 63^f. — La dépense totale sera de 427^f,50 + 63, c-à-d de 535^f,50.

P. 39. Combien faut-il payer à 25 ouvriers qui ont travaillé pendant 6^j, à raison de 5^f,25 par jour pour 9 d'entre eux, et de 4^f,75 pour les autres ? — **S.** Les 9 premiers recevront 5^f,25×9×6, ou 283^f,50. Les 16 autres recevront 4^f,75×16×6, ou 456^f. On payera donc, en tout, 283^f,50 + 456^f, c-à-d 739^f,50.

p. 267

P. 40. Un ouvrier dépense 2^f,75 par jour pour l'entretien de sa maison. Au bout d'un an, après avoir payé ses dépenses avec le gain qu'il a fait en travaillant 25^j par mois, il trouve qu'il a mis de côté 196^f,25. Que gagne-t-il par jour de travail ? — **S.** En 1 an, cet ouvrier a dépensé 2^f,75×365, ou 1003^f,75. Puisqu'il a économisé 196^f,25, son gain a été de 1003^f,75 + 196^f,25, c-à-d de 1200^f. Donc il a gagné 100^f par mois ; et, par jour de travail, $\frac{100^f}{25}$, c-à-d 4^f.

Problème 41. Une modiste achète en fabrique 48 chapeaux de paille qu'elle vend 396^f avec un bénéfice de 3^f par chapeau. Combien chaque chapeau lui a-t-il coûté? — **Solution.** Chaque chapeau a été vendu 396^f : 48 ou 8^f,25. Il avait donc coûté 8^f,25 — 3^f, c-à-d 5^f,25.

P. 42. Pour 810^f, on a acheté un certain nombre de mètres de drap. On en aurait eu 6^m de plus pour 918^f. Combien de mètres a-t-on achetés, et quel est le prix du mètre? — **S.** Ces 6^m de plus auraient coûté 918^f — 810^f, ou 108^f. Donc 1^m coûte 108^f : 6, ou 18^f ; et l'on a acheté autant de mètres qu'il y a de fois 18^f dans 810^f, c-à-d 45.

P. 43. La terre est environ 49 fois plus grande que la lune, et 1 405 000 fois plus petite que le soleil. Combien de fois le soleil est-il plus gros que la lune? — **S.** Un nombre de fois égal à 49 $\times$ 1 405 000, c-à-d à 68 845 000.

P. 44. Pour faire 4 douzaines de chemises, on emploie 135^m de toile à 2^f,45 le mètre ; l'ouvrière qui les confectionne y passe 32^j et demande 2^f par jour ; enfin, on dépense, pour le fil et les boutons, 3^f,60. A combien revient la chemise? — **S.** Pour la toile, on paye 2^f,45 $\times$ 135, ou 330^f,75. Pour la façon, 2$^f \times$ 32, ou 64^f. Pour le fil et les boutons 3^f,60. Donc les 4$^{donz.}$ de chemises reviennent à 330^f,75 + 64^f + 3^f,60, c-à-d à 398^f,35 ; 1$^{donz.}$ revient à 398^f,35 : 4, c-à-d à 99^f,58 ; la chemise revient à 99^f,58 : 12, c-à-d à 8^f,29.

P. 45. On tire 171^l d'une pièce. La pièce est alors réduite à ses 0,25. Combien contenait-elle de litres? — **S.** On a tiré les 0,75 du contenu. Donc les 0,75 du contenu sont 171^l ; 0,01 est $\frac{171}{75}$; et les 100 centièmes, $\frac{171 \times 100}{75}$, c-à-d 228^l.

P. 46. Un ouvrier a déposé au bout de l'année 360^f à la caisse d'épargne. Sachant qu'il a dépensé le quart de son gain pour sa nourriture, et les 3 cinquièmes pour son entretien et son logement, on demande ce qu'il a gagné dans son année. — **S.** Il a dépensé le quart plus les 3 cinquièmes, c-à-d les 17 vingtièmes de son gain. Il en a donc économisé les 3 vingtièmes. — Ainsi, les 3 vingtièmes de son gain valent 360^f ; 1 vingtième vaut 3 fois moins, c-à-d 120^f ; le gain total vaut donc 120$^f \times$ 20, c-à-d 2 400^f.

P. 47. Deux ouvriers feraient ensemble un ouvrage en 9^h. Le premier travaillant seul ferait cet ouvrage en 15^h. Quelle fraction de l'ouvrage le second fait-il en 1^h? — **S.** A eux deux, en 1^h, ils font 1 neuvième. Le premier seul, en 1^h, en fait 1 quinzième. Donc le second seul en fait $\frac{1}{9} - \frac{1}{15}$, c-à-d $\frac{2}{45}$.

PROBLÈMES.

P. 48. Un ouvrier dépense le tiers de ce qu'il gagne pour sa nourriture, le huitième pour son habillement et son logement, le dixième en dépenses courantes, et il place chaque année 318^f. Combien gagne-t-il par an? — **S.** Il dépense $\frac{1}{3} + \frac{1}{8} + \frac{1}{10}$, c-à-d les $\frac{67}{120}$ de son gain. Donc il en économise les $\frac{53}{120}$. — Ainsi les $\frac{53}{120}$ de son gain valent 318^f. Donc $\frac{1}{120}$ vaut $\frac{318^f}{53}$, ou 6^f. Donc son gain est égal à 6$^f \times$ 120, c-à-d à 720^f.

P. 49. Un ouvrier a déposé dans le cours d'une année 320^f à la Caisse d'épargne. Il a dépensé les 2 cinquièmes de son gain pour sa nourriture, le tiers pour son logement et son entretien. Combien a-t-il gagné dans son année? — **S.** Il a dépensé $\frac{2}{5} + \frac{1}{3}$, c-à-d les $\frac{11}{15}$ de son gain. Il en a donc économisé les $\frac{4}{15}$. Ainsi, les $\frac{4}{15}$ de son gain valent 320^f. Donc $\frac{1}{15}$ vaut $\frac{320^f}{4}$, c-à-d 80^f. Donc son gain est égal à 80$^f \times$ 15, c-à-d à 1 200^f.

P. 50. Un marchand revend les 2 tiers d'une pièce de toile à 2^f,75 le mètre, et les 20^m qui restent à 2^f,50 ; il gagne ainsi 25^f sur le tout. Dire : 1° combien la pièce contenait de mètres ; 2° à quel prix le marchand avait acheté le mètre de toile. — **S.** Les 20^m restants forment le tiers de la pièce : la pièce avait donc 60^m. — Les 2 tiers vendus d'abord formaient 40^m : ils ont produit 2^f,75 $\times$ 40, ou 110^f. Les 20^m restants ont produit 2^f,50 $\times$ 20, ou 50^f. Toute la toile a donc été vendue 110^f + 50^f, ou 160^f. Le prix d'achat avait été de 160^f — 25^f, ou de 135^f. Le mètre de toile avait donc coûté 135^f : 60, c-à-d 2^f,25.

Problème 51. Un fonctionnaire touche chaque mois 253^f,33, déduction faite du vingtième destiné à la caisse des retraites. Quel est son traitement annuel? — **Solution.** Il touche par an 253^f,33 $\times$ 12, ou 3039^f,96. La retenue est le dix-neuvième de ce qu'il touche, c-à-d 159^f,99. Son traitement annuel est donc de 3039^f,96 + 159^f,99, c-à-d de 3199^f,95 : en nombres ronds 3200^f.

P. 52. Une jeune fille achète, pour orner une robe, 3 huitièmes de mètre de ruban rose, 9 onzièmes de mètre de ruban bleu, et 6 septièmes de mètre de ruban noir, le tout à 2^f,50 le mètre. Quelle somme a-t-elle dépensée? — **S.** Elle a acheté $\frac{3}{8} + \frac{9}{11} + \frac{6}{7}$, ou $\frac{1263}{616}$ de mètre de ruban. Elle a donc dépensé 2^f,50 $\times \frac{1263}{616}$, c-à-d 5^f,12.

P. 53. Partager 9 000^f entre 1 homme, 3 femmes et

5 enfants, de manière que chaque femme reçoive 3 fois autant qu'un enfant, et que l'homme ait 2 fois autant qu'une femme. — **S.** Si l'on prend comme unité la part d'un enfant, chaque femme recevra 3 parts, et l'homme en recevra 6. Les 5 enfants recevront donc 5 parts, les 3 femmes en recevront 9, l'homme en recevra 6. Le nombre des parts d'enfant contenu dans 9000^f, sera donc $5+9+6$, c-à-d 20. Une part d'enfant vaut donc $9000 : 20$, ou 450^f. Une part de femme 450×3, ou 1350^f. La part de l'homme sera $1350^f \times 2$, ou 2700^f.

P. 54. En 6^h un voyageur a fait les $\frac{2}{9}$ de sa route. Combien de temps durera son voyage entier? — **S.** Pour faire les $\frac{2}{9}$ de la route, il faut 6^h. Pour en faire $\frac{1}{9}$, il faut $\frac{6}{2}$, ou 3^h. Pour en faire les $\frac{9}{9}$, il faut $3^h \times 9$, ou 27^h.

P. 55. Deux ouvriers ont fait ensemble un ouvrage qu'on a payé 165^f,50; l'un d'eux a travaillé 8 jours et demi, et l'autre 10 jours et demi. Quel doit être le salaire de chacun? — **S.** A eux deux, ils ont fait 19 journées. Chaque journée sera donc payée $\frac{165,50}{19}$. Le premier touchera donc $\frac{165,50 \times 8,5}{19}$, ou 74^f,04. — Le deuxième touchera $\frac{165,50 \times 10,5}{19}$, ou 91^f,46.

P. 56. On a acheté 18^m $\frac{1}{5}$ de drap; on en a revendu 7^m $\frac{2}{3}$. Combien en reste-t-il? — **S.** $18 + \frac{1}{5} - 7 - \frac{2}{3}$, ou 10^m + $\frac{8}{15}$.

P. 57. En tirant 25^l $\frac{5}{7}$ d'un tonneau de vin, il est réduit à ses $\frac{3}{7}$. On demande quelle était la contenance de ce tonneau. — **S.** On a tiré les $\frac{4}{7}$ du contenu. Ces $\frac{4}{7}$ valent 25^l + $\frac{5}{7}$, ou $\frac{180^l}{7}$. Donc $\frac{1}{7}$ vaut $\frac{180^l}{7 \times 4}$; et les $\frac{7}{7}$ valent $\frac{180^l \times 7}{7 \times 4}$, c-à-d $\frac{180^l}{4}$, ou 45^l.

P. 58. La différence entre les $\frac{3}{4}$ et les $\frac{2}{9}$ d'une somme est 1,672^f. Quelle est cette somme? — **S.** $\frac{3}{4} - \frac{2}{9} = \frac{19}{36}$. Donc les $\frac{19}{36}$ de la somme cherchée valent 1672^f; $\frac{1}{36}$ vaut $\frac{1672}{19}$; et les $\frac{36}{36}$ valent $\frac{1672 \times 36}{19}$, c-à-d 3168^f.

P. 59. Un ouvrier peut faire en 15^j un travail payé 90^f. Un autre ouvrier ne pourrait faire ce travail qu'en 20^j. On les y emploie tous les deux. Combien mettront-ils de jours, et combien chacun d'eux recevra-t-il pour sa part? — **S.** En 1^j, le premier fait $\frac{1}{15}$ du travail, et le deuxième en fait $\frac{1}{20}$. A eux deux, ils en font les $\frac{7}{60}$. — Ainsi, pour en faire $\frac{7}{60}$, il faut 1j. Pour en faire $\frac{1}{60}$, il faut $\frac{1j}{7}$. Pour en faire les $\frac{60}{60}$, il faut $\frac{1j \times 60}{7}$, c-à-d $8j + \frac{4}{7}$. — En 1j, le premier gagne $\frac{90^f}{15}$, ou 6^f; en $8j + \frac{4}{7}$, il gagne $6^f \times (8 + \frac{4}{7})$, ou $51^f,42$. En 1j, le deuxième gagne $\frac{90^f}{20}$, ou $4^f,50$; en $8j + \frac{4}{7}$, il gagne $4^f,50 \times (8 + \frac{4}{7})$, ou $38^f,57$.

P. 60. On demande à un berger combien il a de moutons; il répond : si j'en avais la moitié, plus le tiers, plus le quart de ce que j'ai, j'en aurais 20 de plus. Combien a-t-il de moutons ? — **S.** $\frac{1}{2} + \frac{1}{3} + \frac{1}{4} = \frac{13}{12}$. Donc, s'il en avait ce qu'il dit, il en aurait $\frac{1}{12}$ de plus qu'il n'en a. Donc 20 est le douzième du nombre de ses moutons. Donc ce nombre est 20×12, c-à-d 240.

Problème 61. Un marchand a acheté 3 tonneaux de vin ; le premier contient 140^l; le deuxième les $\frac{6}{7}$ du premier ; le troisième les $\frac{3}{4}$ du deuxième. Ce vin lui coûte 54^f l'hectolitre. Il en revend $\frac{1}{5}$ à $0^f,60$; les $\frac{3}{4}$ du reste à $0^f,65$, et le surplus à $0^f,70$. Trouver : 1° le bénéfice total ; 2° à combien pour cent du prix d'achat ce bénéfice s'élève? — **Solution.** Le premier tonneau contient 240^l; le deuxième contient $240^l \times \frac{6}{7}$, ou $205^l + \frac{5}{7}$; le troisième contient $(205^l + \frac{5}{7}) \times \frac{3}{4}$, ou $154^l + \frac{2}{7}$. Les 3 tonneaux contiennent donc ensemble 600^l, qui coûtent $54^f \times 6$, ou 324^f. — Il en revend $\frac{1}{5}$, ou 120^l, pour $0^f,60 \times 120$, ou 72^f. Les $\frac{3}{4}$ des 480^l restants, ou 360^l, pour $0^f,65 \times 360$, ou 234^f. Le surplus, ou 120^l, pour $0^f,70 \times 120$, ou 84^f. La vente produit donc, en tout, $72^f + 234^f + 84^f$, ou 390^f. Le bénéfice total est donc de $390^f - 324^f$, c-à-d de 66^f. — Pour 324^f, le bénéfice est de 66^f. Pour 1^f, il est de $\frac{66}{324}$. Pour 100^f, il est de $\frac{6600}{324}$, ou de $20,37$ %.

P. 62. Une personne achète à $9^f,75$ le mètre une pièce de p. 269 drap dont la moitié contient 21^m. Il se trouve que $\frac{1}{15}$ de la pièce est gâté et ne peut être vendu. Combien doit-elle revendre le mètre, pour ne rien perdre sur son marché ? — **S**. La pièce de drap a 42^m et coûte 9^f,75 × 42, ou 409^f,50. La partie gâtée est le quinzième de 42^m, ou 2^m,80. On n'a plus à vendre que 42^m — 2^m,80, ou 39^m,20. Ces 39^m,20 devront être vendus 409^f,50. Donc le mètre devra être vendu 409^f,50 : 39,20, c-à-d 10^f,44.

P. 63. Un marchand achète 412^m de toile à 1^f,45 le mètre ; il en vend $\frac{1}{3}$ au prix de 1^f,75 le mètre. Combien doit-il revendre le mètre de ce qui reste pour réaliser un bénéfice total de 66^f,50. On sait que la vente au détail produit un déchet de 8^m,50 environ. — **S**. Toute la toile coûte 1^f,45 × 412, ou 597^f,40. Il en vend le tiers, c-à-d 412^m : 3, ou 137^m,33 pour 1^f,75 × 137,33, ou 240^f,32. Le reste n'est, à cause du déchet, que de 412^m — 137^m,33 — 8^m,50, c-à-d de 266^m,17. Ce reste doit être vendu 597^f,40 + 66^f,50 — 240^f,32, ou 423^f,58. Donc 1^m du reste doit être vendu 423^f,58 : 266,17, c-à-d 1^f,59.

P. 64. Le prix de la doublure d'une étoffe est les $\frac{2}{7}$ de celui de l'étoffe ; 18^m d'étoffe doublée valent 162^f. Quelle est la valeur réelle d'un mètre de l'étoffe ? — **S**. Le prix de l'étoffe doublée est les $\frac{7}{7} + \frac{2}{7}$, ou les $\frac{9}{7}$ du prix de l'étoffe. Or 18^m d'étoffe doublée valent 162^f ; par suite 1^m de l'étoffe doublée vaut $\frac{162^f}{18}$, ou 9^f. Donc les $\frac{9}{7}$ du mètre d'étoffe valent 9^f ; $\frac{1}{7}$ vaut 1^f ; les $\frac{7}{7}$ valent 7^f.

P. 65. Une personne va au marché et dépense les $\frac{7}{16}$ de son argent pour acheter une vache, et les $\frac{3}{8}$ du reste en divers autres achats. Elle rapporte 60^f. Quelle somme avait-elle emportée ? — **S**. Après le premier achat, il reste les $\frac{9}{16}$ de l'argent. Puisqu'on en dépense les $\frac{3}{8}$, il en reste les $\frac{5}{8}$, c-à-d les $\frac{5}{8}$ de $\frac{9}{16}$, ou les $\frac{45}{128}$. Ainsi les $\frac{45}{128}$ de la somme valent 60^f ; $\frac{1}{128}$ vaut $\frac{60^f}{45}$; les $\frac{128}{128}$ valent $\frac{60^f \times 128}{45}$, c-à-d 170^f,66.

P. 66. Un bassin pouvant contenir 8^{Hl} reçoit chaque heure 75$^l\frac{3}{4}$ par un robinet et 86$^l\frac{2}{3}$ par un second ; il perd par un troisième 64$^l\frac{4}{5}$. Dans combien de temps, les 3 robinets, étant ouverts ensemble, rempliront-ils le bassin ? — **S**. Les trois robinets étant ouverts, le bassin, en 1^h, recevra 74 + $\frac{3}{4}$ + 86 + $\frac{2}{3}$ — 64

PROBLÈMES.   431

$-\frac{4}{5}$, c-à-d $96^l + \frac{37}{60}$, ou $\frac{5797^l}{60}$. Ainsi pour avoir $\frac{5797^l}{60}$, il faut 1^h. Pour avoir $\frac{1}{60}$ de litre, il faut $\frac{1^h}{5797}$. Pour avoir $\frac{60}{60}$, ou 1^l, il faut $\frac{1^h \times 60}{5797}$. Pour avoir 800^l, il faut $\frac{1^h \times 60 \times 800}{5797}$, c-à-d $8^h\ 16^m\ 48^s$.

P. 67. Un décalitre de vin coûte 3^f. Que coûterait le vin renfermé dans 1^{mc}? — **S.** $1^{mc} = 1000^l = 100^{Dl}$. Or 1^{Dl} vaut 3^f. Donc 1^{mc} vaut $3^f \times 100$, ou 300^f.

P. 68. Un ballot contenait 120^m de drap; on en a vendu pour 1370^f. Combien reste-t-il de mètres, si 60^{cm} ont été vendus $8^f,40$? — **S.** 60^{cm} coûtent $8^f,40$. Donc 1^{cm} coûte $8^f,40 : 60$, ou $0^f,14$; et 1^m coûte $0^f,14 \times 100$, ou 14^f. — On a vendu autant de mètres qu'il y a de fois 14^f dans 1370^f, c-à-d $97^m,85$. Il reste $120^m - 97^m,85$, ou $22^m,15$.

P. 69. Donner la circonférence de la lune en mètres, en kilomètres, en lieues de 4^{Km}, sachant que la circonférence de la lune est les $\frac{3}{11}$ de celle de la terre? — **S.** La circonférence de la terre est de $40\,000\,000^m$. Celle de la lune est donc de $40\,000\,000^m \times \frac{3}{11}$, ou de $10\,909\,090^m$, c-à-d de $10\,909^{Km}$, ou de $2\,727$ lieues.

P. 70. Une terre de 17 arpents a été achetée il y a un siècle $13\,000^f$; elle est vendue aujourd'hui à raison de $2\,180^f$ l'hectare. Sachant que l'arpent vaut $0^{Ha},5107$, on demande quelle est la valeur actuelle de cette terre, et de combien s'est accrue, dans l'intervalle d'un siècle, la valeur par hectare? — **S.** 17 arpents forment $0^{Ha},5107 \times 17$, ou $8^{Ha},6819$. La valeur actuelle de cette terre de $2180^f \times 8,6819$, c-à-d de $18\,926^f,54$. — Il y a un siècle, la valeur de 1^{Ha} était $13\,000^f : 8,6819$, ou de 1497^f. Cette valeur s'est donc accrue de $2180^f - 1497^f$, c-à-d 683^f.

Problème 71. Le mètre carré d'une étoffe coûte 25^f. Combien coûteront 6^{dmq} de cette étoffe? — **Solution.** $6^{dmq} = 0^{mq},06$. Donc ces 6^{dmq} valent $25^f \times 0,06$, ou $1^f,50$.

P. 72. Le département de l'Allier compte $405\,783^{hab}$ pour une superficie de $730\,837^{Ha}$. Quelle est la population par kilomètre carré? — **S.** $730\,837^{Ha} = 7308^{Kmq},37$. La population par kilomètre carré est donc de $405\,783 : 7308,37$, c-à-d de 55^{hab}.

P. 73. Une propriété se compose de 3 pièces de terre dont les surfaces respectives sont $1^{Ha},25$; $28\,900^{ca}$ et 8754^{mq}. On la vend à raison de $20^f,75$ l'are. Quelle somme en retirera-

APPENDICE.

t-on? — **S.** L'étendue de cette propriété est de $125^a + 289^a + 87^a,54$, ou de $501^a,54$. On en retirera donc $20^f,75 \times 501,54$, c-à-d $10\,406^f,95$.

P. 74. Une propriété de $1^{Ha},80$ a été vendue $2\,500^f$ l'hectare. En revendant les $\frac{2}{3}$ du terrain, l'acheteur a recouvré le prix d'achat. Combien a-t-il vendu l'are? — **S.** Le prix d'achat a été de $2\,500^f \times 1,80$, ou de $4\,500^f$. Les 2 tiers du terrain occupent $180^a \times \frac{2}{3}$, ou 120^a. Ils ont été vendus $4\,500^f$. Donc l'are a été vendu $4\,500^f : 120$, ou $37^f,50$.

P. 75. Un champ de $2^a,78$ a coûté $5\,632^f$. Quel est le prix du mètre carré? — **S.** $2^a,78 = 278^{mq}$. Le prix de 1^{mq} est donc $5632^f : 278$, c-à-d $20^f,25$.

P. 76. Un champ de $24^{Hn},75$ a été payé $1\,908^f$. Combien coûterait un terrain de même qualité d'une contenance de $4\,536^{mq}$? — **S.** $247\,500^{mq}$ ont coûté $1\,908^f$. Donc 1^{mq} a coûté $\frac{1\,908^f}{247\,500}$. Donc $4\,536^{mq}$ coûteraient $\frac{1\,908 \times 4\,536}{247\,500}$, c-à-d $34^f,96$.

P. 77. On a consommé pendant une année dans une ville $3\,456^{Hl}$ de vin, 234 doubles-décalitres d'eau-de-vie, $28\,498^l$ de bière. On demande la quantité totale d'hectolitres de liquide consommés. — **S.** $3\,456^{Hl} + 0^{Hl},20 \times 234 + 284^{Hl},98$, ou $3\,787^{Hl},78$.

P. 78. J'achète 300^l de vin, que je mets dans des bouteilles de $0^l,75$; le vin me coûte 12^f le double-décalitre; les bouteilles 15^f le cent, et les bouchons 20^f le mille. A combien me reviendra chaque bouteille de vin? — **S.** Le vin coûte 6^f le décalitre, ou $0^f,60$ le litre. Le vin contenu dans une bouteille vaudra donc $0^f,60 \times 0,75$, ou $0^f,45$. Chaque bouteille vide vaut $0^f,15$. Chaque bouchon coûte $0^f,02$. Donc chaque bouteille reviendra à $0^f,45 + 0^f,15 + 0^f,02$, ou à $0^f,62$.

P. 79. Un are de terrain produit 20^l de blé; les frais de culture se sont élevés à 80^f par hectare. Sachant que l'hectolitre vaut 23^f, et que la contenance du champ est de 358^a, on demande le revenu du champ? — **S.** Ce champ produit $20^l \times 358$, ou 7160^l, ou $71^{Hl},60$ de blé. Tout ce blé vaut $23^f \times 71,60$, ou $1\,646^f,80$. — Les frais de culture s'élèvent à $80^f \times 3,58$, ou à $286^f,40$. — Le revenu du champ est donc de $1\,646^f,80 - 286^f,40$, ou de $1\,360^f,40$.

P. 80. Combien faut-il de briques pour construire un mur de 296^{mc}, en supposant que le volume de la brique soit de $2\,183^{cmc}$? — **S.** $296^{mc} = 296\,000\,000^{cmc}$. Donc il faut autant de briques qu'il y a de fois $2\,183^{cmc}$ dans $296\,000\,000^{cmc}$, c-à-d $135\,593$.

Problème 81. Un bec de gaz consomme 1^{Hl} de gaz par heure. Le mètre cube de gaz valant $0^f,36$, on demande quelle sera la dépense annuelle de 5 becs allumés, en moyenne, 3^h par jour. — **Solution.** $1^{Hl} = 0^{mc},1$. Donc la dépense sera de $0^f,36 \times 0,1 \times 5 \times 3 \times 365$, ou de $197^f,10$.

P. 82. On paye 23^f le stère de bois ; l'on sait que 21st de bois valent autant que 133^{Hl} de charbon. Quel est le prix de l'hectolitre de charbon ? — **S.** 21st coûtent $23^f \times 21$, ou 483^f. Donc 133^{Hl} de charbon valent 483^f. Donc 1^{Hl} vaut $483^f : 133$, c-à-d $3^f,63$.

P. 83. Une personne achète 8 tonneaux de vin contenant 230^l chacun. Elle paye, par hectolitre, $31^f,75$ d'acquisition, $3^f,50$ de transport et $2^f,30$ de droits. Il y a, dans chaque tonneau, 875^{cl} de lie. A combien revient le litre de vin clair ? — **S.** Les 8 tonneaux contiennent $230^l \times 8$, ou 1840^l, ou $18^{Hl},40$. L'hectolitre coûte $31^f,75 + 3^f,50 + 2^f,30$, ou $37^f,55$. Tout le vin coûte $37^f,55 \times 18,40$, ou $690^f,92$. Or il y a $875^{cl} \times 8$, ou 7000^{cl} ou 70^l de lie. Donc il n'y a que $1840^l - 70^l$, c-à-d que 1770^l de vin clair. Ces 1770^l coûtent $690^f,92$. Donc 1^l de vin clair coûte $690^f,92 : 1770$, ou $0^f,39$.

P. 84. Un ouvrier consomme pour $0^f,18$ de tabac par jour et un petit verre d'eau-de-vie qu'on lui vend $0^f,15$. S'il veut se corriger de ses habitudes, combien pourra-t-il se procurer de litres de vin avec ce qu'il pourrait économiser dans l'année, sachant que le double-décalitre de vin vaut $4^f,20$? — **S.** Il dépense ainsi, par jour, $0^f,18 + 0^f,15$, ou $0^f,33$; et, par an, $0^f,33 \times 365$, ou $120^f,45$. Le litre de vin coûte $4^f,20 : 20$, ou $0^f,21$. Il pourrait donc se procurer autant de litres de vin qu'il y a de fois $0^f,21$ dans $120^f,45$, c-à-d 573^l.

P. 85. Une fontaine fournit 120^{Hl} d'eau en 6^h ; une seconde, 380^{Hl} en 20^h ; et une troisième 180^{Hl} en 10^h. On demande combien ces fontaines réunies donneront d'hectolitres d'eau 1° par heure, 2° par jour. — **S.** En 1^h, la première fournit $120^{Hl} : 6$, ou 20^{Hl} ; la deuxième fournit $380^{Hl} : 20$, ou 19^{Hl} ; la troisième fournit $180^{Hl} : 10$, ou 18^{Hl}. En 1^h, les trois fontaines réunies donnent donc $20^{Hl} + 19^{Hl} + 18^{Hl}$, ou 57^{Hl}. En $1j$, c-à-d en 24^h, elles donnent $57^{Hl} \times 24$, ou 1368^{Hl}.

P. 86. On achète, à raison de $1^f,25$ le mètre carré, un terrain de $2^a,08$ pour l'emplacement d'une maison. Combien, pour payer cette acquisition, faudra-t-il livrer d'hectolitres de vin à raison de $0^f,32\frac{1}{2}$ le litre ? — **S.** $2^a,08 = 208^{mq}$. Le terrain coûte donc $1^f,25 \times 208$, ou 260^f. Le litre de vin coûte $0^f,325$; l'hectolitre coûte $32^f,5$. Donc il faudra livrer autant d'hectolitres qu'il y a de fois $32^f,5$ dans 260^f, c-à-d 8^{Hl}.

P. 87. Un agriculteur a vendu 15^{Hl} de froment à $21^f,50$ et 16^{Hl} de seigle à $18^f,75$. Il a employé ensuite son argent à l'achat d'un terrain au prix de 420^f l'are. Quelle est la superficie du terrain acheté? — **S.** La vente du froment a produit $21^f,50 \times 15$, ou $322^f,50$; celle du seigle a produit $18^f,75 \times 16$, ou 300^f. Le terrain a donc coûté $322^f,50 + 300^f$, ou $622^f,50$. Il contient autant d'ares qu'il y a de fois 420^f dans $622^f,50$, c-à-d $1^a,48$.

P. 88. On a semé 220^l de blé dans 1^{Ha} de terrain. Le rendement a été de 350 gerbes; 100 de ces gerbes ont donné 7^{Hl} de blé. Quel est le produit du litre de semence? — **S.** 100 gerbes donnent 7^{Hl}; donc 1 gerbe donne 7^l; donc tout le blé a donné $7^l \times 350$, ou 2450^l. Ainsi 220^l de semence produisent 2450^l. Donc 1^l de semence produit $2450^l : 220$, ou $11^l,1$.

P. 89. Un cultivateur a ensemencé de chanvre 4 pièces de terre. La première lui a fourni 54 demi-hectolitres de graine; la deuxième $8^{Hl},46$; la troisième 74 doubles-décalitres; et la quatrième, 182 décalitres. Combien d'hectolitres d'huile pourra-t-on retirer de cette graine, sachant que, pour avoir 12^l d'huile, il faut 1^{Hl} de graine? — **S.** La quantité totale de graine est $0^{Hl},5 \times 54 + 8^{Hl},46 + 0^{Hl},20 \times 74 + 18^{Hl},2$, ou $68^{Hl},46$. La quantité d'huile sera $12^l \times 68,46$, ou bien $821^l,52$.

P. 90. Un marchand de bois estime qu'un taillis pourra produire $1^{st},09$ par are et 7 fagots. Combien ce taillis donnera-t-il de stères et fagots, s'il a $138^m,4$ de longueur et $89^m,65$ de largeur? — **S.** Sa superficie est égale à $138,4 \times 89,65$, ou à $12407^{mq},56$, ou à $124^a,0756$. Le nombre des stères de bois sera donc $1^{st},09 \times 124,0756$, ou $135^{st},24$. Le nombre des fagots sera $7 \times 124,0756$ ou $868,5$.

Problème 91. On refuse de vendre $0^f,65$ le double-décalitre un tas de pommes de terre de 14^{Hl}. Deux mois après, on le vend $0^f,10$ de plus par décalitre, mais il s'en est gâté $3^{Hl},2$. Qu'a-t-on perdu ou gagné à attendre? — **Solution.** 1^{Hl} contient 5 doubles-décalitres. Donc le premier prix est de $0^f,65 \times 5$, ou de $3^f,25$ l'hectolitre. Donc, au premier prix, la vente eût produit $3^f,25 \times 14$, ou $45^f,50$. — Le deuxième prix de l'hectolitre est $3^f,25 + 0^f,10 \times 10$, ou de $4^f,25$. A ce prix, on ne vend que $14^{Hl} - 3^{Hl},2$, ou $10^{Hl},8$. On retire donc $4^f,25 \times 10,8$, ou $45^f,90$. — A attendre 2 mois, on n'a donc gagné que $45^f,90 - 45^f,50$, c-à-d que $0^f,40$.

P. 92. Combien coûteront 2750^{Kg} de houille à raison de 38^f les 1000^{Kg}, si l'on paye en outre $0^f,50$ par tonne métrique pour le transport? — **S.** 1^t revient à $38^f,50$. Or $2750^{Kg} = 2^t,750$. Donc les 2750^{Kg} de houille coûteront $38^f,50 \times 2,750$, ou $105^f,87$.

PROBLÈMES.   465

P. 93. Une lampe brûle 18^g d'huile à l'heure ; on la laisse allumée en moyenne 3^h 20^m par soirée. Sachant que 10^{Kg} de l'huile employée coûtent 16^f,20, quelle est la dépense pour 30^j ? — **S.** 3^h 20^m = 3^h + $\frac{1}{3}$, ou $\frac{10}{3}$ d'heure. La lampe brûle donc par soirée 18$^g \times \frac{10}{3}$, ou 60^g d'huile. En 1 mois, elle en brûle 60$^g \times$ 30, ou 1800^g, ou 1^{Kg},800. Or 1^{Kg} coûte 1^f,62. La dépense est donc de 1^f,62 $\times$ 1,800, ou de 2^f,91.

P. 94. Une caisse de bougies pesant 360^{Kg} a été vendue 2^f,80 le kilogramme. Elle est expédiée par grande vitesse à une ville située à 73^{Mm} de distance, et elle revient à 1123^f,63. Quel est le prix du transport par tonne et par kilomètre ? — **S.** La caisse a été vendue 2^f,80 $\times$ 360, ou 1008^f. Le transport a donc coûté 1123^f,63 — 1008^f, ou 115^f,63. Le prix par kilomètre est donc de $\frac{115^f,63}{73}$ pour 360^{Kg}. Pour 1^{Kg}, il sera de $\frac{115,63}{73 \times 360}$. Pour 1000^{Kg}, il sera de $\frac{115,63 \times 1000}{73 \times 360}$, c-à-d de 4^f,39.   p. 272

P. 95. Un litre d'huile pèse 9^{Hg} 6^g. Un fût contient 2$^{Hl} \frac{1}{4}$. Combien coûtera ce fût plein d'huile, à raison de 1^f,85 le kilog? — **S.** 9^{Hg}6^g = 906^g = 0^{Kg},906. Or 2^{Hl} + $\frac{1}{4}$ = 225^l. Donc le fût contient 225^l d'huile, qui pèsent 0^{Kg},906 $\times$ 225, ou 203^{Kg},850; et qui valent 1^f,85 $\times$ 203,850, c-à-d 377^f,12.

P. 96. Une volaille dont le poids brut est de 975^g a été payée 2^f,75. La préparation a occasionné un déchet de 1^{Hg} 25^g. Que vaudrait, aux mêmes conditions, une autre volaille pesant net 1^{Kg} 7^{Dg} ? — **S.** Le poids net de la première volaille est donc de 975^g — 125^g, c-à-d de 850^g. Donc 1^g revient à $\frac{2,75}{850}$, et 1070^g valent $\frac{2,75 \times 1070}{850}$, ou 3^f,46.

P. 97. Un marchand de grains a vendu 9000^f,50 du blé qu'il avait acheté 8045^f. Combien avait-il d'hectolitres, sachant qu'il a gagné 3^f,25 par 100^{Kg}, et que l'hectolitre de ce blé pesait 75^{Kg}? — **S.** Il a gagné 0^f,0325 par kilogramme, et par conséquent 0^f,0325 $\times$ 75 ou 2^f,43 par hectolitre. Son gain total est de 9000^f,50 — 8045^f, ou de 955^f,50. Il avait donc autant d'hectolitres qu'il y a de fois 2^f,43 dans 955^f,50, c-à-d 393^{Hl}.

P. 98. Un vase plein de lait pèse 2^{Kg},568; plein d'eau, il pèse 2^{Kg},500. La densité du lait est 1,034. Quelle est la capacité du vase, et quel est son poids ? — **S.** L'excès du poids du lait sur celui de l'eau est de 2^{Kg},568 — 2^{Kg},500, ou de 0^{Kg},068.

Or 1^l de lait pèse $0^{Kg},034$ de plus que 1^l d'eau. Donc le vase contient autant de litres qu'il y a de fois $0^{Kg},034$ dans $0^{Kg},068$, c-à-d 2^l. Ainsi la capacité du vase est de 2^l. — Or 2^l d'eau pèsent 2^{Kg}. Donc le vase pèse $2^{Kg},500 - 2^{Kg}$, ou $0^{Kg},500$.

P. 99. On refait les vins tournés en mêlant au vin 20^g par hectolitre d'acide tartrique, valant 6^f le kilog. Quelle dépense fera-t-on pour traiter ainsi 3 barriques de 228^l chacune ? — **S.** $228^l = 2^{Hl},28$. Les 3 barriques contiennent $2^{Hl},28 \times 3$, ou $6^{Hl},84$. Donc il faudra $20^g \times 6,84$, c-à-d $136^g,80$, ou $0^{Kg},1368$ d'acide tartrique. La dépense sera donc de $6^f \times 0,1368$, ou de $0^f,82$.

P. 100. Pour faire de la bière, un brasseur achète 28 quintaux d'orge, à raison de $22^f,60$ le sac de 128^{Kg}, et il en emploie $6^l \frac{1}{2}$ par hectolitre de bière. Combien pourrait-il, avec cette quantité, fabriquer de tonnes de 2^{Hl}, sachant qu'un décalitre d'orge pèse $11^{Kg},9$? Quel sera le prix de l'orge employée ? — **S.** 1^l d'orge pèse $1^{Kg},19$. Pour faire 1^{Hl} de bière, il faut donc $1^{Kg},19 \times 6,5$, ou $7^{Kg},735$; et pour 2^{Hl}, il en faut $15^{Kg},47$. Le brasseur pourra donc faire autant de tonnes de 2^{Hl}, qu'il y a de fois $15^{Kg},47$ dans 2800^{Kg}, c-à-d 181. Or 1^{Kg} d'orge coûte $\frac{22^f,60}{128}$; les 2800^{Kg} coûtent donc $\frac{22,60 \times 2800}{128}$, ou $494^f,37$.

Problème 101. Un marchand de blé en a acheté 335^{Hl} à 196^f les 8^{Hl}, et il le revend à raison de 175^f les 7^{Hl}. Quel sera son bénéfice total ? — **Solution.** Chaque hectolitre a coûté $196^f : 8$, ou $24^f,50$; et a été vendu $175^f : 7$, ou 25^f. Le bénéfice a donc été par hectolitre de $0^f,50$. Le bénéfice total a été de $0^f,50 \times 335$, c-à-d de $167^f,50$.

P. 102. On a vendu 16 doubles-décalitres de blé, à raison de $31^f,50$ l'hectolitre, et on reçoit en payement du savon à $75^f,20$ les 100^{Kg}. Combien reçoit-on de kilogrammes de savon ? — **S.** Le prix de 1^{Dl} est $3^f,15$. Le prix total du blé est donc de $3^f,15 \times 2 \times 16$, ou de $100^f,80$. — Le savon coûte $0^f,752$ le kilogramme. On en reçoit autant de kilogrammes, qu'il y a de fois $0^f,752$ dans $100^f,80$, c-à-d 134^{Kg}.

P. 103. Le litre d'huile pèse $9^{Hg},05$. Que pèsent 20^{Dl} de cette huile et combien coûtent-ils, à raison de 250^f les 100^{Kg} ? — **S.** $20^{Dl} = 200^l$; $9^{Hg},05 = 0^{Kg},905$. Donc les 20^{Dl} d'huile pèsent $0^{Kg},905 \times 200$, ou 181^{Kg}. Or 1^{Kg} d'huile vaut $2^f,50$. Donc les 20^{Dl} valent $2^f,50 \times 181$, ou $452^f,50$.

PROBLÈMES. 467

P. 104. Un vase rempli de mercure pèse $8^{Kg},5$. Le même vase vide ne pèse que 950^g. La densité du mercure est $13,60$. Quelle est la capacité du vase ? — **S.** Le poids du mercure est $8^{Kg},5 - 0^{Kg},950$, c-à-d $7^{Kg},550$. Ce poids d'eau aurait un volume de $7^l,550$. Le volume du mercure, c-à-d le volume du vase, sera $7^l,550:13,60$, ou $0^l,555$.

P. 105. Un épicier reçoit 10 caisses de morue, du poids brut de $12^{Kg}\ 9^{Hg}\ 5^{Dg}$ chacune. Il paye $49^f,20$ pour cette marchandise et 9^f de port. A combien lui revient le kilog., si le poids de l'emballage est de 40^{Kg} ? — **S.** Le poids total brut est de $12^{Kg},95 \times 10$, ou $129^{Kg},5$; le poids net est de $129^{Kg},5 - 40^{Kg}$, ou de $89^{Kg},5$. Le prix total est de $49^f,20 + 9^f$, ou de $58^f,20$. Donc 1^{Kg} revient à $58^f,20 : 89,5$, c-à-d à $0^f,65$.

P. 106. Pour faire une paire de bas, une jeune fille p. 273 achète 4^{Hg} de laine à $7^f,50$ le kilog. Il lui en reste 28^g. Chez le marchand, la paire de bas aurait coûté $4^f,75$. Combien la jeune fille a-t-elle gagné en la tricotant elle-même ? — **S.** Elle a employé $400^g - 20^g$, ou 380^g, ou $0^{Kg},380$ de laine. Cette laine a coûté $7^f,50 \times 0,380$, ou $2^f,40$. La jeune fille a donc gagné $4^f,75 - 2^f,40$, c-à-d $2^f,35$.

P. 107. Un épicier a acheté 12 pains de sucre pour 198^f, à raison de $0^f,75$ les 500^g. Quel était le poids de chaque pain ? — **S.** 1^{Kg} coûte $0^f,75 \times 2$, ou $1^f,50$. On a donc autant de kilogrammes de sucre qu'il y a de fois $1^f,50$ dans 198^f, ou 132^{Kg}. Chaque pain pèse $132^{Kg} : 12$, c-à-d 11^{Kg}.

P. 108. On a acheté $3^{Kg},7$ de café pour $12^f,80$. Quel est le prix de l'hectogramme ? — **S.** $3^{Kg},7 = 37^{Hg}$. Donc 1^{Hg} coûte $12^f,80 : 37$, c-à-d $0^f,34$.

P. 109. La farine d'un litre de blé donne 1^{Kg} de pain. L'hectolitre et demi de blé pesant 120^{Kg} coûte 24^f. Les frais de mouture et de fabrication du pain sont de $5^f,75$ par quintal de blé. Quel est le prix de 1^{Kg} de pain ? — **S.** Pour faire 1^{Kg} de pain, il faut 1^l de blé, qui coûte $24^f : 150$, ou $0^f,16$. — Pour 100^{Kg} de blé, les frais sont $5^f,75$. Or 120^{Kg} de blé correspondent à 150^l ; 1^{Kg} à $\frac{150}{120}$, ou à $1^l,25$, et 100^{Kg} de blé à 125^l. Donc les frais sont, pour 1^l, de $\frac{5^f,75}{125}$, ou de $0^f,046$. — Donc 1^{Kg} de pain revient à $0^f,16 + 0^f,046$, c-à-d à $0^f,206$.

P. 110. Le poids de l'hectolitre de bon blé est d'environ 80^{Kg}. On demande quel sera le poids du blé récolté dans un champ qui a produit 3 954 gerbes, sachant que 9 gerbes fournissent $\frac{1}{2}$ hectolitre de blé. — **S.** 1 gerbe donne $\frac{0^{Hl},5}{9}$. Donc

3954 gerbes donnent $\frac{0^{Hl}5 \times 3954}{9}$; et le poids de tout ce blé est de $\frac{80^{Kg} \times 0,5 \times 3954}{9}$, c-à-d de 17573^{Kg}.

Problème 111. A 9^f,30 le quintal de luzerne, quel est le prix de 4 bottes pesant 5^{kg} chacune ? — **Solution.** 1^{kg} coûte 0^f,093 ; donc les 4 bottes coûtent 0^f,093 × 5 × 4, ou 1^f,86.

P. 112. On sème ordinairement 235^l de blé et on récolte 28^{Hl} par hectare. Quelle quantité de blé faut-il pour 3^{Ha} 5^a, 42 ? Quel poids de blé récoltera-t-on si 1^{Hl} pèse 78^{Kg},4 ? — **S.** Il faut semer 235^l × 3,0542, ou 717^l,737. On récoltera 28^{Hl} × 3,0542, ou 85^{Hl},5176, qui pèseront 87^{Kg},4 × 85,5176, ou 6704^{Kg},5.

P. 113. Un marchand offre de vendre de l'huile d'olives, dont le litre pèse 920^g, soit à raison de 3^f le litre, soit à 3^f,50 le kilog. Quel est le mode le plus avantageux ? — **S.** 1^l coûtant 3^f, les 920^g qu'il pèse coûtent 3^f ; donc 1^g coûte $\frac{3}{920}$, et 1^{Kg} coûte $\frac{3 \times 1000}{920}$, ou 3^f,26. Donc c'est le premier mode qui est le plus avantageux.

P. 114. Un champ de 7^{Ha} 32^a 22^{ca} a produit 17^{Hl} de froment à l'hectare. L'hectolitre de froment pèse 79^{Kg}. On demande : 1° quelle est la récolte totale du champ en doubles-décalitres ; 2°· quelle somme la vente de la récolte a produite, à raison de 26^f les 100^{Kg} ? — **S.** La récolte totale est de 17^{Hl} × 7,3222, ou de 124^{Hl},4774, ou de 1244^{Dl},774, ou de 622 doubles-décalitres. — La vente de toute la récolte a produit 0^f,26 × 79 × 124,4774, c-à-d 2556^f,76.

P. 115. Une lampe brûle 4^{Dg} d'huile par heure et reste allumée en moyenne 3$^h\frac{1}{2}$ par jour. Quelle a été la dépense d'éclairage d'un ménage depuis le 1er novembre 1878 jusqu'au 31 mars 1879, le kilogramme d'huile coûtant 1^f,25 ? — **S.** 1^f,25 × 0,04 × 3,5 × 151, c-à-d 26^f,425.

P. 116. Un champ de 2^{Ha},50, ensemencé de blé, a donné 3407^l,5 de grain et 4425^{Kg} de paille. Le prix moyen du grain est de 4^f,124 le double-décalitre, et la paille se vend 2^f,80 le quintal. Quelle est la valeur totale de la récolte ? — **S.** 20^l de grain valent 4^f,124. Donc 1^l vaut 4^f,124 : 20, ou 0^f,2062. — 1^{Kg} de paille vaut 2^f,80 : 100, ou 0^f,0280. — La valeur de tout le blé est donc de 0^f,2062 × 3407,5, ou de 702^f,62. La valeur de toute la paille est de 0^f,028 × 4425, ou de 123^f,90. La valeur totale de la récolte est de 702^f,62 + 123^f,90, c-à-d de 826^f,52.

P. 117. Une famille consomme par jour 6^{Kg} de pain. S'il faut 4^{Kg} de farine pour faire 5^{Kg} de pain, et si 312^l de blé donnent $1^Q,57$ de farine, combien cette famille a-t-elle consommé de quintaux de blé en une année de 365^j, l'hectolitre de blé pesant 75^{Kg} ? — **S.** Pour faire 1^{Kg} de pain, il faut $\frac{4^{Kg}}{5}$, ou $0^{Kg},8$ de farine. Pour obtenir 157^{Kg} de farine, il faut 312^l de blé; pour obtenir 1^{Kg} de farine, il en faut $\frac{312}{157}$; pour obtenir $0^{Kg},8$, il en faut $\frac{312 \times 0,8}{157}$, c-à-d $1^l,589$. Or 1^l de blé pèse $0^{Kg},75$. Donc $1^l,589$ de blé pèse $0^{Kg},75 \times 1,589$, ou $1^{Kg},19175$. Donc, pour faire 1^{Kg} de pain, il faut $1^{Kg},191$ de blé. La famille en question a donc consommé un poids de blé égal à $1^{Kg},191 \times 6 \times 365$ ou à $2609^{Kg},9$, ou à $26^Q,099$.

P. 118. Un vase plein d'eau pèse 450^{Dg}. Le vase seul pèse 1^{Kg} 3^{Dg}. Quelle est en litres la capacité du vase ? — **S.** Le poids de l'eau est $4^{Kg},500 - 1^{Kg},030$, c-à-d $3^{Kg},470$. La capacité du vase est donc de $3^l,470$.

P. 119. Cent kilog. de betteraves donnent en moyenne 6^{Kg} de sucre et 4^{Kg} de mélasse. Quel est en sucre et en mélasse le produit d'un champ de betteraves d'une contenance de 3^{Ha} 7^a, donnant $32\,000^{Kg}$ de betteraves par hectare ? — **S.** Le champ produit $32\,000^{Kg} \times 3,07$, ou 98240^{Kg}, ou $982^Q,4$ de betteraves. Le produit en sucre est donc de $6^{Kg} \times 982,4$, ou de $5894^{Kg},4$. Le produit en mélasse est de $4^{Kg} \times 982,4$, ou de $3929^{Kg},6$.

P. 120. Une barrique contient 20^{Dl} 31^{dl} d'huile estimée 250^f les 100^{Kg}. Quelle est la valeur de cette huile, le poids étant de 915^g ? — **S.** Toute cette huile pèse $0^{Kg},915 \times 203,1$, ou $185^{Kg},836$. Donc elle vaut $2^f,50 \times 185,836$, ou $464^f,59$.

Problème 121. Quel est le prix de la cargaison d'un navire de 900 tonneaux, sachant que le prix du quintal de la marchandise dont il est chargé est de $396^f,75$? — **Solution.** 1 tonneau vaut 10 quintaux et coûte par conséquent $3967^f,50$. Le prix de la cargaison est donc de $3967^f,50 \times 900$, ou de $3\,570\,750^f$.

P. 122. Le litre d'huile pèse 947^g; $1^{Hl},40$ qui avaient été achetés à $147^f,50$ l'hectolitre ont été revendus à raison de $212^f,15$ l'hectolitre. Combien a-t-on gagné : 1° sur le tout; 2° par litre ; 3° par kilog.; 4° pour cent sur le prix d'achat ? — **S.** Le prix d'achat a été de $147^f,50 \times 1,40$, ou de $206^f,50$; le prix de vente, de $212^f,50 \times 1,40$, ou de $297^f,01$. On a gagné sur le tout $297^f,01 - 206^f,50$, ou $90^f,51$. Par litre, le gain a été de $90^f,51 : 140$, ou de $0^f,646$. Le poids total est de $0^{Kg},947 \times 140$, ou de $132^{Kg},58$;

donc le gain par kilogramme est de 90^f,51 : 132,58, ou de 0^f,682. Pour 206^f,50, prix d'achat, le bénéfice est de 90^f,51. Pour 1^f, il est $\frac{90,51}{206,50}$; Pour 100^f, il est de $\frac{90,51 \times 100}{206,50}$, c-à-d de 43^f,83.

P. 123. On offre à un cultivateur d'acheter son blé à 19^f,75 l'hectolitre. Il préfère le vendre à raison de 29^f les 100^{Kg}, parce qu'il sait que, de la sorte, il en retirera en somme 14^f,50 de plus. Sachant que ce blé pèse 75^{Kg} l'hectolitre, dire le nombre de doubles-décalitres vendus par le cultivateur. — **S.** A 29^f les 100^{Kg}, le kilogramme vaut 0^f,29, et l'hectolitre 0^f,29 $\times$ 75, ou 21^f,75. A ce prix, on gagne donc par hectolitre 21^f,75 — 19^f,75, c-à-d 2^f ; et par conséquent, par double-décalitre, 2^f $\times$ 0,2, ou 0^f,40. On a donc vendu autant de doubles-décalitres qu'il y a de fois 0^f,40 dans 14^f,50, c-à-d 36,25.

P. 124. Le poids d'un litre d'huile est de 915^g. Un vase plein d'huile pèse 13^{Kg},725. Le poids du vase seul est les $\frac{2}{15}$ du poids total. 1° Combien ce vase contient-il de litres ? 2° Quelle est la valeur de l'huile, à raison de 220^f l'hectolitre ? — **S.** L'huile pèse les $\frac{13}{15}$ du poids total, ou 13^{Kg},725 $\times \frac{13}{15}$, ou 11^{Kg},895. Le vase contient autant de litres qu'il y a de fois 0^{Kg},915 dans 11^{Kg},895, ou 13^l. La valeur de l'huile est de 2^f,20 $\times$ 13, c-à-d de 28^f,60.

P. 125. Calculez le poids d'une somme de 2748^f, sachant qu'elle se compose de 2630^f en or, 115^f en argent, et le reste en bronze ? — **S.** Les 2630^f en or pèsent autant de grammes qu'il y a de fois 3^f,10 dans 2630^f, c-à-d 848^g,38. Les 115^f en argent pèsent 5^g $\times$ 115, ou 575^g. Le reste est de 2748^f — 2630^f — 115^f, c-à-d de 3^f ; il vaut 300^c, et, en monnaie de bronze, pèse 300^g. Le poids total est donc de 848^g,38 + 575^g + 300^g, c-à-d de 1723^g,38.

P. 126. Combien faut-il de pièces de 5^f en argent, pour faire équilibre à un vase contenant 3^l,25 d'eau, et qui pèse vide 52^{Dg},5 ? — **S.** Ce vase plein pèse 3250^g + 525^g, ou 3775^g. Une pièce de 5^f pèse 25^g. Il faut donc autant de ces pièces qu'il y a de fois 25 dans 3775, c-à-d 151 pièces.

P. 127. Quelle est la quantité d'argent pur contenu dans 8 pièces de 5^f et 10 pièces de 2^f ? — **S.** Les 8 pièces de 5^f pèsent 25^g $\times$ 8, ou 200^g ; elles contiennent 200^g $\times$ 0,900, ou 180^g d'argent pur. Les 10 pièces de 2^f pèsent 10^g $\times$ 10, ou 100^g ; elles contiennent 100^g $\times$ 0,835, ou 83^g,5 d'argent pur. Le poids total de l'argent pur est donc 180^g + 83^g,5, c-à-d 263^g,5.

P. 128. Un marchand achète, dans un village, 410^m de pommes de terre à 4^f,60 l'un, et paye le tout en monnaie d'argent. Quel est, en kilog., le poids de la somme ? — **S.** 5ᵍ×4,60×410, ou 9430ᵍ, ou 9ᴷᵍ,430.

P. 129. Combien pourrait-on fabriquer de pièces de 0ᶠ,20, avec un lingot d'argent pur pesant 1164825ᵐᵍ ? — **S.** 1 pièce de 0ᶠ,20 pèse 1ᵍ et contient 1ᵍ×0,835 ou 0ᵍ,835, ou 835ᵐᵍ d'argent pur. On pourra donc fabriquer autant de pièces qu'il y a de fois 835 dans 1164825, c-à-d 1395.

P. 130. On pèse du café avec 41 pièces de 5ᶠ, une pièce de 2ᶠ et 3 pièces de 1ᶠ. Le kilog. de café vaut 4ᶠ,50. Quels sont le poids et la valeur de ce café ? — **S.** Le poids du café est 25ᵍ×41 + 10ᵍ + 5ᵍ×3, ou 1050ᵍ, ou 1ᴷᵍ,050. La valeur est de 4ᶠ,50×1,050, c-à-d de 4ᶠ,725.

Problème 131. Les $\frac{5}{9}$ de la valeur d'une somme de 8100ᶠ sont en or, et le reste en argent; on demande le poids de cette somme. — **Solution.** Les $\frac{5}{9}$ de 8100ᶠ font 4500ᶠ. En or, 4500ᶠ pèsent autant de grammes qu'il y a de fois 3ᶠ,10 dans 4500ᶠ, c-à-d 1451ᵍ. Le reste, ou 3600ᶠ, étant en argent pèse 5ᵍ×3600, c-à-d 18000ᵍ. Le poids total est donc 1451ᵍ + 18000ᵍ, ou 19451ᵍ, ou 19ᴷᵍ,451.

P. 132. Un enfant peut soulever un poids de 35ᴷᵍ. Quelle somme peut-il soulever en argent, en or, en bronze ? — **S.** 35ᴷᵍ, ou 35000ᵍ valent : en argent 0ᶠ,20×35000 ou 7000ᶠ; en or, 3ᶠ,10×35000, ou 108500ᶠ; en bronze, 0ᶠ,01×35000, ou 350ᶠ.

P. 133. On met sur le plateau d'une balance 16 pièces de 5ᶠ en argent. Combien de pièces en or, de 20ᶠ, faudra-t-il mettre dans l'autre plateau pour faire équilibre ? — Combien de pièces de 0ᶠ,10 en bronze ? — **S.** Ces 16 pièces de 5ᶠ pèsent 25ᵍ×16 ou 400ᵍ. — Or 400ᵍ d'or valent 3ᶠ,10×400, ou 1240ᶠ, ou 62 pièces de 20ᶠ. Donc, pour l'équilibre, il faudra 62 pièces de 20ᶠ. — Enfin, 400ᵍ en monnaie de bronze valent 400ᶜ, ou 40 pièces de 0ᶠ,10.

P. 134. Combien y a-t-il de grammes de cuivre dans une somme d'argent qui pèse autant que $7^l\frac{3}{4}$ de vin, le poids du vin étant les $\frac{9}{10}$ du poids de l'eau à volume égal ? La somme est en pièces de 5ᶠ. — **S.** $7^l\frac{3}{4}$, ou 7ˡ,75 d'eau pèsent 7ᴷᵍ,75. La même quantité de vin pèse 7ᴷᵍ,75×0,9, ou 6ᴷᵍ,975. Or l'argent des pièces de 5ᶠ contient 0,1 de cuivre. Donc le poids du cuivre est 6ᴷᵍ,975×0,1, ou 0ᴷᵍ,6975, ou 697ᵍ,5.

472 APPENDICE.

P. 135. Combien faut-il de pièces de $0^f,50$ en argent pour faire équilibre à 4^{cmc} plus $0^l,075$ d'eau pure? — **S.** Cette quantité d'eau pèse $4^g + 75^g$, ou 79^g. Une pièce de $0^f,50$ pèse $2^g,5$. Donc il faut autant de pièces de $0^f,50$ qu'il y a de fois $2^g,5$ dans 79^g, c-à-d 31 pièces.

P. 136. Une somme en or pèse 3^{Hg}. Avec cette somme, combien pourra-t-on acheter de pains de 2^{Kg}, à raison de $0^f,20$ le demi-kilog.? — **S.** Ce poids d'or vaut $3^f,10 \times 300$, ou 930^f. Un pain de 2^{Kg} coûte $0^f,20 \times 2 \times 2$, ou $0^f,80$. On pourra donc acheter autant de pains qu'il y a de fois $0^f,80$ dans 930^f, c-à-d $1162,5$.

P. 137. Les $\frac{3}{4}$ des $\frac{5}{6}$ d'une somme en argent valant 300^f; dire quelle est cette somme et à quel volume d'eau elle ferait équilibre? — **S.** Les $\frac{3}{4}$ de $\frac{5}{6}$ font $\frac{5}{8}$. Les $\frac{5}{8}$ de cette somme valant 300^f, le huitième vaut $\frac{300}{5}$, et les 8 huitièmes valent $\frac{300 \times 8}{5}$, ou 480^f. Cette somme pèse $5^g \times 480$, ou 2400^g, ce qui est le poids de 2400^{cmc} d'eau, ou de $2^l,400$.

P. 138. Un bassin a une contenance totale de $647\,465^l$. Une pompe avec laquelle on veut le vider débite 50^{mc} en $10^h\,20^m$. Combien de temps mettra-t-on à le vider? — **S.** La pompe débite $50\,000^l$ en 620^m. En 1^m, elle débite donc $50\,000^l : 620$, ou $80^l,645$. Il faudra donc, pour vider le bassin, autant de minutes qu'il y a de fois $80^l,645$ dans $647\,465^l$, ou 8028^m, ou $5j\,13^h\,48^m$.

P. 139. Deux voituriers partent en même temps l'un de Troyes et l'autre de Bar-sur-Aube. Le 1er fait 4^{Km} à l'heure, le deuxième en fait 5. De combien se rapprochent-ils en 1^h? Au bout de combien de temps se rencontrent-ils, et à quelle distance de ces 2 villes, s'ils suivent la même route qui les relie et qui a une longueur de 63^{Km}? — **S.** Ils se rapprochent de $4^{Km} + 5^{Km}$, ou de 9^{Km} en 1^h. Il s'écoulera donc autant d'heures avant leur rencontre qu'il y a de fois 9^{Km} dans 63^{Km}, c-à-d 7^h. Le point où ils se rencontreront sera à une distance de Troyes égale à $4^{Km} \times 7$, ou à 28^{Km}; et à une distance de Bar-sur-Aube égale à $5^{Km} \times 7$, ou à 35^{Km}.

P. 140. Le pourtour du département de la Côte-d'Or est de 490^{Km}. Une personne désire en faire le tour dans les conditions suivantes : elle marchera 4^h par jour en parcourant 930^m en 15^m. Combien de mois et de jours mettra-t-elle pour accomplir ce trajet? — **S.** 15^m font 1 quart d'heure. La personne parcourt donc par heure $930^m \times 4$, ou 3720^m, et par jour $3720^m \times 4$,

p. 276

PROBLÈMES.   473

ou 14880^m, ou 14^{Km},880. Il lui faudra donc autant de jours qu'il y a de fois 14^{Km},880 dans 490^{Km}, ou 32^j,9, ou en nombres ronds 33^j, c-à-d 1 mois 3 jours.

Problème 141. Quelle est la distance que parcourra, de 7^h $\frac{3}{4}$ du matin à 11^h 12^m du matin, un voyageur qui fait 2^{Hm} en 2^m $\frac{1}{2}$? — **Solution.** Ce voyageur parcourt 0^{Km},2 en 2^m,5. En 1^m, il parcourt 0^{Km},08. Or, de 7^h 45^m à 11^h 12^m, il s'écoule 3^h 27^m, ou 207^m. En ce temps, le voyageur parcourt 0^{Km},08 $\times$ 207, ou 16^{Km},56.

P. 142. Vingt-huit ouvriers, travaillant 10^h par jour pendant 18^j, ont fait un ouvrage de 594^m de long. Combien de mètres feraient 15 de ces ouvriers, en 30 journées de 12^h? — **S.** 1^{ouv}, travaillant 10^h par jour, pendant 18^j, fera $\frac{594^m}{28}$. S'il ne travaille qu'une heure par jour, il fera $\frac{594^m}{28 \times 10}$. S'il ne travaille que 1^j, il fera $\frac{594^m}{28 \times 10 \times 18}$. En 30 journées de 12^h, quinze de ces ouvriers feront donc $\frac{594^m \times 15 \times 12 \times 30}{28 \times 10 \times 18}$, c-à-d 636^m,42.

P. 143. On a acheté 10^l de vin de Roussillon pour 6^f; on y ajoute 5^l d'eau; quel est le prix du litre du mélange? — **S.** Le mélange coûte 6^f et se compose de 15^l. Donc 1^l du mélange coûte 6^f : 15, c-à-d 0^f,40.

P. 144. Un instituteur distribue 103 bons points entre ses 4 premiers élèves. Émile a fait 2 fautes, Henri 3, Jules 4 et Paul 7. Combien chacun doit-il avoir de bons points? — **S.** Les 103 bons points doivent être partagés en raison inverse du nombre des fautes, c-à-d proportionnellement aux fractions $\frac{1}{2}, \frac{1}{3}, \frac{1}{4}$ et $\frac{1}{7}$, ou aux fractions égales $\frac{42}{84}, \frac{28}{84}, \frac{21}{84}, \frac{12}{84}$, ou aux numérateurs 42, 28, 21, 12. Or la somme de ces 4 numérateurs est précisément 103. Donc Émile aura 42 bons points, Henri en aura 28, Jules 21 et Paul 12.

P. 145. Partagez 4267 proportionnellement aux fractions $\frac{3}{4}, \frac{5}{6}, \frac{7}{9}$. — **S.** Ces fractions sont égales à $\frac{81}{108}, \frac{90}{108}, \frac{84}{108}$. Donc il suffit de partager 4267 en parties proportionnelles à 81, 90 et 84. On trouve 1355,4; 1506; 1405,6.

P. 146. La densité du lait est 1,03. Si l'on fait un mélange contenant $\frac{1}{10}$ d'eau, combien pèsera 1^l de ce mélange? — **S.** Sur 1^l du mélange, il y aura 0^l,1 d'eau et 0^l,9 de lait pur. Or

$0^l,1$ d'eau pèse $1^{Kg} \times 0,1$, ou $0^{Kg},1$; et $0^l,9$ de lait pèsent $1^{Kg},03 \times 0,9$, ou $0^{Kg},927$. Donc 1^l du mélange pèsera $0^{Kg},1 + 0^{Kg},927$, c-à-d $1^{Kg},027$.

P. 147. Quelle quantité d'argent faut-il ajouter à 395^g de cuivre pour avoir un alliage propre à faire des pièces de 5^f, et quelle somme obtiendra-t-on ainsi? — **S.** Dans les pièces de 5^f, le poids de l'argent pur est 9 fois plus grand que celui du cuivre. Donc il faudra ajouter $395^g \times 9$, ou 3555^g d'argent. L'alliage pèsera $395^g + 3555^g$, ou 3950^g, et vaudra $0^f,20 \times 3950$, ou 790^f.

P. 148. Une pièce de vin de 136^l a coûté 80^f l'hectolitre; les frais de transport se sont élevés à $10^f,20$; combien faudra-t-il ajouter de litres d'eau, pour qu'une bouteille de 1^l du mélange revienne à $0^f,50$? — **S.** Cette pièce de vin a coûté $80^f \times 1,36 + 10^f,20$, c-à-d 119^f. Donc le mélange reviendra à 119^f. Il contiendra autant de litres qu'il y a de fois $0^f,50$ dans 119^f, c-à-d 238^l. Sur ces 238^l, il n'y en a que 136 de vin pur; donc il y a $238^l - 136^l$, c-à-d 102^l d'eau.

P. 149. Combien faut-il allier de grammes de cuivre à 8^g d'argent pur pour obtenir un alliage qui vaille $0^f,18$ le gramme, au change des monnaies? — **S.** Si, dans l'alliage, on ne compte que l'argent pur, et si on lui donne la valeur qu'il a dans nos monnaies, on raisonnera de la manière suivante: Dans 1 pièce de 1^f, il y a $4^g,5$ d'argent pur; donc $4^g,5$ d'argent pur valent 1^f; donc 1^g d'argent pur vaut $\frac{1^f}{4,5}$; donc 8^g d'argent pur valent $\frac{8^f}{4,5}$, ou $1^f,777$. Par conséquent, l'alliage cherché pèsera autant de grammes qu'il y a de fois $0^f,18$ dans $1^f,777$, c-à-d $9^g,87$. Or, il n'y a que 8^g d'argent pur, donc le poids du cuivre ajouté est de $1^g,87$.

P. 150. Un litre de lait donne en moyenne $0^l,15$ de crème, et 1^l de crème donne $0^{Kg},25$ de beurre. Combien 100^l de lait peuvent ils donner de beurre? — **S.** 100^l de lait donnent $0^l,15 \times 100$, ou 15^l de crème. Or 1^l de crème donne $0^{Kg},25$ de beurre. Donc 15^l de crème donnent $0^{Kg},25 \times 15$, ou $3^{Kg},75$ de beurre. Donc 100^l de lait donnent $3^{Kg},75$ de beurre.

Problème 151. Quelle somme faut-il placer à 5% pendant 1 an, pour avoir, capital et intérêts compris, de quoi acheter 275^{Hl} de blé pesant chacun $75^{Kg},6$, à raison de $34^f,50$ le quintal métrique? — **Solution.** 1^{Kg} de blé vaut $0^f,345$. Donc tout ce blé vaut $0^f,345 \times 75,6 \times 275$, ou $7172^f,55$. Or, pour avoir 105^f en 1 an, capital et intérêts compris, il faut placer 100^f. Pour avoir 1^f, il faut placer $\frac{100^f}{105}$. Pour avoir $7172^f,55$, il faut placer $\frac{100 \times 7172,55}{105}$, c-à-d 6831^f.

PROBLÈMES. 475

P. 152. Un fermier a vendu 180 sacs de blé pesant chacun 189^{Kg}, au prix de 29^f,50 le quintal métrique. Quel revenu se fera-t-il par an et par jour, s'il place l'argent de cette vente à 4,25 °/₀ par an ? — **S.** Cette vente produit 29^f,50×1,89×150, ou 8363^f,25. Or 100^f rapportent 4^f,25 par an. Donc 1^f rapporte 0^f,0425, et 8363^f,25 rapportent 0^f,0425×8363^f,25, c-à-d 355^f,43. Tel est le revenu par an. Le revenu par jour sera de 355^f,43 : 355, c-à-d de 0^f,97.

P. 153. A quel taux a été placée une somme de 800^f qui p. 277 rapporte 114^f d'intérêts simples en 3 ans ? — **S.** En 1 an, ces 800^f rapportent 114^f : 3, ou 38^f. Donc 100^f rapportent 38^f : 8, ou 4^f,75. Tel est le taux.

P. 154. Pendant combien de temps faut-il placer 900^f à 5 °/₀ pour retirer, au bout de ce temps, 936^f, tant en principal qu'en intérêts ? — **S.** L'intérêt produit est de 36^f. Or pour que 900^f produisent 45^f, il faut les placer pendant 1^{an} ou 360j. Pour qu'ils produisent 1^f, il faut les placer pendant $\frac{360j}{45}$. Pour qu'ils produisent 36^f, il faut les placer pendant $\frac{360j \times 36}{45}$, c-à-d pendant 288j.

P. 155. Un libraire achète 8 douzaines de volumes à 3^f,50 la pièce, il reçoit le 13me gratis, et on lui fait une remise au comptant de 3 °/₀ du prix d'achat. Combien faudra-t-il qu'il vende chaque volume pour gagner 98^f sur le tout ? — **S.** Le nombre des volumes est 13×8, ou 104. Le prix est 3^f,50×12×8, ou 336^f. Or on fait une remise égale à 336^f×0,03, c-à-d à 10^f,08. Donc les 104 volumes ne coûtent que 336^f − 10^f,08, ou 325^f,92. On veut vendre le tout 325^f,92 + 98, ou 423^f,92. Donc il faudra vendre chaque volume 423^f,92 : 104, ou 4^f,07, ou en nombres ronds 4^f,10.

P. 156. Combien pourrait-on acheter de rente 3 °/₀ au cours de 82^f,50 avec le produit de la vente d'un terrain rectangulaire ayant 151^m,75 de longueur et 68^m de largeur, à raison de 3 420^f le journal ? — Le journal est une ancienne mesure locale, valant 28^a,50. — **S.** Le journal vaut 2850^{mq}. Donc 2850^{mq} du terrain valent 3420^f. Donc 1^{mq} vaut $\frac{3420^f}{2850}$, ou 1^f,20. La surface du terrain considéré est de 151,75×68, ou 10319^{mq}. Son prix est donc de 1^f,20×10319 ou de 12382^f,80. Or, 1^f de rente coûte 82^f,50 : 3, ou 27^f,50. Donc on pourra acheter autant de francs de rente qu'il y a de fois 27^f,50 dans 12382^f,80, c-à-d 450^f de rente.

P. 157. Un capital de 25 465^f a été placé pendant 3 ans 5 mois ; quel intérêt a-t-il rapporté ? — **S.** Le taux n'étant pas donné, choisissons le taux de 6 °/₀ qui est le plus usité dans le commerce. En 1 an, 100^f rapportent 6^f, et en 1 mois ils rapportent 0^f,50. Donc en 3 ans 5 mois, ils rapportent 6^f×3 + 0^f,50×5, ou

476   APPENDICE.

20^f,50. Dans le même temps, 1^f rapporte 0^f,205. Donc 25465^f rapportent 0^f,205 × 25465, ou 522^f,32.

P. 158. On achète 295^m,50 de drap à 3^f,40 le mètre. Le marchand fait une remise de 3 %. Que doit-on payer ? — **S.** Le prix est de 3^f,40 × 295,50, ou de 1004^f,70. La remise est de 1004^f,70 × 0,03, ou de 30^f,14. On doit payer 1004^f,70 − 30^f,14, ou 974^f,56.

P. 159. En supposant que le loyer d'une terre soit 3 % de sa valeur, quelle serait la longueur d'un champ rectangulaire loué 45^f,63, qui vaut 45^f l'are, et dont la largeur est de 52^m? — **S.** Les 3 centièmes de la valeur du champ sont de 45^f,63. Donc 1 centième est de 35^f,53 : 3, ou de 15^f,21. Donc la valeur du champ est de 1521^f. Ce champ contient autant d'ares qu'il y a de fois 45^f dans 1521^f, c-à-d 33^a,8 ou 3380^{mq}. Sa largeur est de 52^m. Donc sa longueur est de 3380 : 52, c-à-d de 65^m.

P. 160. Un marchand vend des grains pour la somme de 2 475^f. Combien lui ont-ils coûté, sachant qu'il a gagné 10 % sur le prix de vente ? — **S.** Si le prix d'achat était 10^f, le bénéfice serait 1^f, et le prix de vente 11^f. Donc le prix d'achat est les 10 onzièmes du prix de vente. Donc le prix d'achat cherché est 2475^f × $\frac{10}{11}$, c-à-d 2250^f.

Problème 161. Est-il plus avantageux de placer 2 500^f de manière à avoir 140^f d'intérêt annuel, ou de les placer de manière à avoir 83^f,50 d'intérêts en 7 mois? — **Solution.** Lorsque l'intérêt annuel est de 140^f, l'intérêt en 1 mois est de $\frac{140}{12}$, et l'intérêt en 7 mois est de $\frac{140 \times 7}{12}$, ou de 81^f,66. Donc le second placement est le plus avantageux.

P. 162. Une personne achète pour une somme qui, en monnaie de bronze, pèserait autant que 195^l d'eau, un pré qu'elle loue à raison de 120^f par an. Ses contributions sont de 11^f,75. Quel est le revenu net pour 100 du capital? — **S.** 195^l d'eau pèsent 195 000^g. Ce poids en monnaie de bronze vaut 195 000^c, ou 1950^f. Tel est le prix du pré. Celui-ci rapporte net 120^f − 11^f,75, ou 108^f,25. Ainsi 1950^f rapportent 108^f,25; donc 1^f rapporte $\frac{108,25}{1950}$, et 100^f rapportent $\frac{108,25 \times 100}{1950}$, ou 5^f,55.

P. 163. Une personne qui a emprunté de l'argent le rembourse 9 mois après avec les intérêts à 5 %. Elle fait l'envoi par la poste de la somme totale, capital et intérêts, moyennant un droit de 1 % sur ladite somme, et paye, en conséquence 1 676^f,60. Quelle somme avait-elle empruntée ? Quel serait le poids de cette somme en argent, en or, en bronze ? — **S.** Si la personne avait emprunté 100^f, dont l'intérêt en 9 mois est de 3^f,75, elle aurait dû envoyer 103^f,75, et payer 103^f,75 + 1^f,0375, c-à-d 104^f,7875. Ainsi quand on paye 104^f,7875, c'est qu'on a emprunté 100^f. Quand on paye 1^f, c'est qu'on a emprunté $\frac{100^f}{104,7875}$. Quand on paye 1676^f,60 c'est qu'on a emprunté $\frac{100 \times 1676,60}{104,7875}$, ou 1600^f. Or 1600^f pèsent en or 516^g ; en argent 8000^g, ou 8^{Kg} ; en bronze, 160^{Kg}.

P. 164. Un libraire fait venir 104 volumes vendus 13 pour 12, avec 20 % de remise sur le prix fort, qui est de 2^f le volume. Que doit-il ? — **S.** Le libraire ne paye que les $\frac{12}{13}$ de 104 volumes, c-à-d que 96 volumes. Le prix total est de 2$^f \times$ 96, ou de 192^f. Mais la remise est de 192$^f \times$ 0,20, ou de 38^f,40. Donc il doit seulement 192^f — 38^f,40, c-à-d 153^f,60.

P. 165. Vingt douzaines de chemises ont coûté 1500^f. Combien coûteront 14 chemises ; et combien faudra-t-il revendre ensemble ces 14 chemises pour gagner 6 % sur le prix d'achat ? — **S.** 1 chemise coûte $\frac{1500^f}{12 \times 20}$; 14 chemises coûtent $\frac{1500^f \times 14}{12 \times 20}$, ou 87^f,50. Les 6 % du prix d'achat font 87^f,50 $\times$ 0,06, c-à-d 5^f,25. Donc il faudra vendre ces 14 chemises 87^f,50 + 5^f,25, ou 92^f,75.

p. 278

P. 166. Cent quatre-vingts moutons ont été achetés 3600^f ; 5 ont péri ; et, malgré cette perte, le fermier qui les avait achetés veut gagner 10 % sur le prix d'achat. Que doit-il revendre chaque mouton ? — **S.** Il reste 175 moutons qu'on veut vendre 3600^f + 360^f, ou 3960^f. Chaque mouton doit donc être vendu 3960^f : 175, ou 22^f,62.

P. 167. Un marchand achète 2685^{Kg} d'huile à raison de 180^f,75 le quintal ; il veut gagner 15 % sur son acquisition. Combien doit-il faire payer les 500^g d'huile et quel bénéfice total fera-t-il sur sa vente, en admettant que le détail occasionne une perte de 6^{Hg} ? — **S.** Le prix de toute l'huile est de 180^f,75 $\times$ 26,85, ou de 4853^f,13. Le bénéfice qu'on veut réaliser sera 4853^f,13 $\times$ 0,15 ou 727^f,96. La vente devra donc produire 4853^f,13 + 727^f,96, ou 5581^f,09. Mais on ne vendra que 2685^{Kg} — 0^{Kg},6, ou 2684^{Kg},4. Donc 1^{Kg} devra se vendre 5581^f,09 : 2684,4, ou 2^f,07. Le demi-kilogramme devra donc se vendre 1^f,03.

P. 168. La farine de froment absorbe 58 % d'eau pendant le pétrissage ; pendant la cuisson une partie de cette eau s'évapore, de telle sorte que 118^{Kg} de pâte fournissent 100^{Kg} de pain. Combien le boulanger peut-il retirer de pains de 3^{Kg} d'un sac de farine pesant 125^{Kg} ? — **S.** 100^{Kg} de farine donnent 158^{Kg} de pâte ; 1^{Kg} en donne 1^{Kg},58 ; et 125^{Kg} en donnent 1^{Kg},58 × 125, ou 197^{Kg},50. Or pour avoir 100^{Kg} de pain, il faut 118^{Kg} de pâte. Pour avoir 1^{Kg} de pain, il faut 1^{Kg},18 de pâte. Pour avoir 3^{Kg} de pain, il faut 1^{Kg},18 × 3, ou 3^{Kg},54 de pâte. Donc le boulanger pourra retirer de son sac de farine autant de pains de 3^{Kg} qu'il y a de fois 3^{Kg},54 dans 197^{Kg},50, c-à-d 55 pains.

P. 169. Un propriétaire achète une propriété de 2^{Ha} 8^{a} 25^{ca} à raison de 25^f l'are. Les frais s'élèvent à 10 % du prix d'achat. Sachant qu'il loue cette propriété 195^f, à quel taux a-t-il placé son argent ? — **S.** La propriété coûte 25^f × 208,25, ou 5206^f,25 ; les frais étant de 52^f,06 on paye en tout 5258^f,31. Cette somme rapporte 195^f. Donc 1^f rapporte $\frac{195}{5258,31}$, et 100^f rapportent $\frac{195 \times 100}{5258,31}$, c-à-d 3^f,71.

P. 170. En vendant 1 sou la pièce la règle en bois à l'usage des écoliers, quelle somme retirera le fabricant, s'il transforme en règles un tronc d'arbre de 31^{dst},7 ? On sait que ces règles ont 0^m,35 de long et 0^m,01 de côté. On admettra que, par le sciage et le rabotage, on perd 40 % du bois employé. — **S.** 31^{dst},7 = 3170 000^{cmc}, dont on n'utilise que 60 %, c-à-d 3170 000^{cmc} × 0,60, ou 1 902 000^{cmc}. Or, en centimètres cubes, le volume de chaque règle est de 35 × 1 × 1, ou de 35^{cmc}. Donc le marchand fait autant de règles qu'il y a de fois 35^{cmc} dans 1 902 000^{cmc}, c-à-d 54 342 règles, valant 0^f,05 × 54 342, ou 2717^f,10.

Problème 171. Une marchande achète une étoffe à 1^f,70 le mètre ; elle veut gagner 18 %. Combien doit-elle revendre un coupon de 9^m,75 ? — **Solution.** Ce coupon lui coûte 1^f,70 × 9,75, ou 16^f,57. Elle veut gagner 16^f,57 × 0,18, ou 2^f,98. Donc elle doit vendre ce coupon 16^f,57 + 2^f,98, ou 19^f,55.

P. 172. Un employé de commerce a un traitement de 3000^f. En outre, il reçoit un droit de commission de 4,25 % sur les marchandises qu'il vend. Il fait pour 83 500^f d'affaires dans le cours de l'année. Quel est le total de son revenu par an ? par mois ? — **S.** Son revenu annuel est de 3000^f + 83 500^f × 0,0425, ou de 6 548^f,75. Son revenu mensuel est de 6 548^f,75 : 12, ou de 545^f,72.

P. 173. Un marchand a acheté une pièce de drap de 36^m pour 360^f. Il en vend la moitié pour 178^f,20. Combien doit-il

PROBLÈMES. 479

vendre le mètre de l'autre moitié pour gagner $4\,1/2\,\%$ sur le prix d'achat? — **S.** Il veut que son gain soit de $360^f \times 0,045$, ou de $16^f,20$. Donc il veut vendre le tout $360^f + 16^f,20$, ou $376^f,20$. Il a vendu la première moitié $178^f,20$. Donc il doit vendre la seconde $376^f,20 - 178^f,20$, ou 198^f. Cette moitié se compose de 18^m. Chaque mètre se vendra $198^f : 18$, c-à-d 11^f.

P. 174. Un propriétaire convertit en pâture 3^{Ha} de terre arable qui lui rapportaient 110^f par hectare, soit $5\,\%$ du prix d'achat. Cette transformation lui coûte $12^f,50$ l'are. Quelle est la valeur de la propriété ainsi transformée? Si le revenu annuel est de 950^f, combien cette propriété lui rapporte-t-elle p. 100? — **S.** Les $5\,\%$ d'une somme en forment le *vingtième*. Donc chaque hectare lui coûtait $110^f \times 20$, ou 2200^f, et les 3^{Ha} coûtaient 6600^f. La transformation a coûté $12^f,50 \times 300$, ou 3750^f. La propriété transformée vaut donc $6600^f + 3750^f$, ou 10350^f. Puisqu'elle rapporte 950^f, chaque franc rapporte $\frac{950^f}{10350}$; et 100^f rapportent $\frac{950^f \times 100}{10350}$, c-à-d $9,17\,\%$.

p. 279

P. 175. Une personne qui possède $66\,080^f$ de capital affecte les $\frac{3}{8}$ de sa fortune à l'acquisition d'une maison rapportant net les $0,06$ de son prix d'achat. Avec le reste, elle achète de la rente $3\,\%$ au cours de $82^f,50$. Quel est le revenu annuel de cette personne? — **S.** Les $\frac{3}{8}$ de $66\,080^f$ sont de $66\,080^f \times \frac{3}{8}$, ou de $24\,780^f$, qui rapportent $24\,780^f \times 0,06$, c-à-d $1486^f,80$. La seconde partie du capital est de $66\,080^f - 24\,780^f$, ou de $41\,300^f$. Or $82^f,50$ rapportent 3^f; donc 1^f rapporte $\frac{3}{82,50}$; donc $41\,300^f$ rapportent $\frac{3 \times 41\,300}{82,50}$, c-à-d $1501^f,81$. Donc le revenu annuel de cette personne est de $1486^f,80 + 1501^f,81$ c-à-d de $2988^f,61$.

P. 176. Un rentier possède un capital de $68\,600^f$ qui lui rapporte $5\,\%$ d'intérêt. Son ami, rentier aussi, a un capital de $62\,000^f$ placé à $6\,\%$. Quelle différence y a-t-il entre les revenus de ces deux personnes? — **S.** Le revenu du rentier est de $66\,800^f \times 0,05$, ou de 3430^f. Celui de son ami est de $62\,000^f \times 0,06$, ou de 3720^f. La différence est de 290^f.

P. 177. Les salles de classe doivent avoir 4^m de hauteur et un volume de 5^{mc} par élève. Un architecte doit construire une salle pour 42 élèves dans ces conditions. Quelle sera la largeur de cette salle si la longueur est de 8^m? — **S.** Le volume sera de $5^{mc} \times 42$, ou de 210^{mc}. La surface du plancher sera $210 : 4$, ou $52^{mq},5$. La largeur sera de $52,5 : 8$, ou de $6^m,56$.

P. 178. Un bassin a $5^m,06$ de longueur, $4^m,03$ de largeur et $2^m,07$ de profondeur. Lorsqu'il est plein d'eau, on

480   APPENDICE.

ouvre un robinet qui le laisse vider en $2^h 48^m$. Combien le robinet laisse-t-il couler de litres d'eau par minute ? — **S.** Le volume du bassin est de $5,06 \times 4,03 \times 2,07$, ou de $42^{mc},211026$, ou de $42211^l,026$. Or $2^h 48^m = 168^m$. Donc en 1^m, le robinet laisse couler $42211^l,026 : 168$, c-à-d $251^l,256$.

P. 179. Un champ de forme triangulaire a une surface de 192^a; sa base est de 240^m. Quelle est sa hauteur ? — On en vend la moitié à $0^f,75$ le mètre carré, et le reste à 9500^f l'hectare. Quelle somme a-t-on retirée? — **S.** La surface est de 19200^{mq}. La demi-hauteur est de $19200 : 240$, ou de 80^m. La hauteur est donc de 160^m. — La première moitié se vend $0^f,75 \times 9600$, ou 7200^f. La seconde se vend $0^f,95 \times 9600$, ou 9120^f. En tout, on retire $7200^f + 9120^f$, ou 16320^f.

P. 180. On veut entourer d'eau, au moyen d'un fossé, un champ rectangulaire qui mesure 80^m de longueur sur 62 de largeur. La largeur du fossé est de $0^m,65$ et il est à parois perpendiculaires. — On demande : 1° la surface du champ après l'établissement du fossé; 2° la quantité d'eau que pourrait contenir le fossé plein, sa profondeur étant de $0^m,40$; 3° le coût de la façon, l'ouvrier étant payé $0^f,90$ par mètre cube. — **S.** Après l'établissement du fossé, les dimensions du champ sont $80^m - 0^m,65 \times 2$, ou $78^m,70$; et $62^m - 0^m,65 \times 2$, ou $60^m,70$. L'aire est donc alors $78,70 \times 60,70$, ou $4,777^{mq},09$. L'ancienne surface du champ était 80×62, ou 4960^{mq}. La surface occupée par le fossé est $4960^{mq} - 4777^{mq},09$, ou $182^{mq},91$. Le volume du fossé est donc de $182,91 \times 0,40$, ou de $73^{mc},164$: c'est la quantité d'eau qu'il peut contenir. Le coût de la façon est de $0^f,90 \times 73,164$, ou de $65^f,84$.

Problème 181. Une feuille de plomb a $0^m,005$ d'épaisseur, $2^m,80$ de longueur et autant de largeur. Calculez son poids, sachant que la densité du plomb est de $11,35$. — **Solution.** Son volume est $2,80 \times 2,80 \times 0,005$, ou $0^{mc},0392000$, ou de $39^{dmc},2$. Le poids de ce volume d'eau serait $39^{Kg},2$. Le poids cherché est donc $39^{Kg},2 \times 11,35$, c-à-d $444^{Kg},92$.

P. 182. Un tapis a $7^m,65$ de longueur et $5^m,40$ de largeur; on voudrait le doubler avec de la toile ayant $0^m,90$ de largeur et coûtant $1^f,35$ le mètre. Combien doit-on acheter de mètres de doublure, et pour quelle somme? — **S.** La surface de la doublure sera $7,65 \times 5,40$, ou bien $41^{mq},31$. On devra donc en acheter $41,31 : 0,90$, ou $45^m,90$, qui coûteront $1^f,35 \times 45,90$, c-à-d $61^f,96$.

P. 183. Le département de la Meuse s'étend en longueur du sud au nord du 48° 24′ 33″ au 49° 37′ 8″ de latitude. Calculez sa longueur en kilomètres. — **S.** $49°\,37'\,8'' - 48°\,24'\,33'' = 1°\,12'\,35''$, ou $4355''$. Or, sur le méridien, $90°$ ou $324\,000''$ occupent une longueur de $10\,000\,000^m$, ou de $10\,000^{Km}$. Donc l'arc de $1''$ a une longueur de $\frac{10\,000}{324\,000}$, et l'arc de $4355''$ a une longueur de $\frac{10\,000 \times 4355}{324\,000}$, c-à-d une longueur de $134^{Km},41$.

P. 184. Un vase de forme cubique a 1^m de côté; on y a p. 230 versé $4^{Hl},055$ d'eau pure. On demande: 1° à quelle hauteur l'eau s'élève dans le vase; 2° quel serait le poids de la quantité d'eau nécessaire pour achever de le remplir? — **S.** $1^{mc}=1000^{dmc}$ et $4^{Hl},055=405^{dmc},5$. L'aire du fond du vase est de 100^{dmq}. L'eau s'élève à une hauteur de $405,5:100$, ou de $4^{dm},055$. Pour achever de remplir le vase, il faut $1000^{dmc}-405^{dmc},5$, ou $594^{dmc},5$ d'eau, qui pèsent $594^{Kg},5$.

P. 185. A 480 briques par mètre cube, combien faudra-t-il de briques pour faire une cloison longue de $5^m,40$ sur $2^m,80$ de hauteur et $0^m,11$ d'épaisseur? — **S.** Le volume de la cloison est $5,40 \times 2,80 \times 0,11$, ou $1^{mc},6632$. Le nombre des briques nécessaires est donc $480 \times 1,6632$, ou $798,33$.

P. 186. Un tas de blé de $3^m,20$ de long et de $0^m,90$ d'épaisseur a été vendu pour $993^f,60$. Quelle est la largeur de ce tas de blé, sachant que le double-décalitre est estimé $4^f,60$? — **S.** Pour $4^f,60$, on a 20^l ou $0^{mc},020$ de blé. Pour 1^f, on en a $\frac{0^{mc},020}{4,60}$; et pour $993^f,60$, on en a $\frac{0,020 \times 993,60}{4,60}$, c-à-d $4^{mc},320$. Tel est le volume du tas. Sa largeur est de $\frac{4,320}{3,20 \times 0,90}$, c-à-d de $2^m,07$.

P. 187. On a versé un seau plein d'eau dans une fontaine à filtre; le robinet étant ouvert, il s'écoule 2^{dl} d'eau en 7^s. Quelle est la quantité d'eau versée, sachant que la fontaine est vide au bout de $3^m\,\frac{1}{2}$? Quelle est la hauteur du seau, si la base est de 2^{dmq}? — **S.** En 1^s, il s'écoule $\frac{0^{dmc},2}{7}$. En $3^m\frac{1}{2}$, c-à-d en 210^s, il s'écoule $\frac{0^{dmc},2 \times 210}{7}$, ou 6^{dmc}; telle est la quantité d'eau versée. La hauteur du seau est $6:2$, ou 3^{dm}.

P. 188. Un mètre cube de terre porté à 1^{Km} coûte $0^f,95$ si l'on emploie des chevaux et $0^f,92$ avec la vapeur. Quelle économie réalisera-t-on par ce dernier moyen de transport pour conduire à $\frac{1}{2}$ kilomètre une masse de terre qui couvrirait de $0^m,038$ d'épaisseur une surface de 48^{Ha}? — **S.** Par mètre cube, l'économie est de $0^f,95-0^f,92$, ou de $0^f,03$, si l'on porte la terre à 1^{Km}, et de $0^f,015$, si on ne la porte qu'à un demi-kilomètre. Or la masse de terre a un volume égal à 480 000 × 0,038. ou à 18 240^{mc}. L'économie sera donc de 0^f,015 × 18 240, c-à-d de 273^f,60.

P. 189. On veut empierrer un chemin de 7^m de large sur 3^{Km},50 de long ; l'épaisseur de l'empierrement est de 0^m,33, et le mètre cube de cailloux cassés coûte 2^f,95. A combien s'élèvera la dépense ? — **S.** Le volume de l'empierrement sera de 7 × 3 500 × 0,33, ou de 8 085^{mc}. La dépense s'élèvera donc à 2^f,95 × 8 085, c-à-d à 23 850^f,75.

P. 190. Les dimensions d'une salle sont : longueur 14^m,80, largeur 10^m,85, hauteur 5^m,70. Quel est le poids de l'air qui y est contenu, sachant que 1^l d'air pèse 1^g,3 ? — **S.** Le volume de l'air est 14,80 × 10,85 × 5,70, ou 915^{mc},306. Or 1^{mc} d'air pèse 1^{Kg},3. Donc le poids de l'air contenu dans la chambre est 1^{Kg},3 × 915,306, c-à-d 1189^{Kg},8978.

p. 281

Problème 191. On veut faire des balles de plomb pesant 29^g l'une avec une masse de plomb de forme cubique ayant 0^m,317 de côté. Combien en fera-t-on si la densité du plomb est 11,33 ? — **Solution.** Le volume de cette masse de plomb est (0,317)^3, ou bien 0^{mc},031 855 013, ou bien 31 855^{cmc},013. Le poids est 31 855^g,013 × 11,33, ou 360 917^g. On pourra faire autant de balles qu'il y a de fois 29^g dans 360 917^g, c-à-d 12 445.

P. 192. Il faut 1^{Hl} de froment pour ensemencer un champ de 35^a. Quelle quantité faudra-t-il pour ensemencer un champ triangulaire ayant 235^m de base et 84^m de hauteur ? — **S.** La surface du champ est $235 \times 84 \times \frac{1}{2}$, ou 9870^{mq}. Pour ensemencer 1^{mq}, il faut $\frac{1^{Hl}}{3500}$. Pour ensemencer le champ considéré, il faudra $\frac{1 \times 9870}{3500}$, ou 2^{Hl},82.

P. 193. Un wagon ayant intérieurement 3^m,50 de long, 2^m,15 de large et 0^m,70 de haut est rempli de chaux à 1^f,45 l'hectolitre. Quelle est la valeur de cette chaux, et quelle surface de terrain pourra-t-on amender à raison de 1 quintal par are, sachant que l'hectolitre de chaux pèse 135^{Kg} ? — **S.** Le volume de cette chaux est 3,50 × 2,15 × 0,70, ou 7^{mc},525, ou 75^{Hl},25. Sa valeur est de 1^f,45 × 75,25, ou de 109^f,11. Son poids est de 135^{Kg} × 75,25, ou de 10 158^{Kg},75, ou de 101^Q,5875. La surface qu'on pourra amender sera de 1^a × 101,5875, c-à-d de 101^a,58.

P. 194. Une poutre de bois de chêne coûte 129^f,70. Elle a été achetée à raison de 82^f le mètre cube. On sait qu'elle a 0^m,65 d'épaisseur et 0^m,54 de largeur. Trouvez sa longueur.

PROBLÈMES. 483

— **S.** Elle contient autant de mètres cubes qu'il y a de fois 82ᶠ dans 129ᶠ,70, c-à-d 1ᵐᶜ,581 707. Sa section est de 0,65×0,54, ou de 0ᵐᑫ,3510. Sa longueur est de 1,581 707 : 0,3510, c-à-d de 4ᵐ,50.

P. 195. On veut former un stère de bois avec des bûches ayant seulement 0ᵐ,65 de longueur. On donne à la base du tas une largeur de 1ᵐ. A quelle hauteur devra-t-on entasser le bois ? — **S.** L'aire de la base est 0ᵐᑫ,65. Le volume est 1ᵐᶜ. La hauteur est donc de 1 : 0,65, c-à-d de 1ᵐ,53.

P. 196. Avec 3ᴴˡ de blé, combien pourra-t-on remplir de boîtes de 0ᵐ,15 de long, 0ᵐ,07 de large, et 0ᵐ,05 de profondeur ? — **S.** Le volume de chacune de ces boîtes est 0,15×0,07 ×0,05, ou 0ᵐᶜ,000 525, ou 0ˡ,525. On pourra donc remplir autant de boîtes qu'il y a de fois 0ˡ,525 dans 300ˡ, c-à-d 571 boîtes.

P. 197. Dans une citerne pleine d'eau, on enfonce une pierre de 3ᵐ de long sur 1ᵐ,03 de largeur et 0ᵐ,35 d'épaisseur. Combien en sort-il de décalitres d'eau. — **S.** Le volume de la pierre est 3×1,03×0,35, ou 1ᵐᶜ,0815, ou 108ᴰˡ,15. Tel est le volume de l'eau qui sort.

P. 198. On doit employer des carreaux ayant $3^{dm}\frac{1}{2}$ de longueur et de largeur pour paver un corridor rectangulaire qui a 42ᵐ,60 en longueur et 2ᵐ,70 en largeur. Combien faut-il de ces carreaux ? — **S.** La surface de chaque carreau est de 0,35×0,35, ou de 0ᵐᑫ,1225. La surface du corridor est 42,60×2,70, ou de 115ᵐᑫ,02. Il faudra donc autant de carreaux qu'il y a de fois 0ᵐᑫ,1225 dans 115ᵐᑫ,02, c-à-d 938,9.

P. 199. Une boîte a 1ᵐ,50 de haut, 0ᵐ,75 de large et 0ᵐ,80 de long à l'intérieur; on demande quelle sera la hauteur de la partie vide, quand on y aura versé le contenu de 5 sacs de blé de 1ᴴˡ 12ˡ chacun ? — **S.** Le volume de la boîte est de 1,50×0,75×0,80, ou de 0ᵐᶜ,9. Le volume du blé est de 112ˡ×5, ou de 560ˡ, ou de 0ᵐᶜ,560. La partie restée vide a donc un volume égal à 0ᵐᶜ,900 − 0ᵐᶜ,560, ou à 0ᵐᶜ,340. Elle a une base dont l'aire est 0,75×0,80, ou 0ᵐᑫ,60. Donc la hauteur de la partie vide est de 0,340 : 0,60, c-à-d de 0ᵐ,56.

P. 200. Je fais creuser une citerne de forme circulaire ayant 4ᵐ,20 de rayon et 5ᵐ,70 de profondeur. Combien coûtera-t-elle à raison de 1ᶠ,75 le mètre cube, et quelle sera la capacité en hectolitres ? — **S.** L'aire de la base sera de (4,20)²×3,1416, ou de 55ᵐᑫ,4178. La capacité totale sera de 55,4178×5,70, ou de 315ᵐᶜ,881, ou de 3158ᴴˡ,81. La citerne coûtera 1ᶠ,75×315,881, ou 552ᶠ,79.

TABLE DES MATIÈRES

Préface. 3

LIVRE PREMIER
La numération.

Chapitre premier. — Les nombres d'un chiffre................. 5
Chapitre II. — Les nombres de deux chiffres.................. 8
Chapitre III. — Les nombres de trois chiffres................ 19
Chapitre IV. — Les nombres de 4, 5, 6 chiffres............... 24
Chapitre V. — Résumé de la numération....................... 33

LIVRE II
Le calcul.

Chapitre premier. — L'usage des nombres 46
Chapitre II. — L'addition................................... 51
Chapitre III. — La soustraction............................. 62
Chapitre IV. — La multiplication............................ 69
Chapitre V. — La division................................... 87
Chapitre VI. — Divisibilité................................. 107

LIVRE III
Les fractions.

Chapitre premier. — Numération des nombres décimaux.......... 115
Chapitre II. — Opérations sur les nombres décimaux 125
Chapitre III. — Numération des fractions ordinaires.......... 135
Chapitre IV. — Transformation des fractions ordinaires....... 145
Chapitre V. — Opérations sur les fractions ordinaires........ 151
Chapitre VI. — Conversion des fractions..................... 162

LIVRE IV
Le système métrique.

Chapitre premier. — Les longueurs............................ 168
Chapitre II. — Les aires ou superficies 176
Chapitre III. — Les volumes................................. 187
Chapitre IV. — Les poids.................................... 204
Chapitre V. — Les monnaies.................................. 213
Chapitre VI. — Les durées................................... 219

LIVRE V
Les problèmes usuels.

Chapitre premier. — Règles de trois	226
Chapitre II. — Mélanges et alliages	234
Chapitre III. — Problèmes sur les intérêts	248
Chapitre IV. — Fonds d'État, actions, obligations	268
Chapitre V. — Problèmes relatifs au commerce	277
Chapitre VI. — Tenue des livres	292

LIVRE VI
Les puissances et les racines.

Chapitre premier. — Les puissances	307
Chapitre II. — La racine carrée	312
Chapitre III. — La racine cubique	323

LIVRE VII
Notions de géométrie.

Chapitre premier. — La ligne droite	334
Chapitre II. — La circonférence	345
Chapitre III. — Mesure des aires	367
Chapitre IV. — Les polyèdres	379
Chapitre V. — Les corps ronds	394
Chapitre VI. — Le levé des plans et l'arpentage	402

LIVRE VIII
Compléments.

Chapitre premier. — Sur la numération	417
Chapitre II. — Sur les nombres entiers	419
Chapitre III. — Sur les fractions	428
Chapitre IV. — Sur les mesures	435
Chapitre V. — Sur l'évaluation des volumes	443
Appendice	449

SAINT-CLOUD. — IMPRIMERIE V° EUG. BELIN ET FILS.

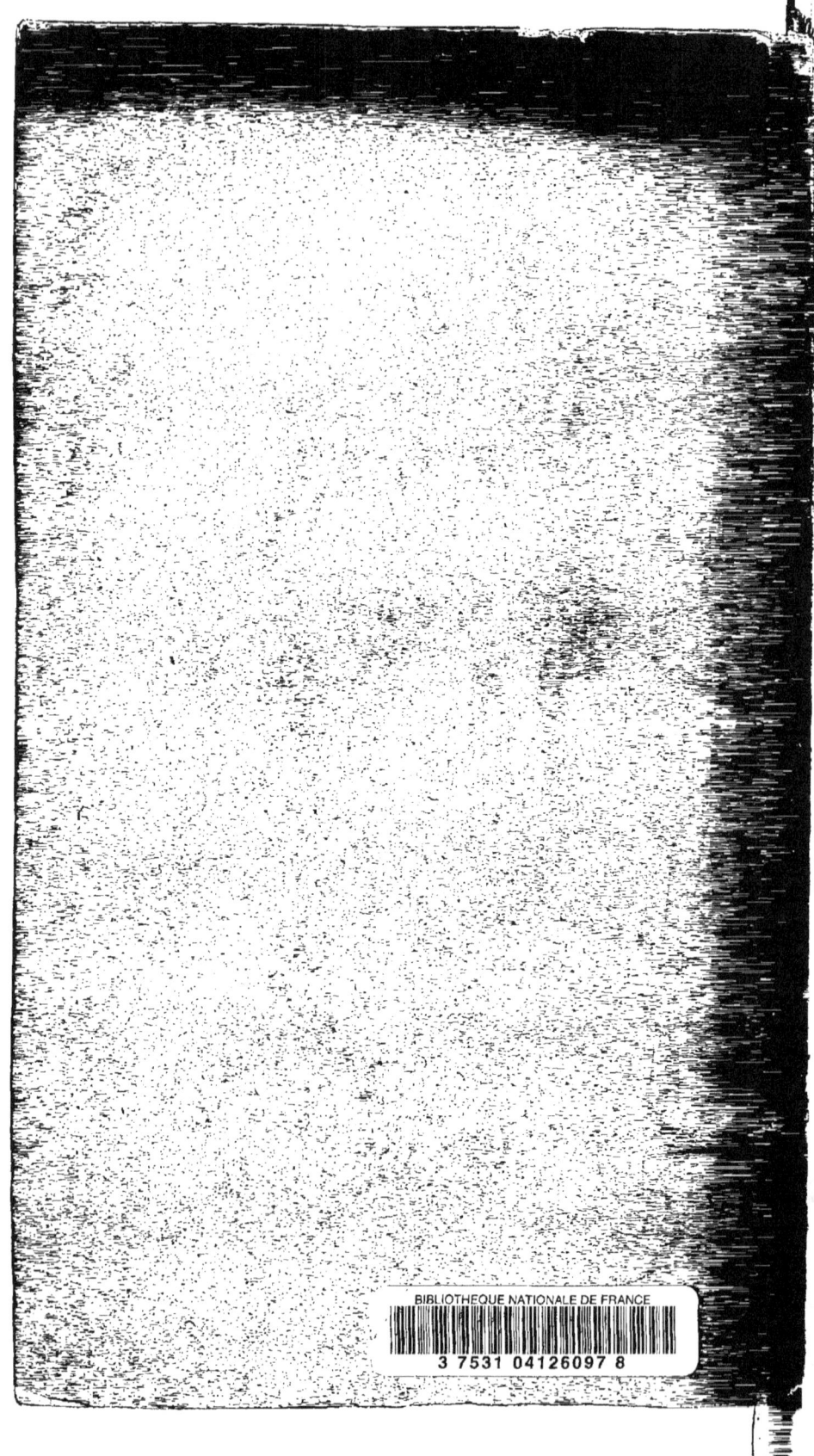

www.ingramcontent.com/pod-product-compliance
Lightning Source LLC
Chambersburg PA
CBHW060224230426
43664CB00011B/1541